3rd Edition

# 해석학의 원리

*Principles of Mathematical Analysis*

3rd Edition

# 해석학의 원리

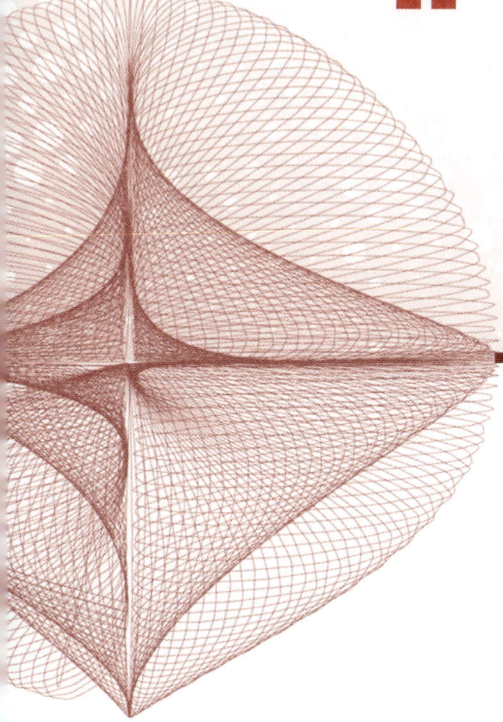

Walter Rudin 저

허민 · 오혜영 공역

## Principles of Mathematical Analysis

**PRINCIPLES OF MATHEMATICAL ANALYSIS, Third Edition**
**International Editions**



2 3 4 5 6 7 8 9 10 MHE-KOREA 20 25

Original: Principles of Mathematical Analysis, Third Edition
International Editions
By Walter Rudin
ISBN 978-0-07-054235-8

**Korean ISBN 978-89-5615-271-4 93410**

**Printed in Korea**

# 해석학의 원리, 3판

발 행 일 / 2013년 12월 30일 1쇄
2025년 8월 26일 2쇄
저 자 / Walter Rudin
역 자 / 허민, 오혜영
발 행 인 / 이안에드워드화이트(IAN EDWARD WHITE)
발 행 처 / 맥그로힐에듀케이션코리아 유한회사
주 소 / 서울시 마포구 동교로 18길 38, 2-3층
(서교동, 지우빌딩)
전 화 / (02)325-2351
등록번호 / 제2013-000122호(2012.12.28)

ISBN: 978-89-5615-271-4

판매처 / (주)경문사 문의 / 02) 332-2004
가 격 / 25,000원

# 지은이 머리말

이 책은 수학을 전공하는 학부 고학년 학생과 대학원 1년차 학생들이 통상적으로 수강하는 해석학 과목의 교과서로 사용할 목적으로 썼다.

이 제3 개정판은 제2 개정판과 본질적으로 똑같은 주제를 다루고 있는데, 몇 가지 내용은 추가했고 아주 적은 수의 별로 중요하지 않은 항목을 뺐으며 상당히 많은 사항을 재배열했다. 이런 변화가 이 과목을 수강하는 학생들이 해석학을 좀 더 쉽게 이해하고 좀 더 흥미롭게 만들기를 희망한다.

경험에 따라, 실수를 먼저 유리수로부터 구성해서 출발하는 것이 (논리적으로는 옳을 수 있겠지만) 교육적으로는 부적절하다고 확신하게 됐다. 처음에 대부분의 학생은 그렇게 하는 필요성을 제대로 이해하지 못한다. 이에 따라 실수 체계는 최소 상계 성질을 만족시키는 순서 체로 도입하고, 이런 성질의 몇 가지 흥미로운 응용을 곧바로 알아본다. 그렇지만 데데킨트의 구성을 빠뜨리지는 않았다. 이제 이것은 제 1 장의 부록에 제시되어 있는데, 시간이 무르익었다고 생각되는 시점에 배우고 즐길 수 있다.

여러 변수[다변수] 함수에 관한 내용은 거의 완전히 다시 썼는데, 세부사항을 많이 채웠고 학습 의욕을 유발할 수 있는 소재와 예를 추가했다. 제 9 장의 주요 항목인 역함수 정리의 증명은 축약 사상에 관한 고정점 정리를 이용해서 단순화했다. 미분 형식은 훨씬 더 자세하게 논의했다. 스토크스의 정리를 활용하는 몇 가지 예를 포함시켰다.

또 다른 변화를 말하면, 리만 · 스틸체스 적분에 관한 제 6 장을 약간 다듬었고, 자습을 위한 감마 함수에 관한 짧은 절을 제 8 장에 추가했으며, 새로운 익힘 문제를 많이 보완했는데, 대부분 매우 자세한 귀띔을 제시했다.

≪아메리카 수학 월간지(*American Mathematical Monthly*)≫와 ≪수학 잡지(*Mathematics Magazine*)≫에 게재된 글들을 여러 곳에서 참조했는데, 학생들이 이런 잡지를 살펴보는 습관을 갖게 하기 위함이다. 이런 참조 대부분은 버켈(R. B. Burckel)이 친절하게 제공했다.

몇 해 동안, 많은 교수와 함께 학생들이 이 책의 이전 개정판에 대한 비판과 논평 및 수정 사항 등을 보내줬다. 이 모든 것에 고맙게 생각하며, 이번 기회에 이렇게 지적해준 모든 분께 나의 진심어린 고마움을 표한다.

월터 루딘(Walter Rudin)

# 옮긴이 머리말

이 《해석학의 원리》는 월터 루딘(Walter Rudin, 1921~2010)의 《Principles of Mathematical Analysis》 제 3 판[1]을 빠짐없이 옮긴 책이다. 수학과의 해석학 교과서로 학부 고학년과 대학원에서 널리 사용되고 있는 이 책은 해석학의 개념과 결과들을 명확하고 간결하게 서술한 것으로 유명하다. 그러면서도 정리의 가정에 나타나는 조건들이 필요한 이유를 분명하게 보여주는 적절한 반례를 제시해서, 교수・학습이 충실하게 이루어지도록 배려하고 있다. 특히, 해석학의 개념들을 유클리드 공간 $\mathbb{R}^n$ 뿐만 아니라 필요하면 추상적인 거리 공간에서 일반적이고 통합적으로 서술하고 있으며, 실[또는 복소] 변수 함수뿐만 아니라 여러 변수 함수의 미분과 적분, 벡터 해석학, 르베그 이론까지 다루고 있다. 이에 따라 해석학의 기초적인 여러 과목을 배운 학생들은 해석학을 종합적으로 파악하고 더욱 심화된 해석학 분야들을 학습하기 위한 토대와 '원리'로 이 책을 활용할 수 있다.

루딘은 이 책의 원고를 전임 교수가 되기 전으로 MIT의 강사 시절이었던 1952년 봄에 완성했다고 한다. 탁월한 저자로서의 명성을 쌓은 루딘이 생애 처음으로 저술한 이 책은 그 뒤 "Baby Rudin"이라는 애칭과 함께 수학 전공자들의 사랑을 받고 있으며, 해석학 학습의 이정표로 오랫동안 자리매김하고 있다. 최근에도 인터넷에 게재되는 이 책의 도전적인 문제에 대한 수많은 풀이집은 이 책이 여전히 활발하게 사용되고 있음을 대변하며, 이 책에 대한 최고의 찬사로서 수학에서 찾아볼 수 있는 특이한 문화 현상의 하나로 볼 수 있다.

옮긴이는 이 책을 옮기면서 수학 용어의 선택에 크게 유의했는데, 대한수학회 《수학용어집》[2]과 한국과학기술단체총연합회 ≪남북과학기술용어집 [수학]≫[3]을 주로 참고했다. 해당하는 개념을 명확하게 나타내고 알기

---

1) *Principles of Mathematical Analysis*, McGraw-Hill, 1953(제1판), 1964(제2판), 1976(제3판)

2) 대한수학회 ≪수학용어집≫(2006) 책자와 대한수학회 홈페이지의 〈수학 용어〉.

쉽게 새길 수 있는 용어를 선택했으며, 한글세대에게 어렵거나 반드시 필요하지 않은 한자말보다는 토박이말을 우선적으로 사용했다. 그리고 부적절하거나 어색한 몇 가지 경우에는 새로운 용어를 제안하고 있다.

예를 들면, 이 책에서는 'set(집합)'을 '모음'으로 나타냈는데, '모음곡' 또는 '모음집'의 용례를 참조했다. ['집합'의 대용으로 종종 쓰이는 '모임'은 국어사전에서와 같이 '집회' 또는 '회합'으로 쓰이는 것이 적절해 보인다.] 이에 따라 'set theory(모음 이론)' '부분 모음' '합 모음' '교 모음' '여 모음' 등을 사용했다. 또, 'collection[family] of sets'은 '모음들의 모둠'으로 나타냈다. 또, '공배수'와 '공집합'에서 '공'의 뜻을 쉽게 구분할 수 있도록, '공집합'은 '빈 모음'으로 나타냈고, "이 모음은 비어 있다"거나 "이 모음은 비지 않았다"와 같은 표현도 사용했다.

한편, 'integer'와 'fraction'은 상반되는 개념으로 각각 '완전한 것'과 '쪼개진 것'을 뜻하는데, 'fraction[fractional number]'은 'common fraction(분수)'과 'decimal fraction(소수)'를 아우르는 개념이다. 이런 'fraction'을 나타내는 우리의 수학 용어가 없기 때문에 이 책에서는 'fraction'은 '깨진 수'로 나타냈고, 이와 어울리도록 'integer'는 '옹근 수'로 나타냈다. 이에 따라 '정수 부분'은 '옹근 부분'으로 '소수 부분'은 '깨진 부분'으로 일컬었다. 또, 동음이의어 'decimal fraction(소수)'와 'prime number(소수)'를 구별하기 위해 전자는 '(십진) 소수'로 후자는 '씨수'로 나타냈다. 동음이의어의 또 다른 예인 행렬의 '계수(rank)'와 구별하기 위해서 'coefficient'는 '곁수'로 나타냈다.

수학 용어 중에서 '수'가 부적절하게 들어있는 경우가 많다. 'sequence'와 'series'의 항은 수만이 아니라 임의의 원소, 점, 함수 등일 수 있다. 이에 'sequence'를 '열'만으로 나타내고, '덧셈'의 '덧'을 이용해서 'series'를 '덧렬'로 나타냈다. 그리고 원서의 표현과 일치시켜서 원소들의 열(sequence of elements), 셀 수 있는 모음들의 열(sequence of countable sets), 서로 다른 점들의 열(sequence of distinct points), 실수[복소수]들의 열과 덧렬(sequence and series of real [complex] numbers), 함수들의 열과 덧렬(sequence and series of functions) 등과 같이 나타냈다.

그동안 'explicit function'과 'implicit function'을 각각 '양함수'와 '음함수'로 나타냈는데, 정작 'positive function'과 'negative function'은

---

3) 한국과학기술단체총연합회 ≪남북과학기술용어집 [수학]≫, 2003.

이렇게 나타내지 못하고 있다. 중국에서는 'implicit function'과 'explicit function'을 각각 '隐函数(隱函數)'와 '显函数(顯函數)'로 나타내고 있다. '隱'은 '숨기다, 드러나지 않다'를 뜻하고 '顯'은 '나타나다, 드러나다'를 뜻한다. 이렇게 원래 용어의 뜻을 살리고 개념의 혼란을 피하기 위해서 'implicit function'은 '숨겨진 함수'로, 'explicit function'은 '드러낸 함수'로 나타냈다.

이 책에서 남다르게 선택했거나 새로 도입한 용어 때문에 발생할 수 있는 혼란을 피하기 위해서, 해당 용어가 처음 나오는 경우에는 '모음[집합]'과 같은 방식으로 표현했고, 그 뒤에는 보조단에 '▸부분 모음=부분집합'과 같이 나타냈다. 여기서 제안하는 수학 용어와 표현에 대한 독자의 의견을 귀 기울여 듣겠다.[4)]

학부 시절부터 늘 곁에 두고 벗으로 삼았던 이 책을 우리말로 옮길 수 있는 기회를 준 한국 맥그로힐과 경문사 관계자 여러분께 고마운 마음을 전한다.

옮긴이

---

4) 논문 "허민(2013). 수학 용어의 개선 방향에 대한 소고. 한국수학교육학회지시리즈 E 〈수학교육 논문집〉 제27권 제4호(2013년 11월), 391~406."도 참조하라.

# 옮긴이 소개

■ **허민** 광운대학교 자연과학대학 수학과 교수
《수학자의 뒷모습 I, II, III, IV》, 《수학의 역사 입문 상·하》,
《복소 해석학과 활용(질·섀너한 지음)》,
《선형 대수학과 그 응용(스트랭 지음)》 등의 저·역서가 있다.

■ **오혜영** 인천대학교 사범대학 수학교육과 교수
《수리 통계학 입문》, 《수학의 위대한 순간들》,
《해석학 입문(웨이드 지음)》,
《복소 함수론과 그 응용(브라운·처칠 지음)》 등의 저·역서가 있다.

# 차 례

## 03 수들의 열과 덧렬



## 04 연속



## 05 미분

## 09 여러 변수 함수



## 10 미분 형식의 적분



## 11 르베그 이론

01

# 실수와 복소수 체계

The Real and Complex Number Systems

## 들어가기

(수렴, 연속, 미분, 적분과 같은) 해석학의 주요한 개념들을 만족스럽게 논의하기 위해서는 반드시 정밀하게 정의된 수 개념에 근거해야 한다. 그렇지만 여기서는 자연수와 옹근 수[정수]의 산술을 지배하는 공리들을 알아보지 않겠다. 다만, ($m$과 $n$은 옹근 수이고 $n \neq 0$일 때 $m/n$ 꼴의 수인) 유비수[유리수]에 친숙한 것으로 가정하겠다.

유비수 체계는 여러 가지 목적에 부적합한데, 체로서도 순서 모음[집합]으로서도 부적절하다. (이런 용어들은 1.6절과 1.12절에서 정의한다.) 예를 들면, 유비수 $p$ 중에서 $p^2 = 2$를 만족시키는 것은 없다. (이 사실은 곧 증명한다.) 이에 따라 이른바 '무리수[무비수]'를 도입하는데, 무비수는 흔히 무한 소수로 전개되고 이에 대응하는 유한 소수들로 '근접'되는 것으로 생각한다. 이를테면 다음 수열은 $\sqrt{2}$에 '가까워진다.'

$$1,\ 1.4,\ 1.41,\ 1.414,\ 1.4142,\ \cdots$$

그러나 무비수 $\sqrt{2}$를 명확하게 정의하지 않으면, 다음과 같은 문제가 제기된다. 이 수열이 '…에 가까워진다'는 말은 무엇을 뜻하는가?

이런 종류의 질문에는 이른바 '실수 체계'를 구성하면 곧바로 답변할 수 있다.

> **용어**
>
> 옹근 수, 정수 integer
> 'integer'와 'fraction'은 각각 '완전한 것'과 '쪼개진 것'을 뜻하며, 'fraction(fractional number)'은 'common fraction(분수)'과 'decimal fraction(소수)'를 아우르는 개념이다. 이에 따라 이 책에서는 'fraction'은 '깨진 수'로 'integer'는 '옹근 수'로 나타낸다. 또, 'decimal fraction(소수)'와 'prime number(소수)'를 구별하기 위해 전자는 '(십진) 소수'로 후자는 '씨수'로 나타낸다.
> 원서의 'positive integer'는 '자연수'로, 단지 'integer'로 나타냈지만 문맥상 분명한 경우에는 '자연수'로 옮겼다.
>
> 유비수, 유리수 rational number
> 무비수, 무리수 irrational number
> 위의 수학 용어에서 'rational'의 어간은 'ratio'이고 'irrational = ir+ratio+nal'이다. 여기서 'ratio'는 '비, 비율'을 뜻한다. 이에 따라 이 책에서는 뜻 전달에 유리한 용어 '유비수'와 '무비수'를 사용한다.

### 1.1 보기

이제 다음 방정식이 어떠한 유비수 $p$에 대해서도 성립하지 않음을 보이자.

$$(1) \qquad p^2 = 2$$

만약 그런 $p$가 존재한다면, $p = m/n$으로 쓸 수 있다. 여기서 $m$과 $n$은 옹근 수이고 동시에 짝수는 아니다. 이렇게 쓸 수 있다고 가정하자. 그러면 (1)에 의해 다음이 성립한다.

**용어**

체, 마당 field
근접한다 approximate
열, 수열 sequence
용어 'sequence'에 대한 논의는 33쪽(제 2 장)과 63쪽(제 3 장)을 보라.

가까워진다 tend to
실수 체계 real number system
순서 모음, 순서 집합 ordered set
모음, 집합 set
이 책에서는 'set'을 '모음'으로 나타냈는데, '모음곡' 또는 '모음집'의 용례를 참조했다. ['집합'의 대용으로 종종 쓰이는 '모임'은 국어사전에서와 같이 '집회' 또는 '회합'으로 쓰이는 것이 적절해 보인다.] 이에 따라 '모음 이론(set theory)' '부분 모음' '빈 모음(공집합)' '합 모음' '교 모음' 등을 사용하겠다. 또, 'collection (of sets)'은 '(모음들의) 모둠'으로 나타내겠다.

$$(2) \qquad m^2 = 2n^2$$

이 등식은 $m^2$이 짝수임을 보여준다. 그러면 $m$은 짝수이다. ($m$이 홀수이면 $m^2$이 홀수일 것이다.) 그러므로 $m^2$은 4로 나누어떨어진다. 이에 따라 (2)의 우변은 4로 나누어떨어지므로, $n^2$은 짝수이고, $n$도 짝수이다.

그러므로 (1)이 성립한다는 가정은 $m$과 $n$이 모두 짝수라는 결론에 도달하는데, 이는 $m$과 $n$의 선택에 모순된다. 따라서 (1)은 유비수 $p$에 대해서는 불가능하다.

이제 이 상황을 좀 더 세밀하게 살펴보자. $A$는 양의 유비수 $p$ 중에서 $p^2 < 2$을 만족시키는 것 전체의 모음[집합]이고, $B$는 양의 유비수 $p$ 중에서 $p^2 > 2$을 만족시키는 것 전체의 모음이라고 하자. **$A$는 가장 큰 수를 포함하지 않고 $B$는 가장 작은 수를 포함하지 않는다**는 사실을 보이겠다.

더욱 명확하게, $A$에 속한 각 $p$에 대해 $A$에 속한 $q$ 중에서 $p < q$를 만족시키는 것을 찾을 수 있고, $B$에 속한 각 $p$에 대해 $B$에 속한 $q$ 중에서 $q < p$를 만족시키는 것을 찾을 수 있다.

이를 위해 각 유비수 $p > 0$에 다음 수를 대응시키자.

$$(3) \qquad q = p - \frac{p^2 - 2}{p+2} = \frac{2p+2}{p+2}$$

그러면 다음이 성립한다.

$$(4) \qquad q^2 - 2 = \frac{2(p^2-2)}{(p+2)^2}$$

$p$가 $A$에 속하면, $p^2 - 2 < 0$이고 (3)은 $q > p$임을 보여주며 (4)는 $q^2 < 2$임을 보여준다. 그러므로 $q$는 $A$에 속한다.

▸ $A = \{p \in Q \mid p^2 < 2,\ p > 0\}$
$B = \{p \in Q \mid p^2 > 2,\ p > 0\}$

$p$가 $B$에 속하면, $p^2 - 2 > 0$이고 (3)은 $0 < q < p$임을 보여주며 (4)는 $q^2 > 2$임을 보여준다. 그러므로 $q$는 $B$에 속한다.

## 1.2 일러두기

앞의 논의의 목적은, 임의의 두 유비수 사이에는 또 다른 유비수가 있지만, 곧 $r < s$ 이면 $r < (r+s)/2 < s$ 이 성립하지만, 유비수 체계에는 확실히 빈틈이 있음을 보이는 것이었다. 그런데 실수 체계는 이런 빈틈을 메운다. 이것은 실수 체계가 해석학에서 기초적인 역할을 하는 주요한 이유이다.

(복소수 체계와 함께) 실수 체계의 구조를 자세히 밝히기 위해서, 먼저 일반적인 개념인 **순서 모음**과 **체**를 간략히 논의한다.

다음은 이 책 전체에서 사용할 표준적인 모음 이론[집합론]의 용어 몇 가지이다.

용어

순서 모음, 순서 집합 ordered set
원소, 낱알 element, member
체, 마당 field
빈 모음, 공집합 empty set
비지 않은 모음 nonempty set
빈 [비어 있다] [be] empty
비지 않은 [비지 않았다] [be] nonempty
부분 모음, 부분집합 subset
진부분 모음, 진부분집합 proper subset
순서 order

## 1.3 정의

$A$가 임의의 모음이면(이것의 원소는 수 또는 임의의 다른 대상일 수 있는데), $x \in A$는 $x$가 $A$의 원소임을 가리킨다.

$x$가 $A$의 원소가 아니면, $x \notin A$로 나타낸다.

어떠한 원소도 포함하지 않은 모음을 **빈 모음**[공집합]이라 한다. 적어도 한 개의 원소를 포함하는 모음은 비지 않았다고 부른다.

$A$와 $B$가 모음이고 $A$의 모든 원소가 $B$의 원소이면, $A$는 $B$의 **부분 모음**[부분집합]이라 하고 $A \subset B$ 또는 $B \supset A$로 나타낸다. 게다가, $A$에 속하지 않는 $B$의 원소가 있으면, $A$를 $B$의 **진부분 모음**[진부분집합]이라 한다. 모든 모음 $A$에 대해 $A \subset A$가 성립한다.

$A \subset B$이고 $B \subset A$일 때, $A = B$로 나타낸다. 그렇지 않으면 $A \neq B$로 나타낸다.

## 1.4 정의

제1장에서는 유비수 전체의 모음을 $Q$로 나타낸다.

▸ 유비수 = 유리수

# 순서 모음

## 1.5 정의

$S$를 모음이라 하자. $S$에서의 **순서**는 다음 두 가지 성질을 만족시키는 관계인데, 기호 $<$로 나타낸다.

(i) $x \in S$이고 $y \in S$이면, 다음 명제 중에서 한 개만이 참이다.

$$x < y, \quad x = y, \quad y < x$$

(ii) $x$, $y$, $z \in S$이고 $x < y$이며 $y < z$이면, $x < z$이다.

명제 "$x < y$"는 "$x$는 $y$보다 작다" 또는 "$y$는 $x$보다 크다"라고 읽을 수 있다.

$x < y$ 대신에 $y > x$로 쓰는 것이 편리한 때가 종종 있다.

기호 $x \le y$는 $x < y$ 또는 $x = y$를 가리키는데, 이 둘 중에서 어느 것이 성립해도 무방하다. 바꿔 말하면, $x \le y$는 $x > y$의 부정이다.

## 1.6 정의

▸ 모음 = 집합. 유비수 = 유리수

**순서 모음**은 순서가 정의되어 있는 모음 $S$이다.

예를 들면, $Q$는 $r < s$를 $s - r$이 양의 유비수를 뜻하는 것으로 정의할 때 순서 모음이다.

## 1.7 정의

$S$는 순서 모음이고 $E \subset S$라 하자. 적당한 $\beta \in S$가 존재해서 모든 $x \in E$에 대해 $x \le \beta$가 성립하면, $E$는 **위로 갇혀 있다**[위로 유계이다]고 하고, $\beta$를 $E$의 **상계**라 한다.

**하계**를 ($\le$ 대신에 $\ge$를 사용해서) 같은 방법으로 정의한다.

## 1.8 정의

▸ 갇혀 있다 = 유계이다

$S$는 순서 모음이고 $E \subset S$이며 $E$는 위로 갇혀 있다고 하자. 그리고 다음을 만족시키는 $\alpha \in S$가 존재한다고 하자.

(i) $\alpha$는 $E$의 상계이다.

(ii) $\gamma < \alpha$이면 $\gamma$는 $E$의 상계가 아니다.

그러면 $\alpha$를 $E$의 **최소 상계** 또는 $E$의 **상한**이라 하고[(ii)에 의해 이런 $\alpha$는 많아야 한 개 존재하는데], 다음과 같이 나타낸다.

$$\alpha = \sup E$$

아래로 갇혀 있는 모음 $E$의 **최대 하계** 또는 **하한**을 마찬가지 방법으로 정의한다. 곧, 다음과 같이 나타나내는 최대 하계 또는 하한 $\alpha$는 $E$의 하계이고 $\beta > \alpha$이면 $\beta$가 $E$의 하계가 아님을 뜻한다.

$$\alpha = \inf E$$

**용어**

위로 갇힌[갇혀 있다], 위로 유계인[이다] [be] bounded above
상계 upper bound
하계 lower bound
최소 상계 leat upper bound
상한 supremum
최대 하계 greatest lower bound
하한 infimum

## 1.9 보기

(a) 보기 1.1의 두 모음 $A$와 $B$를 순서 모음 $Q$의 부분 모음으로 생각하자. 모음 $A$는 위로 갇혀 있다. 실제로, $A$의 상계들은 정확하게 $B$의 원소이다. $B$에는 가장 작은 원소가 속하지 않으므로, $Q$에 $A$의 최소 상계는 없다.

▸ $A=\{p\in Q \mid p^2<2,\ p>0\}$, $B=\{p\in Q \mid p^2>2,\ p>0\}$

▸ 모음 = 집합

마찬가지로, $B$는 아래로 갇혀 있다. $B$의 하계 전체의 모음은 $A$와 $r\in Q$ 중에서 $r\le 0$인 것 전체로 이루어진다. $A$에 가장 큰 원소가 속하지 않으므로, $Q$에 $B$의 최대 하계는 없다.

(b) $\alpha=\sup E$가 존재할 때, $\alpha$는 $E$의 원소이거나 아닐 수 있다. 예를 들면, $E_1$은 $r\in Q$ 중에서 $r<0$인 것 전체의 모음이라 하자. $E_2$는 $r\in Q$ 중에서 $r\le 0$인 것 전체의 모음이라 하자. 그러면 다음이 성립한다.

▸ $E_1=\{r\in Q \mid r<0\}$, $E_2=\{r\in Q \mid r\le 0\}$

$$\sup E_1=\sup E_2=0$$

그렇지만 $0\notin E_1$이고 $0\in E_2$이다.

(c) $E$를 $n=1,\ 2,\ 3,\ldots$일 때의 수 $1/n$ 전체로 이루어졌다고 하자. 그러면 $\sup E=1$인데, 이것은 $E$에 속한다. 그리고 $\inf E=0$인데, 이것은 $E$에 속하지 않는다.

▸ $E=\{1/n \mid n=1,\ 2,\ 3,\ \cdots\}$

## 1.10 정의

다음이 성립할 때 순서 모음 $S$는 **최소 상계 성질**을 만족시킨다고 한다.

$E\subset S$이고 $E$가 비지 않으며 $E$가 위로 갇혀 있으면, $\sup E$가 $S$에 존재한다.

용어
최소 상계 성질 leat-upper-bound property
최대 하계 성질 greatest-lower-bound property

보기 1.9(a)는 $Q$가 최소 상계 성질을 만족시키지 못함을 보여준다.

이제 최대 하계와 최소 상계 사이에 밀접한 관계가 있다는 사실과 최소 상계 성질을 만족시키는 순서 모음은 최대 하계 성질도 만족시킨다는 사실을 보이겠다.

## 1.11 정리

$S$는 최소 상계 성질을 만족시키고 $B\subset S$이며 $B$는 비지 않고 $B$는 아래로 갇혀 있다고 하자. $L$은 $B$의 하계 전체의 모음이라고 하자. 그러면 다음 $L$의 최소 상계가 $S$에 존재한다.

▸ 갇혀 있다 = 유계이다

$$\alpha = \sup L$$

그리고 $\alpha = \inf B$가 성립한다.

특히, $\inf B$가 $S$에 존재한다.

▸ $L = \{y \in S \mid x \in B$이면 $y \leq x$이다$\}$

**증명** $B$가 아래로 갇혀 있으므로, $L$은 비어 있지 않다. $L$은 $y \in S$ 중에서 모든 $x \in B$에 대해 $y \leq x$를 만족시키는 것들로 이루어지므로, 모든 $x \in B$는 $L$의 상계이다. 그러므로 $L$은 위로 갇혀 있다. 그러므로 $S$에 대한 가정에 따라 $L$의 상한이 $S$에 존재한다. 이를 $\alpha$라 하자.

▸ "$\gamma < \alpha \Rightarrow \gamma \notin B$"의 대우는 "$x \in B \Rightarrow \alpha \leq x$"이다.

$\gamma < \alpha$이면(정의 1.8을 보라), $\gamma$는 $L$의 상계가 아니고, 이에 따라 $\gamma \notin B$이다. 그러므로 모든 $x \in B$에 대해 $\alpha \leq x$가 성립한다. 따라서 $\alpha \in L$이다.

$\alpha < \beta$이면, $\alpha$가 $L$의 상계이므로 $\beta \notin L$이다.

방금 $\alpha \in L$이지만 $\beta > \alpha$이면 $\beta \notin L$임을 보였다. 바꿔 말하면, $\alpha$는 $B$의 하계이지만, $\beta > \alpha$이면 $\beta$는 그렇지 않다. 이것은 $\alpha = \inf B$임을 뜻한다.

## 체

### 1.12 정의

**용어**

체, 마당 field
체의 공리 field axiom
덧셈 addition
곱셈 multiplication
교환적, 가환적 commutative
결합적 associative

▸ 모음 = 집합

**체**는 다음과 같은 이른바 '체의 공리들' (A), (M), (D)를 만족시키는 두 연산 **덧셈**과 **곱셈**이 정의되어 있는 모음 $F$이다.

**(A) 덧셈에 관한 공리들**

(A1) $x \in F$이고 $y \in F$이면, 이것들의 합 $x + y$는 $F$에 속한다.

(A2) 덧셈은 교환적이다. 곧, 모든 $x, y \in F$에 대해 $x + y = y + x$이다.

(A3) 덧셈은 결합적이다. 곧, 모든 $x, y, z \in F$에 대해 $(x + y) + z = x + (y + z)$이다.

(A4) $F$에 원소 $0$이 존재해서 모든 $x \in F$에 대해 $0 + x = x$이다.

(A5) 각 $x \in F$에 대해 다음을 만족시키는 원소 $-x \in F$가 존재한다.

$$x + (-x) = 0$$

**(M) 곱셈에 관한 공리들**

(M1) $x \in F$이고 $y \in F$이면, 이것들의 곱 $xy$는 $F$에 속한다.

(M2) 곱셈은 교환적이다. 곧, 모든 $x$, $y \in F$에 대해 $xy = yx$이다.

(M3) 곱셈은 결합적이다. 곧, 모든 $x$, $y$, $z \in F$에 대해 $(xy)z = x(yz)$이다.

(M4) $F$에 원소 $1 \neq 0$이 존재해서 모든 $x \in F$에 대해 $1x = x$이다.

(M5) $x \in F$이고 $x \neq 0$이면, 다음을 만족시키는 원소 $1/x \in F$가 존재한다.

$$x \cdot (1/x) = 1$$

**(D) 분배 법칙**

모든 $x$, $y$, $z \in F$에 대해 $x(y+z) = xy + xz$가 성립한다.

| 용어 | |
|---|---|
| 분배 법칙 | distributive law |
| 소거 법칙 | cancellation law |
| 유일(성) | uniqueness |
| 존재(성) | existence |

원서의 1.14, 1.15, 1.16, 1.18에서만 사용된 'proposition'은 상황에 알맞게 '보조 정리'로 옮겼다.

## 1.13 일러두기

(a) (임의의 체에서) $x + (-y)$, $x \cdot \left(\frac{1}{y}\right)$, $(x+y)+z$, $(xy)z$, $xx$, $xxx$, $x+x$, $x+x+x$, …를 통상 다음과 같이 나타낸다.

$$x - y,\ \frac{x}{y},\ x+y+z,\ xyz,\ x^2,\ x^3,\ 2x,\ 3x,\ \cdots$$

(b) 덧셈과 곱셈을 통상적인 의미로 해석하면, 체의 공리들은 유비수 전체의 모음 $Q$에서 분명히 성립한다. 그러므로 $Q$는 체이다.

▸ 유비수 = 유리수, 모음 = 집합

(c) 체에 대해 (또는 임의의 다른 대수적 구조에 대해) 자세히 알아보는 것이 여기서의 목적은 아니지만, $Q$의 친숙한 성질 몇 가지를 체의 공리들의 결과로 증명하는 것은 가치가 있다. 이렇게 하면, 실수와 복소수에 대해 또다시 증명할 필요가 없을 것이다.

## 1.14 보조 정리

덧셈에 관한 공리들에 의해 다음 명제들이 성립한다.

(a) $x + y = x + z$이면, $y = z$이다.

(b) $x + y = x$이면, $y = 0$이다.

(c) $x + y = 0$이면, $y = -x$이다.

(d) $-(-x) = x$

명제 (a)는 소거 법칙이다. (b)는 (A4)에서 존재를 가정한 원소(항등

원)가 유일함을 주장하고, (c)는 (A5)에서 존재를 가정한 원소(역원)에 대해 똑같이 주장한다는 사실을 지적한다.

**증명** $x+y=x+z$이면, (A)의 공리들에 따라 다음이 성립한다.

$$\begin{aligned} y &= 0+y=(-x+x)+y=-x+(x+y) \\ &= -x+(x+z)=(-x+x)+z=0+z=z \end{aligned}$$

이것은 (a)를 증명한다. (a)에서 $z=0$을 택하면 (b)를 얻는다. (a)에서 $z=-x$를 택하면 (c)를 얻는다.

$-x+x=0$이므로, (c)에 의해 ($x$에 $-x$를 대입하면) (d)를 얻는다.

## 1.15 보조 정리

곱셈에 관한 공리들에 의해 다음 명제들이 성립한다.

(a) $x \neq 0$이고 $xy=xz$이면, $y=z$이다.

(b) $x \neq 0$이고 $xy=x$이면, $y=1$이다.

(c) $x \neq 0$이고 $xy=1$이면, $y=1/x$이다.

(d) $x \neq 0$이면, $1/(1/x)=x$이다.

이의 증명은 보조 정리 1.14의 증명과 비슷하므로, 여기서는 생략한다.

## 1.16 보조 정리

체의 공리들에 의해 임의의 $x$, $y$, $z \in F$에 대해 다음 명제들이 성립한다.

(a) $0x=0$

(b) $x \neq 0$이고 $y \neq 0$이면 $xy \neq 0$이다.

(c) $(-x)y=-(xy)=x(-y)$

(d) $(-x)(-y)=xy$

**증명** $0x+0x=(0+0)x=0x$이다. 1.14(b)에 따라 $0x=0$이므로, (a)가 성립한다.

다음으로, $x \neq 0$이고 $y \neq 0$이지만 $xy=0$이라 가정하자. 그러면 (a)에 의해 다음을 얻는다.

$$1=\left(\frac{1}{y}\right)\left(\frac{1}{x}\right)xy=\left(\frac{1}{y}\right)\left(\frac{1}{x}\right)0=0$$

이는 모순이다. 그러므로 (b)가 성립한다.

(c)의 첫째 등식은 다음과 함께 1.14(c)에 의해 성립한다.

$$(-x)y+xy=(-x+x)y=0y=0$$

(c)의 둘째 등식은 같은 방법으로 증명한다. 마지막으로 (c)와 함께 1.14(d)에 의해 다음이 성립한다.

$$(-x)(-y)=-\{x(-y)\}=-\{-(xy)\}=xy$$

## 1.17 정의

**순서 체**는 순서 모음이면서 다음을 만족시키는 체 $F$이다.

(i) $x,\ y,\ z \in F$이고 $y<z$이면, $x+y<x+z$이다.

(ii) $x \in F,\ y \in F,\ x>0,\ y>0$이면, $xy>0$이다.

$x>0$일 때 $x$를 **양수**라 하고, $x<0$일 때 $x$를 **음수**라 한다.

| 용어 | |
|---|---|
| 순서 체 | ordered field |
| 양수 | positive number |
| 음수 | negative number |

예를 들면, $Q$는 순서 체이다.

부등식을 다루는 데 사용하는 친숙한 법칙은 어느 것이나 임의의 순서 체에 적용된다. 이를테면, 양수[음수]를 곱하면 부등호가 보존되고[뒤집히고], 제곱수는 음수가 아니다. 다음 보조 정리는 이런 법칙 몇 가지를 나열한다.

▸ 모음 = 집합

## 1.18 보조 정리

다음 명제는 모든 순서 체에서 참이다.

(a) $x>0$이면 $-x<0$이고, 역도 성립한다.

(b) $x>0$이고 $y<z$이면, $xy<xz$이다.

(c) $x<0$이고 $y<z$이면, $xy>xz$이다.

(d) $x \neq 0$이면, $x^2>0$이다. 특히, $1>0$이다.

(e) $0<x<y$이면, $0<1/y<1/x$이다.

**증명** (a) $x>0$이면 $0=-x+x>-x+0$이므로 $-x<0$이다. $x<0$이면 $0=-x+x<-x+0$이므로 $-x>0$이다. 이것이 (a)를 증명한다.

(b) $z>y$이면 $z-y>y-y=0$이므로, $x(z-y)>0$이고 이에 따라 다음이 성립한다.

$$xz=x(z-y)+xy>0+xy=xy$$

(c) (a)와 (b) 및 보조 정리 1.16(c)에 의해 다음이 성립한다.

$$-\{x(z-y)\}=(-x)(z-y)>0$$

그러므로 $x(z-y)<0$이고, 이에 따라 $xz<xy$이다.

(d) $x>0$이면 정의 1.17의 (ii)에 의해 $x^2>0$이다. $x<0$이면 $-x>0$이고, 이에 따라 $(-x)^2>0$이다. 그런데 보조 정리 1.16(d)에 의해 $x^2=(-x)^2$이다. $1=1^2$이므로, $1>0$이다.

(e) $y>0$이고 $v\le 0$이면, $yv\le 0$이다. 그런데 $y\cdot(1/y)=1>0$이다. 그러므로 $1/y>0$이다. 마찬가지로 $1/x>0$이다. 부등식 $x<y$의 양변에 양수 $(1/x)(1/y)$을 곱하면, $1/y<1/x$를 얻는다.

## 실수 체

**용어**

실수 체 real field
존재성 정리 existence theorem
부분 체 subfield
실수 real number

이제 이번 장의 핵심인 **존재성 정리**를 서술한다.

### 1.19 정리

최소 상계 성질을 만족시키는 순서 체 $R$이 존재한다.

게다가, $R$은 $Q$를 부분 체로 포함한다.

둘째 명제는 $Q\subset R$이고 $R$에서의 덧셈과 곱셈 연산을 $Q$의 원소에 적용하면 유비수에서의 통상적인 연산과 일치함을 뜻한다. 또, 양의 유비수는 $R$의 양의 원소임을 뜻한다.

▸ 유비수 = 유리수

$R$의 원소를 **실수**라고 부른다.

정리 1.19의 증명은 꽤 길고 약간 지루하다. 이에 따라 이를 제1장의 부록으로 제시한다. 그 증명은 $Q$로부터 $R$을 구체적으로 구성한다.

다음 정리는 그런 구성으로부터 추가적인 작업을 거의 하지 않고도 이끌어낼 수 있다. 그렇지만 이것을 정리 1.19로부터 유도하는 것을 선호하는데, 최소 상계 성질을 이용해서 얻을 수 있는 결과를 훌륭하게 예시하기 때문이다.

### 1.20 정리

(a) $x\in R$이고 $y\in R$이며 $x>0$이면, 다음을 만족시키는 자연수 $n$이 존재한다.

$$nx > y$$

(b) $x \in R$이고 $y \in R$이며 $x < y$이면, 다음을 만족시키는 $p \in Q$가 존재한다.

$$x < p < y$$

통상 (a)를 $R$의 **아르키메데스 성질**이라 부른다. (b)는 $Q$가 $R$에서 **조밀하다**, 곧 임의의 두 실수 사이에는 유비수가 존재한다는 말로 나타낼 수 있다.

**용어**
아르키메데스 성질 archimedean property
조밀한[조밀하다] [be] dense

▸ 유비수 = 유리수

**수학자**
아르키메데스(기원전 287?~212)
고대 그리스 수학자

**증명** (a) $A$를 모든 자연수 $n$에 대한 $nx$ 전체의 모음이라고 하자. (a)가 거짓이면, $y$가 $A$의 상계일 것이다. 그러면 $A$의 최소 상계가 $R$에 존재한다. $\alpha = \sup A$라 놓자. $x > 0$이므로, $\alpha - x < \alpha$이고 $\alpha - x$는 $A$의 상계가 아니다. 그러므로 어떤 자연수 $m$에 대해 $\alpha - x < mx$가 성립한다. 그러면 $\alpha < (m+1)x \in A$인데, $\alpha$가 $A$의 상계이므로 이것은 불가능하다.

▸ $A = \{nx \mid n$은 자연수$\}$

(b) $x < y$이므로, $y - x > 0$이고 (a)에 의해 다음을 만족시키는 자연수 $n$이 존재한다.

$$n(y-x) > 1$$

또다시 (a)를 적용하면, 두 자연수 $m_1$과 $m_2$를 $m_1 > nx$와 $m_2 > -nx$가 성립하도록 선택할 수 있다. 그러면 다음이 성립한다.

$$-m_2 < nx < m_1$$

그러므로 다음을 만족시키는 옹근 수 $m$이 ($-m_2 \le m \le m_1$이 성립하면서) 존재한다.

▸ 옹근 수 = 정수

$$m - 1 \le nx < m$$

이런 부등식들을 결합하면 다음을 얻는다.

$$nx < m \le 1 + nx < ny$$

$n > 0$이므로, 다음이 성립한다.

$$x < \frac{m}{n} < y$$

$p=m/n$로 놓으면, 이것이 (b)를 증명한다.

이제 양의 실수의 $n$**제곱근**의 존재성을 증명하겠다. 들어가기($\sqrt{2}$는 무비수)에서 지적한 어려운 점을 $R$에서 처리하는 방법을 보여줄 것이다.

**용어**

$n$제곱근 $n$th root

▸ 무비수 = 무리수

## 1.21 정리

각 실수 $x>0$와 각 자연수 $n$에 대해 유일한 실수 $y>0$가 존재해서 $y^n=x$가 성립한다.

이 수 $y$를 $\sqrt[n]{x}$ 또는 $x^{1/n}$로 나타낸다.

**증명** 분명히 이런 $y$가 많아야 한 개 존재하는데, $0<y_1<y_2$이면 $y_1^n<y_2^n$이 성립하기 때문이다.

▸ $E=\{t\in R|\, t>0,\ t^n<x\}$

▸ 모음 = 집합

$E$를 양의 실수 $t$ 중에서 $t^n<x$를 만족시키는 것 전체로 이루어진 모음이라고 하자.

$t=x/(1+x)$이면 $0<t<1$이다. 이에 따라 $t^n<t<x$이다. 그러므로 $t\in E$이고 $E$는 비지 않았다.

$t>1+x$이면 $t^n>t>x$이고, 이에 따라 $t\notin E$이다. 그러므로 $1+x$는 $E$의 상계이다.

정리 1.19에 따라 다음이 존재한다.

$$y=\sup E$$

$y^n=x$임을 증명하기 위해서, 두 부등식 $y^n<x$와 $y^n>x$가 모두 모순에 이름을 보이겠다.

등식 $b^n-a^n=(b-a)(b^{n-1}+b^{n-2}a+\cdots+a^{n-1})$으로부터 $0<a<b$일 때 다음 부등식을 얻는다.

$$b^n-a^n<(b-a)nb^{n-1}$$

$y^n<x$라고 가정하자. $h$를 $0<h<1$이고 다음이 성립하도록 선택하자.

$$h<\frac{x-y^n}{n(y+1)^{n-1}}$$

$a=y$와 $b=y+h$로 놓자. 그러면 다음이 성립한다.

$$(y+h)^n - y^n < hn(y+h)^{n-1} < hn(y+1)^{n-1} < x - y^n$$

그러면 $(y+h)^n < x$이고 $y+h \in E$이다. $y+h > y$이므로, 이것은 $y$가 $E$의 상계라는 사실에 모순된다.

$y^n > x$라고 가정하자. 다음과 같이 놓자.

$$k = \frac{y^n - x}{ny^{n-1}}$$

그러면 $0 < k < y$이다. $t \geq y-k$이면, 다음과 같은 결론을 얻는다.

$$y^n - t^n \leq y^n - (y-k)^n < kny^{n-1} = y^n - x$$

그러므로 $t^n > x$이고 $t \notin E$이다. 따라서 $y-k$는 $E$의 상계이다. 그러면 $y-k < y$인데, 이것은 $y$가 $E$의 최소 상계라는 사실에 모순된다.

따라서 $y^n = x$이고, 증명이 완성된다.

▸ $y \geq k$이면 $\frac{y^n - x}{ny^{n-1}}$에서 $y^n - x \geq ny^n$, $-x \geq (n-1)y^n \geq 0$이므로 모순이다.

▸ $x \in [0, y]$에 대해 $f(x) = (y-x)^n + nxy^{n-1} - y^n$으로 정의하면, $f(0) = 0$이고 $f(y) = (n-1)y^n > 0$이며 $x \in (0, y)$일 때 $f'(x) = ny^{n-1} - n(y-x)^{n-1} > 0$이다.

### 따름 정리

$a$와 $b$가 양의 실수이고 $n$이 자연수이면, 다음이 성립한다.

$$(ab)^{1/n} = a^{1/n} b^{1/n}$$

**증명** $\alpha = a^{1/n}$과 $\beta = b^{1/n}$로 놓자. 그러면 곱셈이 교환적이므로[정의 1.12의 공리 (M2)], 다음이 성립한다.

$$ab = \alpha^n \beta^n = (\alpha\beta)^n$$

따라서 정리 1.21의 유일성 주장은 다음이 성립함을 보여준다.

$$(ab)^{1/n} = \alpha\beta = a^{1/n} b^{1/n}$$

## 1.22 십진 소수

실수와 (십진) 소수 사이의 관계를 지적하는 것으로 이번 절을 마무리한다.

$x > 0$는 실수라 하고, $n_0$은 $n_0 \leq x$인 가장 큰 옹근 수라 하자. ($n_0$의 존재는 $R$의 아르키메데스 성질에 따라 좌우됨에 유의하자.) $n_0$, $n_1$, $\cdots$, $n_{k-1}$을 선택했다면, $n_k$는 다음을 만족시키는 가장 큰 옹근 수라 하자.

**용어**

(십진) 소수 decimal

▸ 옹근 수 = 정수

$$n_0 + \frac{n_1}{10} + \cdots + \frac{n_k}{10^k} \le x$$

▸ 모음 = 집합

$E$를 다음과 같은 수들의 모음이라고 하자.

$$n_0 + \frac{n_1}{10} + \cdots + \frac{n_k}{10^k} \quad (k = 0,\ 1,\ 2,\ \cdots) \tag{5}$$

그러면 $x = \sup E$이다. $x$의 소수 전개는 다음과 같다.

$$n_0 \cdot n_1 n_2 n_3 \cdots \tag{6}$$

▸ 갇혀 있다 = 유계이다

역으로, 임의의 무한 소수 (6)에 대해 수들 (5)의 모음 $E$는 위로 갇혀 있고, (6)은 $\sup E$의 소수 전개이다.

이 책에서는 (십진) 소수를 결코 사용하지 않기 때문에, 더 이상 자세하게 논의하지 않겠다.

## 확장 실수 체계

### 1.23 정의

**용어**
확장 실수 체계 extended real number system

확장 실수 체계는 실수 체 $R$ 및 두 기호 $+\infty$와 $-\infty$로 이루어진다. $R$에서의 원래 순서는 보존하고, 모든 $x \in R$에 대해 다음과 같이 정의한다.

$$-\infty < x < +\infty$$

그러므로 분명히 $+\infty$는 확장 실수 체계의 임의의 부분 모음의 상계이고, 임의의 비지 않은 부분 모음의 최소 상계가 존재한다. 예를 들면, $E$가 실수들의 비지 않은 모음으로 $R$에서 위로 갇혀 있지 않으면, 확장 실수 체계에서는 $\sup E = +\infty$이다.

정확하게 똑같은 사실이 하계에도 적용된다.

확장 실수 체계는 체를 형성하지 않지만, 관례적으로 다음과 같이 약속한다.

(a) $x$가 실수이면, 다음이 성립한다.

$$x + \infty = +\infty, \quad x - \infty = -\infty, \quad \frac{x}{+\infty} = \frac{x}{-\infty} = 0$$

(b) $x > 0$이면, $x \cdot (+\infty) = +\infty$이고 $x \cdot (-\infty) = -\infty$이다.

(c) $x < 0$이면, $x \cdot (+\infty) = -\infty$이고 $x \cdot (-\infty) = +\infty$이다.

두 기호 $+\infty$와 $-\infty$로부터 실수들을 명확하게 구분하고 싶을 때는 후자를 **유한** 실수라 부른다.

**용어**
유한 finite
복소수 complex number
복소수 체 complex field
순서쌍 ordered pair

## 복소수 체

### 1.24 정의

**복소수**는 두 실수의 순서쌍 $(a, b)$이다. 여기서 '순서'는 $a \neq b$일 때 $(a, b)$와 $(b, a)$를 서로 다른 것으로 생각함을 뜻한다.

$x = (a, b)$와 $y = (c, d)$가 두 복소수라 하자. $x = y$이기 위한 필요 충분 조건은 $a = c$이고 $b = d$인 경우이다. (이 정의가 완전히 불필요하지 않음에 주목하자. 옹근 수들의 몫으로 표현되는 유비수들의 상등을 생각하자.) 다음과 같이 정의한다.

$$x + y = (a + c,\ b + d),$$

$$xy = (ac - bd,\ ad + bc)$$

▸ 복소수 체를 통상 ℂ로 나타낸다. $\mathbb{C} = \{(a, b) \mid a \in R,\ b \in R\}$

▸ …위한 필요 충분 조건 = … 위해 필요하고 충분한 조건

▸ 옹근 수 = 정수, 유비수 = 유리수

### 1.25 정리

덧셈과 곱셈에 관한 이런 정의는 복소수 전체의 모음을 체로 만드는데, $(0, 0)$과 $(1, 0)$은 각각 0과 1의 역할을 한다.

▸ 모음 = 집합

**증명** 정의 1.12에 나열된 대로 체의 공리들을 확인한다. (물론, $R$의 체 구조를 이용한다.)

$x = (a, b),\ y = (c, d),\ z = (e, f)$라고 하자.

(A1)은 자명하다.

(A2) $x + y = (a + c,\ b + d) = (c + a,\ d + b) = y + x$

(A3) $(x + y) + z = (a + c,\ b + d) + (e,\ f)$
$= (a + c + e,\ b + d + f)$
$= (a,\ b) + (c + e,\ d + f) = x + (y + z)$

(A4) $x + 0 = (a,\ b) + (0,\ 0) = (a,\ b) = x$

(A5) $-x = (-a,\ -b)$로 놓자. 그러면 $x + (-x) = (0,\ 0) = 0$이다.

(M1)은 자명하다.

(M2) $xy = (ac-bd,\ ad+bc) = (ca-db,\ da+cb) = yx$

(M3) $$\begin{aligned}(xy)z &= (ac-bd,\ ad+bc)(e,\ f)\\ &= (ace-bde-adf-bcf,\ acf-bdf+ade+bce)\\ &= (a,\ b)(ce-df,\ cf+de) = x(yz)\end{aligned}$$

(M4) $1x = (1,\ 0)(a,\ b) = (a,\ b) = x$

(M5) $x \neq 0$이면 $(a,\ b) \neq (0,\ 0)$인데, 이것은 두 실수 $a$와 $b$ 중에서 적어도 한 개는 0이 아님을 뜻한다. 그러므로 보조 정리 1.18(d)에 의해 $a^2+b^2>0$이고, 다음과 같이 정의할 수 있다.

$$\frac{1}{x} = \left(\frac{a}{a^2+b^2},\ \frac{-b}{a^2+b^2}\right)$$

그러면 다음이 성립한다.

$$x \cdot \frac{1}{x} = (a,\ b)\left(\frac{a}{a^2+b^2},\ \frac{-b}{a^2+b^2}\right) = (1,\ 0) = 1$$

(D) $$\begin{aligned}x(y+z) &= (a,\ b)(c+e,\ d+f)\\ &= (ac+ae-bd-bf,\ ad+af+bc+be)\\ &= (ac-bd,\ ad+bc)+(ae-bf,\ af+be)\\ &= xy+xz\end{aligned}$$

## 1.26 정리

임의의 두 실수 $a$와 $b$에 대해 다음이 성립한다.

$$(a,\ 0)+(b,\ 0) = (a+b,\ 0),\quad (a,\ 0)(b,\ 0) = (ab,\ 0)$$

증명은 자명하다.

정리 1.26은 $(a,\ 0)$ 꼴의 복소수가 이에 대응하는 실수 $a$와 똑같은 산술적인 성질을 만족시킴을 보여준다. 그러므로 $(a,\ 0)$을 $a$와 동일시할 수 있다. 이런 동일시는 실수 체를 복소수 체의 부분 체로 만들어준다.

지금까지 신비로운 대상인 $-1$의 제곱근을 전혀 언급하지 않고 복소수를 정의했음을 알아챘을 것이다. 이제 기호 $(a,\ b)$는 좀 더 관례적인 $a+bi$와 동치임을 보일 수 있다.

### 1.27 정의

$i = (0, 1)$

### 1.28 정리

$i^2 = -1$

증명 $i^2 = (0, 1)(0, 1) = (-1, 0) = -1$

### 1.29 정리

$a$와 $b$가 실수이면, $(a, b) = a + bi$이다.

증명 $a + bi = (a, 0) + (b, 0)(0, 1)$
$= (a, 0) + (0, b) = (a, b)$

### 1.30 정의

$a$와 $b$가 실수이고 $z = a + bi$일 때, 복소수 $\bar{z} = a - bi$를 $z$의 **켤레**라 한다. 두 수 $a$와 $b$를 각각 $z$의 **실수 부분**과 **허수 부분**이라 한다.

가끔 다음과 같이 나타내겠다.

$$a = \text{Re}(z), \quad b = \text{Im}(z)$$

**용어**

켤레 conjugate
실수 부분 real part
허수 부분 imaginary part

### 1.31 정리

$z$와 $w$가 복소수이면, 다음이 성립한다.

(a) $\overline{z + w} = \bar{z} + \bar{w}$

(b) $\overline{zw} = \bar{z} \cdot \bar{w}$

(c) $z + \bar{z} = 2\text{Re}(z)$, $z - \bar{z} = 2i\,\text{Im}(z)$

(d) ($z = 0$인 경우를 제외하면) $z\bar{z}$는 양의 실수이다.

증명 (a), (b), (c)는 매우 자명하다. (d)를 증명하기 위해서 $z = a + bi$로 나타내고, $z\bar{z} = a^2 + b^2$임을 확인하자.

## 1.32 정의

| 용어 |
| --- |
| 절댓값 absolute value |

$z$가 복소수일 때, 이것의 **절댓값** $|z|$는 $z\bar{z}$의 음이 아닌 제곱근, 곧 $|z| = (z\bar{z})^{1/2}$이다.

$|z|$의 존재성(과 유일성)은 정리 1.21과 정리 1.31의 (d)로부터 유도된다.

$x$가 실수일 때, $\bar{x} = x$이므로 $|x| = \sqrt{x^2}$이다. 그러므로 $x \geq 0$일 때 $|x| = x$이고 $x < 0$일 때 $|x| = -x$이다.

## 1.33 정리

$z$와 $w$가 복소수일 때, 다음이 성립한다.

(a) $z \neq 0$이면 $|z| > 0$이고 $|0| = 0$이다.

(b) $|\bar{z}| = |z|$

(c) $|zw| = |z||w|$

(d) $|\mathrm{Re}(z)| \leq |z|$

(e) $|z+w| \leq |z| + |w|$

**증명** (a)와 (b)는 자명하다. $z = a + bi$와 $w = c + di$로 놓자. 여기서 $a$, $b$, $c$, $d$는 실수이다. 그러면 다음이 성립한다.

$$|zw|^2 = (ac-bd)^2 + (ad+bc)^2 = (a^2+b^2)(c^2+d^2) = |z|^2|w|^2$$

곧, $|zw|^2 = (|z||w|)^2$이다. 그러면 (c)는 정리 1.21의 유일성 정리로부터 유도된다.

(d)를 증명하기 위해서, $a^2 \leq a^2 + b^2$임에 주목하자. 그러므로 다음이 성립한다.

$$|a| = \sqrt{a^2} \leq \sqrt{a^2+b^2}$$

(e)를 증명하기 위해서, $\bar{z}w$가 $z\bar{w}$의 켤레임에 주목하자. 그러므로 $z\bar{w} + \bar{z}w = 2\,\mathrm{Re}(z\bar{w})$이다. 이에 따라 다음이 성립한다.

$$\begin{aligned} |z+w|^2 &= (z+w)(\bar{z}+\bar{w}) = z\bar{z} + z\bar{w} + \bar{z}w + w\bar{w} \\ &= |z|^2 + 2\,\mathrm{Re}(z\bar{w}) + |w|^2 \\ &\leq |z|^2 + 2|z\bar{w}| + |w|^2 \\ &= |z|^2 + 2|z||w| + |w|^2 = (|z|+|w|)^2 \end{aligned}$$

이제 (e)는 제곱근을 택해서 얻는다.

## 1.34 표기

$x_1, \cdots, x_n$이 복소수이면, 다음과 같이 나타낸다.

$$x_1 + x_2 + \cdots + x_n = \sum_{j=1}^{n} x_j$$

이번 절을 중요한 부등식으로 마무리하는데, 통상 **슈바르츠의 부등식**이라 부른다.

**용어**
슈바르츠(의) 부등식
Schwarz inequality

## 1.35 정리

$a_1, \cdots, a_n$과 $b_1, \cdots, b_n$이 복소수일 때, 다음이 성립한다.

$$\left| \sum_{j=1}^{n} a_j \overline{b_j} \right| \le \sum_{j=1}^{n} |a_j|^2 \sum_{j=1}^{n} |b_j|^2$$

**수학자**
슈바르츠(Karl Hermann Amandus Schwarz, 1843~1921) 도이칠란트의 수학자.

**증명** $A = \sum |a_j|^2$, $B = \sum |b_j|^2$, $C = \sum a_j \overline{b_j}$ 로 놓자. (이 증명의 모든 합에서 $j$는 $1, \cdots, n$의 값을 취한다.) $B = 0$이면, $b_1 = \cdots = b_n = 0$이고 결론은 자명하다. 그러므로 $B > 0$이라 가정하자. 정리 1.31에 의해 다음이 성립한다.

$$\begin{aligned} \sum |Ba_j - Cb_j|^2 &= \sum (Ba_j - Cb_j)(B\overline{a_j} - \overline{Cb_j}) \\ &= B^2 \sum |a_j|^2 - B\overline{C} \sum a_j \overline{b_j} - BC \sum \overline{a_j} b_j + |C|^2 \sum |b_j|^2 \\ &= B^2 A - B|C|^2 \\ &= B(AB - |C|^2) \end{aligned}$$

▸ $B\overline{C}\sum a_j\overline{b_j} = B\overline{C}C = B|C|^2$, $BC\sum \overline{a_j} b_j = BC\overline{C} = B|C|^2$, $|C|^2 \sum |b_j|^2 = |C|^2 B = B|C|^2$

첫째 합에 있는 각 항은 음이 아니므로, 다음을 알 수 있다.

$$B(AB - |C|^2) \ge 0$$

$B > 0$이므로, $AB - |C|^2 \ge 0$이 성립한다. 이것은 바라던 부등식이다.

## 유클리드 공간

### 1.36 정의

▸ 모음 = 집합

각 자연수 $k$에 대해 $R^k$는 다음과 같은 순서 $k$조 전체의 모음이라 하자.

$$\mathbf{x} = (x_1,\ x_2,\ \cdots,\ x_k)$$

여기서 $x_1,\ \cdots,\ x_k$는 실수로, $\mathbf{x}$의 **좌표**라 한다. $R^k$의 원소를 특히 $k>1$일 때 점 또는 벡터라고 부른다. 벡터는 굵은 문자로 나타내겠다. $\mathbf{y}=(y_1,\ \cdots,\ y_k)$이고 $\alpha$가 실수이면, 다음과 같이 놓자.

$$\mathbf{x}+\mathbf{y} = (x_1+y_1,\ \cdots,\ x_k+y_k),$$
$$\alpha\mathbf{x} = (\alpha x_1,\ \cdots,\ \alpha x_k)$$

따라서 $\mathbf{x}+\mathbf{y}\in R^k$이고 $\alpha\mathbf{x}\in R^k$이다. 이것은 벡터들의 덧셈과 함께 실수(스칼라)에 의한 벡터의 곱셈을 정의한다. 이런 두 연산은 교환·결합·분배 법칙을 만족시키고(증명은 실수에 관한 유사한 법칙 때문에 자명한데), $R^k$를 **실수 체 위에서의 벡터 공간**으로 만든다. $R^k$의 영 원소는 (때때로 **원점** 또는 **퇴화 벡터**라고 부르는데) 좌표가 모두 0인 점 $\mathbf{0}$이다.

또, $\mathbf{x}$와 $\mathbf{y}$의 이른바 '내적'(또는 스칼라 곱)을 다음과 같이 정의한다.

$$\mathbf{x}\cdot\mathbf{y} = \sum_{i=1}^{k} x_i y_i$$

그리고 $\mathbf{x}$의 **대중**[크기, 노름]을 다음과 같이 정의한다.

$$|\mathbf{x}| = (\mathbf{x}\cdot\mathbf{x})^{1/2} = \left(\sum_1^k x_i^2\right)^{1/2}$$

지금 정의한 구조를 (위의 내적과 대중이 정의된 벡터 공간 $R^k$를) 유클리드 $k$공간이라 한다.

**용어**

유클리드 ($k$) 공간 euclidean ($k$-)space
순서 $k$조 ordered $k$-tuple
좌표 coordinate
점 point
벡터 vector
실수 체 위에서의 벡터 공간 vector space over the real field
영 원소 zero element
원점 origin
퇴화 벡터 null vector
내적 inner product
스칼라 곱 scalar product
대중, 크기, 노름 norm
영어에서 'norm'은 표준, 규범, 규준, 기준을 뜻한다. 이런 뜻의 토박이말로 '대중'이 있다. '대중없다'는 '짐작을 할 수가 없다, 어떤 표준을 잡을 수가 없다'로 쓰인다. 'magnitude'를 '크기'로 나타내므로, 여기서는 'norm'을 '대중'으로 나타낸다.

**수학자**

유클리드(기원전 300년경 활동) 고대 그리스 수학자

### 1.37 정리

$\mathbf{x},\ \mathbf{y},\ \mathbf{z}\in R^k$이고 $\alpha$는 실수일 때, 다음이 성립한다.

(a) $|\mathbf{x}|\geq 0$

(b) $|\mathbf{x}|=0$이기 위한 필요 충분 조건은 $\mathbf{x}=\mathbf{0}$이다.

▸ … 위한 필요 충분 조건 = … 위해 필요하고 충분한 조건

(c) $|\alpha\mathbf{x}| = |\alpha||\mathbf{x}|$

(d) $|\mathbf{x} \cdot \mathbf{y}| \leq |\mathbf{x}||\mathbf{y}|$

(e) $|\mathbf{x}+\mathbf{y}| \leq |\mathbf{x}|+|\mathbf{y}|$

(f) $|\mathbf{x}-\mathbf{z}| \leq |\mathbf{x}-\mathbf{y}|+|\mathbf{y}-\mathbf{z}|$

**증명** (a), (b), (c)는 자명하고, (d)는 슈바르츠 부등식의 즉각적인 결과이다. (d)에 의해 다음이 성립한다.

$$\begin{aligned}|\mathbf{x}+\mathbf{y}|^2 &= (\mathbf{x}+\mathbf{y}) \cdot (\mathbf{x}+\mathbf{y}) \\ &= \mathbf{x} \cdot \mathbf{x} + 2\mathbf{x} \cdot \mathbf{y} + \mathbf{y} \cdot \mathbf{y} \\ &\leq |\mathbf{x}|^2 + 2|\mathbf{x}||\mathbf{y}| + |\mathbf{y}|^2 \\ &= (|\mathbf{x}|+|\mathbf{y}|)^2\end{aligned}$$

이에 따라 (e)가 증명된다. 마지막으로 (f)는 (e)에서 $\mathbf{x}$를 $\mathbf{x}-\mathbf{y}$로 바꾸고 $\mathbf{y}$를 $\mathbf{y}-\mathbf{z}$로 바꾸면 유도된다.

### 1.38 일러두기

정리 1.37의 (a), (b), (f)는 $R^k$를 거리 공간으로 간주할 수 있게 한다. (제 2 장을 보라.)

(실수 전체의 모음) $R^1$은 통상 직선 또는 실 직선[수 직선]이라 한다. 마찬가지로, $R^2$를 평면 또는 복소 평면이라 한다. (두 정의 1.24와 1.36을 비교하자.) 이런 두 가지 경우에 대중은 바로 대응하는 실수 또는 복소수의 절댓값이다.

**용어**

실 직선, 수 직선 real line
복소 평면 complex plane
절단 cut

▸ 모음 = 집합,
대중 = 노름

## 부록

이번 부록에서는 $Q$로부터 $R$을 구성함으로써 정리 1.19를 증명하겠다. 이런 구성 과정을 여러 단계로 나누겠다.

■ **단계 1** $R$의 원소는 **절단**이라 하는 $Q$의 특정한 부분 모음이다. 정의에 의해 절단은 다음 세 성질을 만족시키는 임의의 부분 모음 $\alpha \subset Q$이다.

(I) $\alpha$는 비지 않고 $\alpha \neq Q$이다.

(II) $p \in \alpha$이고 $q \in Q$이며 $q < p$이면, $q \in \alpha$이다.

(III) $p \in \alpha$이면, 어떤 $r \in \alpha$에 대해 $p < r$이다.

▸ 유비수 = 유리수

영어 알파벳 $p$, $q$, $r$, $\cdots$는 언제나 유비수를 나타내고, 그리스 알파벳 $\alpha$, $\beta$, $\gamma$, $\cdots$는 절단을 나타낸다.

(III)은 단순히 $\alpha$에 가장 큰 원소가 없음을 말하고 있다. (II)에 의해 앞으로 자유롭게 사용할 다음 두 가지 사실이 성립한다.

$p \in \alpha$이고 $q \notin \alpha$이면, $p < q$이다.

$r \notin \alpha$이고 $r < s$이면, $s \notin \alpha$이다.

▸ 진부분 모음 = 진부분집합

■ **단계 2** "$\alpha < \beta$"는 $\alpha$가 $\beta$의 진부분 모음임을 뜻하는 것으로 정의한다.

이것이 정의 1.5의 요구 조건을 충족시킴을 확인하자.

$\alpha < \beta$이고 $\beta < \gamma$이면, 분명히 $\alpha < \gamma$이다. (진부분 모음의 진부분 모음은 진부분 모음이다.) 임의의 쌍 $\alpha$와 $\beta$에 대해 다음 세 관계 중에서 많아야 한 개만 성립할 수 있다는 사실도 분명하다.

$$\alpha < \beta, \quad \alpha = \beta, \quad \beta < \alpha$$

적어도 한 관계가 성립함을 보이기 위해서 처음 두 관계가 성립하지 않는다고 가정하자. 그러면 $\alpha$는 $\beta$의 부분 모음이 아니다. 그러므로 적당한 $p \in \alpha$가 존재해서 $p \notin \beta$이 성립한다. $q \in \beta$이면 ($p \notin \beta$이므로) $q < p$이고, 이에 따라 (II)에 의해 $q \in \alpha$이다. 그러므로 $\beta \subset \alpha$이다. $\beta \neq \alpha$이므로, 결론적으로 $\beta < \alpha$이다.

따라서 $R$은 이제 순서 모음이다.

■ **단계 3** 순서 모음 $R$은 최소 상계 성질을 만족시킨다.

이를 증명하기 위해서, $A$를 $R$의 비지 않은 부분 모음이라 하고, $\beta \in R$가 $A$의 상계라고 가정하자. $\gamma$를 $\alpha \in A$ 전체의 합 모음으로 정의하자. 바꿔 말하면, $p \in \gamma$이기 위한 필요 충분 조건은 어떤 $\alpha \in A$에 대해 $p \in \alpha$인 것이다. $\gamma \in R$이고 $\gamma = \sup A$임을 보이겠다.

▸ 합 모음 = 합집합

▸ $\gamma = \cup\{\alpha \in R | \alpha \in A\}$

▸ … 위한 필요 충분 조건 = … 위해 필요하고 충분한 조건

$A$가 비지 않았으므로, 적당한 $\alpha_0 \in A$이 존재한다. 이 $\alpha_0$은 비지 않았다. $\alpha_0 \subset \gamma$이므로 $\gamma$는 비지 않았다. (모든 $\alpha \in A$에 대해 $\alpha \subset \beta$이므로) $\gamma \subset \beta$이고, 이에 따라 $\gamma \neq Q$이다. 그러므로 $\gamma$는 (I)을 만족시킨다. (II)와 (III)을 증명하기 위해서, $p \in \gamma$를 선택하자. 그러면 어떤 $\alpha_1 \in A$에 대해 $p \in \alpha_1$이다. $q < p$이면, $q \in \alpha_1$이고 이에 따라 $q \in \gamma$이다. 이것은

(II)를 증명한다. $r \in \alpha_1$을 $r > p$이 성립하도록 선택하면, ($\alpha_1 \subset \gamma$이므로) $r \in \gamma$임을 알 수 있고, 이에 따라 $r$는 (III)을 만족시킨다.

그러므로 $\gamma \in R$이다.

분명히 모든 $\alpha \in A$에 대해 $\alpha \leq \gamma$이다.

$\delta < \gamma$라 가정하자. 그러면 적당한 $s \in \gamma$가 존재해서 $s \not\in \delta$이다. $s \in \gamma$이므로, 어떤 $\alpha \in A$에 대해 $s \in \alpha$이다. 그러므로 $\delta < \alpha$이고 $\delta$는 $A$의 상계가 아니다.

따라서 바라던 결과 $\gamma = \sup A$를 얻는다.

▪ **단계 4** $\alpha \in R$이고 $\beta \in R$일 때, $\alpha + \beta$를 $r \in \alpha$와 $s \in \beta$에 대한 합 $r + s$ 전체의 모음으로 정의한다.

▸ $\alpha+\beta=\{r+s \mid r \in \alpha,\ s \in \beta\}$, $0^*=\{r \in Q \mid r<0\}$

▸ 유비수 = 유리수, 모음 = 집합

$0^*$을 음의 유비수 전체의 모음으로 정의한다. 분명히 $0^*$은 절단이다. (정의 1.12에 있는) 덧셈에 관한 공리들이 $R$에서 성립하고 $0^*$이 0의 역할을 한다는 사실을 밝히자.

(A1) $\alpha + \beta$가 절단임을 보여야 한다. 분명히 $\alpha + \beta$는 $Q$의 비지 않은 부분 모음이다. $r' \not\in \alpha$과 $s' \not\in \beta$을 선택하면, 모든 선택 $r \in \alpha$과 $s \in \beta$에 대해 $r' + s' > r + s$이다. 그러므로 $r' + s' \not\in \alpha + \beta$이다. 이에 따라 $\alpha + \beta$는 성질 (I)을 만족시킨다.

$p \in \alpha + \beta$를 선택하자. 그러면 $r \in \alpha$과 $s \in \beta$에 대해 $p = r + s$이다. $q < p$이면 $q - s < r$이므로, $q - s \in \alpha$이고 $q = (q - s) + s \in \alpha + \beta$이다. 그러므로 (II)가 성립한다. $t \in \alpha$를 $t > r$이 성립하도록 선택한다. 그러면 $p < t + s$이고 $t + s \in \alpha + \beta$이다. 따라서 (III)이 성립한다.

(A2) $\alpha + \beta$는 $r \in \alpha$과 $s \in \beta$에 대한 $r + s$ 전체의 모음이다. 똑같은 정의에 의해 $\beta + \alpha$는 $s + r$ 전체의 모음이다. 모든 $r \in Q$과 $s \in Q$에 대해 $r + s = s + r$이므로, $\alpha + \beta = \beta + \alpha$이다.

(A3) 위와 같이, 이것은 $Q$의 결합 법칙으로부터 유도된다.

(A4) $r \in \alpha$이고 $s \in 0^*$이면, $r + s < r$이므로 $r + s \in \alpha$이다. 그러므로 $\alpha + 0^* \subset \alpha$이다. 반대 방향의 포함 관계를 얻기 위해, $p \in \alpha$와 $r > p$인 $r \in \alpha$를 선택하자. 그러면 $p - r \in 0^*$이고 $p = r + (p - r) \in \alpha + 0^*$이다. 그러므로 $\alpha \subset \alpha + 0^*$이다. 결론적으로 $\alpha + 0^* = \alpha$이다.

▸ $\beta=\{p\in Q|$ 적당한 $r>0$에 대해 $-p-r\notin\alpha$이다$\}$

(A5) $\alpha\in R$를 고정하자. $\beta$를 다음 성질을 만족시키는 $p$ 전체의 모음이라고 하자.

"적당한 $r>0$이 존재해서 $-p-r\notin\alpha$이다."

바꿔 말하면, $-p$보다 작은 어떤 유비수는 $\alpha$에 속하지 않는다.

이제 $\beta\in R$이고 $\alpha+\beta=0^*$임을 보이자.

▸ $-q\in\beta$이면, 적당한 $r>0$에 대해 $-(-q)-r\notin\alpha$인데, 이는 $\alpha$가 절단이라는 사실에 모순이다.

$s\notin\alpha$이고 $p=-s-1$이면, $-p-1\notin\alpha$이고 이에 따라 $p\in\beta$이다. 그러므로 $\beta$는 비지 않았다. $q\in\alpha$이면 $-q\notin\beta$이다. 이에 따라 $\beta\neq Q$이다. 그러므로 $\beta$는 (I)을 만족시킨다.

$p\in\beta$와 $r>0$을 $-p-r\notin\alpha$이도록 선택하자. $q<p$이면, $-q-r>-p-r$이므로 $-q-r\notin\alpha$이다. 그러므로 $q\in\beta$이고 (II)가 성립한다. $t=p+(r/2)$로 놓자. 그러면 $t>p$이고 $-t-(r/2)=-p-r\notin\alpha$이므로, $t\in\beta$이다. 따라서 $\beta$는 (III)을 만족시킨다.

$\beta\in R$임을 증명했다.

$r\in\alpha$이고 $s\in\beta$이면, $-s\notin\alpha$이므로 $r<-s$이고 $r+s<0$이다. 그러므로 $\alpha+\beta\subset 0^*$이다.

▸ 옹근 수 = 정수

반대 방향의 포함 관계를 증명하기 위해, $v\in 0^*$를 선택하고 $w=-v/2$로 놓자. 그러면 $w>0$이고 옹근 수 $n$이 존재해서 $nw\in\alpha$이지만 $(n+1)w\notin\alpha$이 성립한다. (이것은 $Q$가 아르키메데스 성질을 만족시킨다는 사실에 의존한다.) $p=-(n+2)w$로 놓자. 그러면 $-p-w\notin\alpha$이므로 $p\in\beta$이고, 다음이 성립한다.

$$v=nw+p\in\alpha+\beta$$

그러므로 $0^*\subset\alpha+\beta$이다.

결론적으로 $\alpha+\beta=0^*$이다.

이런 $\beta$를 물론 $-\alpha$로 나타내겠다.

■ **단계 5** 단계 4에서 정의한 덧셈이 정의 1.12의 덧셈에 관한 공리들 (A)를 만족시킴을 증명했으므로, 보조 정리 1.14는 $R$에서 유효하고, 정의 1.17의 요구 조건의 하나인 다음을 증명할 수 있다.

$\alpha,\ \beta,\ \gamma\in R$이고 $\beta<\gamma$이면, $\alpha+\beta<\alpha+\gamma$이다.

사실, $R$에서 $+$의 정의에 의해 분명히 $\alpha+\beta\subset\alpha+\gamma$이다. $\alpha+\beta=\alpha+\gamma$가 성립한다면, 소거 법칙(보조 정리 1.14)에 의해 $\beta=\gamma$이 유도된다.

또, 이에 따라 $\alpha > 0^*$이기 위한 필요 충분 조건은 $-\alpha < 0^*$이다.

▸ … 위한 필요 충분 조건 = … 위해 필요하고 충분한 조건

■ **단계 6** 현재의 상황에서 곱셈은 덧셈보다 약간 더 성가신데, 두 음의 유비수의 곱이 양수이기 때문이다. 이런 이유에서, 먼저 $R^+$만을 생각하는데, 이것은 $\alpha \in R$ 중에서 $\alpha > 0^*$인 것 전체의 모음이다.

▸ 유비수 = 유리수

▸ $R^+ = \{\alpha \in R \mid \alpha > 0^*\}$

$\alpha \in R^+$이고 $\beta \in R^+$이면, $\alpha\beta$는 다음을 만족시키는 $p$ 전체의 모음으로 정의한다.

"$r > 0$이고 $s > 0$인 적당한 $r \in \alpha$과 $s \in \beta$에 대해 $p \leq rs$이다."

▸ $\alpha \in R^+$이고 $\beta \in R^+$일 때 $\alpha\beta = \{p \in Q \mid p < rs,\ r > 0,\ s > 0,\ r \in \alpha,\ s \in \beta\}$

$1^*$을 $q < 1$인 것 전체의 모음으로 정의하자.

▸ $1^* = \{q \in Q \mid q < 1\}$

그러면 정의 1.12에서 $F$ 대신에 $R^+$ 그리고 1 대신에 $1^*$을 사용하면 곱셈에 관한 공리들 (M)와 (D)가 성립한다.

이에 대한 증명은 단계 4에서 자세하게 제시한 것과 아주 비슷하므로, 여기서는 생략한다.

특히, 정의 1.17의 둘째 요구 조건 "$\alpha > 0^*$이고 $\beta > 0^*$이면, $\alpha\beta > 0^*$이다."가 성립함에 주목하자.

■ **단계 7** 곱셈의 정의를 $\alpha 0^* = 0^* \alpha = 0^*$로 놓고 다음과 같이 놓아서 완성하자.

$$\alpha\beta = \begin{cases} (-\alpha)(-\beta) & (\alpha < 0^*,\ \beta < 0^*) \\ -\{(-\alpha)\beta\} & (\alpha < 0^*,\ \beta > 0^*) \\ -\{\alpha \cdot (-\beta)\} & (\alpha > 0^*,\ \beta < 0^*) \end{cases}$$

우변의 곱은 단계 6에서 정의했다.

(단계 6에서) 곱셈에 관한 공리들(M)이 $R^+$에서 성립함을 증명했으므로, 이제 그것들을 $R$에서 증명하는 것은 아주 단순한데, 보조 정리 1.14의 일부인 등식 $\gamma = -(-\gamma)$을 반복 적용한다. (단계 5를 보라.)

다음 분배 법칙은 두 가지 경우로 나누어 증명한다.

$$\alpha(\beta + \gamma) = \alpha\beta + \alpha\gamma$$

예를 들어 $\alpha > 0^*$, $\beta < 0^*$, $\beta + \gamma > 0^*$이라 가정하자. 그러면 $\gamma = (\beta + \gamma) + (-\beta)$이고, (분배 법칙이 $R^+$에서 성립한다고 이미 증명했으므로) 다음이 성립한다.

$$\alpha\gamma = \alpha(\beta + \gamma) + \alpha \cdot (-\beta)$$

그런데 $\alpha\cdot(-\beta)=(-\alpha\beta)$이다. 그러므로 다음이 성립한다.

$$\alpha\beta+\alpha\gamma=\alpha(\beta+\gamma)$$

다른 경우도 같은 방법으로 밝힌다.

지금까지 $R$이 최소 상계 성질을 만족시키는 순서 체임을 증명했다.

▸ $r^*=\{p\in Q\,|\,p<r\}$

▸ 모음 = 집합

■ **단계 8** 각 $r\in Q$에 $p\in Q$ 중에서 $p<r$인 것 전체의 모음 $r^*$을 대응시키자. 분명히 각 $r^*$은 절단이다. 곧 $r^*\in R$이다. 이런 절단들은 다음 관계를 만족시킨다.

(a) $r^*+s^*=(r+s)^*$

(b) $r^*s^*=(rs)^*$

(c) $r^*<s^*$이기 위한 필요 충분 조건은 $r<s$이다.

▸ … 위한 필요 충분 조건 = … 위해 필요하고 충분한 조건

(a)를 증명하기 위해서 $p\in r^*+s^*$를 선택하자. 그러면 $u<r$와 $v<s$에 대해 $p=u+v$이다. 그러므로 $p<r+s$인데, 이는 $p\in(r+s)^*$임을 뜻한다.

역으로, $p\in(r+s)^*$라 가정하자. 그러면 $p<r+s$이다. $t$를 $2t=r+s-p$가 성립하도록 선택하고 다음과 같이 놓자.

$$r'=r-t,\quad s'=s-t$$

그러면 $r'\in r^*$, $s'\in s^*$, $p=r'+s'$이므로, $p\in r^*+s^*$이다.

이것이 (a)를 증명한다. (b)의 증명은 이와 비슷하다.

$r<s$이면, $r\in s^*$이지만 $r\notin r^*$이다. 그러므로 $r^*<s^*$이다.

$r^*<s^*$이면, 적당한 $p\in s^*$가 존재해서 $p\notin r^*$이 성립한다. 이에 따라 $r\le p<s$이므로, $r<s$이다.

이것이 (c)를 증명한다.

▸ 유비수 = 유리수

| 용어 | |
|---|---|
| 동형 | isomorphic |

■ **단계 9** 단계 8에서 밝힌 대로, 유비수 $r$을 이에 대응하는 '유비수 절단' $r^*\in R$로 바꿔도 합, 곱, 순서가 보존된다. 이 사실을 "순서 체 $Q$는 순서 체 $Q^*$와 **동형**인데, $Q^*$의 원소는 유비수 절단이다."라는 말로 표현할 수 있다. 물론, $r^*$은 결코 $r$과 같지 않지만, 고려하는 성질들(산술과 순서)은 두 체에서 서로 같다.

바로 이런 $Q$와 $Q^*$의 동일시 때문에, $Q$를 $R$의 부분 체로 간주할 수 있다.

정리 1.19의 둘째 부분은 이런 동일시로 이해해야 한다. 이와 똑같은 상황이 실수 체를 복소수 체의 부분 체로 간주할 때 나타났고, 훨씬 더 낮은 수준으로 옹근 수들을 $Q$의 특정한 부분 모음과 동일시할 때도 나타났다는 사실에 주목하자.

▸ 모음 = 집합

여기서 증명하지는 않겠지만, "최소 상계 성질을 만족시키는 임의의 두 순서 체는 동형이다."라는 명제는 참이다. 따라서 정리 1.19의 첫째 부분은 실수 체 $R$을 완벽하게 특징짓는다.

참고문헌에 인용한 란다우(Landau)의 책과 서스턴(Thurston)의 책은 온전히 수 체계만을 다루고 있다. 크노프(Knopp)의 책 제 1 장에는 $Q$로부터 $R$을 얻는 방법을 매우 느긋하게 설명하고 있다. 각 실수를 (제 3 장에서 다룰) 유비수들의 코시 열의 동치류로 정의하는 또 다른 구성 방법은 휴이트(Hewitt)와 스트롬버그(Stromberg)의 책 제 5 절에 소개되어 있다.

여기서 사용한 $Q$에서의 절단은 데데킨트(Dedekind)가 고안했다. $Q$로부터 코시 열을 사용한 $R$의 구성은 칸토어(Cantor)가 창안했다. 칸토어와 데데킨트는 모두 자신의 구성 방법을 1872년에 발표했다.

**수학자**

코시(Augustin-Louis Cauchy, 1789~1857) 프랑스 수학자,
란다우(Edmund Georg Hermann Landau, 1877~1938) 도이칠란트 수학자,
크노프(Konrad Hermann Theodor Knopp, 1882~ 1957) 도이칠란트 수학자,
데데킨트(Julius Wilhelm Richard Dedekind, 1831~1916) 도이칠란트 수학자,
칸토어(Georg Ferdinand Ludwig Philipp Cantor, 1845~1918) 도이칠란트 수학자

## 익힘 문제

특별한 말이 없으면, 익힘 문제에서 언급하는 수는 모두 실수이다.

▸ 유비수 = 유리수, 무비수 = 무리수

**1.** $r$이 유비수이고($r \neq 0$) $x$가 무비수이면, $r+x$와 $rx$는 무비수임을 증명하라.

**2.** 유비수 중에서 제곱하면 12가 되는 것이 없음을 증명하라.

**3.** 보조 정리 1.15를 증명하라.

**4.** $E$는 순서 모음의 비지 않은 부분 모음이고, $\alpha$는 $E$의 하계이며 $\beta$는 $E$의 상계라 하자. $\alpha \leq \beta$임을 증명하라.

**5.** $A$는 실수들의 비지 않은 모음이고 아래로 갇혀 있다고 하자. $-A$는 $x \in A$에 대해 수 $-x$ 전체의 모음이라 하자. 다음을 증명하라.

▸ 갇혀 있다 = 유계이다

▸ $-A = \{-x \mid x \in A,\ x \in R\}$

$$\inf A = -\sup(-A)$$

**6.** $b > 1$를 고정하자.

(a) $m,\ n,\ p,\ q$는 옹근 수, $n>0$, $q>0$, $r = m/n = p/q$일 때 다

▸ 옹근 수 = 정수

음을 증명하라.

$$(b^m)^{1/n} = (b^p)^{1/q}$$

그러므로 $b^r = (b^m)^{1/n}$으로 정의하는 것은 타당하다.

▸ 유비수 = 유리수

▸ 모음 = 집합

▸ $B(x) = \{b^t \mid t \le x,\ t \in Q\}$

(b) $r$과 $s$가 유비수일 때, $b^{r+s} = b^r b^s$임을 증명하라.

(c) $x$가 실수일 때, $B(x)$를 $x$ 이하의 유비수 $t$에 대한 수 $b^t$ 전체의 모음으로 정의하자. 유비수 $r$에 대해 다음이 성립함을 증명하라.

$$b^r = \sup B(r)$$

그러므로 각 실수 $x$에 대해 다음과 같이 정의하는 것은 타당하다.

$$b^x = \sup B(x)$$

(d) 모든 실수 $x$와 $y$에 대해 $b^{x+y} = b^x b^y$이 성립함을 증명하라.

**7.** 고정된 $b > 1$와 $y > 0$에 대해 유일한 실수 $x$가 존재해서 $b^x = y$가 성립함을 다음과 같은 개요를 완성해서 증명하라. (이 $x$는 **$b$를 밑으로 하는 $y$의 로그**라 한다.)

| 용어 |
|---|
| $b$를 밑으로 하는 $y$의 로그<br>logarithm of $y$<br>to the base $b$ |
| 사전식 순서<br>dictionary order,<br>lexicographic order |

(a) 임의의 자연수 $n$에 대해 $b^n - 1 \ge n(b-1)$이다.

(b) 그러므로 $b - 1 \ge n(b^{1/n} - 1)$이다.

(c) $t > 1$이고 $n > (b-1)/(t-1)$이면, $b^{1/n} < t$이다.

(d) $w$가 $b^w < y$를 만족시키면, 충분히 큰 $n$에 대해 $b^{w+(1/n)} < y$이다. 이를 확인하기 위해서 (c)를 $t = y \cdot b^{-w}$에 대해 적용하자.

(e) $b^w > y$이면, 충분히 큰 $n$에 대해 $b^{w-(1/n)} > y$이다.

▸ $A = \{w \mid b^w < y\}$

(f) $A$를 $b^w < y$를 만족시키는 $w$ 전체의 모음이라 하고, $x = \sup A$가 $b^x = y$를 만족시킴을 보여라.

(g) $x$가 유일함을 증명하라.

**8.** 복소수 체에서 순서를 정의해서 순서 체로 만들 수 없음을 증명하라.

**귀띔** : $-1$은 제곱수이다.

**9.** $z = a + bi$이고 $w = c + di$라 하자. $a < c$이거나 $a = c$이고 $b < d$일 때 $z < w$라 정의하자. 이것이 복소수 전체의 모음을 순서 모음으로 만든다는 사실을 증명하라. (이런 형태의 순서 관계를 분명한 이유에서 **사전식 순서**라 한다.) 이 순서 모음은 최소 상계 성질을 만족시키는가?

**10.** $z = a + bi$이고 $w = u + iv$이며 다음과 같다고 하자.

$$a = \left(\frac{|w| + u}{2}\right)^{1/2}, \quad b = \left(\frac{|w| - u}{2}\right)^{1/2}$$

$v \geq 0$이면 $z^2 = w$이고 $v \leq 0$이면 $(\bar{z})^2 = w$임을 증명하라. 결론적으로, 각 복소수에는 (한 개를 제외하고) 두 개의 복소수 제곱근이 존재한다.

**11.** $z$는 복소수이면, 적당한 $r \geq 0$과 절댓값이 1인 복소수 $w$가 존재해서 $z = rw$가 성립함을 증명하라. $w$와 $r$은 $z$에 의해 유일하게 결정되는가?

**12.** $z_1, \cdots, z_n$이 복소수일 때, 다음이 성립함을 증명하라.

$$|z_1 + z_2 + \cdots + z_n| \leq |z_1| + |z_2| + \cdots + |z_n|$$

**13.** $x$와 $y$가 복소수일 때, 다음이 성립함을 증명하라.

$$||x| - |y|| \leq |x - y|$$

**14.** $z$는 절댓값이 1인 복소수, 곧 $z\bar{z} = 1$일 때, 다음을 셈하라.

$$|1 + z|^2 + |1 - z|^2$$

**15.** 슈바르츠의 부등식에서 등호는 어떤 조건에서 성립하는가?

**16.** $k \geq 3$, $\mathbf{x} \in R^k$, $\mathbf{y} \in R^k$, $|\mathbf{x} - \mathbf{y}| = d > 0$, $r > 0$이라 가정하고 다음을 증명하라.

(a) $2r > d$이면, 다음을 만족시키는 $\mathbf{z} \in R^k$가 무수히 많이 존재한다.

$$|\mathbf{z} - \mathbf{x}| = |\mathbf{z} - \mathbf{y}| = r$$

(b) $2r = d$이면, 그와 같은 $\mathbf{z}$가 단 한 개 존재한다.

(c) $2r < d$이면, 그와 같은 $\mathbf{z}$가 존재하지 않는다.

$k$가 2 또는 1일 때, 이 명제들은 어떻게 바뀌야 하는가?

**17.** $\mathbf{x} \in R^k$이고 $\mathbf{y} \in R^k$일 때, 다음이 성립함을 증명하라.

$$|\mathbf{x} + \mathbf{y}|^2 + |\mathbf{x} - \mathbf{y}|^2 = 2|\mathbf{x}|^2 + 2|\mathbf{y}|^2$$

이것을 기하학적으로 평행 사변형에 관한 명제로 해석하라.

**18.** $k \geq 2$이고 $\mathbf{x} \in R^k$일 때, 적당한 $\mathbf{y} \in R^k$가 존재해서 $\mathbf{y} \neq 0$이지만 $\mathbf{x} \cdot \mathbf{y} = 0$이 성립함을 증명하라. 이것은 $k = 1$일 때도 참인가?

**19.** $\mathbf{a} \in R^k$이고 $\mathbf{b} \in R^k$라 하자. 다음을 만족시키는 $\mathbf{c} \in R^k$과 $r > 0$을 찾아라.

$|\mathbf{x} - \mathbf{a}| = 2|\mathbf{x} - \mathbf{b}|$이기 위한 필요 충분 조건은 $|\mathbf{x} - \mathbf{c}| = r$이다.

(답 : $3\mathbf{c} = 4\mathbf{b} - \mathbf{a}$, $3r = 2|\mathbf{b} - \mathbf{a}|$)

▸… 위한 필요 충분 조건
= … 위해 필요하고 충분한 조건

▸ 모음 = 집합

**20.** 부록을 참조해서, 절단의 정의에서 성질 (III)을 생략했다고 가정하자. 순서와 덧셈의 정의는 똑같이 유지한다. 이렇게 얻은 순서 모음은 최소 상계 성질을 만족시키고, 덧셈은 (A1)부터 [영 원소가 약간 다른] (A4)까지의 공리들을 만족시키지만 (A5)는 만족시키지 못함을 보여라.

02

# 기초적인 위상

Basic Topology

## 유한 모음, 셀 수 있는 모음, 셀 수 없는 모음

이번 절에서는 먼저 함수 개념을 정의한다.

### 2.1 정의

원소가 임의의 대상일 수 있는 두 모음 $A$와 $B$를 생각하고, $A$의 각 원소 $x$에 어떤 방식으로 $B$의 한 원소인 $f(x)$로 나타내는 원소를 대응시킨다고 하자. 그러면 $f$는 $A$에서 $B$로의 **함수**(또는 $A$에서 $B$로의 **사상**)라고 한다. 모음 $A$는 $f$의 **정의역**이라 하고(또는 $f$는 $A$에서 정의되어 있다고 하고), 원소 $f(x)$를 $f$의 **값** 또는 **함숫값**이라 한다. $f$의 함숫값 전체의 모음을 $f$의 **치역**이라 한다.

▸ 모음 = 집합

**용어**

$A$에서 $B$로의 함수 function from $A$ to $B$
$A$에서 $B$로의 사상 mapping of $A$ into $B$
정의역 domain
값 value
치역 range
상 image
위로 onto
역상 inverse image
일대일 1–1 one-to-one

### 2.2 정의

$A$와 $B$는 모음이고, $f$는 $A$에서 $B$로의 사상이라 하자. $E \subset A$일 때, $f(E)$는 $x \in E$에 대한 원소 $f(x)$ 전체의 모음으로 정의한다. $f(E)$를 $f$에 의한 $E$의 **상**이라 한다. 이런 표기법에서, $f(A)$는 $f$의 치역이다. 분명히, $f(A) \subset B$이다. $f(A) = B$일 때, $f$는 $A$를 $B$ **위로** 사상한다고 한다. (이런 용어에 의해 '위로'는 '로'보다 더 특별하다.)

▸ $f(E) = \{f(x) \in B \mid x \in E\}$

$E \subset B$일 때, $f^{-1}(E)$는 $x \in A$ 중에서 $f(x) \in E$인 것 전체의 모음을 나타낸다. $f^{-1}(E)$를 $f$에 의한 $E$의 **역상**이라 한다. $y \in B$일 때, $f^{-1}(y)$는 $x \in A$ 중에서 $f(x) = y$인 것 전체의 모음이다. 각 $y \in B$에 대해 $f^{-1}(y)$가 $A$의 많아야 한 개의 원소로 이루어질 때, $f$를 $A$에서 $B$로의 **일대일** 사상이라 한다. 이것은 다음과 같이 표현할 수도 있다.

▸ $f^{-1}(E) = \{x \in A \mid f(x) \in E\}$

▸ $f^{-1}(y) = \{x \in A \mid f(x) = y\}$

$x_1 \in A$이고 $x_2 \in A$이며 $x_1 \neq x_2$이면 $f(x_1) \neq f(x_2)$일 때, $f$를 $A$에서 $B$로의 **일대일** 사상이라 한다.

(기호 $x_1 \neq x_2$는 $x_1$과 $x_2$가 서로 다른 원소임을 뜻한다. 그렇지 않으면, $x_1 = x_2$로 나타낸다.)

## 2.3 정의

**용어**

일대일 대응 one-to-one correspondence
기수 cardinal number
동치 equivalent
반사적 reflexive
대칭적 symmetric
추이적 transitive
동치 관계 equivalence relation
유한 finite
무한 infinite
셀 수 있는[있다], 가산 [be] countable
셀 수 없는[없다], 비가산 [be] uncountable
기껏해야 셀 수 있는[있다] [be] at most countable
번호를 붙일 수 있는, 가부번 enumerable, denumerable

$A$에서 $B$ **위로의 일대일 사상**이 존재하면, '$A$와 $B$는 **일대일 대응** 관계에 있다' 또는 '$A$와 $B$의 **기수**는 같다' 또는 간략하게 '$A$와 $B$는 **동치**이다'라 하고 기호 $A \sim B$로 나타낸다. 이 관계는 분명히 다음 성질들을 만족시킨다.

이것은 반사적이다. 곧 $A \sim A$이다.
이것은 대칭적이다. 곧 $A \sim B$이면 $B \sim A$이다.
이것은 추이적이다. 곧 $A \sim B$이고 $B \sim C$이면 $A \sim C$이다.

이런 세 가지 성질을 만족시키는 임의의 관계를 **동치 관계**라고 한다.

## 2.4 정의

임의의 자연수 $n$에 대해 $J_n$을 원소가 자연수 1, 2, …, $n$인 모음이라 하자. $J$는 자연수 전체의 모음이라 하자. 임의의 모음 $A$에 대해 다음과 같이 말한다.

▸ $J_n = \{1, 2, 3, \cdots, n\}$, $J = \{1, 2, 3, \cdots\}$ $= \{n \mid n$은 자연수$\}$, 모음 = 집합, 빈 모음 = 공집합

(a) 어떤 $n$에 대해 $A \sim J_n$일 때, $A$는 **유한**이다. (빈 모음도 유한으로 생각한다.)
(b) $A$가 유한이 아닐 때, $A$는 **무한**이다.
(c) $A \sim J$일 때, $A$는 **셀 수 있다**[가산이다].
(d) $A$가 유한도 아니고 셀 수 있지도 않을 때, $A$는 **셀 수 없다**[비가산이다].
(e) $A$가 유한이거나 셀 수 있을 때, $A$는 **기껏해야 셀 수 있다**.

셀 수 있는 모음을 때때로 **번호를 붙일 수 있는** 또는 **가부번** 모음이라 한다.

▸… 위한 필요 충분 조건 = … 위해 필요하고 충분한 조건

두 유한 모음 $A$와 $B$에 대해, 명백하게 $A \sim B$이기 위한 필요 충분 조건은 $A$와 $B$에 똑같은 개수의 원소가 속하는 경우이다. 그렇지만 무한 모음들에 대해서는 '똑같은 개수의 원소가 속한다.'는 생각은 매우 모호하지만, 일대일 대응의 개념은 명확한 상태를 유지한다.

## 2.5 보기

$A$는 옹근 수 전체의 모음이라 하자. 그러면 $A$는 셀 수 있다. 왜냐하면 두 모음 $A$와 $J$를 다음과 같이 배열할 수 있기 때문이다.

▸옹근 수 = 정수

$$A: \ 0,\ 1,\ -1,\ 2,\ -2,\ 3,\ -3,\ \cdots$$
$$J: \ 1,\ 2,\quad 3,\ 4,\quad 5,\ 6,\quad 7,\ \cdots$$

이 보기에서는 일대일 대응 관계를 설정하는 $J$에서 $A$로의 함수 $f$에 대한 명확한 공식을 제시할 수 있다.

$$f(n)=\begin{cases} n/2 & (n\text{은 짝수}) \\ -(n-1)/2 & (n\text{은 홀수}) \end{cases}$$

## 2.6 일러두기

유한 모음은 자신의 진부분 모음과 동치일 수 없다. 그렇지만 보기 2.5에서 밝힌 대로 무한 모음에 대해서는 가능한데, 이 보기에서 $J$는 $A$의 진부분 모음이다.

▸진부분 모음 = 진부분집합,
유한 모음 = 유한집합,
무한 모음 = 무한집합

실제로, 정의 2.4(b)를 다음 명제로 바꿀 수 있다. "$A$가 무한 모음이기 위한 필요 충분 조건은 $A$가 자신의 진부분 모음과 동치인 것이다."

▸… 위한 필요 충분 조건
= … 위해 필요하고 충분한 조건

**용어**

열, 수열 sequence
항 term
$A$에서의 열
sequence in $A$
$A$의 원소들의 열
sequence of elements in $A$

이 책에서 sequence의 항은 수가 아닌 경우를 많이 다룬다. 이에 따라 이를 '열'로 옮기고, 원서와 일치시켜서 원소들의 열, [실·복소]수들의 열(또는 복소수 열, 실수 열), 점들의 열, 모음들의 열, 함수들의 열 등과 같이 나타낸다.

## 2.7 정의

**열**은 자연수 전체의 모음 $J$에서 정의된 함수 $f$를 뜻한다. $n\in J$일 때 $f(n)=x_n$이면, 관례적으로 열 $f$를 기호 $\{x_n\}$ 또는 때때로 $x_1,\ x_2,\ x_3,\ \cdots$으로 나타낸다. $f$의 함숫값, 곧 원소 $x_n$을 열의 **항**이라 한다. $A$가 모음이고 모든 $n\in J$에 대해 $x_n\in A$일 때, $\{x_n\}$을 **$A$에서의 열** 또는 **$A$의 원소들의 열**이라 한다.

열의 항 $x_1,\ x_2,\ x_3,\ \cdots$은 서로 다를 필요가 없다는 점에 주목하자.

임의의 셀 수 있는 모음은 $J$에서 정의된 일대일 함수의 치역이므로, 셀 수 있는 모음을 항들이 서로 다른 열의 치역으로 간주할 수 있다. 좀 더 거칠게, 임의의 셀 수 있는 모음의 원소들은 '열로 배열할 수 있다.'고 말할 수 있다.

이 정의에서 $J$를 음이 아닌 옹근 수 전체, 곧 1 대신에 0에서 출발하는 옹근 수 전체의 모음으로 바꾸는 것이 때로는 더 편리하다.

▸ 모음 = 집합

### 2.8 정리

**셀 수 있는 모음 $A$의 임의의 무한 부분 모음은 셀 수 있다.**

**증명** $E \subset A$이고 $E$는 무한이라 하자. $A$의 원소 $x$들을 서로 다른 원소들의 열 $\{x_n\}$으로 배열하자. 열 $\{n_k\}$를 다음과 같이 구성하자.

$n_1$은 $x_{n_1} \in E$인 가장 작은 자연수라 하자. $n_1, \cdots, n_{k-1}$ ($k = 2, 3, 4, \cdots$)를 선택했다면, $n_k$는 $n_{k-1}$보다 크고 $x_{n_k} \in E$인 가장 작은 자연수라 하자.

$f(k) = x_{n_k}$ ($k = 1, 2, 3, \cdots$)로 놓으면, $E$와 $J$ 사이의 일대일 대응 관계를 얻는다.

거칠게 말하면. 이 정리는 셀 수 있는 모음이 '가장 작은' 무한대를 나타낸다는 사실을 보여준다. 셀 수 없는 모음은 셀 수 있는 모음의 부분 모음이 될 수 없다.

### 2.9 정의

| 용어 | |
|---|---|
| 모음들의 모둠 | collection of sets |
| 모음들의 족 | family of sets |
| 합 모음, 합집합 | union |

▸ … 위한 필요 충분 조건 = … 위해 필요하고 충분한 조건

$A$와 $\Omega$는 모음이고, $A$의 각 원소 $\alpha$에 $E_\alpha$로 나타내는 $\Omega$의 부분 모음을 대응시킨다고 가정하자.

원소가 모음 $E_\alpha$인 모음을 $\{E_\alpha\}$로 나타내겠다. 모음들의 모음이라 말하는 대신에, 때때로 모음들의 **모둠** 또는 모음들의 **족**이라 한다.

모음 $E_\alpha$들의 **합 모음** $S$는 "$x \in S$이기 위한 필요 충분 조건은 적어도 한 개의 $\alpha \in A$에 대해 $x \in E_\alpha$이다."와 같이 정의한다. 다음과 같은 표기법을 사용한다.

(1) $$S = \bigcup_{\alpha \in A} E_\alpha$$

$A$가 자연수 1, 2, …, $n$으로 이루어지만, 통상 다음 (2) 또는 (3)과 같이 나타낸다.

(2) $$S = \bigcup_{m=1}^{n} E_m$$

(3) $$S = E_1 \cup E_2 \cup \cdots \cup E_n$$

$A$가 자연수 전체의 모음이면, 통상적인 표기법은 다음과 같다.

(4) $$S = \bigcup_{m=1}^{\infty} E_m$$

(4)에서의 기호 $\infty$는 단순히 셀 수 있을 만큼 많은 모음들의 합 모음 또는 모음들의 셀 수 있는 모둠의 합 모음을 취했음을 가리킨다. 이것을 정의 1.23에서 도입한 기호 $+\infty$ 및 $-\infty$와 혼동하지 말아야 한다.

▸… 위한 필요 충분 조건 = … 위해 필요하고 충분한 조건

모음 $E_\alpha$들의 **교 모음** $P$는 "$x \in P$이기 위한 필요 충분 조건은 모든 $\alpha \in A$에 대해 $x \in E_\alpha$이다."와 같이 정의한다. 합 모음에서와 같이 다음 (5) 또는 (6) 또는 (7)과 같은 표기법을 사용한다.

**용어**

교 모음, 교집합 intersection
만난다, 교차한다 intersect
만나지 않는[다], 서로 소인 [be] disjoint
$A \cap B = \varnothing$일 때 $A$와 $B$는 '서로 소'라고도 하는데, '서로 소(relatively prime)'는 최대 공약수가 1인 두 자연수에 사용해서 혼란을 일으킬 수 있다. 여기서는 모음들 사이에 '서로 소'라는 용어는 사용하지 않는다.

(5) $$P = \bigcap_{\alpha \in A} E_\alpha$$

(6) $$P = \bigcap_{m=1}^{n} E_m = E_1 \cap E_2 \cap \cdots \cap E_n$$

(7) $$P = \bigcap_{m=1}^{\infty} E_m$$

$A \cap B$가 비지 않으면 $A$와 $B$는 **만난다**[교차한다]라 하고, 그렇지 않으면 **만나지 않는다**[서로 소]라고 한다.

## 2.10 보기

(a) $E_1$은 1, 2, 3으로 이루어지고, $E_2$는 2, 3, 4로 이루어져 있다고 하자. 그러면 $E_1 \cup E_2$는 1, 2, 3, 4로 이루어져 있고, $E_1 \cap E_2$는 2, 3으로 이루어져 있다.

▸ $E_1 = \{1, 2, 3\}$, $E_2 = \{2, 3, 4\}$, $E_1 \cup E_2 = \{1, 2, 3, 4\}$, $E_1 \cap E_2 = \{2, 3\}$

(b) $A$는 실수 $x$ 중에서 $0 < x \le 1$인 것 전체의 모음이라 하자. 각 $x \in A$에 대해 $E_x$는 실수 $y$ 중에서 $0 < y < x$인 것 전체의 집합이라 하자. 그러면 다음이 성립한다.

▸ $A = \{x \in R \mid 0 < x \le 1\}$, $E_x = \{y \in R \mid 0 < y < x\}$, 빈 모음 = 공집합

(i) $E_x \subset E_z$이기 위한 필요 충분 조건은 $0 < x \le z \le 1$이다.

(ii) $\bigcup_{x \in A} E_x = E_1$

(iii) $\bigcap_{x \in A} E_x$는 빈 모음이다.

(i)과 (ii)는 분명하다. (iii)을 증명하기 위해서, 모든 $y > 0$에 대해 $x < y$이면 $y \notin E_x$이 성립함을 주목하자. 그러므로 $y \notin \bigcap_{x \in A} E_x$이다.

## 2.11 일러두기

▸ 합 모음 = 합집합, 교 모음 = 교집합

합 모음과 교 모음의 많은 성질은 합과 곱의 성질과 아주 비슷한데, 실제로 용어 합과 곱이 이런 맥락으로 종종 사용됐고, 두 기호 $\Sigma$와 $\Pi$가 $\cup$과 $\cap$를 대신해서 쓰였다.

다음과 같은 교환 법칙과 결합 법칙은 자명하다.

(8) $$A \cup B = B \cup A; \qquad A \cap B = B \cap A,$$

(9) $$(A \cup B) \cup C = A \cup (B \cup C); \qquad (A \cap B) \cap C = A \cap (B \cap C)$$

그러므로 (3)과 (6)에서 괄호를 생략한 것은 정당하다.

다음과 같은 분배 법칙이 성립한다.

(10) $$A \cap (B \cup C) = (A \cap B) \cup (A \cap C)$$

이를 증명하기 위해, (10)의 왼쪽과 오른쪽 모음을 각각 $E$와 $F$로 나타내자.

$x \in E$라 하자. 그러면 $x \in A$이고 $x \in B \cup C$, 곧 $x \in B$ 또는 $x \in C$이다. 이에 따라 $x \in A \cap B$ 또는 $x \in A \cap C$이므로, $x \in F$이다. 그러므로 $E \subset F$이다.

이제 $x \in F$라 하자. 그러면 $x \in A \cap B$ 또는 $x \in A \cap C$이다. 곧, $x \in A$이고 $x \in B \cup C$이다. 이에 따라 $x \in A \cap (B \cup C)$이므로, $F \subset E$이다.

따라서 $E = F$이다.

쉽게 확인할 수 있는 관계를 몇 가지 더 나열한다.

(11) $$A \subset A \cup B,$$

(12) $$A \cap B \subset A$$

▸ $0 = \varnothing$, $A \cup \varnothing = A$, $A \cap \varnothing = \varnothing$

0이 빈 모음을 나타내면, 다음이 성립한다.

(13) $$A \cup 0 = A, \qquad A \cap 0 = 0$$

$A \subset B$이면, 다음이 성립한다.

(14) $$A \cup B = B, \qquad A \cap B = A$$

## 2.12 정리

▸ 셀 수 있는 모음들의 열 sequence of countable sets

$\{E_n\}$ $(n = 1, 2, 3, \cdots)$은 셀 수 있는 모음들의 열이고 다음과 같이 놓자.

(15) $$S = \bigcup_{n=1}^{\infty} E_n$$

그러면 $S$는 셀 수 있는 모음이다.

▸ 모음 = 집합

증명 각 모음 $E_n$을 열 $\{x_{nk}\}$ $(k=1, 2, 3, \cdots)$로 배열하고, 다음과 같은 무한 배열을 생각하자.

(16) 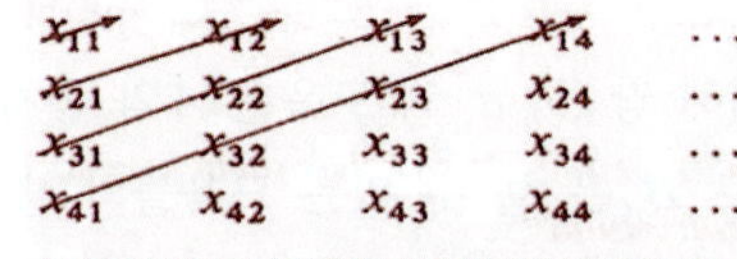

여기서 $E_n$의 원소들은 $n$째 행을 형성한다. 이 배열은 $S$의 모든 원소를 포함한다. 화살표들이 가리키는 대로, 이런 원소들을 다음과 같은 열로 배열할 수 있다.

(17) $$x_{11}\,;\ x_{21},\ x_{12}\,;\ x_{31},\ x_{22},\ x_{13}\,;\ x_{41},\ x_{32},\ x_{23},\ x_{14}\,;\ \cdots$$

모음 $E_n$들 중에서 임의의 두 개에 공통으로 속한 원소가 있으면, (17)에 두 번 이상 나타날 것이다. 이에 따라 자연수 전체의 모음의 적당한 부분 모음 $T$가 존재해서 $S \sim T$가 성립하는데, 이것은 $S$가 기껏해야 셀 수 있는 모음임을 보여준다(정리 2.8). $E_1 \subset S$이고 $E_1$이 무한이므로, $S$는 무한이고, 이에 따라 셀 수 있는 모음이다.

### 따름 정리

$A$는 기껏해야 셀 수 있고, 각 $\alpha \in A$에 대해 $B_\alpha$는 기껏해야 셀 수 있는 모음이라 하자. 다음과 같이 놓자.

$$T = \bigcup_{\alpha \in A} B_\alpha$$

그러면 $T$는 기껏해야 셀 수 있는 모음이다.

왜냐하면 $T$는 (15)의 부분 모음이기 때문이다.

## 2.13 정리

$A$는 셀 수 있는 모음이고, $B_n$은 $n$조 $(a_1, \cdots, a_n)$ 전체의 모음이라 하자. 여기서 $a_k \in A$ $(k=1, \cdots, n)$이고 $a_1, \cdots, a_n$은 서로 다를 필요가 없다. 그러면 $B_n$은 셀 수 있는 모음이다.

증명 $B_1$이 셀 수 있음은 자명한데, $B_1 = A$이기 때문이다. $B_{n-1}$ $(n = 2, 3, 4, \cdots)$이 셀 수 있다고 가정하자. $B_n$의 원소는 다음과 같은 꼴이다.

$$(b, a) \quad (b \in B_{n-1}, a \in A) \tag{18}$$

▸ 모음 = 집합

고정된 각 $b$에 대해 쌍 $(b, a)$의 모음은 $A$와 동치이고, 이에 따라 셀 수 있다. 그러므로 $B_n$은 셀 수 있는 모음들의 셀 수 있는 모둠의 합모음이다. 정리 2.12에 의해 $B_n$은 셀 수 있다.

따라서 앞의 정리는 귀납법에 의해 증명된다.

## 따름 정리

▸ 유비수 = 유리수, 옹근 수 = 정수

**유비수 전체의 모음은 셀 수 있다.**

증명 각 유비수 $r$은 두 옹근 수 $a$와 $b$에 대해 $b/a$ 꼴임에 주목해서, $n = 2$일 때의 정리 2.13을 적용하자. 쌍 $(a, b)$의 모음, 이에 따라 분수 $b/a$의 집합은 셀 수 있다.

**용어**
대수적 수 algebraic number

실제로, 대수적 수 전체의 모음은 셀 수 있다. (익힘 문제 2를 보라.) 그렇지만 모든 무한 모음이 셀 수 있는 것은 아니라는 사실을 다음 정리가 보여준다.

## 2.14 정리

▸ $A = \{\{a_n\} \mid a_n$은 0 또는 1$\}$

**$A$는 항이 숫자 0 또는 1인 열 전체의 모음이라고 하자. 이 모음 $A$는 셀 수 없다.**

$A$의 원소는 1, 0, 0, 1, 0, 1, 1, 1, $\cdots$과 같은 열이다.

증명 $E$는 $A$의 셀 수 있는 부분 모음이고, $E$는 열 $s_1, s_2, s_3, \cdots$으로 이루어져 있다고 하자. 열 $s$를 다음과 같이 구성하자. $s_n$의 $n$째 숫자가 1이면, $s$의 $n$째 숫자를 0이라 하자. 그리고 0이면 1이라 하자. 그러면 $s$는 $E$에 속한 각 원소와 적어도 한 자리가 다르다. 이에 따라 $s \notin E$이다. 그러나 분명히 $s \in A$이므로, $E$는 $A$의 진부분 모음이다.

앞에서 $A$의 셀 수 있는 부분 모음은 어느 것이고 $A$의 진부분 모음임을 밝혔다. 따라서 $A$는 셀 수 없다. (그렇지 않으면 $A$는 $A$의 진부분 집합인데, 이는 불합리하다.)

▸모음 = 집합

앞의 증명 방법은 칸토어가 처음 사용했고, 칸토어의 대각선 논법이라 부른다. 열 $s_1$, $s_2$, $s_3$, … 들을 (16)에서와 같이 배열하면, 새로운 열의 구성과 관련된 것은 바로 대각선에 있는 항이기 때문이다.

실수의 (밑이 10이 아니라 2인) 이진법 표현에 친숙한 독자는 정리 2.14가 실수 전체의 모음이 셀 수 없다는 사실을 보여주고 있음을 눈치 챘을 것이다. 정리 2.43에서 이 사실에 대한 또 다른 증명을 제시하겠다.

**용어**

칸토어의 대각선 논법 Cantor's diagonal process
점 point
거리 공간 metric space
거리 함수 distance function
거리 distance, metric
유클리드 공간 euclidean space

## 거리 공간

### 2.15 정의

**점**이라 부르는 원소로 이루어진 모음 $X$의 임의의 두 점 $p$와 $q$에 다음과 같은 실수 $d(p, q)$를 대응시킬 수 있을 때, $X$를 **거리 공간**이라 한다. 여기서 $d(p, q)$를 $p$와 $q$ 사이의 **거리**라 한다.

(a) $p \neq q$일 때 $d(p, q) > 0$이고, $d(p, p) = 0$이다.
(b) $d(p, q) = d(q, p)$
(c) 임의의 $r \in X$에 대해 $d(p, q) \leq d(p, r) + d(r, q)$이다.

이런 세 가지 성질을 만족시키는 임의의 함수를 **거리 함수** 또는 **거리**라고 한다.

### 2.16 보기

우리의 입장에서 거리 공간 중에서 가장 중요한 예는 유클리드 공간 $R^k$인데, 특히 $R^1$(실 직선)과 $R^2$(복소 평면)이다. $R^k$에서 거리는 다음과 같이 정의한다.

(19) $$d(\mathbf{x}, \mathbf{y}) = |\mathbf{x} - \mathbf{y}| \quad (\mathbf{x}, \mathbf{y} \in R^k)$$

정리 1.37에 의해, (19)의 함수는 정의 2.15의 조건들을 만족시킨다.

거리 공간 $X$의 임의의 부분 모음 $Y$는 그 자체로 똑같은 거리 함수에 대해 거리 공간을 이룬다. 왜냐하면 정의 2.15의 세 조건 (a)~(b)가

$p$, $q$, $r \in X$에 대해 성립하면, $p$, $q$, $r$을 $Y$에 속한 것으로 제한해도 역시 성립하기 때문이다.

▸ 모음 = 집합, 부분 모음 = 부분집합

그러므로 유클리드 공간의 임의의 부분 모음은 거리 공간이다. 다른 거리 공간의 예 $\mathscr{C}(K)$와 $\mathscr{L}^2(\mu)$는 제 7 장과 11 장에서 각각 논의한다.

**용어**

열린 구간 segment, (open interval)
닫힌 구간 interval, (closed nterval)
반열린 구간 half-open interval
$k$포체 $k$-cell
열린 공 open ball
닫힌 공 closed ball
볼록한[하다], [be] convex

## 2.17 정의

**열린 구간** $(a, b)$는 실수 $x$ 중에서 $a < x < b$인 것 전체의 모음을 뜻한다.

**닫힌 구간** $[a, b]$는 실수 $x$ 중에서 $a \le x \le b$인 것 전체의 모음을 뜻한다.

가끔 **반열린 구간** $[a, b)$와 $(a, b]$도 마주치는데, 첫째는 $a \le x < b$인 $x$ 전체로 이루어지고 둘째는 $a < x \le b$인 $x$ 전체로 이루어진다.

▸ $(a, b) = \{x \in R \mid a < x < b\}$,
$[a, b] = \{x \in R \mid a \le x \le b\}$,
$[a, b) = \{x \in R \mid a \le x < b\}$,
$(a, b] = \{x \in R \mid a < x \le b\}$,
$B = \{\mathbf{y} \in R^k \mid |\mathbf{y} - \mathbf{x}| < r\}$,
$B = \{\mathbf{y} \in R^k \mid |\mathbf{y} - \mathbf{x}| \le r\}$,
$N_r(p) = \{q \in X \mid d(p, q) < r\}$

$i = 1, \cdots, k$에 대해 $a_i < b_i$일 때, 좌표들이 부등식 $a_i \le x_i \le b_i$ $(1 \le i \le k)$를 만족시키는 $R^k$의 점 $\mathbf{x} = (x_1, \cdots, x_k)$ 전체의 모음을 **$k$포체**라고 한다. 그러므로 1포체는 닫힌 구간이고, 2포체는 직사각형이다.

$\mathbf{x} \in R^k$이고 $r > 0$일 때, 중심이 $\mathbf{x}$이고 반지름이 $r$인 **열린** (또는 **닫힌**) **공** $B$는 $|\mathbf{y} - \mathbf{x}| < r$(또는 $|\mathbf{y} - \mathbf{x}| \le r$)을 만족시키는 $\mathbf{y} \in R^k$ 전체의 모음을 정의한다.

모음 $E \subset R^k$의 모든 $\mathbf{x} \in E$, $\mathbf{y} \in E$, $0 < \lambda < 1$에 대해 다음이 성립할 때, $E$는 **볼록**하다 또는 $E$는 **볼록한 모음**이라 한다.

$$\lambda\mathbf{x} + (1 - \lambda)\mathbf{y} \in E$$

예를 들면, 공은 볼록하다. 왜냐하면 $|\mathbf{y} - \mathbf{x}| < r$, $|\mathbf{z} - \mathbf{x}| < r$, $0 < \lambda < 1$일 때 다음이 성립하기 때문이다.

$$\begin{aligned} |\lambda\mathbf{y} + (1 - \lambda)\mathbf{z} - \mathbf{x}| &= |\lambda(\mathbf{y} - \mathbf{x}) + (1 - \lambda)(\mathbf{z} - \mathbf{x})| \\ &\le \lambda|\mathbf{y} - \mathbf{x}| + (1 - \lambda)|\mathbf{z} - \mathbf{x}| < \lambda r + (1 - \lambda)r \\ &= r \end{aligned}$$

닫힌 공에도 똑같은 증명이 적용된다. $k$포체가 볼록하다는 사실도 쉽게 확인할 수 있다.

## 2.18 정의

$X$는 거리 공간이라 하자. 다음에서 언급하는 모든 점과 모음은 $X$의 원소와 부분 모음으로 생각한다.

(a) 점 $p$의 **이웃**[근방]은 점 $q \in X$ 중에서 $d(p, q) < r$인 것 전체로 이루어진 모음 $N_r(p)$이다. $r$을 $N_r(p)$의 **반지름**이라 한다.

(b) 점 $p$를 모음 $E$의 **쌓인 점**[집적점, 극한점]이라 하는 것은, $p$의 임의의 이웃에 $p$가 아닌 점 $q \in E$가 속하는 경우이다.

(c) $p \in E$이고 $p$가 $E$의 쌓인 점이 아닐 때, $p$를 $E$의 **외딴 점**[고립점]이라 한다.

(d) $E$의 임의의 점이 $E$의 쌓인 점일 때, $E$는 **닫혀 있다**고 한다.

(e) 점 $p$를 $E$의 **내점**이라 하는 것은, $p$의 적당한 이웃 $N$이 존재해서 $N \subset E$이 성립하는 경우이다.

(f) $E$의 임의의 점이 내점일 때, $E$는 **열려 있다**고 한다.

(g) $E$의 **여 모음**[여집합]은 점 $p \in X$ 중에서 $p \notin E$인 것 전체의 모음이다. 이를 $E^c$로 나타낸다.

(h) $E$는 닫혀 있고 $E$의 각 점이 $E$의 쌓인 점일 때, $E$는 **완전하다**고 한다.

(i) 적당한 실수 $M$과 점 $q \in X$가 존재해서 임의의 $p \in E$에 대해 $d(p, q) < M$이 성립할 때, $E$는 **갇혀 있다**[유계이다]고 한다.

(j) $X$의 각 점이 $E$의 쌓인 점이거나 $E$의 점일 때, $E$는 $X$에서 **조밀하다**고 한다.

$R^1$에서 이웃은 열린 구간이고, $R^2$에서 이웃은 원의 내부이다.

▸ $N_r(p) = \{q \in X \mid d(p, q) < r\}$

**용어**

이웃, 근방 neighborhood
반지름 radius
쌓인 점, 집적점, 극한점 limit point
외딴 점, 고립점 isolated point
닫힌 [닫혀 있다] [be] closed
닫힌 모음 closed set
내점 interior point
열린 [열려 있다] [be] open
열린 모음 open set
여 모음, 여집합 complement
완전한[하다], [be] perfect
완전(한) 모음 perfect set
갇힌[갇혀 있다], 유계인[이다], [be] bounded
갇힌 모음, 유계(인) 모음 bounded set
조밀한[하다], [be] dense
조밀(한) 모음 dense set

▸ $E^c = \{p \in X \mid p \notin E\}$

## 2.19 정리

임의의 이웃은 열린 모음이다.

**증명** 이웃 $E = N_r(p)$를 생각하고 $q$를 $E$의 임의의 점이라 하자. 그러면 다음과 같은 양의 실수 $h$가 존재한다.

$$d(p, q) = r - h$$

점 $s$ 중에서 $d(q, s) < h$인 것 전체에 대해 다음이 성립한다.

$$d(p, s) \le d(p, q) + d(q, s) < r - h + h = r$$

그러므로 $s \in E$이다. 따라서 $q$는 $E$의 내점이다.

▸ 반지름이 $h$인 $q$의 이웃 $N_h(q) = \{s \mid d(q, s) < h\}$

▸ 모음 = 집합,
이웃 = 근방,
쌓인 점 = 집적점

## 2.20 정리

$p$가 모음 $E$의 쌓인 점이면, $p$의 임의의 이웃에는 $E$의 무수히 많은 점이 속한다.

**증명** $E$의 유한히 많은 점만을 포함하는 $p$의 이웃 $N$이 존재한다고 가정하자. $q_1, \cdots, q_n$은 $N \cap E$를 이루면서 $p$와 다른 점이라 하고, 다음과 같이 놓자.

$$r = \min_{1 \le m \le n} d(p, q_m)$$

[이것은 $d(p, q_1), \cdots, d(p, q_n)$ 중에서 가장 작은 수를 나타내는 기호이다.] 양수들의 유한 모음에서 최솟값은 분명히 양수이므로, $r > 0$이다.

이웃 $N_r(p)$에는 $p$와 다른 $E$의 점 $q$가 속하지 않고, 이에 따라 $p$는 $E$의 쌓인 점이 아니다. 이런 모순이 위의 정리를 증명한다.

### 따름 정리

유한개의 점으로 이루어진 모음의 쌓인 점은 없다.

## 2.21 보기

다음과 같은 $R^2$의 부분 모음을 생각하자.

▸ $\{z \in \mathbb{C} \mid |z| < 1\}$
▸ $\{z \in \mathbb{C} \mid |z| \le 1\}$
▸ 유한 모음 = 유한집합
▸ 옹근 수 = 정수
▸ $E = \{1/n \mid n$은 자연수$\}$

(a) 절댓값이 1 미만인 복소수 전체의 모음
(b) 절댓값이 1 이하인 복소수 전체의 모음
(c) 유한 모음
(d) 옹근 수 전체의 집합
(e) 수 $1/n$ $(n = 1, 2, 3, \cdots)$로 이루어진 모음. 이 집합 $E$의 쌓인 점, 곧 $z = 0$이 있지만, $E$의 어떠한 점도 $E$의 쌓인 점이 아님에 유의하자. 쌓인 점이 존재하는 경우와 쌓인 점을 포함하는 경우를 구별해야 한다.
(f) 복소수 전체의 모음, 곧 $R^2$
(g) 열린 구간 $(a, b)$

여기서 (d), (e), (g)는 $R^1$의 부분 모음으로 생각할 수 있음에 주목하자. 이런 모음들의 몇 가지 성질을 다음과 같은 표로 정리한다.

| | 닫힌 모음 | 열린 모음 | 완전한 모음 | 갇힌 모음 |
|---|---|---|---|---|
| (a) | × | ○ | × | ○ |
| (b) | ○ | × | ○ | ○ |
| (c) | ○ | × | × | ○ |
| (d) | ○ | × | × | × |
| (e) | × | × | × | ○ |
| (f) | ○ | ○ | ○ | × |
| (g) | × | | × | ○ |

▸ 모음 = 집합, 갇힌 = 유계인

(g)에서 둘째 칸을 비워 두었다. 이유는 열린 구간 $(a, b)$는 $R^2$의 부분 모음으로 생각하면 열려 있지 않지만, $R^1$의 열린 부분 모음이다.

## 2.22 정리

$\{E_\alpha\}$는 모음 $E_\alpha$들의 (유한 또는 무한) 모둠이라 하자. 그러면 다음이 성립한다.

▸ 모음들의 모둠 = collection of sets

(20) $$\left(\bigcup_\alpha E_\alpha\right)^c = \bigcap_\alpha (E_\alpha^c)$$

**증명** $A$와 $B$를 각각 (20)의 왼쪽과 오른쪽 모음이라 하자. $x \in A$이면, $x \notin \cup_\alpha E_\alpha$이므로 임의의 $\alpha$에 대해 $x \notin E_\alpha$, 곧 $x \in E_\alpha^c$이므로 $x \in \cap E_\alpha^c$이다. 그러므로 $A \subset B$이다.

역으로, $x \in B$이면 임의의 $\alpha$에 대해 $x \in E_\alpha^c$, 곧 $x \notin E_\alpha$이므로, $x \notin \cup_\alpha E_\alpha$, 곧 $x \in (\cup_\alpha E_\alpha)^c$이다. 그러므로 $B \subset A$이다.

따라서 $A = B$이다.

## 2.23 정리

$E$가 열린 모음이기 위한 필요 충분 조건은 $E^c$가 닫힌 모음인 경우이다.

▸ … 위한 필요 충분 조건 = … 위해 필요하고 충분한 조건

**증명** 먼저 $E^c$가 닫혀 있다고 하자. $x \in E$를 선택하자. 그러면 $x \notin E^c$이고 $x$는 $E^c$의 쌓인 점이 아니다. 그러므로 $x$의 적당한 이웃 $N$이 존재해서 $E^c \cap N$은 비어 있다. 곧, $N \subset E$이다. 따라서 $x$는 $E$의 내점이고, $E$는 열려 있다.

▸ 이웃 = 근방

다음으로 $E$가 열려 있다고 하자. $x$가 $E^c$의 쌓인 점이라 하자. 그러면 $x$의 임의의 이웃에는 $E^c$의 점이 속하므로, $x$는 $E$의 내점이 아니다. $E$가 열려 있으므로, 이것은 $x \in E^c$이라는 사실을 뜻한다. 따라서 $E^c$는 닫혀 있다.

### 따름 정리

$F$가 닫힌 모음이 위한 필요 충분 조건은 $F^c$가 열린 모음인 경우이다.

▸ 모음 = 집합

▸ … 위한 필요 충분 조건 = … 위해 필요하고 충분한 조건

### 2.24 정리

▸ 모음들의 모둠 = collection of sets

(a) 열린 모음들의 임의의 모둠 $\{G_\alpha\}$에 대해 $\cup_\alpha G_\alpha$는 열려 있다.

(b) 닫힌 모음들의 임의의 모둠 $\{F_\alpha\}$에 대해 $\cap_\alpha F_\alpha$는 닫혀 있다.

(c) 열린 모음들의 유한 모둠 $G_1, \cdots, G_n$에 대해 $\cap_{i=1}^n G_i$는 열려 있다.

(d) 닫힌 모음들의 유한 모둠 $F_1, \cdots, F_n$에 대해 $\cup_{i=1}^n F_i$는 닫혀 있다.

**증명** $G = \cup_\alpha G_\alpha$로 놓자. $x \in G$이면, 어떤 $\alpha$에 대해 $x \in G_\alpha$이다. $x$는 $G_\alpha$의 내점이므로, $x$는 또한 $G$의 내점이고 이에 따라 $G$는 열린 모음이다. 그러므로 (a)가 증명된다.

정리 2.22에 의해 다음이 성립한다.

$$\left(\bigcap_\alpha F_\alpha\right)^c = \bigcup_\alpha (F_\alpha^c) \tag{21}$$

그리고 정리 2.23에 의해 $F_\alpha^c$는 열려 있다. 그러므로 (a)에 의해 (21)은 열려 있고, 이에 따라 $\cap_\alpha F_\alpha$는 닫혀 있다.

다음으로 $H = \cap_{i=1}^n G_i$로 놓자. 임의의 $x \in H$에 대해 반지름이 $r_i$인 $x$의 이웃 $N_i$가 존재해서 $N_i \subset G_i$ $(i = 1, \cdots, n)$이다. 다음과 같이 놓자.

▸ 이웃 = 근방, 여 모음 = 여집합

$$r = \min(r_1, \cdots, r_n)$$

그리고 $N$을 반지름이 $r$인 $x$의 이웃이라 하자. 그러면 $i = 1, \cdots, n$에 대해 $N \subset G_i$이므로, 이에 따라 $N \subset H$이고 $H$는 열려 있다.

다음과 같이 여 모음을 택하면, (d)는 (c)로부터 유도된다.

$$\left(\bigcup_{i=1}^{n} F_i\right)^c = \bigcap_{i=1}^{n} (F_i^c)$$

## 2.25 보기

정리 2.24의 (c)와 (d)에서 모둠의 유한성은 필수적이다. $G_n$은 열린 구간 $\left(-\frac{1}{n}, \frac{1}{n}\right)$ $(n=1, 2, 3, \cdots)$이라 하자. 그러면 $G_n$은 $R^1$의 열린 부분 모음이다. $G = \cap_{n=1}^{\infty} G_n$로 놓자. 그러면 $G$는 단 한 점 $x=0$으로 이루어져 있으므로, $R^1$의 열린 부분 모음이 아니다.

따라서 열린 모음들의 무한 모둠의 교 모음은 열리지 않을 수 있다. 마찬가지로, 닫힌 모음들의 무한 모둠의 합 모음은 닫히지 않을 수 있다.

▸ 교 모음 = 교집합, 합 모음 = 합집합

## 2.26 정의

$X$는 거리 공간이고 $E \subset X$이며 $E'$은 $X$에서 $E$의 쌓인 점 전체의 모음일 때, $E$의 **닫개**[닫힘, 폐포]는 모음 $\overline{E} = E \cup E'$이다.

**용어**
닫개, 닫힘, 폐포 closure

▸ $E' = \{p \in X \mid p$는 $E$의 쌓인 점$\}$ $E'$을 $E$의 유도 모음(derived set)이라 한다.

## 2.27 정리

$X$는 거리 공간이고 $E \subset X$이면 다음이 성립한다.

(a) $\overline{E}$는 닫힌 모음이다.

(b) $E = \overline{E}$이기 위한 필요 충분 조건은 $E$가 닫힌 모음인 것이다.

(c) $E$를 포함하는 임의의 닫힌 모음 $F \subset X$에 대해 $\overline{E} \subset F$이다.

▸ … 위한 필요 충분 조건 = … 위해 필요하고 충분한 조건

(a)와 (c)에 의해 $\overline{E}$는 $E$를 포함하는 $X$의 가장 작은 닫힌 부분 모음이다.

**증명** (a) $p \in X$이고 $p \notin \overline{E}$이면 $p$는 $E$의 점도 아니고 $E$의 쌓인 점도 아니다. 그러므로 $E$와 만나지 않는 $p$의 적당한 이웃이 있다. 따라서 $\overline{E}$의 여 모음이 열려 있으므로, $\overline{E}$는 닫혀 있다.

▸ 이웃 = 근방, 여 모음 = 여집합

(b) $E = \overline{E}$이면, (a)에 의해 $E$는 닫혀 있다. $E$가 닫혀 있으면, [정의 2.18(d)와 정의 2.26에 의해] $E' \subset E$이므로 $\overline{E} = E$이다.

(c) $F$가 닫혀 있고 $F \supset E$이면, $F \supset F'$이고 이에 따라 $F \supset E'$이다. 그러므로 $F \supset \overline{E}$이다.

▸ 갇혀 있다 = 유계이다, 빈 모음 = 공집합, 쌓인 점 = 집적점

## 2.28 정리

$E$는 실수들의 비지 않은 모음이고 위로 갇혀 있다고 하자. $y = \sup E$라 하면, $y \in \overline{E}$이다. 그러므로 $E$가 닫혀 있으면 $y \in E$이다.

이 결과를 1.9절의 예들과 비교하자.

**증명** $y \in E$이면 $y \in \overline{E}$이다. $y \notin E$이라 가정하자. 그러면 임의의 $h > 0$에 대해 적당한 점 $x \in E$가 존재해서 $y - h < x < y$가 성립한다. 그렇지 않으면 $y - h$가 $E$의 상계일 것이다. 그러므로 $y$는 $E$의 쌓인 점이다. 그러므로 $y \in \overline{E}$이다.

**용어**

…에 대해 상대적으로 열린[열려 있다] [be] open relative to …
상대적(으로) 열린 모음 relatively open set

## 2.29 일러두기

$X$는 거리 공간이고 $E \subset Y \subset X$라 하자. $E$가 $X$의 열린 부분 모음이라는 것은, 임의의 $p \in E$에 대해 적당한 양수 $r$이 존재해서 $q \in X$이고 $d(p, q) < r$이면 $q \in E$이 성립함을 뜻한다. 그런데 이미 (2.16절에서) 알아본 대로 $Y$도 거리 공간이므로, 앞의 정의들을 당연히 $Y$ 안에서도 마찬가지로 내릴 수 있다. 아주 분명하게, 임의의 $p \in E$에 대해 적당한 양수 $r$이 존재해서 $q \in Y$이고 $d(p, q) < r$이면 $q \in E$이 성립할 때 $E$는 **$Y$에 대해 상대적으로 열려 있다**고 한다. 보기 2.21(g)에서 보인 대로 $X$의 열린 부분 모음이 아니지만 $Y$에 대해서는 상대적으로 열려 있을 수 있다. 그런데 이런 개념들 사이에 단순한 관계가 있는데, 다음과 같이 서술할 수 있다.

▸ … 위한 필요 충분 조건 = … 위해 필요하고 충분한 조건

## 2.30 정리

$Y \subset X$라 하자. $Y$의 부분 모음 $E$가 $Y$에 대해 상대적으로 열려 있기 위한 필요 충분 조건은 $X$의 적당한 열린 부분 모음 $G$에 대해 $E = Y \cap G$인 경우이다.

▸ $V_p = \{q \in X \mid d(p, q) < r_p\}$

**증명** $E$가 $Y$에 대해 상대적으로 열려 있다고 하자. 각 $p \in E$에 대해 양수 $r_p$가 존재해서 $q \in Y$이고 $d(p, q) < r_p$이면 $q \in E$이다. $V_p$를 $q \in X$ 중에서 $d(p, q) < r_p$인 것 전체의 모음이라 하고, 다음과 같이 정의하자.

$$G = \bigcup_{p \in E} V_p$$

그러면 두 정리 2.19와 2.24에 의해 $G$는 $X$의 열린 부분 모음이다.

모든 $p \in E$에 대해 $p \in V_p$이므로, 분명히 $E \subset G \cap Y$이다.

$V_p$의 선택에 의해, 각 $p \in E$에 대해 $V_p \cap Y \subset E$이므로 $G \cap Y \subset E$이다. 그러므로 $E = G \cap Y$이고 정리의 반이 증명된다.

역으로, $G$가 $X$에서 열려 있고 $E = G \cap Y$이면, 각 $p \in E$에 대해 이웃 $V_p \subset G$가 존재한다. 그러므로 $V_p \cap Y \subset E$이고, 이에 따라 $E$는 $Y$에 대해 상대적으로 열려 있다.

## 옹골진 모음

### 2.31 정의

거리 공간 $X$에서 모음 $E$의 **열린 덮개**는 $X$의 열린 모음들의 모둠 $\{G_\alpha\}$으로 $E \subset \cup_\alpha G_\alpha$인 경우를 뜻한다.

▸ 모음들의 모둠 = collection of sets

### 2.32 정의

거리 공간 $X$의 부분 모음 $K$는 **옹골지다**고 하는 것은, $K$의 임의의 열린 덮개에 **유한** 부분 덮개가 존재하는 경우이다.

좀 더 명확하게, 이 요구 조건은 $\{G_\alpha\}$가 $K$의 열린 덮개이면 유한개의 첨자 $\alpha_1, \cdots, \alpha_n$이 존재해서 다음이 성립한다는 것이다.

$$K \subset G_{\alpha_1} \cup \cdots \cup G_{\alpha_n}$$

옹골짐의 개념은 해석학에서 대단히 중요한데, 특히 연속성과의 관계에서 더욱 그렇다(제 4 장).

분명히, 임의의 유한 모음은 옹골지다. $R^k$에서 옹골진 무한 모음들의 거대한 부류가 존재한다는 사실이 정리 2.41에서 밝혀진다.

(2.29절에서) 이미 관찰한 대로, $E \subset Y \subset X$일 때 $E$는 $X$에 대해 상대적으로 열려 있지 않아도 $Y$에 대해 상대적으로 열려 있을 수 있다. 그러므로 열려 있다는 성질은 $E$가 묻히는[포함되는] 공간에 따라 결정된다. 닫혀 있다는 성질에 대해서도 똑같이 말할 수 있다.

그렇지만 옹골지다는 성질은 더 잘 행동하는데, 이제 이에 대해 알아보겠다. 다음 정리를 명확히 하기 위해서 일시적으로, 정의 2.32의 요구 조건이 충족될 때 $K$는 $X$에 대해 상대적으로 옹골지다고 말하자.

**용어**

| | |
|---|---|
| 열린 덮개 | open cover |
| 옹골진 [옹골지다] | [be] compact |
| 옹골(진) 모음 | compact set |
| 옹골짐 | compactness |
| 부분 덮개 | subcover |
| …에 대해 상대적으로 옹골진 [옹골지다] | [be] compact relative to … |

## 2.33 정리

▸… 위한 필요 충분 조건 = … 위해 필요하고 충분한 조건

$K \subset Y \subset X$라 하자. 그러면 $K$가 $X$에 대해 상대적으로 옹골지기 위한 필요 충분 조건은 $K$가 $Y$에 대해 상대적으로 옹골진 경우이다.

▸모음 = 집합, 옹골진 [옹골지다] = [be] compact

이 정리 덕분에 많은 상황에서 옹골진 모음을 그것이 포함되어 있는 공간에 주의를 기울일 필요도 없이 그 자체로 거리 공간으로 생각할 수 있다. 특히, '열린 공간'이나 '닫힌 공간'이라는 말은 거의 의미가 없지만(임의의 거리 공간 $X$는 자신의 열린 부분 모음인 동시에 자신의 닫힌 부분 모음인데), '옹골진 거리 공간'이라는 말은 의미가 있다.

**증명** $K$가 $X$에 대해 상대적으로 옹골지다고 하자. $\{V_\alpha\}$는 $Y$에 대해 상대적으로 열린 모음들의 모둠으로 $K \subset \cup_\alpha V_\alpha$라 하자. 각 $\alpha$에 대해 정리 2.30에 의해 $X$에 대해 상대적으로 열린 모음 $G_\alpha$가 존재해서 $V_\alpha = Y \cap G_\alpha$이다. $K$는 $X$에 대해 상대적으로 옹골지므로, 적당한 유한개의 첨자 $\alpha_1, \cdots, \alpha_n$에 대해 다음이 성립한다.

▸모음들의 모둠 = collection of sets

$$K \subset G_{\alpha_1} \cup \cdots \cup G_{\alpha_n} \tag{22}$$

$K \subset Y$이므로, (22)에 의해 다음을 얻는다.

$$K \subset V_{\alpha_1} \cup \cdots \cup V_{\alpha_n} \tag{23}$$

따라서 $K$는 $Y$에 대해 상대적으로 옹골지다.

역으로, $K$는 $Y$에 대해 상대적으로 옹골지다고 하자. 또, $\{G_\alpha\}$는 $K$를 덮는 $X$의 열린 부분 모음들의 모둠이라 하고 $V_\alpha = Y \cap G_\alpha$로 놓자. 그러면 (23)은 적당한 선택 $\alpha_1, \cdots, \alpha_n$에 대해 성립한다. 그리고 $V_\alpha \subset G_\alpha$이므로, (23)이 성립하면 (22)가 성립한다.

이에 따라 증명이 끝난다.

## 2.34 정리

거리 공간의 옹골진 부분 모음은 닫혀 있다.

▸여 모음 = 여집합

**증명** $K$는 거리 공간 $X$의 옹골진 부분 모음이라 하자. $K$의 여 모음이 $X$의 열린 부분 모음임을 증명하겠다.

$p \in X$이고 $p \notin K$라 하자. $q \in K$이면, $V_q$와 $W_q$를 각각 $p$와

$q$의 이웃으로 반지름은 $\frac{1}{2}d(p,\ q)$보다 작다고 하자. [정의 2.18(a)를 보라.] $K$가 옹골지므로, $K$에 유한개의 점 $q_1, \cdots, q_n$이 존재해서 다음이 성립한다.

▸ 이웃 = 근방

$$K \subset W_{q_1} \cup \cdots \cup W_{q_n} = W$$

$V = V_{q_1} \cap \cdots \cap V_{q_n}$이라 하면, $V$는 $W$와 만나지 않는 $p$의 이웃이다. 그러므로 $V \subset K^c$이고, 이에 따라 $p$는 $K^c$의 내점이다. 따라서 정리가 증명된다.

## 2.35 정리

옹골진 모음의 닫힌 부분 모음은 옹골지다.

**증명** $F \subset K \subset X$이고 $F$는 ($X$에 대해 상대적으로) 닫혀 있으며, $K$는 옹골지다고 하자. $\{V_\alpha\}$는 $F$의 열린 덮개라 하자. $F^c$를 $\{V_\alpha\}$에 추가하면, $K$의 열린 덮개 $\Omega$를 얻는다. $K$가 옹골지므로, $\Omega$의 유한 부분 모둠 $\Phi$가 존재해서 $K$를 덮고 이에 따라 $F$를 덮는다. $F^c$가 $\Phi$에 속하면, 이를 $\Phi$에서 없애도 여전히 $F$의 열린 덮개이다. 따라서 $\{V_\alpha\}$의 유한 부분 모둠이 $F$를 덮는다는 사실이 밝혀진다.

▸ 옹골진 [옹골지다] = [be] compact, 모음 = 집합

▸ 부분 모둠 = subcollection

## 따름 정리

$F$가 닫혀 있고 $K$가 옹골지면, $F \cap K$는 옹골지다.

**증명** 두 정리 2.24(b)와 2.34는 $F \cap K$가 닫혀 있음을 보여준다. $F \cap K \subset K$이므로, 정리 2.35는 $F \cap K$가 옹골짐을 보여준다.

## 2.36 정리

$\{K_\alpha\}$는 거리 공간 $X$의 옹골진 부분 모음들의 모둠으로 $\{K_\alpha\}$의 임의의 유한 부분 모둠의 교 모음이 비지 않으면, $\cap K_\alpha$는 비지 않는다.

▸ 모음들의 모둠 = collection of sets, 교 모음 = 교집합

**증명** $\{K_\alpha\}$의 한 원소 $K_1$을 고정하고 $G_\alpha = K_\alpha^c$로 놓자. $K_1$의 어떠한 점도 모든 $K_\alpha$에 속하지는 않는다고 가정하자. 그러면 모음들 $G_\alpha$는 $K_1$의 열린 덮개를 형성하고, $K_1$이 옹골지므로 유한개의 첨자

▸ $K_1 \not\subset \cup G_\alpha$이면, 적당한 $x_0 \in K_1$에 대해 $x_0 \not\in \cup G_\alpha$이다. 그러면 모든 $\alpha$에 대해 $x_0 \not\in G_\alpha = K_\alpha^c$, 곧 $x_0 \in K_\alpha$인데, 이는 모순이다.

$\alpha_1, \cdots, \alpha_n$이 존재해서 $K_1 \subset G_{\alpha_1} \cup \cdots \cup G_{\alpha_n}$이 성립한다. 그런데 이것은 다음 모음이 비었음을 뜻하는데, 이는 가정에 모순이다.

$$K_1 \cap K_{\alpha_1} \cap \cdots \cap K_{\alpha_n}$$

### 따름 정리

▸ 비지 않은 = nonempty, 옹골진 = compact, 모음 = 집합

$\{K_n\}$은 비지 않은 옹골진 모음들의 열로 $K_n \supset K_{n+1}$ $(n=1, 2, 3, \cdots)$이면, $\cap_1^\infty K_n$은 비지 않는다.

### 2.37 정리

$E$가 옹골진 모음 $K$의 무한 부분 모음이면, $K$에는 $E$의 쌓인 점이 존재한다.

▸ 부분 모둠 = subcollection

**증명** $K$의 어떠한 점도 $E$의 쌓인 점이 아니면, 각 $q \in K$의 적당한 이웃 $V_q$가 존재해서 $E$의 점을 많아야 한 개 포함한다. (곧, $q \in E$이면 $q$만을 포함한다.) 분명히 $\{V_q\}$의 어떠한 유한 부분 모둠도 $E$를 덮을 수 없고, $E \subset K$이므로 $K$를 덮을 수 없다. 이것은 $K$가 옹골지다는 가정에 모순이다.

### 2.38 정리

▸ 정리 2.38을 '품기는 구간 성질'(nested intervals property, 축소 구간 성질)이라 한다.

$\{I_n\}$은 $R^1$의 닫힌 구간들의 열로 $I_n \supset I_{n+1}$ $(n=1, 2, 3, \cdots)$이면, $\cap_1^\infty I_n$은 비지 않는다.

▸ 갇혀 있다 = 유계이다

**증명** $I_n = [a_n, b_n]$이고, $E$는 $a_n$ 전체의 모음이라 하자. 그러면 $E$는 비지 않았고 ($b_1$에 의해) 위로 갇혀 있다. $x$를 $E$의 상한이라 하자. $m$과 $n$이 자연수이면, 다음이 성립한다.

$$a_n \le a_{m+n} \le b_{m+n} \le b_m$$

그러므로 임의의 $m$에 대해 $x \le b_m$이다. 분명히 $a_m \le x$이므로 $m = 1, 2, 3, \cdots$에 대해 $x \in I_m$이다.

## 2.39 정리

$k$는 자연수라 하자. $\{I_n\}$은 $k$포체들의 열로 $I_n \supset I_{n+1}$($n=1, 2, 3, \cdots$)이면, $\cap_1^\infty I_n$은 비지 않는다.

**증명** $I_n$은 다음과 같은 점 $\mathbf{x}=(x_1, \cdots, x_k)$ 전체로 이루어져 있다.

$$a_{n,j} \le x_j \le b_{n,j} \quad (1 \le j \le k;\ n=1, 2, 3, \cdots)$$

$I_{n,j}=[a_{n,j}, b_{n,j}]$라 놓자. 각 $j$에 대해 열 $\{I_{n,j}\}$는 정리 2.38의 가정을 만족시킨다. 그러므로 다음과 같은 실수 $x_j^*$ $(1 \le j \le k)$가 존재한다.

$$a_{n,j} \le x_j^* \le b_{n,j} \quad (1 \le j \le k;\ n=1, 2, 3, \cdots)$$

$\mathbf{x}^*=(x_1^*, \cdots, x_k^*)$로 놓으면, $n=1, 2, 3, \cdots$에 대해 $\mathbf{x}^* \in I_n$임을 알 수 있다. 따라서 정리가 증명된다.

## 2.40 정리

모든 $k$포체는 옹골지다.

▸ 옹골지다 = be compact

**증명** $I$는 $k$포체로 $a_j \le x_j \le b_j$ $(1 \le j \le k)$인 점 $\mathbf{x}=(x_1, \cdots, x_k)$ 전체로 이루어져 있다고 하자. 다음과 같이 놓자.

$$\delta = \left\{\sum_1^k (b_j - a_j)^2\right\}^{1/2}$$

그러면 $\mathbf{x} \in I$이고 $\mathbf{y} \in I$일 때 $|\mathbf{x}-\mathbf{y}| \le \delta$이다.

모순을 이끌어내기 위해, $I$의 적당한 열린 덮개 $\{G_\alpha\}$가 존재해서 $I$의 유한 부분 덮개가 없다고 가정하자. $c_j=(a_j+b_j)/2$로 놓자. 그러면 두 닫힌 구간 $[a_j, c_j]$와 $[c_j, b_j]$는 $2^k$개의 $k$포체 $Q_i$를 결정하는데, 이것들의 합 모음은 $I$이다. 이런 모음 $Q_i$들 중에서 적어도 한 개는 $\{G_\alpha\}$의 어떠한 유한 부분 모둠으로도 덮을 수 없다. (그렇지 않으면 $I$를 적당한 유한 부분 모둠으로 덮을 수 있다.) 이것을 $I_1$라 하자. 다음으로 $I_1$을 위와 같이 나누고, 이런 과정을 반복하자. 그러면 다음과 같은 성질을 만족시키는 열 $\{I_n\}$을 얻는다.

▸ 합 모음 = 합집합, 부분 모둠 = subcollection

(a) $I \supset I_1 \supset I_2 \supset I_3 \supset \cdots$

(b) $I_n$은 $\{G_\alpha\}$의 어떠한 유한 부분 모둠으로도 덮을 수 없다.

(c) $\mathbf{x} \in I_n$이고 $\mathbf{y} \in I_n$이면, $|\mathbf{x}-\mathbf{y}| \le 2^{-n}\delta$이다.

(a)와 정리 2.39에 의해 적당한 점 $\mathbf{x}^*$이 존재해서 모든 $I_n$에 속한다. 어떤 $\alpha$에 대해 $\mathbf{x}^* \in G_\alpha$이다. $G_\alpha$가 열려 있으므로, 적당한 $r > 0$이 존재해서 $|\mathbf{y}-\mathbf{x}^*| < r$이면 $\mathbf{y} \in G_\alpha$이다. 충분히 큰 $n$에 대해 $2^{-n}\delta < r$이 성립한다. (이런 $n$이 존재한다. 그렇지 않으면 모든 자연수 $n$에 대해 $2^n \le \delta/r$이 성립해야 하는데, $R$이 아르키메데스 성질을 만족시키므로 이는 불합리하다.) 그러면 (c)에 의해 $I_n \subset G_\alpha$이다. 이것은 (b)에 모순된다.

이것으로 증명이 끝난다.

**용어**

하이네·보렐의 정리
Heine-Borel theorem

다음 정리에서 (a)와 (b)가 동치라는 사실은 하이네·보렐의 정리로 알려져 있다.

**수학자**

하이네(Heinrich Eduard Heine, 1821~1881) 도이칠란트 수학자,
보렐(Félix Édouard Justin Émile Borel, 1871~1956) 프랑스 수학자

## 2.41 정리

$R^k$의 부분 모음 $E$가 다음 세 성질 중에서 한 가지를 만족시키면, 다른 두 가지도 만족시킨다.

(a) $E$는 닫히고 갇혀 있다.

(b) $E$는 옹골지다.

(c) $E$의 임의의 무한 부분 모음에는 $E$에 속한 쌓인 점이 존재한다.

▸ 모음 = 집합,
갇혀 있다 = 유계이다,
옹골진 [옹골지다]
= [be] compact

**증명** (a)가 성립하면, 적당한 $k$포체 $I$에 대해 $E \subset I$이다. 이제 두 정리 2.40과 2.35에 의해 (b)가 성립한다. 정리 2.37에 의해 (b)가 성립하면 (c)가 성립한다. (c)가 성립하면 (a)가 성립함을 보이자.

$E$가 갇혀 있지 않다면, $E$에는 다음과 같은 $\mathbf{x}_n$이 존재한다.

$$|\mathbf{x}_n| > n \quad (n = 1, 2, 3, \cdots)$$

이런 점 $\mathbf{x}_n$들로 이루어진 모음 $S$는 무한이고, 분명히 $R^k$에 속한 쌓인 점이 없으므로 $E$에 속한 쌓인 점도 없다. 그러므로 (c)가 성립하면 $E$는 갇혀 있다.

$E$가 닫혀 있지 않으면, $E$의 쌓인 점이지만 $E$에 속하지 않은

점 $\mathbf{x}_0 \in R^k$이 존재한다. 각 $n=1, 2, 3, \cdots$에 대해 적당한 점 $\mathbf{x}_n \in E$이 존재해서 $|\mathbf{x}_n - \mathbf{x}_0| < 1/n$이 성립한다. $S$를 이런 점 $\mathbf{x}_n$들의 모음이라 하자. 그러면 $S$는 무한이다. (그렇지 않으면, $|\mathbf{x}_n - \mathbf{x}_0|$의 값은 무수히 많은 $n$에 대해 똑같은 양수일 것이다.) 그리고 $\mathbf{x}_0$은 $S$의 쌓인 점이고, $R^k$에 $S$의 다른 쌓인 점은 없다. 왜냐하면 $\mathbf{y} \in R^k$이고 $\mathbf{y} \neq \mathbf{x}_0$이면, 유한개를 제외한 나머지 모든 $n$에 대해 다음이 성립하기 때문이다.

$$\begin{aligned}|\mathbf{x}_n - \mathbf{y}| &\geq |\mathbf{x}_0 - \mathbf{y}| - |\mathbf{x}_n - \mathbf{x}_0| \\ &\geq |\mathbf{x}_0 - \mathbf{y}| - \frac{1}{n} \geq \frac{1}{2}|\mathbf{x}_0 - \mathbf{y}|\end{aligned}$$

이것은 $\mathbf{y}$가 $S$의 쌓인 점이 아님을 보여준다.(정리 2.20을 보라.)

그러므로 $S$의 쌓인 점이 $E$에 없다. 이에 따라 (c)가 성립하면, $E$는 반드시 갇힌 모음이어야 한다.

▸ 갇힌 = 유계인

여기서 (b)와 (c)는 임의의 거리 공간에서 동치이지만(익힘 문제 26), (a)가 성립한다고 일반적으로 (b)와 (c)가 성립한다고 할 수 없음을 지적해야 한다. 예가 익힘 문제 16과 제 11 장에서 논의할 공간 $\mathscr{L}^2$에 있다.

## 2.42 정리(바이어슈트라스)

$R^k$의 임의의 갇힌 무한 부분 모음의 쌓인 점이 $R^k$에 존재한다.

**수학자**

바이어슈트라스(Karl Theodor Wilhelm Weierstrass, 1815~1897) 도이칠란트 수학자

**증명** 갇힌 모음 $E$는 적당한 $k$포체 $I \subset R^k$의 부분 모음이다. 정리 2.40에 의해 $I$는 옹골지고, 이에 따라 정리 2.37에 의해 $E$의 쌓인 점이 $I$에 존재한다.

# 완전한 모음

## 2.43 정리

$P$는 $R^k$의 비지 않은 완전한 부분 모음이라고 하자. 그러면 $P$는 셀 수 없다.

▸ 완전(한) 모음 = perfect set

**증명** $P$의 쌓인 점이 있으므로, $P$는 무한 모음이다. $P$가 셀 수 있다

▸ 이웃 = 근방,
옹골진 모음
= compact set,
빈 모음 = 공집합

▸ $V_1 = \{\mathbf{y} \in R^k \mid |\mathbf{y} - \mathbf{x}_1| < r\}$,
$\overline{V_1} = \{\mathbf{y} \in R^k \mid |\mathbf{y} - \mathbf{x}_1| \le r\}$,
닫개 = 폐포

고 가정하고, $P$의 점들을 $\mathbf{x}_1$, $\mathbf{x}_2$, $\mathbf{x}_3$, $\cdots$으로 나타내자. 다음과 같이 이웃들의 열 $\{V_n\}$을 구성하겠다.

$V_1$을 $\mathbf{x}_1$의 임의의 이웃이라 하자. $V_1$이 $\mathbf{y} \in R^k$ 중에서 $|\mathbf{y} - \mathbf{x}_1| < r$인 것 전체로 이루어지면, $V_1$의 닫개 $\overline{V_1}$은 $\mathbf{y} \in R^k$ 중에서 $|\mathbf{y} - \mathbf{x}_1| \le r$인 것 전체로 이루어진다.

$V_n$을 구성했다고 하고, $V_n \cap P$가 비지 않았다고 하자. $P$의 각 점이 $P$의 쌓인 점이므로, 다음과 같은 이웃 $V_{n+1}$이 존재한다.

$$\text{(i)}\ \overline{V}_{n+1} \subset V_n,\ \text{(ii)}\ \mathbf{x}_n \notin \overline{V}_{n+1},\ \text{(iii)}\ V_{n+1} \cap P \neq \varnothing$$

(iii)에 의해 $V_{n+1}$은 귀납법 가정을 만족시키고, 이런 구성을 계속할 수 있다.

▸ 갇혀 있다 = 유계이다

$K_n = \overline{V}_n \cap P$로 놓자. $\overline{V}_n$은 닫히고 갇혀 있으므로, $\overline{V}_n$은 옹골지다. $\mathbf{x}_n \notin K_{n+1}$이므로, $P$의 어떠한 점도 $\cap_1^\infty K_n$에 속하지 않는다. $K_n \subset P$이므로, 이것은 $\cap_1^\infty K_n$이 비어 있음을 뜻한다. 그런데 (iii)에 의해 각 $K_n$은 비지 않았고, (i)에 의해 $K_n \supset K_{n+1}$이다. 이것은 정리 2.36의 따름 정리에 모순이다.

### 따름 정리

임의의 닫힌 구간 $[a, b]$ $(a < b)$는 셀 수 없다. 특히, 실수 전체의 모음은 셀 수 없다.

**용어**

칸토어 모음, 칸토어 집합
Cantor set

## 2.44 칸토어 모음

지금부터 구성할 모음은 열린 구간을 전혀 포함하지 않는 $R^1$의 완전한 부분 모음이 존재함을 보여준다.

▸ 합 모음 = 합집합

$E_0$은 닫힌 구간 $[0, 1]$이라 하자. 열린 구간 $(\frac{1}{3}, \frac{2}{3})$를 없애고, $E_1$은 다음과 같은 두 개의 닫힌 구간의 합 모음이라고 하자.

$$[0, \tfrac{1}{3}],\quad [\tfrac{2}{3}, 1]$$

이런 닫힌 구간에서 가운데 $\frac{1}{3}$을 없애고, $E_2$는 다음과 같은 네 개의 닫힌 구간의 합 모음이라고 하자.

$$[0,\ \tfrac{1}{9}],\quad [\tfrac{2}{9},\ \tfrac{3}{9}],\quad [\tfrac{6}{9},\ \tfrac{7}{9}],\quad [\tfrac{8}{9},\ 1]$$

이런 방법으로 계속해서, 다음과 같은 옹골진 모음 $E_n$들의 열을 얻자.

▸ 옹골진 모음 = compact set

(a) $E_1 \supset E_2 \supset E_3 \supset \cdots$

(b) $E_n$은 길이가 $3^{-n}$인 $2^n$개의 닫힌 구간의 합 모음이다.

이때 다음 모음을 **칸토어 모음**이라고 한다.

$$P = \bigcap_{n=1}^{\infty} E_n$$

$P$는 분명히 옹골지고, 정리 2.36에 의해 $P$는 비어 있지 않다.

$k$와 $m$이 자연수일 때, 다음과 같은 꼴의 열린 구간은 $P$와 만나지 않는다.

$$\left(\frac{3k+1}{3^m},\ \frac{3k+2}{3^m}\right) \tag{24}$$

임의의 열린 구간 $(\alpha, \beta)$에는 다음과 같은 경우에 (24)와 같은 꼴의 열린 구간을 포함하므로, $P$에는 열린 구간이 포함되지 않는다.

$$3^{-m} < \frac{\beta - \alpha}{6}$$

$P$가 완전함을 보이기 위해서는 $P$에 외딴 점이 속하지 않음을 보이면 충분하다. $x \in P$라 하고, $S$는 $x$를 포함하는 임의의 열린 구간이라 하자. $I_n$이 $x$를 포함하는 $E_n$의 닫힌 구간이라 하자. 충분히 큰 $n$을 선택하면 $I_n \subset S$이다. $x_n$은 $I_n$의 한 끝점으로 $x_n \neq x$라고 하자.

▸ 외딴 점 = 고립점

그러면 $P$의 구성에 의해 $x_n \in P$이다. 이에 따라 $x$는 $P$의 쌓인 점이고 $P$는 완전하다.

칸토어 모음의 가장 흥미로운 성질의 하나는 이것이 측도 0인 셀 수 없는 예라는 사실이다. (측도의 개념은 제11장에서 논의한다.)

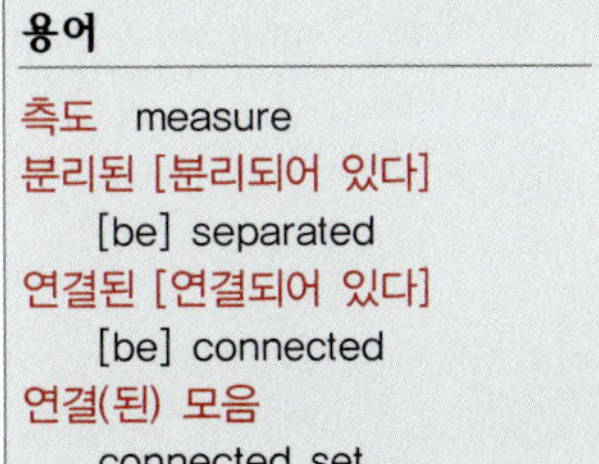

**용어**

측도 measure
분리된 [분리되어 있다] [be] separated
연결된 [연결되어 있다] [be] connected
연결(된) 모음 connected set

## 연결된 모음

### 2.45 정의

거리 공간 $X$의 두 부분 모음 $A$와 $B$가 **분리되어 있다**고 하는 것은,

▸ 닫개 = 폐포

$A \cap \overline{B}$와 $\overline{A} \cap B$가 모두 비어 있을 때, 곧 $A$의 점은 $B$의 닫개에 속하지 않고 $B$의 점은 $A$의 닫개에 속하지 않을 때이다.

▸ 합 모음 = 합집합

모음 $E \subset X$가 두 개의 비지 않은 분리된 모음의 합 모음이 아닐 때, $E$는 **연결되어 있다**고 한다.

## 2.46 일러두기

▸ 만나지 않는[다] [be] disjoint

분리된 모음들은 물론 만나지 않지만, 만나지 않은 모음들이 분리되어 있지 않을 수 있다. 예를 들면, 닫힌 구간 $[0, 1]$과 열린 구간 $(1, 2)$는 분리되어 있지 않은데, 1이 구간 $(1, 2)$의 쌓인 점이기 때문이다. 그렇지만 두 열린 구간 $(0, 1)$과 $(1, 2)$는 분리되어 있다.

실 직선의 연결된 부분 모음의 구조는 매우 단순하다.

## 2.47 정리

▸… 위한 필요 충분 조건 =… 위해 필요하고 충분한 조건

▸ 곧, $E$가 구간인 경우이다

실 직선 $R^1$의 부분 모음 $E$가 연결되어 있기 위한 필요 충분 조건은 이것이 성질 "$x \in E$, $y \in E$, $x < z < y$이면 $z \in E$이다."를 만족시키는 경우이다.

**증명** 적당한 $x \in E$와 $y \in E$가 존재해서 어떤 $z \in (x, y)$에 대해 $z \notin E$이면, 다음과 같은 $A_z$와 $B_z$에 대해 $E = A_z \cup B_z$이다.

$$A_z = E \cap (-\infty, z), \quad B_z = E \cap (z, \infty)$$

$x \in A_z$이고 $y \in B_z$이므로, $A$와 $B$는 비지 않은 모음이다. $A_z \subset (-\infty, z)$이고 $B_z \subset (z, \infty)$이므로, 이것들은 분리되어 있다. 그러므로 $E$는 연결되어 있지 않다.

역을 증명하기 위해서, $E$가 연결되어 있지 않다고 하자. 그러면 비지 않은 분리된 두 모음 $A$와 $B$가 존재해서 $A \cup B = E$가 성립한다. $x \in A$와 $y \in B$를 선택하고 (일반성을 잃지 않고) $x < y$라 가정하자. 다음과 같이 정의하자.

$$z = \sup(A \cap [x, y])$$

정리 2.28에 의해 $z \in \overline{A}$이다. 그러므로 $z \notin B$이다. 특히, $x \le z < y$이다.

$z \notin A$이면, 이에 따라 $x < z < y$이고 $z \notin E$이다.

$z \in A$이면, $z \notin \overline{B}$이고 이에 따라 적당한 $z_1$이 존재해서 $z < z_1 < y$와 $z_1 \notin B$이 성립한다. 그러면 $x < z_1 < y$이고 $z_1 \notin E$이다.

## 익힘 문제

▸빈 모음 = 공집합

**용어**

대수적 수 algebraic number
내부 interior

**1.** 빈 모음은 임의의 모음의 부분 모음임을 증명하라.

**2.** 모두가 0은 아닌 $a_0$, …, $a_n$이 존재해서 다음이 성립할 때, 복소수 $z$를 **대수적**이라 한다.

$$a_0 z^n + a_1 z^{n-1} + \cdots + a_{n-1} z + a_n = 0$$

대수적 수 전체의 모음이 셀 수 있음을 증명하라. **귀띔**: 임의의 자연수 $N$에 대해 다음을 만족시키는 방정식은 유한개 있다.

$$n + |a_0| + |a_1| + \cdots + |a_n| = N$$

▸무비수 = 무리수, 쌓인 점 = 집적점, 갇힌 = 유계인

**3.** 대수적이지 않은 실수가 존재함을 증명하라.

**4.** 무비수 전체의 모음은 셀 수 있는가?

**5.** 쌓인 점이 단 세 개 있는 실수들의 갇힌 모음을 구성하라.

**6.** $E'$을 모음 $E$의 쌓인 점 전체의 모음이라고 하자. $E'$이 닫힌 모음임을 증명하라. $E$와 $\overline{E}$의 쌓인 점이 서로 같음을 증명하라. ($\overline{E} = E \cup E'$임을 되새기자.) $E$와 $E'$의 쌓인 점은 언제나 서로 같은가?

**7.** $A_1$, $A_2$, $A_3$, …은 거리 공간의 부분 모음이라고 하자.

(a) $n = 1, 2, 3, \cdots$에 대해 $B_n = \cup_{i=1}^{n} A_i$이면, $\overline{B_n} = \cup_{i=1}^{n} \overline{A_i}$임을 증명하라.

(b) $B = \cup_{i=1}^{\infty} A_i$이면, $\overline{B} \supset \cup_{i=1}^{\infty} \overline{A_i}$임을 증명하라.

이 포함 관계에서 등호가 성립하지 않는 예를 들어라.

**8.** 열린 모음 $E \subset R^2$의 임의의 점은 $E$의 쌓인 점인가? $R^2$의 닫힌 모음에 대한 똑같은 문제에 답하라.

**9.** $E°$는 모음 $E$의 내점 전체의 모음을 나타낸다고 하자. [정의 2.18(e)를 보라. $E°$를 $E$의 **내부**라고 한다.]

▸… 위한 필요 충분 조건 = … 위해 필요하고 충분한 조건

(a) $E°$는 언제나 열린 모음임을 증명하라.

(b) $E$가 열려 있기 위한 필요 충분 조건은 $E° = E$임을 증명하라.

(c) $G \subset E$이고 $G$가 열려 있으면, $G \subset E°$임을 증명하라.

▸ 여 모음 = 여집합, 닫개 = 폐포

(d) $E^\circ$의 여 모음은 $E$의 여 모음의 닫개임을 증명하라.

(e) $E$와 $\overline{E}$의 내부는 언제나 서로 같은가?

(f) $E$와 $E^\circ$의 닫개는 언제나 서로 같은가?

**10.** 무한 모음 $X$의 $p \in X$와 $q \in X$에 대해 다음과 같이 정의하자.

$$d(p,\ q) = \begin{cases} 1 & (p \neq q) \\ 0 & (p = q) \end{cases}$$

▸ 옹골진 모음 = compact set

이것이 거리임을 증명하라. 이렇게 얻은 거리 공간의 열린 부분 모음을 찾아라. 닫힌 부분 모음을 찾아라. 옹골진 부분 모음을 찾아라.

**11.** $x \in R^1$과 $y \in R^1$에 대해 다음과 같이 정의하자.

$$d_1(x,\ y) = (x-y)^2,$$
$$d_2(x,\ y) = \sqrt{|x-y|},$$
$$d_3(x,\ y) = |x^2 - y^2|,$$
$$d_4(x,\ y) = |x - 2y|,$$
$$d_5(x,\ y) = \frac{|x-y|}{1+|x-y|}$$

어느 것이 거리인지 판정하라.

**12.** $K \subset R^1$는 0과 $n = 1,\ 2,\ 3,\ \cdots$에 대한 수 $1/n$로 이루어져 있다고 하자. $K$가 옹골진 모음임을 (하이네 · 보렐의 정리를 이용하지 말고) 정의에 따라 직접 증명하라.

**13.** 쌓인 점들이 셀 수 있는 모음인 실수들의 옹골진 모음을 구성하라.

**14.** 유한 부분 덮개가 없는 열린 구간 $(0,\ 1)$의 열린 덮개를 찾아라.

▸ 갇힌 = 유계인

**15.** 정리 2.36과 그 따름 정리는 용어 '옹골진'을 '닫힌' 또는 '갇힌'으로 바꾸면 성립하지 않음을 ($R^1$에서의 예로) 보여라.

▸ 유비수 = 유리수 $E = \{p \in Q \mid 2 < p^2 < 3\}$

▸ 갇혀 있다 = 유계이다

**16.** 유비수 전체의 모음 $Q$를 거리가 $d(p,\ q) = |p-q|$인 거리 공간으로 생각하자. $E$는 $p \in Q$이고 $2 < p^2 < 3$인 것 전체의 모음이라 하자. $E$가 $Q$에서 닫히고 갇혀 있지만, $E$는 옹골지지 않음을 보여라. $E$는 $Q$에서 열려 있는가?

**17.** $E$는 $x \in [0,\ 1]$이고 소수 전개에 두 숫자 4와 7만 있는 것 전체의 모음이라 하자. $E$는 셀 수 있는가? $E$는 $[0,\ 1]$에서 조밀한가? $E$는 옹골진가? $E$는 완전한가?

**18.** 유비수를 포함하지 않는 $R^1$의 비지 않은 완전한 모음이 있는가?

**19.** (a) $A$와 $B$는 어떤 거리 공간 $X$에서 만나지 않는 닫힌 모음들이면, 이것들이 분리되어 있음을 증명하라.

(b) 분리된 열린 모음들에 대해 똑같은 사실을 증명하라.

(c) $p \in X$와 $\delta > 0$를 고정하고, $A$는 $q \in X$이고 $d(p, q) < \delta$인 것 전체의 모음으로 정의하자. 그리고 $B$는 $<$를 $>$로 바꾸어 비슷하게 정의하자. $A$와 $B$는 분리되어 있음을 증명하라.

▸ $A = \{q \in X \mid d(p, q) < \delta\}$, $B = \{q \in X \mid d(p, q) > \delta\}$

(d) 점이 적어도 두 개 있는 임의의 연결된 거리 공간은 셀 수 없음을 증명하라. **귀띔** : (c)를 이용하자.

**20.** 연결된 모음의 닫개와 내부는 언제나 연결되어 있는가? ($R^2$의 부분 모음들을 살펴보자.)

▸ 닫개 = 폐포

**21.** $A$와 $B$는 $R^k$의 분리된 부분 모음들이라 하고, $\mathbf{a} \in A$이고 $\mathbf{b} \in B$이며 $t \in R^1$에 대해 다음과 같이 정의하자.

$$\mathbf{p}(t) = (1-t)\mathbf{a} + t\mathbf{b}$$

$A_0 = \mathbf{p}^{-1}(A)$와 $B_0 = \mathbf{p}^{-1}(B)$로 놓자. [그러므로 $t \in A_0$이기 위한 필요 충분 조건은 $\mathbf{p}(t) \in A$이다.]

▸… 위한 필요 충분 조건 = … 위해 필요하고 충분한 조건

(a) $A_0$과 $B_0$이 $R^1$의 분리된 부분 모음들임을 증명하라.

(b) 적당한 $t_0 \in (0, 1)$이 존재해서 $\mathbf{p}(t_0) \notin A \cup B$임을 증명하라.

(c) $R^k$의 임의의 볼록한 부분 모음은 연결되어 있음을 증명하라.

**22.** 셀 수 있는 조밀한 부분 모음을 포함하는 거리 공간을 **분해 가능하다**고 한다. $R^k$가 분해 가능함을 보여라. **귀띔** : 좌표가 유비수뿐인 점들의 모음을 생각하자.

**용어**

분해 가능한[하다] [be] separable
기저 base

▸ 유비수 = 유리수, 모음들의 모둠 = collection of sets, 이웃 = 근방

**23.** $X$의 열린 모음들의 모둠 $\{V_\alpha\}$가 조건 "임의의 $x \in X$와 이것이 속한 임의의 열린 모음 $G \subset X$에 대해 적당한 $\alpha$가 존재해서 $x \in V_\alpha \subset G$가 성립한다."를 만족시킬 때, 이를 $X$의 **기저**라 한다. 바꿔 말하면, $X$의 임의의 열린 모음은 $\{V_\alpha\}$의 어떤 부분 모둠의 합모음이다.

임의의 분해 가능한 거리 공간에는 셀 수 있는 기저가 있음을 증명하라. **귀띔** : 반지름이 유비수이고 중심이 $X$의 셀 수 있는 조밀한 부분 모음에 있는 이웃을 모두 택한다.

**24.** $X$는 거리 공간으로, 임의의 무한 부분 모음의 쌓인 점이 있다고 하자.

$X$가 분해 가능함을 증명하라. **귀띔** : $\delta > 0$를 고정하고 $x_1 \in X$를 선택하자. $x_1, \cdots, x_j \in X$를 선택했다면, 가능한 경우에 $x_{j+1} \in X$를 $i=1, \cdots, j$에 대해 $d(x_i, x_{j+1}) \geq \delta$가 성립하도록 선택하자. 이런 과정은 유한번의 단계 뒤에 반드시 끝이 나고, 이에 따라 $X$를 반지름이 $\delta$인 유한개의 이웃으로 덮을 수 있음을 보여라. $\delta = 1/n$ ($n = 1, 2, 3, \cdots$)을 택하고 대응하는 이웃의 중심을 생각하자.

▸ 이웃 = 근방

▸ 옹골진 공간 = compact space

▸ 합 모음 = 합집합

**25.** 임의의 옹골진 거리 공간 $K$에는 셀 수 있는 기저가 있고, 이에 따라 $K$는 분해 가능함을 증명하라. **귀띔** : 각 자연수 $n$에 대해 반지름이 $1/n$인 유한개의 이웃이 존재해서 그 합 모음이 $K$를 덮는다.

**26.** $X$는 거리 공간으로, 임의의 무한 부분 모음에는 쌓인 점이 있다고 하자. $X$는 옹골진 모음임을 증명하라. **귀띔** : 두 익힘 문제 23과 24에 의해 $X$에는 셀 수 있는 기저가 있다. 이에 따라 $X$의 임의의 열린 덮개에는 셀 수 있는 부분 덮개 $\{G_n\}$ ($n = 1, 2, 3, \cdots$)이 있다. $\{G_n\}$의 어떠한 유한 부분 모둠도 $X$를 덮지 못하면, 각 $n$에 대해 $G_1 \cup \cdots \cup G_n$의 여 모음 $F_n$은 비지 않지만 $\cap F_n$은 비어 있다. $E$가 각 $F_n$에 속한 한 점을 포함하는 모음이면, $E$의 쌓인 점을 생각하고 모순을 얻어라.

▸ 빈 모음 = 공집합

**용어**

응집점
condensation point

**27.** 거리 공간 $X$에 속한 점 $p$를 모음 $E \subset X$의 **응집점**이라 하는 것은, $p$의 임의의 이웃에 $E$의 셀 수 없이 많은 점이 포함되는 경우이다.

$E \subset R^k$이고 $E$는 셀 수 없으며 $P$는 $E$의 응집점 전체의 모음이라 하자. $P$는 완전하고 $E$의 기껏해야 셀 수 있는 만큼 많은 점이 $P$에 속하지 않음을 증명하라. 바꿔 말하면, $P^c \cap E$는 기껏해야 셀 수 있음을 보여라. **귀띔** : $\{V_n\}$은 $R^k$의 셀 수 있는 기저이고, $W$는 $E \cap V_n$이 기껏해야 셀 수 있는 $V_n$들의 합 모음이라 하고, $P = W^c$임을 보이자.

**28.** 분해 가능한 거리 공간에 포함된 임의의 닫힌 모음은 (어쩌면 비어 있는) 완전한 모음과 기껏해야 셀 수 있는 모음의 합 모음임을 증명하라. (**따름 정리** : $R^k$에서 임의의 셀 수 있는 닫힌 모음에는 외딴 점이 있다.) **귀띔** : 익힘 문제 27을 사용하자.

▸ 외딴 점 = 고립점

**29.** $R^1$의 각 열린 모음은 분리된 열린 구간들의 기껏해야 셀 수 있는 모둠의 합 모음임을 증명하라. **귀띔** : 익힘 문제 22를 사용하자.

**30.** 정리 2.43의 증명을 본떠서 다음 결과를 얻어라.

각 $F_n$이 $R^k$의 닫힌 부분 모음일 때 $R^k = \cup_1^\infty F_n$이면, 적어도 한 개의 $F_n$에는 비지 않은 내부가 있다.

**동치인 명제** : $n=1, 2, 3, \cdots$에 대해 $G_n$이 $R^k$의 조밀한 열린 부분 모음이면, $\cap_i^\infty G_n$은 비지 않았다. (사실, 이것은 $R^k$에서 조밀하다.)

(이것은 베어의 정리의 특별한 경우이다. 일반적인 경우는 제 3 장의 익힘 문제 22를 보라.)

**용어**

베어의 정리
Baire's theorem

**수학자**

베어(René-Louis Baire, 1874~1932) 프랑스의 수학자

03

# 수들의 열과 덧렬

Numerical Sequencesand Series

제목이 가리키듯이, 이번 장에서는 주로 복소수들의 열[수열]과 덧렬[급수]을 다룬다. 그렇지만 수렴에 관한 기초적인 사실들은 더 일반적인 상황에서도 마찬가지로 쉽게 이해된다. 이에 따라 처음 세 절은 유클리드 공간 또는 심지어 거리 공간에서의 열을 고려한다.

**용어**

열, 수열 sequence
덧렬, 급수 series
수렴한다 converge
극한 limit
발산한다 diverge
수렴하는 열 convergent sequence

'sequence'와 'series'에서 항은 수만이 아니라 벡터, 점, 함수 등일 수 있다. 이에 'sequence'를 '열'로 나타내고, '덧셈'의 '덧'을 이용해서 'series'를 '덧렬'로 나타내겠다. 그리고 원서의 표현과 일치시켜서 [실·복소]수들의 열(덧렬), 복소수 열(덧렬), 실수 열(덧렬) 등과 같이 나타낸다.

## 수렴하는 열

### 3.1 정의

거리 공간 $X$에서의 열 $\{p_n\}$이 **수렴한다**는 것은 다음 성질을 만족시키는 점 $p \in X$가 존재하는 경우이다. "임의의 $\varepsilon > 0$에 대해 적당한 자연수 $N$이 존재해서 $n \geq N$이면 $d(p_n, p) < \varepsilon$이 성립한다." (여기서 $d$는 $X$에서의 거리를 나타낸다.)

이런 경우에 $\{p_n\}$은 $p$에 수렴한다 또는 $p$는 $\{p_n\}$의 **극한**이라 하고[정리 3.2(b)를 보라], 기호로 $p_n \to p$ 또는 다음과 같이 나타낸다.

$$\lim_{n \to \infty} p_n = p$$

$\{p_n\}$이 수렴하지 않을 때, 이것은 **발산한다**고 한다.

'수렴하는 열'에 대한 정의는 $\{p_n\}$뿐만 아니라 $X$에 따라 좌우된다는 사실을 분명히 지적해야 한다. 예를 들면, 열 $\{1/n\}$은 $R^1$에서 (0으로) 수렴하지만, [거리가 $d(x, y) = |x-y|$인] 양의 실수 전체의 모음에서는 수렴하지 않는다. 모호할 수 있는 경우에는 '수렴하는'이라는 말 대신에 '$X$에서 수렴하는'과 같이 좀 더 명확하고 구체적으로 나타내겠다.

▸ 모음 = 집합

**용어**

치역 range
갇힌[갇혀 있다], 유계인[이다] [be] bounded
복소수들의 열 sequence of complex numbers

점 $p_n$ $(n=1,\ 2,\ 3,\ \cdots)$ 전체의 모음을 $\{p_n\}$의 **치역**이라 부르겠다. 열의 치역은 유한 모음일 수도 있고 무한 모음일 수도 있다. 치역이 갇힌 열 $\{p_n\}$은 **갇혀 있다**고 한다.

예로, $[X=R^2$인$]$ 다음과 같은 복소수들의 열을 생각하자.

(a) $s_n=1/n$이면, $\lim_{n\to\infty} s_n=0$이다. 치역은 무한 모음이고 열은 갇혀 있다.

(b) $s_n=n^2$이면, 열 $\{s_n\}$은 갇혀 있지 않고 발산하며 치역은 무한 모음이다.

(c) $s_n=1+\{(-1)^n/n\}$이면, 열 $\{s_n\}$은 1에 수렴하고 갇혀 있으며 치역은 무한 모음이다.

(d) $s_n=i^n$이면, 열 $\{s_n\}$은 발산하고 갇혀 있으며 치역은 유한 모음이다.

(e) $s_n=1$ $(n=1,\ 2,\ 3,\ \cdots)$이면, 열 $\{s_n\}$은 1에 수렴하고 갇혀 있으며 치역은 유한 모음이다.

이제 거리 공간에서 수렴하는 열의 중요한 성질 몇 가지를 요약하자.

## 3.2 정리

$\{p_n\}$은 거리 공간 $X$에서의 열이라고 하자.

▸ … 위한 필요 충분 조건 = … 위해 필요하고 충분한 조건

▸ 이웃 = 근방, 쌓인 점 = 극한점 = 집적점

(a) $\{p_n\}$이 $p\in X$에 수렴하기 위한 필요 충분 조건은 $p$의 임의의 이웃에 유한개를 제외한 $\{p_n\}$의 모든 항이 속하는 경우이다.

(b) $p\in X$이고 $p'\in X$이며 $\{p_n\}$이 $p$와 $p'$에 수렴하면 $p'=p$이다.

(c) $\{p_n\}$이 수렴하면, $\{p_n\}$은 갇혀 있다.

(d) $E\subset X$이고 $p$가 $E$의 쌓인 점이면, $E$에서의 열 $\{p_n\}$이 존재해서 $p=\lim_{n\to\infty} p_n$이 성립한다.

증명 (a) $p_n\to p$이고 $V$를 $p$의 이웃이라 하자. 그러면 어떤 $\varepsilon>0$이 존재해서 $d(q,\ p)<\varepsilon$이고 $q\in X$이면 $q\in V$가 성립한다. 이 $\varepsilon$에 대응하는 적당한 $N$이 존재해서 $n\geq N$이면 $d(p_n,\ p)<\varepsilon$이 성립한다. 그러므로 $n\geq N$이면 $p_n\in V$이 성립한다.

▸ $N_\varepsilon(p)\subset V$

역으로, $p$의 임의의 이웃에 유한개를 제외한 모든 $p_n$이 속한다고 가정하자. $\varepsilon > 0$을 고정하고, $V$는 $q \in X$ 중에서 $d(q, p) < \varepsilon$인 것 전체의 모음이라 하자. 가정에 의해 (이 $V$에 대응하는) 적당한 $N$이 존재해서 $n \geq N$이면 $p_n \in V$이 성립한다. 따라서 $n \geq N$이면 $d(p_n, p) < \varepsilon$이 성립하므로, $p_n \to p$이다.

▸ $V = \{q \in X \mid d(p, q) < \varepsilon\}$

(b) 주어진 $\varepsilon > 0$에 대해 다음과 같은 두 자연수 $N$과 $N'$이 존재한다.

$$n \geq N\text{이면 } d(p_n, p) < \frac{\varepsilon}{2}\text{이 성립하고,}$$

$$n \geq N'\text{이면 } d(p_n, p') < \frac{\varepsilon}{2}\text{이 성립한다.}$$

그러므로 $n \geq \max(N, N')$일 때 다음이 성립한다.

$$d(p, p') \leq d(p, p_n) + d(p_n, p') < \varepsilon$$

$\varepsilon$이 임의이므로, 결론적으로 $d(p, p') = 0$이다.

(c) $p_n \to p$라 하자. 적당한 자연수 $N$이 존재해서 $n > N$이면 $d(p_n, p) < 1$이 성립한다. 다음과 같이 놓자.

$$r = \max\{1,\ d(p_1, p),\ \cdots,\ d(p_N, p)\}$$

그러므로 $n = 1, 2, 3, \cdots$에 대해 $d(p_n, p) \leq r$이다.

(d) 각 자연수 $n$에 대해 적당한 점 $p_n \in E$이 존재해서 $d(p_n, p) < 1/n$이 성립한다. 주어진 $\varepsilon > 0$에 대해 $N$을 $N\varepsilon > 1$이 되도록 선택하자. $n > N$이면 $d(p_n, p) < \varepsilon$이 성립한다. 그러므로 $p_n \to p$이다.

이에 따라 증명이 끝난다.

$R^k$에서의 열의 경우에, 수렴과 대수적 연산 사이의 관계를 연구할 수 있다. 먼저, 복소수들의 열을 생각하자.

## 3.3 정리

$\{s_n\}$과 $\{t_n\}$은 복소수 열이고, $\lim_{n\to\infty} s_n = s$이며 $\lim_{n\to\infty} t_n = t$라 하자. 그러면 다음이 성립한다.

(a) $\lim\limits_{n\to\infty}(s_n + t_n) = s + t$

**용어**

복소수 열
complex sequence

(b) $\lim_{n\to\infty} cs_n = cs$, $\lim_{n\to\infty}(c+s_n) = c+s$ [단, $c$는 임의의 수이다.]

(c) $\lim_{n\to\infty} s_n t_n = st$

(d) $\lim_{n\to\infty} \frac{1}{s_n} = \frac{1}{s}$ [단, $s_n \neq 0$ $(n=1, 2, 3, \cdots)$이고 $s \neq 0$이다.]

**증명** (a) 주어진 $\varepsilon > 0$에 대해 다음과 같은 두 자연수 $N_1$과 $N_2$가 존재한다,

$$n \geq N_1 \text{이면 } |s_n - s| < \frac{\varepsilon}{2} \text{이 성립하고,}$$

$$n \geq N_2 \text{이면 } |t_n - t| < \frac{\varepsilon}{2} \text{이 성립한다.}$$

$N = \max(N_1, N_2)$일 때, $n \geq N$이면 다음이 성립한다.

$$|(s_n + t_n) - (s+t)| \leq |s_n - s| + |t_n - t| < \varepsilon$$

이에 따라 (a)가 증명된다. (b)의 증명은 아주 쉽다.

(c) 다음 등식을 이용하자.

(1) $$s_n t_n - st = (s_n - s)(t_n - t) + s(t_n - t) + t(s_n - s)$$

주어진 $\varepsilon > 0$에 대해 다음과 같은 두 자연수 $N_1$과 $N_2$가 존재한다.

$$n \geq N_1 \text{이면 } |s_n - s| < \sqrt{\varepsilon} \text{이 성립하고,}$$
$$n \geq N_2 \text{이면 } |t_n - t| < \sqrt{\varepsilon} \text{이 성립한다.}$$

$N = \max(N_1, N_2)$일 때, $n \geq N$이면 다음이 성립한다.

$$|(s_n - s)(t_n - t)| < \varepsilon$$

그러므로 다음을 얻는다.

$$\lim_{n\to\infty} (s_n - s)(t_n - t) = 0$$

이제 (a)와 (b)를 (1)에 적용하면, 결론적으로 다음을 얻는다.

$$\lim_{n\to\infty} (s_n t_n - st) = 0$$

(d) $m$을 $n \geq m$이면 $|s_n - s| < \frac{1}{2}|s|$이 성립하도록 선택하면, 다음을 얻는다.

$$|s_n| > \frac{1}{2}|s| \quad (n \ge m)$$

주어진 $\varepsilon > 0$에 대해 적당한 자연수 $N > m$이 존재해서 $n \ge N$이면 다음이 성립한다.

$$|s_n - s| < \frac{1}{2}|s|^2\varepsilon$$

그러므로 $n \ge N$에 대해 다음이 성립한다.

$$\left|\frac{1}{s_n} - \frac{1}{s}\right| = \left|\frac{s_n - s}{s_n s}\right| < \frac{2}{|s|^2}|s_n - s| < \varepsilon$$

## 3.4 정리

(a) $\mathbf{x}_n \in R^k$ $(n = 1, 2, 3, \cdots)$이고 다음과 같다고 하자.

$$\mathbf{x}_n = (\alpha_{1,n}, \cdots, \alpha_{k,n})$$

그러면 $\{\mathbf{x}_n\}$이 $\mathbf{x} = (\alpha_1, \cdots, \alpha_k)$에 수렴하기 위한 필요 충분 조건은 다음과 같다.

(2) $$\lim_{n\to\infty} \alpha_{j,n} = \alpha_j \quad (1 \le j \le k)$$

(b) $\{\mathbf{x}_n\}$과 $\{\mathbf{y}_n\}$은 $R^k$에서의 열이고 $\{\beta_n\}$은 실수들의 열이며, $\mathbf{x}_n \to \mathbf{x}$, $\mathbf{y}_n \to \mathbf{y}$, $\beta_n \to \beta$라 하자. 그러면 다음이 성립한다.

$$\lim_{n\to\infty}(\mathbf{x}_n + \mathbf{y}_n) = \mathbf{x} + \mathbf{y}, \quad \lim_{n\to\infty} \mathbf{x}_n \cdot \mathbf{y}_n = \mathbf{x} \cdot \mathbf{y}, \quad \lim_{n\to\infty} \beta_n \mathbf{x}_n = \beta\mathbf{x}$$

▸… 위한 필요 충분 조건
= … 위해 필요하고 충분한 조건

**용어**

$R^k$에서의 열 sequence in $R^k$

실수들의 열 sequence of real numbers

**증명** (a) $\mathbf{x}_n \to \mathbf{x}$라 하자. $R^k$에서의 대중의 정의에 의해 곧바로 다음이 성립한다.

▸ 대중 = 노름

$$|\alpha_{j,n} - \alpha_j| \le |\mathbf{x}_n - \mathbf{x}|$$

이에 따라 (2)가 성립한다.

역으로, (2)가 성립하면 임의의 $\varepsilon > 0$에 대해 이에 대응하는 자연수 $N$이 존재해서 $n \ge N$이면 다음이 성립한다.

$$|\alpha_{j,n} - \alpha_j| < \frac{\varepsilon}{\sqrt{k}} \quad (1 \le j \le k)$$

그러므로 $n \ge N$이면 다음이 성립한다.

$$|\mathbf{x}_n - \mathbf{x}| = \left\{ \sum_{j=1}^{k} |\alpha_{j,n} - \alpha_j|^2 \right\}^{1/2} < \varepsilon$$

따라서 $\mathbf{x}_n \to \mathbf{x}$이다. 이것이 (a)를 증명한다.

(b)는 (a)와 정리 3.3으로부터 유도된다.

## 부분 열

**용어**

자연수들의 열 sequence of positive integers
부분 열 subsequence
부분 열 극한 subsequential limit

▸… 위한 필요 충분 조건 = … 위해 필요하고 충분한 조건

### 3.5 정의

주어진 열 $\{p_n\}$에 대해 자연수들의 열 $\{n_i\}$로 $n_1 < n_2 < n_3 < \cdots$인 것을 생각하자. 그러면 열 $\{p_{n_i}\}$를 $\{p_n\}$의 **부분 열**이라 한다. $\{p_{n_i}\}$가 수렴하면, 이것의 극한을 $\{p_n\}$의 **부분 열 극한**이라 한다.

분명히, $\{p_n\}$이 $p$에 수렴하기 위한 필요 충분 조건은 $\{p_n\}$의 임의의 부분 열이 $p$에 수렴하는 경우이다. 자세한 증명은 독자에게 남긴다.

### 3.6 정리

▸ 옹골진 = compact, 갇힌 = 유계인 = bounded, 모음 = 집합

(a) $\{p_n\}$이 옹골진 거리 공간 $X$에서의 열이면, $\{p_n\}$의 적당한 부분 열이 $X$의 점에 수렴한다.

(b) $R^k$에서의 임의의 갇힌 열에는 수렴하는 부분 열이 포함된다.

**증명** (a) $E$는 $\{p_n\}$의 치역이라 하자. $E$가 유한 모음이면, 적당한 $p \in E$와 열 $\{n_i\}$로 $n_1 < n_2 < n_3 < \cdots$인 것이 존재해서 다음이 성립한다.

$$p_{n_1} = p_{n_2} = \cdots = p$$

이렇게 얻은 부분 열 $\{p_{n_i}\}$는 분명히 $p$에 수렴한다.

$E$가 무한 모음이면, 정리 2.37에 의해 $E$에는 쌓인 점 $p \in X$가 존재한다. $n_1$을 $d(p, p_{n_1}) < 1$인 것으로 선택하자. $n_1, \cdots, n_{i-1}$을 선택했다면, 정리 2.20에 의해 자연수 $n_i > n_{i-1}$이 존재해서 $d(p, p_{n_i}) < 1/i$이 성립한다. 그러므로 $\{p_{n_i}\}$는 $p$에 수렴한다.

(b) 이것은 (a)로부터 유도되는데, 정리 2.41에 의해 $R^k$의 임의의 간힌 부분 모음은 $R^k$의 옹골진 부분 모음에 포함되기 때문이다.

▸ 갇힌 = 유계인, 옹골진 = compact, 모음 = 집합

### 3.7 정리

거리 공간 $X$에서의 열 $\{p_n\}$의 부분 열 극한들은 $X$의 닫힌 부분 모음을 이룬다.

**증명** $E^*$은 $\{p_n\}$의 부분 열 극한 전체의 모음이라 하고, $q$는 $E^*$의 쌓인 점이라 하자. $q \in E^*$임을 보여야 한다.

$n_1$을 $p_{n_1} \neq q$인 것으로 선택하자. (이런 $n_1$이 없으면, $E^*$은 단 한 개의 점으로 이루어지므로 증명할 것이 없다.) $\delta = d(q, p_{n_1})$이라 하자. $n_1, \cdots, n_{i-1}$을 선택했다고 가정하자. $q$가 $E^*$의 쌓인 점이므로, 적당한 점 $x \in E^*$가 존재해서 $d(x, q) < 2^{-i}\delta$가 성립한다. $x \in E^*$이므로, 적당한 $n_i > n_{i-1}$가 존재해서 $d(x, p_{n_i}) < 2^{-i}\delta$가 성립한다. 그러므로 $i = 1, 2, 3, \cdots$에 대해 다음이 성립한다.

$$d(q, p_{n_i}) \leq 2^{1-i}\delta$$

그러므로 $\{p_{n_i}\}$가 $q$에 수렴한다. 이에 따라 $q \in E^*$이다.

## 코시 열

### 3.8 정의

거리 공간 $X$에서의 열 $\{p_n\}$을 **코시 열**이라 하는 것은, 임의의 $\varepsilon > 0$에 대해 적당한 자연수 $N$이 존재해서 $n \geq N$이고 $m \geq N$이면 $d(p_n, p_m) < \varepsilon$이 성립하는 경우이다.

코시 열에 대한 논의에서는, 나중에 나타나는 다른 상황에서와 마찬가지로, 다음과 같은 기하학적 개념이 쓸모 있다.

**용어**
코시 열 Cauchy sequence
지름 diameter

### 3.9 정의

$E$는 거리 공간 $X$의 부분 모음이라 하고, $S$는 $p \in E$와 $q \in E$에 대한 $d(p, q)$ 꼴의 실수 전체의 모음이라 하자. $S$의 상한을 $E$의 **지름**이라 한다.

▸ $E$의 지름 $\operatorname{diam} E = \sup\{d(p, q) \mid p \in E, q \in E\}$

▸… 위한 필요 충분 조건 = … 위해 필요하고 충분한 조건

$\{p_n\}$은 $X$에서의 열이고 $E_N$은 점 $p_N$, $p_{N+1}$, $p_{N+2}$, …들로 이루어지면, 앞의 두 정의로부터 분명하듯이, $\{p_n\}$이 코시 열이기 위한 필요 충분 조건은 다음이 성립하는 경우이다.

$$\lim_{n \to \infty} \operatorname{diam} E_N = 0$$

## 3.10 정리

▸ 닫개 = 폐포 = closure

▸ 옹골진 = compact, 모음 = 집합

(a) $\overline{E}$가 거리 공간 $X$에서의 모음 $E$의 닫개이면, 다음이 성립한다.

$$\operatorname{diam} \overline{E} = \operatorname{diam} E$$

(b) $K_n$은 $X$에서의 옹골진 모음들의 열로 $K_n \supset K_{n+1}$ $(n = 1, 2, 3, \cdots)$이고 다음이 성립한다고 하자.

$$\lim_{n \to \infty} \operatorname{diam} K_n = 0$$

그러면 $\cap_1^\infty K_n$은 단 한 개의 점으로 이루어진다.

**증명** (a) $E \subset \overline{E}$이므로, 분명히 다음이 성립한다.

$$\operatorname{diam} E \leq \operatorname{diam} \overline{E}$$

$\varepsilon > 0$을 고정하고 $p \in \overline{E}$와 $q \in \overline{E}$를 선택하자. $\overline{E}$의 정의에 의해, $E$에 속한 적당한 $p'$과 $q'$이 존재해서 $d(p, p') < \varepsilon$과 $d(q, q') < \varepsilon$이 성립한다. 그러므로 다음을 얻는다.

$$\begin{aligned} d(p, q) &\leq d(p, p') + d(p', q') + d(q', q) \\ &< 2\varepsilon + d(p', q') \leq 2\varepsilon + \operatorname{diam} E \end{aligned}$$

이에 따라 다음이 성립한다.

$$\operatorname{diam} \overline{E} \leq 2\varepsilon + \operatorname{diam} E$$

그리고 $\varepsilon$은 임의의 양수이므로, (a)가 증명된다.

▸ 비지 않은 [비지 않다] [be] nonempty

(b) $K = \cap_1^\infty K_n$으로 놓자. 정리 2.36에 의해 $K$는 비지 않다. $K$에 두 개 이상의 점이 속하면, $\operatorname{diam} K > 0$이다. 그런데 각 $n$에 대해 $K_n \supset K$이므로, $\operatorname{diam} K_n \geq \operatorname{diam} K$가 성립한다. 이것은 $\operatorname{diam} K_n \to 0$이라는 가정에 모순이다.

### 3.11 정리

(a) 임의의 거리 공간 $X$에서 수렴하는 임의의 열은 코시 열이다.

(b) $X$가 옹골진 거리 공간이고 $\{p_n\}$이 $X$에서의 코시 열이면, $\{p_n\}$은 $X$의 어떤 점에 수렴한다.

(c) $R^k$에서 임의의 코시 열은 수렴한다.

▸옹골진 공간 compact space, 모음 = 집합

**참고** 수렴의 정의와 코시 열의 정의 사이의 차이점은 수렴에는 극한이 명확하게 관련되지만 코시 열에는 그렇지 않다는 사실이다. 그러므로 정리 3.11(b)는 주어진 열이 수렴할 수도 있는 극한을 모르고도 그것이 수렴하는지 아닌지를 판정할 수 있게 한다.

$R^k$에서의 열이 수렴하기 위한 필요 충분 조건은 그것이 코시 열이라는 (정리 3.11에 포함된) 사실을 통상 수렴에 대한 **코시 판정법** 또는 **코시 수렴 판정법**이라 한다.

**용어**
수렴에 대한 코시 판정법, 코시 수렴 판정법 Cauchy criterion for convergence

**증명** (a) $p_n \to p$이고 $\varepsilon > 0$이면, 적당한 자연수 $N$이 존재해서 $n \geq N$이면 $d(p, p_n) < \varepsilon$이 성립한다. 그러므로 $n \geq N$이고 $m \geq N$이면 다음을 얻는다.

▸… 위한 필요 충분 조건 = … 위해 필요하고 충분한 조건

$$d(p_n, p_m) \leq d(p_n, p) + d(p, p_m) < 2\varepsilon$$

그러므로 $\{p_n\}$은 코시 열이다.

(b) $\{p_n\}$을 옹골진 공간 $X$에서의 코시 열이라 하자. $N = 1, 2, 3, \cdots$에 대해 $E_N$을 $p_N, p_{N+1}, p_{N+2}, \cdots$로 이루어진 모음이라 하자. 그러면 정의 3.9와 정리 3.10(a)에 의해 다음이 성립한다.

(3) $$\lim_{n \to \infty} \operatorname{diam} \overline{E}_N = 0$$

각 $\overline{E}_N$은 옹골진 공간 $X$의 닫힌 부분 모음이므로 (정리 2.35에 의해) 옹골지다. 또 $E_N \supset E_{N+1}$이므로 $\overline{E}_N \supset \overline{E}_{N+1}$이다.

그러면 정리 3.10(b)에 따라 모든 $\overline{E}_N$에 속한 유일한 $p \in X$가 존재한다.

$\varepsilon > 0$이 주어졌다고 하자. (3)에 의해 적당한 자연수 $N_0$이 존재해서 $N \geq N_0$이면 $\operatorname{diam} \overline{E}_N < \varepsilon$이 성립한다. $p \in \overline{E}_N$이므로, 각

$q \in \overline{E}_N$에 대해, 이에 따라 각 $q \in E_N$에 대해 $d(p, q) < \varepsilon$이 성립한다. 바꿔 말하면, $n \geq N_0$이면 $d(p, p_n) < \varepsilon$이 성립한다. 이것은 바로 $p_n \to p$임을 뜻한다.

▸ 합 모음 = 합집합, 갇힌[갇혀 있다] = 유계인[유계이다], 닫개 = 폐포

(c) $\{x_n\}$을 $R^k$에서의 열이라 하자. $E_N$을 (b)에서와 같이 정의하는데, $p_i$ 대신에 $\mathbf{x}_i$로 나타내자. 어떤 $N$에 대해 $\operatorname{diam} E_N < 1$이다. $\{\mathbf{x}_n\}$의 치역은 $E_N$과 유한 모음 $\{\mathbf{x}_1, \cdots, \mathbf{x}_{N-1}\}$의 합 모음이다. 그러므로 $\{\mathbf{x}_n\}$은 갇혀 있다. $R^k$의 임의의 갇힌 부분 모음의 $R^k$에서의 닫개는 옹골지므로(정리 2.41), (c)는 (b)로부터 유도된다.

## 3.12 정의

**용어**

- 완비 complete
- 단조(롭게) 증가하는 monotonically increasing
- 단조(롭게) 감소하는 monotonically decreasing
- 단조(로운) 열 monotonic sequence

▸ 유비수 = 유리수

▸ 갇힌 = 유계인 갇힘 = 유계

모든 코시 열이 수렴하는 거리 공간은 **완비**라고 한다.

그러므로 정리 3.11에 따라 **모든 옹골진 거리 공간과 모든 유클리드 공간은 완비이다.** 또 정리 3.11에 따라 **완비 거리 공간 $X$의 임의의 닫힌 부분 모음 $E$는 완비이다.** ($E$에서의 모든 코시 열은 $X$에서의 코시 열이고, 이에 따라 어떤 $p \in X$에 수렴한다. 그런데 $E$가 닫힌 모음이므로 $p \in E$이다.) 완비가 아닌 거리 공간의 예로 거리가 $d(x, y) = |x - y|$인 유비수 전체의 공간이 있다.

정리 3.2(c)와 정의 3.1의 보기 (d)가 보여주듯이, 수렴하는 열은 갇혀 있지만, $R^k$에서의 갇힌 열이 수렴하지 않을 수 있다. 그렇지만 수렴과 갇힘이 동치인 중요한 경우가 한 가지 있다. 이것은 $R^1$에서의 단조로운 열의 경우에 나타난다.

## 3.13 정의

실수들의 열 $\{s_n\}$은 모든 $n = 1, 2, 3, \cdots$에 대해

(a) $s_n \leq s_{n+1}$일 때 **단조(롭게) 증가**한다고 하고,

(b) $s_n \geq s_{n+1}$일 때 **단조(롭게) 감소**한다고 한다.

단조롭게 증가하고 감소하는 열을 통틀어 단조(로운) 열이라 한다.

## 3.14 정리

▸ … 위한 필요 충분 조건 = … 위해 필요하고 충분한 조건

$\{s_n\}$은 단조로운 열이라 하자. 그러면 $\{s_n\}$이 수렴하기 위한 필요 충분 조건은 이것이 갇힌 경우이다.

**증명** $s_n \leq s_{n+1}$이라 가정하자. (다른 경우의 증명은 비슷하다.) $E$를 $\{s_n\}$의 치역이라 하자. $\{s_n\}$이 갇혀 있으면, $s$를 $E$의 최소 상계라고 하자. 그러면 다음이 성립한다.

$$s_n \leq s \quad (n = 1,\ 2,\ 3,\ \cdots)$$

임의의 $\varepsilon > 0$에 대해 적당한 자연수 $N$이 존재해서 다음이 성립한다.

$$s - \varepsilon < s_N \leq s$$

그렇지 않으면 $s - \varepsilon$이 $E$의 상계이어야 하기 때문이다. $\{s_n\}$이 증가하면, $n \geq N$일 때 다음이 성립한다.

$$s - \varepsilon < s_n \leq s$$

이것은 $\{s_n\}$이 ($s$에) 수렴함을 보여준다.

역은 정리 3.2(c)로부터 유도된다.

## 상극한과 하극한

### 3.15 정의

$\{s_n\}$은 실수들의 열이고 임의의 실수 $M$에 대해 적당한 자연수 $N$이 존재해서 $n \geq N$이면 $s_n \geq M$이 성립한다고 하자. 이때 다음과 같이 나타낸다.

$$s_n \to +\infty$$

비슷하게, 임의의 실수 $M$에 대해 적당한 자연수 $N$이 존재해서 $n \geq N$이면 $s_n \leq M$이 성립할 때, 다음과 같이 나타낸다.

$$s_n \to -\infty$$

여기서 (정의 3.1에서 도입한) 기호 $\to$를 (수렴하는 열에 대해서와 같이) 특정한 꼴의 발산하는 열에 대해 사용했지만, 정의 3.1에 제시한 수렴과 극한의 정의는 전혀 바뀌지 않음을 지적해야 한다.

### 3.16 정의

$\{s_n\}$은 실수들의 열이라 하자. $E$는 (확장 실수 체계의) 수 $x$의 모음인데, 여기서 $x$는 어떤 부분 열 $\{s_{n_k}\}$에 대해 $s_{n_k} \to x$이다. 이 모음 $E$에는 정

▸ 모음 = 집합

의 3.5에서 정의한 부분 열 극한 전체와 어쩌면 두 수 $+\infty$ 와 $-\infty$ 가 포함된다.

이제 두 정의 1.8과 1.23을 되새기고 다음과 같이 놓자.

$$s^* = \sup E,$$
$$s_* = \inf E$$

| 용어 | |
|---|---|
| 상극한 | upper limit |
| 하극한 | lower limit |

두 수 $s^*$와 $s_*$을 각각 $\{s_n\}$의 **상극한**과 **하극한**이라 한다. 다음과 같은 기호를 사용한다.

$$\limsup_{n\to\infty} s_n = s^*, \qquad \liminf_{n\to\infty} s_n = s_*$$

## 3.17 정리

$\{s_n\}$은 실수들의 열이라 하자. $E$와 $s^*$은 정의 3.16에서와 같은 뜻을 지닌다고 하자. 그러면 $s^*$은 다음 두 성질을 만족시킨다.

(a) $s^* \in E$

(b) $x > s^*$이면, 적당한 자연수 $N$이 존재해서 $n \ge N$이면 $s_n < x$ 가 성립한다.

게다가, $s^*$은 두 성질 (a)와 (b)를 만족시키는 유일한 수이다.

물론, 유사한 결과가 $s_*$에 대해서도 참이다.

▸ 위로 갇힌 = 위로 유계인

**증명** (a) $s^* = +\infty$ 이면, $E$는 위로 갇혀 있지 않다. 그러므로 $\{s_n\}$은 위로 갇혀 있지 않고, 이에 따라 적당한 부분 열 $\{s_{n_k}\}$가 존재해서 $s_{n_k} \to +\infty$가 성립한다.

$s^*$이 실수이면, $E$는 위로 유계이고 적어도 한 개의 부분 열 극한이 존재하므로, (a)는 두 정리 3.7과 2.28로부터 유도된다.

$s^* = -\infty$ 이면, $E$에는 유일한 원소, 곧 $-\infty$ 만이 속하고, 부분 열 극한은 존재하지 않는다. 그러므로 임의의 실수 $M$에 대해 기껏해야 유한개의 $n$의 값에 대해 $s_n > M$이고, 이에 따라 $s_n \to -\infty$ 이다.

따라서 모든 경우에 (a)가 증명된다.

(b) 수 $x > s^*$가 존재해서 $n$의 무수히 많은 값에 대해 $s_n \ge x$가 성립한다고 하자. 이런 경우에 적당한 수 $y \in E$가 존재해서 $y \ge x > s^*$이

성립하는데, 이것은 $s^*$의 정의에 모순된다.

그러므로 $s^*$은 (a)와 (b)를 만족시킨다.

유일성을 밝히기 위해서, (a)와 (b)를 만족시키는 두 수 $p$와 $q$가 존재하고 $p < q$라고 가정하자. $x$를 $p < x < q$가 성립하도록 선택하자. $p$가 (b)를 만족시키므로, $n \geq N$이면 $s_n < x$가 성립한다. 그러면 $q$는 (a)를 만족시킬 수 없다.

## 3.18 보기

(a) $\{s_n\}$은 유비수 전체를 포함하는 열이라 하자. 그러면 임의의 실수는 부분 열 극한이고, 다음이 성립한다.

▸ 유비수 = 유리수

$$\limsup_{n\to\infty} s_n = +\infty, \qquad \liminf_{n\to\infty} s_n = -\infty$$

(b) $s_n = (-1)^n/\{1+(1/n)\}$이면, 다음이 성립한다.

$$\limsup_{n\to\infty} s_n = 1, \qquad \liminf_{n\to\infty} s_n = -1$$

(c) 실수값 열 $\{s_n\}$에 대해, $\lim_{n\to\infty} s_n = s$이기 위한 필요 충분 조건은 다음이 성립하는 경우이다.

▸… 위한 필요 충분 조건
= … 위해 필요하고 충분한 조건

$$\limsup_{n\to\infty} s_n = \liminf_{n\to\infty} s_n = s$$

이번 절을 증명은 아주 쉽지만 유용한 정리로 마무리한다.

## 3.19 정리

고정된 $N$에 대해 $n \geq N$이면 $s_n \leq t_n$일 때, 다음이 성립한다.

$$\liminf_{n\to\infty} s_n \leq \liminf_{n\to\infty} t_n, \qquad \limsup_{n\to\infty} s_n \leq \limsup_{n\to\infty} t_n$$

# 특별한 열들

이제 자주 나타나는 몇 가지 열의 극한을 찾아보자. 모든 증명은 다음과 같은 사실에 근거하고 있다. "고정된 자연수 $N$에 대해 $n \geq N$일 때 $0 \leq x_n \leq s_n$이며 $s_n \to 0$이면, $x_n \to 0$이다."

## 3.20 정리

(a) $p>0$일 때, $\lim_{n\to\infty}\frac{1}{n^p}=0$이다.

(b) $p>0$일 때, $\lim_{n\to\infty}\sqrt[n]{p}=1$이다.

(c) $\lim_{n\to\infty}\sqrt[n]{n}=1$

(d) $p>0$이고 $\alpha$는 실수일 때, $\lim_{n\to\infty}\frac{n^\alpha}{(1+p)^n}=0$이다.

(e) $|x|<1$일 때, $\lim_{n\to\infty}x^n=0$이다.

증명 (a) $n>(1/\varepsilon)^{1/p}$을 선택하자. (여기서 실수 체계의 아르키메데스 성질을 이용하고 있음에 주목하자.)

(b) $p>1$일 때, $x_n=\sqrt[n]{p}-1$로 놓자. 그러면 $x_n>0$이고, 이항 정리에 따라 다음이 성립한다.

$$1+nx_n\le(1+x_n)^n=p$$

그러므로 다음을 얻는다.

$$0<x_n\le\frac{p-1}{n}$$

이에 따라 $x_n\to 0$이다. $p=1$일 때 (b)는 분명하고, $0<p<1$일 때는 역수를 취해서 결과를 얻는다.

(c) $x_n=\sqrt[n]{n}-1$로 놓자. 그러면 $x_n\ge 0$이고 이항 정리에 따라 다음이 성립한다.

$$n=(1+x_n)^n\ge\frac{n(n-1)}{2}x_n^2$$

그러므로 다음을 얻는다.

$$0\le x_n\le\sqrt{\frac{2}{n-1}}\qquad(n\ge 2)$$

(d) $k$는 자연수로 $k>\alpha$라 하자. $n>2k$에 대해 다음이 성립한다.

$$(1+p)^n>\binom{n}{k}p^k=\frac{n(n-1)\cdots(n-k+1)}{k!}p^k>\frac{n^kp^k}{2^kk!}$$

**용어**
이항 정리
binomial theorem

그러므로 다음을 얻는다.

$$0 < \frac{n^\alpha}{(1+p)^n} < \frac{2^k k!}{p^k} n^{\alpha - k} \quad (n > 2k)$$

$\alpha - k < 0$이므로, (a)에 의해 $n^{\alpha - k} \to 0$이다.

(e) (d)에서 $\alpha = 0$을 택하자.

## 덧렬

이번 장의 나머지에서 다루는 모든 열과 덧렬의 항은 복소수인데, 그렇지 않은 경우에는 항을 명확하게 지적한다. 뒤따르는 일부 정리 중에서 항이 $R^k$의 점인 덧렬로의 확장은 익힘 문제 15에서 언급한다.

▸ 덧렬 = 급수

### 3.21 정의

주어진 열 $\{a_n\}$에 대해 합 $a_p + a_{p+1} + \cdots + a_q$를 다음과 같은 기호로 나타낸다.

$$\sum_{n=p}^{q} a_n \quad (p \le q)$$

열 $\{a_n\}$에 다음과 같이 정의한 열 $\{s_n\}$을 관련시킨다.

$$s_n = \sum_{k=1}^{n} a_k$$

$\{s_n\}$에 대해 다음과 같은 기호 표현도 사용한다.

$$a_1 + a_2 + a_3 + \cdots$$

이것을 다음과 같이 더 간결하게 나타내기도 한다.

(4) $$\sum_{n=1}^{\infty} a_n$$

기호 (4)를 **무한 덧렬**[무한 급수] 또는 간단히 **덧렬**[급수]이라 한다. 수 $s_n$을 이 덧렬의 **부분 합**이라 한다. $\{s_n\}$이 $s$에 수렴하면, 이 덧렬은 **수렴한다**고 하고, 다음과 같이 나타낸다.

**용어**
무한 덧렬, 무한 급수 infinite series
덧렬, 급수 series
부분 합 partial sum

$$\sum_{n=1}^{\infty} a_n = s$$

수 $s$를 이 덧렬의 **합**이라 한다. 그런데 $s$는 **부분 합들의 열의 극한**이라는 사실을 분명히 이해해야 한다. $s$는 단순히 더해서 얻은 것이 아니다.

$\{s_n\}$이 발산할 때, 이 덧렬은 발산한다고 한다.

때때로 표기의 편의를 위해 다음과 같은 꼴의 덧렬도 생각하겠다.

| 용어 | |
|---|---|
| 합 | sum |
| 수렴한다 | converge |
| 발산한다 | diverge |

▸ 덧렬 = 급수

(5)
$$\sum_{n=0}^{\infty} a_n$$

그리고 혼동을 일으키지 않을 때 또는 구별하는 것이 무의미할 때 (4) 또는 (5) 대신에 흔히 $\sum a_n$과 같이 간단히 나타내겠다.

분명히, ($a_1 = s_1$과 $n > 1$에 대해 $a_n = s_n - s_{n-1}$로 놓아서) 열에 관한 모든 정리는 덧렬에 관해 서술할 수 있고, 역도 가능하다. 그렇지만 두 가지 개념을 모두 고려하는 것이 쓸모 있다.

코시 판정법(정리 3.11)은 다음과 같은 꼴로 다시 쓸 수 있다.

## 3.22 정리

▸… 위한 필요 충분 조건 = … 위해 필요하고 충분한 조건

$\sum a_n$이 수렴하기 위한 필요 충분 조건은 임의의 $\varepsilon > 0$에 대해 적당한 자연수 $N$이 존재해서 $m \geq n \geq N$이면 다음이 성립하는 경우이다.

(6)
$$\left| \sum_{k=n}^{m} a_k \right| \leq \varepsilon$$

특히, $m = n$으로 택하면 (6)은 다음과 같이 된다.

$$|a_n| \leq \varepsilon \quad (n \geq N)$$

바꿔 말하면, 다음이 성립한다.

## 3.23 정리

$\sum a_n$이 수렴하면, $\lim_{n \to \infty} a_n = 0$이다.

그렇지만 조건 $a_n \to 0$은 $\sum a_n$의 수렴을 보장하기에 충분하지 않다. 예를 들면, 다음 덧렬은 발산한다.

$$\sum_{n=1}^{\infty} \frac{1}{n}$$

증명은 정리 3.28을 참조하라.

단조로운 열에 관한 정리 3.14는 다음과 같은 덧렬에 관한 즉각적인 결과를 낳는다.

▸단조로운 열 = 단조 열
덧렬 = 급수

### 3.24 정리

항이 음이 아닌[5] 덧렬이 수렴하기 위한 필요 충분 조건은 이의 부분 합들이 갇힌 열을 형성하는 경우이다.

▸… 위한 필요 충분 조건
= … 위해 필요하고 충분한 조건

▸갇힌 = 유계인

**용어**
비교 판정법
comparison test

이제 이른바 '비교 판정법'이라 부르는 속성이 다른 수렴 판정법을 알아보겠다.

### 3.25 정리

(a) 고정된 자연수 $N_0$에 대해 $n \geq N_0$일 때 $|a_n| \leq c_n$이고 $\sum c_n$이 수렴하면, $\sum a_n$도 수렴한다.

(b) $n \geq N_0$일 때 $a_n \geq d_n \geq 0$이고 $\sum d_n$이 발산하면, $\sum a_n$도 발산한다.

(b)는 항 $a_n$이 음이 아닌 덧렬에만 적용됨에 유의하자.

**증명** 코시 판정법에 따라, 임의의 $\varepsilon > 0$에 대해 적당한 $N \geq N_0$이 존재해서 $m \geq n \geq N$이면 다음이 성립한다.

$$\sum_{k=n}^{m} c_k \leq \varepsilon$$

그러므로 다음이 성립하고 (a)가 증명된다.

$$\left|\sum_{k=n}^{m} a_k\right| \leq \sum_{k=n}^{m} |a_k| \leq \sum_{k=n}^{m} c_k \leq \varepsilon$$

다음으로 (b)는 (a)로부터 유도되는데, $\sum a_n$이 수렴하면 $\sum d_n$도 반드시 수렴해야 하기 때문이다. [(b)도 정리 3.24로부터 유도됨에 주목하자.]

비교 판정법은 매우 유용하다. 이것을 효율적으로 이용하기 위해서는 수렴 또는 발산이 알려지고 항이 음이 아닌 덧렬 몇 가지에 친숙해야 한다.

---

5) '음이 아닌'이라는 표현은 언제나 실수와 관련 있다.

## 항이 음이 아닌 덧렬

▸ 덧렬 = 급수, 등비 덧렬 = 등비 급수

가장 간단한 덧렬은 아마도 등비 덧렬일 것이다.

### 3.26 정리

$0 \le x < 1$일 때 다음이 성립한다.

$$\sum_{n=0}^{\infty} x^n = \frac{1}{1-x}$$

$x \ge 1$일 때, 이 덧렬은 발산한다.

**증명** $x \ne 1$일 때 다음이 성립한다.

$$s_n = \sum_{k=0}^{n} x^k = \frac{1-x^{n+1}}{1-x}$$

$n \to \infty$로 하면, 위의 결과를 얻는다. $x = 1$일 때, 다음을 얻는데, 명백하게 발산한다.

$$1 + 1 + 1 + \cdots$$

▸ 단조롭게 감소한다 = 단조 감소한다

응용에서 나타나는 많은 경우에 덧렬의 항들은 단조롭게 감소한다. 이에 따라 다음 코시의 정리는 매우 흥미롭다. 이 정리의 놀라운 점은 $\{a_n\}$의 매우 '성긴' 부분 열이 $\Sigma a_n$의 수렴 또는 발산을 결정한다는 사실이다.

### 3.27 정리

▸ … 위한 필요 충분 조건 = … 위해 필요하고 충분한 조건

$a_1 \ge a_2 \ge a_3 \ge \cdots \ge 0$이라 하자. 그러면 덧렬 $\sum_{n=1}^{\infty} a_n$이 수렴하기 위한 필요 충분 조건은 다음 덧렬이 수렴하는 경우이다.

$$\sum_{k=0}^{\infty} 2^k a_{2^k} = a_1 + 2a_2 + 4a_4 + 8a_8 + \cdots \tag{7}$$

▸ 갇혀 있다 = 유계이다

**증명** 정리 3.24에 따라 부분 합들이 갇혀 있는지를 알아보면 충분하다. 다음과 같이 놓자.

$$s_n = a_1 + a_2 + \cdots + a_n,$$

$$t_k = a_1 + 2a_2 + \cdots + 2^k a_{2^k}$$

$n < 2^k$일 때 다음이 성립한다.

$$\begin{aligned} s_n &\le a_1 + (a_2 + a_3) + \cdots + (a_{2^k} + \cdots + a_{2^{k+1}-1}) \\ &\le a_1 + 2a_2 + \cdots + 2^k a_{2^k} \\ &= t_k \end{aligned}$$

그러므로 다음을 얻는다.

(8) $$s_n \le t_k$$

반면에, $n > 2^k$일 때는 다음이 성립한다.

$$\begin{aligned} s_n &\ge a_1 + a_2 + (a_3 + a_4) + \cdots + (a_{2^{k-1}+1} + \cdots + a_{2^k}) \\ &\ge \frac{1}{2} a_1 + a_2 + 2a_4 + \cdots + 2^{k-1} a_{2^k} \\ &= \frac{1}{2} t_k \end{aligned}$$

그러므로 다음을 얻는다.

(9) $$2s_n \ge t_k$$

(8)과 (9)에 의해 두 열 $\{s_n\}$과 $\{t_k\}$는 모두 갇혀 있거나 어느 것도 갇혀 있지 않다. 이에 따라 증명이 완성된다.

▸ 갇혀 있다 = 유계이다

## 3.28 정리

$\sum \frac{1}{n^p}$은 $p > 1$일 때 수렴하고, $p \le 1$일 때 발산한다.

**증명** $p \le 0$일 때는 정리 3.23에 의해 발산한다. $p > 0$일 때는 정리 3.27을 적용할 수 있는데, 다음과 같은 덧렬을 얻는다.

▸ 덧렬 = 급수

$$\sum_{k=0}^{\infty} 2^k \cdot \frac{1}{2^{kp}} = \sum_{k=0}^{\infty} 2^{(1-p)k}$$

그런데 $2^{1-p} < 1$이기 위한 필요 충분 조건은 $1-p < 0$인 경우이므로, (정리 3.26에서 $x = 2^{1-p}$을 택해서) 등비 덧렬과 비교하면 위의 결과를 얻는다.

▸… 위한 필요 충분 조건
= … 위해 필요하고 충분한 조건

정리 3.27의 또 다른 결과로 다음을 증명하자.

▸ 덧렬 = 급수

### 3.29 정리

$p > 1$일 때, 다음 덧렬은 수렴한다.

(10) $$\sum_{n=2}^{\infty} \frac{1}{n(\log n)^p}$$

그리고 $p \leq 1$일 때 이 덧렬은 발산한다.

### 일러두기

'$\log n$'은 $e$를 밑으로 하는 $n$의 로그를 나타낸다. (제 1 장의 익힘 문제 7과 비교하자.) 수 $e$는 곧 정의한다. (정의 3.30을 보라.) $\log 1 = 0$이므로, 위의 덧렬은 $n = 2$에서 출발시켰다.

▸ 단조롭게 증가한다 = 단조 증가한다

**증명** 자연 로그 함수는 단조롭게 증가하므로(이에 대해서는 제 8 장에서 좀 더 자세하게 논의하는데), $\{\log n\}$은 증가한다. 이에 따라 $\{1/(n \log n)\}$은 감소하고, 정리 3.27을 (10)에 적용할 수 있다. 그러면 다음 덧렬을 얻는다.

(11) $$\sum_{k=1}^{\infty} 2^k \cdot \frac{1}{2^k(\log 2^k)^p} = \sum_{k=1}^{\infty} \frac{1}{(k \log 2)^p} = \frac{1}{(\log 2)^p} \sum_{k=1}^{\infty} \frac{1}{k^p}$$

이제 정리 3.29는 정리 3.28로부터 유도된다.

분명히 이런 과정을 반복할 수 있다. 예를 들면, 다음은 발산한다.

(12) $$\sum_{n=3}^{\infty} \frac{1}{n \log n \log \log n}$$

반면에, 다음은 수렴한다.

(13) $$\sum_{n=3}^{\infty} \frac{1}{n \log n (\log \log n)^2}$$

여기서 덧렬 (12)의 항들과 덧렬 (13)의 항들 사이의 차가 매우 작음을 관찰할 수 있다. 그렇지만 하나는 수렴하고 다른 것은 발산한다. 정리 3.28로부터 정리 3.29를 얻고 그리고 (12)와 (13)을 얻은 과정을 계속하면, (12)와 (13)의 항들 사이보다도 항들 사이의 차가 더 작은 수렴하는 덧렬과 발산하는 덧렬의 쌍을 얻는다. 이에 따라 적어도 곁수들이 단조로운 덧렬들을 고려하는 한, 한쪽에는 수렴하는 덧렬이 있고 다른 쪽에는 발산하는 덧렬이

▸ 곁수 = 계수 = coefficient

있게 되는 일종의 '경계선'이 있는 극한적인 상황이 있다고 추측할 수 있다. 물론, 이런 '경계선'의 개념은 매우 모호하다. 여기서 지적하고 싶은 요점은 다음과 같다. 이런 개념을 아무리 명확하게 하더라도, 이런 추측은 거짓이다. 두 익힘 문제 11(b)와 12(b)는 이에 대한 예시로 생각할 수 있다.

수렴 이론의 이런 면은 더 이상 깊이 살펴보지 않겠다. 이에 대해서는 크노프(Knopp)의 책 ≪무한 덧렬의 이론과 응용(Theory and Application of Infinite Series)≫ 제 9 장을, 특히 41절을 참조하자.

**수학자**

크노프(Konrad Hermann Theodor Knopp, 1882~ 1957) 도이칠란트 수학자

## 수 $e$

### 3.30 정의

$$e = \sum_{n=0}^{\infty} \frac{1}{n!}$$

여기서 $n \geq 1$일 때 $n! = 1 \cdot 2 \cdot 3 \cdots n$이고, $0! = 1$이다.

다음이 성립한다.

$$\begin{aligned} s_n &= 1 + 1 + \frac{1}{1 \cdot 2} + \frac{1}{1 \cdot 2 \cdot 3} + \cdots + \frac{1}{1 \cdot 2 \cdots n} \\ &< 1 + 1 + \frac{1}{2} + \frac{1}{2^2} + \cdots + \frac{1}{2^{n-1}} < 3 \end{aligned}$$

그러므로 위의 덧렬은 수렴하고, 위의 정의는 타당하다. 실제로, 이 덧렬은 매우 빠르게 수렴하고, $e$를 매우 정확하게 셈할 수 있게 한다.

흥미롭게도, $e$를 다른 극한 과정을 이용해서도 정의할 수 있다. 이 증명은 극한을 다루는 방법을 멋지게 예시한다.

### 3.31 정리

$$\lim_{n \to \infty} \left(1 + \frac{1}{n}\right)^n = e$$

**증명** 다음과 같이 놓자.

$$s_n = \sum_{k=0}^{n} \frac{1}{k!}, \quad t_n = \left(1 + \frac{1}{n}\right)^n$$

이항 정리에 의해 다음을 얻는다.

$$t_n = 1 + 1 + \frac{1}{2!}\left(1 - \frac{1}{n}\right) + \frac{1}{3!}\left(1 - \frac{1}{n}\right)\left(1 - \frac{2}{n}\right) + \cdots$$
$$+ \frac{1}{n!}\left(1 - \frac{1}{n}\right)\left(1 - \frac{2}{n}\right)\cdots\left(1 - \frac{n-1}{n}\right)$$

이에 따라 $t_n \le s_n$이므로, 정리 3.19에 따라 다음이 성립한다.

(14) $$\limsup_{n \to \infty} t_n \le e$$

다음으로 $n \ge m$이면 다음이 성립한다.

$$t_n \ge 1 + 1 + \frac{1}{2!}\left(1 - \frac{1}{n}\right) + \cdots + \frac{1}{m!}\left(1 - \frac{1}{n}\right)\cdots\left(1 - \frac{m-1}{n}\right)$$

$m$을 고정하고, $n \to \infty$로 놓자. 그러면 다음을 얻는다.

$$\liminf_{n \to \infty} t_n \ge 1 + 1 + \frac{1}{2!} + \cdots + \frac{1}{m!}$$

이에 따라 다음이 성립한다.

$$s_m \le \liminf_{n \to \infty} t_n$$

$m \to \infty$로 놓으면, 마지막으로 다음을 얻는다.

(15) $$e \le \liminf_{n \to \infty} t_n$$

따라서 정리는 (14)와 (15)로부터 유도된다.

▸ 덧렬 = 급수

덧렬 $\Sigma \frac{1}{n!}$이 수렴하는 속도는 다음과 같이 어림할 수 있다. $s_n$이 위에서와 같은 뜻을 지니면, 다음이 성립한다.

$$e - s_n = \frac{1}{(n+1)!} + \frac{1}{(n+2)!} + \frac{1}{(n+3)!} + \cdots$$
$$< \frac{1}{(n+1)!}\left\{1 + \frac{1}{n+1} + \frac{1}{(n+1)^2} + \cdots\right\} = \frac{1}{n!n}$$

이에 따라 다음을 얻는다.

(16) $$0 < e - s_n < \frac{1}{n!n}$$

그러므로 이를테면 $s_{10}$은 $e$와의 차가 $10^{-7}$보다 작다. 부등식 (16)은 이론적으로도 흥미로운데, $e$가 무비수임을 매우 쉽게 증명할 수 있게 하기 때문이다.

▸ 유비수 = 유리수, 무비수 = 무리수

### 3.32 정리

$e$는 무비수이다.

**증명** $e$가 유비수라고 가정하자. 그러면 두 자연수 $p$와 $q$에 대해 $e = p/q$이다. (16)에 의해 다음이 성립한다.

(17) $$0 < q!(e - s_q) < \frac{1}{q}$$

여기서의 가정에 의해 $q!e$는 자연수이다. 다음도 자연수이다.

$$q!s_q = q!\left(1 + 1 + \frac{1}{2!} + \cdots + \frac{1}{q!}\right)$$

그러므로 $q!(e - s_q)$가 자연수임을 알 수 있다.

$q \geq 1$이므로, (17)에 의해 0과 1 사이에 자연수가 존재해야 한다. 따라서 모순에 도달한다.

실제로, $e$는 대수적 수도 아니다. 이에 대한 간단한 증명은 참고문헌에 인용된 니벤(Niven)의 책 25쪽 또는 허슈타인(Herstein)의 책 176쪽을 보라.

**수학자**

니벤(Ivan Morton Niven, 1915~1999) 캐나다·아메리카 합중국 수학자,
허슈타인(Israel Nathan Herstein, 1923~1988) 아메리카 수학자

## 거듭제곱근 판정법과 비율 판정법

### 3.33 정리(거듭제곱근 판정법)

주어진 $\Sigma a_n$에 대해 다음과 같이 놓자.

$$\alpha = \limsup_{n\to\infty} \sqrt[n]{|a_n|}$$

그러면

(a) $\alpha < 1$일 때 $\Sigma a_n$은 수렴하고,

(b) $\alpha > 1$일 때 $\Sigma a_n$은 발산하며,

(c) $\alpha = 1$일 때 이 판정법은 어떠한 정보도 알려주지 못한다.

**용어**

거듭제곱근 판정법, 근(호) 판정법 root test

**증명** $\alpha < 1$일 때 $\beta$를 $\alpha < \beta < 1$이도록 선택하고, [정리 3.17(b)에 의해] 자연수 $N$을 $n \ge N$이면 다음이 성립하도록 선택하자.

$$\sqrt[n]{|a_n|} < \beta$$

곧, $n \ge N$이면 다음이 성립한다.

$$|a_n| < \beta^n$$

$0 < \beta < 1$이므로, $\sum \beta^n$은 수렴한다. 이제 비교 판정법에 의해 $\sum a_n$은 수렴한다.

$\alpha > 1$일 때 또다시 정리 3.17에 의해 적당한 열 $\{n_k\}$가 존재해서 다음이 성립한다.

$$\sqrt[n_k]{|a_{n_k}|} \to \alpha$$

이에 따라 $n$의 무수히 많은 값에 대해 $|a_n| > 1$이 성립해서, $\sum a_n$이 수렴하기 위해 필요한 조건 $a_n \to 0$이 성립하지 않는다(정리 3.23).

▸ 덧렬 = 급수

(c)를 증명하기 위해서 다음 두 덧렬을 생각하자.

$$\sum \frac{1}{n}, \quad \sum \frac{1}{n^2}$$

두 덧렬에 대해 모두 $\alpha = 1$이지만, 첫째는 발산하고 둘째는 수렴한다.

## 3.34 정리(비율 판정법)

**용어**
비율 판정법, 비 판정법
ratio test

덧렬 $\sum a_n$은

(a) $\displaystyle\limsup_{n\to\infty} \left|\frac{a_{n+1}}{a_n}\right| < 1$일 때 수렴하고

(b) 어떤 고정된 자연수 $n_0$에 대해 $n \ge n_0$이면 $\left|\frac{a_{n+1}}{a_n}\right| \ge 1$일 때 발산한다.

**증명** 조건 (a)가 성립하면, 적당한 $\beta < 1$와 적당한 자연수 $N$이 존재해서 $n \ge N$이면 다음이 성립한다.

$$\left|\frac{a_{n+1}}{a_n}\right| < \beta$$

특히, 다음이 성립한다.

$$\begin{aligned}&|a_{N+1}| < \beta|a_N|,\\&|a_{N+2}| < \beta|a_{N+1}| < \beta^2|a_N|,\\&\quad\cdots\qquad\cdots\qquad\cdots\\&|a_{N+p}| < \beta^p|a_N|\end{aligned}$$

곧, $n \geq N$이면 다음이 성립한다.

$$|a_n| < |a_N|\beta^{-N}\cdot\beta^n$$

▸ $n = N+p,\ p = -N+n$

그리고 $\sum\beta^n$이 수렴하므로, 수렴 판정법에 의해 (a)가 성립한다.

$n \geq n_0$에 대해 $|a_{n+1}| \geq |a_n|$이면, 조건 $a_n \to 0$이 성립하지 않음을 쉽게 확인할 수 있다. 이에 따라 (b)가 유도된다.

**참고** $\lim a_{n+1}/a_n = 1$임을 알아도, $\sum a_n$의 수렴에 대해 아무것도 알 수 없다. 두 덧렬 $\sum 1/n$과 $\sum 1/n^2$이 이를 예시한다.

▸ 덧렬 = 급수

## 3.35 보기

(a) 다음 덧렬을 생각하자.

$$\frac{1}{2}+\frac{1}{3}+\frac{1}{2^2}+\frac{1}{3^2}+\frac{1}{2^3}+\frac{1}{3^3}+\frac{1}{2^4}+\frac{1}{3^4}+\cdots$$

이에 대해 다음이 성립한다.

▸ $a_{2m} = \dfrac{1}{3^m}$, $a_{2m-1} = \dfrac{1}{2^m}$

$$\begin{aligned}&\liminf_{n\to\infty}\frac{a_{n+1}}{a_n} = \lim_{n\to\infty}\left(\frac{2}{3}\right)^n = 0,\\&\liminf_{n\to\infty}\sqrt[n]{a_n} = \lim_{n\to\infty}\sqrt[2n]{\frac{1}{3^n}} = \frac{1}{\sqrt{3}},\\&\limsup_{n\to\infty}\sqrt[n]{a_n} = \lim_{n\to\infty}\sqrt[2n]{\frac{1}{2^n}} = \frac{1}{\sqrt{2}},\\&\limsup_{n\to\infty}\frac{a_{n+1}}{a_n} = \lim_{n\to\infty}\left(\frac{3}{2}\right)^n = +\infty\end{aligned}$$

거듭제곱근 판정법은 수렴함을 보여준다. 비율 판정법은 적용되지 않는다.

▸ 덧렬 = 급수

(b) 다음 덧렬에 대해서도 똑같은 사실이 성립한다.

$$\frac{1}{2}+1+\frac{1}{8}+\frac{1}{4}+\frac{1}{32}+\frac{1}{16}+\frac{1}{128}+\frac{1}{64}+\cdots$$

▸ $a_{2m}=\dfrac{1}{2^{2m-2}}$, $a_{2m-1}=\dfrac{1}{2^{2m-1}}$

여기서 다음이 성립한다.

$$\liminf_{n\to\infty}\frac{a_{n+1}}{a_n}=\frac{1}{8},$$

$$\limsup_{n\to\infty}\frac{a_{n+1}}{a_n}=2,$$

$$\lim_{n\to\infty}\sqrt[n]{a_n}=\frac{1}{2}$$

## 3.36 일러두기

통상 $n$제곱근보다 비율을 셈하기가 더 쉽기 때문에, 흔히 거듭제곱근 판정법보다 비율 판정법을 적용하는 것이 더 쉽다. 그렇지만 거듭제곱근 판정법의 적용 범위가 더 넓다. 좀 더 명확하게 말하면, 비율 판정법이 수렴함을 밝히면 거듭제곱근 판정법도 그렇게 밝힌다. 그리고 거듭제곱근 판정법으로 결론을 얻을 수 없으면, 비율 판정법으로도 그렇다. 이것은 정리 3.37의 결론인데, 보기 3.35가 예시한다.

발산에 관해서는 두 판정법 중에서 어느 것도 신비롭지 않다. 둘 모두 $n\to\infty$ 일 때 $a_n$이 0으로 수렴하지 않는다는 사실로부터 발산을 유도한다.

## 3.37 정리

양수들의 임의의 열 $\{c_n\}$에 대해 다음이 성립한다.

$$\liminf_{n\to\infty}\frac{c_{n+1}}{c_n}\le\liminf_{n\to\infty}\sqrt[n]{c_n},$$

$$\limsup_{n\to\infty}\sqrt[n]{c_n}\le\limsup_{n\to\infty}\frac{c_{n+1}}{c_n}$$

**증명** 여기서는 둘째 부등식을 증명하겠다. 첫째 부등식의 증명은 이와 매우 비슷하다. 다음과 같이 놓자.

$$\alpha=\limsup_{n\to\infty}\frac{c_{n+1}}{c_n}$$

$\alpha = +\infty$ 이면, 증명할 것이 없다. $\alpha$가 유한이면, $\beta > \alpha$를 선택하자. 적당한 자연수 $N$이 존재해서 $n \geq N$이면 다음이 성립한다.

$$\frac{c_{n+1}}{c_n} \leq \beta$$

특히, 임의의 $p > 0$에 대해 다음을 얻는다.

$$c_{N+k+1} \leq \beta c_{N+k} \quad (k = 0, 1, \cdots, p-1)$$

이런 부등식들을 곱하면 다음을 얻는다.

$$c_{N+p} \leq \beta^p c_N$$

곧

$$c_n \leq c_N \beta^{-N} \cdot \beta^n \ (n \geq N)$$

그러므로 다음이 성립한다.

$$\sqrt[n]{c_n} \leq \sqrt[n]{c_N \beta^{-N}} \cdot \beta$$

이에 따라 정리 3.20(b)에 의해 다음이 성립한다.

(18) $$\limsup_{n \to \infty} \sqrt[n]{c_n} \leq \beta$$

(18)은 임의의 $\beta > \alpha$에 대해 성립하므로, 다음을 얻는다.

$$\limsup_{n \to \infty} \sqrt[n]{c_n} \leq \alpha$$

## 거듭제곱 덧렬

### 3.38 정의

주어진 복소수들의 열 $\{c_n\}$에 대해 다음과 같은 덧렬을 **거듭제곱 덧렬**[멱급수]이라 한다.

(19) $$\sum_{n=0}^{\infty} c_n z^n$$

수 $c_n$을 이 덧렬의 **결수**[계수]라 한다. $z$는 복소수이다.

**용어**

거듭제곱 덧렬, 멱급수
power series
결수, 계수 coefficient
제 9 장에서는 행렬과의 관계에서 용어 'rank(계수)'를 사용한다. 이와 쉽게 구별할 수 있도록 'coefficient'는 '결수'로 나타내겠다.

▸ 거듭제곱 덧렬 = 멱급수

**용어**
수렴 원
circle of convergence
수렴 반지름
radius of convergence

일반적으로, 거듭제곱 덧렬은 $z$의 선택에 따라 수렴하거나 발산한다. 좀 더 명확하게 말하면, 각 거듭제곱 덧렬에 대응하는 원이 있는데, 수렴 원이라 하는 이 원의 내부에 $z$가 있으면 (19)는 수렴하고 외부에 $z$가 있으면 발산한다. (모든 경우를 다루기 위해서, 평면은 반지름이 무한대인 원의 내부로 생각하고, 점은 반지름이 영인 원으로 생각한다.) 수렴 원의 행동은 훨씬 더 다양하며, 아주 단순하게 설명할 수는 없다.

## 3.39 정리

주어진 거듭제곱 덧렬 $\sum c_n z^n$에 대해 다음과 같이 놓자.

$$\alpha = \limsup_{n\to\infty} \sqrt[n]{|c_n|}, \qquad R = \frac{1}{\alpha}$$

($\alpha = 0$이면 $R = +\infty$이고 $\alpha = +\infty$이면 $R = 0$으로 놓는다.) 그러면 $\sum c_n z^n$은 $|z| < R$일 때 수렴하고 $|z| > R$일 때 발산한다.

**증명** $a_n = c_n z^n$으로 놓고 다음과 같이 거듭제곱근 판정법을 적용하자.

$$\limsup_{n\to\infty} \sqrt[n]{|a_n|} = |z| \limsup_{n\to\infty} \sqrt[n]{|c_n|} = \frac{|z|}{R}$$

**참고** $R$을 $\sum c_n z^n$의 수렴 반지름이라 한다.

## 3.40 보기

(a) 거듭제곱 덧렬 $\sum n^n z^n$의 수렴 반지름은 $R = 0$이다.

(b) 거듭제곱 덧렬 $\sum \dfrac{z^n}{n!}$의 수렴 반지름은 $R = +\infty$이다. (이 경우에는 비율 판정법이 거듭제곱근 판정법보다 적용하기가 더 쉽다.)

(c) 거듭제곱 덧렬 $\sum z^n$의 수렴 반지름은 $R = 1$이다. $|z| = 1$일 때 이 덧렬은 발산하는데, $n \to \infty$일 때 $\{z^n\}$이 0으로 가까이 가지 않기 때문이다.

(d) 거듭제곱 덧렬 $\sum \dfrac{z^n}{n}$의 수렴 반지름은 $R = 1$이다. 이것은 $z = 1$일 때 발산한다. $|z| = 1$인 다른 모든 $z$에 대해 이것은 수렴한다. (이 마지막 주장은 정리 3.44에서 증명할 것이다.)

(e) 거듭제곱 덧렬 $\Sigma \frac{z^n}{n^2}$의 수렴 반지름은 $R=1$이다. 이것은 $|z|=1$인 모든 $z$에 대해 비교 판정법에 의해 수렴하는데, $|z^n/n^2| = 1/n^2$이기 때문이다.

▸ 거듭제곱 덧렬 = 멱급수

## 부분들로 합하기

### 3.41 정리

주어진 두 열 $\{a_n\}$과 $\{b_n\}$에 대해 $n \geq 0$일 때 다음과 같이 놓자.

$$A_n = \sum_{k=0}^{n} a_k$$

$A_{-1} = 0$으로 놓자. 그러면 $0 \leq p \leq q$일 때, 다음이 성립한다.

$$\sum_{n=p}^{q} a_n b_n = \sum_{n=p}^{q-1} A_n (b_n - b_{n+1}) + A_q b_q - A_{p-1} b_p \tag{20}$$

증명 다음이 성립한다.

$$\sum_{n=p}^{q} a_n b_n = \sum_{n=p}^{q} (A_n - A_{n-1}) b_n = \sum_{n=p}^{q} A_n b_n - \sum_{n=p-1}^{q-1} A_n b_{n+1}$$

그리고 오른쪽 마지막 식은 분명히 (20)의 우변과 같다.

이른바 "부분 합하기 공식" (20)은 $\Sigma a_n b_n$ 꼴의 덧렬을 고찰할 때, 특히 $\{b_n\}$이 단조로운 경우에 유용하다. 이제 몇 가지 응용을 제시한다.

**용어**
부분 합하기 공식 partial summation formula

▸ 덧렬 = 급수

### 3.42 정리

다음과 같이 가정하자.

(a) $\Sigma a_n$의 부분 합 $A_n$은 갇힌 열이다.

(b) $b_0 \geq b_1 \geq b_2 \geq \cdots$

(c) $\lim_{n \to \infty} b_n = 0$

그러면 $\Sigma a_n b_n$은 수렴한다.

▸ 갇힌 = 유계인

**증명** $M$을 모든 $n$에 대해 $|A_n| \le M$이 성립하도록 선택하자. 임의의 $\varepsilon > 0$에 대해 적당한 자연수 $N$이 존재해서 $b_N < (\varepsilon/2M)$이 성립한다. $N \le p \le q$에 대해 다음을 얻는다.

$$\begin{aligned}\left|\sum_{n=p}^{q} a_n b_n\right| &= \left|\sum_{n=p}^{q-1} A_n (b_n - b_{n+1}) + A_q b_q - A_{p-1} b_p\right| \\ &\le M\left|\sum_{n=p}^{q-1} (b_n - b_{n+1}) + b_q + b_p\right| \\ &= 2Mb_p \le 2Mb_n \le \varepsilon\end{aligned}$$

그러므로 코시의 판정법에 따라 수렴한다. 위의 식에서 첫째 부등식은 물론 $b_n - b_{n+1} \ge 0$이라는 사실에 의존한다.

## 3.43 정리

다음과 같이 가정하자.

(a) $|c_1| \ge |c_2| \ge |c_3| \ge \cdots$

(b) $c_{2m-1} \ge 0,\ c_{2m} \le 0 \quad (m = 1, 2, 3, \cdots)$

(c) $\lim_{n\to\infty} c_n = 0$

그러면 $\sum c_n$은 수렴한다.

**용어**

교대(하는) 덧렬, 교대 급수
alternating series

**수학자**

라이프니츠(Gottfried Wilhelm von Leibniz, 1646 ~1716) 도이칠란트 수학자

(b)가 성립하는 덧렬을 '교대(하는) 덧렬'이라 부른다. 이 정리는 라이프니츠가 알고 있었다.

**증명** 정리 3.42를 $a_n = (-1)^{n+1}$과 $b_n = |c_n|$에 대해 적용하자.

## 3.44 정리

$\sum c_n z^n$의 수렴 반지름이 1이라 하고, $c_0 \ge c_1 \ge c_2 \ge \cdots$이며 $\lim_{n\to\infty} c_n = 0$이라 하자. 그러면 $\sum c_n z^n$은 (기껏해야 $z = 1$을 제외하고) 원 $|z| = 1$에 있는 모든 점에서 수렴한다.

**증명** $a_n = z^n$과 $b_n = c_n$으로 놓자. 그러면 정리 3.42의 가정이 만족되는데, $|z| = 1$이고 $z \ne 1$일 때 다음이 성립하기 때문이다.

$$|A_n| = \left| \sum_{m=0}^{n} z^m \right| = \left| \frac{1 - z^{m+1}}{1-z} \right| \le \frac{2}{|1-z|}$$

## 절대 수렴

덧렬 $\Sigma |a_n|$이 수렴할 때, 덧렬 $\Sigma a_n$은 **절대(적으로) 수렴한다**고 한다.

▸ 덧렬 = 급수

**용어**

절대(적) 수렴
absolute convergence
절대(적으로) 수렴한다
converge absolutely
절대(적으로) 수렴하는
absolutely convergent
절대적이지 않게
nonabsolutely
'절대적이지 않게 수렴한다'는 통상 '조건(적으로) 수렴한다(converge conditionally)'고 한다.'

### 3.45 정리

$\Sigma a_n$이 절대적으로 수렴하면, $\Sigma a_n$은 수렴한다.

증명 이 정리는 다음 부등식과 코시의 판정법으로부터 유도된다.

$$\left| \sum_{k=n}^{m} a_k \right| \le \sum_{k=n}^{m} |a_k|$$

### 3.46 일러두기

항이 양수인 덧렬에 대해, 절대 수렴은 수렴과 같다.

$\Sigma a_n$이 수렴하지만 $\Sigma |a_n|$이 발산할 때, $\Sigma a_n$은 **절대적이지 않게 수렴한다**고 한다. 예를 들면, 다음 덧렬은 절대적이지 않게 수렴한다(정리 3.43).

$$\Sigma \frac{(-1)^n}{n}$$

비교 판정법뿐만 아니라 거듭제곱근 판정법과 비율 판정법은 실제로 절대 수렴에 대한 판정법이고, 이에 따라 절대적이지 않게 수렴하는 덧렬에 대해서는 어떠한 정보도 제공하지 않는다. 이런 덧렬을 다룰 때는 부분들로 합하기가 종종 쓸모가 있을 수 있다. 특히, 거듭제곱 덧렬은 수렴 원의 내부에서 절대적으로 수렴한다.

절대적으로 수렴하는 덧렬을 유한 합과 매우 유사하게 조작할 수 있다는 사실을 알아볼 것이다. 절대적으로 수렴하는 덧렬들은 항별로 곱할 수 있고 덧셈하는 순서를 덧렬의 합에 영향을 주지 않고 바꿀 수 있다. 그러나 절대적이지 않게 수렴하는 덧렬들에 대해서는 결코 참이 아닌데, 이런 덧렬들을 다룰 때는 더 주의해야 한다.

▸ 덧렬 = 급수

## 덧렬들의 덧셈과 곱셈

### 3.47 정리

$\sum a_n = A$이고 $\sum b_n = B$이면, $\sum(a_n + b_n) = A + B$이고 임의의 고정된 $c$에 대해 $\sum ca_n = cA$이다.

증명 다음과 같이 놓자.

$$A_n = \sum_{k=0}^{n} a_k, \quad B_n = \sum_{k=0}^{n} b_k$$

그러면 다음이 성립한다.

$$A_n + B_n = \sum_{k=0}^{n} (a_k + b_k)$$

$\lim_{n\to\infty} A_n = A$이고 $\lim_{n\to\infty} B_n = B$이므로, 다음을 알 수 있다

$$\lim_{n\to\infty} (A_n + B_n) = A + B$$

둘째 주장에 대한 증명은 훨씬 더 쉽다.

그러므로 수렴하는 두 덧렬은 항별로 더할 수 있고, 그 결과로 얻은 덧렬은 두 덧렬 각각의 합의 합에 수렴한다. 이 상황은 두 덧렬의 곱셈을 고려할 때는 더 복잡해진다. 먼저, 곱을 정의해야 한다. 여러 가지 방법으로 정의할 수 있는데, 여기서는 이른바 '코시 곱'을 고려하겠다.

### 3.48 정의

주어진 $\sum a_n$과 $\sum b_n$에 대해 다음과 같이 놓자.

$$c_n = \sum_{k=0}^{n} a_k b_{k-1} \qquad (n = 0,\ 1,\ 2,\ \cdots)$$

이때 $\sum c_n$을 주어진 두 덧렬의 (코시) **곱**이라 한다.

| 용어 | |
|---|---|
| 코시 곱 | Cauchy product |

▸ 거듭제곱 덧렬 = 멱급수

이 정의의 동기는 다음과 같을 수 있다. 두 거듭제곱 덧렬 $\sum a_n z^n$과 $\sum b_n z^n$을 택해서 항별로 곱하고 $z$에 관한 같은 차수의 항[동류항]들을 모으면, 다음을 얻는다.

$$\sum_{n=0}^{\infty} a_n z^n \cdot \sum_{n=0}^{\infty} b_n z^n = (a_0 + a_1 z + a_2 z^2 + \cdots)(b_0 + b_1 z + b_2 z^2 + \cdots)$$
$$= a_0 b_0 + (a_0 b_1 + a_1 b_0) z + (a_0 b_2 + a_1 b_1 + a_2 b_0) z^2 + \cdots$$
$$= c_0 + c_1 z + c_2 z^2 + \cdots$$

$z = 1$로 놓으면, 앞의 정의에 도달한다.

## 3.49 보기

다음과 같이 놓자.

$$A_n = \sum_{k=0}^{n} a_k, \quad B_n = \sum_{k=0}^{n} b_k, \quad C_n = \sum_{k=0}^{n} c_k$$

이때 $A_n \to A$이고 $B_n \to B$이면, $\{C_n\}$이 $AB$에 수렴할지는 결코 명확하지 않은데, $C_n = A_n B_n$이 성립하지 않기 때문이다. $\{A_n\}$과 $\{B_n\}$에 대한 $\{C_n\}$의 의존성은 아주 복잡하다. (정리 3.50의 증명을 보라.) 이제 수렴하는 두 덧렬의 (코시) 곱이 실제로 발산할 수 있음을 보이겠다.

▸덧렬 = 급수

다음 덧렬은 수렴한다(정리 3.43).

$$\sum_{n=0}^{\infty} \frac{(-1)^n}{\sqrt{n+1}} = 1 - \frac{1}{\sqrt{2}} + \frac{1}{\sqrt{3}} - \frac{1}{\sqrt{4}} + \cdots$$

이 덧렬과 자신과의 (코시) 곱을 형성하면 다음을 얻는다.

$$\sum_{n=0}^{\infty} c_n = 1 - \left(\frac{1}{\sqrt{2}} + \frac{1}{\sqrt{2}}\right) + \left(\frac{1}{\sqrt{3}} + \frac{1}{\sqrt{2}\sqrt{2}} + \frac{1}{\sqrt{3}}\right)$$
$$- \left(\frac{1}{\sqrt{4}} + \frac{1}{\sqrt{3}\sqrt{2}} + \frac{1}{\sqrt{2}\sqrt{3}} + \frac{1}{\sqrt{4}}\right) + \cdots$$

여기서 $c_n$은 다음과 같다.

$$c_n = (-1)^n \sum_{k=0}^{n} \frac{1}{\sqrt{(n-k+1)(k+1)}}$$

다음과 같이 나타낼 수 있다.

$$(n-k+1)(k+1) = \left(\frac{n}{2}+1\right)^2 - \left(\frac{n}{2}-k\right)^2 \le \left(\frac{n}{2}+1\right)^2$$

그러므로 다음이 성립한다.

$$|c_n| \geq \sum_{k=0}^{n} \frac{2}{n+2} = \frac{2(n+1)}{n+2}$$

따라서 $\sum c_n$이 수렴하기 위해 필요한 조건 $c_n \to 0$이 성립하지 않는다.

> **수학자**
> 메르텐스(Franz Mertens, 1840~1927) 도이칠란트 수학자

▸ 덧렬 = 급수

메르텐스에 의한 다음 정리를 생각하면, 위에서 절대적이지 않게 수렴하는 두 덧렬의 (코시) 곱을 고려했음을 알 수 있다.

## 3.50 정리

다음과 같이 가정하자.

(a) $\sum_{n=0}^{\infty} a_n$은 절대적으로 수렴한다.

(b) $\sum_{n=0}^{\infty} a_n = A$

(c) $\sum_{n=0}^{\infty} b_n = B$

(d) $c_n = \sum_{k=0}^{n} a_k b_{n-k} \quad (n=0,\ 1,\ 2,\ \cdots)$

그러면 다음이 성립한다.

$$\sum_{n=0}^{\infty} c_n = AB$$

곧, 수렴하는 두 덧렬의 (코시) 곱은, 두 덧렬 중에서 적어도 한 개가 절대적으로 수렴하면, 오른쪽 값에 수렴한다.

**증명** 다음과 같이 놓자.

$$A_n = \sum_{k=0}^{n} a_k,\ B_n = \sum_{k=0}^{n} b_k,\ C_n = \sum_{k=0}^{n} c_k,\ \beta_n = B_n - B$$

그러면 다음을 얻는다.

$$\begin{aligned} C_n &= a_0 b_0 + (a_0 b_1 + a_1 b_0) + \cdots + (a_0 b_n + a_1 b_{n-1} + \cdots + a_n b_0) \\ &= a_0 B_n + a_1 B_{n-1} + \cdots + a_n B_0 \\ &= a_0 (B + \beta_n) + a_1 (B + \beta_{n-1}) + \cdots + a_n (B + \beta_0) \\ &= A_n B + a_0 \beta_n + a_1 \beta_{n-1} + \cdots + a_n \beta_0 \end{aligned}$$

다음과 같이 놓자.

$$\gamma_n = a_0\beta_n + a_1\beta_{n-1} + \cdots + a_n\beta_0$$

$C_n \to AB$ 임을 보이고 싶다. $A_nB \to AB$ 이므로 다음을 보이면 충분하다.

(21) $$\lim_{n\to\infty} \gamma_n = 0$$

다음과 같이 놓자.

$$\alpha = \sum_{n=0}^{\infty} |a_n|$$

[여기서 (a)를 사용한다.] $\varepsilon > 0$은 주어졌다고 하자. (c)에 의해 $\beta_n \to 0$이다. 적당한 $N$을 $n \ge N$이면 $|\beta_n| \le \varepsilon$이 성립하도록 선택할 수 있고, 이 경우에 다음을 얻는다.

$$\begin{aligned}|\gamma_n| &\le |\beta_0 a_n + \cdots + \beta_N a_{n-N}| + |\beta_{N+1}a_{n-N-1} + \cdots + \beta_n a_0| \\ &\le |\beta_0 a_n + \cdots + \beta_N a_{n-N}| + \varepsilon\alpha\end{aligned}$$

$N$을 고정하고 $n \to \infty$ 으로 하면, $k \to \infty$ 일 때 $a_k \to 0$이므로 다음을 얻는다.

$$\limsup_{n\to\infty} |\gamma_n| \le \varepsilon\alpha$$

$\varepsilon$은 임의의 양수이므로, (21)이 성립한다.

여기서 제기할 수 있는 또 다른 질문은, 덧렬 $\sum c_n$이 수렴하면 그 합은 반드시 $AB$인가? 라는 것이다. 아벨은 답이 '그렇다'라는 사실을 보였다.

**수학자**

아벨(Niels Henrik Abel, 1802~1829) 노르웨이 수학자

## 3.51 정리

▸ 덧렬 = 급수

세 덧렬 $\sum a_n$, $\sum b_n$, $\sum c_n$이 차례로 $A$, $B$, $C$에 수렴하고 $c_n = a_0b_n + \cdots + a_nb_0$이면, $C = AB$이다.

여기서 절대 수렴에 관한 가정을 설정하지 않았다. 정리 8.2 뒤에서 (거듭제곱 덧렬의 연속성에 의존하는) 간단한 증명을 제시하겠다.

## 재배열

### 3.52 정의

$\{k_n\}$ $(n=1,\ 2,\ 3,\ \cdots)$은 각 자연수가 단 한 번씩 반드시 나타나는 열이라 하자. (곧, 정의 2.2의 표기법에 따라 $\{k_n\}$은 $J$에서 $J$로의 일대일 함수이다.) 다음과 같이 놓자.

$$a_n{}' = a_{k_n} \quad (n=1,\ 2,\ 3,\ \cdots)$$

이때, $\sum a_n{}'$을 $\sum a_n$의 **재배열**이라 한다.

> **용어**
> 재배열 rearrangement

$\{s_n\}$과 $\{s_n{}'\}$을 각각 $\sum a_n$과 $\sum a_n{}'$의 부분 합의 열이라 하면, 일반적으로 이 두 열이 완전히 다른 수들로 이루어져 있음을 쉽게 알 수 있다. 그러므로 수렴하는 덧렬의 모든 재배열이 수렴하는 조건을 결정하고 그 합들이 반드시 같은지를 확인하는 문제에 도달한다.

▸ 덧렬 = 급수

### 3.53 보기

다음 수렴하는 덧렬을 생각하자.

(22) $$1-\tfrac{1}{2}+\tfrac{1}{3}-\tfrac{1}{4}+\tfrac{1}{5}-\tfrac{1}{6}+\cdots$$

그리고 다음과 같이 두 개의 양수 항 다음에 한 개의 음수 항이 나오는 위 덧렬의 재배열을 생각하자.

(23) $$1+\tfrac{1}{3}-\tfrac{1}{2}+\tfrac{1}{5}+\tfrac{1}{7}-\tfrac{1}{4}+\tfrac{1}{9}+\tfrac{1}{11}-\tfrac{1}{6}+\cdots$$

$s$가 (22)의 합이면, 다음이 성립한다.

$$s < 1-\tfrac{1}{2}+\tfrac{1}{3}=\tfrac{5}{6}$$

$k \geq 1$에 대해 다음이 성립한다.

$$\frac{1}{4k-3}+\frac{1}{4k-1}-\frac{1}{2k}>0$$

그러므로 (23)의 $n$째 부분 합을 $s_n{}'$이라 할 때 $s_3{}' < s_6{}' < s_9{}' < \cdots$이 성립함을 알 수 있다. 그러므로 다음을 얻는다.

$$\limsup_{n\to\infty} s_n{}' > s_3{}' = \tfrac{5}{6}$$

그러므로 (23)은 확실히 $s$에 수렴하지 않는다. [그렇지만 (23)이 수렴한다는 사실을 밝히는 과제는 독자에게 남긴다.]

이 보기는 리만에 의한 다음 정리를 예시한다.

**수학자**

리만(Bernhard Riemann, 1826~1866) 도이칠란트 수학자

### 3.54 정리

$\Sigma a_n$은 수렴하지만 절대적으로 수렴하지는 않는 실수들의 덧렬이라 하자. 다음과 같다고 하자.

$$-\infty \le \alpha \le \beta \le \infty$$

그러면 적당한 재배열 $\Sigma a_n'$이 존재해서 부분 합이 $s_n'$이고 다음이 성립한다.

$$\liminf_{n\to\infty} s_n' = \alpha, \quad \limsup_{n\to\infty} s_n' = \beta \tag{24}$$

▸ 곧, $\Sigma a_n$은 조건(적으로) 수렴한다.

▸ 덧렬 = 급수

**증명** 다음과 같이 놓자.

$$p_n = \frac{|a_n| + a_n}{2}, \quad q_n = \frac{|a_n| - a_n}{2} \quad (n = 1, 2, 3, \cdots)$$

그러면 $p_n - q_n = a_n$, $p_n + q_n = |a_n|$, $p_n \ge 0$, $q_n \ge 0$이다. 두 덧렬 $\Sigma p_n$과 $\Sigma q_n$은 모두 반드시 발산한다. 이유는 다음과 같다. 만약 모두 수렴하면, 다음도 수렴할 것이다.

$$\Sigma(p_n + q_n) = \Sigma |a_n|$$

이것은 가정에 위배된다. 한편, 다음이 성립한다.

$$\sum_{n=1}^{N} a_n = \sum_{n=1}^{N}(p_n - q_n) = \sum_{n=1}^{N} p_n - \sum_{n=1}^{N} q_n$$

그러므로 $\Sigma p_n$이 발산하고 $\Sigma q_n$이 수렴하면 (또는 이와 반대이면) $\Sigma a_n$은 발산하는데, 이것도 역시 가정에 위배된다.

이제 $P_1$, $P_2$, $P_3$, $\cdots$은 $\Sigma a_n$에서 음이 아닌 항들을 등장하는 순서대로 나타내고, $Q_1$, $Q_2$, $Q_3$, $\cdots$은 $\Sigma a_n$에서 음수 항들의 절댓값을 그것들의 원래 순서대로 나타낸다고 하자.

▸ 덧렬 = 급수

두 덧렬 $\sum P_n$과 $\sum Q_n$은 단지 0항에서만 $\sum p_n$ 및 $\sum q_n$과 다르고, 이에 따라 발산한다.

두 열 $\{m_n\}$과 $\{k_n\}$을 만들어, 분명히 $\sum a_n$의 재배열인 다음 덧렬이 (24)를 만족시키도록 할 수 있다.

$$P_1 + \cdots + P_{m_1} - Q_1 - \cdots - Q_{k_1} + P_{m_1+1} + \cdots + P_{m_2} - Q_{k_1+1} - \cdots - Q_{k_2} + \cdots \tag{25}$$

두 실수값 열 $\{\alpha_n\}$과 $\{\beta_n\}$을 $\alpha_n \to \alpha$, $\beta_n \to \beta$, $\alpha_n < \beta_n$, $\beta_1 > 0$이 성립하도록 구성하자.

$m_1$과 $k_1$은 다음을 만족시키는 가장 작은 자연수들이라 하자.

$$P_1 + \cdots + P_{m_1} > \beta_1,$$
$$P_1 + \cdots + P_{m_1} - Q_1 - \cdots - Q_{k_1} < \alpha_1$$

$m_2$와 $k_2$는 다음을 만족시키는 가장 작은 자연수들이라 하자.

$$P_1 + \cdots + P_{m_1} - Q_1 - \cdots - Q_{k_1} + P_{m_1+1} + \cdots + P_{m_2} > \beta_2,$$
$$P_1 + \cdots + P_{m_1} - Q_1 - \cdots - Q_{k_1} + P_{m_1+1} + \cdots + P_{m_2} - Q_{k_1+1} - \cdots - Q_{k_2} < \alpha_2$$

그리고 이런 방식으로 계속하자. $\sum P_n$과 $\sum Q_n$이 발산하므로, 이것이 가능하다.

$x_n$과 $y_n$은 (25)의 부분 합들을 나타나내는데 마지막 항이 각각 $P_{m_n}$과 $-Q_{k_n}$이면, 다음이 성립한다.

$$|x_n - \beta_n| \le P_{m_n}, \quad |y_n - \alpha_n| \le Q_{k_n}$$

$n \to \infty$일 때 $P_n \to 0$이고 $Q_n \to 0$이므로, $x_n \to \beta$이고 $y_n \to \alpha$임을 알 수 있다.

마지막으로, $\alpha$보다 작은 수 또는 $\beta$보다 큰 수는 어떠한 것도 (25)의 부분 합의 부분 열 극한일 수 없다는 사실은 분명하다.

### 3.55 정리

$\sum a_n$은 복소수들의 덧렬로 절대적으로 수렴하면, $\sum a_n$의 모든 재배열은 수렴하고 똑같은 합에 수렴한다.

증명 $\Sigma a_n{}'$은 재배열이고 부분 합은 $s_n{}'$이라고 하자. 임의의 $\varepsilon > 0$에 대해 적당한 자연수 $N$이 존재해서 $m \geq n \geq N$이면 다음이 성립한다.

$$\sum_{i=n}^{m} |a_i| \leq \varepsilon \tag{26}$$

이제 $p$를 자연수 $1, 2, \cdots, N$이 모두 모음 $k_1, k_2, \cdots, k_p$에 포함되도록 선택하자. (정의 3.52의 표기법을 사용한다.) 그러면 $n > p$일 때, 수 $a_1, \cdots, a_N$들은 차 $s_n - s_n{}'$에서 소거될 것이고, 이에 따라 (26)에 의해 $|s_n - s_n{}'| \leq \varepsilon$이 성립한다. 그러므로 $\{s_n{}'\}$은 $\{s_n\}$과 같은 합에 수렴한다.

▸ $\{1, 2, \cdots, N\} \subset \{k_1, k_2, \cdots, k_p\}$

▸ 모음 = 집합

## 익힘 문제

**1.** $\{s_n\}$이 수렴하면 $\{|s_n|\}$이 수렴함을 증명하라. 역도 참인가?

**2.** $\lim_{n\to\infty}(\sqrt{n^2+n}-n)$을 셈하라.

**3.** $s_1 = \sqrt{2}$이고 다음과 같다고 하자.

$$s_{n+1} = \sqrt{2+\sqrt{s_n}} \qquad (n = 1, 2, 3, \cdots)$$

$\{s_n\}$은 수렴하고 $n = 1, 2, 3, \cdots$에 대해 $s_n < 2$임을 증명하라.

**4.** 다음과 같이 정의된 열 $\{s_n\}$의 상극한과 하극한을 찾아라.

$$s_1 = 0, \quad s_{2m} = \frac{s_{2m-1}}{2}, \quad s_{2m+1} = \frac{1}{2} + s_{2m}$$

**5.** 임의의 두 실수 열 $\{a_n\}$과 $\{b_n\}$에 대해 다음이 성립함을 증명하라.

$$\limsup_{n\to\infty}(a_n + b_n) \leq \limsup_{n\to\infty} a_n + \limsup_{n\to\infty} b_n$$

단, 우변의 합은 $\infty - \infty$ 꼴이 아니다.

**6.** 다음과 같을 때 $\Sigma a_n$의 행동(수렴 또는 발산)을 조사하라.

(a) $a_n = \sqrt{n+1} - \sqrt{n}$

(b) $a_n = \dfrac{\sqrt{n+1} - \sqrt{n}}{n}$

(c) $a_n = (\sqrt[n]{n} - 1)^n$

(d) $a_n = \dfrac{1}{1+z^n}$ (단, $z$는 복소수)

**7.** $a_n \geq 0$일 때, $\Sigma a_n$이 수렴하면 다음이 수렴함을 증명하라.

$$\Sigma \frac{\sqrt{a_n}}{n}$$

▸ 갇혀 있다 = 유계이다

**8.** $\Sigma a_n$은 수렴하고 $\{b_n\}$은 단조롭고 갇혀 있으면, $\Sigma a_n b_n$은 수렴함을 증명하라.

▸ 거듭제곱 덧렬 = 멱급수

**9.** 다음 거듭제곱 덧렬의 수렴 반지름을 찾아라.

(a) $\Sigma n^3 z^n$

(b) $\Sigma \dfrac{2^n}{n!} z^n$

(c) $\Sigma \dfrac{2^n}{n^2} z^n$

(d) $\Sigma \dfrac{n^3}{3^n} z^n$

▸ 곁수 = 계수,
옹근 수 = 정수

**10.** 거듭제곱 덧렬 $\Sigma a_n z^n$의 곁수는 옹근 수이고 무수히 많은 곁수가 0이 아니라고 하자. 수렴 반지름이 커야 1임을 증명하라.

**11.** $a_n > 0$이고 $s_n = a_1 + \cdots + a_n$이며 $\Sigma a_n$은 발산한다고 가정하자.

(a) $\Sigma \dfrac{a_n}{1+a_n}$이 발산함을 증명하라.

(b) 다음이 성립함을 증명하라.

$$\frac{a_{N+1}}{s_{N+1}} + \cdots + \frac{a_{N+k}}{s_{N+k}} \geq 1 - \frac{s_N}{s_{N+k}}$$

그리고 $\Sigma \dfrac{a_n}{s_n}$이 발산함을 유도하라.

(c) 다음이 성립함을 증명하라.

$$\frac{a_n}{s_n^2} \leq \frac{1}{s_{n-1}} - \frac{1}{s_n}$$

그리고 $\Sigma \dfrac{a_n}{s_n^2}$이 수렴함을 유도하라.

(d) 다음에 대해 어떻게 말할 수 있는가?

$$\Sigma \frac{a_n}{1+na_n}, \quad \Sigma \frac{a_n}{1+n^2 a_n}$$

**12.** $a_n > 0$이고 $\Sigma a_n$은 수렴한다고 가정하고, 다음과 같이 놓자.

$$r_n = \sum_{m=n}^{\infty} a_m$$

(a) $m < n$이면, 다음이 성립함을 증명하라.

$$\frac{a_m}{r_m} + \cdots + \frac{a_n}{r_n} > 1 - \frac{r_n}{r_m}$$

그리고 $\Sigma \frac{a_n}{r_n}$이 발산함을 유도하라.

(b) 다음이 성립함을 증명하라.

$$\frac{a_n}{\sqrt{r_n}} < 2(\sqrt{r_n} - \sqrt{r_{n+1}})$$

그리고 $\Sigma \frac{a_n}{\sqrt{r_n}}$이 수렴함을 유도하라.

**13.** 절대적으로 수렴하는 두 덧렬의 코시 곱이 절대적으로 수렴함을 증명하라.

▸ 덧렬 = 급수

**14.** $\{s_n\}$이 복소수 열일 때, 이것의 산술 평균 $\sigma_n$을 다음과 같이 정의하자.

$$\sigma_n = \frac{s_0 + s_1 + \cdots + s_n}{n+1} \qquad (n = 0,\ 1,\ 2,\ \cdots)$$

(a) $\lim s_n = s$일 때, $\lim \sigma_n = s$임을 증명하라.

(b) $\lim \sigma_n = 0$이지만, 수렴하지 않는 $\{s_n\}$을 구성하라.

(c) $\lim \sigma_n = 0$이지만, 모든 $n$에 대해 $s_n > 0$이고 $\limsup s_n = \infty$가 성립할 수 있는가?

(d) $n \ge 1$에 대해 $a_n = s_n - s_{n-1}$로 놓자. 다음이 성립함을 보여라.

$$s_n - \sigma_n = \frac{1}{n+1} \sum_{k=1}^{n} k a_k$$

$\lim (na_n) = 0$이고 $\{\sigma_n\}$은 수렴한다고 가정하자. $\{s_n\}$이 수렴

함을 증명하라. [이것은 (a)의 역을 제공하지만, $na_n \to 0$이라는 추가적인 조건이 있다.]

(e) 더 약한 가정으로부터 다음과 같은 마지막 결론을 유도하라. $M < \infty$이고 모든 $n$에 대해 $|na_n| \le M$이며 $\lim \sigma_n = \sigma$라고 가정하자. 아래의 개요를 완성해서 $\lim s_n = \sigma$임을 증명하라.

$m < n$이면, 다음이 성립한다.

$$s_n - \sigma_n = \frac{m+1}{n-m}(\sigma_n - \sigma_m) + \frac{1}{n-m}\sum_{i=m+1}^{n}(s_n - s_i)$$

이런 $i$에 대해 다음이 성립한다.

$$|s_n - s_i| \le \frac{(n-i)M}{i+1} \le \frac{(n-m-1)M}{m+2}$$

▸ 옹근 수 = 정수

$\varepsilon > 0$을 고정하고, 각 $n$에 다음을 만족시키는 옹근 수 $m$을 대응시키자.

$$m \le \frac{n-\varepsilon}{1+\varepsilon} < m+1$$

그러면 $(m+1)/(n-m) \le 1/\varepsilon$이고 $|s_n - s_i| < M\varepsilon$이다. 따라서 다음이 성립한다.

$$\limsup_{n\to\infty} |s_n - \sigma| \le M\varepsilon$$

$\varepsilon$은 임의의 양수이므로, $\lim s_n = \sigma$이다.

**15.** 정의 3.21은 $a_n$이 어떤 고정된 $R^k$에 놓여 있는 경우로 확장할 수 있다. 절대 수렴은 $\Sigma|\mathbf{a}_n|$의 수렴으로 정의된다. 이렇게 좀 더 일반적인 상황에서 정리 3.22, 3.23, 3.25(a), 3.33, 3.34, 3.42, 3.45, 3.47, 3.55 등이 참임을 보여라. (어떠한 증명에서도 약간만 수정하면 충분하다.)

**16.** 양수 $\alpha$를 고정하자. $x_1 > \sqrt{\alpha}$을 선택하고, $x_2, x_3, x_4, \cdots$를 다음과 같은 점화식으로 정의하자.

$$x_{n+1} = \frac{1}{2}\left(x_n + \frac{\alpha}{x_n}\right)$$

(a) $\{x_n\}$이 단조롭게 감소하고 $\lim x_n = \sqrt{\alpha}$임을 증명하라.

(b) $\varepsilon_n = x_n - \sqrt{\alpha}$ 로 놓고, 다음이 성립함을 증명하라.

$$\varepsilon_{n+1} = \frac{\varepsilon_n^2}{2x_n} < \frac{\varepsilon_n^2}{2\sqrt{\alpha}}$$

이에 따라 $\beta = 2\sqrt{\alpha}$ 로 놓으면 다음이 성립함을 보여라.

$$\varepsilon_{n+1} < \beta\left(\frac{\varepsilon_1}{\beta}\right)^{2^n} \quad (n = 1,\ 2,\ 3,\ \cdots)$$

(c) 이것은 제곱근을 셈하는 좋은 알고리즘인데, 점화식이 간단하고 극히 빠르게 수렴하기 때문이다. 예를 들면, $\alpha = 3$이고 $x_1 = 2$일 때, $\varepsilon_1/\beta < \frac{1}{10}$이고 이에 따라 다음이 성립함을 보여라.

$$\varepsilon_5 < 4 \cdot 10^{-16}, \quad \varepsilon_6 < 4 \cdot 10^{-32}$$

**17.** $\alpha > 1$를 고정하자. $x_1 > \sqrt{\alpha}$를 선택하고 다음과 같이 정의하자.

$$x_{n+1} = \frac{\alpha + x_n}{1 + x_n} = x_n + \frac{\alpha - x_n^2}{1 + x_n}$$

(a) $x_1 > x_3 > x_5 > \cdots$ 임을 증명하라.

(b) $x_2 < x_4 < x_6 < \cdots$ 임을 증명하라.

(c) $\lim x_n = \sqrt{\alpha}$ 임을 증명하라.

(d) 익힘 문제 16에서 설명한 알고리즘과 이 과정의 수렴 속도를 비교하라.

**18.** 익힘 문제 16의 점화식을 다음 점화식으로 바꾸자.

$$x_{n+1} = \frac{p-1}{p} x_n + \frac{\alpha}{p} x_n^{-p+1}$$

여기서 $p$는 고정된 자연수이다. 이런 결과로 얻은 열 $\{x_n\}$의 행동을 설명하라.

**19.** $\alpha_n$이 0 또는 2일 때, 각 열 $a = \{\alpha_n\}$에 다음 실수를 대응시키자.

$$x(a) = \sum_{n=1}^{\infty} \frac{\alpha_n}{3^n}$$

$x(a)$ 전체의 모음은 2.44절에서 설명한 칸토어 모음과 정확하게 같음을 증명하라.

▸ 모음 = 집합

**20.** $\{p_n\}$은 거리 공간 $X$에서의 코시 열이고 어떤 부분 열 $\{p_{n_i}\}$는 점 $p \in X$에 수렴한다고 가정하자. 전체 열 $\{p_n\}$이 $p$에 수렴함을 증명하라.

**21.** 정리 3.10(b)와 유사한 다음 명제를 증명하라. $\{E_n\}$이 완비인 거리 공간 $X$에서 닫히고 갇힌 모음들의 열이고 $E_n \supset E_{n+1}$이며 다음과 같다고 하자.

▸ 갇힌 = 유계인

$$\lim_{n\to\infty} \operatorname{diam} E_n = 0$$

이때 $\cap_1^\infty E_n$은 단 한 점으로 이루어져 있다.

**22.** $X$는 완비인 거리 공간이고, $\{G_n\}$은 $X$의 조밀한 열린 부분 모음들의 열이라고 가정하자. 베어의 정리, 곧 $\cap_1^\infty G_n$이 비지 않음을 증명하라. (실제로, 이것은 $X$에서 조밀하다.) **귀띔** : $\overline{E_n} \subset G_n$인 이웃 $E_n$들의 줄어드는 열을 찾고, 익힘 문제 21을 적용하라.

▸ 비지 않은 = nonempty

▸ 이웃 = 근방

**23.** $\{p_n\}$과 $\{q_n\}$은 거리 공간 $X$에서의 코시 열이라 하자. 열 $\{d(p_n, q_n)\}$이 수렴함을 보여라. **귀띔** : 임의의 $m$과 $n$에 대해 다음이 성립한다.

$$d(p_n, q_n) \le d(p_n, p_m) + d(p_m, q_m) + d(q_m, q_n)$$

이에 따라 $m$과 $n$이 클 때 다음은 작다.

$$|d(p_n, q_n) - d(p_m, q_n)|$$

**24.** $X$는 거리 공간이라 하자.

(a) $X$에서 두 코시 열 $\{p_n\}$과 $\{q_n\}$은 다음과 같을 때 **동치**라고 한다.

$$\lim_{n\to\infty} d(p_n, q_n) = 0$$

이것이 동치 관계임을 증명하라.

**용어**

동치 equivalent
동치류 equivalent class

(b) $X^*$을 이렇게 얻은 동치류 전체의 모음이라 하자. $P \in X^*$, $Q \in X^*$, $\{p_n\} \in P$, $\{q_n\} \in Q$일 때, 다음과 같이 정의하자.

$$\Delta(P, Q) = \lim_{n\to\infty} d(p_n, q_n)$$

익힘 문제 23에 의해, 이 극한은 존재한다. $\{p_n\}$과 $\{q_n\}$을 동치인 열로 대체할 때 수 $\Delta(P, Q)$는 바뀌지 않고, 이에 따라 $\Delta$는

$X^*$에서의 거리 함수임을 보여라.

(c) 이 결과로 얻은 거리 공간 $X^*$는 완비임을 증명하라.

(d) 각 $p \in X$에 대해 모든 항이 $p$인 코시 열이 존재한다. $P_p$는 이 열을 포함하는 $X^*$의 원소라고 하자. 모든 $p \in X$와 $q \in X$에 대해 다음이 성립함을 증명하라.

$$\Delta(P_p,\ P_q) = d(p,\ q)$$

바꿔 말하면, $\varphi(p) = P_p$로 정의된 사상 $\varphi$는 $X$에서 $X^*$로의 등거리 변환(곧, 거리 보존 사상)이다.

(e) $\varphi(X)$는 $X^*$에서 조밀하고, $X$가 완비이면 $\varphi(X) = X^*$임을 증명하라. (d)에 의해 $X$와 $\varphi(X)$를 동일시할 수 있고, 이에 따라 $X$를 완비인 거리 공간 $X^*$에 묻힌 것으로 간주할 수 있다. $X^*$을 $X$의 **완비화**라고 한다.

**용어**

등거리 변환, 거리 보존 사상 isometry

완비화 completion

**25.** $X$는 거리 공간으로 이의 점은 유비수이고 거리는 $d(x,\ y) = |x - y|$이다. 이 공간의 완비화는 무엇인가? (익힘 문제 24와 비교하라.)

▸ 유비수 = 유리수

# 04 연속

Continuity

함수 개념 및 이와 관련된 몇 가지 용어는 두 정의 2.1과 2.2에서 도입했다. (뒤의 장들에서는) 주로 실 함수와 복소 함수(곧, 함숫값이 실수 또는 복소수인 함수)에 관심을 갖겠지만, 벡터값 함수(곧, 함숫값이 $R^k$에 속한 함수)와 함숫값이 임의의 거리 공간에 속한 함수도 논의하겠다. 이렇게 일반적인 상황에서 논의할 정리들은 이를테면 실 함수로 제한해도 결코 더 간단해지지 않는다. 오히려 불필요한 가정을 버리고 정리들을 적절한 일반적인 맥락에서 서술하고 증명하는 것이 관련된 상황을 실제로 단순화하고 명확하게 한다.

여기서 함수의 정의역도 거리 공간이 될 것인데, 여러 가지 경우에서 알맞게 지정할 것이다.

## 함수의 극한

### 4.1 정의

$X$와 $Y$는 거리 공간이고, $E \subset X$라 하자. $f$는 $E$를 $Y$로 사상하고 $p$는 $E$의 쌓인 점이고 $q \in Y$라 하자. 임의의 $\varepsilon > 0$에 대해 적당한 $\delta > 0$가 존재해서 다음 (1)을 만족시키는 모든 점 $x \in E$에 대해 (2)가 성립한다고 하자.

‣ 쌓인 점 = 극한점 = 집적점

(1) $$0 < d_X(x,\ p) < \delta,$$

(2) $$d_Y(f(x),\ q) < \varepsilon$$

[그러면 $x$가 $p$에 가까워질 때 $f(x)$는 $q$에 수렴한다 또는 $f$의 극한 $q$가 존재한다고 하고, $q$를 $x = p$에서 $f$의 극한 또는 극한값이라 한다.] 이것을

**참고**

[ ] 안의 내용은 옮긴이가 추가한 것이다. 정리 4.2 정리의 따름 정리에서는 함수의 limit (극한)을 말하고 있지만, 원서에서 정의 4.1에는 '함수의 극한(값)'이란 표현이 없고, 이에 대한 기호만 있다. 두 식 (1)과 (3)의 번호는 원서와 달리 서로 바꿨다.

기호로 “$x \to p$일 때 $f(x) \to q$이다” 또는 다음과 같이 나타낸다.

(3) $$\lim_{x \to p} f(x) = q$$

두 기호 $d_X$와 $d_Y$는 각각 $X$와 $Y$에서의 거리를 나타낸다.

$X$ 또는 $Y$는 실 직선 또는 복소 평면 또는 어떤 유클리드 공간 $R^k$로 바꿀 수 있고, 두 거리 $d_X$와 $d_Y$는 절댓값 또는 적절한 대중으로 대체할 수 있다. (2.16절을 보라.)

▸ 대중 = 노름

앞의 정의에서 $p \in X$이지만 $p$는 반드시 $E$의 점일 필요가 없다는 사실에 주목해야 한다. 게다가, $p \in E$일지라도 $f(p) \neq \lim_{x \to p} f(x)$일 수 있다.

이 정의를 열의 극한을 사용해서 다음과 같이 제시할 수 있다.

## 4.2 정리

$X$, $Y$, $E$, $f$, $p$는 정의 4.1에서와 같고, 다음이 성립한다고 하자.

(4) $$\lim_{x \to p} f(x) = q$$

그러면 (4)가 성립하기 위한 필요 충분 조건은 다음 (5)를 만족시키는 $E$에서의 임의의 열 $\{p_n\}$에 대해 (6)이 성립하는 경우이다.

▸ … 위한 필요 충분조건 = …위해 필요하고 충분한 조건

▸ 두 식 (5)와 (6)의 번호는 원서와 달리 서로 바꿨다.

(5) $$p_n \neq p, \quad \lim_{n \to \infty} p_n = p,$$

(6) $$\lim_{n \to \infty} f(p_n) = q$$

**증명** (4)가 성립한다고 가정하자. $E$에서 (5)를 만족시키는 $\{p_n\}$을 선택하자. $\varepsilon > 0$이 주어졌다고 하자. 그러면 적당한 $\delta > 0$가 존재해서 $x \in E$이고 $0 < d_X(x, p) < \delta$이면 $d_Y(f(x), q) < \varepsilon$이 성립한다. 또, 적당한 자연수 $N$이 존재해서 $n > N$이면 $0 < d_X(p_n, p) < \delta$가 성립한다. 그러므로 $n > N$에 대해 $d_Y(f(p_n), q) < \varepsilon$이 성립하는데, 이것은 (6)이 성립함을 보여준다.

역으로, (4)가 거짓이라고 가정하자. 그러면 어떤 $\varepsilon > 0$이 존재해서 임의의 $\delta > 0$에 대해 ($\delta$에 따라 좌우되는) 점 $x \in E$가 존재해서 $0 < d_X(x, p) < \delta$이지만 $d_Y(f(x), q) \geq \varepsilon$이 성립한다. 그러므로

$\delta_n = 1/n$ $(n=1, 2, 3, \cdots)$을 택하면, (6)은 거짓이지만 (5)를 만족시키는 $E$에서의 열을 찾을 수 있다.

### 따름 정리

$p$에서 $f$의 극한이 존재할 때, 그 극한은 유일하다.

이것은 두 정리 3.2(b)와 4.2로부터 유도된다.

### 4.3 정의

두 복소 함수 $f$와 $g$는 모두 $E$에서 정의되어 있다고 하자. $f+g$는 $E$의 각 점 $x$에 수 $f(x)+g(x)$를 대응시키는 함수를 뜻한다. 마찬가지로, 두 함수의 차 $f-g$, 곱 $fg$, 몫 $f/g$를 정의한다. 여기서 몫 $f/g$는 $E$의 점 $x$ 중에서 $g(x)\neq 0$인 것에서만 정의된다고 약속한다. $f$가 $E$의 모든 점 $x$에 똑같은 수 $c$를 대응시킬 때, $f$는 상수 함수라 하고, 기호 $f=c$로 나타낸다. $f$와 $g$가 실 함수이고, 모든 $x\in E$에 대해 $f(x)\geq g(x)$이면, 간결하게 때대로 $f\geq g$로 나타낸다.

▸ $f: E\to\mathbb{C}$, $g: E\to\mathbb{C}$, $(f+g)(x)=f(x)+g(x)$, $(f-g)(x)=f(x)-g(x)$, $(fg)(x)=f(x)g(x)$, $\left(\frac{f}{g}\right)(x)=\frac{f(x)}{g(x)}$

마찬가지로, $\mathbf{f}$와 $\mathbf{g}$가 $E$에서 $R^k$로 사상하면, $\mathbf{f}+\mathbf{g}$와 $\mathbf{f}\cdot\mathbf{g}$를 다음과 같이 정의한다.

$$(\mathbf{f}+\mathbf{g})(x)=\mathbf{f}(x)+\mathbf{g}(x),\quad (\mathbf{f}\cdot\mathbf{g})(x)=\mathbf{f}(x)\cdot\mathbf{g}(x)$$

그리고 $\lambda$가 실수일 때, $(\lambda\mathbf{f})(x)=\lambda\mathbf{f}(x)$로 정의한다.

### 4.4 정리

$E$는 거리 공간 $X$의 부분 모음이고, $p$는 $E$의 쌓인 점이며, $f$와 $g$는 $E$에서 복소 함수이고 다음과 같다고 하자.

$$\lim_{x\to p} f(x)=A,\quad \lim_{x\to p} g(x)=B$$

그러면 다음이 성립한다.

(a) $\lim_{x\to p}(f+g)(x)=A+B$,

(b) $\lim_{x\to p}(fg)(x)=AB$,

(c) $\lim_{x\to p}\left(\frac{f}{g}\right)(x)=\frac{A}{B}$ (단, $B\neq 0$)

▸ 모음 = 집합,
쌓인 점 = 극한점 = 집적점

**증명** 정리 4.2에 의해, 이런 주장은 열에 관한 유사한 성질들(정리 3.3)로부터 즉시 유도된다.

### 일러두기

$\mathbf{f}$와 $\mathbf{g}$가 $E$를 $R^k$로 사상하면, (a)는 여전히 참이지만, (b)는 다음과 같은 (b')이 된다. (정리 3.4와 비교하자.)

(b') $$\lim_{x \to p} (\mathbf{f} \cdot \mathbf{g})(x) = \mathbf{A} \cdot \mathbf{B}$$

## 연속 함수

### 4.5 정의

> **용어**
> 연속인 [연속이다]
> [be] continuous
> …에서 연속인
> continuous on …

$X$와 $Y$는 거리 공간이고, $E \subset X$이고 $p \in E$이며, $f$는 $E$를 $Y$로 사상한다고 하자. 그러면 $f$가 $p$에서 **연속**이라는 것은, 임의의 $\varepsilon > 0$에 대해 적당한 $\delta > 0$가 존재해서 점 $x \in E$ 중에서 $d_X(x, p) < \delta$인 모든 것에 대해 다음이 성립하는 경우이다.

$$d_Y(f(x), f(p)) < \varepsilon$$

$f$가 $E$의 모든 점에서 연속일 때, $f$는 **$E$에서 연속**이라고 한다.

$f$가 점 $p$에서 연속이려면, $f$는 $p$에서 반드시 정의되어 있어야 한다는 점에 주목해야 한다. (이것을 정의 4.1 뒤에 있는 일러두기와 비교하자.)

▸ 외딴 점 = 고립점

$p$가 $E$의 외딴 점이면, 위의 정의에 따라 $E$가 정의역인 임의의 함수 $f$는 $p$에서 연속이다. 왜냐하면 어떠한 $\varepsilon > 0$에 대해서도 적당한 $\delta > 0$를 선택해서 점 $x \in E$ 중에서 $d_X(x, p) < \delta$인 것은 $x = p$뿐이도록 할 수 있다. 그러므로 다음이 성립한다.

$$d_Y(f(x), f(p)) = 0 < \varepsilon$$

### 4.6 정리

▸ 쌓인 점 = 극한점 = 집적점

▸ … 위한 필요 충분조건 = …위해 필요하고 충분한 조건

정의 4.5에 주어진 상황에서, 추가로 $p$는 $E$의 쌓인 점이라고 가정하자. 그러면 $f$가 $p$에서 연속이기 위한 필요 충분 조건은 $\lim_{x \to p} f(x) = f(p)$이다.

**증명** 두 정의 4.1과 4.5를 비교하면, 이 정리는 명백하다.

이제 합성 함수를 알아보자. 다음 정리는 "연속 함수의 연속 함수는 연속이다."라고 간략하게 말할 수 있다.

### 4.7 정리

$X$, $Y$, $Z$는 거리 공간이고, $E \subset X$이며, $f$는 $E$를 $Y$로 사상하고, $g$는 $f$의 치역 $f(E)$를 $Z$로 사상하며, $h$는 $E$를 $Z$로 사상하고 다음과 같이 정의되어 있다고 하자.

$$h(x) = g(f(x)) \qquad (x \in E)$$

$f$가 점 $p \in E$에서 연속이고 $g$는 점 $f(p)$에서 연속이면, $h$는 $p$에서 연속이다.

함수 $h$를 $f$와 $g$의 **합성** 또는 **합성 함수**라고 한다. 이런 맥락에서 흔히 다음 기호를 사용한다.

$$h = g \circ f$$

| 용어 | |
|---|---|
| 합성 | composition |
| 합성 함수 | composite |

**증명** $\varepsilon > 0$이 주어졌다고 하자. $g$가 $f(p)$에서 연속이므로, 적당한 $\eta > 0$가 존재해서 다음이 성립한다.

$y \in f(E)$이고 $d_Y(y, f(p)) < \eta$이면, $d_Z(g(y), g(f(p))) < \varepsilon$이다.

$f$가 $p$에서 연속이므로, 적당한 $\delta > 0$가 존재해서 다음이 성립한다.

$x \in E$이고 $d_X(x, p) < \delta$이면, $d_Y(f(x), f(p)) < \eta$이다.

이에 따라 $x \in E$이고 $d_X(x, p) < \delta$이면 다음을 얻는다.

$$d_Z(h(x), h(p)) = d_Z(g(f(x)), g(f(p))) < \varepsilon$$

따라서 $h$는 $p$에서 연속이다.

### 4.8 정리

거리 공간 $X$에서 거리 공간 $Y$로의 사상 $f$가 $X$에서 연속이기 위한 필요 충분 조건은 $Y$에서 임의의 열린 모음 $V$에 대해 $f^{-1}(V)$가 $X$에서 열려 있는 경우이다.

▸ 열린 모음 = 열린 집합

(역상은 정의 2.2에 정의되어 있다.) 이것은 연속에 대한 매우 유용한 특성화이다.

**증명** $f$가 $X$에서 연속이고 $V$는 $Y$에서의 열린 모음이라 하자. $f^{-1}(V)$의 각 점이 $f^{-1}(V)$의 내점임을 보여야 한다. 그러므로 $p \in X$이고 $f(p) \in V$라 하자. $V$가 열린 모음이므로, 적당한 $\varepsilon > 0$이 존재해서 $d_Y(f(p), y) < \varepsilon$이면 $y \in V$이다. 그리고 $f$가 $p$에서 연속이므로, 적당한 $\delta > 0$가 존재해서 $d_X(x, p) < \delta$이면 $d_Y(f(x), f(p)) < \varepsilon$이 성립한다. [이에 따라 $f(x) \in V$이다.] 그러므로 $d_X(x, p) < \delta$이면 $x \in f^{-1}(V)$이다.

▸ $p \in X$, $f(p) \in V$ $\Leftrightarrow p \in f^{-1}(V)$

역으로, $Y$에서의 임의의 열린 모음 $V$에 대해 $f^{-1}(V)$는 $X$에서 열린 모음이라고 하자. $p \in X$와 $\varepsilon > 0$을 고정하고, $V$는 $y \in Y$ 중에서 $d_Y(y, f(p)) < \varepsilon$인 것 전체의 모음이라 하자. 그러면 $V$는 열려 있다. 그러면 $f^{-1}(V)$는 열려 있고, 이에 따라 적당한 $\delta > 0$가 존재해서 $d_X(p, x) < \delta$이면 $x \in f^{-1}(V)$이다. 그런데 $x \in f^{-1}(V)$이면 $f(x) \in V$이고, 이에 따라 $d_Y(f(x), f(p)) < \varepsilon$이다.

▸ $V = \{y \in Y \mid d_Y(y, f(p)) < \varepsilon\}$

이에 따라 증명이 끝난다.

### 따름 정리

거리 공간 $X$에서 거리 공간 $Y$로의 사상 $f$가 $X$에서 연속이기 위한 필요 충분 조건은 $Y$에서의 임의의 닫힌 모음 $C$에 대해 $f^{-1}(C)$가 $X$에서 닫혀 있는 경우이다.

▸ … 위한 필요 충분조건 = …위해 필요하고 충분한 조건

한 모음이 닫혀 있기 위한 필요 충분 조건은 그것의 여 모음이 열려 있는 경우이고, 임의의 $E \subset Y$에 대해 $f^{-1}(E^c) = \{f^{-1}(E)\}^c$이므로, 정리 4.8로부터 위의 따름 정리가 증명된다.

▸ 여 모음 = 여집합

이제 복소수값 함수와 벡터값 함수를 알아보고, $R^k$의 부분 모음에서 정의된 함수를 알아본다.

▸ 부분 모음 = 부분집합

## 4.9 정리

$f$와 $g$는 거리 공간 $X$에서의 연속인 복소 함수라고 하자. 그러면 $f+g$, $fg$, $f/g$는 $X$에서 연속이다.

마지막 경우에 모든 $x \in X$에 대해 $g(x) \neq 0$이라고 가정한다.

**증명** $X$의 외딴 점에서는 증명할 것이 없다. 쌓인 점에서는 두 정리 4.4와 4.6에 의해 이 정리가 유도된다.

▸ 외딴 점 = 고립점, 쌓인 점 = 집적점

## 4.10 정리

(a) $f_1, \cdots, f_k$는 거리 공간 $X$에서의 실 함수들이라 하고, $\mathbf{f}$는 다음과 같이 정의된 $X$에서 $R^k$으로의 사상이라고 하자.

(7) $$\mathbf{f}(x) = (f_1(x), \cdots, f_k(x)) \quad (x \in X)$$

그러면 $\mathbf{f}$가 연속이기 위한 필요 충분 조건은 $f_1, \cdots, f_k$가 연속인 경우이다.

(b) $\mathbf{f}$와 $\mathbf{g}$가 $X$에서 $R^k$로의 연속 사상이면, $\mathbf{f}+\mathbf{g}$와 $\mathbf{f} \cdot \mathbf{g}$는 $X$에서의 연속이다.

▸ … 위한 필요 충분조건 = …위해 필요하고 충분한 조건

함수 $f_1, \cdots, f_k$들을 $\mathbf{f}$의 **성분**이라 한다. $\mathbf{f}+\mathbf{g}$는 $R^k$로의 사상인 반면에, $\mathbf{f} \cdot \mathbf{g}$는 $X$에서의 실 함수임에 주목하자.

| **용어** | |
|---|---|
| 성분 | component |

**증명** (a)는 $j=1, \cdots, k$에 대한 다음 부등식으로부터 유도된다.

$$|f_j(x) - f_j(y)| \leq |\mathbf{f}(x) - \mathbf{f}(y)| = \left\{ \sum_{i=1}^{k} |f_i(x) - f_i(y)|^2 \right\}^{\frac{1}{2}}$$

(b)는 (a)와 정리 4.9로부터 유도된다.

## 4.11 보기

$x_1, \cdots, x_k$가 점 $\mathbf{x} \in R^k$의 좌표일 때, 다음과 같이 정의된 함수 $\phi_i$는 $R^k$에서 연속이다.

(8) $$\phi_i(\mathbf{x}) = x_i \quad (\mathbf{x} \in R^k)$$

왜냐하면 다음 부등식은 정의 4.5에서 $\delta = \varepsilon$을 선택할 수 있음을 보여주기 때문이다.

$$|\phi_i(\mathbf{x}) - \phi_i(\mathbf{y})| \le |\mathbf{x} - \mathbf{y}|$$

**용어**

좌표 함수
coordinate function

▸ 옹근 수 = 정수

함수 $\phi_i$를 종종 **좌표 함수**라고 한다.

그러므로 정리 4.9를 반복 적용하면, $n_1, \cdots, n_k$가 음이 아닌 옹근 수일 때 다음과 같은 모든 단항 함수는 $R^k$에서 연속임을 알 수 있다.

(9) $$x_1^{n_1} x_2^{n_2} \cdots x_k^{n_k}$$

상수 함수는 자명하게 연속이므로, (9)의 상수 배도 연속이다. 이에 따라 다음과 같이 정의된 모든 다항 함수 $P$는 $R^k$에서 연속이다.

(10) $$P(\mathbf{x}) = \sum c_{n_1 \cdots n_k} x_1^{n_1} \cdots x_k^{n_k} \quad (\mathbf{x} \in R^k)$$

▸ 곁수 = 계수 = coefficient

여기서 곁수 $c_{n_1 \cdots n_k}$는 복소수이고 $n_1, \cdots, n_k$는 음이 아닌 옹근 수이며 (10)의 합에는 유한개의 항이 있다.

게다가, $x_1, \cdots, x_k$에 관한 임의의 유비[유리] 함수, 곧 (10) 꼴의 두 다항 함수의 몫은 분모가 0이 아닌 $R^k$의 모든 점에서 연속이다.

삼각 부등식으로부터 다음을 쉽게 확인할 수 있다.

(11) $$||\mathbf{x}| - |\mathbf{y}|| \le |\mathbf{x} - \mathbf{y}| \quad (\mathbf{x}, \mathbf{y} \in R^k)$$

그러므로 사상 $\mathbf{x} \to |\mathbf{x}|$는 $R^k$에서 연속인 실 함수이다.

$\mathbf{f}$가 거리 공간 $X$에서 $R^k$로의 연속 사상이고 $\phi$는 $X$에서 $\phi(p) = |\mathbf{f}(p)|$로 정의되어 있다고 하자. 그러면 정리 4.7에 의해 $\phi$는 $X$에서 연속인 실 함수이다.

## 4.12 일러두기

▸ 부분 모음 = 부분집합, 여 모음 = 여집합

연속의 개념을 거리 공간 $X$의 부분 모음 $E$에서 정의된 함수에 대해 정의했다. 그렇지만 $X$에서 $E$의 여 모음은 이 정의에서 어떠한 역할도 하지 않는다. (이 상황은 함수의 극한에 대해서는 약간 다르다는 점에 주목하자.) 따라서 $f$의 정의역의 여 모음을 버려도 흥미로운 면을 전혀 잃지 않는다. 이것은 부분 모음에서의 사상이 아니라, 거리 공간에서 거리 공간으로의 연속 사상에 대해서만 말해도 된다는 사실을 뜻한다. 이것은 일부 정리의 서술과 증명을 간단히 한다. 두 정리 4.8과 4.10에서 이미 이 원리를 이용했는데, 옹골짐에 관한 다음 절에서 계속 이렇게 하겠다.

▸ 옹골짐 = compactness

## 연속과 옹골짐

### 4.13 정의

모음 $E$에서 $R^k$로의 사상 $\mathbf{f}$는 **갇혀 있다**고 하는 것은, 적당한 실수 $M$이 존재해서 모든 $x \in E$에 대해 $|\mathbf{f}(x)| \le M$이 성립하는 경우이다.

**용어**
갇힌[갇혀 있다], 유계인[유계이다] [be] bounded

### 4.14 정리

$f$가 옹골진 거리 공간 $X$에서 거리 공간 $Y$로의 연속 사상이라 하자. 그러면 $f(X)$는 옹골지다.

▸ 옹골진 [옹골지다] [be] compact

**증명** $\{V_\alpha\}$는 $f(X)$의 열린 덮개라 하자. $f$는 연속이므로, 정리 4.8에 의해 각 $f^{-1}(V_\alpha)$는 열린 모음이다. $X$가 옹골지므로, 유한개의 첨자 $\alpha_1, \cdots, \alpha_n$이 존재해서 다음이 성립한다.

$$X \subset f^{-1}(V_{\alpha_1}) \cup \cdots \cup f^{-1}(V_{\alpha_n}) \tag{12}$$

임의의 $E \subset Y$에 대해 $f(f^{-1}(E)) \subset E$이므로, (12)에 의해 다음이 성립한다.

$$f(X) \subset V_{\alpha_1} \cup \cdots \cup V_{\alpha_n} \tag{13}$$

이에 따라 증명이 끝난다.

**참고** $E \subset Y$에 대해 정당한 관계 $f(f^{-1}(E)) \subset E$를 사용했다. $E \subset X$일 때, $f^{-1}(f(E)) \supset E$이다. 각 경우에 등호가 성립하지 않을 수 있다.

이제 정리 4.14의 몇 가지 결과를 유도하겠다.

### 4.15 정리

$\mathbf{f}$는 옹골진 거리 공간 $X$에서 $R^k$로의 연속 사상일 때, $\mathbf{f}(X)$는 닫히고 갇혀 있다. 그러므로 $\mathbf{f}$는 갇혀 있다.

이것은 정리 2.41로부터 유도된다. $f$가 실 함수일 때, 이 결과는 특히 중요하다.

▸ 옹골진 compact

## 4.16 정리

$f$는 옹골진 거리 공간 $X$에서의 연속인 실 함수이고 다음과 같다고 하자.

$$M = \sup_{p\in X} f(p), \qquad m = \inf_{p\in X} f(p) \tag{14}$$

그러면 적당한 두 점 $p\in X$와 $q\in X$가 존재해서 $f(p)=M$이고 $f(q)=m$이 성립한다.

(14)의 기호 중에서 $M$은 $p$를 $X$ 전체에서 취할 때 수 $f(p)$ 전체의 모음의 최소 상계, $m$은 이런 수 전체의 모음의 최대 하계를 뜻한다.

결론을 다음과 같이 나타낼 수 있다. "$X$에 적당한 두 점 $p$와 $q$가 존재해서 모든 $x\in X$에 대해 $f(q)\le f(x)\le f(p)$가 성립한다." 곧, $f$는 ($p$에서) 최댓값과 ($q$에서) 최솟값을 취한다.

▸ 닫히고 갇힌 모음 closed and bounded set

**증명** 정리 4.15에 의해 $f(X)$는 실수들의 닫히고 갇힌 모음이다. 그러므로 정리 2.28에 의해 $f(X)$에는 다음 수들이 포함된다.

$$M = \sup f(X), \qquad m = \inf f(X)$$

## 4.17 정리

$f$는 옹골진 거리 공간 $X$에서 $Y$ 위로의 일대일 연속 사상이라 하자. 그러면 $Y$에서 다음과 같이 정의된 역사상 $f^{-1}$는 $Y$에서 $X$ 위로의 연속 사상이다.

$$f^{-1}(f(x)) = x \qquad (x\in X)$$

**증명** 정리 4.8을 $f$ 대신에 $f^{-1}$에 적용하면, $X$에서의 임의의 열린 모음 $V$에 대해 $f(V)$는 $Y$에서 열린 모음임을 증명하면 충분하다. 그런 모음 $V$를 고정하자.

▸ 여 모음 = 여집합

$V$의 여 모음 $V^c$는 $X$에서 닫혀 있고, 이에 따라 옹골지다(정리 2.35). 그러므로 $f(V^c)$는 $Y$의 옹골진 부분 모음이고(정리 4.14), 이에 따라 $Y$에서 닫혀 있다(정리 2.34). $f$는 위로의 일대일 사상이므로, $f(V)$는 $f(V^c)$의 여 모음이다. 따라서 $f(V)$는 열려 있다.

## 4.18 정의

$f$는 거리 공간 $X$에서 거리 공간 $Y$로의 사상이라 하자. $f$가 $X$에서 **고르게 연속**이라는 것은, 임의의 $\varepsilon > 0$에 대해 적당한 $\delta > 0$가 존재해서 $X$에 속한 $p$와 $q$ 중에서 $d_X(p, q) < \delta$인 것 모두에 대해 다음이 성립하는 경우이다.

**용어**
고르게 연속인, 균등 연속인 uniformly continuous
고른 연속, 균등 연속 uniform continuity

(15) $$d_Y(f(p), f(q)) < \varepsilon$$

연속과 고른 연속의 개념 사이의 차이점을 생각해 보자. 첫째, 고른 연속은 모음에서 함수의 성질인 반면에 연속은 개별적인 점에서 정의할 수 있다. 주어진 함수가 특정한 점에서 고르게 연속인지를 묻는 것은 의미 없다. 둘째, $f$가 $X$에서 연속일 때, $X$의 각 점 $p$와 임의의 $\varepsilon > 0$에 대해 정의 4.5에서 명시한 성질을 만족시키는 $\delta > 0$를 찾을 수 있다. 이 $\delta$는 $\varepsilon$과 $p$에 따라 결정된다. 그렇지만 $f$는 $X$에서 고르게 연속일 때, 각 $\varepsilon > 0$에 대해 $X$의 모든 점 $p$에 대해 성립하는 하나의 수 $\delta > 0$를 찾을 수 있다.

▸ 모음 = 집합

분명히, 고른 연속 함수는 연속이다. 다음 정리는 이 두 가지 개념이 옹골진 모음에서는 서로 동치임을 보여준다.

▸ 옹골진 compact

## 4.19 정리

$f$는 옹골진 거리 공간 $X$에서 거리 공간 $Y$로의 연속 사상이라고 하자. 그러면 $f$는 $X$에서 고르게 연속이다.

**증명** $\varepsilon > 0$은 주어졌다고 하자. $f$가 연속이므로, 각 점 $p \in X$에 다음과 같은 양수 $\phi(p)$를 대응시킬 수 있다.

(16) $q \in X$이고 $d_X(p, q) < \phi(p)$이면 $d_Y(f(p), f(q)) < \dfrac{\varepsilon}{2}$이다.

$J(p)$는 다음을 만족시키는 $q \in X$ 전체의 모음이라 하자.

▸ $J(p) = \{q \in X \mid d_x(p, q) < \frac{1}{2}\phi(p)\}$

(17) $$d_X(p, q) < \tfrac{1}{2}\phi(p)$$

$p \in J(p)$이므로, 모음 $J(p)$ 전체의 모둠은 $X$의 열린 덮개이다. 그리고 $X$가 옹골지므로, 다음과 같은 $X$에 속한 유한개의 점 $p_1, \cdots, p_n$이 존재한다.

▸ 모음 전체의 모둠 collection of all sets, 열린 덮개 open cover

(18) $$X \subset J(p_1) \cup \cdots \cup J(p_n)$$

다음과 같이 놓자.

(19) $$\delta = \frac{1}{2}\min\{\phi(p_1), \cdots, \phi(p_n)\}$$

▸ 옹골짐 = compactness, 유한 모음 = 유한집합, 무한 모음 = 무한집합

그러면 $\delta > 0$이다. (여기가 바로 옹골짐의 정의에 들어있는 덮개의 유한성이 절대적으로 중요한 자리이다. 양수들의 유한 모음에서 최솟값은 양수이지만, 양수들의 무한 모음에서 최솟값은 0일 수 있다.)

이제 $q$와 $p$는 $X$의 점으로 $d_X(p, q) < \delta$라 하자. (18)에 의해 적당한 자연수 $m$ $(1 \le m \le n)$이 존재해서 $p \in J(p_m)$가 성립한다. 그러므로 다음이 성립한다.

(20) $$d_X(p, p_m) < \frac{1}{2}\phi(p_m)$$

그리고 다음도 얻는다.

$$d_X(q, p_m) \le d_X(p, q) + d_X(p, p_m) < \delta + \frac{1}{2}\phi(p_m) \le \phi(p_m)$$

마지막으로 (16)은 결론적으로 다음이 성립함을 보여준다.

$$d_Y(f(p), f(q)) \le d_Y(f(p), f(p_m)) + d_Y(f(q), f(p_m)) < \varepsilon$$

이에 따라 증명이 끝난다.

다른 방법의 증명이 익힘 문제 10에 개략적으로 묘사되어 있다.

이제 네 정리 4.14, 4.15, 4.16, 4.19의 가정에서 옹골지다는 조건이 필수적이라는 사실을 보이겠다.

## 4.20 정리

▸ 옹골지지 않은 모음 noncompact set

▸ 갇힌 = 유계인, 갇혀 있다 = 유계이다

$E$는 $R^1$에서 옹골지지 않은 모음이라고 하자. 그러면

(a) $E$에서 갇히지 않은 연속 함수가 존재한다.

(b) $E$에서 최댓값을 취하지 않는 연속이고 갇힌 함수가 존재한다. 덧붙여, $E$가 갇혀 있다면,

(c) $E$에서 고르게 연속이 아닌 연속 함수가 존재한다.

▸ $R^1$의 부분 모음 $E$가 갇혀 있지만 옹골지지 않다면, $E$는 닫혀 있지 않다.

**증명** 먼저 $E$가 갇혀 있다고 하자. 그러면 $E$에 속하지 않은 $E$의 쌓인 점 $x_0$이 존재한다. 다음 함수를 생각하자.

$$f(x) = \frac{1}{x - x_0} \qquad (x \in E) \tag{21}$$

이것은 $E$에서 연속이지만(정리 4.9), 명백하게 갇히지 않았다. (21)이 고르게 연속이 아님을 보이기 위해서, $\varepsilon > 0$과 $\delta > 0$를 임의의 수라 하고, 점 $x \in E$를 $|x - x_0| < \delta$가 성립하도록 선택하자. $t$를 $x_0$에 충분히 가깝게 택해서, 차 $|f(t) - f(x)|$를 $\varepsilon$보다 크게 만들 수 있다. 그렇지만 $|t - x| < \delta$이다. 이것은 임의의 $\delta > 0$에 대해 참이므로, $f$는 $E$에서 고르게 연속이 아니다.

다음과 같이 정의된 함수 $g$는 $E$에서 연속이다.

$$g(x) = \frac{1}{1 + (x - x_0)^2} \qquad (x \in E) \tag{22}$$

또 $0 < g(x) < 1$이므로 $g$는 갇혀 있다. 분명히 다음이 성립한다.

▸ 갇혀 있다 = 유계이다

$$\sup_{x \in E} g(x) = 1$$

반면에 모든 $x \in E$에 대해 $g(x) < 1$이다. 그러므로 $g$는 $E$에서 최댓값을 취하지 않는다.

간힌 모음 $E$에 대해 정리를 증명했으므로, 이제 $E$가 갇혀 있지 않다고 가정하자. 그러면 $f(x) = x$는 (a)가 성립함을 밝혀준다. 반면에 다음 함수 $h$는 (b)가 성립함을 밝혀준다.

▸ 모음 = 집합,
갇혀 있지 않다 be unbounded

$$h(x) = \frac{x^2}{1 + x^2} \qquad (x \in E) \tag{23}$$

왜냐하면 다음이 성립하지만 모든 $x \in E$에 대해 $h(x) < 1$이기 때문이다.

$$\sup_{x \in E} h(x) = 1$$

주장 (c)는 가정에서 갇혀 있다는 조건이 빠졌다면 거짓일 것이다. 이를 알아보기 위해 $E$는 옹근 수 전체의 모음이라 하자. 그러면 $E$에서 정의된 모든 함수는 $E$에서 고르게 연속이다. 이를 확인하려면 정의 4.18에서 $\delta < 1$을 택하면 충분하다.

▸ 옹근 수 = 정수

옹골지다는 가정이 정리 4.17에서도 필수적임을 보이는 것으로 이번 절을 마무리한다.

### 4.21 보기

$X$는 실 직선에서 반열린 구간 $[0, 2\pi)$라 하고, $\mathbf{f}$는 $X$에서 다음과 같이 정의된 원점으로부터의 거리가 1인 점 전체로 이루어진 원 $Y$ 위로의 사상이라고 하자.

(24) $$\mathbf{f}(t) = (\cos t, \sin t) \quad (0 \le t < 2\pi)$$

사인과 코사인 함수가 연속이고 주기적임을 제 8 장에서 밝힐 것이다. 이런 결과들은 $\mathbf{f}$가 $X$에서 $Y$ 위로의 일대일인 연속 사상임을 보여준다.

▸ 옹골진 = compact

그렇지만 ($\mathbf{f}$가 위로의 일대일 사상이므로 존재하는) 역사상은 점 $(1, 0) = \mathbf{f}(0)$에서 연속이 아니다. 물론, 이 보기에서 $X$는 옹골지지 않다. ($Y$가 옹골짐에도 불구하고 $\mathbf{f}^{-1}$이 연속이 아닐 수 있다는 사실을 관찰하면 흥미로울 것이다.)

## 연속과 연결

### 4.22 정리

▸ 연결된 부분 모음 = 연결 부분집합

$f$는 거리 공간 $X$에서 거리 공간 $Y$로의 연속 사상이고, $E$는 $X$의 연결된 부분 모음이면, $f(E)$는 연결되어 있다.

**증명** 이와 반대로 $f(E) = A \cup B$라 가정하자. 여기서 $A$와 $B$는 $Y$의 비지 않은 분리된 부분 모음들이라 하자. $G = E \cap f^{-1}(A)$와 $H = E \cap f^{-1}(B)$로 놓자.

그러면 $E = G \cup H$이고, $G$와 $H$는 어느 것도 비어 있지 않다.

▸ 닫개 = 폐포

$A \subset \overline{A}$($A$의 닫개)이므로, $G \subset f^{-1}(\overline{A})$가 성립한다. $f$가 연속이므로 $f^{-1}(\overline{A})$는 닫혀 있고, 이에 따라 $\overline{G} \subset f^{-1}(\overline{A})$이 성립한다. 그러므로 $f(\overline{G}) \subset \overline{A}$가 성립한다. $f(H) = B$이고 $\overline{A} \cap B$가 비어 있으므로, $\overline{G} \cap H$가 비어 있다는 결론을 얻는다.

똑같은 논법으로 $G \cap \overline{H}$가 비어 있음을 보인다. 그러므로 $G$와 $H$는 분리되어 있다. $E$가 연결되어 있으므로, 이것은 불가능하다.

### 4.23 정리

$f$는 닫힌 구간 $[a, b]$에서 연속인 실 함수라 하자. $f(a) < f(b)$이고 수 $c$는 $f(a) < c < f(b)$라 하면, 적당한 점 $x \in (a, b)$가 존재해서 $f(x) = c$가 성립한다.

▸ 정리 4.23을 사이값 정리 또는 중간값 정리라 한다.

물론, 비슷한 결과가 $f(a) > f(b)$일 때도 성립한다. 개략적으로 말하면, 연속인 실 함수는 구간에서 모든 사이값을 취한다는 사실을 이 정리는 주장한다.

증명 정리 2.47에 의해 $[a, b]$는 연결되어 있다. 그러므로 정리 4.22에 따라 $f([a, b])$는 $R^1$의 연결된 부분 모음이고, 정리 2.47을 한 번 더 적용하면 위의 주장이 증명된다.

### 4.24 일러두기

언뜻 보기에, 정리 4.23의 역이 성립할 것으로 보일 것이다. 곧, 임의의 두 점 $x_1 < x_2$에 대해 그리고 $f(x_1)$과 $f(x_2)$ 사이의 임의의 수 $c$에 대해 적당한 점 $x \in (x_1, x_2)$가 존재해서 $f(x) = c$가 성립하면, $f$는 반드시 연속이라고 생각할 것이다.

이것이 참이 아니라는 사실은 보기 4.27(d)에서 확인할 수 있다.

## 불연속

$x$는 함수 $f$의 정의역에 속한 점으로 $f$는 이 $x$에서 연속이 아닐 때, $f$는 $x$에서 **불연속**이다 또는 $x$는 $f$의 **불연속점**이라고 한다. $f$가 닫힌 구간 또는 열린 구간에서 정의되어 있을 때, 관례적으로 불연속점을 두 가지 형태로 분류한다. 이런 분류를 제시하기 전에, $x$에서 $f$의 **오른쪽 극한**[우극한]과 **왼쪽 극한**[좌극한]을 정의해야 한다. 이것들은 $f(x+)$와 $f(x-)$로 각각 나타난다.

**용어**
$f$는 $x$에서 불연속이다
$f$ is discontinuous at $x$
$x$는 $f$의 불연속점이다
$f$ has a discontinuity at $x$
오른쪽 극한, 우극한
right-hand limit
왼쪽 극한, 좌극한
left-hand limit

### 4.25 정의

$f$는 $(a, b)$에서 정의되어 있다고 하자. 임의의 점 $x$로 $a \le x < b$인 것을 생각하자. $(x, b)$에서의 열 $\{t_n\}$ 중에서 $t_n \to x$인 것 모두에 대해 $n \to \infty$

일 때 $f(t_n) \to q$이면 다음과 같이 나타낸다.

$$f(x+) = q$$

$a < x \le b$에 대한 $f(x-)$의 정의를 내리기 위해서는, $(a, x)$에서의 열 $\{t_n\}$만을 생각한다.

▸ … 위한 필요 충분조건 = …위해 필요하고 충분한 조건

$(a, b)$의 임의의 점 $x$에 대해 $\lim_{t \to x} f(t)$가 존재하기 위한 필요 충분 조건은 다음과 같다.

$$f(x+) = f(x-) = \lim_{t \to x} f(t)$$

## 4.26 정의

$f$는 $(a, b)$에서 정의되어 있다고 하자. $f$가 $x$에서 불연속이고 $f(x+)$과 $f(x-)$가 존재할 때, $x$는 $f$의 **제 1 종 불연속점** 또는 **단순한 불연속점**이라 한다. 그렇지 않을 때 **제 2 종 불연속점**이라 한다.

**용어**

$x$는 $f$의 제1[2]종 불연속점 또는 단순(한) 불연속점이다

$f$ has a discontinuity of the first[second] kind or a simple discontinuity at $x$

함수의 단순한 불연속점은 두 가지 있는데, $f(x+) \ne f(x-)$[이 경우에 함숫값 $f(x)$는 중요하지 않다] 또는 $f(x+) = f(x-) \ne f(x)$이다.

## 4.27 보기

▸ 유비수 = 유리수, 무비수 = 무리수

(a) 다음과 같이 정의하자.

$$f(x) = \begin{cases} 1 & (x\text{는 유비수}) \\ 0 & (x\text{은 무비수}) \end{cases}$$

그러면 모든 점 $x$는 $f$의 제 2 종 불연속점인데, $f(x+)$과 $f(x-)$ 중에서 어느 것도 존재하지 않기 때문이다.

(b) 다음과 같이 정의하자.

$$f(x) = \begin{cases} x & (x\text{는 유비수}) \\ 0 & (x\text{은 무비수}) \end{cases}$$

그러면 $f$는 $x = 0$에서 연속이고, 다른 모든 점은 제2종 불연속점이다.

(c) 다음과 같이 정의하자.

$$f(x) = \begin{cases} x+2 & (-3 < x < -2) \\ -x-2 & (-2 \le x < 0) \\ x+2 & (0 \le x < 1) \end{cases}$$

그러면 $x = 0$은 $f$의 단순한 불연속점이고, 열린 구간 $(-3, 1)$의 다른 모든 점에서 $f$는 연속이다.

(d) 다음과 같이 정의하자.

$$f(x)=\begin{cases}\sin\dfrac{1}{x} & (x\neq 0)\\ 0 & (x=0)\end{cases}$$

$f(0+)$도 존재하지 않고 $f(0-)$도 존재하지 않으므로, $x=0$은 $f$의 제 2 종 불연속점이다. 아직까지 $\sin x$가 연속 함수라는 사실을 증명하지 않았다. 지금은 이 사실을 가정하면, 정리 4.7에 따라 $f$는 $x\neq 0$인 모든 점에서 연속이다.

## 단조로운 함수

이제 주어진 열린 구간에서 결코 감소하지 않는 (또는 결코 증가하지 않는) 함수에 대해 알아보겠다.

### 4.28 정의

$f$는 $(a, b)$에서 정의된 실 함수라 하자. $a<x<y<b$일 때 $f(x)\leq f(y)$이면, $f$는 $(a, b)$에서 **단조롭게 증가하는 함수** 또는 **단조 증가 함수**라 한다. 반면에 $f(x)\geq f(y)$이면, $f$는 $(a, b)$에서 **단조롭게 감소**하는 함수 또는 **단조 감소 함수**라 한다. 단조롭게 증가하는 함수와 단조롭게 감소하는 함수를 통틀어 **단조로운 함수** 또는 **단조 함수**라고 한다.

**용어**
단조[롭게] 증가[하는] 함수 monotonically increasing function
단조[롭게] 감소[하는] 함수 monotonically decreasing function
단조[로운] 함수 monotonic function

### 4.29 정리

$f$는 $(a, b)$에서 단조롭게 증가한다고 하자. 그러면 임의의 $x\in(a, b)$에서 $f(x+)$와 $f(x-)$가 존재한다. 좀 더 명확하게 다음이 성립한다.

(25) $$\sup_{a<t<x} f(t)=f(x-)\leq f(x)\leq f(x+)=\inf_{x<t<b} f(t)$$

덧붙여 $a<x<y<b$이면 다음이 성립한다.

(26) $$f(x+)\leq f(y-)$$

유사한 결과들이 단조롭게 감소하는 함수에 대해 분명히 성립한다.

**증명** 가정에 의해, $a<t<x$에 대한 수 $f(t)$들의 모음은 수 $f(x)$에 의해 갇혀 있다. 이에 따라 최소 상계가 존재하는데, 이를 $A$로 나타

▸ 모음 = 집합, 갇혀 있다 = 유계이다.

▸ $A = \sup\{f(t) \mid a < t < x\}$

내자. 분명히 $A \le f(x)$이다. $A = f(x-)$임을 보여야 한다.

$\varepsilon > 0$이 주어졌다고 하자. 최소 상계 $A$의 정의에 의해 적당한 $\delta > 0$가 존재해서 $a < x - \delta < x$이고 다음이 성립한다.

$$A - \varepsilon < f(x - \delta) \le A \tag{27}$$

$f$가 단조로우므로, 다음이 성립한다.

$$f(x - \delta) \le f(t) \le A \quad (x - \delta < t < x) \tag{28}$$

(27)과 (28)을 결합하면 다음이 성립함을 알 수 있다.

$$|f(t) - A| < \varepsilon \quad (x - \delta < t < x)$$

그러므로 $f(x-) = A$이다.

(25)의 후반부는 위와 정확하게 똑같은 방법으로 증명한다.

다음으로 $a < x < y < b$이면, (25)로부터 다음을 알 수 있다.

$$f(x+) = \inf_{x < t < b} f(t) = \inf_{x < t < y} f(t) \tag{29}$$

마지막 등식은 (25)를 $(a, b)$ 대신에 $(a, y)$에 적용해서 얻는다. 비슷하게 다음을 얻는다.

$$f(y-) = \sup_{a < t < y} f(t) = \sup_{x < t < y} f(t) \tag{30}$$

(29)와 (30)을 비교하면 (26)을 얻는다.

### 따름 정리

▸ 단조로운 함수 = 단조 함수

단조로운 함수에는 제 2 종 불연속점이 없다.

▸ 모음 = 집합

이 따름 정리에 따라 단조로운 함수의 불연속점들의 모음은 기껏해야 셀 수 있다. 익힘 문제 17에 그 증명의 개요가 있는 일반적인 정리를 사용하지 않고, 여기서는 단조로운 함수에 적용할 수 있는 간단한 증명을 제시하겠다.

### 4.30 정리

$f$는 $(a, b)$에서 단조롭다고 하자. 그러면 $(a, b)$에 속한 $f$의 불연속점들의 모음은 기껏해야 셀 수 있다.

증명 명확하게 하기 위해서, $f$는 증가하고 $E$는 $f$의 불연속점들의 모음이라고 하자.

▸ 모음 = 집합

$E$의 각 점 $x$에 다음과 같은 유비수 $r(x)$를 대응시키자.

▸ 유비수 = 유리수

$$f(x-) < r(x) < f(x+)$$

$x_1 < x_2$이면 $f(x_1+) \le f(x_2-)$이므로, $x_1 \ne x_2$이면 $r(x_1) \ne r(x_2)$이다.

이에 따라 모음 $E$와 유비수 모음의 부분 모음 사이에 일대일 대응이 설립했다. 우리가 알고 있듯이, 후자는 셀 수 있다.

## 4.31 일러두기

단조로운 함수의 불연속점이 외딴 점일 필요가 없다는 사실에 주목해야 한다. 실제로, $E$는 $(a, b)$의 셀 수 있는 부분 모음이면($E$는 조밀할 수도 있는데), $(a, b)$에서 단조롭고 $E$의 각 점에서 불연속이며 $(a, b)$의 다른 점에서는 연속인 함수 $f$를 구성할 수 있다.

▸ 단조로운 함수 = 단조 함수, 외딴 점 = 고립점

이를 보이기 위해서, $E$의 점들을 열 $\{x_n\}$ $(n = 1, 2, 3, \cdots)$으로 배열할 수 있다. $\{c_n\}$은 양수들의 열로 $\sum c_n$이 수렴한다고 하자. 다음과 같이 정의하자.

$$f(x) = \sum_{x_n < x} c_n \quad (a < x < b) \tag{31}$$

이 합은 다음과 같이 이해해야 한다. $x_n < x$인 첨자 $n$ 위에서 더해야 한다. $x$의 왼쪽에 점 $x_n$이 없으면, 합은 비어 있다. 통상적인 관례에 따라, 이 합을 0으로 정의한다. (31)이 절대적으로 수렴하므로, 항들을 배열하는 순서는 중요하지 않다.

다음과 같은 $f$의 성질을 밝히는 과제는 독자에게 남긴다.

(a) $f$는 $(a, b)$에서 단조롭게 증가한다.

▸ 단조롭게 증가한다 = 단조 증가한다

(b) $f$는 $E$의 각 점에서 불연속이다. 실제로 다음이 성립한다.

$$f(x_n+) - f(x_n-) = c_n$$

(c) $f$는 $(a, b)$의 다른 모든 점에서는 연속이다.

게다가, $(a, b)$의 모든 점에서 $f(x-) = f(x)$가 성립함을 어렵지 않게 보일 수 있다. 함수가 이런 조건을 만족시키면, $f$는 **왼쪽에서 연속** 또는

**용어**
왼쪽에서[으로부터] 연속 continuous from the left
오른쪽에서[으로부터] 연속 continuous from the right

**왼쪽으로부터 연속**이라고 한다. (31)의 합에서 $x_n \le x$인 첨자 $n$ 전체 위에서 더하면 $(a, b)$의 각 점에서 $f(x+) = f(x)$가 성립한다. 곧, $f$는 **오른쪽에서 연속** 또는 **오른쪽으로부터 연속**이다.

이런 종류의 함수는 다른 방법으로도 정의할 수 있다. 예를 들어 정리 6.16을 보라.

## 무한 극한과 무한대에서의 극한

▸ 이웃 = 근방

확장 실수 체계에서 셈할 수 있도록, 이제 정의 4.1을 이웃을 사용해서 다시 공식화함으로써 이의 범위를 확장하겠다.

임의의 실수 $x$에 대해 $x$의 이웃을 임의의 열린 구간 $(x-\delta, x+\delta)$로 정의한다.

### 4.32 정의

임의의 수 $c$에 대해 실수 $x$ 중에서 $x > c$인 것 전체의 모음을 $+\infty$의 이웃이라 하고, 기호 $(c, +\infty)$로 나타낸다. 비슷하게 $(-\infty, c)$를 $-\infty$의 이웃이라 한다.

### 4.33 정의

$f$는 $E$에서 정의된 실 함수라고 하자. $A$와 $x$가 확장 실수 체계에 속하고, $A$의 임의의 이웃 $U$에 대해 $x$의 적당한 이웃 $V$가 존재해서 $V \cap E$는 비지 않고 $x$가 아닌 모든 $t \in V \cap E$에 대해 $f(t) \in U$일 때, 다음과 같이 나타낸다.

$$t \to x\text{일 때} \quad f(t) \to A\text{이다.}$$

잠깐 생각해 보면, $A$와 $x$가 실수일 때 이것이 정의 4.1과 일치함을 알 수 있다.

정리 4.4와 유사한 결과가 여전히 참이고, 증명에는 새로운 내용이 전혀 없다. 완벽을 기하기 위해서, 이를 서술한다.

### 4.34 정리

$f$와 $g$는 $E$에서 정의되어 있고, 다음과 같이 가정하자.

$$t \to x\text{일 때 } f(t) \to A\text{이고 } g(t) \to B\text{이다.}$$

그러면 다음이 성립한다.

(a) $f(t) \to A'$ 이면 $A' = A$ 이다.

(b) $(f+g)(t) \to A+B$

(c) $(fg)(t) \to AB$

(d) $(f/g)(t) \to A/B$

단, (b), (c), (d)의 우변의 정의되어 있어야 한다.

$\infty - \infty$, $0 \cdot \infty$, $\infty/\infty$, $A/0$은 정의되지 않는다. (정의 1.23을 보라.)

## 익힘 문제

**1.** $f$는 $R^1$에서 정의된 실 함수로 모든 $x \in R^1$에 대해 다음을 만족시킨다고 하자.

$$\lim_{h \to 0} \{f(x+h) - f(x-h)\} = 0$$

이때 $f$는 연속인가?

**2.** $f$는 거리 공간 $X$에서 거리 공간 $Y$로의 연속 사상일 때, 모든 모음 $E \subset X$에 대해 다음이 성립함을 증명하라.

$$f(\overline{E}) \subset \overline{f(E)}$$

($\overline{E}$는 $E$의 닫개를 나타낸다.) 예를 들어, $f(\overline{E})$가 $\overline{f(E)}$의 진부분 모음일 수 있음을 보여준다.

▸ 닫개 = 폐포, 모음 = 집합

**3.** $f$는 거리 공간 $X$에서 연속인 실 함수라 하자. ($f$의 **영점 모음**인) $Z(f)$는 $p \in X$ 중에서 $f(p) = 0$인 것 전체의 모음이라 하자. $Z(f)$가 닫힌 모음임을 증명하라.

| 용어 | |
|---|---|
| 영점 모음 | zero set |

▸ $Z(f) = \{p \in X \mid f(p) = 0\}$

**4.** $f$와 $g$가 거리 공간 $X$에서 거리 공간 $Y$로의 연속 사상이고, $E$는 $X$의 조밀한 부분 모음이라 하자. 그러면 $f(E)$는 $f(X)$에서 조밀함을 증명하라. 모든 $p \in E$에 대해 $g(p) = f(p)$이면, 모든 $p \in X$에 대해 $g(p) = f(p)$임을 증명하라. (바꿔 말하면, 연속 사상은 이것의 정의역의 조밀한 부분 모음에서의 값들에 의해 결정된다.)

**5.** $f$는 닫힌 모음 $E \subset R^1$에서 정의된 연속인 실 함수일 때, $R^1$에서 정의된 적당한 연속인 실 함수 $g$가 존재해서 모든 $x \in E$에 대해

$g(x)=f(x)$가 성립함을 증명하라. (이런 함수 $g$를 $E$에서 $R^1$로 $f$의 **연속적 확장**이라 한다.) 용어 '닫힌'을 빼면 이 결과가 거짓이 됨을 보여라. 이 결과를 벡터값 함수로 확장하라. **귀띔**: $g$의 그래프는 $E$의 여 모음을 이루는 열린 구간들 각각에서 직선이라고 하자. (제 2 장의 익힘 문제 29와 비교하자.) $R^1$을 임의의 거리 공간으로 바꾸어도 이 결과는 여전히 참이지만, 증명은 그렇게 쉽지 않다.

| 용어 |
|---|
| 연속적 확장 continuous extension |
| 그래프 graph |
| 제한 restriction |

▸ 여 모음 = 여집합

▸ $f$의 그래프: $\{(x, f(x) \mid x \in E\}$

▸ 옹골진 [옹골지다] [be] compact

▸ … 위한 필요 충분조건 = …위해 필요하고 충분한 조건

▸ 갇혀 있다 = 유계이다, 갇힌 = 유계인, 이웃 = 근방

▸ 고르게 연속인 = 균등 연속인, 고른 연속 = 균등 연속

▸ 모음 = 집합

**6.** $f$가 $E$에서 정의되어 있을 때, $f$의 **그래프**는 $x \in E$에 대한 점 $(x, f(x))$들의 모음이다. 특히, $E$는 실수들의 모음이고 $f$는 실수값이면, $f$의 그래프는 평면의 부분 모음이다.

$E$가 옹골지다고 가정하고, $f$가 $E$에서 연속이기 위한 필요 충분 조건은 $f$의 그래프가 옹골진 경우임을 증명하라.

**7.** $E \subset X$이고 $f$는 $X$에서 정의된 함수일 때, $f$의 $E$로의 **제한**인 함수 $g$는 정의역이 $E$이고 $p \in E$에 대해 $g(p)=f(p)$를 만족시키는 경우이다. $f$와 $g$를 $R^2$에서 $f(0,\ 0)=g(0,\ 0)=0$이고 $(x,\ y)\neq(0,\ 0)$일 때는 $f(x,\ y)=xy^2/(x^2+y^4)$과 $g(x,\ y)=xy^2/(x^2+y^6)$로 정의하자. $f$는 $R^2$에서 갇혀 있고 $g$는 $(0,\ 0)$의 임의의 이웃에서 갇혀 있지 않으며 $f$는 $(0,\ 0)$에서 연속이 아님을 증명하라. 그렇지만 $f$와 $g$의 $R^2$에 있는 임의의 직선으로의 제한은 모두 연속이다!

**8.** $f$는 $R^1$의 갇힌 부분 모음 $E$에서 고르게 연속인 실 함수라 하자. $f$는 $E$에서 갇혀 있음을 증명하라.

가정에서 $E$가 갇혀 있다는 조건이 빠지면, 결론이 거짓임을 보여라.

**9.** 고른 연속의 정의에 있는 요구 조건을 모음의 지름을 통해 다음과 같이 바꾸어 나타낼 수 있음을 보여라. "임의의 $\varepsilon>0$에 대해 적당한 $\delta>0$가 존재해서 $E \subset X$ 중에서 $\operatorname{diam} E<\delta$인 모든 것에 대해 $\operatorname{diam} f(E)<\varepsilon$이 성립한다."

**10.** 정리 4.19에 대한 다음과 같은 대안적인 증명을 자세하게 완성하라. $f$가 고르게 연속이 아니면, 어떤 $\varepsilon>0$에 대해 $X$에서의 적당한 두 열 $\{p_n\}$과 $\{q_n\}$이 존재해서 $d_X(p_n,\ q_n)\to 0$이지만 $d_Y(f(p_n),\ f(q_n))>\varepsilon$이 성립한다. 정리 2.37을 사용해서, 모순을 얻어라.

**11.** $f$가 거리 공간 $X$에서 거리 공간 $Y$로의 고른 연속 사상이면, $X$에서의 임의의 코시 열 $\{x_n\}$에 대해 $\{f(x_n)\}$이 $Y$에서 코시 열임을 증명하라. 이 결과를 사용해서 익힘 문제 13에 서술한 정리에 대한 대안

적인 증명을 제시하라.

**12.** 고른 연속 함수의 고른 연속 함수는 고르게 연속이다.
이것을 더욱 명확하게 서술하고 증명하라.

▸ 정리 4.7의 바로 위 문장을 보라.

**13.** $E$는 거리 공간 $X$의 조밀한 부분 모음이고, $f$는 $E$에서 정의된 고르게 연속인 실 함수라고 하자. $E$에서 $X$로 $f$의 연속적 확장이 존재함을 증명하라. (용어는 익힘 문제 5를 보라.) (유일성은 익힘 문제 4로부터 유도된다.) **귀띔**: 각 $p \in X$와 각 자연수 $n$에 대해, $V_n(p)$는 $q \in E$ 중에서 $d(p, q) < 1/n$인 것 전체의 모음이라 하자. 익힘 문제 9를 사용해서, 모음 $f(V_1(p)), f(V_2(p)), \cdots$들의 닫개의 교 모음이 $R^1$의 단 한 개의 점, 이를테면 $g(p)$로 이루어져 있음을 보여라. 이렇게 $X$에서 정의된 함수 $g$가 바라던 $f$의 확장임을 증명하라.

치역 공간 $R^1$을 $R^k$로 바꿀 수 있는가? 임의의 옹골진 거리 공간으로 바꿀 수 있는가? 임의의 거리 공간으로 바꿀 수 있는가?

▸ 닫개 = 폐포,
교 모음 = 교집합,
$V_n(p) = \{q \in E \mid d(p, q) < 1/n\}$,
옹골진 = compact

**14.** $I = [0, 1]$을 닫힌 단위 구간이라 하자. $f$는 $I$에서 $I$로의 연속 사상이라고 하자. 적어도 한 개의 $x \in I$에 대해 $f(x) = x$임을 증명하라.

**15.** $X$에서 $Y$로의 사상 $f$가 $X$의 임의의 열린 부분 모음 $V$를 $Y$에서의 열린 부분 모음 $f(V)$로 보낼 때, $f$를 열린 사상이라 한다.

$R^1$에서 $R^1$으로의 임의의 연속인 **열린 사상**은 단조로움을 증명하라.

| 용어 | |
|---|---|
| 열린 사상 | open mapping |
| 깨진 부분, 소수 부분 | |

▸ 단조롭다 = be monotinic

**16.** $[x]$는 $x$보다 크지 않은 가장 큰 옹근 수를 나타낸다고 하자. 곧, $[x]$는 $x-1 < [x] \le x$인 옹근 수이다. $(x) = x - [x]$는 $x$의 깨진 부분이라 하자. 두 함수 $[x]$와 $(x)$의 불연속점은 몇 종인가?

▸ 옹근 수 = 정수,
깨진 부분 = 소수 부분
= fractional part

**17.** $f$는 $(a, b)$에서 정의된 실 함수라 하자. $f$의 단순한 불연속점들의 모음이 기껏해야 셀 수 있음을 증명하라. **귀띔**: $E$는 $f(x-) < f(x+)$인 모음이라 하자. $E$의 각 점 $x$에 대해 다음과 같은 유비수들의 삼조 $(p, q, r)$을 대응시키자.

(a) $f(x-) < p < f(x+)$

(b) $a < q < t < x$이면 $f(t) < p$이다.

(c) $x < t < r < b$이면 $f(t) > p$이다.

이런 삼조 전체의 모음은 셀 수 있다. 각 삼조에 많아야 한 개의 $E$의 점이 대응함을 증명하라. 다른 가능성 있는 단순한 불연속점의 형태들을 비슷한 방식으로 다루어라.

▸ $E = \{x \in (a, b) \mid f(x-) < f(x+)\}$,
유비수 = 유리수,
무비수 = 무리수

▸ 옹근 수 = 정수, 유비수 = 유리수, 무비수 = 무리수

**18.** 각 유비수 $x$는 $n>0$이고 $m$과 $n$이 서로 소인 옹근 수들인 $x=m/n$ 꼴로 나타낼 수 있다. $x=0$일 때 $n=1$을 택하자. $R^1$에서 다음과 같이 정의된 함수 $f$를 생각하자.

$$f(x)=\begin{cases}0 & (x\text{는 무비수})\\ \dfrac{1}{n} & \left(x=\dfrac{m}{n}\right)\end{cases}$$

$f$는 각 무비수에서 연속이고, 각 유비수는 $f$의 단순한 불연속점임을 증명하라.

▸ 사이값 = 중간값

**19.** $f$는 정의역인 $R^1$인 실 함수로, 다음과 같은 사이값 성질을 만족시킨다고 하자. "$f(a)<c<f(b)$이면, $a$와 $b$ 사이의 적당한 $x$에 대해 $f(x)=c$이다."

또 모든 유비수 $r$에 대해 $f(x)=r$인 $x$ 전체의 모음이 닫혀 있다고 하자. 이때 $f$가 연속임을 증명하라.

**귀띔**: $x_n\to x_0$이지만 어떤 $r$과 모든 $n$에 대해 $f(x_n)>r>f(x_0)$이면, $x_0$과 $x_n$ 사이의 어떤 $t_n$에 대해 $f(t_n)=r$이다. 그러므로 $t_n\to x_0$이다. 모순을 찾아라. (N. J. Fine, *Amer. Math. Monthly*, vol. 73, 1966, p. 782.)

▸ 비지 않은 = nonempty

**20.** $E$는 거리 공간 $X$의 비지 않은 부분 모음이라 하고, $x\in X$로부터 $E$까지의 거리를 다음과 같이 정의하자.

$$\rho_E(x)=\inf_{z\in E} d(x,\ z)$$

▸ … 위한 필요 충분조건 = …위해 필요하고 충분한 조건

(a) $\rho_E(x)=0$이기 위한 필요 충분 조건은 $x\in\overline{E}$인 경우임을 증명하라.

(b) $\rho_E$가 $X$에서 고른 연속 함수임을 모든 $x\in X$와 $y\in X$에 대해 다음이 성립함을 보여서 증명하라.

$$|\rho_E(x)-\rho_E(y)|\le d(x,\ y)$$

**귀띔**: $\rho_E(x)\le d(x,\ z)\le d(x,\ y)+d(y,\ z)$이므로 다음이 성립한다.

$$\rho_E(x)\le d(x,\ y)+\rho_E(y)$$

▸ 만나지 않는 모음들 = 서로소인 집합들, 옹골진 = compact

**21.** $K$와 $F$는 거리 공간 $X$에서 만나지 않는 모음들로, $K$는 옹골지고 $F$는 닫혀 있다고 하자. 적당한 $\delta>0$가 존재해서 $p\in K$와 $q\in F$에 대

해 $d(p,\ q) > \delta$임을 증명하라. **귀띔**: $\rho_F$는 $K$에서 양수값 연속 함수이다.

어느 것도 옹골지지 않고 만나지 않는 두 닫힌 모음에 대해 앞의 결론이 성립하지 않을 수 있음을 보여라.

**22.** $A$와 $B$는 거리 공간 $X$에서 비지 않고 만나지 않으며 닫힌 모음이라 하고, 다음과 같이 정의하자.

$$f(p) = \frac{\rho_A(p)}{\rho_A(p) + \rho_B(p)} \qquad (p \in X)$$

$f$는 $X$에서 연속 함수로 치역이 $[0,\ 1]$에 포함되고 $A$에서 $f(p) = 0$이며 $B$에서 $f(p) = 1$임을 보여라. 이것은 다음과 같은 익힘 문제 3의 역을 입증한다. "임의의 닫힌 모음 $A \subset X$는 $X$에서 어떤 연속인 실 함수 $f$의 $Z(f)$이다." 다음과 같이 놓자.

$$V = f^{-1}([0,\ \tfrac{1}{2})), \qquad W = f^{-1}((\tfrac{1}{2},\ 1])$$

그리고 $V$와 $W$가 만나지 않는 열린 모음이고 $A \subset V$이며 $B \subset W$라 하자. (이와 같이 거리 공간에서 만나지 않은 닫힌 모음들의 쌍은 만나지 않는 열린 모음들의 쌍으로 덮을 수 있다. 거리 공간의 이런 성질을 **정규성**이라 한다.)

**23.** $(a,\ b)$에서 정의된 실수값 함수 $f$는 $a < x < b$, $a < y < b$, $0 < \lambda < 1$에 대해 다음이 성립할 때 **볼록하다**고 한다.

$$f(\lambda x + (1-\lambda)y) \leq \lambda f(x) + (1-\lambda)f(y)$$

모든 볼록한 함수는 연속임을 증명하라. 모든 볼록한 함수의 증가하는 볼록한 함수는 볼록함을 증명하라. (예를 들면, $f$가 볼록할 때 $e^f$도 볼록하다.)

$f$가 $(a,\ b)$에서 볼록하고 $a < s < t < u < b$일 때, 다음이 성립함을 보여라.

$$\frac{f(t) - f(s)}{t - s} \leq \frac{f(u) - f(s)}{u - s} \leq \frac{f(u) - f(t)}{u - t}$$

**24.** $f$는 $(a,\ b)$에서 정의된 연속인 실 함수로 모든 $x \in (a,\ b)$와 $y \in (a,\ b)$에 대해 다음이 성립한다고 가정하자.

**용어**

정규성 normality
볼록한 [볼록하다] [be] convex

$$f\left(\frac{x+y}{2}\right) \le \frac{f(x)+f(y)}{2}$$

$f$가 볼록함을 증명하라.

▸ $A+B=\{\mathbf{x}+\mathbf{y} \mid \mathbf{x}\in A, \mathbf{y}\in B\}$, $F=\mathbf{z}-C =\{\mathbf{z}-\mathbf{y} \mid \mathbf{y}\in C\}$

**25.** $A\subset R^k$이고 $B\subset R^k$일 때, $A+B$를 $\mathbf{x}\in A$와 $\mathbf{y}\in B$에 대한 합 $\mathbf{x}+\mathbf{y}$ 전체의 모음으로 정의하자.

(a) $R^k$에서 $K$는 옹골지고 $C$는 닫혀 있으면, $K+C$는 닫혀 있다.

**귀띔** : $\mathbf{z}\notin K+C$를 택하고 $F=\mathbf{z}-C$로 놓자. 이것은 $\mathbf{y}\in C$에 대한 $\mathbf{z}-\mathbf{y}$ 전체의 모음이다. 그러면 $K$와 $F$는 만나지 않는다. $\delta$를 익힘 문제 21에서와 같이 선택하자. 중심이 $\mathbf{z}$이고 반지름이 $\delta$인 열린 공은 $K+C$와 만나지 않음을 보여라.

▸ 옹근 수 = 정수, 무비수 = 무리수, $C_2=\{n\alpha \mid n\in C_1\}$

▸ 옹골지다 = be compact

(b) $\alpha$를 무비수라고 하자. $C_1$은 옹근 수 전체의 모음이고, $C_2$는 $n\in C_1$에 대해 $n\alpha$ 전체의 모음이라 하자. $C_1$과 $C_2$는 $R^1$의 닫힌 부분 모음들로, 그 합 $C_1+C_2$는 닫힌 모음이 아님을 보여라. 이를 위해 $C_1+C_2$가 $R^1$의 셀 수 있고 조밀한 부분 모음임을 보이자.

**26.** $X$, $Y$, $Z$는 거리 공간들이고 $Y$는 옹골지다고 하자. $f$는 $X$를 $Y$로 사상하고, $g$는 $Y$에서 $Z$로의 연속인 일대일 사상이며, $x\in X$에 대해 $h(x)=g(f(x))$로 놓자.

$h$가 고르게 연속일 때 $f$는 고르게 연속임을 증명하라.

**귀띔** : $g^{-1}$의 정의역 $g(Y)$는 옹골지고, $f(x)=g^{-1}(h(x))$이다.

또, $h$가 연속일 때 $f$는 연속임을 증명하라.

(보기 4.21을 수정하거나 다른 보기를 찾아서) $X$와 $Z$가 옹골진 경우에도 $Y$가 옹골지다는 조건을 가정에서 뺄 수 없음을 보여라.

05

# 미분

Differentiation

이번 장에서는 (마지막 절을 제외하고) 닫힌 구간 또는 열린 구간에서 정의된 실 함수에만 관심을 두겠다. 이것은 단순히 편의상의 문제만이 아닌데, 진정한 차이점은 실 함수로부터 벡터값 함수로 옮겨갈 때 나타나기 때문이다. $R^k$에서 정의된 함수의 미분은 제 9 장에서 논의하겠다.

## 실 함수의 유도 함수

### 5.1 정의

$f$는 $[a, b]$에서 정의된 (실수값) 함수라 하자. 임의의 $x \in [a, b]$에 대해 다음과 같은 몫을 만들자.

(1) $$\phi(t) = \frac{f(t)-f(x)}{t-x} \qquad (a < t < b,\ t \neq x)$$

그리고 다음과 같이 정의하자.

(2) $$f'(x) = \lim_{t \to x} \phi(t)$$

단, 이 극한이 정의 4.1에 따라 존재해야 한다.

이와 같이 함수 $f$에 함수 $f'$를 대응시키는데, 이것의 정의역은 극한 (2)가 존재하는 점 $x$의 모음이다. $f'$를 $f$의 **유도 함수**[도함수]라 한다.

$f'$가 점 $x$에서 정의될 때, $f$는 $x$에서 **미분할 수 있다**[미분 가능하다]고 한다. $f'$가 모음 $E \subset [a, b]$의 모든 점에서 정의될 때, $f$는 $E$에서 미분할 수 있다고 한다.

(2)에서 오른쪽 극한과 왼쪽 극한을 생각할 수 있다. 이에 따라 오른쪽

**용어**

유도 함수, 도함수 derivative
≪대한수학회 수학용어집≫은 'derivative'와 'derived function'을 모두 '도함수'로 나타냈는데, 'derived set'은 '유도 집합으로 나타냈다. 'derivative'는 일상어로 파생물, 문법에서 파생어, 화학에서 유도체, 의학에서는 유도제로 이용되고 있다. 수학 용어 도함수에서 '導(도)'는 '이끌다, 유도하다'를 뜻한다. '도함수'를 좀 더 알기 쉽게 나타내하기 위해서 여기서는 '유도 함수'를 사용한다.

미분할 수 있는[있다], 미분 가능한[가능하다]
[be] differentiable

한쪽 · 오른쪽 · 왼쪽 유도 함수
one-sided, right-hand, left-hand derivative

▸ 모음 = 집합

▸ 원서는 '미분 계수'와 '유도 함수'를 구분하지 않고 모두 'derivative'로만 나타내고 있다.

유도 함수와 왼쪽 유도 함수의 정의에 도달한다. 특히, 두 끝점 $a$와 $b$에서의 유도 함수는 존재하면 각각 오른쪽 유도 함수와 왼쪽 유도 함수이다. 그렇지만 한쪽 유도 함수는 더 이상 자세하게 논의하지 않겠다.

$f$가 열린 구간 $(a, b)$에서 정의되고 $a < x < b$일 때, $f'(x)$는 위에서와 같이 (1)과 (2)에 의해 정의된다. 그러나 이 경우에 $f'(a)$와 $f'(b)$는 정의되지 않는다.

## 5.2 정리

$f$는 $[a, b]$에서 정의되어 있다고 하자. $f$는 점 $x \in [a, b]$에서 미분할 수 있으면, $f$는 $x$에서 연속이다.

**증명** $t \to x$일 때, 정리 4.4에 의해 다음을 얻는다.

$$f(t) - f(x) = \frac{f(t) - f(x)}{t - x} \cdot (t - x) \to f'(x) \cdot 0 = 0$$

이 정리의 역은 참이 아니다. 외딴 점에서는 미분할 수 없지만 연속인 함수를 쉽게 만들 수 있다. 제 7 장에서는 심지어 실 직선 전체에서 연속이지만 어떠한 점에서도 미분할 수 없는 함수를 알아볼 것이다.

▸ 외딴 점 = 고립점

## 5.3 정리

$f$와 $g$는 $[a, b]$에서 정의되어 있고, 점 $x \in [a, b]$에서 미분할 수 있다고 하자. 그러면 $f + g$, $fg$, $f/g$는 $x$에서 미분할 수 있고, 다음이 성립한다.

(a) $(f+g)'(x) = f'(x) + g'(x)$

(b) $(fg)'(x) = f'(x)g(x) + f(x)g'(x)$

(c) $\left(\frac{f}{g}\right)'(x) = \frac{g(x)f'(x) - g'(x)f(x)}{g^2(x)}$

(c)에서 물론 $g(x) \neq 0$이라고 가정한다.

**증명** (a)는 정리 4.4에 의해 분명하다. $h = fg$라 하자. 그러면 다음이 성립한다.

$$h(t) - h(x) = f(t)\{g(t) - g(x)\} + g(x)\{f(t) - f(x)\}$$

이것을 $t-x$로 나누고, $t \to x$일 때 $f(t) \to f(x)$임을 주목하면(정리 5.2), (b)가 유도된다. 다음으로 $h=f/g$라 하자. 그러면 다음이 성립한다.

$$\frac{h(t)-h(x)}{t-x}=\frac{1}{g(t)g(x)}\left\{g(x)\frac{f(t)-f(x)}{t-x}-f(x)\frac{g(t)-g(x)}{t-x}\right\}$$

$t \to x$로 하고 두 정리 4.4와 5.2를 적용하면, (c)를 얻는다.

## 5.4 보기

임의의 상수 함수의 유도 함수는 분명히 영 함수이다. $f$가 $f(x)=x$로 정의되면, $f'(x)=1$이다. 그리고 (b)와 (c)를 거듭 적용하면, 임의의 옹근 수 $n$에 대해 $x^n$은 미분할 수 있고 이의 유도 함수는 $nx^{n-1}$이라는 사실을 알 수 있다. ($n<0$일 때는 $x \neq 0$인 경우로 제한해야 한다.) 그러므로 모든 다항 함수는 미분할 수 있고, 분모가 0인 점을 제외하고 모든 유비 함수를 미분할 수 있다.

▸ 유도 함수 = 도함수,
옹근 수 = 정수,
유비 함수 = 유리함수,
미분할 수 있다
= 미분 가능하다

다음 정리는 미분에 관한 '사슬 법칙[연쇄 법칙]'이라 한다. 이것은 합성 함수의 미분을 다루는데, 아마도 유도 함수에 관한 가장 중요한 정리일 것이다. 제 9 장에서 이것의 좀 더 일반적인 형태를 알아본다.

**용어**

사슬 법칙, 연쇄 법칙
chain rule
'chain'을 '연쇄'로 나타내는 예를 일상생활에서도 찾아보기 어렵게 됐다. 제 8 장에서는 'chain'을 '사슬'로만 나타낸다. 여기서 알기 쉽게 'chain rule'을 '사슬 법칙'으로 나타낸다.

## 5.5 정리

$f$는 $[a, b]$에서 연속이고 어떤 점 $x \in [a, b]$에서 $f'(x)$가 존재하며, $g$는 $f$의 치역을 포함하는 구간 $I$에서 정의되어 있고 $g$는 점 $f(x)$에서 미분할 수 있다고 하자. $h$를 다음과 같이 정의하자.

$$h(t)=g(f(t)) \qquad (a \le t \le b)$$

그러면 $h$는 $x$에서 미분할 수 있고, 다음이 성립한다.

(3) $$h'(x)=g'(f(x))f'(x)$$

**증명** $y=f(x)$라 하자. 유도 함수의 정의에 따라 다음을 얻는다.

(4) $$f(t)-f(x)=(t-x)\{f'(x)+u(t)\},$$

(5) $$g(s)-g(y)=(s-y)\{g'(y)+v(s)\}$$

여기서 $t \in [a, b]$이고 $s \in I$이며, $t \to x$일 때 $u(t) \to 0$이고

$s \to y$일 때 $v(s) \to 0$이다. $s = f(t)$라 하자. 먼저 (5)를 사용하고 다음에 (4)를 사용하면, 다음을 얻는다.

$$\begin{aligned} h(t) - h(x) &= g(f(t)) - g(f(x)) \\ &= \{f(t) - f(x)\} \cdot \{g'(y) + v(s)\} \\ &= (t-x) \cdot \{f'(x) + u(t)\} \cdot \{g'(y) + v(s)\} \end{aligned}$$

곧, $t \neq x$일 때 다음을 얻는다.

$$\frac{h(t) - h(x)}{t - x} = \{g'(y) + v(s)\} \cdot \{f'(x) + u(t)\} \tag{6}$$

$t \to x$라 하면, $f$가 연속이므로 $s \to y$이고, 이에 따라 (6)의 우변은 $g'(y)f'(x)$에 가까워지는데, 이로부터 (3)을 얻는다.

## 5.6 보기

(a) $f$는 다음과 같이 정의된다고 하자.

$$f(x) = \begin{cases} x \sin \dfrac{1}{x} & (x \neq 0) \\ 0 & (x = 0) \end{cases} \tag{7}$$

▸ 유도 함수 = 도함수

$\sin x$의 유도 함수가 $\cos x$라고 받아들이면(삼각 함수는 제 8 장에서 논의한다), $x \neq 0$일 때 두 정리 5.3과 5.5를 적용해서 다음을 얻을 수 있다.

$$f'(x) = \sin \frac{1}{x} - \frac{1}{x} \cos \frac{1}{x} \qquad (x \neq 0) \tag{8}$$

$x = 0$에서는 $1/x$이 정의되지 않으므로 이런 정리들을 더 이상 적용할 수 없고, 정의를 직접 사용해야 한다. $t \neq 0$일 때 다음을 얻는다.

$$\frac{f(t) - f(0)}{t - 0} = \sin \frac{1}{t}$$

$t \to 0$일 때, 이것은 어떠한 극한에도 가까워지지 않는다. 그러므로 $f'(0)$은 존재하지 않는다.

(b) $f$는 다음과 같이 정의된다고 하자.

$$f(x) = \begin{cases} x^2 \sin \dfrac{1}{x} & (x \neq 0) \\ 0 & (x = 0) \end{cases} \tag{9}$$

앞과 같이 하면 다음을 얻는다.

(10) $$f'(x) = 2x\sin\frac{1}{x} - \cos\frac{1}{x} \qquad (x \neq 0)$$

$x=0$에서 정의를 사용하면 다음을 얻는다.

$$\left|\frac{f(t)-f(0)}{t-0}\right| = \left|t\sin\frac{1}{t}\right| \leq |t| \qquad (t \neq 0)$$

$t \to 0$로 하면, 다음을 알 수 있다.

(11) $$f'(0) = 0$$

그러므로 $f$는 모든 점 $x$에서 미분할 수 있지만, $f'$는 연속함수가 아닌데, $x \to 0$일 때 (10)에서 $\cos(1/x)$은 어떠한 극한에도 가까워지지 않기 때문이다.

▸미분할 수 있다
= 미분 가능하다

## 평균값 정리

### 5.7 정의

$f$는 거리 공간 $X$에서 정의된 실 함수라 하자. $f$가 점 $p \in X$에서 **극대**라 하는 것은 적당한 $\delta > 0$가 존재해서 $d(p, q) < \delta$인 모든 $q \in X$에 대해 $f(q) \leq f(p)$가 성립하는 경우이다.

극소도 비슷하게 정의한다.

다음 정리는 미분의 많은 응용에서 기초를 이룬다.

**용어**
평균값 정리 mean value theorem
극대 local maximum
극소 local minimum

### 5.8 정리

$f$는 $[a, b]$에서 정의되어 있고, $f$는 점 $x \in (a, b)$에서 극대이며, $f'(x)$가 존재하면, $f'(x) = 0$이다.

극소에 관한 유사한 명제도 물론 참이다.

**증명** $\delta$를 정의 5.7에 따라 다음과 같이 선택하자.

$$a < x-\delta < x < x+\delta < b$$

$x-\delta < t < x$일 때, 다음을 얻는다.

$$\frac{f(t)-f(x)}{t-x} \geq 0$$

$t \to x$로 하면, $f'(x) \geq 0$임을 알 수 있다.

$x < t < x+\delta$일 때, 다음을 얻는다.

$$\frac{f(t)-f(x)}{t-x} \leq 0$$

이것은 $f'(x) \leq 0$임을 보여준다. 따라서 $f'(x)=0$이다.

## 5.9 정리

▸ 미분할 수 있다
= 미분 가능하다

$f$와 $g$가 $[a, b]$에서 연속인 실 함수로 $(a, b)$에서 미분할 수 있으면, 적당한 점 $x \in (a, b)$가 존재해서 다음이 성립한다.

$$\{f(b)-f(a)\}g'(x) = \{g(b)-g(a)\}f'(x)$$

두 끝 점에서 미분할 수 있다고 가정하지 않았음에 유의하자.

**증명** 다음과 같이 놓자.

$$h(t) = \{f(b)-f(a)\}g(t) - \{g(b)-g(a)\}f(t) \quad (a \leq t \leq b)$$

그러면 $h$는 $[a, b]$에서 연속이고 $h$는 $(a, b)$에서 미분할 수 있으며 다음을 얻는다.

$$h(a) = f(b)g(a) - f(a)g(b) = h(b) \tag{12}$$

정리를 증명하기 위해서는 어떤 $x \in (a, b)$에 대해 $h'(x)=0$임을 보여야 한다.

$h$가 상수 함수이면, 이것은 모든 $x \in (a, b)$에 대해 성립한다. 어떤 $t \in (a, b)$에 대해 $h(t) > h(a)$이면, $h$가 최댓값을 취하는 $[a, b]$의 점을 $x$라 하자(정리 4.16). (12)에 의해 $x \in (a, b)$이고, 정리 5.8에 의해 $h'(x)=0$이다. 어떤 $t \in (a, b)$에 대해 $h(t) < h(a)$이면, $h$가 최솟값을 취하는 $[a, b]$의 점을 $x$로 택하고 똑같은 논법을 적용한다.

**용어**

일반화된 평균값 정리
generalized mean value theorem

이 정리를 흔히 **일반화된 평균값 정리**라 한다. 다음의 특별한 경우를 통상 '평균값 정리'라고 언급한다.

### 5.10 정리

$f$는 $[a, b]$에서 연속인 실 함수이고 $(a, b)$에서 미분할 수 있으면, 적당한 점 $x \in (a, b)$가 존재해서 다음이 성립한다.

$$f(b) - f(a) = (b-a)f'(x)$$

증명 정리 5.9에서 $g(x) = x$를 택하자.

### 5.11 정리

$f$는 $(a, b)$에서 미분할 수 있다고 가정하자.

(a) 모든 $x \in (a, b)$에서 $f'(x) \geq 0$이면, $f$는 단조롭게 증가한다.

(b) 모든 $x \in (a, b)$에서 $f'(x) = 0$이면, $f$는 상수 함수이다.

(c) 모든 $x \in (a, b)$에서 $f'(x) \leq 0$이면, $f$는 단조롭게 감소한다.

▸ 단조롭게 증가·감소한다 = 단조 증가·감소한다.

증명 모든 결론은 다음 식으로부터 얻을 수 있다.

$$f(x_2) - f(x_1) = (x_2 - x_1)f'(x)$$

이것은 $(a, b)$에 속한 임의의 두 수 $x_1$과 $x_2$에 대해 그리고 $x_1$와 $x_2$ 사이의 어떤 $x$에 대해 성립한다.

## 유도 함수의 연속성

이미 알아본 대로[보기 5.6(b)], $f$의 유도 함수 $f'$가 모든 점에서 존재하지만 어떤 점에서는 불연속일 수 있다. 그렇지만 모든 함수가 유도 함수인 것은 아니다. 특히, 한 구간의 모든 점에서 존재하는 유도 함수는 한 구간에서 연속인 함수와 마찬가지로 "사이값을 취한다."는 중요한 성질을 만족시킨다. (정리 4.24과 비교하자.) 명확한 명제는 다음과 같다.

▸ 유도 함수 = 도함수
▸ 사이값 = 중간값

### 5.12 정리

$f$는 $[a, b]$에서 미분할 수 있는 실 함수이고, $f'(a) < \lambda < f'(b)$라고 하자. 그러면 적당한 점 $x \in (a, b)$가 존재해서 $f'(x) = \lambda$가 성립한다.

▸ 미분할 수 있다 = 미분 가능하다

$f'(a) > f'(b)$일 때도 물론 비슷한 결과가 성립한다.

**증명** $g(t)=f(t)-\lambda t$로 놓자. 그러면 $g'(a)<0$이므로 어떤 $t_1 \in (a, b)$에 대해 $g(t_1)<g(a)$이고, $g'(b)>0$이므로 어떤 $t_2 \in (a, b)$에 대해 $g(t_2)<g(b)$이다. 그러므로 $g$는 $[a, b]$에서 최솟값을 어떤 점 $x(a<x<b)$에서 취한다[정리 4.16]. 정리 5.8에 의해 $g'(x)=0$이다. 따라서 $f'(x)=\lambda$이다.

### 따름 정리

▸ 미분할 수 있다
= 미분 가능하다

$f$는 $[a, b]$에서 미분할 수 있으면, $[a, b]$에 $f'$의 단순한 불연속점이 전혀 존재할 수 없다.

그러나 $f'$의 제 2 종 불연속점이 존재할 수는 있다.

## 로피탈의 법칙

**용어**
로피탈의 법칙
L'Hospital's rule

다음 정리는 극한값을 찾을 때 흔히 유용하다.

### 5.13 정리

$f$와 $g$는 $(a, b)$에서 미분할 수 있는 실 함수이고, 모든 $x \in (a, b)$에 대해 $g'(x) \neq 0$이며, $-\infty \le a < b \le +\infty$라 하자. 그리고 다음과 같다고 가정하자.

(13) $x \to a$일 때 $\dfrac{f'(x)}{g'(x)} \to A$이다.

이때

(14) $x \to a$일 때 $f(x) \to 0$이고 $g(x) \to 0$이거나

(15) $x \to a$일 때 $g(x) \to +\infty$이면

다음이 성립한다.

(16) $x \to a$일 때 $\dfrac{f(x)}{g(x)} \to A$이다.

물론, $x \to b$이거나 (15)에서 $g(x) \to -\infty$일 때 유사한 명제가 참이다. 여기서는 정의 4.33의 확장된 의미에서의 극한 개념을 사용하고 있음에 주목하자.

**증명** 먼저 $-\infty \le A < +\infty$ 인 경우를 생각하자. 실수 $q$는 $A < q$가 성립하고, $r$은 $A < r < q$이 성립하도록 택하자. (13)에 의해 적당한 점 $c \in (a, b)$가 존재해서 $a < x < c$이면 다음이 성립한다.

(17) $$\frac{f'(x)}{g'(x)} < r$$

$a < x < y < c$이면, 정리 5.9에 의해 적당한 점 $t \in (x, y)$가 존재해서 다음이 성립한다.

(18) $$\frac{f(x)-f(y)}{g(x)-g(y)} = \frac{f'(t)}{g'(t)} < r$$

(14)가 성립한다고 하자. (18)에서 $x \to a$라 하면, 다음을 알 수 있다.

(19) $$\frac{f(y)}{g(y)} \le r < q \quad (a < y < c)$$

다음으로 (15)가 성립한다고 하자. (18)에서 $y$를 고정하면, 적당한 $c_1 \in (a, y)$을 선택해서 $a < x < c_1$일 때 $g(x) > g(y)$이고 $g(x) > 0$이 성립하도록 할 수 있다. (18)에 $\{g(x)-g(y)\}/g(x)$를 곱하면 다음을 얻는다.

▸ $\frac{f(x)-f(y)}{g(x)}$ $< r\frac{g(x)-g(y)}{g(x)}$

(20) $$\frac{f(x)}{g(x)} < r - r\frac{g(y)}{g(x)} + \frac{f(y)}{g(x)} \quad (a < x < c_1)$$

(20)에서 $x \to a$라 하면, (15)에 의해 적당한 점 $c_2 \in (a, c_1)$가 존재해서 다음이 성립한다.

(21) $$\frac{f(x)}{g(x)} < q \quad (a < x < c_2)$$

요약하면, (19)와 (21)에 의해 조건 $A < q$의 제한만 받는 임의의 $q$에 대해 적당한 점 $c_2$가 존재해서 $a < x < c_2$일 때 $f(x)/g(x) < q$가 성립한다.

똑같은 방법으로, $-\infty < A \le +\infty$이고 $p$를 $p < A$이 성립하도록 택하면, 다음을 만족시키는 적당한 점 $c_3$을 찾을 수 있다.

(22) $$p < \frac{f(x)}{g(x)} \quad (a < x < c_3)$$

따라서 (16)은 이런 두 명제로부터 유도된다.

## 고계 유도 함수

### 5.14 정의

▸ 유도 함수 = 도함수, 미분할 수 있다 = 미분 가능하다

한 구간에서 $f$의 유도 함수 $f'$이 존재하고 $f'$ 자체를 미분할 수 있을 때, $f'$의 유도 함수를 $f''$로 나타내고 $f''$를 $f$의 이계 유도 함수라고 한다. 이런 방식으로 계속하면, 다음과 같은 함수를 얻는다.

$$f,\ f',\ f'',\ f^{(3)},\ \cdots,\ f^{(n)}$$

**용어**

이계 유도 함수[도함수]
second derivative
$n$계 유도 함수[도함수
$n$th derivative,
derivative of order $n$

각각은 그 앞에 있는 함수의 유도 함수이다. $f^{(n)}$을 $f$의 $n$계 유도 함수 또는 $n$차 유도 함수라고 한다.

▸ 이웃 = 근방

$f^{(n)}(x)$가 점 $x$에서 존재하기 위해서는, $f^{(n-1)}(t)$가 $x$의 한 이웃에서 (또는 $x$가 $f$가 정의된 구간의 끝점이면 한쪽 이웃에서) 반드시 존재하고 $f^{(n-1)}$는 $x$에서 반드시 미분할 수 있어야 한다. $f^{(n-1)}$가 $x$의 한 이웃에서 반드시 존재해야 하므로, $f^{(n-2)}$는 그 이웃에서 반드시 미분할 수 있어야 한다.

## 테일러의 정리

### 5.15 정리

$f$는 $[a,\ b]$에서의 실 함수이고 $n$은 자연수이며 $f^{(n-1)}$는 $[a,\ b]$에서 연속이고 $f^{(n)}(t)$는 모든 $t \in (a,\ b)$에서 존재한다고 하자. $\alpha$와 $\beta$는 $[a,\ b]$의 서로 다른 점이라 하고 다음과 같이 정의하자.

(23) $$P(t) = \sum_{k=0}^{n-1} \frac{f^{(k)}(\alpha)}{k!}(t-\alpha)^k$$

그러면 $\alpha$와 $\beta$ 사이의 적당한 점 $x$가 존재해서 다음이 성립한다.

(24) $$f(\beta) = P(\beta) + \frac{f^{(n)}(x)}{n!}(\beta-\alpha)^n$$

$n=1$일 때, 이것은 바로 평균값 정리이다. 일반적으로, 이 정리에 의해 $f$를 $(n-1)$차 다항 함수로 근사시킬 수 있고, $|f^{(n)}(x)|$의 상계를 알면 (24)를 사용해서 오차를 어림할 수 있다.

**증명** $M$을 다음과 같이 정의된 수라고 하자.

$$f(\beta) = P(\beta) + M(\beta - \alpha)^n \tag{25}$$

그리고 다음과 같이 놓자.

$$g(t) = f(t) - P(t) - M(t - \alpha)^n \quad (a \le t \le b) \tag{26}$$

$\alpha$와 $\beta$ 사이의 어떤 $x$에 대해 $n!M = f^{(n)}(x)$가 성립함을 보여야 한다. (23)과 (26)에 의해 다음을 얻는다.

$$g^{(n)}(t) = f^{(n)}(t) - n!M \quad (a < t < b) \tag{27}$$

그러므로 $\alpha$와 $\beta$ 사이의 어떤 $x$에 대해 $g^{(n)}(x) = 0$이 성립함을 밝힐 수 있으면, 증명이 완성될 것이다.

$k = 0, \cdots, n-1$에 대해 $P^{(k)}(\alpha) = f^{(k)}(\alpha)$이므로, 다음을 얻는다.

$$g(\alpha) = g'(\alpha) = \cdots = g^{(n-1)}(\alpha) = 0 \tag{28}$$

$M$의 선택에 의해 $g(\beta) = 0$이고, 이에 따라 평균값 정리에 의해 $\alpha$와 $\beta$ 사이의 어떤 $x_1$에 대해 $g'(x_1) = 0$이 성립한다. $g'(\alpha) = 0$이므로, 마찬가지로 $\alpha$와 $x_1$ 사이의 어떤 $x_2$에 대해 $g''(x_2) = 0$이 성립한다는 결론을 얻는다. $n$단계 뒤에 $\alpha$와 $x_{n-1}$ 사이, 곧 $\alpha$와 $\beta$ 사이의 어떤 $x_n$에 대해 $g^{(n)}(x_n) = 0$이 성립한다는 결론에 이른다.

## 벡터값 함수의 미분

### 5.16 일러두기

$[a, b]$에서 정의된 벡터값 함수 $f$에 정의 5.1을 조금도 바꾸지 않고 적용하는데, 두 정리 5.2와 5.3 및 이것들의 증명은 여전히 유효하다. $f_1$과 $f_2$는 각각 $f$의 실수 부분과 허수 부분, 곧 $a \le t \le b$에 대해 다음과 같다고 하자.

$$f(t) = f_1(t) + i f_2(t)$$

여기서 $f_1(t)$와 $f_2(t)$는 실 함수이다. 그러면 분명히 다음을 얻는다.

(29) $$f'(x) = f_1'(x) + i f_2'(x)$$

▸ 미분할 수 있다
= 미분 가능하다

또 $f$를 $x$에서 미분할 수 있기 위한 필요 충분 조건은 $f_1$과 $f_2$를 $x$에서 미분할 수 있는 경우이다.

▸ … 위한 필요 충분 조건
=… 위해 필요하고 충분한 조건

일반적인 벡터값 함수, 곧 $[a, b]$를 어떤 $R^k$로 사상하는 함수 $\mathbf{f}$에 대해서도, 여전히 정의 5.1을 적용해서 $\mathbf{f}'(x)$를 정의할 수 있다. (1)에 있는 항 $\phi(t)$는 이제 각 $t$에 대해 $R^k$에 속한 점이고, (2)의 극한은 $R^k$의 대중에 대해서 취한다. 바꿔 말하면, $\mathbf{f}'(x)$는 (존재한다면) 다음을 만족시키는 $R^k$의 점이다.

▸ 대중 = 노름

(30) $$\lim_{t \to x} \left| \frac{\mathbf{f}(t) - \mathbf{f}(x)}{t - x} - \mathbf{f}'(x) \right| = 0$$

그리고 $\mathbf{f}'$은 또다시 $R^k$에 속한 값을 취하는 함수이다.

정리 4.10에서 정의한 대로 $f_1, \cdots, f_k$가 $\mathbf{f}$의 성분들이면, 다음이 성립한다.

(31) $$\mathbf{f}' = (f_1', \cdots, f_k')$$

그리고 $\mathbf{f}$를 점 $x$에서 미분할 수 있기 위한 필요 충분 조건은 $f_1, \cdots, f_k$의 각 함수를 $x$에서 미분할 수 있는 경우이다.

이런 맥락에서 정리 5.2도 또한 참이고, $fg$를 내적 $\mathbf{f} \cdot \mathbf{g}$로 바꾸면(정의 4.3을 보라) 정리 5.3(a)와 (b)도 참이다.

그렇지만 평균값 정리와 이의 결과 중 하나, 이를테면 로피탈의 법칙의 경우에는 상황이 바뀐다. 다음 두 보기는 이런 결과가 모두 복소수값 함수에 대해 참이 아님을 보여줄 것이다.

### 5.17 보기

실수 $x$에 대해 다음과 같이 정의하자.

(32) $$f(x) = e^{ix} = \cos x + i \sin x$$

(마지막 식을 복소 지수 $e^{ix}$의 정의로 선택할 수 있다. 이런 함수에 대한 완전한 논의는 제 8 장을 보라.) 그러면 다음을 얻는다.

(33) $$f(2\pi) - f(0) = 1 - 1 = 0$$

그런데 다음이 성립한다.

(34) $$f'(x) = i e^{ix}$$

그러므로 모든 실수 $x$에 대해 $|f'(x)| = 1$이다.

따라서 정리 5.10은 이 경우에 성립하지 않는다.

## 5.18 보기

열린 구간 $(0, 1)$에서 $f(x) = x$와 다음을 정의하자.

(35) $$g(x) = x + x^2 e^{i/x^2}$$

모든 실수 $t$에 대해 $|e^{it}| = 1$이므로, 다음을 알 수 있다.

(36) $$\lim_{x \to 0} \frac{f(x)}{g(x)} = 1$$

다음으로 다음을 얻는다.

(37) $$g'(x) = 1 + \left\{2x - \frac{2i}{x}\right\} e^{i/x^2} \qquad (0 < x < 1)$$

그러므로 다음이 성립한다.

(38) $$|g'(x)| \geq \left|2x - \frac{2i}{x}\right| - 1 \geq \frac{2}{x} - 1$$

▸ $\left|x - \frac{i}{x}\right|^2 - \frac{1}{x^2}$
$= \left(x - \frac{i}{x}\right)\left(x + \frac{i}{x}\right) - \frac{1}{x^2}$
$= x^2 + \frac{1}{x^2} - \frac{1}{x^2} = x^2$

이에 따라 다음을 얻는다.

(39) $$\left|\frac{f'(x)}{g'(x)}\right| = \frac{1}{|g'(x)|} \leq \frac{x}{2 - x}$$

그러므로 다음이 성립한다.

(40) $$\lim_{x \to 0} \frac{f'(x)}{g'(x)} = 0$$

(36)과 (40)에 의해 로피탈의 법칙은 이 경우에 성립하지 않는다. (38)에 의해 $(0, 1)$에서 $g'(x) \neq 0$이라는 사실에도 유의하자.

그렇지만 응용을 위해서는 거의 정리 5.10만큼 쓸모 있는 평균값 정리의 한 결과로 벡터값 함수에 대해서도 여전히 참인 다음과 같은 명제가 있다. 정리 5.10에 의해 다음이 성립한다.

(41) $$|f(b) - f(a)| \leq (b - a) \sup_{a < x < b} |f'(x)|$$

### 5.19 정리

**f**는 $[a, b]$에서 $R^k$로의 연속 사상이고 **f**를 $(a, b)$에서 미분할 수 있다고 가정하자. 그러면 적당한 $x \in (a, b)$가 존재해서 다음이 성립한다.

$$|\mathbf{f}(b)-\mathbf{f}(a)| \leq (b-a)|\mathbf{f}'(x)|$$

증명 [6] $\mathbf{z}=\mathbf{f}(b)-\mathbf{f}(a)$로 놓고, 다음과 같이 정의하자.

$$\varphi(t)=\mathbf{z}\cdot\mathbf{f}(t) \qquad (a \leq t \leq b)$$

▸ 미분할 수 있다 = 미분 가능하다

그러면 $\varphi$는 $[a, b]$에서 연속인 실수값 함수로 $(a, b)$에서 미분할 수 있다. 이에 따라 평균값 정리는 어떤 $x \in (a, b)$에 대해 다음이 성립함을 보여준다.

$$\varphi(b)-\varphi(a)=(b-a)\varphi'(x)=(b-a)\mathbf{z}\cdot\mathbf{f}'(x)$$

한편, 다음이 성립한다.

$$\varphi(b)-\varphi(a)=\mathbf{z}\cdot\mathbf{f}(b)-\mathbf{z}\cdot\mathbf{f}(a)=\mathbf{z}\cdot\mathbf{z}=|\mathbf{z}|^2$$

이제 슈바르츠의 부등식을 적용하면 다음을 얻는다.

$$|\mathbf{z}|^2=(b-a)|\mathbf{z}\cdot\mathbf{f}'(x)| \leq (b-a)|\mathbf{z}||\mathbf{f}'(x)|$$

따라서 $|\mathbf{z}| \leq (b-a)|\mathbf{f}'(x)|$이 성립하는데, 이것이 바라던 결론이다.

## 익힘 문제

**1.** $f$는 모든 실수 $x$에 대해 정의되어 있고, 모든 실수 $x$와 $y$에 대해 다음이 성립한다고 가정하자.

$$|f(x)-f(y)| \leq (x-y)^2$$

$f$가 상수 함수임을 증명하라.

**2.** $(a, b)$에서 $f'(x)>0$이라 가정하자. $f$는 $(a, b)$에서 순증가함을 증명하라. $g$를 $f$의 역함수라고 하면, $g$는 미분할 수 있고 다음이 성립함을 증명하라.

$$g'(f(x))=\frac{1}{f'(x)} \qquad (a<x<b)$$

6) V. P. Havin은 이 책의 제 2 판을 러시아 말로 옮겼는데, 원래의 책에 이 증명을 추가했다.

3. $g$는 $R^1$에서의 실 함수이고 유도 함수가 갇혀 있다고 (이를테면 $|g'| \le M$이라) 하자. $\varepsilon > 0$을 고정하고, $f(x) = x + \varepsilon g(x)$로 정의하자. $\varepsilon$이 충분히 작을 때, $f$가 일대일임을 증명하라. ($\varepsilon$으로 받아들일 수 있는 값들의 모음은 $M$에만 의존해서 결정할 수 있다.)

▸ 유도 함수 = 도함수, 갇혀 있다 = 유계이다, 모음 = 집합

4. 실수인 상수 $C_0$, ⋯, $C_n$에 대해 다음이 성립한다고 하자.

$$C_0 + \frac{C_1}{2} + \cdots + \frac{C_{n-1}}{n} + \frac{C_n}{n+1} = 0$$

이때 다음 방정식의 실수 근이 0과 1 사이에 적어도 한 개 존재함을 증명하라.

$$C_0 + C_1 x + \cdots + C_{n-1} x^{n-1} + C_n x^n = 0$$

5. $f$는 모든 $x > 0$에 대해 정의되고 미분할 수 있으며, $x \to +\infty$일 때 $f'(x) \to 0$이 성립한다고 가정하자. $g(x) = f(x+1) - f(x)$로 놓자. $x \to +\infty$일 때 $g(x) \to 0$이 성립함을 증명하라.

▸ 미분할 수 있다 = 미분 가능하다

6. 다음과 같이 가정하자.

(a) $f$는 $x \ge 0$에서 연속이다.

(b) $f'(x)$는 $x > 0$에서 존재한다.

(c) $f(0) = 0$

(d) $f'$는 단조롭게 증가한다.

▸ 단조롭게 증가한다 = 단조 증가한다

다음과 같이 놓자.

$$g(x) = \frac{f(x)}{x} \qquad (x > 0)$$

그리고 $g$가 단조롭게 증가함을 증명하라.

7. $f'(x)$와 $g'(x)$가 존재하고, $g'(x) \ne 0$이며 $f(x) = g(x) = 0$이라 하자. 다음이 성립함을 증명하라.

$$\lim_{t \to x} \frac{f(t)}{g(t)} = \frac{f'(x)}{g'(x)}$$

(이것은 복소 함수에 대해서도 성립한다.)

8. $f'$가 $[a, b]$에서 연속이고 $\varepsilon > 0$이라 하자. 그러면 적당한 $\delta > 0$가 존재해서 $0 < |t - x| < \delta$, $a \le x \le b$, $a \le t \le b$일 때 다음이 성립함을 증명하라.

$$\left|\frac{f(t)-f(x)}{t-x}-f'(x)\right|<\varepsilon$$

**용어**

고르게 미분할 수 있는[있다] [be] uniformly differentiable

(이것은 $f'$가 $[a, b]$에서 연속이면 $f$는 $[a, b]$에서 **고르게 미분할 수 있다**는 말로 표현할 수 있다.) 이것은 벡터값 함수에 대해서도 성립하는가?

**9.** $f$는 $R^1$에서 연속인 실 함수로, $f'(x)$는 모든 $x \neq 0$에서 존재하고 $x \to 0$일 때 $f'(x) \to 3$이 성립한다고 하자. 그러면 $f'(0)$은 존재하는가?

▸ 미분할 수 있다 = 미분 가능하다

**10.** $f$와 $g$는 $(0, 1)$에서 미분할 수 있는 복소수값 함수로, $x \to 0$일 때 $f(x) \to 0$이고 $g(x) \to 0$이며 $f'(x) \to A$이고 $g'(x) \to B$라 하자. 여기서 $A$와 $B$는 복소수이고 $B \neq 0$이라 하자. 다음이 성립함을 증명하라.

$$\lim_{x \to 0} \frac{f(x)}{g(x)} = \frac{A}{B}$$

보기 5.18과 비교하라.

**귀띔** : $\dfrac{f(x)}{g(x)} = \left\{\dfrac{f(x)}{x} - A\right\} \cdot \dfrac{x}{g(x)} + A \cdot \dfrac{x}{g(x)}$

정리 5.13을 $f(x)/x$와 $g(x)/x$의 실수와 허수 부분에 적용하라.

▸ 이웃 = 근방

**11.** $f$는 $x$의 한 이웃에서 정의되고, $f''(x)$가 존재한다고 가정하자. 다음이 성립함을 보여라.

$$\lim_{h \to 0} \frac{f(x+h)+f(x-h)-2f(x)}{h^2} = f''(x)$$

$f''(x)$가 존재하지 않는 경우에도 극한이 존재할 수 있음을 예를 들어 보여라. **귀띔** : 정리 5.13을 사용하라.

**12.** $f(x) = |x|^3$일 때, 모든 실수 $x$에 대해 $f'(x)$와 $f''(x)$를 셈하고, $f^{(3)}(0)$이 존재하지 않음을 보여라.

**13.** $a$와 $c$는 실수이고 $c > 0$이며, $f$는 $[-1, 1]$에서 다음과 같이 정의되어 있다고 하자.

$$f(x) = \begin{cases} x^a \sin(x^{-c}) & (x \neq 0) \\ 0 & (x = 0) \end{cases}$$

다음 명제를 증명하라.

(a) $f$가 연속이기 위한 필요 충분 조건은 $a > 0$이다.

(b) $f'(0)$이 존재하기 위한 필요 충분 조건은 $a > 1$이다.

(c) $f'$가 갇혀 있기 위한 필요 충분 조건은 $a \geq 1 + c$이다.

(d) $f'$가 연속이기 위한 필요 충분 조건은 $a > 1 + c$이다.

(e) $f''(0)$가 존재하기 위한 필요 충분 조건은 $a > 2 + c$이다.

(f) $f''$가 갇혀 있기 위한 필요 충분 조건은 $a \geq 2 + 2c$이다.

(g) $f''$가 연속이기 위한 필요 충분 조건은 $a > 2 + 2c$이다.

▸… 위한 필요 충분 조건
= … 위해 필요하고 충분한 조건

▸갇혀 있다 = 유계이다

**14.** $f$는 $(a,\ b)$에서 정의된 미분할 수 있는 실 함수라고 하자. $f$가 볼록하기 위한 필요 충분 조건은 $f'$가 단조롭게 증가하는 경우임을 증명하라. 다음으로 모든 $x \in (a,\ b)$에 대해 $f''(x)$가 존재한다고 가정하고, $f$가 볼록하기 위한 필요 충분 조건은 모든 $x \in (a,\ b)$에 대해 $f''(x) \geq 0$인 경우임을 증명하라.

▸미분할 수 있다
= 미분 가능하다

▸당조롭게 증가한다
= 단조 증가한다

**15.** $a \in R^1$이고 $f$는 $(a,\ \infty)$에서 두 번 미분할 수 있는 실 함수이며, $M_0$, $M_1$, $M_2$는 차례로 $(a,\ \infty)$에서 $|f(x)|$, $|f'(x)|$, $|f''(x)|$의 최소 상계라 하자. 다음이 성립함을 증명하라.

$$M_1^2 \leq 4\,M_0\,M_2$$

**귀띔** : $h > 0$일 때, 테일러의 정리는 어떤 $\xi \in (x,\ x + 2h)$에 대해 다음이 성립함을 보여준다.

$$f'(x) = \frac{1}{2h}\{f(x+2h) - f(x)\} - h f''(\xi)$$

그러므로 다음이 성립한다.

$$|f'(x)| \leq h\,M_2 + \frac{M_0}{h}$$

$M_1^2 = 4M_0M_2$가 실제로 나타날 수 있음을 보이기 위해서, $a = -1$을 택하고 다음과 같이 정의하자.

$$f(x) = \begin{cases} 2x^2 - 1 & (-1 < x < 0) \\ \dfrac{x^2 - 1}{x^2 + 1} & (0 \leq x < \infty) \end{cases}$$

그리고 $M_0 = 1$, $M_1 = 4$, $M_2 = 4$임을 보여라.

$M_1^2 \le 4M_0M_2$는 벡터값 함수에 대해서도 성립하는가?

▸ 미분할 수 있다 = 미분 가능하다, 갇혀 있다 = 유계이다

**16.** $f$는 $(0, \infty)$에서 두 번 미분할 수 있고, $f''$는 $(0, \infty)$에서 갇혀 있으며, $x \to \infty$일 때 $f(x) \to 0$이라 하자. $x \to \infty$일 때 $f'(x) \to 0$임을 증명하라. **귀띔**: 익힘 문제 15에서 $a \to \infty$로 놓자.

**17.** $f$는 $[-1, 1]$에서 세 번 미분할 수 있는 실 함수로 다음과 같다고 하자.

$$f(-1) = 0, \quad f(0) = 0, \quad f(1) = 1, \quad f'(0) = 0$$

어떤 $x \in (-1, 1)$에 대해 $f^{(3)}(x) \ge 3$임을 증명하라.

등호는 $\frac{1}{2}(x^3 + x^2)$에 대해 성립함을 주목하자.

**귀띔**: 정리 5.15를 $\alpha = 0$과 $\beta = \pm 1$인 경우에 사용해서 적당한 $s \in (0, 1)$와 $t \in (-1, 0)$가 존재해서 다음이 성립함을 보여라.

$$f^{(3)}(s) + f^{(3)}(t) = 6$$

**18.** $f$는 $[a, b]$에서의 실 함수이고 $n$은 자연수이며 $f^{(n-1)}$가 모든 $t \in [a, b]$에서 존재한다고 하자. $\alpha$, $\beta$, $P$는 테일러의 정리 5.15에서와 같다고 하자. $t \in [a, b]$ $(t \ne \beta)$에 대해 다음과 같이 정의하자.

$$Q(t) = \frac{f(t) - f(\beta)}{t - \beta}$$

그리고 다음을 $t = \alpha$에서 $(n-1)$번 미분하자.

$$f(t) - f(\beta) = (t - \beta)Q(t)$$

이로부터 다음과 같은 꼴의 테일러의 정리를 유도하라.

$$f(\beta) = P(\beta) + \frac{Q^{(n-1)}(\alpha)}{(n-1)!}(\beta - \alpha)^n$$

**19.** $f$는 $(-1, 1)$에서 정의되어 있고 $f'(0)$이 존재한다고 가정하자. $-1 < \alpha_n < \beta_n < 1$이며, $n \to \infty$일 때 $\alpha_n \to 0$이고 $\beta_n \to 0$이라 하자. 다음과 같이 차분 몫을 정의하자.

$$D_n = \frac{f(\beta_n) - f(\alpha_n)}{\beta_n - \alpha_n}$$

다음 명제를 증명하라.

(a) $\alpha_n < 0 < \beta_n$이면, $\lim D_n = f'(0)$이다.

(b) $0 < \alpha_n < \beta_n$이고 $\{\beta_n/(\beta_n - \alpha_n)\}$은 갇혀 있으면, $\lim D_n = f'(0)$이다.

(c) $f'$가 $(-1, 1)$에서 연속이면, $\lim D_n = f'(0)$이다.

예를 제시하는데, 여기서 $f$는 $(-1, 1)$에서 미분할 수 있고(그렇지만 $f'$는 0에서 연속이 아니고) $\lim D_n$은 존재하지만 $f'(0)$과 다른 방식으로 $\alpha_n$과 $\beta_n$은 0에 가까워진다.

▸ 미분할 수 있다 = 미분 가능하다

**20.** 테일러의 정리로부터 유도되고 벡터값 함수에 대해 여전히 유효한 부등식을 공식화하고 증명하라.

**21.** $E$는 $R^1$의 닫힌 부분 모음이라 하자. 제 4 장의 익힘 문제 22에서 알아본 대로, 영점 모음이 $E$인 $R^1$에서의 연속인 실 함수 $f$가 존재한다. 임의의 닫힌 모음 $E$에 대해 $R^1$에서 미분할 수 있는 그런 함수 $f$를 찾을 수 있는가? 또는 $R^1$에서 $n$번 미분할 수 있는 함수와 한없이 미분할 수 있는 함수를 찾을 수 있는가?

▸ 모음 = 집합

**22.** $f$는 $(-\infty, \infty)$에서의 실 함수라 하자. $f(x) = x$일 때, $x$를 $f$의 **고정점**이라 한다.

| 용어 |
|---|
| 고정점, 붙박이 점<br>fixed point |

(a) $f$는 미분할 수 있고 모든 실수 $t$에 대해 $f'(t) \neq 1$일 때, $f$의 고정점이 많아야 한 개 존재함을 증명하라.

(b) 다음과 같이 정의된 함수를 생각하자.

$$f(t) = t + (1 + e^t)^{-1}$$

모든 실수 $t$에 대해 $0 < f'(t) < 1$이지만, $f$의 고정점이 존재하지 않음을 보여라.

(c) 그러나 상수 $A < 1$가 존재해서 모든 실수 $t$에 대해 $|f'(t)| \leq A$가 성립하면, $f$의 고정점 $x$가 존재하고 $x = \lim x_n$임을 증명하라. 여기서 열 $\{x_n\}$은 임의의 실수 $x_1$과 $n = 1, 2, 3, \cdots$에 대해 다음과 같이 정의된다.

$$x_{n+1} = f(x_n)$$

(d) (c)에서 설명한 과정을 다음과 같이 지그재그 경로로 가시화할 수 있음을 보여라.

$$(x_1, x_2) \to (x_2, x_2) \to (x_2, x_3) \to (x_3, x_3) \to (x_3, x_4) \to \cdots$$

**23.** 다음과 같이 정의된 함수 $f$를 생각하자.

$$f(x) = \frac{x^3 + 1}{3}$$

$f$의 고정점 세 개 $\alpha$, $\beta$, $\gamma$가 다음과 같은 범위에 존재한다.

$$-2 < \alpha < -1, \quad 0 < \beta < 1, \quad 1 < \gamma < 2$$

임의로 선택한 $x_1$에 대해 $\{x_n\}$을 $x_{n+1} = f(x_n)$으로 정의하자.

(a) $x_1 < \alpha$이면, $n \to \infty$일 때 $x_n \to -\infty$임을 증명하라.

(b) $\alpha < x_1 < \gamma$이면, $n \to \infty$일 때 $x_n \to \beta$임을 증명하라.

(c) $\gamma < x_1$이면, $n \to \infty$일 때 $x_n \to +\infty$임을 증명하라.

그러므로 $\beta$는 이런 방법으로 그 위치를 찾아낼 수 있지만, $\alpha$와 $\gamma$는 그럴 수 없다.

**24.** 익힘 문제 22의 (c)에서 설명한 과정은 물론 $(0, \infty)$를 $(0, \infty)$로 사상하는 함수들에도 적용할 수 있다.

어떤 $\alpha > 1$를 고정하고, 다음과 같이 놓자.

$$f(x) = \frac{1}{2}\left(x + \frac{\alpha}{x}\right), \quad g(x) = \frac{\alpha + x}{1 + x}$$

$(0, \infty)$에서 $f$와 $g$의 유일한 고정점은 모두 $\sqrt{\alpha}$이다. $f$와 $g$의 성질에 근거해서 제 3 장의 익힘 문제 16에서의 수렴이 익힘 문제 17에서의 수렴보다 훨씬 더 빠른 이유를 설명해 보라. ($f'$와 $g'$를 비교하고, 익힘 문제 22에서 제시한 지그재그 그림을 그려라.)

$0 < \alpha < 1$일 때, 똑같은 문제에 답하라.

▸ 미분할 수 있다
= 미분 가능하다

**25.** $f$는 $[a, b]$에서 두 번 미분할 수 있고, $f(a) < 0$이며 $f(b) > 0$이고, 모든 $x \in [a, b]$에 대해 $f'(x) \geq \delta > 0$이고 $0 \leq f''(x) \leq M$이라 하자. $\xi$는 $(a, b)$에 속하고 $f(\xi) = 0$인 유일한 점이라 하자.

아래에서 개략적으로 설명한 $\xi$를 셈하는 **뉴턴의 방법**을 자세하게 보완하라.

**용어**

뉴턴의 방법
Newton's method

(a) $x_1 \in (\xi, b)$을 선택하고 다음과 같이 $\{x_n\}$을 정의하자.

$$x_{n+1} = x_n - \frac{f(x_n)}{f'(x_n)}$$

이것을 $f$의 그래프에 대한 접선을 사용해서 기하학적으로 해석하라.

(b) $x_{n+1} < x_n$이고 다음이 성립함을 증명하라.

$$\lim_{n\to\infty} x_n = \xi$$

(c) 테일러의 정리를 사용해서 어떤 $t_n \in (\xi,\ x_n)$에 대해 다음이 성립함을 보여라.

$$x_{n+1} - \xi = \frac{f''(t_n)}{2f'(x_n)}(x_n - \xi)^2$$

(d) $A = M/2\delta$일 때, 다음을 유도하라.

$$0 \le x_{n+1} - \xi \le \frac{1}{A}\{A(x_1 - \xi)\}^{2^n}$$

(제 3 장의 익힘 문제 16 및 18과 비교하라.)

(e) 뉴턴의 방법은 다음과 같이 정의된 함수 $g$의 고정점을 찾는 것과 같음을 보여라.

$$g(x) = x - \frac{f(x)}{f'(x)}$$

$g'(x)$는 $\xi$ 이웃의 $x$에 대해 어떻게 행동하는가?

▸ 이웃 = 근방

(f) $(-\infty,\ \infty)$에서 $f(x) = x^{1/3}$으로 놓고, 뉴턴의 방법을 시도하라. 어떤 현상이 나타나는가?

**26.** $f$는 $[a,\ b]$에서 미분할 수 있고 $f(a) = 0$이며, 적당한 실수 $A$가 존재해서 $[a,\ b]$에서 $|f'(x)| \le A|f(x)|$가 성립한다고 가정하자. 모든 $x \in [a,\ b]$에 대해 $f(x) = 0$이 성립함을 증명하라. **귀띔 :** $x_0 \in [a,\ b]$을 고정하고, $a \le x \le x_0$에 대해 다음과 같다고 하자.

▸ 미분할 수 있다 = 미분 가능하다

$$M_0 = \sup|f(x)|, \quad M_1 = \sup|f'(x)|$$

그런 임의의 $x$에 대해 다음을 얻는다.

$$|f(x)| \le M_1(x_0 - a) \le A(x_0 - a)M_0$$

그러므로 $A(x_0 - a) < 1$이면 $M_0 = 0$이다. 곧, $[a,\ x_0]$에서 $f = 0$이다. 이렇게 진행하자.

**27.** $\phi$는 평면에서 $a \le x \le b$와 $\alpha \le y \le \beta$로 주어진 직사각형 $R$에서 정의된 실 함수라 하자. 다음과 같은 초깃값 문제를 생각하자.

$$y' = \phi(x, y), \quad y(a) = c \quad (\alpha \le c \le \beta)$$

▸ 미분할 수 있다
= 미분 가능하다

**용어**

해 solution

이 문제의 **해**는 정의에 의해 $[a, b]$에서 미분할 수 있는 함수 $f$로 $f(a) = c$이고 $\alpha \le f(x) \le \beta$이며 다음을 만족시켜야 한다.

$$f'(x) = \phi(x, f(x)) \quad (a \le x \le b)$$

적당한 상수 $A$가 존재해서 임의의 $(x, y_1) \in R$과 $(x, y_2) \in R$에 대해 다음이 성립하면, 위의 초깃값 문제에는 많아야 한 개의 해가 존재함을 증명하라.

$$|\phi(x, y_2) - \phi(x, y_1)| \le A|y_2 - y_1|$$

**귀띔** : 익힘 문제 26을 두 해의 차에 적용하자. 이 유일성 정리는 다음 초깃값 문제에 대해 성립하지 않음에 주목하자.

$$y' = y^{1/2}, \quad y(0) = 0$$

이 미분 방정식에는 두 개의 해 $f(x) = 0$과 $f(x) = x^2/4$이 있다. 다른 모든 해를 찾아라.

**28.** 다음과 같은 꼴의 연립 미분 방정식에 대해 유사한 유일성 문제를 공식화하고 증명하라.

$$y_j' = \phi_j(x, y_1, \cdots, y_k), \quad y_j(a) = c_j \quad (j = 1, \cdots, k)$$

이것은 다음과 같은 꼴로 다시 나타낼 수 있음에 주목하자.

$$\mathbf{y}' = \Phi(x, \mathbf{y}), \quad \mathbf{y}(a) = \mathbf{c}$$

여기서 $\mathbf{y} = (y_1, \cdots, y_k)$는 $k$포체 위에서 값을 취하고, φ는 $(k+1)$포체에서 유클리드 $k$공간으로의 사상으로 이의 성분들은 함수 $\phi_1, \cdots, \phi_k$이고 $\mathbf{c}$는 벡터 $(c_1, \cdots, c_k)$이다. 벡터값 함수에 대해 익힘 문제 26을 사용하자.

**29.** 다음 연립 방정식을 생각해서 익힘 문제 28을 특수화하자.

$$y_j' = y_{j+1} \quad (j = 1, \cdots, k-1),$$
$$y_k' = f(x) - \sum_{j=1}^{k} g_j(x) y_j$$

여기서 $f, g_1, \cdots, g_k$는 $[a, b]$에서의 연속인 실 함수이고, 다음 방정식의 해에 대한 유일성 정리를 유도하라.

$$y^{(k)} + g_k(x)y^{(k-1)} + \cdots + g_2(x)y' + g_1(x)y = f(x)$$

단, 이것은 다음 초기 조건을 만족시킨다.

$$y(a) = c, \quad y'(a) = c_2, \quad \cdots, \quad y^{(k-1)}(a) = c_k$$

06

# 리만 · 스틸체스 적분

The Riemann-Stieltjes Integral

이번 장은 리만 적분의 정의에 근거하는데, 리만 적분은 실 직선의 순서 구조에 매우 명확하게 의존한다. 이에 따라 닫힌 구간 위에서 실수값 함수의 적분에 대한 논의로 시작한다. 닫힌 구간 위에서 정의된 복소수값 함수와 벡터값 함수로의 확장은 그 뒤의 절들에 뒤따라 나온다. 닫힌 구간 이외의 모음 위에서의 적분은 제 10 장과 11 장에서 논의한다.

▸ 모음 = 집합

## 적분의 정의와 존재

### 6.1 정의

$[a, b]$는 주어진 닫힌 구간이라 하자. $[a, b]$의 **분할** $P$는 다음과 같은 점 $x_0, x_1, \cdots, x_n$들의 유한 모음을 뜻한다.

| 용어 | |
|---|---|
| 분할 | partition |

$$a = x_0 \le x_1 \le \cdots \le x_{n-1} \le x_n = b$$

다음과 같이 나타낸다.

$$\Delta x_i = x_i - x_{i-1} \quad (i = 1, \cdots, n)$$

이제 $f$는 $[a, b]$에서 정의된 갇힌 실 함수라 하자. $[a, b]$의 각 분할 $P$에 대응해서 다음과 같이 놓자.

▸ 갇힌 = 유계인

$$M_i = \sup f(x) \quad (x_{i-1} \le x \le x_i),$$
$$m_i = \inf f(x) \quad (x_{i-1} \le x \le x_i),$$

$$U(P, f) = \sum_{i=1}^{n} M_i \Delta x_i,$$

$$L(P, f) = \sum_{i=1}^{n} m_i \Delta x_i$$

그리고 마지막으로 다음과 같이 놓자.

(1) $$\overline{\int_a^b} f\,dx = \inf U(P,\ f),$$

(2) $$\underline{\int_a^b} f\,dx = \sup L(p,\ f)$$

**용어**
리만 상적분
upper Riemann integral
리만 하적분
lower Riemann integral
리만 적분할 수 있는[있다], 리만 적분 가능한[하다]
[be] Riemann-integrable

여기서 inf(하한)과 sup(상한)은 $[a,\ b]$의 모든 분할 $P$ 위에서 택한다. (1)과 (2)의 좌변을 각각 $[a,\ b]$ 위에서 $f$의 **리만 상적분**과 **하적분**이라 한다.

▸ 모음 = 집합

리만 상적분과 하적분이 서로 같을 때, $f$는 $[a,\ b]$에서 **리만 적분할 수 있다**[리만 적분 가능하다]고 하고, $f \in \mathscr{R}$로 나타낸다. (곧, $\mathscr{R}$은 리만 적분할 수 있는 함수들의 모음을 나타낸다.) 그리고 (1)과 (2)의 공통 값을 다음 (3) 또는 (4)와 같이 나타낸다.

(3) $$\int_a^b f\,dx,$$

(4) $$\int_a^b f(x)\,dx$$

▸ 갇혀 있다 = 유계이다

이것이 $[a,\ b]$ 위에서 $f$의 **리만 적분**이다. $f$가 갇혀 있으므로, 다음을 만족시키는 두 수 $m$과 $M$이 존재한다.

$$m \le f(x) \le M \quad (a \le x \le b)$$

그러므로 모든 $P$에 대해 다음이 성립한다.

$$m(b-a) \le L(P,\ f) \le U(P,\ f) \le M(b-a)$$

이에 따라 $L(P,\ f)$와 $U(P,\ f)$의 수들은 갇힌 모음을 형성한다. 이것은 **모든 갇힌 함수 $f$에 대해 리만 상적분과 하적분이 정의된다**는 사실을 보여준다. 이것들이 서로 같은지와 이에 따라 $f$를 적분할 수 있는지에 관한 문제는 다루기가 더 어렵다. 이 문제를 리만 적분에 대해 별도로 고찰하지 않고, 곧바로 좀 더 일반적인 상황에서 고려하겠다.

## 6.2 정의

▸ 단조롭게 증가하는 함수 = 단조 증가 함수

$\alpha$는 $[a,\ b]$에서 단조롭게 증가하는 함수라 하자. ($\alpha(a)$와 $\alpha(b)$가 유한한 수이므로, $\alpha$는 $[a,\ b]$에서 갇혀 있다.) $[a,\ b]$의 각 분할 $P$에 대응해서 다음과 같이 나타내자.

$$\Delta\alpha_i = \alpha(x_i) - \alpha(x_{i-1})$$

분명히 $\Delta\alpha_i \geq 0$이다. $[a, b]$에서 갇힌 임의의 실 함수 $f$에 대해 다음과 같이 놓자.

▸ 갇힌 = 유계인

$$U(P, f, \alpha) = \sum_{i=1}^{n} M_i \Delta\alpha_i,$$

$$L(P, f, \alpha) = \sum_{i=1}^{n} m_i \Delta\alpha_i$$

여기서 $M_i$와 $m_i$의 뜻은 정의 6.1에서와 같고, 다음과 같이 정의한다.

(5) $$\overline{\int_a^b} f\, d\alpha = \inf U(P, f, \alpha),$$

(6) $$\underline{\int_a^b} f\, d\alpha = \sup L(P, f, \alpha)$$

여기서 inf(하한)과 sup(상한)은 또다시 분할 전체 위에서 택한다.

(5)와 (6)의 좌변들이 서로 같을 때, 그 공통 값을 다음의 (7) 또는 때때로 (8)과 같이 나타낸다.

(7) $$\int_a^b f\, d\alpha,$$

(8) $$\int_a^b f(x)\, d\alpha(x)$$

이것이 $[a, b]$ 위에서 $\alpha$에 관한 $f$의 **리만 · 스틸체스 적분** 또는 간단히 **스틸체스 적분**이다.

**용어**
리만 · 스틸체스 적분 Riemann-Stieltjes integral
스틸체스 적분 Stieltjes integral
적분 변수 variable of integration

(7)이 존재하면, 곧 (5)와 (6)이 서로 같으면, $f$는 리만의 의미에서 $\alpha$에 관해 적분할 수 있다고 하고, 기호 $f \in \mathscr{R}(\alpha)$로 나타낸다.

▸ 적분할 수 있다 = 적분 가능하다

$\alpha(x) = x$로 택하면, 리만 적분이 리만 · 스틸체스 적분의 특별한 경우임을 알 수 있다. 그렇지만 일반적인 경우에 $\alpha$는 연속일 필요도 없다는 사실은 분명하게 언급해야 한다.

표기법에 대해 몇 가지 언급해야 한다. (8)보다는 (7)을 선호하는데, (8)에 나타나는 $x$는 (7)의 내용에 어떤 새로운 사항을 전혀 보태지 않는다. 이른바 '적분 변수'를 나타내는 데 사용하는 문자는 중요하지 않다. 예를 들면, (8)은 다음과 똑같다.

**수학자**
스틸체스(Thomas Joannes Stieltjes, 1856~1894) 도이칠란트 수학자

$$\int_a^b f(y)\,d\alpha(y)$$

적분은 $f$, $\alpha$, $a$, $b$에 따라 좌우되지만, 적분 변수에는 의존하지 않으며 이에 따라 생략할 수 있다.

적분 변수의 역할은 합에서 첨자의 역할과 아주 유사하다. 다음 두 기호는 똑같은데, 각각 $c_1 + c_2 + \cdots + c_n$을 뜻하기 때문이다.

$$\sum_{i=1}^{n} c_i, \qquad \sum_{k=1}^{n} c_k$$

물론, 적분 변수를 끼워 넣어도 어떠한 해악도 끼치지 않는데, 많은 경우에는 그렇게 하는 것이 실제로 편리하다.

▸갇힌 = 유계인

이제 적분 (7)의 존재성을 고찰하겠다. 매번 말하지 않더라도, $f$는 갇힌 실 함수이고 $\alpha$는 $[a, b]$에서 단조롭게 증가하며 $\int_a^b$ 대신에 $\int$로 나타내겠다.

## 6.3 정의

**용어**

세분, 세분할 refinement
공통 세분, 공통 세분할 common refinement

두 분할 $P$와 $P^*$에 대해 $P \subset P^*$일 때(곧 $P$의 모든 점이 $P^*$의 점일 때), $P^*$을 $P$의 **세분(할)**이라 한다. 주어진 두 분할 $P_1$과 $P_2$에 대해 $P^* = P_1 \cup P_2$일 때 $P^*$을 **공통 세분(할)**이라 한다.

## 6.4 정리

$P^*$이 $P$의 세분일 때, 다음이 성립한다.

(9) $$L(P, f, \alpha) \le L(P^*, f, \alpha),$$

(10) $$U(P^*, f, \alpha) \le U(P, f, \alpha)$$

**증명** (9)를 증명하기 위해서, 먼저 $P^*$에는 $P$보다 점이 한 개 더 많이 포함된다고 하자. 그 추가적인 점을 $x^*$이라 하고 $x_{i-1} < x^* < x_i$라 하자. 여기서 $x_{i-1}$과 $x_i$는 $P$에 속한 잇따른 두 점이다. 다음과 같이 놓자.

$$w_1 = \inf f(x) \quad (x_{i-1} \le x \le x^*),$$
$$w_2 = \inf f(x) \quad (x^* \le x \le x_i)$$

앞에서와 같이 $m_i$는 다음과 같다고 하자.

$$m_i = \inf f(x) \quad (x_{i-1} \le x \le x_i)$$

분명히 $w_1 \ge m_i$이고 $w_2 \ge m_i$이다. 그러므로 다음이 성립한다.

$$\begin{aligned}&L(P^*, f, \alpha) - L(P, f, \alpha)\\&= w_1\{\alpha(x^*) - \alpha(x_{i-1})\} + w_2\{\alpha(x_i) - \alpha(x^*)\} - m_i\{\alpha(x_i) - \alpha(x_{i-1})\}\\&= (w_1 - m_i)\{\alpha(x^*) - \alpha(x_{i-1})\} + (w_2 - m_i)\{\alpha(x_i) - \alpha(x^*)\} \ge 0\end{aligned}$$

$P^*$에 $P$보다 $k$개 더 많은 점이 포함되면, 이 논법을 $k$번 거듭 시행해서 (9)에 도달한다. (10)의 증명은 이와 유사하다.

## 6.5 정리

$$\underline{\int_a^b} f\,d\alpha \le \overline{\int_a^b} f\,d\alpha$$

**증명** $P^*$은 두 분할 $P_1$과 $P_2$의 공통 세분이라 하자. 정리 6.4에 의해 다음을 얻는다.

$$L(P_1, f, \alpha) \le L(P^*, f, \alpha) \le U(P^*, f, \alpha) \le U(P_2, f, \alpha)$$

그러므로 다음이 성립한다.

(11) $$L(P_1, f, \alpha) \le U(P_2, f, \alpha)$$

$P_2$를 고정하고 sup(상한)을 모든 $P_1$ 위에서 택하면, (11)에 의해 다음을 얻는다.

(12) $$\underline{\int} f\,d\alpha \le U(P_2, f, \alpha)$$

(12)에서 모든 $P_2$ 위에서 inf(하한)을 택하면, 이 정리가 유도된다.

## 6.6 정리

$[a, b]$에서 $f \in \mathscr{R}(\alpha)$이기 위한 필요 충분 조건은 임의의 $\varepsilon > 0$에 대해 적당한 분할 $P$가 존재해서 다음이 성립하는 경우이다.

(13) $$U(P, f, \alpha) - L(P, f, \alpha) < \varepsilon$$

▸ … 위한 필요 충분 조건
= … 위해 필요하고 충분한 조건

**증명** 모든 $P$에 대해 다음이 성립한다.

$$L(P, f, \alpha) \le \underline{\int} f\, d\alpha \le \overline{\int} f\, d\alpha \le U(P, f, \alpha)$$

그러므로 (13)에 의해 다음이 성립한다.

$$0 \le \overline{\int} f\, d\alpha - \underline{\int} f\, d\alpha < \varepsilon$$

이에 따라 (13)이 임의의 $\varepsilon > 0$에 대해 성립하면, 다음을 얻는다.

$$\overline{\int} f\, d\alpha = \underline{\int} f\, d\alpha$$

곧, $f \in \mathscr{R}(\alpha)$이다.

역으로, $f \in \mathscr{R}(\alpha)$이라 가정하고 $\varepsilon > 0$은 주어졌다고 하자. 그러면 적당한 두 분할 $P_1$과 $P_2$가 존재해서 다음이 성립한다.

$$U(P_2, f, \alpha) - \int f\, d\alpha < \frac{\varepsilon}{2}, \tag{14}$$

$$\int f\, d\alpha - L(P_1, f, \alpha) < \frac{\varepsilon}{2} \tag{15}$$

$P$를 $P_1$과 $P_2$의 공통 세분으로 선택하자. 그러면 정리 6.4는 (14) 및 (15)와 함께 다음이 성립함을 보여준다.

$$\begin{aligned} U(P, f, \alpha) \le U(P_2, f, \alpha) &< \int f\, d\alpha + \frac{\varepsilon}{2} \\ &< L(P_1, f, \alpha) + \varepsilon \le L(P, f, \alpha) + \varepsilon \end{aligned}$$

따라서 (13)은 이 분할 $P$에 대해 성립한다.

정리 6.6은 적분할 수 있는지를 간편하게 판정하는 방법을 제공한다. 이를 적용하기 전에 이와 밀접하게 관련된 사실 몇 가지를 나열한다.

## 6.7 정리

(a) (13)이 $P$와 어떤 $\varepsilon$에 대해 성립하면, (13)은 $P$의 모든 세분에 대해 (똑같은 $\varepsilon$에 대해) 성립한다.

(b) (13)이 $P = \{x_0, \cdots, x_n\}$에 대해 성립하고 $s_i$와 $t_i$가 $[x_{i-1}, x_i]$에 속한 임의의 점들이면, 다음이 성립한다.

$$\sum_{i=1}^{n} |f(s_i)-f(t_i)|\Delta\alpha_i < \varepsilon$$

(c) $f \in \mathscr{R}(\alpha)$이고 (b)의 가정이 충족되면, 다음이 성립한다.

$$\left|\sum_{i=1}^{n} f(t_i)\Delta\alpha_i - \int_a^b f\,d\alpha\right| < \varepsilon$$

**증명** 정리 6.4에 의해 (a)가 성립한다. (b)의 가정에 따라 $f(s_i)$와 $f(t_i)$는 $[m_i, M_i]$에 속하고, 이에 따라 $|f(s_i)-f(t_i)| \le M_i - m_i$가 성립한다. 그러므로 다음이 성립하고 (b)가 증명된다.

$$\sum_{i=1}^{n} |f(s_i)-f(t_i)|\Delta\alpha_i \le U(P, f, \alpha) - L(P, f, \alpha)$$

다음의 자명한 두 부등식에 따라 (c)가 증명된다.

$$L(P, f, \alpha) \le \sum f(t_i)\Delta\alpha_i \le U(P, f, \alpha),$$

$$L(P, f, \alpha) \le \int f\,d\alpha \le U(P, f, \alpha)$$

## 6.8 정리

$f$가 $[a, b]$에서 연속이면, $[a, b]$에서 $f \in \mathscr{R}(\alpha)$이다.

**증명** $\varepsilon > 0$이 주어졌다고 하자. $\eta > 0$를 다음과 같이 선택하자.

$$\{\alpha(b) - \alpha(a)\}\eta < \varepsilon$$

$f$가 $[a, b]$에서 고르게 연속이므로(정리 4.19), 적당한 $\delta > 0$가 존재해서 $x \in [a, b]$이고 $t \in [a, b]$이며 $|x-t| < \delta$일 때 다음이 성립한다.

(16) $$|f(x) - f(t)| < \eta$$

$P$는 $[a, b]$의 임의의 분할로 모든 $i$에 대해 $\Delta x_i < \delta$이면, (16)이 성립할 때 다음을 얻는다.

(17) $$M_i - m_i \le \eta \quad (i = 1, \cdots, n)$$

이에 따라 다음을 얻는다.

$$U(P, f, \alpha) - L(P, f, \alpha) = \sum_{i=1}^{n} (M_i - m_i)\Delta\alpha_i$$

$$\leq \eta \sum_{i=1}^{n} \Delta\alpha_i = \eta\{\alpha(b) - \alpha(a)\} < \varepsilon$$

정리 6.6에 의해 $f \in \mathscr{R}(\alpha)$이다.

## 6.9 정리

▸ 단조롭다 = be monotonic

$f$는 $[a, b]$에서 단조롭고 $\alpha$는 $[a, b]$에서 연속이면, $f \in \mathscr{R}(\alpha)$이다. (물론, 여전히 $\alpha$는 단조롭다고 가정한다.)

**증명** $\varepsilon > 0$이 주어졌다고 하자. 임의의 자연수 $n$에 대해 다음을 만족시키는 분할을 선택하자.

$$\Delta\alpha_i = \frac{\alpha(b) - \alpha(a)}{n} \qquad (i = 1, \cdots, n)$$

$\alpha$가 연속이므로, 이것은 가능하다(정리 4.23).

▸ 단조롭게 증가한다 = 단조 증가한다

$f$는 단조롭게 증가한다고 가정하자. (다른 경우의 증명은 유사하다.) 그러면 다음을 얻는다.

$$M_i = f(x_i), \quad m_i = f(x_{i-1}) \quad (i = 1, \cdots, n)$$

그러므로 $n$이 충분히 크면 다음이 성립한다.

$$\begin{aligned} U(P, f, \alpha) - L(P, f, \alpha) &= \frac{\alpha(b) - \alpha(a)}{n} \sum_{i=1}^{n} \{f(x_i) - f(x_{i-1})\} \\ &= \frac{\alpha(b) - \alpha(b)}{n} \cdot \{f(b) - f(a)\} < \varepsilon \end{aligned}$$

정리 6.6에 의해 $f \in \mathscr{R}(\alpha)$이다.

## 6.10 정리

▸ 갇혀 있다 = 유계이다

$f$는 $[a, b]$에서 갇혀 있고, $f$는 $[a, b]$의 유한개의 점에서만 불연속이며 $\alpha$는 $f$가 불연속인 모든 점에서 연속이라고 가정하자. 그러면 $f \in \mathscr{R}(\alpha)$이다.

▸ 모음 = 집합

**증명** $\varepsilon > 0$이 주어졌다고 하자. $M = \sup|f(x)|$로 놓고, $E$는 $f$가 불연속인 점들의 모음이라 하자. $E$가 유한이고, $\alpha$가 $E$의 모든 점에서 연속이므로, $E$를 서로 만나지 않는 유한개의 구간 $[u_j, v_j] \subset$

$[a, b]$로 덮는데, 이에 대응하는 차 $\alpha(v_j)-\alpha(u_j)$들의 합은 $\varepsilon$보다 작도록 할 수 있다. 게다가, 이런 구간들을 $E\cap(a, b)$의 모든 점이 어떤 $[u_j, v_j]$의 내부에 놓이도록 위치시킬 수 있다.

열린 구간 $(u_j, v_j)$들을 $[a, b]$에서 제거하자. 남은 모음 $K$는 옹골지다. 그러므로 $f$는 $K$에서 고르게 연속이고, 적당한 $\delta>0$가 존재해서 $s\in K$이고 $t\in K$이며 $|s-t|<\delta$일 때 $|f(s)-f(t)|<\varepsilon$이 성립한다.

▸모음 = 집합

이제 $[a, b]$의 분할 $P=\{x_0, x_1, \cdots, x_n\}$를 다음과 같이 형성한다. 모든 $u_j$는 $P$에 속한다. 모든 $v_j$는 $P$에 속한다. 임의의 열린 구간 $(u_j, v_j)$의 어떠한 점도 $P$에 속하지 않는다. $x_{i-1}$이 $u_j$들 중 하나가 아니면, $\Delta x_i<\delta$이다.

모든 $i$에 대해 $M_i-m_i\le 2M$이고, $x_{i-1}$이 $u_j$들 중 하나가 아니면 $M_i-m_i\le\varepsilon$이다. 그러므로 정리 6.8의 증명에서와 같이 다음이 성립한다.

$$U(P, f, \alpha)-L(P, f, \alpha)\le\{\alpha(b)-\alpha(a)\}\varepsilon+2M\varepsilon$$

$\varepsilon$이 임의이므로, 정리 6.6은 $f\in\mathscr{R}(\alpha)$임을 보여준다.

**참고** $f$와 $\alpha$의 공통 불연속점이 있으면, $f$는 $\mathscr{R}(\alpha)$에 속하지 않을 수 있다. 익힘 문제 3이 이를 보여준다.

## 6.11 정리

$[a, b]$에서 $f\in\mathscr{R}(\alpha)$이고, $m\le f\le M$이며, $\phi$는 $[m, M]$에서 연속이고, $[a, b]$에서 $h(x)=\phi(f(x))$라 가정하자. 그러면 $[a, b]$에서 $h\in\mathscr{R}(\alpha)$이다.

**증명** $\varepsilon>0$을 선택하자. $\phi$가 $[m, M]$에서 고르게 연속이므로, $\varepsilon$보다 작은 적당한 $\delta>0$가 존재해서 $s\in[m, M]$이고 $t\in[m, M]$이며 $|s-t|\le\delta$일 때 $|\phi(s)-\phi(t)|<\varepsilon$이 성립한다.

$f\in\mathscr{R}(\alpha)$이므로 $[a, b]$의 적당한 분할 $P=\{x_0, x_1, \cdots, x_n\}$가 존재해서 다음이 성립한다.

$$U(P, f, \alpha)-L(P, f, \alpha)<\delta^2 \tag{18}$$

▸ 모음 = 집합

$M_i$와 $m_i$의 뜻은 정의 6.1에서와 똑같다고 하고, $M_i^*$과 $m_i^*$는 $h$에 대해 유사한 뜻을 지닌다고 하자. 1, ⋯, $n$의 수들을 두 모음으로 나누는데, $M_i - m_i < \delta$이면 $i \in A$이고 $M_i - m_i \geq \delta$이면 $i \in B$이다.

$i \in A$에 대해, $\delta$의 선택에 의해 $M_i^* - m_i^* \leq \varepsilon$이 성립한다.

$i \in B$에 대해, $M_i^* - m_i^* \leq 2K$인데, 여기서 $m \leq t \leq M$에 대해 $K = \sup|\phi(t)|$이다. (18)에 의해 다음을 얻는다.

$$\delta \sum_{i \in B} \Delta\alpha_i \leq \sum_{i \in B} (M_i - m_i)\Delta\alpha_i < \delta^2 \tag{19}$$

그러므로 $\sum_{i \in B} \Delta\alpha_i < \delta$이다. 이에 따라 다음이 성립한다.

$$\begin{aligned} U(P, h, \alpha) - L(P, h, \alpha) &= \sum_{i \in A} (M_i^* - m_i^*)\Delta\alpha_i + \sum_{i \in B} (M_i^* - m_i^*)\Delta\alpha_i \\ &\leq \varepsilon\{\alpha(b) - \alpha(a)\} + 2K\delta < \varepsilon\{\alpha(b) - \alpha(a) + 2K\} \end{aligned}$$

$\varepsilon$이 임의이므로, 정리 6.6에 따라 $h \in \mathscr{R}(\alpha)$가 성립한다.

▸ 적분할 수 있다 = 적분 가능하다

**일러두기** : 이 정리는 다음과 같은 질문을 제기한다. 도대체 어떤 함수를 리만 적분할 수 있는가? 답은 정리 11.33(b)에 제시되어 있다.

## 적분의 성질

### 6.12 정리

(a) $[a, b]$에서 $f_1 \in \mathscr{R}(\alpha)$이고 $f_2 \in \mathscr{R}(\alpha)$이면, 다음이 성립한다.

$$f_1 + f_2 \in \mathscr{R}(\alpha)$$

그리고 임의의 상수 $c$에 대해 $cf \in \mathscr{R}(\alpha)$이고 다음이 성립한다.

$$\int_a^b (f_1 + f_2)\, d\alpha = \int_a^b f_1\, d\alpha + \int_a^b f_2\, d\alpha,$$

$$\int_a^b cf\, d\alpha = c\int_a^b f\, d\alpha$$

(b) $[a, b]$에서 $f_1(x) \leq f_2(x)$이면, 다음이 성립한다.

$$\int_a^b f_1\, d\alpha \le \int_a^b f_2\, d\alpha$$

(c) $[a,\ b]$에서 $f \in \mathscr{R}(\alpha)$이고 $a < c < b$이면, $[a,\ c]$와 $[c,\ b]$에서 $f \in \mathscr{R}(\alpha)$이고 다음이 성립한다.

$$\int_a^c f\, d\alpha + \int_c^b f\, d\alpha = \int_a^b f\, d\alpha$$

(d) $[a,\ b]$에서 $f \in \mathscr{R}(\alpha)$이고 $[a,\ b]$에서 $|f(x)| \le M$이면 다음이 성립한다.

$$\left| \int_a^b f\, d\alpha \right| \le M\{\alpha(b) - \alpha(a)\}$$

(e) $f \in \mathscr{R}(\alpha_1)$이고 $f \in \mathscr{R}(\alpha_2)$이면, $f \in \mathscr{R}(\alpha_1 + \alpha_2)$이고 다음이 성립한다.

$$\int_a^b f\, d(\alpha_1 + \alpha_2) = \int_a^b f\, d\alpha_1 + \int_a^b f\, d\alpha_2$$

$f \in \mathscr{R}(\alpha)$이고 $c$가 양의 상수이면, $f \in \mathscr{R}(c\alpha)$이고 다음이 성립한다.

$$\int_a^b f\, d(c\alpha) = c\int_a^b f\, d\alpha$$

**증명** $f = f_1 + f_2$이고 $P$는 $[a,\ b]$의 임의의 분할이면, 다음이 성립한다.

(20) $$L(P,\ f_1,\ \alpha) + L(P,\ f_2,\ \alpha) \le L(P,\ f,\ \alpha) \le U(P,\ f,\ \alpha) \le U(P,\ f_1,\ \alpha) + U(P,\ f_2,\ \alpha)$$

$f_1 \in \mathscr{R}(\alpha)$이고 $f_2 \in \mathscr{R}(\alpha)$일 때, $\varepsilon > 0$은 주어졌다고 하자. 적당한 분할 $P_j\ (j = 1,\ 2)$가 존재해서 다음이 성립한다.

$$U(P_j,\ f_j,\ \alpha) - L(P_j,\ f_j,\ \alpha) < \varepsilon$$

이런 부등식은 $P_1$과 $P_2$를 이것들의 공통 세분 $P$로 바꿔도 성립한다. 그러므로 (20)에 의해 다음이 성립한다.

$$U(P,\ f,\ \alpha) - L(P,\ f,\ \alpha) < 2\varepsilon$$

이에 따라 $f \in \mathscr{R}(\alpha)$가 증명된다.

똑같은 $P$에 대해 다음이 성립한다.

$$U(P,\ f_j,\ \alpha) < \int f_j\, d\alpha + \varepsilon \qquad (j=1,\ 2)$$

이에 따라 (20)에 의해 다음이 성립한다.

$$\int f\, d\alpha \le U(P,\ f,\ \alpha) < \int f_1\, d\alpha + \int f_2\, d\alpha + 2\varepsilon$$

$\varepsilon$이 임의이므로, 다음과 같은 결론을 얻는다.

$$\int f\, d\alpha \le \int f_1\, d\alpha + \int f_2\, d\alpha \tag{21}$$

(21)에서 $f_1$과 $f_2$를 $-f_1$과 $-f_2$로 바꾸면, 부등호가 바뀌고 이에 따라 등호가 증명된다.

정리 6.12의 다른 주장에 대한 증명은 매우 비슷하므로, 자세한 내용은 생략한다. (c)에서 요점은 $\int f\, d\alpha$에 근접시킬 때 (세분을 통해) 점 $c$를 포함하는 분할들만 고려할 수 있다는 점이다.

## 6.13 정리

$[a,\ b]$에서 $f \in \mathscr{R}(\alpha)$이고 $g \in \mathscr{R}(\alpha)$일 때, 다음이 성립한다.

(a) $fg \in \mathscr{R}(\alpha)$

(b) $|f| \in \mathscr{R}(\alpha)$, $\quad \left|\int_a^b f\, d\alpha\right| \le \int_a^b |f|\, d\alpha$

**증명** $\phi(t) = t^2$을 택하면, 정리 6.11은 $f \in \mathscr{R}(\alpha)$일 때 $f^2 \in \mathscr{R}(\alpha)$임을 보여준다. 다음 등식은 (a)를 증명한다.

$$4fg = (f+g)^2 - (f-g)^2$$

$\phi(t) = |t|$를 택하면, 정리 6.11은 $|f| \in \mathscr{R}(\alpha)$임을 보여준다. $c = \pm 1$을 다음이 선택하도록 선택하자.

$$c\int f\, d\alpha \ge 0$$

따라서 $cf \le |f|$이므로 다음이 성립한다.

$$\left|\int f\, d\alpha\right| = c\int f\, d\alpha = \int cf\, d\alpha \le \int |f|\, d\alpha$$

## 6.14 정의

**단위 계단 함수** $I$는 다음과 같이 정의한다.

$$I(x)=\begin{cases}0 & (x\le 0)\\ 1 & (x>0)\end{cases}$$

용어
단위 계단 함수
unit step function

## 6.15 정리

$a<s<b$이고, $f$는 $[a, b]$에서 갇혀 있으며, $f$는 $s$에서 연속이고, $\alpha(x)=I(x-s)$이면 다음이 성립한다.

$$\int_a^b f\,d\alpha=f(s)$$

▸ 갇혀 있다 = 유계이다

**증명** $x_0=a$이고 $x_1=s<x_2<x_3=b$에 대한 분할 $P=\{x_0, x_1, x_2, x_3\}$를 생각하자. 그러면 다음을 얻는다.

$$U(P, f, \alpha)=M_2, \quad L(P, f, \alpha)=m_2$$

$f$가 $s$에서 연속이므로, $x_2\to s$일 때 $M_2$와 $m_2$가 $f(s)$에 수렴함을 알 수 있다.

## 6.16 정리

$n=1, 2, 3, \cdots$에 대해 $c_n\ge 0$이고, $\sum c_n$은 수렴하며, $\{s_n\}$은 $(a, b)$에서 서로 다른 점들의 열이고 다음과 같다고 가정하자.

$$\alpha(x)=\sum_{n=1}^{\infty} c_n I(x-s_n) \tag{22}$$

$f$는 $[a, b]$에서 연속이라 하자. 그러면 다음이 성립한다.

$$\int_a^b f\,d\alpha=\sum_{n=1}^{\infty} c_n f(s_n) \tag{23}$$

**증명** 비교 판정법에 의해 덧렬 (22)는 모든 $x$에 대해 수렴한다. 이의 합 $\alpha(x)$는 분명히 단조로운데, $\alpha(a)=0$이고 $\alpha(b)=\sum c_n$이다. (이것은 일러두기 4.31에서 알아본 형태의 함수이다.)

▸ 덧렬 = 급수

▸ 단조롭다 = be monootonic

$\varepsilon>0$이 주어졌다고 하고, $N$을 다음이 성립하도록 선택하자.

$$\sum_{N+1}^{\infty} c_n<\varepsilon$$

다음과 같이 놓자.

$$\alpha_1(x) = \sum_{n=1}^{N} c_n I(x - s_n), \quad \alpha_2(x) = \sum_{N+1}^{\infty} c_n I(x - s_n)$$

두 정리 6.12와 6.15에 의해 다음을 얻는다.

(24) $$\int_a^b f\, d\alpha_1 = \sum_{i=1}^{N} c_n f(s_n)$$

$\alpha_2(b) - \alpha_2(a) < \varepsilon$이므로, 다음이 성립한다.

(25) $$\left| \int_a^b f\, d\alpha_2 \right| \le M\varepsilon$$

여기서 $M = \sup|f(x)|$이다. $\alpha = \alpha_1 + \alpha_2$이므로, 다음이 성립한다.

(26) $$\left| \int_a^b f\, d\alpha - \sum_{i=1}^{N} c_n f(s_n) \right| \le M\varepsilon$$

$N \to \infty$로 하면, (23)을 얻는다.

## 6.17 정리

▸ 단조롭게 증가한다 = 단조 증가한다, 갇힌 = 유계인

▸ … 위한 필요 충분 조건 = … 위해 필요하고 충분한 조건

$\alpha$는 단조롭게 증가하고 $[a, b]$에서 $\alpha' \in \mathscr{R}$라 가정하자. $f$가 $[a, b]$에서 갇힌 실 함수라 하자.

그러면 $f \in \mathscr{R}(\alpha)$이기 위한 필요 충분 조건은 $f\alpha' \in \mathscr{R}$인 경우이다. 이 경우에 다음이 성립한다.

(27) $$\int_a^b f\, d\alpha = \int_a^b f(x)\alpha'(x)\, dx$$

**증명** $\varepsilon > 0$이 주어졌다고 하고, 정리 6.6을 다음과 같이 $\alpha'$에 적용하자. $[a, b]$의 적당한 분할 $P = \{x_0, \cdots, x_n\}$가 존재해서 다음이 성립한다.

(28) $$U(P, \alpha') - L(P, \alpha') < \varepsilon$$

평균값 정리에 의해 각 $i = 1, \cdots, n$에 대해 다음을 만족시키는 점 $t_i \in [x_{i-1}, x_i]$가 존재한다.

$$\Delta\alpha_i = \alpha'(t_i)\Delta x_i$$

$s_i \in [x_{i-1},\ x_i]$이면 (28)과 정리 6.7(b)에 의해 다음이 성립한다.

(29) $$\sum_{i=1}^{n} |\alpha'(s_i) - \alpha'(t_i)| \Delta x_i < \varepsilon$$

$M = \sup |f(x)|$로 놓자. 다음이 성립한다.

$$\sum_{i=1}^{n} f(s_i) \Delta\alpha_i = \sum_{i=1}^{n} f(s_i) \alpha'(t_i) \Delta x_i$$

그러므로 (29)로부터 다음을 얻는다.

(30) $$\left| \sum_{i=1}^{n} f(s_i) \Delta\alpha_i - \sum_{i=1}^{n} f(s_i) \alpha'(s_i) \Delta x_i \right| \le M\varepsilon$$

특히, 모든 선택 $s_i \in [x_{i-1},\ x_i]$에 대해 다음이 성립한다.

$$\sum_{i=1}^{n} f(s_i) \Delta\alpha_i \le U(P,\ f\alpha') + M\varepsilon$$

그러므로 다음을 얻는다.

$$U(P,\ f,\ \alpha) \le U(P,\ f\alpha') + M\varepsilon$$

똑같은 논법에 따라 (30)으로부터 다음을 얻는다.

$$U(P,\ f\alpha') \le U(P,\ f,\ \alpha) + M\varepsilon$$

그러므로 다음을 얻는다.

(31) $$|U(P,\ f,\ \alpha) - U(P,\ f\alpha')| \le M\varepsilon$$

그런데 $P$를 임의의 세분으로 바꿔도 (28)은 여전히 참임에 주목하자. 그러므로 (31)도 여전히 참이다. 결론적으로 다음이 성립한다.

$$\left| \overline{\int_a^b} f\, d\alpha - \overline{\int_a^b} f(x) \alpha'(x)\, dx \right| \le M\varepsilon$$

그런데 $\varepsilon$은 임의의 양수이다. 그러므로 임의의 갇힌 $f$에 대해 다음을 얻는다. ▸갇힌 = 유계인

(32) $$\overline{\int_a^b} f\, d\alpha = \overline{\int_a^b} f(x) \alpha'(x)\, dx$$

하극한들의 등호는 (30)으로부터 정확하게 똑같은 방법으로 유도된다. 이에 따라 정리가 증명된다.

## 6.18 일러두기

앞의 두 정리는 스틸체스의 적분 과정에 내재하는 일반성과 유연성을 예시한다. $\alpha$가 순수한 계단 함수이면[이것은 (22) 꼴의 함수에 흔히 부여하는 이름이다], 적분은 유한 또는 무한 덧렬이 된다. $\alpha$의 적분할 수 있는 유도 함수가 존재하면, 적분은 통상적인 리만 적분이 된다. 이것은 많은 경우에 덧렬과 적분을 별도가 아니라 동시에 연구할 수 있도록 한다.

▸ 덧렬 = 급수, 적분할 수 있다 = 적분 가능하다, 유도 함수 = 도함수

**용어**

관성 모멘트
moment of inertia
변수 바꿈, 변수 변환
change of variable

이 사실을 예시하기 위해서, 물리적인 예를 생각하자. 단위 길이의 곧은 철사의, 그 철사에 수직으로 끝점을 지나는 축에 관한 관성 모멘트는 다음과 같다.

$$\int_0^1 x^2\,dm \tag{33}$$

여기서 $m(x)$는 닫힌 구간 $[0, x]$에 포함된 질량이라고 하자. 철사의 밀도 $\rho$가 연속이면, 곧 $m'(x)=\rho(x)$이면, (33)은 다음과 같이 된다.

$$\int_0^1 x^2\rho(x)\,dx \tag{34}$$

한편, 이 철사가 점 $x_i$에 집중된 질량 $m_i$들로 이루어져 있으면, (33)은 다음과 같이 된다.

$$\sum_i x_i^2\,m_i \tag{35}$$

그러므로 (33)은 (34)와 (35)를 특별한 경우로 포함하지만, 훨씬 더 많은 것을 포함한다. 예를 들면, $m$이 연속이지만 모든 곳에서 미분할 수 있지는 않은 경우도 있다.

▸ 미분할 수 있다 = 미분 가능하다

## 6.19 정리(변수 바꿈)

▸ 단조롭게 증가한다 = 단조 증가한다

$\varphi$는 순증가하는 연속 함수로 구간 $[A, B]$를 $[a, b]$ 위로 사상한다고 가정하자. $\alpha$가 $[a, b]$에서 단조롭게 증가하고 $[a, b]$에서 $f\in\mathscr{R}(\alpha)$라고 가정하자. $[A, B]$에서 $\beta$와 $g$를 다음과 같이 정의하자.

$$\beta(y)=\alpha(\varphi(y)),\qquad g(y)=f(\varphi(y)) \tag{36}$$

그러면 $g\in\mathscr{R}(\beta)$이고 다음이 성립한다.

(37) $$\int_A^B g\, d\beta = \int_a^b f\, d\alpha$$

**증명** $[a, b]$의 각 분할 $P=\{x_0, \cdots, x_n\}$에 $[A, B]$의 분할 $Q=\{y_0, \cdots, y_n\}$이 대응해서, $x_i=\varphi(y_i)$이 성립한다. $[A, B]$의 모든 분할을 이런 식으로 얻는다. $[x_{i-1}, x_i]$에서 $f$가 취하는 값들은 $[y_{i-1}, y_i]$에서 $g$가 취하는 값들과 정확하게 같으므로, 다음이 성립함을 알 수 있다.

(38) $$U(Q, g, \beta)=U(P, f, \alpha), \quad L(Q, g, \beta)=L(P, f, \alpha)$$

$f\in\mathscr{R}(\alpha)$이므로, $P$를 $U(P, f, \alpha)$와 $L(P, f, \alpha)$가 모두 $\int f\, d\alpha$에 가깝도록 선택할 수 있다. 그러므로 (38)은 정리 6.6과 함께 $g\in\mathscr{R}(\beta)$이고 (37)이 성립함을 보여준다. 이에 따라 증명이 끝난다.

다음과 같은 특별한 경우에 주목하자.

$\alpha(x)=x$로 택하자. 그러면 $\beta=\varphi$이다. $[A, B]$에서 $\varphi'\in\mathscr{R}$라 가정하자. 정리 6.17을 (37)의 좌변에 적용하면, 다음을 얻는다.

(39) $$\int_a^b f(x)\, dx = \int_A^B f(\varphi(y))\varphi'(y)\, dy$$

## 적분과 미분

이번 절에서도 여전히 실 함수만을 알아본다. 미분과 적분이 어떤 의미에서 역 연산임을 보이겠다.

### 6.20 정리

$[a, b]$에서 $f\in\mathscr{R}$라 하자. $a\le x\le b$에 대해 다음과 같이 놓자.

$$F(x)=\int_a^x f(t)\, dt$$

그러면 $F$는 $[a, b]$에서 연속이다. 게다가, $f$가 $[a, b]$의 점 $x_0$에서 연속이면, $F$는 $x_0$에서 미분할 수 있고 다음이 성립한다.

▸ 미분할 수 있다
= 미분 가능하다

$$F'(x_0) = f(x_0)$$

▸ 갇혀 있다 = 유계이다

**증명** $f \in \mathscr{R}$이므로, $f$는 갇혀 있다. $a \le t \le b$에 대해 $|f(t)| \le M$이라 하자. $a \le x < y \le b$이면, 정리 6.12(c)와 (d)에 의해 다음을 얻는다.

$$|F(y) - F(x)| = \left| \int_x^y f(x)\,dt \right| \le M(y - x)$$

주어진 $\varepsilon > 0$에 대해 $|y - x| < \varepsilon / M$이면 다음이 성립한다.

$$|F(y) - F(x)| < \varepsilon$$

이에 따라 $F$가 연속이라는 사실이 (실제로, 고르게 연속이라는 사실이) 증명된다.

이제 $f$가 $x_0$에서 연속이라 가정하자. 주어진 $\varepsilon > 0$에 대해 적당한 $\delta > 0$가 존재해서 $|t - x_0| < \delta$이고 $a \le t \le b$이면 다음이 성립한다.

$$|f(t) - f(x_0)| < \varepsilon$$

다음과 같다고 하자.

$$x_0 - \delta < s \le x_0 \le t < x_0 + \delta, \quad a \le s < t \le b$$

그러면 정리 6.12(d)에 의해 다음을 얻는다.

$$\left| \frac{F(t) - F(s)}{t - s} - f(x_0) \right| = \left| \frac{1}{t - s} \int_s^t \{f(u) - f(x_0)\}\,du \right| < \varepsilon$$

따라서 $F'(x_0) = f(x_0)$이다.

## 6.21 미분 적분학의 기본 정리

**용어**
미분 방정식의 기본 정리
fundamental theorem

▸ 미분할 수 있다
= 미분 가능하다

$[a, b]$에서 $f \in \mathscr{R}$이고 $[a, b]$에서 미분할 수 있는 함수 $F$가 존재해서 $F' = f$이면, 다음이 성립한다.

$$\int_a^b f(x)\,dx = F(b) - F(a)$$

**증명** $\varepsilon > 0$이 주어졌다고 하자. $[a, b]$의 분할 $P = \{x_0, \cdots, x_n\}$을 $U(P, f) - L(P, f) < \varepsilon$이 성립하도록 선택하자. 평균값 정리에 의해 $i = 1, \cdots, n$에 대해 적당한 $t_i \in [x_{i-1}, x_i]$가 존재해서 다음이 성립한다.

$$F(x_i) - F(x_{i-1}) = f(t_i)\,\Delta x_i$$

그러므로 다음을 얻는다.

$$\sum_{i=1}^{n} f(t_i)\,\Delta x_i = F(b) - F(a)$$

이제 정리 6.7(c)로부터 다음을 얻는다.

$$\left| F(b) - F(a) - \int_a^b f(x)\,dx \right| < \varepsilon$$

이것이 임의의 $\varepsilon > 0$에 대해 성립하므로, 증명이 끝난다.

### 6.22 정리(부분 적분법)

$F$와 $G$는 $[a, b]$에서 미분할 수 있는 함수이고, $F' = f \in \mathscr{R}$이며 $G' = g \in \mathscr{R}$라 하자. 그러면 다음이 성립한다.

$$\int_a^b F(x)\,g(x)\,dx = F(b)\,G(b) - F(a)\,G(a) - \int_a^b f(x)\,G(x)\,dx$$

**용어**
부분 적분법
integration by parts

**증명** $H(x) = F(x)\,G(x)$로 놓고 정리 6.21을 $H$와 이것의 유도 함수에 적용하자. 정리 6.13에 의해 $H' \in \mathscr{R}$임에 주목하자.

▸유도 함수 = 도함수

## 벡터값 함수의 적분

### 6.23 정의

$f_1, \cdots, f_k$는 $[a, b]$에서의 실 함수이고, $\mathbf{f} = (f_1, \cdots, f_k)$는 $[a, b]$에서 $R^k$로의 대응하는 사상이라고 하자. $\alpha$가 $[a, b]$에서 단조롭게 증가할 때, $\mathbf{f} \in \mathscr{R}(\alpha)$는 $j = 1, \cdots, k$에 대해 $f_j \in \mathscr{R}(\alpha)$를 뜻한다. 이런 경우에 다음과 같이 정의한다.

▸단조롭게 증가한다 = 단조 증가한다

$$\int_a^b \mathbf{f}\,d\alpha = \left( \int_a^b f_1\,d\alpha, \cdots, \int_a^b f_k\,d\alpha \right)$$

바꿔 말하면, $\int \mathbf{f}\,d\alpha$는 $R^k$의 점으로, $j$째 좌표는 $\int f_j\,d\alpha$이다.

분명히, 정리 6.12의 (a), (c), (e)는 이런 벡터값 적분에 대해 유효하다. 이전의 결과들을 각 좌표에 단순히 적용하면 된다. 세 정리 6.17,

6.20, 6.21도 마찬가지로 성립한다. 예시로, 정리 6.21과 유사한 결과를 서술한다.

## 6.24 정리

$\mathbf{f}$와 $\mathbf{F}$는 $[a, b]$를 $R^k$로 사상하고, $[a, b]$에서 $\mathbf{f} \in \mathscr{R}$이며, $\mathbf{F}' = \mathbf{f}$이면, 다음이 성립한다.

$$\int_a^b \mathbf{f}(t)\,dt = \mathbf{F}(b) - \mathbf{F}(a)$$

그렇지만 정리 6.13(b)와 유사한 결과는 적어도 증명에서는 어떤 새로운 면을 보여준다.

## 6.25 정리

▸ 단조롭게 증가한다 = 단조 증가한다

$\mathbf{f}$는 $[a, b]$를 $R^k$로 사상하고, $[a, b]$에서 단조롭게 증가하는 어떤 함수 $\alpha$에 대해 $\mathbf{f} \in \mathscr{R}(\alpha)$이면, $|\mathbf{f}| \in \mathscr{R}(\alpha)$이고 다음이 성립한다.

(40) $$\left|\int_a^b \mathbf{f}\,d\alpha\right| \leq \int_a^b |\mathbf{f}|\,d\alpha$$

**증명** $f_1, \cdots, f_k$가 $\mathbf{f}$의 성분이면, 다음이 성립한다.

(41) $$|\mathbf{f}| = (f_1^2 + \cdots + f_k^2)^{1/2}$$

정리 6.11에 의해 각 함수 $f_i^2$은 $\mathscr{R}(\alpha)$에 속한다. 이에 따라 이것들의 합도 $\mathscr{R}(\alpha)$에 속한다. $x^2$은 $x$의 연속 함수이므로, 정리 4.17에 의해 제곱근 함수는 임의의 실수 $M$에 대해 $[0, M]$에서 연속이다. 정리 6.11을 한 번 더 적용하면, (41)은 $|\mathbf{f}| \in \mathscr{R}(\alpha)$임을 보여준다.

(40)을 증명하기 위해서, $\mathbf{y} = (y_1, \cdots, y_k)$로 놓는데, 여기서 $y_j = \int f_j\,d\alpha$이다. 그러면 $\mathbf{y} = \int \mathbf{f}\,d\alpha$이고 다음이 성립한다.

$$|\mathbf{y}|^2 = \Sigma y_i^2 = \Sigma y_j \int f_j\,d\alpha = \int (\Sigma y_j f_j)\,d\alpha$$

슈바르츠의 부등식에 의해 다음을 얻는다.

(42) $$\Sigma y_j f_j(t) \leq |\mathbf{y}|\,|\mathbf{f}(t)| \quad (a \leq t \leq b)$$

그러므로 정리 6.12(b)에 의해 다음이 성립한다.

$$|\mathbf{y}|^2 \le |\mathbf{y}| \int |\mathbf{f}|\, d\alpha \tag{43}$$

$\mathbf{y}=\mathbf{0}$이면, (40)은 자명하다. $\mathbf{y}\neq\mathbf{0}$이면, $|\mathbf{y}|$으로 (43)으로 나누어 (40)을 얻는다.

## 길이를 찾을 수 있는 곡선

앞에서 알아본 이론 중에서 일부를 응용하는 기하학적으로 흥미로운 주제로 이번 장을 마무리하겠다. $k=2$인 경우(곧, 평면 곡선의 경우)는 변수가 복소수인 해석 함수의 연구에서 상당히 중요하다.

**용어**
곡선 curve
호 arc
닫힌 곡선 closed curve
꺾인 선, 꺾은 선, 다각선 polygonal line

### 6.26 정의

닫힌 구간 $[a, b]$에서 $R^k$로의 연속 사상 $\gamma$를 $R^k$에서의 **곡선**이라 한다. 매개 변수 구간 $[a, b]$를 강조하기 위해서, $\gamma$는 $[a, b]$에서의 곡선이라고도 할 수 있다.

$\gamma$가 일대일일 때, $\gamma$를 **호**라고 한다.
$\gamma(a)=\gamma(b)$일 때, $\gamma$를 **닫힌 곡선**이라고 한다.

여기서 곡선을 점 모음이 아니라 사상으로 정의하고 있음에 유의해야 한다. 물론, $R^k$에서의 각 곡선 $\gamma$는 $R^k$의 부분 모음, 곧 $\gamma$의 치역과 대응하지만, 서로 다른 곡선의 치역이 서로 같을 수 있다.

▸ 모음 = 집합

$[a, b]$의 각 분할 $P=\{x_0, \cdots, x_n\}$와 $[a, b]$에서의 각 곡선 $\gamma$에 다음 수를 대응시키자.

$$\Lambda(P, \gamma)=\sum_{i=1}^{n} |\gamma(x_i)-\gamma(x_{i-1})|$$

이 합에서 $i$째 항은 ($R^k$에서) 두 점 $\gamma(x_{i-1})$과 $\gamma(x_i)$ 사이의 거리이다. 그러므로 $\Lambda(P, \gamma)$는 꼭짓점이 차례로 $\gamma(x_0)$, $\gamma(x_1)$, $\cdots$, $\gamma(x_n)$인 꺾인 선 경로의 길이이다. 분할을 더욱 더 세분할수록, 이 꺾인 선은 $\gamma$의 치역에 더욱더 근접한다. 이에 따라 $\gamma$의 길이를 다음과 같이 정의하는 것이 합당해 보인다.

$$\Lambda(\gamma) = \sup \Lambda(P, \gamma)$$

여기서 상한은 $[a, b]$의 모든 분할 위에서 취한다.

$\Lambda(\gamma) < \infty$일 때, $\gamma$는 **길이를 찾을 수 있는 곡선**이라 한다.

특정한 경우에, $\Lambda(\gamma)$는 리만 적분으로 주어진다. 이것을 **연속적으로 미분할 수 있는 곡선**, 곧 유도 함수 $\gamma'$가 연속인 곡선 $\gamma$에 대해 증명하겠다.

**용어**

길이를 찾을 수 있는 곡선, 길이를 잴 수 있는 곡선, 길이를 구할 수 있는 곡선, 길이를 갖는 곡선
rectifiable curve

연속적으로 미분할 수 있는, 연속적으로 미분 가능한
continuously differentiable

▸ 유도 함수 = 도함수

## 6.27 정리

$\gamma'$가 $[a, b]$에서 연속이면, $\gamma$는 길이를 찾을 수 있고 다음이 성립한다.

$$\Lambda(\gamma) = \int_a^b |\gamma'(t)|\,dt$$

**증명** $a \le x_{i-1} < x_i \le b$일 때, 다음이 성립한다.

$$|\gamma(x_i) - \gamma(x_{i-1})| = \left| \int_{x_{i-1}}^{x_i} \gamma'(t)\,dt \right| \le \int_{x_{i-1}}^{x_i} |\gamma'(t)|\,dt$$

그러므로 $[a, b]$의 모든 분할 $P$에 대해 다음을 얻는다.

$$\Lambda(P, \gamma) \le \int_a^b |\gamma'(t)|\,dt$$

결론적으로 다음을 얻는다.

$$\Lambda(\gamma) \le \int_a^b |\gamma'(t)|\,dt$$

반대 방향의 부등식을 증명하기 위해서, $\varepsilon > 0$이 주어졌다고 하자. $\gamma'$가 $[a, b]$에서 고르게 연속이므로, 적당한 $\delta > 0$가 존재해서 $|s-t| < \delta$일 때 다음이 성립한다.

$$|\gamma'(s) - \gamma'(t)| < \varepsilon$$

$P = \{x_0, \cdots, x_n\}$은 $[a, b]$의 분할로 모든 $i$에 대해 $\Delta x_i < \delta$라 하자. $x_{i-1} \le t \le x_i$일 때, 다음이 성립한다.

$$|\gamma'(t)| \le |\gamma'(x_i)| + \varepsilon$$

그러므로 다음을 얻는다.

$$\int_{x_{i-1}}^{x_i} |\gamma'(t)|\,dt \le |\gamma'(x_i)|\Delta x_i + \varepsilon \Delta x_i$$
$$= \left|\int_{x_{i-1}}^{x_i} \{\gamma'(t)+\gamma'(x_i)-\gamma'(t)\}\,dt\right| + \varepsilon\Delta x_i$$
$$\le \left|\int_{x_{i-1}}^{x_i} \gamma'(t)\,dt\right| + \left|\int_{x_{i-1}}^{x_i} \{\gamma'(x_i)-\gamma'(t)\}\,dt\right| + \varepsilon\Delta x_i$$
$$\le |\gamma(x_i)-\gamma(x_{i-1})| + 2\varepsilon\Delta x_i$$

이런 부등식들을 더하면, 다음을 얻는다.

$$\int_a^b |\gamma'(t)|\,dt \le \Lambda(P,\ \gamma) + 2\varepsilon(b-a)$$
$$\le \Lambda(\gamma) + 2\varepsilon(b-a)$$

$\varepsilon$이 임의이므로, 다음이 성립한다.

$$\int_a^b |\gamma'(t)|\,dt \le \Lambda(\gamma)$$

따라서 증명이 끝난다.

## 익힘 문제

**1.** $\alpha$는 $[a,\ b]$에서 증가하고, $a \le x_0 \le b$이며, $\alpha$는 $x_0$에서 연속이고, $f(x_0)=1$이며, $x \ne x_0$이면 $f(x)=0$이라 하자. 이때 $f \in \mathscr{R}(\alpha)$이고 $\int f\,d\alpha = 0$임을 증명하라.

**2.** $f \ge 0$이고, $f$는 $[a,\ b]$에서 연속이며, $\int_a^b f(x)\,dx = 0$이라 하자. 이때, 모든 $x \in [a,\ b]$에 대해 $f(x)=0$임을 증명하라. (익힘 문제 1과 비교하자.)

**3.** 세 함수 $\beta_1,\ \beta_2,\ \beta_3$을 다음과 같이 정의하자. $j=1,\ 2,\ 3$에 대해 $x<0$일 때 $\beta_j(x)=0$이고 $x>0$일 때 $\beta_j(x)=1$이며, $\beta_1(0)=0$, $\beta_2(0)=1$, $\beta_3(0)=\frac{1}{2}$이다. $f$는 $[-1,\ 1]$에서 갇힌 함수라 하자.

▸ 갇힌 = 유계인

(a) $f \in \mathscr{R}(\beta_1)$이기 위한 필요 충분 조건은 $f(0+)=f(0)$이고, 이때 다음이 성립함을 증명하라.

▸ ··· 위한 필요 충분 조건
= ··· 위해 필요하고 충분한 조건

$$\int f \, d\beta_1 = f(0)$$

(b) $\beta_2$에 대한 비슷한 결과를 서술하고 증명하라.

▸ … 위한 필요 충분 조건 = … 위해 필요하고 충분한 조건

(c) $f \in \mathscr{R}(\beta_3)$이기 위한 필요 충분 조건은 $f$가 0에서 연속인 경우임을 증명하라.

(d) $f$가 0에서 연속일 때, 다음이 성립함을 증명하라.

$$\int f \, d\beta_1 = \int f \, d\beta_2 = \int f \, d\beta_3 = f(0)$$

▸ 무비수 = 무리수, 유비수 = 유비수

**4.** 모든 무비수 $x$에 대해 $f(x) = 0$이고 모든 유비수 $x$에 대해 $f(x) = 1$일 때, 임의의 $a < b$에 대해 $[a, b]$에서 $f \notin \mathscr{R}$임을 증명하라.

**5.** $f$는 $[a, b]$에서 갇힌 실 함수이고, $[a, b]$에서 $f^2 \in \mathscr{R}$이라 하자. 이때 $f \in \mathscr{R}$인가? $f^3 \in \mathscr{R}$이라 가정하면, 답이 바뀌는가?

▸ 모음 = 집합

**6.** $P$는 2.44절에서 구성한 칸토어 모음이라 하자. $f$는 $[0, 1]$에서 갇힌 실 함수로, $P$에 속하지 않는 모든 점에서 연속이라 하자. 이때 $[0, 1]$에서 $f \in \mathscr{R}$임을 증명하라. **귀띔**: $P$는 유한개의 열린 구간들로 덮을 수 있는데, 이런 구간들의 전체 길이를 원하는 만큼 작게 할 수 있다. 정리 6.10에서와 같이 진행하자.

**7.** $f$는 $(0, 1]$에서의 실 함수이고 모든 $c > 0$에 대해 $[c, 1]$에서 $f \in \mathscr{R}$이라 하자. 아래 극한이 존재할 때(그리고 유한일 때) 다음과 같이 정의한다.

$$\int_0^1 f(x)\,dx = \lim_{c \to 0} \int_c^1 f(x)\,dx$$

(a) $[0, 1]$에서 $f \in \mathscr{R}$일 때, 적분에 대한 이 적분이 예전의 정의와 일치함을 보여라.

(b) 위의 극한이 존재하는 함수 $f$를 구성하라. 그렇지만 $f$ 대신에 $|f|$의 경우에는 이 극한이 존재하지 않도록 하라.

**8.** $a$는 고정되고 임의의 $b > a$에 대해 $[a, b]$에서 $f \in \mathscr{R}$라 하자. 아래 극한이 존재할 때(그리고 유한일 때) 다음과 같이 정의한다.

$$\int_a^\infty f(x)\,dx = \lim_{b \to \infty} \int_a^b f(x)\,dx$$

이런 경우에 좌변의 적분이 **수렴한다**고 한다. $f$를 $|f|$으로 바꾼 뒤에

도 역시 수렴할 때, 이것은 **절대(적으로) 수렴한다**고 한다.

$f(x) \geq 0$이고 $f$는 $[1, \infty)$에서 단조롭게 감소한다고 가정하자. 아래의 (44)가 수렴하기 위한 필요 충분 조건은 (45)가 수렴하는 경우임을 증명하라.

$$\int_1^\infty f(x)\,dx \tag{44}$$

$$\sum_{n=1}^\infty f(n) \tag{45}$$

(이것이 덧렬의 수렴에 대한 이른바 '적분 판정법'이다.)

**9.** 부분 적분법을 두 익힘 문제 7과 8에서 정의한 '특이' 적분에 종종 적용할 수 있음을 보여라. (적절한 가정을 서술하고 정리를 형식화하며 이를 증명하라.) 예를 들어 다음이 성립함을 보여라.

$$\int_0^\infty \frac{\cos x}{1+x}\,dx = \int_0^\infty \frac{\sin x}{(1+x)^2}\,dx$$

이 적분 중에서 하나는 절대적으로 수렴하지만, 다른 것은 그렇지 않음을 보여라.

**10.** $p$와 $q$는 다음과 같은 양의 실수라 하자.

$$\frac{1}{p}+\frac{1}{q}=1$$

다음 명제를 증명하라.

(a) $u \geq 0$이고 $v \geq 0$일 때, 다음이 성립한다.

$$uv \leq \frac{u^p}{p}+\frac{v^q}{q}$$

등호가 성립하기 위한 필요 충분 조건은 $u^p = v^q$인 경우이다.

(b) $f \in \mathscr{R}(\alpha)$, $g \in \mathscr{R}(\alpha)$, $f \geq 0$, $g \geq 0$이고 다음과 같다고 하자.

$$\int_a^b f^p\,d\alpha = 1 = \int_a^b g^q\,d\alpha$$

그러면 다음이 성립한다.

$$\int_a^b fg\,d\alpha \leq 1$$

**용어**

절대(적으로) 수렴한다 converge (absolutely)
적분 판정법 integral test
특이 적분 improper integral

▸ 단조롭게 감소한다 = 단조 감소한다

▸ … 위한 필요 충분 조건 = … 위해 필요하고 충분한 조건

▸ 덧렬 = 급수

**용어**

휠더의 부등식
Hölder's inequality

**수학자**

휠더(Otto Ludwig Hölder, 1859~1937) 도이칠란트 수학자

(c) $f$와 $g$가 $\mathscr{R}(\alpha)$에 속한 복소 함수이면, 다음이 성립한다.

$$\left|\int_a^b fg\,d\alpha\right| \leq \left\{\int_a^b |f|^p\,d\alpha\right\}^{1/p}\left\{\int_a^b |g|^q\,d\alpha\right\}^{1/q}$$

이것은 **휠더의 부등식**이다. $p=q=2$일 때, 이것은 통상 슈바르츠의 부등식이라 한다. (정리 1.35는 이것의 매우 특별한 경우임에 주목하자.)

(d) 휠더의 부등식은 두 익힘 문제 7과 8에서 설명한 '특이' 적분에 대해서도 참임을 보여라.

**11.** $\alpha$는 $[a, b]$에서 고정된 증가하는 함수라고 하자. $u \in \mathscr{R}(\alpha)$에 대해 다음과 같이 정의하자.

$$\|u\|_2 = \left\{\int_a^b |u|^2\,d\alpha\right\}^{1/2}$$

$f, g, h \in \mathscr{R}(\alpha)$라 가정하고, 정리 1.37의 증명에서와 같이 슈바르츠의 부등식의 결과로서 다음 삼각 부등식을 증명하라.

$$\|f-h\|_2 \leq \|f-g\|_2 + \|g-h\|_2$$

**12.** 익힘 문제 11의 표기법에 따라, $f \in \mathscr{R}(\alpha)$이고 $\varepsilon > 0$이라 가정하자. $[a, b]$에서의 적당한 연속 함수 $g$가 존재해서 $\|f-g\|_2 < \varepsilon$이 성립함을 증명하라.

**귀띔**: $P=\{x_0, \cdots, x_n\}$는 $[a, b]$의 적절한 분할이라 하고, $x_{i-1} \leq t \leq x_i$일 때 다음과 같이 정의하자.

$$g(t) = \frac{x_t - t}{\Delta x_i} f(x_{i-1}) + \frac{t - x_{i-1}}{\Delta x_i} f(x_i)$$

**13.** 다음과 같이 정의하자.

$$f(x) = \int_x^{x+1} \sin(t^2)\,dt$$

(a) $x>0$일 때 $|f(x)| < 1/x$임을 증명하라.

**귀띔**: $t^2 = u$로 놓고 부분 적분법으로 $f(x)$가 다음과 같음을 보여라.

$$\frac{\cos(x^2)}{2x} - \frac{\cos\{(x+1)^2\}}{2(x+1)} - \int_{x^2}^{(x+1)^2} \frac{\cos u}{4u^{3/2}}\,du$$

$\cos u$를 $-1$로 바꾸자.

(b) 다음이 성립함을 증명하라.

$$2xf(x) = \cos(x^2) - \cos\{(x+1)^2\} + r(x)$$

여기서 $|r(x)| < c/x$이고 $c$는 상수이다.

(c) $x \to \infty$일 때 $xf(x)$의 상극한과 하극한을 찾아라.

(d) $\int_0^\infty \sin(t^2)\,dt$는 수렴하는가?

**14.** 다음을 마찬가지로 다루자.

$$f(x) = \int_x^{x+1} \sin(e^t)\,dt$$

다음 부등식과 등식이 성립함을 보여라.

$$e^x|f(x)| < 2,$$
$$e^x f(x) = \cos(e^x) - e^{-1}\cos(e^{x+1}) + r(x)$$

여기서 어떤 상수 $C$에 대해 $|r(x)| < Ce^{-x}$이다.

**15.** $f$는 $[a, b]$에서 연속적으로 미분할 수 있는 실 함수이고, $f(a) = f(b) = 0$이며, 다음과 같다고 하자.

▸ 미분할 수 있다 = 미분 가능하다

$$\int_a^b f^2(x)\,dx = 1$$

다음이 성립함을 증명하라.

$$\int_a^b xf(x)f'(x)\,dx = -\frac{1}{2},$$
$$\int_a^b \{f'(x)\}^2\,dx \cdot \int_a^b x^2 f^2(x)\,dx > \frac{1}{4}$$

**16.** $1 < s < \infty$에 대해 다음과 같이 정의하자.

$$\zeta(s) = \sum_{n=1}^{\infty} \frac{1}{n^s}$$

(이것이 바로 리만의 제타 함수인데, 씨수의 분포에 대한 연구에서 대단히 중요하다.) $[x]$는 $x$보다 크지 않은 가장 큰 옹근 수를 나타낼 때, 다음을 증명하라.

**용어**

리만의 제타 함수
Riemann's zeta function

▸ 씨수 = 소수,
옹근 수 = 정수

(a) $\zeta(s) = s\int_1^\infty \frac{[x]}{x^{s+1}}\,dx$

(b) $\zeta(s) = \frac{s}{s-1} - s\int_1^\infty \frac{x-[x]}{x^{s+1}}\,dx$

(b)에서의 적분이 모든 $s>0$에 대해 수렴함을 증명하라.

**귀띔** : (a)를 증명하기 위해서, $[1, N]$ 위에서의 적분과 $\zeta(s)$를 정의하는 덧렬의 $N$째 부분 합 사이의 차를 셈하라.

▸ 덧렬 = 급수

▸ 단조롭게 감소한다 = 단조 감소한다

**17.** $\alpha$는 $[a, b]$에서 단조롭게 증가하고, $g$는 연속이며, $a \le x \le b$에 대해 $g(x) = G'(x)$라 하자. 이때, 다음이 성립함을 증명하라.

$$\int_a^b \alpha(x)g(x)\,dx = G(b)\alpha(b) - G(a)\alpha(a) - \int_a^b G\,d\alpha$$

**귀띔** : 일반성을 잃지 않고 $g$를 실 함수로 택하자. 주어진 $P=\{x_0, x_1, \cdots, x_n\}$에 대해 $t_i \in (x_{i-1}, x_i)$를 $g(t_i)\Delta x_i = G(x_i) - G(x_{i-1})$가 성립하도록 선택하자. 다음이 성립함을 보여라.

$$\sum_{t=1}^{n} \alpha(x_i)g(t_i)\Delta x_i = G(b)\alpha(b) - G(a)\alpha(a) - \sum_{i=1}^{n} G(x_{i-1})\Delta\alpha_i$$

**18.** $\gamma_1$, $\gamma_2$, $\gamma_3$은 복소 평면에서의 곡선으로 $[0, 2\pi]$에서 다음과 같이 정의되어 있다고 하자.

$$\gamma_1(t) = e^{it}, \quad \gamma_2(t) = e^{2it}, \quad \gamma_3(t) = e^{2\pi it\sin(1/t)}$$

이 세 곡선의 치역이 모두 같고, $\gamma_1$과 $\gamma_2$는 길이를 찾을 수 있는데 $\gamma_1$의 길이는 $2\pi$이고 $\gamma_2$의 길이는 $4\pi$이며, $\gamma_3$은 길이를 찾을 수 없다는 사실을 보여라.

**19.** $\gamma_1$은 $[a, b]$에서 정의된 $R^k$에서의 곡선이고, $\phi$는 $[c, d]$에서 $[a, b]$ 위로의 일대일 연속 사상으로 $\phi(c) = a$라 하자. $\gamma_2(s) = \gamma_1(\phi(s))$로 정의하자. $\gamma_2$가 호 또는 닫힌 곡선 또는 길이를 찾을 수 있는 곡선이기 위한 필요 충분 조건은 $\gamma_1$에 대해 똑같은 사실이 참인 경우임을 증명하라. $\gamma_2$와 $\gamma_1$의 길이가 서로 같음을 증명하라.

▸ … 위한 필요 충분 조건 = … 위해 필요하고 충분한 조건

07

# 함수들의 열과 덧렬

Sequences and Series of Functions

이번 장에서는 복소수값 함수만을 (물론, 실수값 함수를 포함해서) 알아본다. 그렇지만 뒤에 나오는 많은 정리와 증명은 벡터값 함수와 심지어 일반적인 거리 공간으로의 사상으로 어려움 없이 확장할 수 있다. 이렇게 단순한 체제 안에 머무르는 이유는, 극한 과정들을 맞바꿀 때 나타나는 문제들의 매우 중요한 면에 관심을 집중하기 위해서이다.

## 주요 문제에 대한 논의

### 7.1 정의

$\{f_n\}$ $(n=1, 2, 3, \cdots)$은 모음 $E$에서 정의된 함수들의 열이고, 각 $x \in E$에 대해 수들의 열 $\{f_n(x)\}$은 수렴한다고 하자. 그러면 다음과 같이 함수 $f$를 정의할 수 있다.

▸ 모음 = 집합

(1) $$f(x) = \lim_{n \to \infty} f_n(x) \quad (x \in E)$$

이런 이런 상황에서 $\{f_n\}$은 $E$에서 수렴한다고 하고, $f$는 $\{f_n\}$의 **극한** 또는 **극한 함수**라 한다. 종종 좀 더 서술적인 용어를 사용하는데, (1)이 성립할 때 "$\{f_n\}$은 $E$에서 $f$에 점마다 수렴한다."고 말하겠다. 마찬가지로, 각 $x \in E$에 대해 $\Sigma f_n(x)$가 수렴할 때 다음과 같이 정의하자.

**용어**

극한 limit
극한 함수 limit function
점마다, 점별 pointwise
합 sum

(2) $$f(x) = \sum_{n=1}^{\infty} f_n(x) \quad (x \in E)$$

이때, 함수 $f$를 덧렬 $\Sigma f_n$의 **합**이라 한다.

▸ 덧렬 = 급수

여기서 제기되는 주요한 문제는 두 극한 연산 (1)과 (2) 다음에서 함수

▸ 미분할 수 있다
= 미분 가능하다,
적분할 수 있다
= 적분 가능하다

들의 어떤 중요한 성질들이 보존되는지를 결정하는 것이다. 예를 들면, 함수 $f_n$들이 연속이거나 미분할 수 있거나 적분할 수 있을 때, 극한 함수도 그와 똑같을까? 이를테면 $f_n{}'$와 $f'$ 사이의 관계 또는 $f_n$과 $f$의 적분 사이의 관계는 무엇일까?

$f$가 $x$에서 연속이라는 말은 다음이 성립함을 뜻한다.

$$\lim_{t \to x} f(t) = f(x)$$

▸ 연속 함수들의 열
= sequence of continuous functions

그러므로 연속 함수들의 열의 극한이 연속인지를 묻는 것은 다음이 성립하는지를 묻는 것과 똑같다.

$$\lim_{t \to x} \lim_{n \to \infty} f_n(t) = \lim_{n \to \infty} \lim_{t \to x} f_n(t) \tag{3}$$

곧, 극한 과정들을 시행하는 순서가 중요하지 않은지를 묻는 것과 똑같다. (3)의 좌변에서는 먼저 $n \to \infty$로 한 다음에 $t \to x$로 한다. 우변에서는 먼저 $t \to x$로 한 다음에 $n \to \infty$로 한다.

이제 몇 개의 예를 통해서 일반적으로 극한 과정들을 맞바꾸면 그 결과에 영향을 줄 수 있음을 보이겠다. 그 뒤에 어떤 특정한 조건에서는 극한 연산들을 시행하는 순서가 중요하지 않음을 증명하겠다.

## 7.2 보기

$m = 1, 2, 3, \cdots$과 $n = 1, 2, 3, \cdots$에 대해 다음과 같이 놓자.

$$s_{m,n} = \frac{m}{m+n}$$

그러면 고정된 각 $n$에 대해 다음을 얻는다.

$$\lim_{m \to \infty} s_{m,n} = 1$$

그러므로 다음이 성립한다.

$$\lim_{n \to \infty} \lim_{m \to \infty} s_{m,n} = 1 \tag{4}$$

반면에, 고정된 각 $m$에 대해 다음을 얻는다.

$$\lim_{n \to \infty} s_{m,n} = 0$$

그러므로 다음이 성립한다.

(5) $$\lim_{m\to\infty}\lim_{n\to\infty} s_{m,n}=0$$

## 7.3 보기

다음과 같이 놓자.

$$f_n(x)=\frac{x^2}{(1+x^2)^n} \qquad (x\text{는 실수}, \quad n=0,\ 1,\ 2,\ \cdots)$$

그리고 다음을 생각하자.

(6) $$f(x)=\sum_{n=0}^{\infty} f_n(x)=\sum_{n=0}^{\infty}\frac{x^2}{(1+x^2)^n}$$

$f_n(0)=0$이므로, $f(0)=0$이다. $x\neq 0$에 대해, (6)에서의 마지막 덧렬은 수렴하는 등비 덧렬로 그 합은 $1+x^2$이다(정리 3.26). 그러므로 다음을 얻는다.

▸ 덧렬 = 급수

(7) $$f(x)=\begin{cases}0 & (x=0)\\ 1+x^2 & (x\neq 0)\end{cases}$$

이에 따라 연속 함수들의 수렴하는 덧렬의 합이 불연속일 수 있다.

## 7.4 보기

$m=1,\ 2,\ 3,\ \cdots$에 대해 다음과 같이 놓자.

$$f_m(x)=\lim_{n\to\infty}(\cos m!\,\pi x)^{2n}$$

$m!x$가 옹근 수일 때 $f_m(x)=1$이다. $x$의 다른 값에 대해서는 $f_m(x)=0$이다. 이제 다음과 같이 놓자.

▸ 옹근 수 = 정수

$$f(x)=\lim_{m\to\infty} f_m(x)$$

$x$가 무비수일 때, 모든 $m$에 대해 $f_m(x)=0$이고 이에 따라 $f(x)=0$이다. $x$가 유비수일 때, 이를테면 두 옹근 수 $p$와 $q$에 대해 $x=p/q$일 때, $m\geq q$이면 $m!x$는 옹근 수이므로 $f(x)=1$이다. 그러므로 다음을 얻는다.

▸ 유비수 = 유리수, 무비수 = 무리수

(8) $$\lim_{m\to\infty}\lim_{n\to\infty}(\cos m!\,\pi x)^{2n}=\begin{cases}0 & (x\text{는 무비수})\\ 1 & (x\text{는 유비수})\end{cases}$$

▸ 적분할 수 없다
= 적분 불가능하다

이에 따라 어느 점에서나 불연속인 극한 함수를 얻는데, 이 극한 함수는 리만 적분할 수 없다(보기 4, 제6장).

### 7.5 보기

$n=1, 2, 3, \cdots$에 대한 $f_n$과 $f$를 다음과 같이 놓자.

(9)
$$f_n(x)=\frac{\sin nx}{\sqrt{n}} \quad (x\text{는 실수}),$$
$$f(x)=\lim_{n\to\infty} f_n(x)=0$$

그러므로 $f'(x)=0$ 인데, $f_n{}'$는 다음과 같다.

$$f_n{}'(x)=\sqrt{n}\cos nx$$

이에 따라 $\{f_n{}'\}$은 $f'$에 수렴하지 않는다. 예를 들면, $n\to\infty$ 일 때 다음이 성립한다.

$$f_n{}'(0)=\sqrt{n}\to+\infty$$

반면에 $f'(0)=0$이다.

### 7.6 보기

다음과 같이 놓자.

(10)
$$f_n(x)=n^2x(1-x^2)^n \quad (0\le x\le 1, \quad n=1, 2, 3, \cdots)$$

$0<x\le 1$에 대해 정리 3.20(d)에 의해 다음이 성립한다.

$$\lim_{n\to\infty} f_n(x)=0$$

$f_n(0)=0$이므로, 다음을 알 수 있다.

(11)
$$\lim_{n\to\infty} f_n(x)=0 \quad (0\le x\le 1)$$

간단한 셈을 통해 다음을 알 수 있다.

$$\int_0^1 x(1-x^2)^n\,dx=\frac{1}{2n+2}$$

그러므로 (11)에도 불구하고 $n\to\infty$ 일 때 다음이 성립한다.

$$\int_0^1 f_n(x)\,dx = \frac{n^2}{2n+2} \to +\infty$$

(10)에서 $n^2$을 $n$으로 바꾸면, (11)이 여전히 성립하지만, 이제 다음을 얻는다.

$$\lim_{n\to\infty}\int_0^1 f_n(x)\,dx = \lim_{n\to\infty}\frac{n}{2n+2} = \frac{1}{2}$$

반면에, 다음을 얻는다.

$$\int_0^1 \left\{\lim_{n\to\infty} f_n(x)\right\} dx = 0$$

그러므로 적분의 극한은 극한의 적분과 같지 않을 수 있는데, 두 극한이 모두 유한인 경우에도 그렇다.

앞에서 극한 과정들을 부주의하게 맞바꿀 때 잘못될 수 있음을 보여주는 이런 보기들을 제시했다. 이제 정의 7.1에서 정의한 점마다 수렴보다 더 강한 새로운 방식의 수렴을 정의한다.

## 고른 수렴

### 7.7 정의

함수들의 열 $\{f_n\}$ $(n=1, 2, 3, \cdots)$이 $E$에서 함수 $f$에 **고르게 수렴한다**고 하는 것은, 임의의 $\varepsilon > 0$에 대해 적당한 자연수 $N$이 존재해서 $n \geq N$이면 모든 $x \in E$에 대해 다음이 성립하는 경우이다.

(12) $$|f_n(x) - f(x)| \leq \varepsilon$$

**용어**
고른 수렴
uniform convergence
고르게 수렴한다
converge uniformly
고르게 수렴하는
uniformly convergent

분명히, 고르게 수렴하는 열은 점마다 수렴한다. 아주 명확하게, 두 개념 사이의 차이는 다음과 같다. $\{f_n\}$이 $E$에서 점마다 수렴하면, 적당한 함수 $f$가 존재해서 임의의 $\varepsilon > 0$에 대해 그리고 각 $x \in E$에 대해 $\varepsilon$과 $x$에 따라 결정되는 적당한 자연수 $N$이 존재해서 $n \geq N$이면 (12)가 성립한다. $\{f_n\}$이 $E$에서 고르게 수렴하면, 임의의 $\varepsilon > 0$에 대해 모든 $x \in E$에 대해 성립하는 하나의 자연수 $N$을 찾을 수 있다.

▸ $N = N(\varepsilon, x)$

▸ $N = N(\varepsilon)$

덧렬 $\sum f_n(x)$가 $E$에서 고르게 수렴한다는 것은, 다음과 같이 정의된 부분 합들의 열 $\{s_n\}$이 $E$에서 고르게 수렴하는 경우이다.

▸ 덧렬 = 급수

$$\sum_{i=1}^{n} f_i(x) = s_n(x)$$

고른 수렴에 대한 코시 판정법은 다음과 같다.

### 7.8 정리

▸… 위한 필요 충분 조건
= … 위해 필요하고 충분한 조건

$E$에서 정의된 함수들의 열 $\{f_n\}$이 $E$에서 고르게 수렴하기 위한 필요 충분 조건은 임의의 $\varepsilon > 0$에 대해 적당한 자연수 $N$이 존재해서 $m \geq N$이고 $n \geq N$이며 $x \in E$이면 다음이 성립하는 경우이다.

$$|f_n(x) - f_m(x)| \leq \varepsilon \tag{13}$$

**증명** $\{f_n\}$은 $E$에서 고르게 수렴한다고 하고, $f$는 극한 함수라 하자. 그러면 적당한 자연수 $N$이 존재해서 $n \geq N$이고 $x \in E$이면 다음이 성립한다.

$$|f_n(x) - f(x)| \leq \frac{\varepsilon}{2}$$

그러므로 $n \geq N$이고 $m \geq N$이며 $x \in E$이면 다음이 성립한다.

$$|f_n(x) - f_m(x)| \leq |f_n(x) - f(x)| + |f(x) - f_m(x)| \leq \varepsilon$$

역으로, 코시 조건이 성립한다고 하자. 정리 3.11에 의해 각 $x$에 대해 열 $\{f_n(x)\}$는 $f(x)$라 부를 수 있는 극한에 수렴한다. 그러므로 열 $\{f_n\}$은 $E$에서 $f$에 수렴한다. 이것이 고른 수렴임을 증명해야 한다.

$\varepsilon > 0$이 주어졌다고 하자. $N$을 (13)이 성립하도록 선택하자. $n$을 고정하고 (13)에서 $m \to \infty$로 놓자. $m \to \infty$일 때 $f_m(x) \to f(x)$이므로, 모든 $n \geq N$과 모든 $x \in E$에 대해 다음이 성립한다.

$$|f_n(x) - f(x)| \leq \varepsilon \tag{14}$$

이것으로 증명이 끝난다.

다음 판정법이 때때로 쓸모 있다.

## 7.9 정리

다음이 성립한다고 가정하자.

$$\lim_{n\to\infty} f_n(x) = f(x) \quad (x \in E)$$

다음과 같이 놓자.

$$M_n = \sup_{x \in E} |f_n(x) - f(x)|$$

그러면 $E$에서 고르게 $f_n \to f$이기 위한 필요 충분 조건은 $n \to \infty$일 때 $M_n \to 0$인 경우이다.

▸ 고르게 $f_n \to f$이다
= $\{f_n\}$은 $f$에 고르게 수렴한다
= $f_n \rightrightarrows f$

▸ … 위한 필요 충분 조건
= … 위해 필요하고 충분한 조건

이것은 정의 7.7의 즉각적인 결과이므로, 자세한 증명은 생략한다.

▸ 덧렬 = 급수

덧렬의 경우에, 다음과 같이 고른 수렴에 대한 매우 간편한 판정법이 있는데, 바이어슈트라스에 의한 것이다.

## 7.10 정리

$\{f_n\}$은 $E$에서 정의된 함수들의 열이고, 다음이 성립한다고 하자.

$$|f_n(x)| \le M_n \quad (x \in E, \quad n = 1, 2, 3, \cdots)$$

이때 $\sum M_n$이 수렴하면, $\sum f_n$은 $E$에서 고르게 수렴한다.

▸ 정리 7.10을 통상 바이어슈트라스의 M판정법이라 한다.

역이 서술되지 않았음에 유의하자. (실제로 역은 참이 아니다.)

**증명** $\sum M_n$이 수렴하면, 임의의 $\varepsilon > 0$에 대해 $m$과 $n$이 충분히 크면 다음이 성립한다.

$$\left| \sum_{i=n}^{m} f_i(x) \right| \le \sum_{i=n}^{m} M_i \le \varepsilon \quad (x \in E)$$

이제 고른 수렴은 정리 7.8로부터 유도된다.

▸ 부분 모음 = 부분집합, 쌓인 점 = 극한점 = 집적점

## 고른 수렴과 연속

### 7.11 정리

거리 공간의 부분 모음 $E$에서 고르게 $f_n \to f$이라 하자. $x$는 $E$의 쌓인 점이라 하고, 다음과 같다고 하자.

$$\lim_{t \to x} f_n(t) = A_n \quad (n = 1,\ 2,\ 3,\ \cdots) \tag{15}$$

그러면 $\{A_n\}$은 수렴하고 다음이 성립한다.

$$\lim_{t \to x} f(t) = \lim_{n \to \infty} A_n \tag{16}$$

바꿔 말하면, 결론은 다음과 같다.

$$\lim_{t \to x} \lim_{n \to \infty} f_n(t) = \lim_{n \to \infty} \lim_{t \to x} f_n(t) \tag{17}$$

**증명** $\varepsilon > 0$이 주어졌다고 하자. $\{f_n\}$이 고르게 수렴하므로, 적당한 자연수 $N$이 존재해서 $n \geq N$이고 $m \geq N$이며 $t \in E$이면 다음이 성립한다.

$$|f_n(t) - f_m(t)| \leq \varepsilon \tag{18}$$

(18)에서 $t \to x$로 하면, $n \geq N$과 $m \geq N$에 대해 다음을 얻는다.

$$|A_n - A_m| \leq \varepsilon$$

그러면 $\{A_n\}$은 코시 열이고, 이에 따라 이를테면 $A$에 수렴한다.

이제, 다음을 생각하자.

$$|f(t) - A| \leq |f(t) - f_n(t)| + |f_n(t) - A_n| + |A_n - A| \tag{19}$$

먼저 $n$을 (고르게 수렴하기 때문에 가능한데) 모든 $t \in E$에 대해 다음 (20)과 (21)이 성립하도록 선택하자.

$$|f(t) - f_n(t)| \leq \frac{\varepsilon}{3}, \tag{20}$$

$$|A_n - A| \leq \frac{\varepsilon}{3} \tag{21}$$

▸ 이웃 = 근방

그러므로 이런 $n$에 대해 $x$의 이웃 $V$를 $t \in V \cap E$이고 $t \neq x$일 때

다음이 성립하도록 선택하자.

$$|f_n(t) - A_n| \le \frac{\varepsilon}{3} \tag{22}$$

세 부등식 (20), (21), (22)를 (19)에 대입하면, $t \in V \cap E$이고 $t \ne x$일 때 다음이 성립함을 알 수 있다.

$$|f(t) - A| \le \varepsilon$$

이것은 (16)과 동치이다.

### 7.12 정리

$\{f_n\}$이 $E$에서의 연속 함수들의 열이고 $E$에서 고르게 $f_n \to f$이면, $f$는 $E$에서 연속이다.

▸ 연속 함수들의 열 = sequence of continuos functions

이 매우 중요한 결과는 정리 7.11의 즉각적인 따름 정리이다.

이것의 역은 참이 아니다. 곧, 연속 함수들의 열이 고르게 수렴하지 않아도 연속 함수에 수렴할 수 있다. 보기 7.6은 이런 종류의 예이다. (이를 알아보기 위해 정리 7.9를 적용하자.) 그러나 역을 주장할 수 있는 경우가 있다.

### 7.13 정리

$K$는 옹골지고 다음과 같다고 하자.

(a) $\{f_n\}$은 $K$에서 연속 함수들의 열이다.

(b) $\{f_n\}$은 $K$에서 연속 함수 $f$에 점마다 수렴한다.

(c) 모든 $x \in K$와 $n = 1, 2, 3, \cdots$에 대해 $f_n(x) \ge f_{n+1}(x)$이다.

그러면 $K$에서 고르게 $f_n \to f$이다.

▸ 옹골지다 = be compact

**증명** $g_n = f_n - f$로 놓자. 그러면 $g_n$은 연속이고 점마다 $g_n \to 0$이며 $g_n \ge g_{n+1}$이다. $K$에서 고르게 $g_n \to 0$임을 증명해야 한다.

$\varepsilon > 0$이 주어졌다고 하자. $K_n$은 $x \in K$ 중에서 $g_n(x) \ge \varepsilon$인 것 전체의 모음이라고 하자. $g_n$이 연속이므로, $K_n$은 닫혀 있고(정리 4.8) 이에 따라 옹골지다(정리 2.35). $g_n \ge g_{n+1}$이므로, $K_n \supset$

▸ $K_n = \{x \in K \mid g_n(x) \ge \varepsilon\}$

▸ 모음 = 집합

$K_{n+1}$이 성립한다. $x \in K$를 고정하자. $g_n(x) \to 0$이므로, $n$이 충분히 크면 $x \notin K_n$임을 알 수 있다. 그러므로 $x \notin \cap K_n$이다. 바꿔 말하면 $\cap K_n$은 비어 있다. 이에 따라 어떤 $N$에 대해 $K_N$은 비어 있다(정리 2.36). 따라서 모든 $x \in K$와 모든 $n \geq N$에 대해 $0 \leq g_n(x) < \varepsilon$이 성립한다. 이에 따라 정리가 증명된다.

▸ 비어 있다 = be empty

여기서 옹골지다는 성질이 실제로 필요함에 유의하자. 예를 들어 다음과 같다고 하자.

$$f_n(x) = \frac{1}{nx+1} \qquad (0 < x < 1, \quad n = 1, 2, 3, \cdots)$$

그러면 $(0, 1)$에서 단조롭게 $f_n(x) \to 0$이지만, 고르게 수렴하지는 않는다.

## 7.14 정의

▸ 갇힌 = 유계인,
갇혀 있다 = 유계이다

**용어**
상한 대중, 상한 노름
supremum norm

$X$가 거리 공간일 때, $\mathscr{C}(X)$는 정의역이 $X$인 연속이고 갇힌 복소수값 함수 전체의 모음을 나타낸다.

[$X$가 옹골지면, 갇혀 있다는 성질은 필요하지 않음에 주목하자(정리 4.15). 그러므로 $X$가 옹골지면, $\mathscr{C}(X)$는 $X$에서 연속인 복소수값 함수 전체로 이루어진다.]

각 $f \in \mathscr{C}(X)$에 다음과 같은 **상한 대중**[상한 노름]을 대응시킨다.

$$\|f\| = \sup_{x \in X} |f(x)|$$

$f$가 갇혀 있다고 가정하므로, $\|f\| < \infty$이다. 분명히 $\|f\| = 0$는 모든 $x \in X$에 대해 $f(x) = 0$일 때만, 곧 $f = 0$일 때만 성립한다. $h = f + g$이면 모든 $x \in X$에 대해 다음이 성립한다.

$$|h(x)| \leq |f(x)| + |g(x)| \leq \|f\| + \|g\|$$

그러므로 다음을 얻는다.

$$\|f + g\| \leq \|f\| + \|g\|$$

$f \in \mathscr{C}(X)$와 $g \in \mathscr{C}(X)$ 사이의 거리를 $\|f - g\|$로 정의하면, 거리에 대한 공리 2.15가 충족된다.

이에 따라 $\mathscr{C}(X)$를 거리 공간으로 만들었다.

정리 7.9는 다음과 같이 바꿔 말할 수 있다.

열 $\{f_n\}$이 $\mathscr{C}(X)$의 거리에 관해 $f$에 수렴하기 위한 필요 충분 조건은 $X$에서 고르게 $f_n \to f$인 경우이다.

▸ … 위한 필요 충분 조건
= … 위해 필요하고 충분한 조건

따라서 $\mathscr{C}(X)$의 닫힌 부분 모음을 때때로 **고르게 닫혀 있다**고 하고, 모든 $\mathscr{A} \subset \mathscr{C}(X)$의 닫개를 **고른 닫개**라 한다.

▸ 부분 모음 = 부분집합,
닫개 = 폐포

**용어**

고르게 닫힌[닫혀 있다]
[be] uniformly closed
고른 닫개, 고른 폐포
uniform closure

## 7.15 정리

앞의 거리는 $\mathscr{C}(X)$를 완비 거리 공간으로 만든다.

**증명** $\{f_n\}$을 $\mathscr{C}(X)$에서의 코시 열이라고 하자. 이에 따라 임의의 $\varepsilon > 0$에 대응하는 자연수 $N$이 존재해서 $n \geq N$이고 $m \geq N$이면 $\|f_n - f_m\| < \varepsilon$이 성립한다. 그러므로 (정리 7.8에 의해) 정의역이 $X$인 함수 $f$가 존재해서 $\{f_n\}$이 $f$에 고르게 수렴한다. 정리 7.12에 의해 $f$는 연속이다. 게다가 $f$는 갇혀 있는데, 적당한 자연수 $n$이 존재해서 모든 $x \in X$에 대해 $|f(x) - f_n(x)| < 1$이고 $f_n$은 갇혀 있기 때문이다.

▸ 갇혀 있다 = 유계이다

그러므로 $f \in \mathscr{C}(X)$이고 $X$에서 고르게 $f_n \to f$이므로, $n \to \infty$일 때 $\|f - f_n\| \to 0$이다.

# 고른 수렴과 적분

## 7.16 정리

$\alpha$는 $[a, b]$에서 단조롭게 증가한다고 하자. $n=1, 2, 3, \cdots$에 대해 $[a, b]$에서 $f_n \in \mathscr{R}(\alpha)$이고 $[a, b]$에서 고르게 $f_n \to f$이라고 하자. 그러면 $[a, b]$에서 $f \in \mathscr{R}(\alpha)$이고 다음이 성립한다.

$$\int_a^b f\, d\alpha = \lim_{n \to \infty} \int_a^b f_n\, d\alpha \tag{23}$$

▸ 단조롭게 증가한다
= 단조 증가한다

▸ 적분할 수 있는 함수들의 열
= sequence of integrable functions

(극한의 존재는 결론의 일부이다.)

**증명** 이것을 실수값 함수 $f_n$에 대해 증명하면 충분하다. 다음과 같이 놓자.

$$\varepsilon_n = \sup|f_n(x) - f(x)| \tag{24}$$

여기서 상한은 $a \le x \le b$ 위에서 취한다. 그러면 다음이 성립한다.

$$f_n - \varepsilon_n \le f \le f_n + \varepsilon_n$$

이에 따라 $f$의 상적분과 하적분(정의 6.2)은 다음을 만족시킨다.

$$\int_a^b (f_n - \varepsilon_n)\,d\alpha \le \underline{\int} f\,d\alpha \le \overline{\int} f d\alpha \le \int_a^b (f_n + \varepsilon_n)\,d\alpha \tag{25}$$

그러므로 다음을 얻는다.

$$0 \le \overline{\int} f\,d\alpha - \underline{\int} f\,d\alpha \le 2\varepsilon_n\{\alpha(b) - \alpha(a)\}$$

$n \to \infty$일 때 $\varepsilon_n \to 0$이므로(정리 7.9), $f$의 상적분과 하적분은 서로 같다.

따라서 $f \in \mathscr{R}(\alpha)$이다. (25)의 또 다른 응용으로 다음을 얻는다.

$$\left|\int_a^b f\,d\alpha - \int_a^b f_n\,d\alpha\right| \le \varepsilon_n\{\alpha(b) - \alpha(a)\} \tag{26}$$

그러므로 (23)이 증명된다.

### 따름 정리

▸ 덧렬 = 급수

$[a, b]$에서 $f_n \in \mathscr{R}(\alpha)$이고 다음 덧렬은 $[a, b]$에서 고르게 수렴한다고 하자.

$$f(x) = \sum_{n=1}^{\infty} f_n(x) \qquad (a \le x \le b)$$

그러면 다음이 성립한다.

$$\int_a^b f\,d\alpha = \sum_{n=1}^{\infty} \int_a^b f_n\,d\alpha$$

▸ 적분할 수 있다
= 적분 가능하다

바꿔 말하면, 이 덧렬을 항별로 적분할 수 있다.

## 고른 수렴과 미분

보기 7.5에서 이미 알아본 대로, $\{f_n\}$의 고른 수렴은 열 $\{f_n'\}$에 대해서는 아무것도 알려주지 않는다. 그러므로 $f_n \to f$일 때 $f_n' \to f'$이라고 주장하기 위해서는 더 강한 가정이 요구된다.

### 7.17 정리

$\{f_n\}$은 $[a, b]$에서 미분할 수 있는 함수들의 열이고 $[a, b]$에 속한 어떤 점 $x_0$에 대해 $\{f_n(x_0)\}$이 수렴한다고 하자. $\{f_n'\}$이 $[a, b]$에서 고르게 수렴하면, $\{f_n\}$은 $[a, b]$에서 함수 $f$에 고르게 수렴하고 다음이 성립한다.

(27) $$f'(x) = \lim_{n \to \infty} f_n'(x) \quad (a \le x \le b)$$

▸ 미분할 수 있다 = 미분 가능하다

▸ 미분할 수 있는 함수들의 열 = sequence of differentiable functions

**증명** $\varepsilon > 0$이 주어졌다고 하자. 자연수 $N$을 $n \ge N$이고 $m \ge N$이면 다음 (28)과 (29)가 성립하도록 선택하자.

(28) $$|f_n(x_0) - f_m(x_0)| < \frac{\varepsilon}{2},$$

(29) $$|f_n'(t) - f_m'(t)| < \frac{\varepsilon}{2(b-a)} \quad (a \le t \le b)$$

평균값 정리 5.19를 함수 $f_n - f_m$에 적용하면, (29)는 $n \ge N$이고 $m \ge N$일 때 $[a, b]$에 속한 임의의 $x$와 $t$에 대해 다음이 성립함을 보여준다.

(30) $$|f_n(x) - f_m(x) - f_n(t) + f_m(t)| \le \frac{|x-t|\varepsilon}{2(b-a)} \le \frac{\varepsilon}{2}$$

다음 부등식을 생각하자.

$$|f_n(x) - f_m(x)| \le |f_n(x) - f_m(x) - f_n(x_0) + f_m(x_0)| + |f_n(x_0) - f_m(x_0)|$$

이에 따라 (28)과 (30)로부터 다음을 알 수 있다.

$$|f_n(x) - f_m(x)| < \varepsilon \quad (a \le x \le b,\ n \ge N,\ m \ge N)$$

그러므로 $\{f_n\}$은 $[a, b]$에서 고르게 수렴한다. 다음과 같이 놓자.

$$f(x)=\lim_{n\to\infty} f_n(x) \qquad (a \le x \le b)$$

이제 $[a, b]$에 속한 점 $x$를 고정하고 $a \le t \le b$인 $t \ne x$에 대해 다음과 같이 정의하자.

$$\phi_n(t)=\frac{f_n(t)-f_n(x)}{t-x}, \qquad \phi(t)=\frac{f(t)-f(x)}{t-x} \tag{31}$$

그러면 다음을 얻는다.

$$\lim_{t\to x}\phi_n(t)=f_n{}'(x) \qquad (n=1,\ 2,\ 3,\ \cdots) \tag{32}$$

(30)에서 첫째 부등식은 다음이 성립함을 보여준다.

$$|\phi_n(t)-\phi_m(t)| \le \frac{\varepsilon}{2(b-a)} \qquad (n \ge N,\ m \ge N)$$

그러므로 $\{\phi_n\}$은 $t \ne x$에 대해 고르게 수렴한다. $\{f_n\}$이 $f$에 수렴하므로, (31)로부터 다음이 $a \le t \le b$인 $t \ne x$에 대해 고르게 수렴한다는 결론을 얻는다.

$$\lim_{n\to\infty}\phi_n(t)=\phi(t) \tag{33}$$

이제 정리 7.11을 $\{\phi_n\}$에 적용하면, (32)와 (33)은 다음이 성립함을 보여준다.

$$\lim_{t\to x}\phi(t)=\lim_{n\to\infty} f_n{}'(x)$$

그런데 $\phi(t)$의 정의에 의해 이것은 (27)이다.

**일러두기**: 앞의 가정에 함수 $f_n{}'$들이 연속이라는 조건을 덧붙이면, 정리 7.16과 미분 적분학의 기본 정리에 근거해서 (27)을 훨씬 더 짧게 증명할 수 있다.

## 7.18 정리

▸ 미분할 수 없다
= 미분 불가능하다

실 직선에서 어느 점에서도 미분할 수 없는 연속인 실 함수가 존재한다.

증명 다음과 같이 정의하자.

(34) $$\varphi(x) = |x| \quad (-1 \le x \le 1)$$

그리고 $\varphi(x)$의 정의역을 다음과 같은 조건으로 확장하자.

(35) $$\varphi(x+2) = \varphi(x)$$

그러면 모든 $s$와 $t$에 대해 다음이 성립한다.

(36) $$|\varphi(s) - \varphi(t)| \le |s-t|$$

특히, $\varphi$는 $R^1$에서 연속이다. 다음과 같이 정의하자.

(37) $$f(x) = \sum_{n=0}^{\infty} \left(\frac{3}{4}\right)^n \varphi(4^n x)$$

$0 \le \varphi \le 1$이므로, 정리 7.10에 의해 덧렬 (37)은 $R^1$에서 고르게 수렴한다. 정리 7.12에 의해 $f$는 $R^1$에서 연속이다.

▸덧렬 = 급수

이제 실수 $x$와 자연수 $m$을 고정하자. 다음과 같이 놓자.

(38) $$\delta_m = \pm \tfrac{1}{2} \cdot 4^{-m}$$

여기서 부호는 $4^m x$와 $4^m(x+\delta_m)$ 사이에 어떠한 옹근 수도 없도록 선택한다. $4^m|\delta_m| = \frac{1}{2}$이므로 이렇게 할 수 있다. 다음과 같이 정의하자.

▸옹근 수 = 정수

(39) $$\gamma_n = \frac{\varphi(4^n(x+\delta_m)) - \varphi(4^n x)}{\delta_m}$$

$n > m$일 때 $4^n \delta_m$은 짝수이므로 $\gamma_n = 0$이다. $0 \le n \le m$일 때, (36)에 의해 $|\gamma_n| \le 4^n$이다.

$|\gamma_n| = 4^m$이므로, 다음과 같은 결론을 얻는다.

$$\left|\frac{f(x+\delta_m) - f(x)}{\delta_m}\right| = \left|\sum_{n=0}^{m} \left(\frac{3}{4}\right)^n \gamma_n\right|$$

$$\ge 3^m - \sum_{n=0}^{m-1} 3^n$$

$$= \tfrac{1}{2}(3^m + 1)$$

$m \to \infty$일 때 $\delta_m \to 0$이다. 따라서 $f$는 $x$에서 미분할 수 없다.

▸미분할 수 없다
= 미분 불가능하다

## 동등연속 함수들의 모음

▸ 간힌 = 유계인, 갇혀 있다 = 유계이다

정리 3.6에서 복소수들의 갇힌 열에는 수렴하는 부분 열이 포함되어 있음을 알아봤는데, 이에 따라 이와 비슷한 결과가 함수들의 열에 대해서도 성립하는지를 질문할 수 있다. 이 질문을 더욱 명확하게 하기 위해서, 두 가지 종류의 갇혀 있는 성질을 정의하겠다.

### 7.19 정의

▸ 모음 = 집합

**용어**

점마다 갇힌[갇혀 있다] [be] pointwise bounded

고르게 갇힌[갇혀 있다] [be] uniformly bounded

$\{f_n\}$을 모음 $E$에서 정의된 함수들의 열이라고 하자.

$\{f_n\}$이 $E$에서 **점마다 갇혀 있다**고 하는 것은, 각 $x \in E$에 대해 열 $\{f_n(x)\}$이 갇혀 있는 경우, 곧 $E$에서 정의된 유한값 함수 $\phi$가 존재해서 다음이 성립하는 경우이다.

$$|f_n(x)| < \phi(x) \quad (x \in E,\quad n = 1,\ 2,\ 3,\ \cdots)$$

$\{f_n\}$이 $E$에서 **고르게 갇혀 있다**고 하는 것은, 적당한 수 $M$이 존재해서 다음이 성립하는 경우이다.

$$|f_n(x)| < M \quad (x \in E,\quad n = 1,\ 2,\ 3,\ \cdots)$$

이제 $\{f_n\}$이 $E$에서 점마다 갇혀 있고 $E_1$은 $E$의 셀 수 있는 부분 모음이면, 부분 열 $\{f_{n_k}\}$로 각 $x \in E_1$에 대해 $\{f_{n_k}(x)\}$가 수렴하는 것을 언제나 찾을 수 있다. 이것은 정리 7.23의 증명에서 사용된 대각선 과정으로 찾을 수 있다.

▸ 옹골진 모음 = compact set

그렇지만 $\{f_n\}$이 옹골진 모음 $E$에서 연속 함수들의 고르게 갇힌 열인 경우에도, $E$에서 점마다 수렴하는 부분 열이 존재하지 않을 수 있다. 다음 보기에서 알 수 있듯이, 지금까지 알게 된 도구로 이 사실을 증명하기가 꽤 성가실 것이다. 그렇지만 제 11 장의 한 정리를 사용하면 증명은 아주 단순하다.

### 7.20 보기

다음과 같다고 하자.

$$f_n(x) = \sin nx \quad (0 \le x \le 2\pi,\quad n = 1,\ 2,\ 3,\ \cdots)$$

열 $\{n_k\}$가 존재해서 모든 $x \in [0, 2\pi]$에 대해 $\{\sin n_k x\}$가 수렴한다고 가정하자. 이런 경우에 다음이 성립해야 한다.

$$\lim_{k \to \infty} (\sin n_k x - \sin n_{k+1} x) = 0 \qquad (0 \le x \le 2\pi)$$

그러므로 다음을 얻는다.

$$(40) \qquad \lim_{k \to 0} (\sin n_k x - \sin n_{k+1} x)^2 = 0 \qquad (0 \le x \le 2\pi)$$

**수학자**

르베그(Henri Léon Lebesgue, 1875~1941) 프랑스 수학자

고르게 갇힌 수렴하는 열의 적분에 관한 르베그의 지배(된) 수렴 정리(정리 11.32)에 의해, (40)이 성립하면 다음이 성립한다.

▸ 지배(된) 수렴 정리 = 억눌린 수렴 정리

$$(41) \qquad \lim_{k \to \infty} \int_0^{2\pi} (\sin n_k x - \sin n_{k+1} x)^2 \, dx = 0$$

그런데 간단한 셈을 통해 다음을 얻는다.

$$\int_0^{2\pi} (\sin n_k x - \sin n_{k+1} x)^2 \, dx = 2\pi$$

이것은 (41)과 모순이다.

또 다른 문제는 수렴하는 열에 고르게 수렴하는 부분 열이 포함되어 있는지에 관한 것이다. 다음 보기는 이것이 그렇지 않을 수 있음을 보여주는데, 옹골진 모음에서 고르게 갇힌 열인 경우에도 그런 부분 열이 포함되지 않을 수 있다. (보기 7.6은 갇힌 함수들의 열이 고르게 갇혀 있지 않아도 수렴할 수 있음을 보여준다. 그러나 갇힌 함수들의 열이 고르게 수렴하면 고르게 갇혀 있음을 쉽게 알 수 있다.)

▸ 옹골진 모음 = compact set

▸ 갇혀 있다 = 유계이다

## 7.21 보기

다음과 같다고 하자.

$$f_n(x) = \frac{x^2}{x^2 + (1 - nx)^2} \qquad (0 \le x \le 1, \quad n = 1, 2, 3, \cdots)$$

그러면 $|f_n(x)| \le 1$이므로, $\{f_n\}$은 $[0, 1]$에서 고르게 갇혀 있다. 또, 다음이 성립한다.

$$\lim_{n \to \infty} f_n(x) = 0 \qquad (0 \le x \le 1)$$

그렇지만 다음이 성립한다.

$$f_n\left(\frac{1}{n}\right)=1 \quad (n=1,\ 2,\ 3,\ \cdots)$$

그러므로 어떠한 부분 열도 $[0,\ 1]$에서 고르게 수렴하지 않는다.

이런 맥락에서 필요한 개념은 동등연속의 개념이다. 이 개념은 다음과 같이 정의한다.

## 7.22 정의

▸ 부분 모음 = 부분집합

**용어**

동등연속 모음
equicontinuous family

거리 공간 $X$의 부분 모음 $E$에서 정의된 복소 함수 $f$들의 모음 $\mathscr{F}$가 $E$에서 **동등연속**이라는 것은, 임의의 $\varepsilon>0$에 대해 적당한 $\delta>0$가 존재해서 $x\in E$이고 $y\in E$이며 $d(x,\ y)<\delta$이고 $f\in\mathscr{F}$이면 다음이 성립하는 경우이다.

$$|f(x)-f(y)|<\varepsilon$$

여기서 $d$는 $X$에서의 거리를 나타낸다.

분명히, 동등연속 모음의 각 원소는 고르게 연속이다.

▸ $\varepsilon=\frac{1}{2}$이라 하면, 임의의 양수 $\delta$에 대해 자연수 $n$이 존재해서 $d\left(\frac{1}{n},\ 0\right)=\frac{1}{n}<\delta$가 성립하지만, $f_n\left(\frac{1}{n}\right)=1>\frac{1}{2}$이다.

보기 7.21의 열은 동등연속이 아니다.

두 정리 7.24와 7.25는 한쪽에 있는 동등연속성과 다른 쪽에 있는 연속 함수들의 열의 고른 수렴 사이에 매우 밀접한 관계가 있음을 보여줄 것이다. 그러나 먼저 연속과 관련 없는 선택 과정을 설명하자.

## 7.23 정리

▸ 셀 수 있는 모음 = 가산 집합, 갇힌 = 유계인

$\{f_n\}$은 셀 수 있는 모음 $E$에서의 복소 함수들의 점마다 갇힌 열이면, $\{f_n\}$의 적당한 부분 열 $\{f_{n_k}\}$가 존재해서 모든 $x\in E$에서 $\{f_{n_k}(x)\}$는 수렴한다.

**증명** $\{x_i\}$ $(i=1,\ 2,\ 3,\ \cdots)$를 $E$의 점들을 열로 배열한 것이라고 하자. $\{f_n(x_1)\}$은 갇혀 있으므로, $\{f_{1,k}\}$로 나타낼 적당한 부분 열이 존재해서 $k\to\infty$일 때 $\{f_{1,k}(x_1)\}$은 수렴한다.

이제 열 $S_1,\ S_2,\ S_3,\ \cdots$들을 생각하는데, 이를 다음과 같은 배열로 나타내자.

$$\begin{array}{llllll} S_1: & f_{1,1} & f_{1,2} & f_{1,3} & f_{1,4} & \cdots \\ S_2: & f_{2,1} & f_{2,2} & f_{2,3} & f_{2,4} & \cdots \\ S_3: & f_{3,1} & f_{3,2} & f_{3,3} & f_{3,4} & \cdots \\ \cdots & \cdots & \cdots & \cdots & \cdots & \cdots \end{array}$$

이에 대해 다음 성질이 성립한다.

(a) $n = 2, 3, 4, \cdots$ 에 대해 $S_n$은 $S_{n-1}$의 부분 열이다.

(b) $k \to \infty$ 일 때 $\{f_{n,k}(x_n)\}$은 수렴한다. [$\{f_n(x_n)\}$이 갇혀 있으므로, 이런 식으로 $S_n$을 선택할 수 있다.]

▸ 갇혀 있다 = 유계이다

(c) 함수들이 나타나는 순서는 각 열에서 똑같다. 곧, $S_1$에서 한 함수가 다른 어떤 함수보다 앞서 나타나면, 그것 중에서 하나 또는 둘 모두 빠질 때까지 모든 $S_n$에서 그것들 사이의 관계는 똑같다. 그러므로 위의 배열에서 한 행에서 그 아래 행으로 나아갈 때, 함수들은 왼쪽으로 이동하지만 결코 오른쪽으로 이동하지는 않는다.

이제 이 배열의 대각선을 따라 내려가자. 곧, 다음 열을 생각하자.

$$S: \ f_{1,1} \quad f_{2,2} \quad f_{3,3} \quad f_{4,4} \quad \cdots$$

(c)에 의해 열 $S$는 (어쩌면 처음 $n-1$항을 제외하고) $n = 1, 2, 3, \cdots$에 대해 $S_n$의 부분 열이다. 그러므로 (b)에 따라 각 $x_i \in E$에 대해 $n \to \infty$ 일 때 $\{f_{n,n}(x_i)\}$는 수렴한다.

## 7.24 정리

$K$는 옹골진 거리 공간이고, $n = 1, 2, 3, \cdots$에 대해 $f_n \in \mathscr{C}(K)$이며, $\{f_n\}$는 $K$에서 고르게 수렴하면, $\{f_n\}$는 $K$에서 동등연속이다.

▸ 옹골진 = compact

**증명** $\varepsilon > 0$이 주어졌다고 하자. $\{f_n\}$이 고르게 수렴하므로, 적당한 자연수 $N$이 존재해서 다음이 성립한다.

(42) $$\|f_n - f_N\| < \varepsilon \qquad (n > N)$$

(정의 7.14를 보라.) 연속 함수들은 옹골진 모음에서 고르게 연속이므로, 적당한 $\delta > 0$가 존재해서 $1 \le i \le N$이고 $d(x, y) < \delta$이면 다음이 성립한다.

(43) $$|f_i(x) - f_i(y)| < \varepsilon$$

$n > N$이고 $d(x, y) < \delta$이면, 다음이 성립한다.

$$\begin{aligned}&|f_n(x) - f_n(y)|\\ &\leq |f_n(x) - f_N(x)| + |f_N(x) - f_N(y)| + |f_N(y) - f_n(y)| < 3\varepsilon\end{aligned}$$

이것은 (43)과 함께 정리를 증명한다.

## 7.25 정리

▸ 옹골지다 = be compact, 갇혀 있다 = 유계이다

$K$가 옹골지고, $n = 1, 2, 3, \cdots$에 대해 $f_n \in \mathscr{C}(K)$이며, $\{f_n\}$은 $K$에서 점마다 갇혀 있고 동등연속이면, 다음이 성립한다.

(a) $\{f_n\}$은 $K$에서 고르게 갇혀 있다.

(b) $\{f_n\}$에는 고르게 수렴하는 부분 열이 포함되어 있다.

**증명** (a) $\varepsilon > 0$이 주어졌다고 하고, $\delta > 0$를 정의 7.22에 따라 모든 $n$에 대해 $d(x, y) < \delta$이면 다음이 성립하도록 선택하자.

$$|f_n(x) - f_n(y)| < \varepsilon \tag{44}$$

$K$가 옹골지므로, $K$에 속한 유한개의 점 $p_1, \cdots, p_r$이 존재해서 각 $x \in K$에 적어도 한 개의 $p_i$가 대응해서 $d(x, p_i) < \delta$가 성립한다. $\{f_n\}$은 점마다 갇혀 있으므로, 적당한 $M_i < \infty$가 존재해서 모든 $n$에 대해 $|f_n(p_i)| < M_i$가 성립한다. $M = \max\{M_1, \cdots, M_r\}$이면, 모든 $x \in K$에 대해 $|f(x)| < M + \varepsilon$이 성립한다. 이에 따라 (a)가 증명된다.

▸ 모음 = 집합

(b) $E$는 $K$의 셀 수 있는 조밀한 부분 모음이라 하자. (이런 모음 $E$의 존재는 제2장 익힘 문제 25를 보라.) 정리 7.23에 의해, $\{f_n\}$의 부분 열 $\{f_{n_i}\}$가 존재해서 각 $x \in E$에 대해 $\{f_{n_i}(x)\}$가 수렴한다.

기호를 간단히 하기 위해 $f_{n_i} = g_i$로 놓자. $\{g_i\}$는 $K$에서 고르게 수렴함을 증명하겠다.

▸ $V(x, \delta) = \{y \in K \mid d(x, y) < \delta\}$

$\varepsilon > 0$이라 하고, $\delta > 0$를 이 증명의 처음에서와 같이 택하자. $V(x, \delta)$를 $y \in K$ 중에서 $d(x, y) < \delta$인 것 전체의 모음이라 하자. $E$가 $K$에서 조밀하고 $K$는 옹골지므로, $E$에 속한 유한개의 점 $x_1, \cdots, x_m$이 존재해서 다음이 성립한다.

(45) $$K \subset V(x_1, \delta) \cup \cdots \cup V(x_m, \delta)$$

$\{g_i(x)\}$가 각 $x \in E$에 대해 수렴하므로, 적당한 자연수 $N$이 존재해서 $i \geq N$이고 $j \geq N$이며 $1 \leq s \leq m$이면 다음이 성립한다.

(46) $$|g_i(x_s) - g_j(x_s)| < \varepsilon$$

$x \in K$이면, (45)에 의해 어떤 $s$에 대해 $x \in V(x_s, \delta)$이고, 이에 따라 각 $i$에 대해 다음이 성립한다.

$$|g_i(x) - g_i(x_s)| < \varepsilon$$

$i \geq N$이고 $j \geq N$이면, (46)으로부터 다음을 얻는다.

$$|g_i(x) - g_j(x)| \leq |g_i(x) - g_i(x_s)| + |g_i(x_s) - g_j(x_s)| + |g_j(x_s) - g_j(x)| < 3\varepsilon$$

이에 따라 증명이 끝난다.

## 스톤 · 바이어슈트라스의 정리

### 7.26 정리

$f$가 $[a, b]$에서 연속인 복소 함수이면, 다항 함수 $P_n$들의 열이 존재해서 다음과 같이 $[a, b]$에서 $f$에 고르게 수렴한다.

$$\lim_{n \to \infty} P_n(x) = f(x)$$

$f$가 실 함수이면, $P_n$을 실 다항 함수로 선택할 수 있다.

> **용어**
> 스톤 · 바이어슈트라스의 정리
> Stone-Weierstrass theorem

바이어슈트라스가 원래 발견했던 이 정리의 꼴은 바로 이와 같았다.

**증명** 일반성을 잃지 않고 $[a, b] = [0, 1]$이라 가정할 수 있다. $f(0) = f(1) = 0$이라고도 가정할 수 있다. 왜냐하면 이런 경우에 이 정리를 증명하면, 다음 함수를 생각할 수 있기 때문이다.

$$g(x) = f(x) - f(0) - x\{f(1) - f(0)\} \qquad (0 \leq x \leq 1)$$

여기서 $g(0) = g(1) = 0$이고, $g$를 다항 함수들의 고르게 수렴하는 열의 극한으로 얻을 수 있으면, $f - g$가 다항 함수이므로 $f$에 대해서도 똑같은 사실이 성립한다.

덧붙여, $f(x)$는 $[0, 1]$에 속하지 않는 $x$에 대해서는 0으로 정의한다. 그러면 $f$는 실 직선 전체에서 고르게 연속이다.

다음과 같이 놓자.

(47) $$Q_n(x) = c_n(1-x^2)^n \quad (n = 1, 2, 3, \cdots)$$

여기서 $c_n$은 다음이 성립하도록 선택한다.

(48) $$\int_{-1}^{1} Q_n(x)\,dx = 1 \quad (n = 1, 2, 3, \cdots)$$

$c_n$의 크기 상태에 관한 정보가 일부 필요하다. 다음이 성립한다.

$$\begin{aligned}\int_{-1}^{1}(1-x^2)^n\,dx = 2\int_{0}^{1}(1-x^2)^n\,dx &\geq 2\int_{0}^{1/\sqrt{n}}(1-x^2)^n\,dx \\ &\geq 2\int_{0}^{1/\sqrt{n}}(1-nx^2)\,dx \\ &= \frac{4}{3\sqrt{n}} > \frac{1}{\sqrt{n}}\end{aligned}$$

그러므로 (48)에서 다음이 유도된다.

(49) $$c_n < \sqrt{n}$$

위에서 사용한 부등식 $(1-x^2)^n \geq 1-nx^2$이 참이라는 사실을 다음 함수를 생각해서 쉽게 밝힐 수 있다.

▸ $n(-2x)(1-x^2)^{n-1}+2nx^2 = 2nx\{1-(1-x^2)^{n-1}\} \geq 0$

$$(1-x^2)^n - 1 + nx^2$$

▸ 유도 함수 = 도함수

이것은 $x = 0$에서 0이고 이의 유도 함수는 $(0, 1)$에서 양수이다.

임의의 $\delta > 0$에 대해, (49)에 의해 다음이 성립한다.

(50) $$Q_n(x) \leq \sqrt{n}(1-\delta^2)^n \quad (\delta \leq |x| \leq 1)$$

그러므로 $\delta \leq |x| \leq 1$에서 고르게 $Q_n \to 0$이다.

이제 다음과 같이 놓자.

(51) $$P_n(x) = \int_{-1}^{1} f(x+t)\,Q_n(t)\,dt \quad (0 \leq x \leq 1)$$

▸ 변수 바꿈 = 변수 변환

$f$에 관한 가정과 간단한 변수 바꿈을 통해 다음을 보일 수 있다.

$$P_n(x) = \int_{-x}^{1-x} f(x+t)\, Q_n(t)\, dt = \int_0^1 f(t)\, Q_n(t-x)\, dt$$

그리고 마지막 적분은 분명히 $x$에 관한 다항 함수이다. 그러므로 $\{P_n\}$은 다항 함수들의 열이고, $f$가 실 함수이면 실 함수이다.

주어진 $\varepsilon > 0$에 대해 $\delta > 0$를 $|y-x| < \delta$이면 다음이 성립하도록 선택하자.

$$|f(y) - f(x)| < \frac{\varepsilon}{2}$$

$M = \sup |f(x)|$로 놓자. (48)과 (50) 및 $Q_n(x) \geq 0$이라는 사실을 사용해서 $0 \leq x \leq 1$에 대해 그리고 충분히 큰 $n$에 대해 다음이 성립함을 알 수 있다.

$$\begin{aligned}
|P_n(x) - f(x)| &= \left| \int_{-1}^{1} \{f(x+t) - f(x)\}\, Q_n(t)\, dt \right| \\
&\leq \int_{-1}^{1} |f(x+t) - f(x)|\, Q_n(t)\, dt \\
&\leq 2M \int_{-1}^{-\delta} Q_n(t) dt + \frac{\varepsilon}{2} \int_{-\delta}^{\delta} Q_n(t)\, dt + 2M \int_{\delta}^{1} Q_n(t)\, dt \\
&\leq 4M\sqrt{n}(1-\delta^2)^n + \frac{\varepsilon}{2} \\
&< \varepsilon
\end{aligned}$$

이것으로 정리가 증명된다.

$n$의 몇 개의 값에 대해 $Q_n$의 그래프를 그려보는 것이 교육적으로 바람직하다. 또한, $\{P_n\}$의 고른 수렴을 유도하는 데 $f$의 고른 연속이 필요했음에 주목하자.

정리 7.32를 증명할 때, 정리 7.26을 온전히 모두 필요로 하지 않는데, 따름 정리로 서술하는 다음의 특별한 경우만을 이용한다.

### 7.27 따름 정리

임의의 닫힌 구간 $[-a, a]$에 대해 실 다항 함수 $P_n$들의 열이 존재해서 $P_n(0) = 0$이고 다음과 같이 $[-a, a]$에서 $|x|$에 고르게 수렴한다.

$$\lim_{n \to \infty} P_n(x) = |x|$$

증명 정리 7.26에 의해 $[-a, a]$에서 $|x|$에 고르게 수렴하는 실 다항 함수들의 열 $\{P_n^*\}$이 존재한다. 특히 $n \to \infty$일 때 $P_n^*(0) \to 0$이다. 다음과 같은 다항 함수들이 바라는 성질을 만족시킨다.

$$P_n(x) = P_n^*(x) - P_n^*(0) \quad (n = 1, 2, 3, \cdots)$$

이제 바이어슈트라스의 정리를 가능하게 만드는 다항 함수들의 성질들만을 별도로 알아보겠다.

## 7.28 정의

▸ 모음 = 집합

| 용어 | |
|---|---|
| 대수 | algebra |
| 고르게 닫힌[닫혀 있다] | [be] uniformly closed |
| 고른 닫개, 고른 닫힘, 고른 폐포 | uniform closure |

모음 $E$에서 정의된 복소 함수들의 모음 $\mathscr{A}$를 **대수**라 하는 것은, 모든 $f \in \mathscr{A}$와 $g \in \mathscr{A}$ 및 모든 복소 상수 $c$에 대해 (i) $f+g \in \mathscr{A}$이고 (ii) $fg \in \mathscr{A}$이며 (iii) $cf \in \mathscr{A}$인 경우이다. 곧, $\mathscr{A}$가 덧셈과 곱셈 및 스칼라 곱셈에 대해 닫혀 있는 경우이다. 실 함수들의 대수도 생각할 수 있는데, 물론 이 경우에 (iii)은 모든 실수 $c$에 대해 성립하기만 하면 충분하다.

$f_n \in \mathscr{A}$ $(n = 1, 2, 3, \cdots)$이고 $E$에서 고르게 $f_n \to f$일 때 $f \in \mathscr{A}$이면, $\mathscr{A}$는 **고르게 닫혀 있다**고 한다.

$\mathscr{B}$는 $\mathscr{A}$의 원소들의 고르게 수렴하는 열의 극한인 함수 전체의 모음이라고 하자. 그러면 $\mathscr{B}$를 $\mathscr{A}$의 **고른 닫개**라고 한다. (정의 7.14를 보라.)

▸ $\mathscr{B} = \{f \mid f_n \rightrightarrows f,\ f_n \in \mathscr{A}\}$

예를 들면, 다항 함수 전체의 모음은 대수이므로, 바이어슈트라스의 정리를 "$[a, b]$에서 연속 함수들의 모음은 $[a, b]$에서 다항 함수들의 모음의 고른 닫개이다."라는 말로 서술할 수 있다.

▸ 갇힌 = 유계인

## 7.29 정리

$\mathscr{B}$는 갇힌 함수들의 대수 $\mathscr{A}$의 고른 닫개라 하자. 그러면 $\mathscr{B}$는 고르게 닫힌 대수이다.

증명 $f \in \mathscr{B}$이고 $g \in \mathscr{B}$이면, 고르게 수렴하는 두 열 $\{f_n\}$과 $\{g_n\}$이 존재해서 $f_n \to f$이고 $g_n \to g$이며 $f_n \in \mathscr{A}$이고 $g_n \in \mathscr{A}$이다. 갇힌 함수들을 다루고 있으므로, 다음을 쉽게 보일 수 있다.

$$f_n + g_n \to f+g, \quad f_n g_n \to fg, \quad cf_n \to cf$$

여기서 $c$는 임의의 상수이고, 각 경우에 고르게 수렴한다.

그러므로 $f+g \in \mathscr{B}$, $fg \in \mathscr{B}$, $cf \in \mathscr{B}$이므로, $\mathscr{B}$는 대수이다. 정리 7.27에 의해 $\mathscr{B}$는 (고르게) 닫혀 있다.

## 7.30 정의

$\mathscr{A}$는 모음 $E$에서의 함수들의 모음이라 하자. 그러면 $\mathscr{A}$는 $E$에서 **점들을 분리한다**고 하는 것은, 서로 다른 두 점 $x_1 \in E$과 $x_2 \in E$의 각 쌍에 대응하는 적당한 함수 $f \in \mathscr{A}$가 존재해서 $f(x_1) \neq f(x_2)$가 성립하는 경우이다.

각 $x \in E$에 대응하는 적당한 함수 $g \in \mathscr{A}$가 존재해서 $g(x) \neq 0$이 성립할 때, $\mathscr{A}$는 $E$의 **어느 점에서도 영이 아니다**라고 한다.

변수가 한 개인 다항 함수 전체의 대수는 $R^1$에서 이런 성질들을 만족시킨다. 점들을 분리하지 않는 대수의 예로 이를테면 $[-1, 1]$에서 짝 다항 함수 전체의 모음이 있다. 왜냐하면 모든 짝 함수 $f$에 대해 $f(-x) = f(x)$이기 때문이다.

다음 정리는 이런 개념들을 더 분명히 보여줄 것이다.

> **용어**
> 점들을 분리한다
> separate points
> 어느 점에서도 영이 아니다
> vanish at no point
> 짝 함수, 우함수
> even function

▸ 모음 = 집합

## 7.31 정리

$\mathscr{A}$는 모음 $E$에서의 함수들의 대수이고, $\mathscr{A}$는 $E$에서 점들을 분리하며, $\mathscr{A}$는 $E$의 어느 점에서도 영이 아니라 하자. $x_1$과 $x_2$는 $E$의 서로 다른 점이고, $c_1$과 $c_2$는 상수라고 하자. ($\mathscr{A}$가 실 대수이면, 이런 상수는 실수이다.) 그러면 $\mathscr{A}$에는 다음을 만족시키는 함수 $f$가 포함된다.

$$f(x_1) = c_1, \quad f(x_2) = c_2$$

**증명** 가정에 따라 $\mathscr{A}$에는 다음을 만족시키는 세 함수 $g$, $h$, $k$가 포함되어 있다.

$$g(x_1) \neq g(x_2), \quad h(x_1) \neq 0, \quad k(x_2) \neq 0$$

다음과 같이 놓자.

$$u = gk - g(x_1)k, \quad v = gh - g(x_2)h$$

그러면 $u \in \mathscr{A}$, $v \in \mathscr{A}$, $u(x_1) = v(x_2) = 0$, $u(x_2) \neq 0$, $v(x_1) \neq 0$이다. 따라서 다음 함수는 바라는 성질들을 만족시킨다.

$$f = \frac{c_1 v}{v(x_1)} + \frac{c_2 u}{u(x_2)}$$

**수학자**

스톤(Marshall Harvey Stone, 1903~1989) 아메리카 합중국 수학자

▸ 옹골진 = compact, 닫개 = 폐포

이제 바이어슈트라스의 정리에 대한 스톤의 일반화를 알아보기 위해 필요한 모든 내용을 알아봤다.

## 7.32 정리

$\mathscr{A}$는 옹골진 모음 $K$에서의 연속인 실 함수들의 대수라 하자. $\mathscr{A}$는 $K$에서 점들을 분리하고 $\mathscr{A}$는 $K$의 어느 점에서도 영이 아니면, $\mathscr{A}$의 고른 닫개 $\mathscr{B}$는 $K$에서의 연속인 실 함수 전체로 이루어진다.

이의 증명을 네 단계로 나누겠다.

■ **단계 1** $f \in \mathscr{B}$이면 $|f| \in \mathscr{B}$이다.

**증명** 다음과 같이 놓자.

$$a = \sup|f(x)| \quad (x \in K) \tag{52}$$

그리고 $\varepsilon > 0$이 주어졌다고 하자. 따름 정리 7.27에 의해 적당한 실수 $c_1, \cdots, c_n$들이 존재해서 다음을 만족시킨다.

$$\left|\sum_{i=1}^{n} c_i y^i - |y|\right| < \varepsilon \quad (-a \le y \le a) \tag{53}$$

$\mathscr{B}$는 대수이므로, 다음 함수는 $\mathscr{B}$의 원소이다.

$$g = \sum_{i=1}^{n} c_i f^i$$

(52)와 (53)에 의해 다음이 성립한다.

$$|g(x) - |f(x)|| < \varepsilon \quad (x \in K)$$

$\mathscr{B}$는 고르게 닫혀 있으므로, 이것은 $|f| \in \mathscr{B}$임을 보여준다.

■ **단계 2** $f \in \mathscr{B}$이고 $g \in \mathscr{B}$이면, $\max\{f, g\} \in \mathscr{B}$이고 $\min\{f, g\} \in \mathscr{B}$이다.

$\max\{f, g\}$는 다음과 같이 정의된 함수 $h$를 뜻한다.

$$h(x) = \begin{cases} f(x) & [f(x) \ge g(x)] \\ g(x) & [f(x) < g(x)] \end{cases}$$

그리고 $\min\{f, g\}$는 이와 비슷하게 정의한다.

**증명** 단계 2는 단계 1과 다음 등식들로부터 유도된다.

$$\max\{f, g\} = \frac{f+g}{2} + \frac{|f-g|}{2},$$

$$\min\{f, g\} = \frac{f+g}{2} - \frac{|f-g|}{2}$$

반복하면, 이 결과는 물론 함수들의 유한 모음으로 확장할 수 있다. $f_1, \cdots, f_n \in \mathscr{B}$이면, $\max\{f_1, \cdots, f_n\} \in \mathscr{B}$와 $\min\{f_1, \cdots, f_n\} \in \mathscr{B}$가 성립한다.

▸ 모음 = 집합

■ **단계 3** $K$에서 연속인 실 함수 $f$와 점 $x \in K$ 및 $\varepsilon > 0$이 주어졌을 때, 적당한 함수 $g_x \in \mathscr{B}$가 존재해서 $g_x(x) = f(x)$이고 다음이 성립한다.

(54) $$g_x(t) > f(t) - \varepsilon \quad (t \in K)$$

**증명** $\mathscr{A} \subset \mathscr{B}$이고 $\mathscr{A}$는 정리 7.31의 가정을 만족시키므로, $\mathscr{B}$도 이를 만족시킨다. 그러므로 각 $y \in K$에 대해 다음을 만족시키는 함수 $h_y \in \mathscr{B}$를 찾을 수 있다.

(55) $$h_y(x) = f(x), \quad h_y(y) = f(y)$$

$h_y$가 연속이므로, $y$를 포함하는 적당한 열린 모음 $J_y$가 존재해서 다음이 성립한다.

(56) $$h_y(t) > f(t) - \varepsilon \quad (t \in J_y)$$

$K$가 옹골지므로, 유한개의 점 $y_1, \cdots, y_n$이 존재해서 다음이 성립한다.

▸ 옹골지다 = be compact

(57) $$K \subset J_{y_1} \cup \cdots \cup J_{y_n}$$

다음과 같이 놓자.

$$g_x = \max\{h_{y_1}, \cdots, h_{y_n}\}$$

단계 2에 의해 $g \in \mathscr{B}$이고, 세 관계 (55), (56), (57)은 $g_x$가 다른 바라는 성질들을 만족시킴을 보여준다.

■ **단계 4** $K$에서 연속인 실 함수 $f$와 $\varepsilon > 0$이 주어졌을 때, 적당한 함수 $h \in \mathscr{B}$가 존재해서 다음이 성립한다.

$$|h(x) - f(x)| < \varepsilon \quad (x \in K) \tag{58}$$

$\mathscr{B}$가 고르게 닫혀 있으므로, 이 명제는 위 정리의 결론과 동치이다.

▸ 모음 = 집합

**증명** 각 $x \in K$에 대해 단계 3에서 구성한 함수 $g_x$를 생각하자. $g_x$가 연속이므로, $x$가 속한 적당한 열린 모음 $V_x$가 존재해서 다음이 성립한다.

$$g_x(t) < f(t) + \varepsilon \quad (t \in V_x) \tag{59}$$

$K$가 옹골지므로, 유한개의 점 $x_1, \cdots, x_m$이 존재해서 다음이 성립한다.

$$K \subset V_{x_1} \cup \cdots \cup V_{x_m} \tag{60}$$

다음과 같이 놓자.

$$h = \min\{g_{x_1}, \cdots, g_{x_m}\}$$

단계 2에 의해 $h \in \mathscr{B}$이고, (54)에 의해 다음이 성립한다.

$$h(t) > f(t) - \varepsilon \quad (t \in K) \tag{61}$$

반면에 (59)와 (60)에 의해 다음이 성립한다.

$$h(t) < f(t) + \varepsilon \quad (t \in K) \tag{62}$$

마지막으로, (58)은 (61)과 (62)로부터 유도된다.

정리 7.32는 복소 대수에 대해서는 성립하지 않는다. 반례는 익힘 문제 21에 제시되어 있다. 그렇지만 $\mathscr{A}$에 추가적인 조건, 곧 $\mathscr{A}$가 **자기수반**이라는 조건을 부여하면, 이 정리의 결과는 복소 대수에 대해서도 성립한다. 이것은 각 $f \in \mathscr{A}$에 대해 이것의 복소 켤레 $\bar{f}$도 $\mathscr{A}$에 반드시 속함을 뜻한다. $\bar{f}$는 $\bar{f}(x) = \overline{f(x)}$로 정의한다.

| 용어 | |
|---|---|
| 자기수반 | self-adjoint |

## 7.33 정리

$\mathscr{A}$는 옹골진 모음 $K$에서 연속인 복소 함수들의 자기수반 대수이고, $\mathscr{A}$는 $K$에서 점들을 분리하며, $\mathscr{A}$는 $K$의 어느 점에서도 영이 아니라고 하자. 그러면 $\mathscr{A}$의 고른 닫개 $\mathscr{B}$는 $K$에서 연속인 복소 함수 전체로 이루어진다. 바꿔 말하면, $\mathscr{A}$는 $\mathscr{C}(K)$에서 조밀하다.

▸ 옹골진 모음 = compact set, 닫개 = 폐포

**증명** $\mathscr{A}_R$은 $\mathscr{A}$에 속한 $K$에서의 실 함수 전체의 모음이라 하자.

$f \in \mathscr{A}$이고 두 실 함수 $u$와 $v$에 대해 $f = u + iv$이면, $2u = f + \bar{f}$이다, 그리고 $\mathscr{A}$는 자기수반이므로, $u \in \mathscr{A}_R$임을 알 수 있다. $x_1 \neq x_2$이면, 적당한 $f \in \mathscr{A}$가 존재해서 $f(x_1) = 1$과 $f(x_2) = 0$이 성립한다. 그러므로 $0 = u(x_2) \neq u(x_1) = 1$인데, 이것은 $\mathscr{A}_R$이 $K$에서 점들을 분리함을 보여준다. $x \in K$이면, 어떤 $g \in \mathscr{A}$에 대해 $g(x) \neq 0$이고, 적당한 복소수 $\lambda$가 존재해서 $\lambda g(x) > 0$이 성립한다. $f = \lambda g$이고 $f = u + iv$이면, $u(x) > 0$이다. 그러므로 $\mathscr{A}_R$은 $K$의 어느 점에서도 영이 아니다.

이에 따라 $\mathscr{A}_R$은 정리 7.32의 가정을 만족시킨다. 그러므로 $K$에서 연속인 실 함수는 모두 $\mathscr{A}_R$의 고른 닫개에 속하고, 이에 따라 $\mathscr{B}$에 속한다. $f$가 $K$에서 연속인 복소 함수이고 $f = u + iv$이면, $u \in \mathscr{B}$이고 $v \in \mathscr{B}$이므로, 이에 따라 $f \in \mathscr{B}$이다. 이것으로 증명이 끝난다.

## 익힘 문제

**1.** 갇힌 함수들의 고르게 수렴하는 열은 고르게 갇혀 있음을 증명하라.

▸ 갇혀 있다 = 유계이다, 갇힌 = 유계인

**2.** $\{f_n\}$과 $\{g_n\}$이 모음 $E$에서 고르게 수렴하면, $\{f_n + g_n\}$이 $E$에서 고르게 수렴함을 증명하라. 덧붙여, $\{f_n\}$과 $\{g_n\}$이 갇힌 함수들의 열이면, $\{f_n g_n\}$은 $E$에서 고르게 수렴함을 증명하라.

**3.** 두 열 $\{f_n\}$과 $\{g_n\}$을 구성하는데, 어떤 모음 $E$에서 고르게 수렴하지만 $\{f_n g_n\}$은 $E$에서 고르게 수렴하지 않도록 하라. (물론, $\{f_n g_n\}$은 $E$에서 반드시 수렴해야 한다.)

4. 다음을 생각하자.

$$f(x) = \sum_{n=1}^{\infty} \frac{1}{1+n^2 x}$$

▸ 덧렬 = 급수

$x$의 어떤 값들에 대해 이 덧렬은 절대적으로 수렴하는가? 어떤 구간에서 고르게 수렴하는가? 어떤 구간에서 고르게 수렴하지 않는가? $f$는 이 덧렬이 수렴하는 모든 점에 연속인가? $f$는 갇혀 있는가?

5. 다음과 같다고 하자.

$$f_n(x) = \begin{cases} 0 & \left(x < \dfrac{1}{n+1}\right) \\ \sin^2 \dfrac{\pi}{x} & \left(\dfrac{1}{n+1} \le x \le \dfrac{1}{n}\right) \\ 0 & \left(\dfrac{1}{n} < x\right) \end{cases}$$

$\{f_n\}$은 연속 함수에 수렴하지만, 고르게 수렴하지는 않음을 보여라. 덧렬 $\Sigma f_n$을 사용해서, 절대적으로 수렴해도, 심지어 모든 $x$에 대해 절대적으로 수렴해도 고르게 수렴하지 않을 수 있음을 보여라.

6. 다음 덧렬이 임의의 갇히고 닫힌 구간에서 고르게 수렴하지만, $x$의 어떠한 값에서도 절대적으로 수렴하지 않음을 증명하라.

$$\sum_{n=1}^{\infty} (-1)^n \frac{x^2+n}{n^2}$$

7. $n = 1, 2, 3, \cdots$과 실수 $x$에 대해 다음과 같이 놓자.

$$f_n(x) = \frac{x}{1+nx^2}$$

$\{f_n\}$은 어떤 함수 $f$에 고르게 수렴하고, 다음이 $x \ne 0$일 때는 참이지만 $x = 0$일 때는 거짓임을 보여라.

$$f'(x) = \lim_{n \to \infty} f_n'(x)$$

8. 다음과 같다고 하자.

$$I(x) = \begin{cases} 0 & (x \le 0) \\ 1 & (x > 0) \end{cases}$$

$\{x_n\}$은 $(a, b)$의 서로 다른 점들의 열이라 하고 $\Sigma |c_n|$이 수렴하면,

다음 덧렬이 고르게 수렴함을 증명하라.

▸덧렬 = 급수

$$f(x) = \sum_{n=1}^{\infty} c_n I(x - x_n) \quad (a \leq x \leq b)$$

그리고 $f$는 각 $x \neq x_n$에서 연속임을 증명하라.

**9.** 연속 함수들의 열 $\{f_n\}$은 모음 $E$에서 함수 $f$에 고르게 수렴한다고 하자. $x_n \to x$이고 $x \in E$인 점 $x_n \in E$들의 임의의 열에 대해 다음이 성립함을 증명하라.

▸모음 = 집합

$$\lim_{n \to \infty} f_n(x_n) = f(x)$$

이것의 역도 참인가?

**10.** $(x)$는 실수 $x$의 깨진 부분을 나타낸다고 하고(제4장의 익힘 문제 16을 참조하라), 다음 함수를 생각하자.

▸깨진 부분 = 소수 부분

$$f(x) = \sum_{n=1}^{\infty} \frac{(nx)}{n^2} \quad (x\text{는 실수})$$

$f$의 불연속점을 모두 찾고, 그 점들이 셀 수 있는 조밀한 모음을 형성함을 보여라. 그렇지만 $f$는 임의의 갇히고 닫힌 구간에서 리만 적분할 수 있음을 보여라.

**11.** $\{f_n\}$과 $\{g_n\}$은 $E$에서 정의되어 있다고 하자.

(a) $\Sigma f_n$의 부분 합들은 고르게 갇혀 있다.

▸갇혀 있다 = 유계이다

(b) $E$에서 고르게 $g_n \to 0$이다.

(c) 각 $x \in E$에 대해 $g_1(x) \geq g_2(x) \geq g_3(x) \geq \cdots$이다.

$\Sigma f_n g_n$이 $E$에서 고르게 수렴함을 증명하라. **귀띔** : 정리 3.42와 비교하자.

**12.** $g$와 $f_n$ $(n = 1, 2, 3, \cdots)$은 $(0, \infty)$에서 정의되고, $0 < t < T < \infty$이면 $[t, T]$에서 리만 적분할 수 있으며, $|f_n| \leq g$이고 $(0, \infty)$의 임의의 옹골진 부분 모음에서 고르게 $f_n \to f$이며 다음과 같다고 하자.

▸옹골진 모음 = compact set

$$\int_0^{\infty} g(x)\,dx < \infty$$

이때 다음이 성립함을 증명하라.

$$\lim_{n\to\infty}\int_0^\infty f_n(x)\,dx = \int_0^\infty f(x)\,dx$$

(이와 관련된 정의는 제 6 장의 두 익힘 문제 7과 8을 보라.)

▸ 지배(된) 수렴 정리 = 억눌린 수렴 정리

이것은 르베그의 지배(된) 수렴 정리(정리 11.32)의 매우 약한 꼴이다. 리만 적분의 상황에서도, $f \in \mathscr{R}$이라 가정하면 고른 수렴을 점마다 수렴으로 바꿀 수 있다. [커닝햄(F. Cunningham)의 글(*Math. Mag.*, vol. 40, 1967, pp. 179~186)과 케스텔만(H. Kestelman)의 글(*Amer. Math. Monthly*, vol. 77, 1970, pp. 182~187)을 보라.]

▸ 단조롭게 증가한다 = 단조 증가한다

**13.** $\{f_n\}$은 $R^1$에서 단조롭게 증가하는 함수들의 열로 모든 $x$와 모든 $n$에 대해 $0 \le f_n(x) \le 1$이라 가정하자.

(a) 적당한 함수 $f$와 열 $\{n_k\}$가 존재해서 각 $x \in R^1$에 대해 다음이 성립함을 증명하라.

$$f(x) = \lim_{k\to\infty} f_{n_k}(x)$$

**용어**
헬리의 선택 정리
Helly's selection theorem

(이런 점마다 수렴하는 부분 열의 존재를 통상 **헬리의 선택 정리**라고 한다.)

(b) 덧붙여 $f$가 연속이면, $R^1$에서 고르게 $f_{n_k} \to f$임을 증명하라.

▸ 유비수 = 유리수

**귀띔**: (i) 어떤 부분 열 $\{f_{n_i}\}$는 모든 유비수 점 $r$에서 이를테면 $f(r)$에 수렴한다. (ii) 임의의 $x \in R^1$에 대해 $f(x)$를 모든 $r \le x$ 위에서 취한 상한인 $\sup f(r)$로 정의하자. (iii) $f$가 연속인 각 $x$에서 $f_{n_i}(x) \to f(x)$임을 보여라. (이것은 단조롭다는 성질이 강력하게 사용되는 상황이다.) (iv) $\{f_{n_i}\}$의 부분 열이 $f$의 각 불연속점에서 수렴하는데, 그런 점이 많아야 셀 수 있을 만큼 존재하기 때문이다.) 이것이 (a)를 증명한다. (b)를 증명하기 위해, (iii)의 증명을 적절하게 수정하자.

**14.** $f$는 $R^1$에서 연속인 실 함수로, $0 \le f(t) \le 1$이고 모든 $t$에 대해 $f(t+2) = f(t)$이며 다음이 성립한다고 하자.

$$f(t) = \begin{cases} 0 & (0 \le x \le 1/3) \\ 1 & (2/3 \le x \le 1) \end{cases}$$

$\Phi(t) = (x(t),\ y(t))$로 놓자. 여기서 $x$와 $y$는 다음과 같다.

$$x(t) = \sum_{n=1}^{\infty} 2^{-n} f(3^{2n-1}t), \qquad y(t) = \sum_{n=1}^{\infty} 2^{-n} f(3^{2n}t)$$

$\Phi$는 연속이고 $\Phi$는 $I=[0,\ 1]$를 단위 정사각형 $I^2 \subset R^2$ 위로 사상함을 증명하라. 실제로, $\Phi$가 칸토어 모음을 $I^2$ 위로 사상함을 보여라.

▸ 모음 = 집합

**귀띔** : 각 $(x_0, y_0) \in I^2$은 다음과 같은 꼴이다.

$$x_0 = \sum_{n=1}^{\infty} 2^{-n} a_{2n-1}, \qquad y_0 = \sum_{n=1}^{\infty} 2^{-n} a_{2n}$$

여기서 각 $a_i$는 0 또는 1이다. 다음과 같다고 하자.

$$t_0 = \sum_{i=1}^{\infty} 3^{-i-1}(2a_i)$$

그러면 $f(3^k t_0) = a_k$이고, 이에 따라 $x(t_0) = x_0$이고 $y(t_0) = y_0$임을 보여라.

[이른바 "공간을 채우는 곡선"에 대한 이 간단한 예는 쉔버그(I. J. Schoenberg)의 글(*Bull. A. M. S.*, vol. 44, 1938, pp. 519)에 의한 것이다.]

**수학자**

쉔버그(Isaac Jacob Schoenberg, 1903~1990) 루마니아・아메리카 합중국 수학자

**15.** $f$는 $R^1$에서 연속인 실 함수이고 $n=1, 2, 3, \cdots$에 대해 $f_n(t) = f(nt)$이며 $\{f_n\}$은 $[0,\ 1]$에서 동등연속이라고 하자. $f$에 대해 어떤 결론을 유도할 수 있는가?

**16.** $\{f_n\}$은 옹골진 모음 $K$에서의 함수들의 동등연속인 열이고, $\{f_n\}$은 $K$에서 점마다 수렴한다고 하자. $\{f_n\}$이 $K$에서 고르게 수렴함을 증명하라.

▸ 옹골진 [옹골지다] = [be] compact

**17.** 임의의 거리 공간으로의 사상들에 대해 고른 수렴과 동등연속의 개념을 정의하라. 두 정리 7.9와 7.12가 임의의 거리 공간으로의 사상들에 대해 유효하고, 두 정리 7.8과 7.11이 임의의 완비 거리 공간에 대해 유효하며, 다섯 정리 7.10. 7.16, 7.17, 7.24, 7.25가 벡터값 함수, 곧 임의의 $R^k$로의 사상에 대해 성립함을 보여라.

**18.** $\{f_n\}$은 $[a,\ b]$에서 리만 적분할 수 있는 함수들의 고르게 갇힌 열이라 하고, 다음과 같이 놓자.

▸ 적분할 수 있다 = 적분 가능하다, 갇힌 = 유계인

$$F_n(x) = \int_a^x f_n(t)\,dt \qquad (a \le x \le b)$$

$[a,\ b]$에서 고르게 수렴하는 부분 열 $\{F_{n_k}\}$가 존재함을 증명하라.

▸ 모음 = 집합,
갇혀 있다 = 유계이다
… 위한 필요 충분 조건
= … 위해 필요하고 충분한 조건

**19.** $K$는 옹골진 거리 공간이고, $S$는 $\mathscr{C}(K)$의 부분 모음이라 하자. $S$가 (7.14절에서 정의한 거리에 관해) 옹골지기 위한 필요 충분 조건은 $S$는 고르게 갇혀 있고, 점마다 갇혀 있으며, 동동연속인 경우임을 증명하라. ($S$가 동등연속이 아니면, $S$에는 동등연속인 부분 열이 없는, 이에 따라 $K$에서 고르게 수렴하는 부분 열이 없는 열이 포함되어 있다.)

**20.** $f$는 $[0,\ 1]$에서 연속이고 다음이 성립한다고 하자.

$$\int_0^1 f(x)\,x^n\,dx = 0 \qquad (n = 0,\ 1,\ 2,\ \cdots)$$

이때 $[0,\ 1]$에서 $f(x) = 0$임을 증명하라. **귀띔** : 임의의 다항 함수와 $f$의 곱의 적분은 0이다. 바이어슈트라스의 정리를 사용해서 $\int_0^1 f(x)\,dx = 0$임을 증명하라.

**21.** $K$는 복소 평면에서 단위 원(곧, $|z| = 1$인 $z$ 전체의 모음)이고, $\mathscr{A}$는 다음과 같은 꼴의 함수 전체의 대수라 하자.

$$f(e^{i\theta}) = \sum_{n=0}^{N} c_n e^{in\theta} \qquad (\theta\text{는 실수})$$

▸ 닫개 = 폐포

그러면 $\mathscr{A}$는 $K$에서 점들을 분리하고 $\mathscr{A}$는 $K$의 어느 점에서도 영이 아니지만, 그런데도 $\mathscr{A}$의 고른 닫개에 속하지 않는 $K$에서의 연속 함수가 존재함을 보여라. **귀띔** : 각 $f \in \mathscr{A}$에 대해 다음이 성립한다.

$$\int_0^{2\pi} f(e^{i\theta})\,e^{i\theta}\,d\theta = 0$$

그리고 이것은 $\mathscr{A}$의 닫개에 속한 모든 $f$에 대해서도 참이다.

**22.** $[a,\ b]$에서 $f \in \mathscr{R}(\alpha)$라 가정하고, 적당한 다항 함수 $P_n$이 존재해서 다음이 성립함을 증명하라.

$$\lim_{n\to\infty} \int_a^b |f - P_n|^2\,d\alpha = 0$$

(제 6 장의 익힘 문제 12와 비교하자.)

**23.** $P_0 = 0$으로 놓고, $n = 0,\ 1,\ 2,\ \cdots$에 대해 다음과 같이 정의하자.

$$P_{n+1}(x) = P_n(x) + \frac{x^2 - P_n^2(x)}{2}$$

다음이 $[-1, 1]$에서 고르게 수렴함을 증명하라.

$$\lim_{n\to\infty} P_n(x) = |x|$$

(이것은 정리 7.26을 먼저 증명하지 않고도 스톤·바이어슈트라스의 정리를 증명할 수 있도록 한다.)

**귀띔** : 다음 등식을 생각하자.

$$|x| - P_{n+1}(x) = \{|x| - P_n(x)\}\left\{1 - \frac{|x| + P_n(x)}{2}\right\}$$

이 등식을 사용해서 $|x| \le 1$일 때 $0 \le P_n(x) \le P_{n+1}(x) \le |x|$이고, $|x| \le 1$일 때 다음이 성립함을 증명하자.

$$|x| - P_n(x) \le |x|\left(1 - \frac{|x|}{2}\right)^n < \frac{2}{n+1}$$

**24.** $X$는 거리가 $d$인 거리 공간이라 하자. 점 $a \in X$를 고정하자. 각 $p \in X$에 다음과 같이 정의된 함수 $f_p$를 대응시키자.

$$f_p(x) = d(x, p) - d(x, a) \qquad (x \in X)$$

이때 모든 $x \in X$에 대해 $|f_p(x)| \le d(a, p)$이고 이에 따라 $f_p \in \mathscr{C}(X)$임을 증명하라. 또, 모든 $p \in X$와 $q \in X$에 대해 다음이 성립함을 증명하라.

$$\|f_p - f_q\| = d(p, q)$$

$\Phi(p) = f_p$이면, 이에 따라 $\Phi$는 $X$에서 $\Phi(X) \subset \mathscr{C}(X)$ 위로의 **등거리 변환**(거리 보존 사상)이다.

| **용어** |
| --- |
| 등거리 변환 isometry |

$Y$를 $\mathscr{C}(X)$에서 $\Phi(X)$의 닫개라 하자. $Y$가 완비임을 보여라.

▸닫개 = 폐포, 모음 = 집합

**결론** : $X$에서 완비 거리 공간 $Y$의 조밀한 부분 모음 위로의 등거리 변환이 존재한다. (제3장의 익힘 문제 24에는 이에 대한 다른 증명이 포함되어 있다.)

**25.** $\phi$는 $0 \le x \le 1$, $-\infty < y < \infty$로 정의된 띠에서 연속이고 갇힌 실함수라 하자. 다음 초깃값 문제의 해가 존재함을 증명하라.

▸갇힌 = 유계인

$$y' = \phi(x,\ y), \qquad y(0) = c$$

(이 존재성 정리의 가정은 이에 대응하는 유일성 정리의 가정보다 덜 엄격함에 주목하자. 제 5 장의 익힘 문제 27을 보라.)

**귀띔**: $n$을 고정하자. $i = 0,\ \cdots,\ n$에 대해 $x_i = i/n$로 놓자. $f_n$은 $[0,\ 1]$에서 연속 함수로 $f_n(0) = c$이고 $x_i < t < x_{i+1}$일 때 다음과 같다고 하자.

$$f_n'(t) = \phi(x_i,\ f_n(x_i))$$

그리고 점 $x_i$를 제외하고 다음과 같이 놓자.

$$\Delta_n(t) = f_n'(t) - \phi(t,\ f_n(t))$$

점 $x_i$에서는 $\Delta_n(t) = 0$이다. 그러면 다음이 성립한다.

$$f_n(x) = c + \int_0^x \{\phi(t,\ f_n(t)) + \Delta_n(t)\}\, dt$$

$M < \infty$을 $|\phi| \le M$이 성립하도록 선택하자. 다음 주장을 밝혀라.

(a) 이를테면 $[0,\ 1]$에서 모든 $n$에 대해 $|f_n'| \le M$, $|\Delta_n| \le 2M$, $\Delta_n \in \mathscr{R}$, $|f_n| \le |c| + M = M_1$이 성립한다.

(b) $|f_n'| \le M$이므로, $\{f_n\}$은 $[0,\ 1]$에서 동등연속이다.

(c) $\{f_{n_k}\}$는 $[0,\ 1]$에서 어떤 $f$에 고르게 수렴한다.

(d) $\phi$는 직사각형 $0 \le x \le 1$, $|y| \le M_1$에서 고르게 연속이므로, 다음은 $[0,\ 1]$에서 고르게 수렴한다.

$$\phi(t,\ f_{n_k}(t)) \to \phi(t,\ f(t))$$

(e) $[0,\ 1]$에서 고르게 $\Delta_n(t) \to 0$이다. 왜냐하면 $(x_i,\ x_{i+1})$에서 다음이 성립하기 때문이다.

$$\Delta_n(t) = \phi(x_i,\ f_n(x_i)) - \phi(t,\ f_n(t))$$

(f) 그러므로 다음이 성립한다.

$$f(x) = c + \int_0^x \phi(t,\ f(t))\, dt$$

이 $f$가 주어진 문제의 해이다.

**26.** 다음 초깃값 문제에 대한 유사한 존재성 정리를 증명하라.

$$\mathbf{y}' = \Phi(x,\ \mathbf{y}), \quad \mathbf{y}(0) = \mathbf{c}$$

여기서 $\mathbf{c} \in R^k$이고 $\mathbf{y} \in R^k$이며 $\Phi$는 $0 \le x \le 1$, $\mathbf{y} \in R^k$로 정의된 $R^{k+1}$의 영역에서 $R^k$로의 연속인 갇힌 사상이다. (제 5 장의 익힘 문제 28과 비교하자.) **귀띔**: 정리 7.25의 벡터값 형태를 사용하자.

▸갇힌 = 유계인

08

# 특수한 함수들

Some Special Functions

## 거듭제곱 덧렬

이번 절에서는 거듭제곱 덧렬로 표현되는 함수, 곧 다음과 같은 꼴의 함수의 성질을 몇 가지 이끌어내겠다.

> **용어**
> 거듭제곱 덧렬, 거듭제곱 급수, 멱급수 power series
> 해석 함수 analytic function

(1) $$f(x)=\sum_{n=0}^{\infty}c_nx^n$$

좀 더 일반적인 꼴은 다음과 같다.

(2) $$f(x)=\sum_{n=0}^{\infty}c_n(x-a)^n$$

이런 것을 **해석 함수**라고 한다. 여기서는 $x$의 값을 실수로 제한하겠다. 이에 따라 수렴 원 대신에(정리 3.39를 보라), 수렴 구간을 마주칠 것이다.

(1)이 어떤 $R>0$에 대해 ($R$은 $+\infty$일 수 있는데) $(-R, R)$에 속한 모든 $x$에 대해 수렴하면, $f$는 점 $x=0$의 이웃에서 거듭제곱 덧렬로 전개된다고 한다. 마찬가지로, (2)가 $|x-a|<R$에 대해 수렴하면, $f$는 점 $x=a$의 이웃에서 거듭제곱 덧렬로 전개된다고 한다. 여기서는 편의에 따라, 일반성을 잃지 않고 흔히 $a=0$인 경우를 택하겠다.

▸ 이웃 = 근방

### 8.1 정리

다음 거듭제곱 덧렬이 $|x|<R$에 대해 수렴한다고 가정하자.

(3) $$\sum_{n=0}^{\infty}c_nx^n$$

그리고 다음과 같이 정의하자.

(4) $$f(x)=\sum_{n=0}^{\infty} c_n x^n \quad (|x|<R)$$

그러면 (3)은 임의의 $\varepsilon>0$에 대해 $[-R+\varepsilon,\ R-\varepsilon]$에서 고르게 수렴한다. 함수 $f$는 $(-R,\ R)$에서 연속이고 미분할 수 있으며 다음이 성립한다.

▸ 미분할 수 있다 = 미분 가능하다

(5) $$f'(x)=\sum_{n=1}^{\infty} nc_n x^{n-1} \quad (|x|<R)$$

**증명** 주어진 $\varepsilon>0$에 대해 $|x|\le R-\varepsilon$이면 다음이 성립한다.

$$|c_n x^n| \le |c_n(R-\varepsilon)^n|$$

(거듭제곱근 판정법에 의해 거듭제곱 덧렬은 그것의 수렴 구간의 내부에서 절대 수렴하므로) 다음은 절대 수렴한다.

$$\Sigma c_n (R-\varepsilon)^n$$

그러므로 정리 7.10에 의해 (3)은 $[-R+\varepsilon,\ R-\varepsilon]$에서 고르게 수렴한다.

$n\to\infty$일 때 $\sqrt[n]{n}\to 1$이므로, 다음이 성립한다.

$$\limsup_{n\to\infty} \sqrt[n]{n|c_n|} = \limsup_{n\to\infty} \sqrt[n]{|c_n|}$$

그러므로 (4)와 (5)의 덧렬의 수렴 구간은 서로 같다.

(5)는 거듭제곱 덧렬이므로, 임의의 $\varepsilon>0$에 대해 $[-R+\varepsilon,\ R-\varepsilon]$에서 고르게 수렴하고, (열 대신에 덧렬에 관한) 정리 7.17을 적용할 수 있다. 이에 따라 (5)는 $|x|\le R-\varepsilon$일 때 성립한다.

그런데 $|x|<R$인 임의로 주어진 $x$에 대해 적당한 $\varepsilon>0$에 대해 $|x|<R-\varepsilon$이 성립한다. 이에 따라 (5)는 $|x|<R$에 대해 성립한다.

$f'$이 존재하므로, $f$는 연속이다(정리 5.2).

## 따름 정리

▸ 유도 함수 = 도함수

정리 8.1의 가정이 성립하면, $f$의 모든 계의 유도 함수가 $(-R,\ R)$에서 존재하고, 그 유도 함수는 다음과 같이 주어진다.

(6) $$f^{(k)}(x)=\sum_{n=k}^{\infty} n(n-1)\cdots(n-k+1)c_n x^{n-k}$$

특히, 다음이 성립한다.

$$f^{(k)}(0) = k!\,c_k \quad (k = 0,\ 1,\ 2,\ \cdots) \tag{7}$$

(여기서 $f^{(0)}$은 $f$를 뜻하고, $k = 1,\ 2,\ 3,\ \cdots$에 대해 $f^{(k)}$는 $f$의 $k$계 유도 함수를 뜻한다.)

▸ 유도 함수 = 도함수

**증명** 정리 8.1을 $f,\ f',\ f'',\ \cdots$에 잇따라 적용하면, 공식 (6)을 얻는다. (6)에 $x = 0$을 대입하면, (7)을 얻는다.

공식 (7)은 매우 흥미롭다. 한편으로 이것은 $f$의 거듭제곱 덧렬의 곁수가 단 한 점에서 $f$와 이의 유도 함수들의 값에 의해 결정됨을 보여준다. 다른 한편으로는 곁수들이 주어지면 수렴 구간의 중심에서 $f$의 유도 함수들의 값을 거듭제곱 덧렬로부터 즉시 알아낼 수 있다.

▸ 거듭제곱 덧렬 = 멱급수, 곁수 = 계수 = coefficient

그렇지만 함수 $f$의 모든 계의 유도 함수가 존재하더라도 (7)로 셈한 $c_n$에 관한 덧렬 $\Sigma c_n x^n$은 임의의 $x \neq 0$에서 $f(x)$에 반드시 수렴하지 않을 수도 있음에 주목하자. 이런 경우에 $f$는 $x = 0$의 이웃에서 거듭제곱 덧렬로 전개할 수 없다. 왜냐하면 $f(x) = \Sigma a_n x^n$이면, 반드시 다음이 성립해야 한다.

▸ 이웃 = 근방

$$n!\,a_n = f^{(n)}(0)$$

그러므로 $a_n = c_n$이다. 이런 상황의 예는 익힘 문제 1에 제시되어 있다.

덧렬 (3)이 끝점, 이를테면 $x = R$에서 수렴하면, $f$는 $(-R,\ R)$뿐만 아니라 $x = R$에서도 연속이다. 이것은 아벨의 정리로부터 유도된다. (간편하게 나타내기 위해, $R = 1$로 택한다.)

**용어**

아벨의 정리
Abel's theorem

## 8.2 정리

$\Sigma c_n$이 수렴한다고 하자. 다음과 같이 놓자.

$$f(x) = \sum_{n=0}^{\infty} c_n x^n \quad (-1 < x < 1)$$

그러면 다음이 성립한다.

$$\lim_{x \to 1} f(x) = \sum_{n=0}^{\infty} c_n \tag{8}$$

**증명** $s_n = c_0 + \cdots + c_n$ 이고 $s_{-1} = 0$ 이라 하자. 그러면 다음을 얻는다.

$$\sum_{n=0}^{m} c_n x^n = \sum_{n=0}^{m} (s_n - s_{n-1}) x^n = (1-x) \sum_{n=0}^{m-1} s_n x^n + s_m x^m$$

$|x| < 1$ 일 때, $m \to \infty$ 으로 놓으면 다음을 얻는다.

$$f(x) = (1-x) \sum_{n=0}^{\infty} s_n x^n \tag{9}$$

$s = \lim_{n \to \infty} s_n$ 이라 하면, 임의의 $\varepsilon > 0$ 에 대해 적당한 $N$이 존재해서 $n > N$이면 다음이 성립한다.

$$|s - s_n| < \frac{\varepsilon}{2}$$

다음이 성립한다.

$$(1-x) \sum_{n=0}^{\infty} x^n = 1 \quad (|x| < 1)$$

그러면 (9)로부터 적절하게 선택한 $\delta > 0$ 에 대해 $x > 1 - \delta$ 이면 다음을 얻는다.

▸ $\left|(1-x) \sum_{n=N+1}^{\infty} (s_n - s) x^n\right| \le (1-x) \sum_{n=N+1}^{\infty} |s_n - s||x|^n \le \frac{\varepsilon}{2}(1-x) \sum_{n=N+1}^{\infty} |x|^n$

$$|f(x) - s| = \left|(1-x) \sum_{n=0}^{\infty} (s_n - s) x^n\right| \le (1-x) \sum_{n=0}^{N} |s_n - s||x|^n + \frac{\varepsilon}{2} \le \varepsilon$$

이에 따라 (8)이 성립한다.

이의 응용으로 다음 정리 3.51을 증명하자. "$\Sigma a_n$, $\Sigma b_n$, $\Sigma c_n$ 이 $A$, $B$, $C$에 수렴하고 $c_n = a_0 b_n + \cdots + a_n b_0$ 이면, $C = AB$ 이다." $0 \le x \le 1$ 에 대해 다음과 같이 놓자.

$$f(x) = \sum_{n=0}^{\infty} a_n x^n, \quad g(x) = \sum_{n=0}^{\infty} b_n x^n, \quad h(x) = \sum_{n=0}^{\infty} c_n x^n$$

▸ 덧렬 = 급수

$x < 1$ 에 대해 이런 덧렬들은 절대적으로 수렴한다. 그러므로 정의 3.48에 따라 곱할 수 있다. 곱셈을 시행하면 다음을 확인할 수 있다.

(10) $$f(x) \cdot g(x) = h(x) \quad (0 \le x < 1)$$

정리 8.2에 의해 $x \to 1$일 때 다음이 성립한다.

(11) $$f(x) \to A, \quad g(x) \to B, \quad h(x) \to C$$

두 식 (10)과 (11)에 의해 $AB = C$가 성립한다.

이제 합의 순서를 바꾸는 것과 관련된 정리가 요구된다. (익힘 문제 2와 3을 보라.)

## 8.3 정리

주어진 이중 열 $\{a_{ij}\}$ $(i = 1, 2, 3, \cdots, j = 1, 2, 3, \cdots)$에 대해 다음과 같다고 하자.

(12) $$\sum_{j=1}^{\infty} |a_{ij}| = b_i \quad (i = 1, 2, 3, \cdots)$$

그리고 $\Sigma b_i$가 수렴한다고 하자. 그러면 다음이 성립한다.

(13) $$\sum_{i=1}^{\infty} \sum_{j=1}^{\infty} a_{ij} = \sum_{j=1}^{\infty} \sum_{i=1}^{\infty} a_{ij}$$

**용어**

이중 열 double sequence

**증명** 정리 3.55에서 이용한 방법과 비슷한 (그렇지만 더 복잡한) 직접적인 과정으로 (13)을 입증할 수 있다. 그렇지만 다음 방법이 더 흥미로워 보인다.

$E$를 셀 수 있는 모음으로 점 $x_0, x_1, x_2, \cdots$으로 이루어지고, $n \to \infty$일 때 $x_n \to x_0$이라 하자. 그리고 다음과 같이 정의하자.

▸ 모음 = 집합

(14) $$f_i(x_0) = \sum_{j=1}^{\infty} a_{ij} \quad (i = 1, 2, 3, \cdots)$$

(15) $$f_i(x_n) = \sum_{j=1}^{n} a_{ij} \quad (i, n = 1, 2, 3, \cdots)$$

(16) $$g(x) = \sum_{i=1}^{\infty} f_i(x) \quad (x \in E)$$

이제 (14)와 (15)는 (12)와 함께 각 $f_i$가 $x_0$에서 연속임을 보여준다. $x \in E$에 대해 $|f_i(x)| \le b_i$이므로, (16)은 고르게 수렴한다. 그러

▸ $\lim_{n \to \infty} f_i(x_n) = f_i(x_0) = f_i\left(\lim_{n \to \infty} x_n\right)$

므로 $g$는 $x_0$에서 연속이다(정리 7.11). 따라서 다음이 성립한다.

$$\sum_{i=1}^{\infty}\sum_{j=1}^{\infty} a_{ij} = \sum_{i=1}^{\infty} f_i(x_0) = g(x_0) = \lim_{n\to\infty} g(x_n)$$
$$= \lim_{n\to\infty}\sum_{i=1}^{\infty} f_i(x_n) = \lim_{n\to\infty}\sum_{i=1}^{\infty}\sum_{j=1}^{n} a_{ij}$$
$$= \lim_{n\to\infty}\sum_{j=1}^{n}\sum_{i=1}^{\infty} a_{ij} = \sum_{j=1}^{\infty}\sum_{i=1}^{\infty} a_{ij}$$

## 8.4 정리

▸ 덧렬 = 급수

다음 덧렬이 $|x| < R$에서 수렴한다고 하자.

$$f(x) = \sum_{n=0}^{\infty} c_n x^n$$

▸ 이웃 = 근방

$-R < a < R$일 때, $f$는 점 $x = a$의 이웃에서 거듭제곱 덧렬로 전개할 수 있는데, 이것은 $|x-a| < R - |a|$에서 수렴하고, 다음이 성립한다.

$$(17) \qquad f(x) = \sum_{n=0}^{\infty} \frac{f^{(n)}(a)}{n!}(x-a)^n \qquad (|x-a| < R - |a|)$$

**용어**

테일러의 정리
Taylor's theorem

이것은 정리 5.15의 확장인데, 테일러의 정리라 한다.

**증명** 다음이 성립한다.

▸ $(n,\ m)$
$(0,\ 0)$
$(1,\ 0)\ (1,\ 1)$
$(2,\ 0)\ (2,\ 1)\ (2,\ 2)$
$(3,\ 0)\ (3,\ 1)\ (3,\ 2)\ \cdots$
$\cdots \quad \cdots \quad \cdots \quad \cdots$

$$f(x) = \sum_{n=0}^{\infty} c_n \{(x-a)+a\}^n$$
$$= \sum_{n=0}^{\infty} c_n \sum_{m=0}^{n} \binom{n}{m} a^{n-m}(x-a)^m$$
$$= \sum_{m=0}^{\infty}\left\{\sum_{n=m}^{\infty}\binom{n}{m} c_n a^{n-m}\right\}(x-a)^m$$

이것은 점 $x = a$의 이웃에서의 바라던 전개이다. 이의 타당성을 증명하기 위해서, 합의 순서를 바꾼 과정을 정당화해야 한다. 정리 8.3은 다음이 수렴할 때 합의 순서를 바꿀 수 있음을 보여준다.

$$(18) \qquad \sum_{n=0}^{\infty}\sum_{m=0}^{n}\left|c_n\binom{n}{m}a^{n-m}(x-a)^m\right|$$

그런데 (18)은 다음과 똑같다.

(19) $$\sum_{n=0}^{\infty} |c_n| \cdot (|x-a|+|a|)^n$$

그리고 $|x-a|+|a| < R$일 때 (19)는 수렴한다.

마지막으로 (17)에 있는 결수의 꼴은 (7)로부터 얻는다.

실제로 (17)은 $|x-a| < R-|a|$로 주어진 구간보다 더 큰 구간에서 수렴할 수 있다는 사실에 주목해야 한다.

두 거듭제곱 덧렬이 $(-R, R)$에서 똑같은 함수에 수렴하면, (7)에 따라 두 덧렬은 반드시 일치해야 한다. 곧, 결수들이 똑같아야 한다. 이와 같은 결론을 훨씬 더 약한 가정으로부터 이끌어낼 수 있다는 사실은 흥미롭다.

▸ $f^{(n)}(x) = \sum_{k=n}^{\infty} \frac{k!}{(k-n)!} c_k x^{k-n}$, $\frac{f^{(n)}(a)}{n!} = \sum_{k=n}^{\infty} \frac{k!}{(k-n)!n!} c_k a^{k-n} = \sum_{k=n}^{\infty} \binom{k}{n} c_k a^{k-n}$ $[= \sum_{n=m}^{\infty} \binom{n}{m} c_n a^{n-m}]$

▸ 결수 = 계수 = coefficient, 거듭제곱 덧렬 = 멱급수

## 8.5 정리

두 덧렬 $\Sigma a_n x^n$과 $\Sigma b_n x^n$이 열린 구간 $S=(-R, R)$에서 수렴한다고 하자. $E$는 다음이 성립하는 $x \in S$ 전체의 집합이라 하자.

(20) $$\sum_{n=0}^{\infty} a_n x^n = \sum_{n=0}^{\infty} b_n x^n$$

$E$의 쌓인 점이 $S$에 존재하면, $n=0, 1, 2, \cdots$에 대해 $a_n = b_n$이다. 그러므로 (20)은 모든 $x \in S$에 대해 성립한다.

▸ 쌓인 점 = 극한점 = 집적점

**증명** $c_n = a_n - b_n$이라 하고 다음과 같이 놓자.

(21) $$f(x) = \sum_{n=0}^{\infty} c_n x^n \qquad (x \in S)$$

그러면 $E$에서 $f(x)=0$이다.

$A$는 $S$에서 $E$의 쌓인 점 전체의 모음이고, $B$는 $S$의 다른 점 전체의 모음이라고 하자. '쌓인 점'의 정의에서 명백하듯이, $B$는 열린 모음이다. $A$가 열린 모음임을 증명할 수 있다고 가정하자. 그러면 $A$와 $B$는 만나지 않는 열린 모음이고, 이에 따라 분리되어 있다(정의 2.45). $S=A \cup B$이고 $S$는 연결되어 있으므로, $A$와 $B$ 중에서 하나는 비어 있어야 한다. 정리의 가정에 의해, $A$는 비어 있지 않다. 이에 따라 $B$가 비어 있고, $A=S$이다. $f$가 $S$에서 연속이므로, $A \subset E$이다. 그러므로 $E=S$이고, (7)은 $n=0, 1, 2, \cdots$에 대해 $c_n=0$임

▸ 모음 = 집합, $A=\{x \in S | x$는 $E$의 쌓인 점$\}$, $B=S-A$

▸ 비어 있다 = be empty,

▸ $x_0 \in A$이면, 열 $\{x_n\} \subset E \subset S$가 존재해서 $x_n \to x_0$이다. $f$가 $S$에서 연속이므로, $f(x_n) \to f(x_0)$이다. $f(x_n)=0$이므로 $f(x_0)=0$이고 $x_0 \in E$이다. 곧 $A \subset E$이다.

을 보여주는데, 이것은 바라던 결론이다.

그러므로 $A$가 열린 모음임을 증명해야 한다. $x_0 \in A$이면, 정리 8.4는 다음이 성립함을 보여준다.

$$f(x) = \sum_{n=0}^{\infty} d_n (x - x_0)^n \qquad (|x - x_0| < R - |x_0|) \tag{22}$$

▸ 옹근 수 = 정수

모든 $n$에 대해 $d_n = 0$임을 주장한다. 그렇지 않으면, $k$를 $d_k \neq 0$인 가장 작은 옹근 수라고 하자. 그러면 다음이 성립한다.

$$f(x) = (x - x_0)^k g(x) \qquad (|x - x_0| < R - |x_0|) \tag{23}$$

여기서 $g$는 다음과 같다.

$$g(x) = \sum_{m=0}^{\infty} d_{k+m} (x - x_0)^m \tag{24}$$

$g$는 $x_0$에서 연속이고, 다음이 성립한다.

$$g(x_0) = d_k \neq 0$$

그러므로 적당한 $\delta > 0$가 존재해서 $|x - x_0| < \delta$이면 $g(x) \neq 0$이다. 따라서 (23)에 의해 $0 < |x - x_0| < \delta$일 때 $f(x) \neq 0$이다. 그런데 이것은 $x_0$이 $E$의 쌓인 점이라는 사실에 모순된다.

▸ 이웃 = 근방, 모음 = 집합

그러므로 모든 $n$에 대해 $d_n = 0$이고, 이에 따라 (22)가 성립하는 $x$ 전체, 곧 $x_0$의 한 이웃에서 $f(x) = 0$이다. 이것은 $A$가 열린 모음임을 보여주고, 증명이 끝난다.

## 지수 함수와 로그 함수

다음과 같이 정의하자.

$$E(z) = \sum_{n=0}^{\infty} \frac{z^n}{n!} \tag{25}$$

▸ 거듭제곱 덧렬 = 멱급수

비율 판정법에 따라 이 거듭제곱 덧렬은 모든 복소수 $z$에 대해 수렴한다. 절대적으로 수렴하는 덧렬들의 곱셈에 관한 정리 3.50을 적용하면, 다음을 얻는다.

$$E(z)E(w) = \sum_{n=0}^{\infty} \frac{z^n}{n!} \sum_{m=0}^{\infty} \frac{w^n}{m!} = \sum_{n=0}^{\infty} \sum_{k=0}^{n} \frac{z^k w^{n-k}}{k!(n-k)!}$$

$$= \sum_{n=0}^{\infty} \frac{1}{n!} \sum_{k=0}^{n} \binom{n}{k} z^k w^{n-k} = \sum_{n=0}^{\infty} \frac{(z+w)^n}{n!}$$

이에 따라 다음과 같은 중요한 덧셈 공식이 성립한다.

용어
덧셈 공식 addition formula

(26) $$E(z+w) = E(z)E(w) \quad (z\text{와 } w\text{는 복소수})$$

한 가지 결론은 다음과 같다.

(27) $$E(z)E(-z) = E(z-z) = E(0) = 1 \quad (z\text{는 복소수})$$

이에 따라 모든 $z$에 대해 $E(z) \neq 0$이다. (25)에 의해, $x > 0$일 때 $E(x) > 0$이다. 그러므로 (27)에 의해 모든 실수 $x$에 대해 $E(x) > 0$이다. (25)에 의해 $x \to +\infty$일 때 $E(x) \to +\infty$이다. 그러므로 (27)에 의해 실수축을 따라 $x \to -\infty$일 때 $E(x) \to 0$이다. (25)에 의해 $0 < x < y$이면 $E(x) < E(y)$이다. 그러므로 (27)에 의해 $E(-y) < E(-x)$이다. 이에 따라 $E$는 실수축 전체에서 순증가한다.

또한 덧셈 공식은 다음도 보여준다.

(28) $$\lim_{h \to 0} \frac{E(z+h) - E(z)}{h} = E(z) \lim_{h \to 0} \frac{E(h) - 1}{h} = E(z)$$

마지막 등식은 (25)로부터 직접 유도된다.

(26)을 반복하면 다음을 얻는다.

(29) $$E(z_1 + \cdots + z_n) = E(z_1) \cdots E(z_n)$$

$z_1 = \cdots = z_n = 1$이라 하자. 정의 3.30에서 정의된 수인 $e$에 대해 $E(1) = e$이므로, 다음을 얻는다.

(30) $$E(n) = e^n \quad (n = 1,\ 2,\ 3,\ \cdots)$$

두 자연수 $n$과 $m$에 대해 $p = n/m$이면, 다음이 성립한다.

(31) $$\{E(p)\}^m = E(mp) = E(n) = e^n$$

이에 따라 다음이 성립한다.

(32) $$E(p) = e^p \quad (p > 0,\ p\text{는 유비수})$$

▸ 유비수 = 유리수

$p$가 양의 유비수이면, (27)에 의해 $E(-p) = e^{-p}$가 성립한다. 그러므로 (32)는 모든 유비수 $p$에 대해 성립한다.

제1장 익힘 문제 6에서 $x > 1$에 대해 다음과 같은 정의를 제안했다.

▸ $x^y = \sup\{x^p \mid p<y,\ p\in Q\}$

(33) $$x^y = \sup x^p$$

여기서 sup은 임의의 $y$에 대해 $p<y$인 유비수 $p$ 전체에서 취한다. 그러므로 임의의 실수 $x$에 대해 다음과 같이 정의한다고 하자.

▸ $e^x = \sup\{e^p \mid p<x,\ p\in Q\}$

(34) $$e^x = \sup e^p \quad (p<x,\ p\text{는 유비수})$$

▸ 단조롭게 증가한다
= 단조 증가한다

그러면 (32)와 함께 $E$가 연속이고 단조롭게 증가한다는 성질은 모든 실수 $x$에 대해 다음이 성립함을 보여준다.

(35) $$E(x) = e^x$$

**용어**

지수 함수
exponential function

식 (35)는 $E$를 지수 함수라 부르는 이유를 설명한다.

기호 $\exp(x)$가 $e^x$ 대신에 종종 사용되는데, $x$가 복잡한 식일 때 특히 그렇다.

실제로 (34) 대신에 (35)를 $e^x$의 정의로 충분히 사용할 수 있다. (35)는 $e^x$의 성질을 탐구하기 위한 훨씬 더 편리한 출발점이다. (33)도 더 편리한 정의로 대체할 수 있다는 사실도 곧 알아볼 것이다. [(43)을 보라.]

이제 $E(x)$ 대신에 전통적인 기호 $e^x$로 되돌아가고, 지금까지 증명한 사실들을 다음과 같이 간추린다.

## 8.6 정리

$e^x$는 $R^1$에서 (35)와 (25)로 정의되어 있다고 하자. 그러면

▸ 미분할 수 있다
= 미분 가능하다

(a) $e^x$은 모든 $x$에서 연속이고 미분할 수 있다.

(b) $(e^x)' = e^x$

(c) $e^x$은 $x$에 관한 순증가하는 함수이고 $e^x > 0$이다.

(d) $e^{x+y} = e^x e^y$

(e) $x\to+\infty$일 때 $e^x\to+\infty$이고, $x\to-\infty$일 때 $e^x\to 0$이다.

(f) 각 $n$에 대해 $\displaystyle\lim_{x\to+\infty}\frac{x^n}{e^x}=0$이다.

**증명** (a)부터 (e)까지는 이미 증명했다. (25)는 $x>0$에 대해 다음이 성립함을 보여준다.

$$e^x > \frac{x^{n+1}}{(n+1)!}$$

그러므로 다음을 얻는다.

$$\frac{x^n}{e^x} < \frac{(n+1)!}{x}$$

따라서 (f)가 증명된다. (f)는 $x \to +\infty$ 일 때 $e^x$ 은 $x$의 어떠한 거듭제곱보다 '더 빠르게' $+\infty$로 커진다는 사실을 보여준다.

$E$가 $R^1$에서 순증가하고 미분할 수 있으므로, 이것의 역함수 $L$이 존재하는데, $L$도 순증가하고 미분할 수 있으며 이것의 정의역은 $E(R^1)$, 곧 양수 전체의 모음이다. $L$은 다음과 같이 정의한다.

▸ 모음 = 집합

(36) $$E(L(y)) = y \quad (y > 0)$$

또는 동치로 다음과 같이 정의한다,

(37) $$L(E(x)) = x \quad (x\text{는 실수})$$

(37)을 미분하면 다음을 얻는다. (정리 5.5와 비교하자.)

$$L'(E(x)) \cdot E(x) = 1$$

$y = E(x)$로 쓰면, 이것은 다음과 같이 된다.

(38) $$L'(y) = \frac{1}{y} \quad (y > 0)$$

(37)에 $x = 0$을 대입하면 $L(1) = 0$이다. 그러므로 (38)에서 다음을 얻는다.

(39) $$L(y) = \int_1^y \frac{dx}{x}$$

아주 흔하게, (39)를 로그 함수와 지수 함수의 출발점으로 택한다. $u = E(x)$와 $v = E(y)$로 쓰면, (26)에서 다음을 얻는다.

$$L(uv) = L(E(x) \cdot E(y)) = L(E(x+y)) = x + y$$

그러므로 다음이 성립한다.

(40) $$L(uv) = L(u) + L(v) \quad (u > 0,\ v > 0)$$

이것은 셈에서 로그를 쓸모 있는 도구로 만드는 친숙한 성질을 $L$이 만족시킴을 보여준다. $L(x)$에 대해 전통적인 기호는 물론 $\log x$이다.

▸ $\log x$는 통상적으로 $\ln x$로 나타낸다.

$x \to +\infty$ 일 때와 $x \to 0$일 때 $\log x$의 행동에 대해서는 정리 8.6 (e)

는 다음이 성립함을 보여준다.

$$x \to +\infty \text{일 때} \quad \log x \to +\infty \text{이고,}$$
$$x \to 0 \text{일 때} \quad \log x \to -\infty \text{이다.}$$

▸옹근 수 = 정수

쉽게 확인할 수 있듯이, $x > 0$이고 $n$이 옹근 수일 때 다음이 성립한다.

$$x^n = E(nL(x)) \tag{41}$$

비슷하게 $m$이 자연수일 때 다음이 성립한다.

$$x^{1/m} = E\left(\frac{1}{m}L(x)\right) \tag{42}$$

▸유비수 = 유리수

왜냐하면 (42)의 양변을 $m$제곱하면 (37)의 각 변이 되기 때문이다. (41)과 (42)를 결합하면, 임의의 유비수 $\alpha$에 대해 다음을 얻는다.

$$x^\alpha = E(\alpha L(x)) = e^{\alpha \log x} \tag{43}$$

▸단조롭게 증가한다 = 단조 증가한다

이제 임의의 실수 $\alpha$와 임의의 $x > 0$에 대해 $x^\alpha$을 (43)으로 정의한다. $E$와 $L$이 연속이고 단조롭게 증가하므로 이 정의가 이전에 제시된 정의와 똑같은 결과에 이르게 한다는 사실을 보여준다. 제1장의 익힘 문제 6에서 서술한 사실들은 (43)의 자명한 결과이다.

(43)을 미분하면, 정리 5.5에 의해 다음을 얻는다.

$$(x^\alpha)' = E(\alpha L(x)) \cdot \frac{\alpha}{x} = \alpha x^{\alpha-1} \tag{44}$$

▸무비수 = 무리수, 유도 함수 = 도함수

앞에서 (44)를 $\alpha$의 옹근 수값에 대해서만 사용했음을 주목하자. 이런 경우에 (44)는 정리 5.3(b)로부터 쉽게 유도된다. $\alpha$가 무비수일 때 $x^\alpha$을 (33)으로 정의하면, 유도 함수의 정의로부터 (44)를 직접 증명하는 것은 아주 번거롭다.

$x^\alpha$에 대한 잘 알려진 적분 공식은 $\alpha \neq -1$일 때 (44)로부터 유도되고 $\alpha = -1$일 때는 (38)로부터 유도된다. $\log x$의 또 다른 성질, 곧 임의의 $\alpha > 0$에 대해 다음이 성립한다는 사실을 증명하고자 한다.

$$\lim_{x \to +\infty} \frac{\log x}{x^\alpha} = 0 \tag{45}$$

이것은 $x \to +\infty$일 때 $x$의 어떠한 양의 거듭제곱보다 '더 느리게' $\log x \to +\infty$임으로 보여준다.

이유는 $0<\varepsilon<\alpha$이고 $x>1$일 때 다음이 성립하기 때문이다.

$$\frac{\log x}{x^{\alpha}}=\frac{1}{x^{\alpha}}\int_{1}^{x}\frac{1}{t}\,dt<\frac{1}{x^{\alpha}}\int_{1}^{x}t^{\varepsilon-1}\,dt=\frac{1}{x^{\alpha}}\cdot\frac{x^{\varepsilon}-1}{\varepsilon}<\frac{1}{\varepsilon x^{\alpha-\varepsilon}}$$

이것에서 (45)가 유도된다. 정리 8.6(f)를 이용해서 (45)를 유도할 수도 있다.

## 삼각 함수

다음과 같이 정의하자.

$$C(x)=\frac{1}{2}\{E(ix)+E(-ix)\},\quad S(x)=\frac{1}{2i}\{E(ix)-E(-ix)\} \tag{46}$$

$C(x)$와 $S(x)$는 통상 기하학적 상황에 근거해서 정의하는 함수 $\cos x$와 $\sin x$ 각각과 일치함을 보이겠다. (25)에 의해 $E(\bar{z})=\overline{E(z)}$이다. 그러므로 (46)은 $x$가 실수일 때 $C(x)$와 $S(x)$가 실수임을 보여준다. 또, 다음이 성립한다.

$$E(ix)=C(x)+iS(x) \tag{47}$$

그러므로 $x$가 실수일 때 $C(x)$와 $S(x)$는 각각 $E(ix)$의 실수 부분과 허수 부분이다. (27)에 의해 다음이 성립한다.

$$|E(ix)|^2=E(ix)\overline{E(ix)}=E(ix)E(-ix)=1$$

그러므로 다음을 얻는다.

$$|E(ix)|=1\quad (x\text{는 실수}) \tag{48}$$

(46)에서 $C(0)=1$과 $S(0)=0$임을 알 수 있고, (28)은 다음을 보여준다.

$$C'(x)=-S(x),\quad S'(x)=C(x) \tag{49}$$

적당한 양수 $x$가 존재해서 $C(x)=0$이 성립함을 주장한다. 이렇지 않다고 가정하자. $C(0)=1$이므로, 모든 $x>0$에 대해 $C(x)>0$이어야 한다. 그러면 (49)에 의해 $S'(x)>0$이고, 이에 따라 $S$는 순증가한다. 그리고 $S(0)=0$이므로 $x>0$일 때 $S(x)>0$이다. 그러므로 $0<x<y$이면, 다음을 얻는다.

$$(50) \qquad S(x)(y-x) < \int_x^y S(t)\,dt = C(x) - C(y) \leq 2$$

마지막 부등식은 (48)과 (47)로부터 유도된다. $S(x) > 0$이므로, (50)은 큰 $y$에 대해 참일 수 없고, 모순에 이른다.

▸ 모음 = 집합

$x_0$을 $C(x_0) = 0$인 가장 작은 양수라고 하자. 연속 함수의 영점들의 모음이 닫혀 있고 $C(0) \neq 0$이기 때문에, 이런 수는 존재한다. 수 $\pi$를 다음과 같이 정의하자.

$$(51) \qquad \pi = 2x_0$$

그러면 $C(\pi/2) = 0$이고, (48)에 의해 $S(\pi/2) = \pm 1$이다. $(0, \pi/2)$에서 $C(x) > 0$이므로, $S$는 $(0, \pi/2)$에서 증가한다. 그러므로 $S(\pi/2) = 1$이다. 그러므로 다음이 성립한다.

$$E\left(\frac{\pi i}{2}\right) = i$$

그리고 덧셈 공식에 따라 다음을 얻는다.

$$(52) \qquad E(\pi i) = -1, \quad E(2\pi i) = 1$$

그러므로 다음이 성립한다.

$$(53) \qquad E(z + 2\pi i) = E(z) \quad (z\text{는 복소수})$$

## 8.7 정리

(a) $E$는 주기가 $2\pi i$인 주기 함수이다.
(b) $C$와 $S$는 주기가 $2\pi$인 주기 함수이다.
(c) $0 < t < 2\pi$일 때, $E(it) \neq 1$이다.
(d) 복소수 $z$는 $|z| = 1$일 때, 유일한 $t \in [0, 2\pi)$가 존재해서 $E(it) = z$가 성립한다.

**증명** (53)에 의해 (a)가 성립한다. 그리고 (b)는 (a)와 (46)으로부터 유도된다.

$0 < t < \pi/2$이고, 두 실수 $x$와 $y$에 대해 $E(it) = x + iy$라 하자. 앞의 논의에 의해 $0 < x < 1$이고 $0 < y < 1$이다. 다음에 주목하자.

$$E(4it) = (x+iy)^4 = x^4 - 6x^2y^2 + y^4 + 4ixy(x^2 - y^2)$$

$E(4it)$가 실수이면, $x^2-y^2=0$이다. (48)에 의해 $x^2+y^2=1$이므로, $x^2=y^2=\frac{1}{2}$이다. 이에 따라 $E(4it)=-1$이고, (c)가 증명된다.

$0 \le t_1 < t_2 < 2\pi$이면, (c)에 의해 다음이 성립한다.

$$E(it_2)\{E(it_1)\}^{-1}=E(it_2-it_1)\neq 1$$

이것은 (d)의 유일성 주장을 입증한다.

(d)의 존재성 주장을 증명하기 위해서, $z$를 $|z|=1$이도록 고정하자. 두 실수 $x$와 $y$에 대해 $z=x+iy$로 쓰자. 먼저 $x \ge 0$이고 $y \ge 0$이라 가정하자. $[0, \pi/2]$에서 $C$는 1부터 0까지 감소한다. 그러므로 어떤 $t \in [0, \pi/2]$에 대해 $C(t)=x$이다. $C^2+S^2=1$이고 $[0, \pi/2]$에서 $S \ge 0$이므로, $z=E(it)$가 성립한다.

$x<0$이고 $y \ge 0$이면, 앞의 조건은 $-iz$에 의해 충족된다. 그러므로 어떤 $t \in [0, \pi/2]$에 대해 $-iz=E(it)$이다. $i=E(\pi i/2)$이므로, $z=E(i(t+\pi/2))$를 얻는다. 마지막으로, $y<0$이면 앞의 두 가지 경우는 어떤 $t \in (0, \pi)$에 대해 $-z=E(it)$임을 보여준다. 그러므로 $z=-E(it)=E(i(t+\pi))$이다.

이에 따라 (d)가 증명되고, 정리가 증명된다.

(d)와 (48)에 의해, 다음과 같이 정의된 곡선 $\gamma$는 그 치역이 평면의 단위 원인 단순한 닫힌 곡선이다.

(54) $$\gamma(t)=E(it) \quad (0 \le t \le 2\pi)$$

$\gamma'(t)=iE(it)$이므로, $\gamma$의 길이는 정리 6.27에 의해 다음과 같다.

$$\int_0^{2\pi}|\gamma'(t)|\,dt=2\pi$$

이것은 물론 반지름이 1인 원의 둘레에 대한 예상된 결과이다. 이것은 (51)로 정의된 $\pi$가 통상적인 기하학적 중요성을 지님을 보여준다.

똑같은 방식으로 $t$가 0부터 $t_0$까지 증가할 때 점 $\gamma(t)$는 길이가 $t_0$인 원호를 그린다는 사실을 알 수 있다. 꼭짓점이 다음과 같은 삼각형을 생각하자.

$$z_1=0, \quad z_2=\gamma(t_0), \quad z_3=C(t_0)$$

그러면 통상적인 방식에 따라 직각 삼각형의 변들 사이의 비율로 정의되는 $\cos t$와 $\sin t$가 실제로 각각 $C(t)$와 $S(t)$가 일치함을 알 수 있다.

**용어**

단순(한) 닫힌 곡선
simple closed curve
대수학적 완비성
algebraic completeness

(46)과 (25)로부터 삼각 함수들의 기본적인 성질들을 각에 대한 기하학적 개념에 의존하지 않고도 유도했음을 강조해야 한다. 이런 함수들에 대한 다른 비기하학적인 접근 방법들이 있다. 이런 주제는 에버레인(W. F. Eberlein)의 논문(*Amer. Math. Monthly*, vol. 74, 1967, pp. 1223-1225)과 로비슨(G. B. Robison)의 논문(*Math. Mag.*, vol. 41, 1968, pp. 66-70)에서 논의하고 있다.

## 복소수 체의 대수학적 완비성

▸ 곁수 = 계수 = coefficient

이제 복소수 체가 대수학적으로 완비라는 사실, 곧 상수가 아닌 다항 방정식으로 곁수가 복소수인 임의의 다항 방정식의 복소수 해가 존재한다는 사실을 간단하게 증명할 수 있는 상황에 있다.

### 8.8 정리

$a_0, \cdots, a_n$은 복소수이고 $n \ge 1$이며 $a_n \ne 0$이고 다음과 같다고 하자.

$$P(z) = \sum_{k=0}^{n} a_k z^k$$

그러면 어떤 복소수 $z$에 대해 $P(z) = 0$이다.

**증명** 일반성을 잃지 않고 $a_n = 1$이라 가정하자. 다음과 같이 놓자.

(55) $$\mu = \inf |P(z)| \quad (z\text{는 복소수})$$

$|z| = R$일 때, 다음이 성립한다.

(56) $$|P(z)| \ge R^n \{1 - |a_{n-1}|R^{-1} - \cdots - |a_0|R^{-n}\}$$

(56)의 우변은 $R \to \infty$ 일 때 $\infty$로 커진다. 그러므로 적당한 $R_0$이 존재해서 $|z| > R_0$이면 $|P(z)| > \mu$가 성립한다. $|P|$은 중심이 0이고 반지름이 $R_0$인 닫힌 원판에서 연속이므로, 정리 4.16에 의해 어떤 $z_0$에 대해 $|P(z_0)| = \mu$가 성립한다.

$\mu = 0$임을 주장한다.

그렇지 않으면, $Q(z) = P(z + z_0)/P(z_0)$으로 놓자. 그러면 $Q$는 상수가 아닌 다항식이고 $Q(0) = 1$이며 모든 $z$에 대해 $|Q(z)|$

$\geq 1$이다. 다음과 같은 가장 작은 자연수 $k$ $(1 \leq k \leq n)$가 존재한다.

(57) $$Q(z) = 1 + b_k z^k + \cdots + b_n z^n \qquad (b_k \neq 0)$$

정리 8.7(d)에 의해 다음과 같은 실수 $\theta$가 존재한다.

(58) $$e^{ik\theta} b_k = -|b_k|$$

$r > 0$이고 $r^k |b_k| < 1$이면, (58)에 의해 다음이 성립한다.

$$|1 + b_k r^k e^{ik\theta}| = 1 - r^k |b_k|$$

그러므로 다음을 얻는다.

$$|Q(re^{i\theta})| \leq 1 - r^k \left\{ |b_k| - r|b_{k+1}| - \cdots - r^{n-k}|b_n| \right\}$$

충분히 작은 $r$에 대해 중괄호 안의 식의 값은 양수이다. 그러므로 $|Q(re^{i\theta})| < 1$인데, 이는 모순이다.

그러므로 $\mu = 0$, 곧 $P(z_0) = 0$이다.

익힘 문제 27에는 좀 더 일반적인 결과가 포함되어 있다.

## 푸리에 덧렬

### 8.9 정의

**삼각 다항 함수**는 다음과 같은 꼴의 유한 합이다.

(59) $$f(x) = a_0 + \sum_{n=1}^{N} (a_n \cos nx + b_n \sin nx) \qquad (x\text{는 실수})$$

여기서 $a_0, \cdots, a_N, b_1, \cdots, b_N$은 복소수이다. 등식 (46) 덕분에, (59)를 다음과 같은 꼴로 나타낼 수도 있다.

(60) $$f(x) = \sum_{n=-N}^{N} c_n e^{inx} \qquad (x\text{는 실수})$$

대분분의 경우에 이것이 더 간편하다. 분명히, 삼각 다항 함수는 주기가 $2\pi$인 주기 함수이다.

$n$이 영이 아닌 옹근 수이면, $e^{inx}$은 $e^{inx}/in$의 유도 함수인데, 이것의 주기도 $2\pi$이다. 그러므로 다음이 성립한다.

**용어**
푸리에 덧렬, 푸리에 급수
Fourier series
삼각 다항 함수
trigonometric polynomial

▸옹근 수 = 정수,
유도 함수 = 도함수

(61) $$\frac{1}{2\pi}\int_{-\pi}^{\pi} e^{inx}\,dx = \begin{cases} 1 & (n=0) \\ 0 & (n=\pm 1,\ \pm 2,\ \cdots) \end{cases}$$

(60)에 $e^{-imx}$을 곱하자. 여기서 $m$은 옹근 수이다. 이 곱을 적분하면, (61)은 $|m| \le N$에 대해 다음이 성립함을 보여준다.

(62) $$c_m = \frac{1}{2\pi}\int_{-\pi}^{\pi} f(x)\,e^{-imx}\,dx$$

$|m| > N$이면, (62)의 적분은 0이다.

다음 관찰 결과는 (60)과 (62)에서 확인할 수 있다. "(60)에 주어진 삼각 다항 함수 $f$가 실 함수이기 위한 필요 충분 조건은 $n=0, \cdots, N$에 대해 $c_{-n} = \overline{c_n}$인 경우이다."

(60)에 따라서, **삼각 덧렬**[삼각 급수]을 다음과 같은 꼴의 덧렬로 정의한다.

(63) $$\sum_{n=-\infty}^{\infty} c_n e^{inx} \qquad (x\text{는 실수})$$

(63)의 $N$째 부분 합은 (60)의 우변으로 정의한다.

$f$가 $[-\pi, \pi]$에서 적분할 수 있는 함수이면, 모든 옹근 수 $m$에 대해 (62)로 정의된 수 $c_m$을 $f$의 **푸리에 곁수**라 하고, 이런 곁수로 형성된 덧렬 (63)을 $f$의 **푸리에 덧렬**[푸리에 급수]이라 한다.

이제 다음과 같은 자연스러운 질문이 제기된다. $f$의 푸리에 덧렬은 $f$에 수렴하는가? 좀 더 일반적으로, $f$는 이것의 푸리에 덧렬로 결정되는가? 다시 말하면, 어떤 함수의 푸리에 곁수를 알 때, 그 함수를 찾을 수 있는가? 그렇다면 어떻게 찾을 수 있는가?

이런 덧렬에 대한 연구와 특히 주어진 함수를 삼각 덧렬로 표현하는 문제는 진동 이론 및 열의 전도 이론과 같은 물리 문제에서 유래했다. [푸리에의 ≪열의 해석적 이론(Théorie analytique de la chaleur)≫은 1822년에 출판됐다.] 이런 연구 중에 나타난 어렵고 미묘한 많은 문제는 실 변수 함수 이론 전체를 철저하게 검토하고 다시 공식화하도록 했다. 많은 저명한 인물 중에서 리만, 칸토어, 르베그와 같은 이름은 이 분야와 밀접하게 관련되어 있는데, 오늘날 이 분야는 모든 일반화 및 결과와 함께 해석학 전체에서 중심적인 위치를 차지하고 있다고 당연히 말할 수 있다.

여기서는 앞의 장들에서 알아본 방법들로 쉽게 이해할 수 있는 몇 가

**용어**

삼각 덧렬, 삼각 급수
trigonometric series
푸리에 곁수, 푸리에 계수
Fourier coefficient
푸리에 덧렬, 푸리에 급수
Fourier series

▸ 적분할 수 있다
= 적분 가능하다,
옹근 수 = 정수

**수학자**

푸리에(Jean Baptiste Joseph Fourier, 1768~1830) 프랑스 수학자·물리학자

지 기초적인 정리를 유도하는 것에 만족하겠다. 더욱 철저한 고찰을 위해서는 르베그 적분이 자연스럽고 없어서는 안 될 도구이다.

먼저, (61)과 유사한 성질을 만족시키는 더욱 일반적인 함수 체계를 알아보겠다.

**용어**

르베그 적분 Lebesgue integral
직교 함수 체계 orthogonal system of functions
정규 직교 orthonormal

## 8.10 정의

$[a, b]$에서의 복소 함수들의 열 $\{\phi_n\}$ $(n = 1, 2, 3, \cdots)$은 다음을 만족시킨다고 하자.

$$\int_a^b \phi_n(x)\overline{\phi_m(x)}\,dx = 0 \qquad (n \neq m) \tag{64}$$

그러면 $\{\phi_n\}$은 $[a, b]$에서의 **직교 함수 체계**라 한다. 덧붙여, 모든 $n$에 대해 다음이 성립할 때, $\{\phi_n\}$은 **정규 직교**라고 한다.

$$\int_a^b |\phi_n(x)|^2\,dx = 1 \tag{65}$$

예를 들면, 함수들 $(2\pi)^{-\frac{1}{2}}e^{inx}$은 $[-\pi, \pi]$에서의 정규 직교 체계를 형성한다. 다음 실 함수들도 그렇다.

$$\frac{1}{\sqrt{2\pi}},\quad \frac{\cos x}{\sqrt{\pi}},\quad \frac{\sin x}{\sqrt{\pi}},\quad \frac{\cos 2x}{\sqrt{\pi}},\quad \frac{\sin 2x}{\sqrt{\pi}},\quad \cdots$$

$\{\phi_n\}$이 $[a, b]$에서의 정규 직교 체계일 때, 다음과 같은 $c_n$을 $\{\phi_n\}$에 관한 $f$의 $n$째 푸리에 곁수라고 한다.

▸ 곁수 = 계수 = coefficient

$$c_n = \int_a^b f(t)\overline{\phi_n(t)}\,dt = 0 \qquad (n = 1, 2, 3, \cdots) \tag{66}$$

이때 다음과 같이 나타낸다.

$$f(x) \sim \sum_{n=1}^{\infty} c_n \phi_n(x) \tag{67}$$

그리고 이 덧렬을 ($\{\phi_n\}$에 관한) $f$의 푸리에 덧렬이라 한다.

▸ 덧렬 = 급수

(67)에 사용한 기호 $\sim$는 이 덧렬의 수렴성에 대해서는 아무것도 알려주지 않는다는 점에 주목하자. 이것은 단지 곁수들이 (66)으로 주어짐을 말할 뿐이다.

다음 정리들은 $f$의 푸리에 덧렬의 부분 합들이 특정한 최소 성질을 만족시킨다는 사실을 보여준다. 여기와 이번 장의 나머지에서는 $f \in \mathscr{R}$ 라고 가정하겠다. 그렇지만 이 가정을 약화시킬 수 있다.

## 8.11 정리

$\{\phi_n\}$은 $[a, b]$에서의 정규 직교라 하고, 다음을 $f$의 푸리에 덧렬의 $n$째 부분 합이라 하자.

$$s_n(x) = \sum_{m=1}^{n} c_m \phi_m(x) \tag{68}$$

그리고 다음과 같다고 하자.

$$t_n(x) = \sum_{m=1}^{n} \gamma_m \phi_m(x) \tag{69}$$

그러면 다음이 성립한다.

$$\int_a^b |f - s_n|^2 \, dx \le \int_a^b |f - t_n|^2 \, dx \tag{70}$$

등호가 성립하기 위한 필요 충분 조건은 다음과 같다.

▸… 위한 필요 충분 조건 = … 위해 필요하고 충분한 조건

$$\gamma_m = c_m \quad (m = 1, \cdots, n) \tag{71}$$

곧, 모든 함수 $t_n$ 중에서 $s_n$이 $f$에 대한 최선의 평균 제곱 근사를 제공한다.

**용어**
평균 제곱 근사 mean square approximation

**증명** $\int$는 $[a, b]$ 위에서의 적분, $\Sigma$는 1부터 $n$까지의 합을 나타낸다고 하자. 그러면 $\{c_m\}$의 정의에 의해 다음이 성립한다.

$$\int f \overline{t_n} = \int f \sum \overline{\gamma_m} \, \overline{\phi_m} = \sum c_m \overline{\gamma_m}$$

그리고 $\{\phi_n\}$이 정규 직교이므로 다음이 성립한다.

$$\int |t_n|^2 = \int t_n \overline{t_n} = \int \sum \gamma_m \phi_m \sum \overline{\gamma_k} \, \overline{\phi_k} = \sum |\gamma_m|^2$$

그러므로 다음을 얻는다.

$$\begin{aligned}\int |f - t_n|^2 &= \int |f|^2 - \int f \overline{t_n} - \int \overline{f} t_n + \int |t_n|^2 \\ &= \int |f|^2 - \sum c_m \overline{\gamma_m} - \sum \overline{c_m} \gamma_m + \sum \gamma_m \overline{\gamma_m}\end{aligned}$$

$$= \int |f|^2 - \sum |c_m|^2 + \sum |\gamma_m - c_m|^2$$

분명히 이것이 최소이기 위한 필요 충분 조건은 $\gamma_m = c_m$ 이다.

▸… 위한 필요 충분 조건 = … 위해 필요하고 충분한 조건

이 셈에 $\gamma_m = c_m$ 을 대입하면, $\int |f - t_n|^2 \geq 0$ 이므로 다음을 얻는다.

(72) $$\int_a^b |s_n(x)|^2 \, dx = \sum_{m=1}^{n} |c_m|^2 \leq \int_a^b |f(x)|^2 \, dx$$

## 8.12 정리

$\{\phi_n\}$은 $[a, b]$에서 정규 직교이고, 다음과 같다고 하자.

$$f(x) \sim \sum_{n=1}^{\infty} c_n \phi_n(x)$$

그러면 다음이 성립한다.

(73) $$\sum_{n=1}^{\infty} |c_n|^2 \leq \int_a^b |f(x)|^2 \, dx$$

특히, 다음이 성립한다.

(74) $$\lim_{n \to \infty} c_n = 0$$

**증명** (72)에서 $n \to \infty$ 로 하면, 이른바 '베셀의 부등식' (73)을 얻는다.

**용어**
베셀의 부등식
Bessel inequality

## 8.13 삼각 덧렬

앞으로는 삼각 함수 체계만을 다루겠다. 그리고 주기가 $2\pi$이고 $[-\pi, \pi]$에서 적분할 수 있는(이에 따라 임의의 갇히고 닫힌 구간에서 적분할 수 있는) 함수 $f$를 고려하겠다. 그러므로 $f$의 푸리에 덧렬은 그 곁수 $c_n$들이 적분 (62)로 주어진 덧렬 (63)이고 $f$의 푸리에 덧렬의 $N$째 부분 합은 다음과 같다.

▸갇힌 = 유계인,
덧렬 = 급수,
적분할 수 있다
= 적분 가능하다,
곁수 = 계수 = coefficient

**수학자**
베셀(Friedrich Wilhelm Bessel, 1784~1846) 도이칠란트 수학자 · 천문학자

(75) $$s_N(x) = s_N(f; x) = \sum_{n=-N}^{N} c_n e^{inx}$$

부등식 (72)는 이제 다음과 같은 꼴이 된다.

**용어**

디리클레의 핵
Dirichlet's kernel

**수학자**

디리클레(Johann Peter Gustav Lejeune Dirichlet, 1805~1859) 도이칠란트 수학자

(76) $$\frac{1}{2\pi}\int_{-\pi}^{\pi}|s_N(x)|^2\,dx = \sum_{n=-N}^{N}|c_n|^2 \le \frac{1}{2\pi}\int_{-\pi}^{\pi}|f(x)|^2\,dx$$

(75)보다 다루기 쉬운 $s_N$에 대한 식을 얻기 위해서 다음과 같은 **디리클레의 핵**을 도입한다.

(77) $$D_N(x) = \sum_{n=-N}^{N} e^{inx} = \frac{\sin(N+\frac{1}{2})x}{\sin(\frac{1}{2}x)}$$

여기서 첫째 등식은 $D_N(x)$의 정의이다. 둘째 등식은 다음 항등식의 양변에 $e^{-ix/2}$을 곱해서 얻는다.

$$(e^{ix}-1)D_N(x) = e^{i(N+1)x} - e^{-iNx}$$

(62)와 (75)에 의해 다음이 성립한다.

$$\begin{aligned} s_N(f;\, x) &= \sum_{n=-N}^{N} \frac{1}{2\pi}\int_{-\pi}^{\pi} f(t)e^{-int}\,dt\, e^{inx} \\ &= \frac{1}{2\pi}\int_{-\pi}^{\pi} f(t)\sum_{n=-N}^{N} e^{in(x-t)}\,dt \end{aligned}$$

그러므로 다음을 얻는다.

(78) $$\begin{aligned} s_N(f;\, x) &= \frac{1}{2\pi}\int_{-\pi}^{\pi} f(t)\,D_N(x-t)\,dt \\ &= \frac{1}{2\pi}\int_{-\pi}^{\pi} f(x-t)\,D_N(t)\,dt \end{aligned}$$

▸ 적분할 수 있다 = 적분 가능하다

관련된 모든 함수가 주기적이므로, 길이가 $2\pi$인 임의의 구간 위에서 적분할 수 있다. 이에 따라 (78)의 두 적분은 서로 같다.

▸ 덧렬 = 급수

푸리에 덧렬의 점마다 수렴에 관한 정리를 한 개만 증명하겠다.

## 8.14 정리

어떤 $x$에 대해 적당한 두 상수 $\delta > 0$와 $M < \infty$이 존재해서 모든 $t \in (-\delta,\, \delta)$에 대해 다음이 성립한다고 가정하자.

(79) $$|f(x+t) - f(t)| \le M|t|$$

그러면 다음이 성립한다.

(80) $$\lim_{N\to\infty} s_N(f;\, x) = f(x)$$

**증명** $0 < |t| \le \pi$에 대해 다음과 같이 정의하자.

$$g(t) = \frac{f(x-t) - f(x)}{\sin(t/2)} \tag{81}$$

그리고 $g(0) = 0$으로 놓자. 정의 77에 의해 다음을 얻는다.

$$\frac{1}{2\pi}\int_{-\pi}^{\pi} D_N(x)\,dx = 1$$

그러므로 (78)에 의해 다음이 성립한다.

$$\begin{aligned} s_N(f;\, x) - f(x) &= \frac{1}{2\pi}\int_{-\pi}^{\pi} g(t)\sin\left(N + \frac{1}{2}\right)t\,dt \\ &= \frac{1}{2\pi}\int_{-\pi}^{\pi} \left\{g(t)\cos\frac{t}{2}\right\}\sin Nt\,dt \\ &\quad + \frac{1}{2\pi}\int_{-\pi}^{\pi} \left\{g(t)\sin\frac{t}{2}\right\}\cos Nt\,dt \end{aligned}$$

(79)와 (81)에 의해 $g(t)\cos(t/2)$와 $g(t)\sin(t/2)$는 갇혀 있다. 이에 따라 (74)에 의해 마지막 두 적분은 $N \to \infty$일 때 0에 가까워진다. 따라서 (80)이 증명된다.

▸ 갇혀 있다 = 유계이다

## 따름 정리

어떤 열린 구간 $J$에 속한 모든 $x$에 대해 $f(x) = 0$이면, 각 $x \in J$에 대해 $\lim s_N(f;\, x) = 0$이다.

이 따름 정리를 다음과 같이 다시 공식화할 수 있다.

$x$의 어떤 이웃에 속한 모든 $t$에 대해 $f(t) = g(t)$이면, $N \to \infty$일 때 다음이 성립한다.

$$s_N(f;\, x) - s_N(g;\, x) = s_N(f - g;\, x) \to 0$$

이것을 통상 **국소화 정리**라고 한다. 이 결과는 수렴에 관한 한 열 $\{s_N(f;\, x)\}$의 행동은 $x$의 어떤 (임의로 작은) 이웃에서의 $f$의 값에 따라서만 결정된다는 사실을 보여준다. 이에 따라 두 푸리에 덧렬은 한 구간에서는 똑같이 행동하지만, 어떤 다른 구간에서는 아주 다른 방식으로 행동할 수 있다. 여기에 푸리에 덧렬과 거듭제곱 덧렬(정리 8.5) 사이의 매우 두드러진 차이점이 있다.

**용어**
국소화 정리
localization theorem

▸ 이웃 = 근방,
덧렬 = 급수

앞의 정리들과 다른 두 개의 근사 정리로 마무리한다.

## 8.15 정리

$f$는 연속이고 (주기가 $2\pi$이며) $\varepsilon > 0$이면, 적당한 삼각 다항 함수 $P$가 존재해서 모든 실수 $x$에 대해 다음이 성립한다.

$$|P(x) - f(x)| < \varepsilon$$

**증명** $x$와 $x+2\pi$를 동일시하면, $R^1$에서 주기가 $2\pi$인 함수는 사상 $x \to e^{ix}$에 의해 단위 원 $T$에서의 함수로 간주할 수 있다. 삼각 다항 함수들, 곧 (60)과 같은 꼴의 함수들은 자기 수반 대수 $\mathscr{A}$를 형성하는데, 이것은 $T$에서의 점들을 분리하고 $T$의 어떠한 점에서도 영이 되지 않는다. $T$가 옹골지므로, 정리 7.33에 의해 $\mathscr{A}$는 $\mathscr{C}(T)$에서 조밀하다. 이것은 이 정리가 주장하는 바와 정확하게 일치한다.

▸ 옹골지다 = be compact

이 정리의 좀 더 명확한 꼴이 익힘 문제 15에 나타난다.

## 8.16 파스발의 정리

▸ 적분할 수 있다
= 적분 가능하다

**용어**
파스발의 정리
Parseval's theorem

**수학자**
파스발(Marc–Antoine Parseval des Chênes, 1755~1836)
프랑스 수학자

$f$와 $g$는 주기가 $2\pi$인 리만 적분할 수 있는 함수이고, 다음과 같다고 하자.

$$f(x) \sim \sum_{n=-\infty}^{\infty} c_n e^{inx}, \quad g(x) \sim \sum_{n=-\infty}^{\infty} \gamma_n e^{inx} \tag{82}$$

그러면 다음이 성립한다.

$$\lim_{N\to\infty} \frac{1}{2\pi}\int_{-\pi}^{\pi} |f(x) - s_N(f;\, x)|^2\, dx = 0, \tag{83}$$

$$\frac{1}{2\pi}\int_{-\pi}^{\pi} f(x)\overline{g(x)}\, dx = \sum_{n=-\infty}^{\infty} c_n \overline{\gamma_n}, \tag{84}$$

$$\frac{1}{2\pi}\int_{-\pi}^{\pi} |f(x)|^2\, dx = \sum_{n=-\infty}^{\infty} |c_n|^2 \tag{85}$$

**증명** 다음과 같은 기호를 사용하자.

$$\|h\|_2 = \left\{\frac{1}{2\pi}\int_{-\pi}^{\pi} |h(x)|^2\, dx\right\}^{1/2} \tag{86}$$

$\varepsilon > 0$이 주어졌다고 하자. $f \in \mathscr{R}$이고 $f(\pi) = f(-\pi)$이므로, 제 6 장의 익힘 문제 12에서 설명한 방법으로 다음과 같은 주기가 $2\pi$인 연속 함수 $h$를 구성할 수 있다.

$$\|f - h\|_2 < \varepsilon \tag{87}$$

정리 8.15에 의해 적당한 삼각 다항 함수 $P$가 존재해서 모든 $x$에 대해 $|h(x) - P(x)| < \varepsilon$이 성립한다. 그러므로 $\|h - P\|_2 < \varepsilon$이다. $P$가 $N_0$차이면, 정리 8.11에 따라 모든 $N \geq N_0$에 대해 다음이 성립한다.

$$\|h - s_N(h)\|_2 \leq \|h - P\|_2 < \varepsilon \tag{88}$$

(72)에서 $f$의 자리에 $h - f$를 대입하면 다음을 얻는다.

$$\|s_N(h) - s_N(f)\|_2 = \|s_N(h - f)\|_2 \leq \|h - f\|_2 < \varepsilon \tag{89}$$

이제 (제 6 장 익힘 문제 11의) 삼각 부등식을 (87), (88), (89)와 결합하면 다음을 얻는다.

$$\|f - s_N(f)\|_2 < 3\varepsilon \quad (N \geq N_0) \tag{90}$$

따라서 (83)이 증명된다. 그런데 다음이 성립한다.

$$\begin{aligned} \frac{1}{2\pi}\int_{-\pi}^{\pi} s_N(f)\,\bar{g}\,dx &= \sum_{n=-N}^{N} c_n \frac{1}{2\pi}\int_{-\pi}^{\pi} e^{inx}\,\overline{g(x)}\,dx \\ &= \sum_{n=-N}^{N} c_n \overline{\gamma_n} \end{aligned} \tag{91}$$

그리고 슈바르츠의 부등식에 의해 다음이 성립한다.

$$\begin{aligned} \left|\int f\bar{g} - \int s_N(f)\,\bar{g}\right| &\leq \int |f - s_N(f)|\,|g| \\ &\leq \left\{\int |f - s_N|^2 \int |g|^2\right\}^{1/2} \end{aligned} \tag{92}$$

이것은 (83)에 의해 $N \to \infty$일 때 0에 가까워진다. (91)과 (92)를 비교하면 (84)를 얻는다. 마지막으로, (85)는 (84)에서 $g = f$인 특별한 경우이다.

정리 8.16의 좀 더 일반적인 꼴이 제 11 장에 나타난다.

## 감마 함수

| 용어 | |
|---|---|
| 감마 함수 | gamma function |
| 계승 | factorial |

감마 함수는 계승과 밀접하게 관련되어 있는데, 해석학의 많은 뜻밖의 상황에서 불쑥 나타난다. 이것의 기원과 역사 및 발전은 데이비스(P. J. Davis)의 흥미로운 글(*Amer. Math. Monthly*, vol. 66, 1959, pp. 849-869)에 매우 잘 설명되어 있다. 아르틴(Artin)의 (참고문헌에 인용된) 책은 이에 대한 또 다른 좋은 초등 입문서이다.

여기서는 매우 압축해서 설명하는데, 각 정리 뒤에 아주 적은 몇 가지 논평을 제시한다. 그러므로 이번 절은 큼지막한 익힘 문제로 그리고 지금까지 제시한 내용 중 일부를 적용하는 기회로 생각할 수 있다.

### 8.17 정의

$0 < x < \infty$ 에 대해 다음과 같이 나타낸다.

$$\Gamma(x) = \int_0^\infty t^{x-1} e^{-t}\, dt \tag{93}$$

양수 $x$ 에 대해 위의 적분은 수렴한다. ($x < 1$ 일 때는 0과 $\infty$ 를 모두 살펴봐야 한다.)

### 8.18 정리

(a) $0 < x < \infty$ 일 때 다음 함수 방정식이 성립한다.

$$\Gamma(x+1) = x\Gamma(x)$$

(b) $n = 1, 2, 3, \cdots$ 에 대해 $\Gamma(n+1) = n!$ 이다.

(c) $\log\Gamma$ 는 $(0, \infty)$ 에서 볼록하다.

**증명** 부분 적분으로 (a)를 증명한다. $\Gamma(1) = 1$ 이므로, 귀납법에 의해 (a)로부터 (b)를 증명한다. $1 < p < \infty$ 이고 $\frac{1}{p} + \frac{1}{q} = 1$ 일 때, 횔더의 부등식(제 6 장 익힘 문제 10)을 (93)에 적용하면 다음을 얻는다.

$$\Gamma\left(\frac{x}{p} + \frac{y}{q}\right) \le \Gamma(x)^{1/p}\Gamma(y)^{1/q}$$

이것은 (c)와 동치이다.

보어(Bohr)와 몰러럽(Mollerup)은 앞의 세 가지 성질이 $\Gamma$를 완전히 특징짓는다는 매우 놀라운 사실을 발견했다.

**용어**

보어·몰러럽의 정리 Bohr-Mollerup theorem

**수학자**

보어(Harald August Bohr, 1887~1951) 덴마크 수학자, 몰러럽(Johannes Mollerup)

## 8.19 정리

$f$는 $(0, \infty)$에서 양수값 함수로 다음을 만족시킨다고 하자.

(a) $f(x+1) = xf(x)$

(b) $f(1) = 1$

(c) $\log f$는 볼록 함수이다.

그러면 $f(x) = \Gamma(x)$이다.

**증명** $\Gamma$가 (a), (b), (c)를 만족시키므로, $f(x)$가 (a), (b), (c)에 의해 모든 $x > 0$에 대해 유일하게 결정됨을 증명하면 충분하다. (a)에 의해 $x \in (0, 1)$에 대해 이것이 참임을 증명하면 충분하다.

$\varphi = \log f$로 놓자. 그러면 다음이 성립한다.

$$\varphi(x+1) = \varphi(x) + \log x \qquad (0 < x < \infty) \tag{94}$$

그리고 $\varphi(1) = 0$이고 $\varphi$는 볼록하다. $0 < x < 1$이고 $n$은 자연수라 하자. (94)에 의해 $\varphi(n+1) = \log(n!)$이다. 세 구간 $[n, n+1]$, $[n+1, n+1+x]$, $[n+1, n+2]$에서 $\varphi$의 차분 몫을 생각하자. $\varphi$가 볼록 함수이므로, 다음이 성립한다.

$$\log n \leq \frac{\varphi(n+1+x) - \varphi(n+1)}{x} \leq \log(n+1)$$

(94)를 반복 적용하면 다음을 얻는다.

$$\varphi(n+1+x) = \varphi(x) + \log\{x(x+1)\cdots(x+n)\}$$

그러므로 다음이 성립한다.

$$0 \leq \varphi(x) - \log\left\{\frac{n!\,n^x}{x(x+1)\cdots(x+n)}\right\} \leq x\log\left(1+\frac{1}{n}\right)$$

마지막 식은 $n \to \infty$일 때 0에 가까워진다. 따라서 $\varphi(x)$가 결정되고, 증명이 끝난다.

적어도 $0 < x < 1$일 때 성립하는 다음 관계를 부산물로 얻는다.

(95) $$\Gamma(x)=\lim_{n\to\infty}\frac{n!\,n^x}{x(x+1)\cdots(x+n)}$$

$\Gamma(x+1)=x\Gamma(x)$이므로, 이것으로부터 (95)가 모든 $x>0$에 대해 성립함을 추론할 수 있다.

## 8.20 정리

$x>0$이고 $y>0$이면, 다음이 성립한다.

(96) $$\int_0^1 t^{x-1}(1-t)^{y-1}\,dt=\frac{\Gamma(x)\Gamma(y)}{\Gamma(x+y)}$$

**용어**

베타 함수 beta function

이 적분이 이른바 **베타 함수** $B(x,\ y)$이다.

**증명** $B(1,\ y)=1/y$이고, 정리 8.18에서와 같이 횔더의 부등식에 의해 고정된 각 $y$에 대해 $\log B(x,\ y)$는 $x$에 관한 볼록 함수이며, 다음이 성립함에 주목하자.

(97) $$B(x+1,\ y)=\frac{x}{x+y}B(x,\ y)$$

(97)을 증명하기 위해서 다음에 부분 적분을 시행하자.

$$B(x+1,\ y)=\int_0^1\left(\frac{t}{1-t}\right)^x(1-t)^{x+y-1}\,dt$$

$B(x,\ y)$의 이런 세 가지 성질은 각 $y$에 대해 정리 8.19가 다음과 같이 정의된 함수 $f$에 적용된다는 사실을 보여준다.

$$f(x)=\frac{\Gamma(x+y)}{\Gamma(y)}B(x,\ y)$$

따라서 $f(x)=\Gamma(x)$이다.

## 8.21 몇 가지 결과

(96)에 $t=\sin^2\theta$를 대입하면 다음과 같다.

(98) $$2\int_0^{\pi/2}(\sin\theta)^{2x-1}(\cos\theta)^{2y-1}\,d\theta=\frac{\Gamma(x)\Gamma(y)}{\Gamma(x+y)}$$

$x=y=\frac{1}{2}$인 특별한 경우에 다음을 얻는다.

(99) $$\Gamma\left(\tfrac{1}{2}\right) = \sqrt{\pi}$$

(93)에 $t = s^2$을 대입하면 다음과 같다.

(100) $$\Gamma(x) = 2\int_0^{\infty} s^{2x-1} e^{-s^2}\, ds \qquad (0 < x < \infty)$$

$x = \frac{1}{2}$인 특별한 경우에 다음을 얻는다.

(101) $$\int_{-\infty}^{\infty} e^{-s^2}\, ds = \sqrt{\pi}$$

(99)에 의해 다음 등식은 정리 8.19로부터 직접 유도된다.

(102) $$\Gamma(x) = \frac{2^{x-1}}{\sqrt{\pi}}\Gamma\left(\frac{x}{2}\right)\Gamma\left(\frac{x+1}{2}\right)$$

## 8.22 스털링의 공식

> **용어**
> 스털링의 공식
> Stirling's formula

스털링의 공식은 $x$가 클 때의 $\Gamma(x+1)$에 대한 (그러므로 $n$가 클 때의 $n!$에 대한) 간단한 근사 식을 제공한다. 그 공식은 다음과 같다.

> **수학자**
> 스털링(James Stirling, 1692~1770) 스코틀랜드 수학자

(103) $$\lim_{x \to \infty} \frac{\Gamma(x+1)}{(x/e)^x \sqrt{2\pi x}} = 1$$

증명은 다음과 같다. (93)에 $t = x(1+u)$를 대입하면, 다음과 같다.

(104) $$\Gamma(x+1) = x^{x+1} e^{-x} \int_{-1}^{\infty} \{(1+u)\, e^{-u}\}^x\, du$$

$h(u)$는 $h(0) = 1$이고 $-1 < u < \infty$이며 $u \neq 0$일 때 다음을 만족시키도록 결정하자.

(105) $$(1+u)e^{-u} = \exp\left\{-\frac{u^2}{2}h(u)\right\}$$

그러면 다음을 얻는다.

(106) $$h(u) = \frac{2}{u^2}\{u - \log(1+u)\}$$

이에 따라 $h$는 연속이고 $u$가 $-1$부터 $\infty$까지 증가할 때 $h(u)$는 $\infty$에서 0까지 단조롭게 감소한다.

▸ 단조롭게 증가한다
= 단조 증가한다

(104)에 $u = s\sqrt{2/x}$를 대입하면 다음과 같다.

$$\Gamma(x+1) = x^x e^{-x}\sqrt{2x}\int_{-\infty}^{\infty}\psi_x(s)\,ds \tag{107}$$

여기서 $\psi_x(s)$는 다음과 같다.

$$\psi_x(s) = \begin{cases} \exp\{-s^2 h(s\sqrt{2/x}\,)\} & (-\sqrt{x/2} < s < \infty) \\ 0 & (s \le -\sqrt{x/2}\,) \end{cases}$$

$\psi_x(s)$에 관한 다음과 같은 사실에 주목하자.

(a) 각 $s$에 대해 $x \to \infty$일 때 $\psi_x(s) \to e^{-s^2}$이다.

(b) 각 $A < \infty$에 대해 $[-A,\ A]$에서 (a)에서의 수렴은 고르다.

(c) $s < 0$일 때, $0 < \psi_x(s) < e^{-s^2}$이다.

(d) $s > 0$이고 $x > 1$일 때, $0 < \psi_x(s) < \psi_1(s)$이다.

(e) $\int_0^\infty \psi_1(s)\,ds < \infty$

따라서 제 7 장의 익힘 문제 12에서 서술한 수렴 정리는 적분 (107)에 적용할 수 있고, (101)에 의해 이 적분이 $x \to \infty$일 때 $\sqrt{\pi}$에 수렴한다는 사실을 보여준다. 그러므로 (103)이 증명된다.

이 증명의 좀 더 자세한 꼴은 벅(R. C. Buck)의 책 ≪고등 미분 적분학(*Advanced Calculus*, pp. 216–218)≫에서 찾아볼 수 있다. 완전히 다른 두 가지 증명을 펠러(W. Feller)의 글(*Amer. Math. Monthly*, vol. 74, 1967, pp. 1223–1225. 수정 사항 vol. 75, 1968, p. 518)과 아르틴(Artin)의 책(pp. 20–24)에서 볼 수 있다.

익힘 문제 20에는 덜 정밀한 결과에 대한 더 간단한 증명이 제시되어 있다.

## 익힘 문제

**1.** 다음과 같이 정의하자.

$$f(x) = \begin{cases} e^{-1/x^2} & (x \ne 0) \\ 0 & (x = 0) \end{cases}$$

▸유도 함수 = 도함수

$x = 0$에서 $f$의 모든 계의 유도 함수가 존재하고, $n = 1,\ 2,\ 3,\ \cdots$에 대해 $f^{(n)}(0) = 0$임을 증명하라.

**2.** $a_{ij}$는 다음 수들의 배열에서 $i$째 행과 $j$째 열에 있는 수라고 하자.

$$\begin{matrix} -1 & 0 & 0 & 0 & \cdots \\ \frac{1}{2} & -1 & 0 & 0 & \cdots \\ \frac{1}{2} & \frac{1}{2} & -1 & 0 & \cdots \\ \frac{1}{2} & \frac{1}{2} & \frac{1}{2} & -1 & \cdots \\ \cdots & \cdots & \cdots & \cdots & \cdots \end{matrix}$$

그러므로 다음과 같이 나타낼 수 있다.

$$a_{ij} = \begin{cases} 0 & (i < j) \\ -1 & (i = j) \\ 2^{j-i} & (i > j) \end{cases}$$

다음이 성립함을 증명하라.

$$\sum_i \sum_j a_{ij} = -2, \quad \sum_j \sum_i a_{ij} = 0$$

**3.** 모든 $i$와 $j$에 대해 $a_{ij} \geq 0$일 때 다음이 성립함을 증명하라.

($+\infty = +\infty$인 경우가 나타날 수도 있다.)

$$\sum_i \sum_j a_{ij} = \sum_j \sum_i a_{ij}$$

**4.** 다음 극한 관계를 증명하라.

(a) $\displaystyle\lim_{x \to 0} \frac{b^x - 1}{x} = \log b \quad (b > 0)$

(b) $\displaystyle\lim_{x \to 0} \frac{\log(1+x)}{x} = 1$

(c) $\displaystyle\lim_{x \to 0} (1+x)^{1/x} = e$

(d) $\displaystyle\lim_{n \to 0} \left(1 + \frac{x}{n}\right)^n = e^x$

**5.** 다음 극한을 찾아라.

(a) $\displaystyle\lim_{x \to 0} \frac{e - (1+x)^{1/x}}{x}$

(b) $\displaystyle\lim_{n \to \infty} \frac{n}{\log n} \{n^{1/n} - 1\}$

(c) $\displaystyle\lim_{x \to 0} \frac{\tan x - x}{x(1 - \cos x)}$

(d) $\displaystyle\lim_{x \to 0} \frac{x - \sin x}{\tan x - x}$

▸ 미분할 수 있다
= 미분 가능하다

**6.** 모든 실수 $x$와 $y$에 대해 $f(x)f(y)=f(x+y)$라고 가정하자.

(a) $f$는 미분할 수 있고 0이 아니라고 가정하고, 어떤 상수 $c$에 대해 다음이 성립함을 증명하라.

$$f(x)=e^{cx}$$

(b) $f$가 연속이라고만 가정하고 똑같은 결과를 증명하라.

**7.** $0<x<\frac{\pi}{2}$일 때, 다음이 성립함을 증명하라.

$$\frac{2}{\pi}<\frac{\sin x}{x}<1$$

**8.** $n=0,\ 1,\ 2,\ \cdots$이고 $x$가 실수일 때, 다음이 성립함을 증명하라.

$$|\sin nx|\leq n|\sin x|$$

이 부등식은 $n$의 다른 값에 대해 거짓일 수 있음에 주목하자. 예를 들면 다음과 같다.

$$|\sin\tfrac{1}{2}\pi|>\tfrac{1}{2}|\sin\pi|$$

**수학자**

오일러(Leonhard Euler, 1707~1783) 스위스 출신의 수학자

**용어**

오일러의 상수
Euler's constant

**9.** (a) $s_N=1+\frac{1}{2}+\cdots+(1/N)$으로 놓자. 다음 극한이 존재함을 증명하라.

$$\lim_{N\to\infty}(s_N-\log N)$$

(흔히 $\gamma$로 나타내는 이 극한을 오일러의 상수라 부른다. $\gamma$이 유비수인지 무비수인지 밝혀지지 않았는데, 이의 값은 $0.5772\cdots$이다.)

▸ 유비수 = 유리수,
무비수 = 무리수

(b) 대략 얼마만큼 큰 $m$에 대해 $N=10^m$은 $s_N>100$을 만족시키는가?

▸ 씨수 = 소수,
덧렬 = 급수,
부분 모음 = 부분집합

**10.** 모든 씨수 위에서 더하는 덧렬 $\Sigma 1/p$이 발산함을 증명하라.(이것은 씨수들이 자연수들의 꽤 큰 부분 모음을 형성함을 보여준다.)

**귀띔** : 임의의 $N$에 대해 $p_1,\ \cdots,\ p_k$는 $N$ 이하의 자연수 중에서 적어도 하나를 나누어 떨어뜨리는 씨수들이라 하자. 그러면 다음이 성립한다.

$$\sum_{n=1}^{N}\frac{1}{n}\leq\prod_{j=1}^{k}\left(1+\frac{1}{p_j}+\frac{1}{p_j^2}+\cdots\right)$$

$$= \prod_{j=1}^{k}\left(1 - \frac{1}{p_j}\right)^{-1}$$

$$\le \exp \sum_{j=1}^{k} \frac{2}{p_j}$$

$0 \le x \le \frac{1}{2}$일 때 $(1-x)^{-1} \le e^{2x}$이 성립하므로, 앞의 마지막 부등식이 성립한다.

[이 결과에 대한 증명이 많이 있다. 예를 들어 니벤(I. Niven)의 글(*Amer. Math. Monthly*, vol. 78, 1971, pp. 272–273)과 벨맨(R. Bellman)의 글(*Amer. Math. Monthly*, vol. 50, 1943, pp. 318– 319)을 보라.]

**11.** 모든 $A < \infty$에 대해 $[0, A]$에서 $f \in \mathscr{R}$이고, $x \to +\infty$일 때 $f(x) \to 1$이라 가정하자. 다음이 성립함을 증명하라.

$$\lim_{t \to 0} t \int_0^{\infty} e^{-tx} f(x)\, dx = 1 \qquad (t > 0)$$

**12.** $0 < \delta < \pi$이고, $|x| \le \delta$일 때 $f(x) = 1$이며, $\delta < |x| \le \pi$일 때 $f(x) = 0$이고, 모든 $x$에 대해 $f(x + 2\pi) = f(x)$가 성립한다고 가정하자.

(a) $f$의 푸리에 결수를 셈하라.

▸ 결수 = 계수 = coefficient

(b) 다음과 같은 결론을 얻어라.

$$\sum_{n=1}^{\infty} \frac{\sin(n\delta)}{n} = \frac{\pi - \delta}{2} \qquad (0 < \delta < \pi)$$

(c) 파스발의 정리로부터 다음을 유도하라.

$$\sum_{n=1}^{\infty} \frac{\sin^2(n\delta)}{n^2 \delta} = \frac{\pi - \delta}{2}$$

(d) $\delta \to 0$이라 하고 다음이 성립함을 증명하라.

$$\int_0^{\infty} \left(\frac{\sin x}{x}\right)^2 dx = \frac{\pi}{2}$$

(e) (c)에 $\delta = \pi/2$를 대입하자. 무엇을 얻는가?

**13.** $0 \le x < 2\pi$일 때 $f(x) = x$라 하고, 파스발의 정리를 적용해서 다음 결론을 얻어라.

$$\sum_{n=1}^{\infty}\frac{1}{n^2}=\frac{\pi^2}{6}$$

**14.** $[-\pi,\ \pi]$에서 $f(x)=(\pi-|x|)^2$일 때, 다음이 성립함을 증명하라.

$$f(x)=\frac{\pi^2}{3}+\sum_{n=1}^{\infty}\frac{4}{n^2}\cos nx$$

그리고 다음을 유도하라.

$$\sum_{n=1}^{\infty}\frac{1}{n^2}=\frac{\pi^2}{6}, \qquad \sum_{n=1}^{\infty}\frac{1}{n^4}=\frac{\pi^4}{90}$$

[스타크(E. L. Stark)의 최근 글(*Math. Mag.*, vol. 47, 1974, pp. 197–202)에는 자연수 $s$에 관한 $\Sigma n^{-s}$ 꼴의 덧렬에 관한 많은 참고문헌이 포함되어 있다.]

▸ 덧렬 = 급수

**15.** (77)에서 정의한 $D_n$에 대해 다음과 같이 놓자.

$$K_N(x)=\frac{1}{N+1}\sum_{n=0}^{N}D_n(x)$$

다음이 성립함을 증명하라.

$$K_N(x)=\frac{1}{N+1}\cdot\frac{1-\cos(N+1)x}{1-\cos x}$$

그리고 다음이 성립함을 증명하라.

(a) $K_n\geq 0$

(b) $\dfrac{1}{2\pi}\displaystyle\int_{-\pi}^{\pi}K_N(x)\,dx=1$

(c) $K_N(x)\leq\dfrac{1}{N+1}\cdot\dfrac{2}{1-\cos\delta}$ (단, $0<\delta\leq|x|\leq\pi$)

$s_N=s_N(f;\,x)$가 $f$의 푸리에 덧렬에서 $N$째 부분 합일 때, 다음 산술 평균을 생각하자.

$$\sigma_N=\frac{s_0+s_1+\cdots+s_N}{N+1}$$

다음이 성립함을 증명하라.

$$\sigma_N(f;\,x)=\frac{1}{2\pi}\int_{-\pi}^{\pi}f(x-t)\,K_N(t)\,dt$$

그리고 이에 따라 다음 페예르의 정리를 증명하라.

> $f$가 주기가 $2\pi$인 연속 함수이면, $[-\pi, \pi]$에서 고르게 $\sigma_N(f; x) \to f(x)$이다.

**귀띔** : 성질 (a), (b), (c)를 사용해서 정리 7.26에서와 같이 진행하라.

용어
페예르의 정리
Fejér's theorem

**16.** 다음 점마다 수렴 형태의 페예르의 정리를 증명하라.

> $f \in \mathscr{R}$이고 어떤 $x$에서 $f(x+)$와 $f(x-)$가 존재하면, 다음이 성립한다.
>
> $$\lim_{N \to \infty} \sigma_N(f; x) = \frac{1}{2}\{f(x+) + f(x-)\}$$

**17.** $f$는 $[-\pi, \pi)$에서 갇혀 있고 단조로우며 푸리에 결수 $c_n$은 (62)에 주어진 것과 같다고 하자.

▸ 갇혀 있다 = 유계이다,
갇힌 = 유계인,
단조롭다 = be monotonic,
결수 = 계수 = coefficient

(a) 제 6 장의 익힘 문제 17을 사용해서 $\{nc_n\}$이 갇힌 열임을 증명하라.

(b) (a)를 익힘 문제 16 및 제 3 장의 익힘 문제 14(e)와 결합해서 모든 $x$에 대해 다음이 성립한다는 결론을 내려라.

$$\lim_{N \to \infty} s_N(f; x) = \frac{1}{2}\{f(x+) + f(x-)\}$$

(c) $[-\pi, \pi]$에서 $f \in \mathscr{R}$이고 어떤 열린 구간 $(\alpha, \beta) \subset [-\pi, \pi]$에서 $f$가 단조롭다고만 가정하자. (b)의 결론이 각 $x \in (\alpha, \beta)$에 대해 성립함을 증명하라. (이것은 국소화 정리의 응용이다.)

**18.** 다음과 같이 정의하자.

$$f(x) = x^3 - \sin^2 x \tan x,$$
$$g(x) = 2x^2 - \sin^2 x - x \tan x$$

이 두 함수 각각이 모든 $x \in (0, \pi/2)$에 대해 양수인지 음수인지 아니면 부호가 바뀌는지 알아보라. 자신의 답을 증명하라.

**19.** 함수 $f$는 $R^1$에서 연속이고 $f(x+2\pi) = f(x)$이며 $\alpha/\pi$는 무비수라고 하자. 각 $x$에 대해 다음이 성립함을 증명하라.

▸ 무비수 = 무리수

$$\lim_{N \to \infty} \frac{1}{N} \sum_{n=1}^{N} f(x + n\alpha) = \frac{1}{2\pi} \int_{-\pi}^{\pi} f(t)\, dt$$

**귀띔** : 먼저 $f(x) = e^{ikx}$에 대해 증명하자.

**20.** 다음의 간단한 셈은 스털링의 공식에 대한 훌륭한 근사 식을 제공한다. $m = 1, 2, 3, \cdots$ 에 대해 $m \le x \le m+1$ 일 때 다음과 같이 정의하자.

$$f(x) = (m+1-x)\log m + (x-m)\log(m+1)$$

그리고 $m - \frac{1}{2} \le x < m + \frac{1}{2}$ 일 때 다음과 같이 정의하자.

$$g(x) = \frac{x}{m} - 1 + \log m$$

$f$와 $g$의 그래프를 그려라. $x \ge 1$일 때 $f(x) \le \log x \le g(x)$이고 다음이 성립함에 주목하자.

$$\int_1^n f(x)\,dx = \log(n!) - \frac{1}{8}\log n > -\frac{1}{8} + \int_1^n g(x)\,dx$$

$\log x$를 $[1, n]$ 위에서 적분하자. $n = 2, 3, 4, \cdots$ 에 대해 다음이 성립한다고 결론을 내려라.

$$\frac{7}{8} < \log(n!) - \left(n + \frac{1}{2}\right)\log n + n < 1$$

(참고 : $\log\sqrt{2\pi} \sim 0.918\cdots$) 그러므로 다음이 성립한다.

$$e^{7/8} < \frac{n!}{(n/e)^n\sqrt{n}} < e$$

**21.** 다음과 같다고 하자.

$$L_n = \frac{1}{2\pi}\int_{-\pi}^{\pi} |D_n(t)|\,dt \qquad (n = 1, 2, 3, \cdots)$$

다음을 만족시키는 상수 $C > 0$가 존재함을 증명하라.

$$L_n > C\log n \qquad (n = 1, 2, 3, \cdots)$$

▸ 갇혀 있다 = 유계이다.

또는 좀 더 명확하게 다음 열이 갇혀 있음을 증명하라.

$$\left\{L_n - \frac{4}{\pi^2}\log n\right\}$$

**용어**

뉴턴의 이항 정리
Newton's binomial theorem

**22.** $\alpha$는 실수이고 $-1 < x < 1$일 때, 다음과 같은 뉴턴의 이항 정리를 증명하라.

$$(1+x)^\alpha = 1 + \sum_{n=1}^{\infty} \frac{\alpha(\alpha-1)\cdots(\alpha-n+1)}{n!}x^n$$

**귀띔** : 우변을 $f(x)$로 나타내자. 이 덧렬이 수렴함을 증명하자. 다음이 성립함을 증명하고, 이 미분 방정식을 풀어라.

▸ 덧렬 = 급수

$$(1+x)f'(x) = \alpha f(x)$$

$-1 < x < 1$이고 $\alpha > 0$일 때 다음이 성립한다는 사실도 보여라.

$$(1-x)^{-\alpha} = \sum_{n=0}^{\infty} \frac{\Gamma(n+\alpha)}{n!\,\Gamma(\alpha)} x^n$$

**23.** $\gamma$는 복소 평면에서 연속적으로 미분할 수 있는 닫힌 곡선으로 매개 변수 구간이 $[a, b]$이고 각 $t \in [a, b]$에 대해 $\gamma(t) \neq 0$이라고 가정하자. $\gamma$의 **지표**를 다음과 같이 정의하자.

▸ 미분할 수 있다
= 미분 가능하다

**용어**

지표 index
회전수 winding number

$$\mathrm{Ind}(\gamma) = \frac{1}{2\pi i}\int_a^b \frac{\gamma'(t)}{\gamma(t)}\,dt$$

$\mathrm{Ind}(\gamma)$는 언제나 옹근 수임을 증명하라.

▸ 옹근 수 = 정수

**귀띔** : $[a, b]$에서의 적당한 $\varphi$가 존재해서 $\varphi' = \gamma'/\gamma$와 $\varphi(a) = 0$이 성립한다. 따라서 $\gamma\exp(-\varphi)$는 상수이다. $\gamma(a) = \gamma(b)$이므로, $\exp\varphi(b) = \exp\varphi(a) = 1$이다. $\varphi(b) = 2\pi i\,\mathrm{Ind}(\gamma)$임에 주목하자.

$\gamma(t) = e^{int}$, $a = 0$, $b = 2\pi$일 때 $\mathrm{Ind}(\gamma)$를 셈하라.

$\mathrm{Ind}(\gamma)$를 흔히 0 둘레를 도는 $\gamma$의 **회전수**라고 부르는 이유를 설명하라.

**24.** $\gamma$는 익힘 문제 23에서와 같다고 하고, 덧붙여 $\gamma$의 치역은 음의 실수축과 만나지 않는다고 가정하자. $\mathrm{Ind}(\gamma) = 0$임을 증명하라.

**귀띔** : $0 \le c < \infty$에 대해 $\mathrm{Ind}(\gamma + c)$는 $c$에 관한 옹근 수 값 연속 함수이다. 또, $c \to \infty$일 때 $\mathrm{Ind}(\gamma + c) \to 0$이다.

**25.** $\gamma_1$과 $\gamma_2$는 익힘 문제 23에서와 같은 곡선이고 다음과 같다고 하자.

$$|\gamma_1(t) - \gamma_2(t)| < |\gamma_1(t)| \qquad (a \le t \le b)$$

$\mathrm{Ind}(\gamma_1) = \mathrm{Ind}(\gamma_2)$임을 증명하라.

**귀띔** : $\gamma = \gamma_2/\gamma_1$로 놓자. 그러면 $|1-\gamma| < 1$이고, 이에 따라 익힘 문제 24에 의해 $\mathrm{Ind}(\gamma) = 0$이다. 또, 다음이 성립한다.

$$\frac{\gamma'}{\gamma} = \frac{\gamma_2'}{\gamma_2} - \frac{\gamma_1'}{\gamma_1}$$

▸ 미분할 수 없다
=미분 불가능하다

**26.** $\gamma$는 복소 평면에서의 닫힌 곡선으로 (미분할 수 없어도 되는데) 매개변수 구간이 $[0,\ 2\pi]$이고 각 $t \in [0,\ 2\pi]$에 대해 $\gamma(t) \neq 0$이라고 하자. $\delta > 0$를 모든 $t \in [0,\ 2\pi]$에 대해 $|\gamma(t)| > \delta$가 성립하도록 선택하자. $P_1$과 $P_2$는 삼각 다항 함수로 모든 $t \in [0,\ 2\pi]$에 대해 $|P_j(t) - \gamma(t)| < \delta/4$가 성립하면(이런 것의 존재는 정리 8.15에 의해 보장되는데), 익힘 문제 25를 적용해서 다음이 성립함을 증명하라.

$$\mathrm{Ind}(P_1) = \mathrm{Ind}(P_2)$$

이 공통 값을 $\mathrm{Ind}(\gamma)$로 정의하자.

▸ 미분할 수 있다
= 미분 가능하다

두 익힘 문제 24와 25의 명제는 미분할 수 있다는 가정 없이 성립함을 증명하라.

**27.** $f$는 복소 평면에서 정의된 연속인 복소 함수라고 하자. 적당한 자연수 $n$과 복소수 $c \neq 0$가 존재해서 다음이 성립한다고 가정하자.

$$\lim_{|z| \to \infty} z^{-n} f(z) = c$$

적어도 한 개의 복소수 $z$에 대해 $f(z) = 0$임을 증명하라.

이것이 정리 8.8의 일반화임에 주목하자.

**귀띔** : 모든 $z$에 대해 $f(z) \neq 0$이라 가정하고, $0 \leq r < \infty$과 $0 \leq t \leq 2\pi$에 대해 다음과 같이 정의하자.

$$\gamma_r(t) = f(re^{it})$$

그리고 곡선 $\gamma_r$에 관한 다음 명제들을 증명하자.

(a) $\mathrm{Ind}(\gamma_0) = 0$

(b) 충분히 큰 모든 $r$에 대해 $\mathrm{Ind}(\gamma_r) = n$이다.

(c) $\mathrm{Ind}(\gamma_r)$은 $[0,\ \infty)$에서 $r$에 관한 연속 함수이다.

[(b)와 (c)에서 익힘 문제 26의 마지막 부분을 사용하자.]

$n > 0$이므로, (a), (b), (c)가 모순임을 보여라.

**28.** $\overline{D}$는 복소 평면의 닫힌 단위 원판이라고 하자. (그러므로 $z \in \overline{D}$이기 위한 필요 충분 조건은 $|z| \leq 1$이다.) $g$는 $\overline{D}$에서 단위 원 $T$로의 연속 사상이라 하자. (그러므로 각 $z \in \overline{D}$에 대해 $|g(z)| = 1$이다.)

▸ … 위한 필요 충분 조건
= … 위해 필요하고 충분한 조건

적어도 하나의 $z \in T$에 대해 $g(z) = -z$가 성립함을 증명하라.

**귀띔** : $0 \leq r \leq 1$과 $0 \leq t \leq 2\pi$에 대해 다음과 같이 놓자.

$$\gamma_r(t) = g(re^{it})$$

그리고 $\psi(t) = e^{-it}\gamma_1(t)$로 놓자. 각 $z \in T$에 대해 $g(z) \neq -z$이면, 각 $t \in [0, 2\pi]$에 대해 $\psi(t) \neq -1$이다. 그러므로 두 익힘 문제 24와 26에 의해 $\text{Ind}(\psi) = 0$이다. 이에 따라 $\text{Ind}(\gamma_1) = 1$이다. 그러나 $\text{Ind}(\gamma_0) = 0$이다. 익힘 문제 27에서와 같이 모순을 유도하라.

**29.** $\overline{D}$에서 $\overline{D}$로의 각 연속 사상 $f$에는 $\overline{D}$에 속한 고정점이 있음을 증명하라. (이것은 브로우베르의 고정점 정리의 이차원 경우이다.)

**귀띔**: 각 $z \in \overline{D}$에 대해 $f(z) \neq z$라고 가정하자. 각 $z \in \overline{D}$에 점 $g(z) \in T$를 대응시키는데, $g(z)$는 $f(z)$에서 출발하고 $z$를 지나는 반직선에 놓여 있다. 그러면 $g$는 $\overline{D}$를 $T$로 사상하고, $z \in T$일 때 $g(z) = z$이며, $g$는 연속인데, 다음과 같이 때문이다.

$$g(z) = z - s(z)\{f(z) - z\}$$

여기서 $s(z)$는 결수들이 $f$와 $z$에 관한 연속 함수인 어떤 이차 방정식의 유일한 음이 아닌 근이다.

**용어**

브로우베르의 고정점 정리
Brouwer's fixed-point theorem

**수학자**

브로우베르(Luitzen Egbertus Jan Brouwer, 1881~1966)
네덜란드 수학자

▸ 결수 = 계수 = coefficient

# 09

# 여러 변수 함수

Functions of Several Variables

## 선형 변환

먼저 유클리드 $n$공간 $R^n$에 속한 벡터들의 모음에 대해 논의하자. 여기에 제시하는 대수학적 사실들은 그대로 임의의 스칼라 체 위에서의 유한 차원 벡터 공간으로 확장된다. 그렇지만 우리의 목적을 위해서는 유클리드 공간이 제공하는 친숙한 체제 안에서 논의해도 충분하다.

### 9.1 정의

(a) 비지 않은 모음 $X \subset R^n$를 **벡터 공간**이라 하는 것은, 모든 $\mathbf{x} \in X$와 $\mathbf{y} \in X$ 및 모든 스칼라 $c$에 대해 $\mathbf{x}+\mathbf{y} \in X$이고 $c\mathbf{x} \in X$인 경우이다.

(b) $\mathbf{x}_1, \cdots, \mathbf{x}_k \in R^n$와 스칼라 $c_1, \cdots, c_k$에 대해 다음과 같은 벡터를 $\mathbf{x}_1, \cdots, \mathbf{x}_k$의 **일차 결합**이라 한다.

$$c_1\mathbf{x}_1 + \cdots + c_k\mathbf{x}_k$$

$S \subset R^n$이고 $E$는 $S$의 원소들의 일차 결합 전체의 모음일 때, $S$는 $E$를 생성한다 또는 $E$는 $S$의 **펼침**이라 한다.

임의의 펼침은 벡터 공간이라는 사실에 주목하자.

(c) 벡터 $\mathbf{x}_1, \cdots, \mathbf{x}_k$들로 이루어진 모음은 (이런 모음을 $\{\mathbf{x}_1, \cdots, \mathbf{x}_k\}$로 나타내는데) **(일차) 독립**이라 하는 것은, $c_1\mathbf{x}_1 + \cdots + c_k\mathbf{x}_k = \mathbf{0}$이면 $c_1 = \cdots = c_k = 0$이 성립하는 경우이다. 그렇지 않으면, $\{\mathbf{x}_1, \cdots, \mathbf{x}_k\}$는 **(일차) 종속**이라 한다.

**용어**

한 변수 함수, 일변수 함수
function of one variable
두 변수 함수, 이변수 함수
function of two variables
여러 변수 함수, 다변수 함수
function of several variables
여기서는 '일 · 이 · 다변수 함수' 보다는 '한 · 두 · 여러 변수 함수'를 사용한다.

벡터 공간 vector space
일차 결합
linear combination
생성한다 span
펼침 span
(일차) 독립
(linearly) independent
(일차) 종속
(linearly) dependent
원서에는 'linearly'없이 'independent'와 'dependent'라는 표현만 있다. 여기서는 이해를 돕기 위해 '일차 독립'과 '일차 종속'으로 나타낸다.

▸ 비지 않은 모음 = nonempty set

▸ 모음 = 집합

일차 독립인 모음에는 영 벡터가 속하지 않음에 주목하자.

| 용어 | |
|---|---|
| 차원 | dimension |
| 기저 | basis |
| 좌표 | coordinate |
| 표준 기저 | standard basis |

(d) 벡터 공간 $X$에 $r$개의 벡터로 이루어진 일차 독립인 모음이 있지만 $(r+1)$개의 벡터로 이루어진 일차 독립인 모음이 없을 때, $X$의 **차원**은 $r$이라 하고, $\dim X = r$로 나타낸다.

**0**만으로 이루어진 모음은 벡터 공간이고, 이의 차원은 0이다.

(e) 벡터 공간 $X$를 생성하는 $X$의 일차 독립인 부분 모음을 $X$의 **기저**라고 한다.

$B = \{\mathbf{x}_1, \cdots, \mathbf{x}_r\}$가 $X$의 기저일 때, 각 $\mathbf{x} \in X$는 $\mathbf{x} = \sum c_j \mathbf{x}_j$ 꼴로 유일하게 표현된다. $B$가 $X$를 생성하기 때문에 이런 표현이 존재하고, $B$가 일차 독립이기 때문에 이런 표현은 유일하다. 수 $c_1, \cdots, c_r$들을 기저 $B$에 관한 $\mathbf{x}$의 **좌표**라 한다.

가장 친숙한 기저의 예는 모음 $\{\mathbf{e}_1, \cdots, \mathbf{e}_n\}$인데, 여기서 $\mathbf{e}_j$는 $R^n$에 속한 벡터로 $j$째 좌표는 1이고 다른 좌표는 모두 0이다. $\mathbf{x} \in R^n$이고 $\mathbf{x} = (x_1, \cdots, x_n)$이면, $\mathbf{x} = \sum x_j \mathbf{e}_j$이다. $\{\mathbf{e}_1, \cdots, \mathbf{e}_n\}$을 $R^n$의 **표준 기저**라고 부르겠다.

## 9.2 정리

$r$을 자연수라고 하자. 벡터 공간 $X$가 $r$개의 벡터의 모음으로 생성되면, $\dim X \le r$이다.

**증명** 이 결과가 거짓이라면, 일차 독립인 모음 $Q = \{\mathbf{y}_1, \cdots, \mathbf{y}_{r+1}\}$을 포함하고 $r$개의 벡터로 이루어진 모음 $S_0$으로 생성되는 벡터 공간 $X$가 존재한다.

$0 \le i < r$이라 하고, $X$를 생성하는 모음 $S_i$를 구성했다고 가정하는데, 여기서 $S_i$는 $1 \le j \le i$인 모든 $\mathbf{y}_j$와 함께 $S_0$의 $r-i$개의 어떤 원소, 이를테면 $\mathbf{x}_1, \cdots, \mathbf{x}_{r-i}$로 이루어진다. (바꿔 말하면, $S_i$는 $S_0$의 원소 $i$개를 $Q$의 원소로 바꾸어 얻는데, 여전히 $X$를 생성한다.) $S_i$가 $X$를 생성하므로, $\mathbf{y}_{i+1}$은 $S_i$의 펼침에 속한다. 그러므로 다음을 만족시키는 스칼라 $a_1, \cdots, a_{i+1}, b_1, \cdots, b_{r-i}$들이 존재한다.

▸ 펼침 = span

$$\sum_{j=1}^{i+1} a_j \mathbf{y}_j + \sum_{k=1}^{r-i} b_k \mathbf{x}_k = \mathbf{0}$$

여기서 $a_{i+1} = 1$이다. $b_k$가 모두 0이면, $Q$가 일차 독립이기 때문에 $a_j$는 모두 0이다. 이는 모순이다. 이에 따라 어떤 $\mathbf{x}_k \in S_i$는 $T_i = S_i \cup \{\mathbf{y}_{i+1}\}$의 다른 원소들의 일차 결합이다. $T_i$에서 이 $\mathbf{x}_k$를 제거하고 남은 모음을 $S_{i+1}$이라 하자. 그러면 $S_{i+1}$은 $T_i$와 같은 모음 $X$를 생성하는데, 이에 따라 $S_{i+1}$은 $i$ 대신에 $i+1$로 바꾸어 $S_i$에 대해 가정된 성질들을 만족시킨다.

▸ 모음 = 집합

$S_0$에서 출발해서 이렇게 $S_1$, …, $S_r$을 구성한다. 이 중에서 마지막은 $\mathbf{y}_1$, …, $\mathbf{y}_r$로 이루어지고, 이런 구성은 이것이 $X$를 생성함을 보여준다. 그런데 $Q$는 일차 독립이므로, $\mathbf{y}_{r+1}$는 $S_r$의 펼침에 속하지 않는다. 이런 모순 때문에 이 정리가 증명된다.

▸ 펼침 = span

## 따름 정리

$\dim R^n = n$

**증명** $\{\mathbf{e}_1, \cdots, \mathbf{e}_n\}$이 $R^n$을 생성하므로, 앞의 정리에 의해 $\dim R^n \le n$이다. $\{\mathbf{e}_1, \cdots, \mathbf{e}_n\}$이 일차 독립이므로, $\dim R^n \ge n$이다.

## 9.3 정리

$X$는 벡터 공간이고 $\dim X = n$이라 하자.

(a) $X$에 속한 $n$개의 벡터의 모음 $E$가 $X$를 생성하기 위한 필요 충분 조건은 $E$가 일차 독립인 경우이다.

(b) $X$의 기저가 존재하고, 각 기저는 $n$개의 벡터로이루어진다.

(c) $1 \le r \le n$이고 $\{\mathbf{y}_1, \cdots, \mathbf{y}_r\}$이 $X$의 일차 독립인 부분 모음이면, $\{\mathbf{y}_1, \cdots, \mathbf{y}_r\}$을 포함하는 $X$의 기저가 존재한다.

▸ … 위한 필요 충분 조건
= … 위해 필요하고 충분한 조건

**증명** $E = \{\mathbf{x}_1, \cdots, \mathbf{x}_n\}$이라 하자. $\dim X = n$이므로, 임의의 $\mathbf{y} \in \overline{X}$에 대해 모음 $\{\mathbf{x}_1, \cdots, \mathbf{x}_n, \mathbf{y}\}$는 일차 종속이다. $E$가 일차 독립이면, 이에 따라 $\mathbf{y}$는 $E$의 펼침에 속한다. 그러므로 $E$는 $X$를 생성한다. 역으로, $E$가 일차 종속이면, $E$의 펼침을 바꾸지 않고도 이의 원

소 한 개를 없앨 수 있다. 그러므로 정리 9.2에 의해 $E$는 $X$를 생성할 수 없다. 이에 따라 (a)가 증명된다.

▸ 모음 = 집합

$\dim X = n$이므로, $X$에는 $n$개의 벡터로 이루어진 일차 독립인 모음이 포함되고, (a)는 임의의 그런 모음이 $X$의 기저임을 보여준다. 이제 (b)는 9.1(d)와 9.2로부터 유도된다.

(c)를 증명하기 위해서 $\{\mathbf{x}_1, \cdots, \mathbf{x}_n\}$을 $X$의 기저라 하자. 그러면 다음 모음은 $X$를 생성한다.

$$S = \{\mathbf{y}_1, \cdots, \mathbf{y}_r, \mathbf{x}_1, \cdots, \mathbf{x}_n\}$$

그리고 $n$개보다 많은 벡터를 포함하고 있으므로 일차 종속이다. 정리 9.2의 증명에서 사용한 논법은 $\mathbf{x}_i$ 중에서 한 개가 $S$의 다른 원소들의 일차 결합임을 보여준다. 이 $\mathbf{x}_i$는 $S$에서 없애도, 남은 모음은 여전히 $X$를 생성한다. 이런 과정을 $r$번 반복할 수 있고, (a)에 의해 $\{\mathbf{y}_1, \cdots, \mathbf{y}_r\}$을 포함하는 $X$의 기저에 도달한다.

## 9.4 정의

| 용어 |
|---|
| 선형 변환, 일차 변환 linear transformation |
| 선형성 linearity |

벡터 공간 $X$에서 벡터 공간 $Y$로의 사상 $A$를 **선형 변환**이라 하는 것은, 모든 $\mathbf{x}$, $\mathbf{x}_1$, $\mathbf{x}_2 \in X$와 모든 스칼라 $c$에 대해 다음이 성립하는 경우이다.

$$A(\mathbf{x}_1 + \mathbf{x}_2) = A\mathbf{x}_1 + A\mathbf{x}_2, \quad A(c\mathbf{x}) = cA(\mathbf{x})$$

$A$가 선형 변환일 때, $A(\mathbf{x})$ 대신에 흔히 $A\mathbf{x}$로 나타낸다.

$A$가 선형 변환이면 $A\mathbf{0} = \mathbf{0}$임을 확인하자. 또, 다음과 같이 $X$에서 $Y$로의 선형 변환 $A$는 임의의 기저에 대한 이것의 행동에 의해 완전히 결정됨을 확인하자. $\{\mathbf{x}_1, \cdots, \mathbf{x}_n\}$이 $X$의 기저이면, 각 $\mathbf{x} \in X$는 다음과 같은 꼴로 유일하게 표현된다.

$$\mathbf{x} = \sum_{i=1}^{n} c_i \mathbf{x}_i$$

그리고 $A$의 선형성에 의해 벡터 $A\mathbf{x}_1, \cdots, A\mathbf{x}_n$들과 좌표 $c_1, \cdots, c_n$들을 사용해서 다음 공식으로 $A\mathbf{x}$를 셈할 수 있다.

$$A\mathbf{x} = \sum_{i=1}^{n} c_i A\mathbf{x}_i$$

$X$에서 $X$로의 선형 변환을 흔히 $X$에서의 **선형 작용소**라고 한다. $A$가 $X$에서의 선형 작용소이고 (i) 일대일이며 (ii) $X$를 $X$ 위로 사상할 때, $A$는 **가역적**이라고 한다. 이런 경우에 $X$에서의 작용소 $A^{-1}$을 모든 $\mathbf{x} \in X$에 대해 $A^{-1}(A\mathbf{x}) = \mathbf{x}$가 성립하도록 정의할 수 있다. 그러면 쉽게 확인할 수 있듯이 모든 $\mathbf{x} \in X$에 대해 $A(A^{-1}\mathbf{x}) = \mathbf{x}$가 성립하고, $A^{-1}$은 선형 작용소이다.

중요한 사실로, 유한 차원 벡터 공간에서의 선형 작용소에 대해서는 앞의 (i)과 (ii)는 서로 동치이다.

**용어**
선형 작용소, 선형 연산자 linear operator
가역적 invertible
가역(적) 선형 작용소 invertible linear operator

## 9.5 정리

유한 차원 벡터 공간 $X$에서의 선형 작용소 $A$가 일대일이기 위한 필요 충분 조건은 $A$의 치역이 $X$ 전체인 경우이다.

▸… 위한 필요 충분 조건 =… 위해 필요하고 충분한 조건

**증명** $\{\mathbf{x}_1, \cdots, \mathbf{x}_n\}$을 $X$의 기저라 하자. $A$가 선형 변환이므로, 이의 치역 $\mathscr{R}(A)$는 모음 $Q = \{A\mathbf{x}_1, \cdots, A\mathbf{x}_n\}$으로 생성된다. 그러므로 정리 9.3(a)에 따라 $\mathscr{R}(A) = X$이기 위한 필요 충분 조건은 $Q$가 일차 독립인 경우이다. 이것이 성립하기 위한 필요 충분 조건은 $A$가 일대일인 경우임을 증명해야 한다.

▸ 모음 = 집합

$A$가 일대일이라 가정하고, $\sum c_i A\mathbf{x}_i = \mathbf{0}$이라고 하자. 그러므로 $A(\sum c_i \mathbf{x}_i) = \mathbf{0}$이고, 이에 따라 $\sum c_i \mathbf{x}_i = \mathbf{0}$이며 $c_1 = \cdots = c_n = 0$이고 결론적으로 $Q$는 일차 독립이다.

역으로 $Q$가 일차 독립이고 $A(\sum c_i \mathbf{x}_i) = \mathbf{0}$이라 하자. 그러면 $\sum c_i A\mathbf{x}_i = \mathbf{0}$이고, 이에 따라 $c_1 = \cdots = c_n = 0$이다. 결론적으로 $A\mathbf{x} = \mathbf{0}$은 $\mathbf{x} = \mathbf{0}$일 때뿐이다. 이제 $A\mathbf{x} = A\mathbf{y}$라 하면, $A(\mathbf{x} - \mathbf{y}) = A\mathbf{x} - A\mathbf{y} = \mathbf{0}$이므로 $\mathbf{x} - \mathbf{y} = \mathbf{0}$이다. 이는 $A$가 일대일임을 보여준다.

## 9.6 정의

(a) $L(X, Y)$는 벡터 공간 $X$에서 벡터 공간 $Y$로의 선형 변환 전체의 모음이라 하자. $L(X, X)$는 단순히 $L(X)$로 나타내겠다. $A_1$, $A_2 \in L(X, Y)$이고 $c_1$과 $c_2$가 스칼라이면 $c_1A_1 + c_2A_2$를 다음과 같이 정의한다.

$$(c_1A_1 + c_2A_2)\mathbf{x} = c_1A_1\mathbf{x} + c_2A_2\mathbf{x} \quad (\mathbf{x} \in X)$$

그러면 분명히 $c_1A_1 + c_2A_2 \in L(X, Y)$이다.

> **용어**
> 곱 product
> 대중, 크기, 노름 norm

(b) $X$, $Y$, $Z$가 벡터 공간이고 $A \in L(X, Y)$이며 $B \in L(Y, Z)$이면, **곱** $BA$를 다음과 같이 $A$와 $B$의 합성으로 정의한다.

$$(BA)\mathbf{x} = B(A\mathbf{x}) \quad (\mathbf{x} \in X)$$

그러므로 $BA \in L(X, Z)$이다.

$X = Y = Z$인 경우에도, $BA$는 $AB$와 같지 않을 수 있음에 주목하자.

▸ $\|A\| = \sup\{|A\mathbf{x}| \mid |\mathbf{x}| \le 1, \mathbf{x} \in R^n\}$

(c) $A \in L(R^n, R^m)$에 대해, $A$의 **대중**[크기, 노름] $\|A\|$를 대중이 1 이하인 $R^n$의 벡터 $\mathbf{x}$ 전체에 대한 $|A\mathbf{x}|$의 상한으로 정의한다.

다음 부등식이 모든 $\mathbf{x} \in R^n$에 대해 성립함을 확인하자.

$$|A\mathbf{x}| \le \|A\| |\mathbf{x}|$$

또, $\lambda$가 모든 $\mathbf{x} \in R^n$에 대해 $|A\mathbf{x}| \le \lambda |\mathbf{x}|$이면 $\|A\| \le \lambda$이다.

## 9.7 정리

(a) $A \in L(R^n, R^m)$이면, $\|A\| < \infty$이고 $A$는 $R^n$에서 $R^m$으로의 고르게 연속인 사상이다.

(b) $A$, $B \in L(R^n, R^m)$이고 $c$가 스칼라이면, 다음이 성립한다.

$$\|A + B\| \le \|A\| + \|B\|, \qquad \|cA\| = |c| \|A\|$$

$\|A - B\|$로 정의된 $A$와 $B$ 사이의 거리와 함께 $L(R^n, R^m)$은 거리 공간이다.

(c) $A \in L(R^n, R^m)$이고 $B \in L(R^m, R^k)$이면, 다음이 성립한다.

$$\|BA\| \le \|B\| \|A\|$$

**증명** (a) $\{\mathbf{e}_1, \cdots, \mathbf{e}_n\}$은 $R^n$의 표준 기저이고 $\mathbf{x} = \sum c_i\mathbf{e}_i$이며 $|\mathbf{x}| \le 1$이라 하자. 이에 따라 $i = 1, \cdots, n$에 대해 $|c_i| \le 1$이고 다음을 얻는다.

$$|A\mathbf{x}| = \left|\sum c_i A\mathbf{e}_i\right| \le \sum |c_i| |A\mathbf{e}_i| \le \sum |A\mathbf{e}_i|$$

그러므로 다음이 성립한다.

$$\|A\| \le \sum_{i=1}^{n} |A\mathbf{e}_i| < \infty$$

$\mathbf{x} \in R^n$와 $\mathbf{y} \in R^n$에 대해 $|A\mathbf{x} - A\mathbf{y}| \le \|A\| \, |\mathbf{x} - \mathbf{y}|$이므로, $A$는 고르게 연속이다.

(b) 정리의 (b)에 있는 부등식은 다음으로부터 유도된다.

$$|(A+B)\mathbf{x}| = |A\mathbf{x} + B\mathbf{x}| \le |A\mathbf{x}| + |B\mathbf{x}| \le (\|A\| + \|B\|)|\mathbf{x}|$$

(b)의 둘째 부분도 똑같은 방식으로 증명된다. 다음과 같다고 하자.

$$A,\ B,\ C \in L(R^n,\ R^m)$$

그러면 다음과 같은 삼각 부등식이 성립한다.

$$\|A - C\| = \|(A-B) + (B-C)\| \le \|A - B\| + \|B - C\|$$

그리고 쉽게 확인할 수 있듯이 $\|A - B\|$는 (정의 2.15에 있는) 거리의 다른 성질들도 만족시킨다.

(c) 마지막으로 정리의 (c)는 다음으로부터 유도된다.

$$|(BA)\mathbf{x}| = |B(A\mathbf{x})| \le \|B\| \, |A\mathbf{x}| \le \|B\| \, \|A\| \, |\mathbf{x}|$$

이제 공간 $L(R^n,\ R^m)$의 거리를 정의했으므로, 열린 모음, 연속 등의 개념들이 이런 공간에서 의미를 지닌다. 다음 정리들은 이런 개념들을 이용한다.

▸ 모음 = 집합

## 9.8 정리

$\Omega$는 $R^n$에서의 가역적 선형 작용소 전체의 모음이라 하자.

(a) $A \in \Omega$이고 $B \in L(R^n)$이며 $\|B - A\| \cdot \|A^{-1}\| < 1$이면, $B \in \Omega$이다.

(b) $\Omega$는 $L(R^n)$의 열린 부분 모음이고, 사상 $A \to A^{-1}$은 $\Omega$에서 연속이다.

(이 사상은 또한 분명히 $\Omega$에서 $\Omega$ 위로의 일대일 사상이고, 역 사상은 자기 자신이다.)

**증명** (a) $\|A^{-1}\| = 1/\alpha$과 $\|B - A\| = \beta$로 놓자. 그러면 $\beta < \alpha$이다.

각 $\mathbf{x} \in R^n$에 대해 다음이 성립한다.

$$\begin{aligned} \alpha|\mathbf{x}| = \alpha|A^{-1}A\mathbf{x}| &\le \alpha\|A^{-1}\| \cdot |A\mathbf{x}| \\ = |A\mathbf{x}| &\le |(A-B)\mathbf{x}| + |B\mathbf{x}| \le \beta|\mathbf{x}| + |B\mathbf{x}| \end{aligned}$$

그러므로 다음을 얻는다.

(1) $$(\alpha - \beta)|\mathbf{x}| \le |B\mathbf{x}| \quad (\mathbf{x} \in R^n)$$

$\alpha - \beta > 0$이므로, (1)에 의해 $\mathbf{x} \ne \mathbf{0}$이면 $B\mathbf{x} \ne \mathbf{0}$이다. 그러므로 $B$는 일대일이다. 정리 9.5에 의해 $B \in \Omega$이다. 이것은 $\|B - A\| < \alpha$인 모든 $B$에 대해 성립한다. 따라서 (a)와 $\Omega$가 열린 모음이라는 사실이 성립한다.

(b) 다음으로 (1)에서 $\mathbf{x}$를 $B^{-1}\mathbf{y}$로 바꾸면, 다음 부등식을 얻는다.

(2) $$(\alpha - \beta)|B^{-1}\mathbf{y}| \le |BB^{-1}\mathbf{y}| = |\mathbf{y}| \quad (\mathbf{y} \in R^n)$$

이것은 $\|B^{-1}\| \le (\alpha - \beta)^{-1}$임을 보여준다. 다음 등식을 생각하자.

$$B^{-1} - A^{-1} = B^{-1}(A - B)A^{-1}$$

이것을 정리 9.7(c)와 결합하면 다음이 성립한다.

$$\|B^{-1} - A^{-1}\| \le \|B^{-1}\|\,\|A - B\|\,\|A^{-1}\| \le \frac{\beta}{\alpha(\alpha - \beta)}$$

$B \to A$일 때 $\beta \to 0$이므로, (b)에 서술된 연속성이 증명된다.

**용어**

$m \times n$ 행렬
$m$ by $n$ matrix
행 row
열 column

## 9.9 행렬

$\{\mathbf{x}_1, \cdots, \mathbf{x}_n\}$과 $\{\mathbf{y}_1, \cdots, \mathbf{y}_m\}$을 각각 두 벡터 공간 $X$와 $Y$의 기저라고 하자. 그러면 각 $A \in L(X, Y)$는 다음과 같은 수 $a_{ij}$들의 모음을 결정한다.

(3) $$A\mathbf{x}_j = \sum_{i=1}^{m} a_{ij}\mathbf{y}_i \quad (1 \le j \le n)$$

이런 수들을 다음과 같이 $m \times n$ **행렬**이라 부르는 $m$개의 행과 $n$개의 열로 이루어진 직사각형의 배열로 가시화하면 편리하다.

$$[A] = \begin{bmatrix} a_{11} & a_{12} & \cdots & a_{1n} \\ a_{21} & a_{22} & \cdots & a_{2n} \\ \cdots & \cdots & \cdots & \cdots \\ a_{m1} & a_{m2} & \cdots & a_{mn} \end{bmatrix}$$

(기저 $\{\mathbf{y}_1, \cdots, \mathbf{y}_m\}$에 관한) 벡터 $A\mathbf{x}_j$의 결수 $a_{ij}$는 $[A]$의 $j$째 열에 나타남을 확인하자. 이에 따라 벡터 $A\mathbf{x}_j$는 종종 $[A]$의 **열 벡터**라고 한다. 이런 용어를 사용하면, **$A$의 치역은 $[A]$의 열 벡터들로 생성된다.**

▸ 결수 = 계수 = coefficient

**용어**

열 벡터 column vector

$\mathbf{x} = \sum c_j\mathbf{x}_j$이면, (3)과 $A$의 선형성에 의해 다음이 성립한다.

(4)
$$A\mathbf{x} = \sum_{i=1}^{m}\left(\sum_{j=1}^{n} a_{ij}c_j\right)\mathbf{y}_i$$

그러므로 $A\mathbf{x}$의 좌표는 $\sum_j a_{ij}c_j$이다. (3)에서 합은 $a_{ij}$의 첫째 첨자를 따라 더하고, 좌표를 셈할 때는 둘째 첨자를 따라 더함에 유의하자.

다음으로 성분 $a_{ij}$가 실수인 $m\times n$ 행렬이 주어졌다고 하자. 이제 $A$를 (4)로 정의하면, 분명히 $A\in L(X, Y)$이고 $[A]$는 주어진 행렬이다. 그러므로 $L(X, Y)$와 성분이 실수인 $m\times n$ 행렬 전체의 모음 사이에 자연스러운 일대일 대응이 존재한다. 그렇지만 $[A]$는 $A$뿐만 아니라 $X$와 $Y$의 기저들의 선택에 따라 좌우된다는 사실을 강조한다. 똑같은 $A$는 기저들을 바꾸면 다른 많은 행렬을 만들어낼 수 있고, 이의 역도 성립한다. 이런 관찰 결과를 더 이상 살펴보지 않는데, 통상 고정된 기저들을 사용할 것이기 때문이다. (일러두기 9.37에서 이에 대해 몇 가지 사항을 지적한다.)

▸ 모음 = 집합

$Z$가 셋째 벡터 공간이고 기저가 $\{\mathbf{z}_1, \cdots, \mathbf{z}_p\}$이며, $A$는 (3)으로 주어지고 다음과 같다고 하자.

$$B\mathbf{y}_i = \sum_k b_{ki}\mathbf{z}_k, \qquad (BA)\mathbf{x}_j = \sum_k c_{kj}\mathbf{z}_k$$

그러면 $A\in L(X, Y)$, $B\in L(Y, Z)$, $BA\in L(X, Z)$이고, 다음이 성립한다.

$$\begin{aligned} B(A\mathbf{x}_j) &= B\sum_i a_{ij}\mathbf{y}_i = \sum_i a_{ij}B\mathbf{y}_i \\ &= \sum a_{ij}\sum_k b_{ki}\mathbf{z}_k = \sum_k\left(\sum_i b_{ki}a_{ij}\right)\mathbf{z}_k \end{aligned}$$

그러면 $\{\mathbf{z}_1, \cdots, \mathbf{z}_p\}$가 일차 독립이므로 다음이 성립한다.

(5)
$$c_{kj} = \sum_i b_{ki}a_{ij} \qquad (1\le k\le p,\ 1\le j\le n)$$

이것은 $p\times n$ 행렬 $[BA]$를 $[B]$와 $[A]$로부터 셈하는 방법을 보여준다. 곱 $[B][A]$를 $[BA]$로 정의하면, (5)는 행렬 곱셈의 통상적인 방법을 설명하고 있다.

마지막으로, $\{\mathbf{x}_1, \cdots, \mathbf{x}_n\}$과 $\{\mathbf{y}_1, \cdots, \mathbf{y}_m\}$은 각각 $R^n$과 $R^m$의 표준 기저라 하고, $A$는 (4)로 주어진다고 하자. 슈바르츠의 부등식에 의해 다음이 성립한다.

$$|A\mathbf{x}|^2 = \sum_i \Big(\sum_j a_{ij}c_j\Big)^2 \le \sum_i \Big(\sum_j a_{ij}^2 \cdot \sum_j c_j^2\Big) = \sum_{i,j} a_{ij}^2 |\mathbf{x}|^2$$

그러므로 다음을 얻는다.

$$\|A\| \le \Big(\sum_{i,j} a_{ij}^2\Big)^{1/2} \tag{6}$$

$A$, $B \in L(R^n, R^m)$일 때 (6)을 $A$ 대신에 $B-A$에 적용하면, 행렬의 성분 $a_{ij}$가 매개 변수의 연속 함수일 때 똑같은 사실이 $A$에 대해서도 참임을 알 수 있다. 좀 더 명확하게 말하면 다음과 같다.

$S$는 거리 공간이고, $a_{11}, \cdots, a_{mn}$은 $S$에서의 연속인 실 함수이며, 각 $p \in S$에 대해 $A_p$는 $R^n$에서 $R^m$으로의 선형 변환으로 그 행렬의 성분이 $a_{ij}(p)$이면, 사상 $p \to A_p$는 $S$에서 $L(R^n, R^m)$으로의 연속 사상이다.

## 미분

### 9.10 예비 사항

▸ 모음 = 집합, 유도 함수 = 도함수

정의역이 $R^n$인 (또는 $R^n$의 열린 부분 모음인) 함수의 유도 함수를 정의하기 위해서, 친숙한 $n=1$인 경우를 또다시 살펴보고, 이 경우에 유도 함수를 해석하는 방법 중에서 $n>1$인 경우로 자연스럽게 확장되는 방법을 알아보자.

$f$가 정의역이 $(a, b) \subset R^1$인 실 함수이고 $x \in (a, b)$일 때, $f'(x)$는 통상 다음과 같이 정의된 실수이다.

$$\lim_{h\to 0} \frac{f(x+h)-f(x)}{h} \tag{7}$$

단, 이 극한이 물론 존재해야 한다. 그러므로 다음이 성립한다.

$$f(x+h)-f(x) = f'(x)h + r(h) \tag{8}$$

여기서 '나머지' $r(h)$는 다음과 같은 의미에서 작아야 한다.

(9) $$\lim_{h \to 0} \frac{r(h)}{h} = 0$$

식 (8)에서 차 $f(x+h)-f(x)$는 $h$를 $f'(x)h$로 보내는 **선형 함수**와 작은 나머지의 합으로 나타남에 주목하자.

> **용어**
> 선형 함수, 일차 함수
> linear function

이에 따라 $x$에서 $f$의 미분 계수[유도 함수]를 실수가 아니라 $h$를 $f'(x)h$로 보내는 $R^1$에서의 선형 작용소로 간주할 수 있다.

[각 실수 $\alpha$는 $R^1$에서의 선형 작용소를 만들어냄을 관찰하자. 문제의 작용소는 단순히 $\alpha$에 의한 곱셈이다. 역으로, $R^1$을 $R^1$로 보내는 각 선형 함수는 어떤 실수에 의한 곱셈이다. $R^1$과 $L(R^1)$ 사이의 이런 자연스러운 일대일 대응은 앞에 있는 문장을 쓰게 한 이유이다.]

다음으로 $(a, b) \subset R^1$를 $R^m$으로 사상하는 함수 $\mathbf{f}$를 생각하자. 이 경우에 $\mathbf{f}'(x)$는 다음과 같은 벡터 $\mathbf{y} \in R^m$로 (존재할 때) 정의했다.

(10) $$\lim_{h \to 0} \left\{ \frac{\mathbf{f}(x+h)-\mathbf{f}(x)}{h} - \mathbf{y} \right\} = \mathbf{0}$$

또다시 이것을 다음과 같은 꼴로 다시 쓸 수 있다.

(11) $$\mathbf{f}(x+h)-\mathbf{f}(x) = h\mathbf{y} + \mathbf{r}(h)$$

여기서 $h \to 0$일 때 $\mathbf{r}(h)/h \to \mathbf{0}$이다. (11)의 우변에서 주요 항은 역시 $h$의 선형 함수이다. 각 $\mathbf{y} \in R^m$는 $R^1$에서 $R^m$으로의 선형 변환을 유도하고, 각 $h \in R^1$에 벡터 $h\mathbf{y} \in R^m$를 대응시킨다. $R^m$과 $L(R^1, R^m)$의 이런 동일시는 $\mathbf{f}'(x)$를 $L(R^1, R^m)$의 원소로 간주할 수 있게 한다.

그러므로 $\mathbf{f}$가 $(a, b) \subset R^1$에서 $R^m$으로의 미분할 수 있는 사상이고 $x \in (a, b)$일 때, $\mathbf{f}'(x)$는 다음을 만족시키는 $R^1$에서 $R^m$으로의 선형 변환이다.

▸ 미분할 수 있다
= 미분 가능하다

(12) $$\lim_{h \to 0} \frac{\mathbf{f}(x+h)-\mathbf{f}(x)-\mathbf{f}'(x)h}{h} = \mathbf{0}$$

또는 동치로 다음을 만족시킨다.

(13) $$\lim_{h \to 0} \frac{|\mathbf{f}(x+h)-\mathbf{f}(x)-\mathbf{f}'(x)h|}{|h|} = 0$$

이제 $n > 1$인 경우를 알아볼 수 있다.

▸ 모음 = 집합

### 9.11 정의

> **용어**
> 미분할 수 있는[있다], 미분 가능한[가능하다]
> [be] differentiable

$E$는 $R^n$의 열린 모음이고 $\mathbf{f}$는 $E$를 $R^m$으로 사상하며 $\mathbf{x} \in E$라 하자. 다음과 같은 $R^n$에서 $R^m$으로의 선형 변환 $A$가 존재한다고 하자.

(14) $$\lim_{\mathbf{h} \to 0} \frac{|\mathbf{f}(\mathbf{x}+\mathbf{h}) - \mathbf{f}(\mathbf{x}) - A\mathbf{h}|}{|\mathbf{h}|} = 0$$

그러면 $\mathbf{f}$는 $\mathbf{x}$**에서 미분할 수 있다**고 하고, 다음과 같이 나타낸다.

(15) $$\mathbf{f}'(\mathbf{x}) = A$$

각 $\mathbf{x} \in E$에서 미분할 수 있는 $\mathbf{f}$는 $E$**에서 미분할 수 있다**고 한다.

물론, (14)에서 $\mathbf{h} \in R^n$임을 알아야 한다. $|\mathbf{h}|$가 충분히 작으면, $E$가 열린 모음이므로 $\mathbf{x}+\mathbf{h} \in E$이다. 그러므로 $\mathbf{f}(\mathbf{x}+\mathbf{h})$는 정의되고 $\mathbf{f}(\mathbf{x}+\mathbf{h}) \in R^m$이며, $A \in L(R^n, R^m)$이므로 $A\mathbf{h} \in R^m$이다. 이에 따라 다음이 성립한다.

$$\mathbf{f}(\mathbf{x}+\mathbf{h}) - \mathbf{f}(\mathbf{x}) - A\mathbf{h} \in R^m$$

▸ 대중 = 노름

(14)의 분자는 $R^m$에서의 대중이고, 분모에서는 $\mathbf{h}$의 $R^n$ 대중이다.

앞으로 더 나아가기 전에 자명한 유일성 문제를 해결하자.

### 9.12 정리

$E$와 $\mathbf{f}$는 정의 9.11에서와 같고 $\mathbf{x} \in E$이며, (14)가 $A = A_1$과 $A = A_2$에 대해 성립한다고 하자. 그러면 $A_1 = A_2$이다.

**증명** $B = A_1 - A_2$라 하면, 다음 부등식이 성립한다.

$$|B\mathbf{h}| \le |\mathbf{f}(\mathbf{x}+\mathbf{h}) - \mathbf{f}(\mathbf{x}) - A_1\mathbf{h}| + |\mathbf{f}(\mathbf{x}+\mathbf{h}) - \mathbf{f}(\mathbf{x}) - A_2\mathbf{h}|$$

그러므로 $\mathbf{h} \to \mathbf{0}$일 때 $|B\mathbf{h}|/|\mathbf{h}| \to 0$이 성립한다. 고정된 $\mathbf{h} \neq \mathbf{0}$에 대해 $t \to 0$일 때 다음을 얻는다.

(16) $$\frac{|B(t\mathbf{h})|}{|t\mathbf{h}|} \to 0$$

$B$가 선형 변환이므로 (16)은 $t$와 무관하게 성립한다. 따라서 임의의 $\mathbf{h} \in R^n$에 대해 $B\mathbf{h} = \mathbf{0}$이므로, $B = 0$이다.

## 9.13 일러두기

(a) 관계식 (14)는 다음과 같은 꼴로 다시 쓸 수 있다.

$$\mathbf{f}(\mathbf{x}+\mathbf{h})-\mathbf{f}(\mathbf{x})=\mathbf{f}'(\mathbf{x})\mathbf{h}+\mathbf{r}(\mathbf{h}) \tag{17}$$

여기서 나머지 $\mathbf{r}(\mathbf{h})$는 다음을 만족시킨다.

$$\lim_{\mathbf{h}\to 0}\frac{|\mathbf{r}(\mathbf{h})|}{|\mathbf{h}|}=0 \tag{18}$$

9.10절에서와 같이 (17)을 고정된 $\mathbf{x}$와 작은 $\mathbf{h}$에 대해 (17)의 좌변은 $\mathbf{f}'(\mathbf{x})\mathbf{h}$, 곧 선형 변환의 $\mathbf{h}$에서의 값과 근사적으로 서로 같다는 말로 해석할 수 있다.

(b) $\mathbf{f}$와 $E$가 정의 9.11에서와 같고 $\mathbf{f}$는 $E$에서 미분할 수 있다고 하자. 그러면 각 $\mathbf{x}\in E$에 대해 $\mathbf{f}'(\mathbf{x})$는 함수, 곧 $R^n$에서 $R^m$으로의 선형 변환이다. 그런데 $\mathbf{f}'$도 함수이다. $\mathbf{f}'$는 $E$를 $L(R^n, R^m)$로 사상한다.

▸ 미분할 수 있다 = 미분 가능하다

(c) (17)을 보면 알 수 있듯이, $\mathbf{f}$를 미분할 수 있는 점에서 $\mathbf{f}$는 연속이다.

(d) (14) 또는 (17)에서 정의한 유도 함수를 흔히 $\mathbf{x}$에서 $\mathbf{f}$의 **미분** 또는 $\mathbf{x}$에서 $\mathbf{f}$의 **전도 함수**라 하는데, 나중에 나타날 편도 함수와 구별하기 위함이다.

▸ 유도 함수 = 도함수

**용어**

미분 differential
전도 함수, 전유도 함수 total derivative
편도 함수, 편유도 함수 partial derivative

## 9.14 보기

$R^n$을 $R^m$으로 보내는 함수의 유도 함수를 $R^n$에서 $R^m$으로의 선형 변환으로 정의했다. 이런 선형 변환의 유도 함수는 무엇일까? 답은 매우 간단하다.

$A\in L(R^n, R^m)$이고 $\mathbf{x}\in R^n$일 때, 다음이 성립한다.

$$A'(\mathbf{x})=A \tag{19}$$

$\mathbf{x}$가 (19)의 좌변에 나타나지만 우변에는 나타나지 않음에 주목하자. (19)의 양변은 모두 $L(R^n, R^m)$에 속하는데, 반면에 $A(\mathbf{x})\in R^m$이다.

(19)의 증명은 쉬운데, $A$가 선형이므로 다음이 성립하기 때문이다.

$$A(\mathbf{x}+\mathbf{h})-A(\mathbf{x})=A\mathbf{h} \tag{20}$$

$\mathbf{f}(\mathbf{x})=A\mathbf{x}$이므로 (14)의 분자는 임의의 $\mathbf{h}\in R^n$에 대해 $\mathbf{0}$이다. (17)에서

도 $\mathbf{r}(\mathbf{h}) = \mathbf{0}$이다.

▸ 사슬 법칙 = 연쇄 법칙

이제 사슬 법칙(정리 5.5)을 현재의 상황으로 확장하자.

## 9.15 정리

▸ 모음 = 집합, 미분할 수 있다 = 미분 가능하다

$E$가 $R^n$에서의 열린 모음이고, $\mathbf{f}$는 $E$를 $R^m$으로 사상하며, $\mathbf{f}$는 $\mathbf{x}_0 \in E$에서 미분할 수 있고, $\mathbf{g}$는 $\mathbf{f}(E)$를 포함하는 열린 모음을 $R^k$으로 사상하며, $\mathbf{g}$는 $\mathbf{f}(\mathbf{x}_0)$에서 미분할 수 있다고 하자. 그러면 다음과 같이 정의된 $E$에서 $R^k$로의 사상 $\mathbf{F}$는 $\mathbf{x}_0$에서 미분할 수 있다.

$$\mathbf{F}(\mathbf{x}) = \mathbf{g}(\mathbf{f}(\mathbf{x}))$$

그리고 다음이 성립한다.

$$\mathbf{F}'(\mathbf{x}_0) = \mathbf{g}'(\mathbf{f}(\mathbf{x}_0))\mathbf{f}'(\mathbf{x}_0) \tag{21}$$

(21)의 우변은 9.6절에서 정의한 것과 같은 두 선형 변환의 곱이다.

**증명** $\mathbf{y}_0 = \mathbf{f}(\mathbf{x}_0)$, $A = \mathbf{f}'(\mathbf{x}_0)$, $B = \mathbf{g}'(\mathbf{y}_0)$으로 놓고, $\mathbf{h} \in R^n$와 $\mathbf{k} \in R^m$ 중에서 $\mathbf{f}(\mathbf{x}_0 + \mathbf{h})$와 $\mathbf{g}(\mathbf{y}_0 + \mathbf{k})$가 정의되는 것 전체에 대해 다음과 같이 정의하자.

$$\mathbf{u}(\mathbf{h}) = \mathbf{f}(\mathbf{x}_0 + \mathbf{h}) - \mathbf{f}(\mathbf{x}_0) - A\mathbf{h},$$
$$\mathbf{v}(\mathbf{k}) = \mathbf{g}(\mathbf{y}_0 + \mathbf{k}) - \mathbf{g}(\mathbf{y}_0) - B\mathbf{k}$$

그러면 다음과 같이 쓸 수 있다.

$$|\mathbf{u}(\mathbf{h})| = \varepsilon(\mathbf{h})|\mathbf{h}|, \quad |\mathbf{v}(\mathbf{k})| = \eta(\mathbf{k})|\mathbf{k}| \tag{22}$$

여기서 $\mathbf{h} \to \mathbf{0}$ 일 때 $\varepsilon(\mathbf{h}) \to 0$이고 $\mathbf{k} \to \mathbf{0}$ 일 때 $\eta(\mathbf{k}) \to 0$이다.

주어진 $\mathbf{h}$에 대해 $\mathbf{k} = \mathbf{f}(\mathbf{x}_0 + \mathbf{h}) - \mathbf{f}(\mathbf{x}_0)$으로 놓자. 그러면 다음 두 결과를 얻는다.

$$|\mathbf{k}| = |A\mathbf{h} + \mathbf{u}(\mathbf{h})| \le \{\|A\| + \varepsilon(\mathbf{h})\}|\mathbf{h}|, \tag{23}$$

$$\begin{aligned}\mathbf{F}(\mathbf{x}_0 + \mathbf{h}) - \mathbf{F}(\mathbf{x}_0) - BA\mathbf{h} &= \mathbf{g}(\mathbf{y}_0 + \mathbf{k}) - \mathbf{g}(\mathbf{y}_0) - BA\mathbf{h} \\ &= B(\mathbf{k} - A\mathbf{h}) + \mathbf{v}(\mathbf{k}) \\ &= B\mathbf{u}(\mathbf{h}) + \mathbf{v}(\mathbf{k})\end{aligned}$$

그러므로 (22)와 (23)에 따라 $\mathbf{h} \neq \mathbf{0}$에 대해 다음이 성립한다.

$$\frac{|\mathbf{F}(\mathbf{x}_0+\mathbf{h})-\mathbf{F}(\mathbf{x}_0)-BA\mathbf{h}|}{|\mathbf{h}|} \le \|B\|\varepsilon(\mathbf{h})+\{\|A\|+\varepsilon(\mathbf{h})\}\eta(\mathbf{k})$$

$\mathbf{h}\to\mathbf{0}$ 이라 하면, $\varepsilon(\mathbf{h})\to 0$ 이다. 또, (23)에 의해 $\mathbf{k}\to\mathbf{0}$ 이고, 이에 따라 $\eta(\mathbf{k})\to 0$ 이다. 따라서 $\mathbf{F}'(\mathbf{x}_0)=BA$ 인데, 이것은 (21)이 주장하는 바이다.

## 9.16 편도 함수

열린 모음 $E\subset R^n$ 를 $R^m$ 으로 사상하는 함수 $\mathbf{f}$ 를 또다시 생각하자. $\{\mathbf{e}_1, \cdots, \mathbf{e}_n\}$ 과 $\{\mathbf{u}_1, \cdots, \mathbf{u}_m\}$ 은 각각 $R^n$ 과 $R^m$ 의 표준 기저라 하자. $\mathbf{f}$ 의 **성분**은 다음으로 정의된 실 함수 $f_1, \cdots, f_m$ 이다.

**용어**
성분 component,
편도 함수, 편유도 함수 partial derivative

▸ 모음 = 집합

(24) $$\mathbf{f}(\mathbf{x})=\sum_{i=1}^{m} f_i(\mathbf{x})\mathbf{u}_i \quad (\mathbf{x}\in E)$$

또는 동치로 $f_i(\mathbf{x})=\mathbf{f}(\mathbf{x})\cdot\mathbf{u}_i$ $(1\le i\le m)$로 정의할 수 있다.

$\mathbf{x}\in E$, $1\le i\le m$, $1\le j\le n$에 대해 다음과 같이 정의하자.

(25) $$(D_j f_i)(\mathbf{x})=\lim_{t\to 0}\frac{f_i(\mathbf{x}+t\mathbf{e}_j)-f_i(\mathbf{x})}{t}$$

단, 위의 극한이 존재해야 한다. $f_i(\mathbf{x})$ 대신에 $f_i(x_1, \cdots, x_n)$으로 쓰면, $D_j f_i$는 (다른 변수들은 고정시키고) $x_j$에 관한 $f_i$의 유도 함수임을 알 수 있다. 이에 따라 $D_j f_i$ 대신에 다음 기호를 흔히 사용한다.

▸ 유도 함수 = 도함수

(26) $$\frac{\partial f_i}{\partial x_j}$$

그리고 $D_j f_i$를 **편도 함수**라고 한다.

한 변수 함수를 다룰 때 유도 함수가 존재하기만 하면 충분한 많은 경우에도, 여러 변수 함수에 대해서는 편도 함수들이 연속이거나 적어도 갇혀 있을 필요가 있다. 예를 들면, 제 4 장 익힘 문제 7에서 설명한 두 함수 $f$와 $g$는 연속이 아니지만, $R^2$ 의 모든 점에서 이것들의 편도 함수들이 존재한다. 연속 함수인 경우에도, 편도 함수들이 모두 존재해도 정의 9.11의 의미에서 미분할 수 없을 수 있다. 두 익힘 문제 6과 14 및 정리 9.21을 보자.

▸ 한 변수 함수 = 일변수 함수,
여러 변수 함수 = 다변수 함수,
갇혀 있다 = 유계이다,
미분할 수 없다 = 미분 불가능하다

그렇지만 $\mathbf{f}$를 점 $\mathbf{x}$에서 미분할 수 있으면, $\mathbf{x}$에서 $\mathbf{f}$의 편도 함수들이 존재하고 그 편도 함수들은 선형 변환 $\mathbf{f}'(\mathbf{x})$를 완전히 결정한다.

▸ 미분할 수 있다
= 미분 가능하다

## 9.17 정리

$\mathbf{f}$는 열린 모음 $E \subset R^n$를 $R^m$으로 사상하고, $\mathbf{f}$는 점 $\mathbf{x} \in E$에서 미분할 수 있다고 하자. 그러면 편도 함수 $(D_j f_i)(\mathbf{x})$가 존재하고 다음이 성립한다.

$$\mathbf{f}'(\mathbf{x})\mathbf{e}_j = \sum_{i=1}^{m} (D_j f_i)(\mathbf{x})\mathbf{u}_i \quad (1 \le j \le n) \tag{27}$$

여기서는 9.16절에서와 같이 $\{\mathbf{e}_1, \cdots, \mathbf{e}_n\}$과 $\{\mathbf{u}_1, \cdots, \mathbf{u}_m\}$은 각각 $R^n$과 $R^m$의 표준 기저이다.

**증명** $j$를 고정하자. $\mathbf{f}$를 $\mathbf{x}$에서 미분할 수 있으므로, 다음을 얻는다.

$$\mathbf{f}(\mathbf{x}+t\mathbf{e}_j) - \mathbf{f}(\mathbf{x}) = \mathbf{f}'(\mathbf{x})(t\mathbf{e}_j) + \mathbf{r}(t\mathbf{e}_j)$$

여기서 $t \to 0$일 때 $|\mathbf{r}(t\mathbf{e}_j)|/t \to 0$이다. 이에 따라 $\mathbf{f}'(\mathbf{x})$가 선형 변환이므로 다음이 성립한다.

$$\lim_{t \to 0} \frac{\mathbf{f}(\mathbf{x}+t\mathbf{e}_j) - \mathbf{f}(\mathbf{x})}{t} = \mathbf{f}'(\mathbf{x})\mathbf{e}_j \tag{28}$$

이제 $\mathbf{f}$를 이것의 성분을 이용해서 (24)에서와 같이 표현하면, (28)은 다음과 같이 된다.

$$\lim_{t \to 0} \sum_{i=1}^{m} \frac{f_i(\mathbf{x}+t\mathbf{e}_j) - f_j(\mathbf{x})}{t} \mathbf{u}_i = \mathbf{f}'(\mathbf{x})\mathbf{e}_j \tag{29}$$

이에 따라 $t \to 0$일 때 이 합에서 각 항의 극한이 존재하므로(정리 4.10을 보라), 각 $(D_j f_i)(\mathbf{x})$가 존재하고 (27)은 (29)로부터 유도된다.

여기에 정리 9.17의 결과가 몇 가지 있다.

$[\mathbf{f}'(\mathbf{x})]$는 9.9절에서와 같이 $\mathbf{f}'(\mathbf{x})$를 표준 기저들에 관해 표현한 행렬이라고 하자.

그러면 $\mathbf{f}'(\mathbf{x})\mathbf{e}_j$는 $[\mathbf{f}'(\mathbf{x})]$의 $j$째 열 벡터이고, 이에 따라 (27)은 수 $(D_j f_i)(\mathbf{x})$가 $[\mathbf{f}'(\mathbf{x})]$의 $i$째 행과 $j$째 열에 있는 성분임을 보여준다. 곧 다음과 같다.

$$[\mathbf{f}'(\mathbf{x})] = \begin{bmatrix} (D_1 f_1)(\mathbf{x}) & \cdots & (D_n f_1)(\mathbf{x}) \\ \cdots & \cdots & \cdots \\ (D_1 f_m)(\mathbf{x}) & \cdots & (D_n f_m)(\mathbf{x}) \end{bmatrix}$$

$\mathbf{h} = \Sigma h_j \mathbf{e}_j$가 $R^n$에 속한 임의의 벡터이면, (27)에 의해 다음을 얻는다.

$$\mathbf{f}'(\mathbf{x})\mathbf{h} = \sum_{i=1}^{m} \left\{ \sum_{j=1}^{n} (D_j f_i)(\mathbf{x}) h_j \right\} \mathbf{u}_i \tag{30}$$

## 9.18 보기

$\gamma$는 열린 구간 $(a, b) \subset R^1$에서 열린 모음 $E \subset R^n$으로의 미분할 수 있는 사상이라 하자. 바꿔 말하면, $\gamma$는 $E$에서의 미분할 수 있는 곡선이다. $f$는 정의역이 $E$인 미분할 수 있는 실 함수라 하자. 그러면 $f$는 $E$에서 $R^1$로의 미분할 수 있는 사상이다. 다음과 같이 정의하자.

▸ 모음 = 집합, 미분할 수 있다 = 미분 가능하다

$$g(t) = f(\gamma(t)) \quad (a < t < b) \tag{31}$$

사슬 법칙에 따라 다음이 성립한다.

▸ 사슬 법칙 = 연쇄 법칙

$$g'(t) = f'(\gamma(t))\gamma'(t) \quad (a < t < b) \tag{32}$$

$\gamma'(t) \in L(R^1, R^n)$이고 $f'(\gamma(t)) \in L(R^n, R^1)$이므로, (32)는 $g'(t)$를 $R^1$에서의 선형 작용소로 정의한다. 이것은 $g$가 $(a, b)$를 $R^1$로 사상한다는 사실과 일치한다. 그렇지만 $g'(t)$는 실수로 간주할 수도 있다. (이것은 9.10절에서 논의했다.) 이제 알아보듯이, 이 수는 $f$의 편도 함수들과 $\gamma$의 성분들의 유도 함수를 사용해서 셈할 수 있다.

▸ 유도 함수 = 도함수

$R^n$의 표준 기저 $\{\mathbf{e}_1, \cdots, \mathbf{e}_n\}$에 대해 $[\gamma'(t)]$는 $n \times 1$ 행렬('열 행렬')인데, 이것의 $i$째 행은 $\gamma_i'(t)$이다. 여기서 $\gamma_1, \cdots, \gamma_n$은 $\gamma$의 성분들이다. 각 $\mathbf{x} \in E$에 대해 $[f'(\mathbf{x})]$는 $1 \times n$ 행렬('행 행렬')인데, 이것의 $j$째 열은 $(D_j f)(\mathbf{x})$이다. 그러므로 $[g'(t)]$는 $1 \times 1$행렬로, 이것의 유일한 성분은 다음과 같은 실수이다.

$$g'(t) = \sum_{i=1}^{n} (D_i f)(\gamma(t)) \gamma_i'(t) \tag{33}$$

이것은 자주 마주치는 사슬 법칙의 특별한 경우이다. 이것을 다음과 같은 방식으로 다시 나타낼 수 있다.

▸ 사슬 법칙 = 연쇄 법칙

각 $\mathbf{x} \in E$에 다음과 같이 정의하는 벡터인 이른바 $\mathbf{x}$에서 $f$의 '물매[그래디언트]'를 대응시키자.

**용어**

물매, 기울기, 그래디언트
gradient
'물매'는 지붕이나 낟가리 따위의 비탈진 정도를 뜻한다.

$$(\nabla f)(\mathbf{x}) = \sum_{i=1}^{n} (D_i f)(\mathbf{x}) \mathbf{e}_i \tag{34}$$

다음이 성립한다.

$$\gamma'(t) = \sum_{i=1}^{n} \gamma_i'(t)\mathbf{e}_i \tag{35}$$

그러므로 (33)을 두 벡터 $(\nabla f)(\gamma(t))$와 $\gamma'(t)$의 내적인 다음과 같은 꼴로 나타낼 수 있다.

$$g'(t) = (\nabla f)(\gamma(t)) \cdot \gamma'(t) \tag{36}$$

이제 $\mathbf{x} \in E$를 고정하고, $\mathbf{u} \in R^n$를 단위 벡터(곧, $|\mathbf{u}| = 1$)라 하며, $\gamma$를 다음과 같이 특별한 경우로 한정하자.

$$\gamma(t) = \mathbf{x} + t\mathbf{u} \quad (-\infty < t < \infty) \tag{37}$$

그러면 모든 $t$에 대해 $\gamma'(t) = \mathbf{u}$이다. 그러므로 (36)에 의해 다음을 얻는다.

$$g'(0) = (\nabla f)(\mathbf{x}) \cdot \mathbf{u} \tag{38}$$

반면에, (37)은 다음을 보여준다.

$$g(t) - g(0) = f(\mathbf{x} + t\mathbf{u}) - \mathbf{f}(\mathbf{x})$$

이에 따라 (38)에서 다음을 얻는다.

$$\lim_{t \to 0} \frac{f(\mathbf{x} + t\mathbf{u}) - \mathbf{f}(\mathbf{x})}{t} = (\nabla f)(\mathbf{x}) \cdot \mathbf{u} \tag{39}$$

**용어**

방향 유도 함수, 방향 도함수
directional derivative

(39)에서의 극한을 통상 단위 벡터 $\mathbf{u}$ 방향으로 $\mathbf{x}$에서 $f$의 **방향 유도 함수**라 하고, $(D_{\mathbf{u}} f)(\mathbf{x})$로 나타낼 수 있다.

$f$와 $\mathbf{x}$를 고정하고 $\mathbf{u}$를 변화시키면, (39)에 의해 $(D_{\mathbf{u}} f)(\mathbf{x})$의 최댓값은 $\mathbf{u}$가 $(\nabla f)(\mathbf{x})$의 양의 스칼라 배일 때 나타난다. [$(\nabla f)(\mathbf{x}) = \mathbf{0}$인 경우는 여기서 제외해야 한다.]

$\mathbf{u} = \sum u_i \mathbf{e}_i$이면, (39)에 의해 $(D_{\mathbf{u}} f)(\mathbf{x})$는 $\mathbf{x}$에서 $f$의 편도 함수를 사용해서 다음 공식으로 나타낼 수 있다.

$$(D_{\mathbf{u}} f)(\mathbf{x}) = \sum_{i=1}^{n} (D_i f)(\mathbf{x}) u_i \tag{40}$$

이런 개념 중에서 몇 가지는 다음 정리에서 중요한 역할을 한다.

### 9.19 정리

$\mathbf{f}$는 볼록한 열린 모음 $E \subset R^n$를 $R^m$으로 사상하고, $\mathbf{f}$는 $E$에서 미분할 수 있으며, 적당한 실수 $M$이 존재해서 모든 $\mathbf{x} \in E$에 대해 다음이 성립한다고 하자.

$$\|\mathbf{f}'(\mathbf{x})\| \leq M$$

그러면 모든 $\mathbf{a} \in E$와 $\mathbf{b} \in E$에 대해 다음이 성립한다.

$$|\mathbf{f}(\mathbf{b}) - \mathbf{f}(\mathbf{a})| \leq M|\mathbf{b} - \mathbf{a}|$$

▸ 모음 = 집합,
미분할 수 있다
= 미분 가능하다

**증명** $\mathbf{a} \in E$와 $\mathbf{b} \in E$를 고정하고, $\gamma$를 다음과 같이 $t \in R^1$ 중에서 $\gamma(t) \in E$인 것 전체에 대해 정의하자.

$$\gamma(t) = (1-t)\mathbf{a} + t\mathbf{b}$$

$E$가 볼록하므로, $0 \leq t \leq 1$일 때 $\gamma(t) \in E$이다. 다음과 같이 놓자.

$$\mathbf{g}(t) = \mathbf{f}(\gamma(t))$$

그러면 다음을 얻는다.

$$\mathbf{g}'(t) = \mathbf{f}'(\gamma(t))\gamma'(t) = \mathbf{f}'(\gamma(t))(\mathbf{b} - \mathbf{a})$$

이에 따라 모든 $t \in [0, 1]$에 대해 다음이 성립한다.

$$|\mathbf{g}'(t)| \leq \|\mathbf{f}'(\gamma(t))\| \, |\mathbf{b} - \mathbf{a}| \leq M|\mathbf{b} - \mathbf{a}|$$

정리 5.19에 의해 다음을 얻는다.

$$|\mathbf{g}(1) - \mathbf{g}(0)| \leq M|\mathbf{b} - \mathbf{a}|$$

그런데 $\mathbf{g}(0) = \mathbf{f}(\mathbf{a})$이고 $\mathbf{g}(1) = \mathbf{f}(\mathbf{b})$이다. 이것으로 증명이 끝난다.

### 따름 정리

덧붙여 모든 $\mathbf{x} \in E$에 대해 $\mathbf{f}'(\mathbf{x}) = \mathbf{0}$이면, $\mathbf{f}$는 상수이다.

**증명** 이의 증명을 위해서, 이제 위의 정리의 가정이 $M = 0$인 경우에 성립함에 주목하자.

**용어**

연속적으로 미분할 수 있는[있다], 연속적으로 미분 가능한[하다]
[be] continuously differentiable

### 9.20 정의

열린 모음 $E \subset R^n$에서 $R^m$으로의 미분할 수 있는 사상 $\mathbf{f}$는 $E$에서 **연속**

**적으로 미분할 수 있다**고 하는 것은, $\mathbf{f}'$이 $E$에서 $L(R^n, R^m)$으로의 연속 사상인 경우이다.

▸ 모음 = 집합

좀 더 명확하게, 이것은 각 $\mathbf{x} \in E$와 임의의 $\varepsilon > 0$에 대해 적당한 $\delta > 0$가 존재해서 $\mathbf{y} \in E$이고 $|\mathbf{x} - \mathbf{y}| < \delta$이면 다음이 성립함을 뜻한다.

$$\| \mathbf{f}'(\mathbf{y}) - \mathbf{f}'(\mathbf{x}) \| < \varepsilon$$

이런 경우에 $\mathbf{f}$는 $\mathscr{C}'$사상이다 또는 $\mathbf{f} \in \mathscr{C}'(E)$라 하기도 한다.

## 9.21 정리

▸ … 위한 필요 충분 조건 = … 위해 필요하고 충분한 조건

$\mathbf{f}$는 열린 모음 $E \subset R^n$를 $R^m$으로 사상한다고 하자. 그러면 $\mathbf{f} \in \mathscr{C}'(E)$이기 위한 필요 충분 조건은 각 $1 \le i \le m$과 $1 \le j \le n$에 대해 편도함수 $D_j f_i$가 $E$에서 존재하고 연속인 경우이다.

**증명** 먼저 $\mathbf{f} \in \mathscr{C}'(E)$라 하자. (27)에 의해 모든 $i$와 $j$ 및 모든 $\mathbf{x} \in E$에 대해 다음이 성립한다.

$$(D_j f_i)(\mathbf{x}) = (\mathbf{f}'(\mathbf{x})\mathbf{e}_j) \cdot \mathbf{u}_i$$

그러므로 다음을 얻는다.

$$(D_j f_i)(\mathbf{y}) - (D_j f_i)(\mathbf{x}) = [\{\mathbf{f}'(\mathbf{y}) - \mathbf{f}'(\mathbf{x})\}\mathbf{e}_j] \cdot \mathbf{u}_i$$

그리고 $|\mathbf{u}_i| = |\mathbf{e}_j| = 1$이므로, 다음이 성립한다.

$$\begin{aligned} |(D_j f_i)(\mathbf{y}) - (D_j f_i)(\mathbf{x})| &\le |\{\mathbf{f}'(\mathbf{y}) - \mathbf{f}'(\mathbf{x})\}\mathbf{e}_j| \\ &\le \| \mathbf{f}'(\mathbf{y}) - \mathbf{f}'(\mathbf{x}) \| \end{aligned}$$

이에 따라 $D_j f_i$는 연속이다.

역의 증명을 위해서는 $m = 1$인 경우만 고려하면 충분하다. (왜?) $\mathbf{x} \in E$와 $\varepsilon > 0$을 고정하자. $E$가 열린 모음이므로, 중심이 $\mathbf{x}$이고 반지름이 $r$인 적당한 열린 공 $S \subset E$가 존재하고, 함수 $D_j f$들이 연속이므로 $r$을 다음이 성립하도록 선택할 수 있다.

(41) $$|(D_j f)(\mathbf{y}) - (D_j f)(\mathbf{x})| < \frac{\varepsilon}{n} \qquad (\mathbf{y} \in S,\ 1 \le j \le n)$$

$\mathbf{h} = \sum h_j \mathbf{e}_j$이고 $|\mathbf{h}| < r$이라 하고, $\mathbf{v}_0 = \mathbf{0}$과 $1 \le k \le n$에 대해 $\mathbf{v}_k = h_1\mathbf{e}_1 + \cdots + h_k\mathbf{e}_k$로 놓자. 그러면 다음을 얻는다.

$$f(\mathbf{x}+\mathbf{h})-f(\mathbf{x})=\sum_{j=1}^{n}\{f(\mathbf{x}+\mathbf{v}_j)-f(\mathbf{x}+\mathbf{v}_{j-1})\} \tag{42}$$

$1 \le k \le n$에 대해 $|\mathbf{v}_k| < r$이고 $S$가 볼록하므로, 두 끝점이 $\mathbf{x}+\mathbf{v}_{j-1}$과 $\mathbf{x}+\mathbf{v}_j$인 선분은 $S$에 포함된다. $\mathbf{v}_j=\mathbf{v}_{j-1}+h_j\mathbf{e}_j$이므로, 평균값 정리 5.10에 의해 (42)에서 $j$째 항은 어떤 $\theta_j \in (0,\ 1)$에 대해 다음과 서로 같다.

$$h_j(D_jf)(\mathbf{x}+\mathbf{v}_{j-1}+\theta_jh_j\mathbf{e}_j)$$

그리고 (41)을 사용하면 이것과 $h_j(D_jf)(\mathbf{x})$와의 차가 $|h_j|\varepsilon/n$보다 작음을 알 수 있다. (42)에 의해 $\mathbf{h}$ 중에서 $|\mathbf{h}|<r$인 것 전체에 대해 다음이 성립한다.

$$\left|f(\mathbf{x}+\mathbf{h})-f(\mathbf{x})-\sum_{j=1}^{n}h_j(D_jf)(\mathbf{x})\right| \le \frac{1}{n}\sum_{j=1}^{n}|h_j|\varepsilon \le |\mathbf{h}|\varepsilon$$

이것은 $f$가 $\mathbf{x}$에서 미분할 수 있고 $f'(\mathbf{x})$가 수 $\sum h_j(D_jf)(\mathbf{x})$를 벡터 $\mathbf{h}=\sum h_j\mathbf{e}_j$에 대응시키는 선형 함수임을 보여준다. 행렬 $[f'(\mathbf{x})]$는 행 $(D_1f)(\mathbf{x}), \cdots, (D_nf)(\mathbf{x})$로 이루어지고, $D_1f, \cdots, D_nf$가 $E$에서 연속 함수이므로 9.9절의 마무리 일러두기는 $f \in \mathscr{C}'(E)$임을 보여준다.

▸ 미분할 수 있다
= 미분 가능하다

## 축약 원리

이제 미분에 대한 논의를 멈추고, 임의의 완비 거리 공간에서 유효한 고정점 정리를 삽입한다. 이것은 역함수 정리의 증명에 이용할 것이다.

**용어**
고정점 정리 fixed point theorem
축약 contraction

### 9.22 정의

$X$는 거리가 $d$인 거리 공간이라 하자. $\varphi$가 $X$를 $X$로 사상하고, 적당한 수 $c<1$가 존재해서 모든 $x\in X$와 $y \in X$에 대해 다음이 성립한다고 하자.

$$d(\varphi(x),\ \varphi(y)) \le c\,d(x,\ y) \tag{43}$$

그러면 $\varphi$를 $X$에서 $X$로의 **축약**이라 한다.

## 9.23 정리

$X$가 완비 거리 공간이고 $\varphi$가 $X$에서 $X$로의 축약이면, 단 한 개의 $x \in X$가 존재해서 $\varphi(x) = x$가 성립한다.

바꿔 말하면, $\varphi$의 고정점이 유일하게 존재한다. 유일성은 자명하다. 왜냐하면 $\varphi(x) = x$이고 $\varphi(y) = y$이면 (43)에 의해 $d(x, y) \le c\,d(x, y)$가 성립하는데, 이것은 $d(x, y) = 0$인 경우에만 가능하기 때문이다.

$\varphi$의 고정점이 존재한다는 사실이 이 정리의 본질적인 부분이다. 다음 증명은 고정점의 정확한 위치를 찾아내는 구성적인 방법을 구체적으로 제공한다.

**증명** 임의의 $x_0 \in X$을 선택하고, $\{x_n\}$을 다음과 같이 귀납적으로 정의하자.

(44) $$x_{n+1} = \varphi(x_n) \quad (n = 0, 1, 2, \cdots)$$

(43)이 성립하는 $c < 1$를 선택하자. 그러면 $n \ge 1$에 대해 다음을 얻는다.

$$d(x_{n+1}, x_n) = d(\varphi(x_n), \varphi(x_{n-1})) \le c\,d(x_n, x_{n-1})$$

그러면 귀납법에 따라 다음이 성립한다.

(45) $$d(x_{n+1}, x_n) \le c^n d(x_1, x_0) \quad (n = 0, 1, 2, \cdots)$$

이에 따라 $n < m$이면, 다음이 성립한다.

$$\begin{aligned} d(x_n, x_m) &\le \sum_{i=n+1}^{m} d(x_i, x_{i-1}) \\ &\le (c^n + c^{n+1} + \cdots + c^{m-1})\,d(x_1, x_0) \\ &\le \frac{c^n}{1-c}\,d(x_1, x_0) \end{aligned}$$

그러므로 $\{x_n\}$은 코시 열이다. $X$가 완비이므로, 어떤 $x \in X$에 대해 $\lim x_n = x$이다.

$\varphi$가 축약이므로, $\varphi$는 $X$에서 연속이다. (실제로, 고르게 연속이다.) 그러므로 다음이 성립한다.

$$\varphi(x) = \lim_{n\to\infty} \varphi(x_n) = \lim_{n\to\infty} x_{n+1} = x$$

## 역함수 정리

개략적으로 역함수 정리에 따르면, 연속적으로 미분할 수 있는 사상 $\mathbf{f}$는 선형 변환 $\mathbf{f}'(\mathbf{x})$가 가역적인 점 $\mathbf{x}$의 적당한 이웃에서 가역적이다.

**용어**

역함수 정리 inverse function theorem

▸ 미분할 수 있다 = 미분 가능하다, 이웃 = 근방, 모음 = 집합

### 9.24 정리

$\mathbf{f}$는 열린 모음 $E \subset R^n$에서 $R^n$으로의 $\mathscr{C}'$ 사상이고, $\mathbf{f}'(\mathbf{a})$는 어떤 $\mathbf{a} \in E$에서 가역적이고 $\mathbf{b} = \mathbf{f}(\mathbf{a})$라 하자. 그러면

(a) $R^n$의 적당한 두 열린 모음 $U$와 $V$가 존재해서, $\mathbf{a} \in U$이고 $\mathbf{b} \in V$이며 $\mathbf{f}$는 $U$에서 일대일이고 $\mathbf{f}(U) = V$이다.

(b) $\mathbf{g}$는 [(a)에 의해 존재하는] $\mathbf{f}$의 역함수로 $V$에서 다음과 같이 정의하면, $\mathbf{g} \in \mathscr{C}'(V)$이다.

$$\mathbf{g}(\mathbf{f}(\mathbf{x})) = \mathbf{x} \qquad (\mathbf{x} \in U)$$

방정식 $\mathbf{y} = \mathbf{f}(\mathbf{x})$를 성분으로 나타내면, 역함수 정리의 결론을 다음과 같이 해석할 수 있다. $\mathbf{x}$와 $\mathbf{y}$를 $\mathbf{a}$와 $\mathbf{b}$의 충분히 작은 이웃으로 제한하면, 다음과 같이 $n$개의 방정식으로 이루어진 연립 방정식은 $x_1, \cdots, x_n$을 $y_1, \cdots, y_n$의 식으로 풀 수 있다.

$$y_i = f_i(x_1, \cdots, x_n) \qquad (1 \le i \le n)$$

그리고 그 해는 유일하고 연속적으로 미분할 수 있다.

**증명** $\mathbf{f}'(\mathbf{a}) = A$로 놓고, $\lambda$를 다음이 성립하도록 선택하자.

(46) $$2\lambda \| A^{-1} \| = 1$$

$\mathbf{f}'$이 $\mathbf{a}$에서 연속이므로, $\mathbf{a}$가 중심인 적당한 열린 공 $U \subset E$가 존재해서 다음이 성립한다.

(47) $$\| \mathbf{f}'(\mathbf{x}) - A \| < \lambda \qquad (\mathbf{x} \in U)$$

각 $\mathbf{y} \in R^n$에 다음과 같이 정의된 $\varphi$를 대응시키자.

(48) $$\varphi(\mathbf{x}) = \mathbf{x} + A^{-1}(\mathbf{y} - \mathbf{f}(\mathbf{x})) \qquad (\mathbf{x} \in E)$$

▸… 위한 필요 충분 조건
= … 위해 필요하고 충분한 조건

여기서 $\mathbf{f}(\mathbf{x})=\mathbf{y}$이기 위한 필요 충분 조건은 $\mathbf{x}$가 $\varphi$의 고정점임에 유의하자.

$\varphi'(\mathbf{x})=I-A^{-1}\mathbf{f}'(\mathbf{x})=A^{-1}(A-\mathbf{f}'(\mathbf{x}))$이므로, (46)과 (47)에 의해 다음이 성립한다.

$$\|\varphi'(\mathbf{x})\|<\tfrac{1}{2}\qquad(\mathbf{x}\in U)\tag{49}$$

그러므로 정리 9.19에 따라 다음을 얻는다.

$$|\varphi(\mathbf{x}_1)-\varphi(\mathbf{x}_2)|\le\tfrac{1}{2}|\mathbf{x}_1-\mathbf{x}_2|\qquad(\mathbf{x}_1,\ \mathbf{x}_2\in U)\tag{50}$$

이에 따라 $\varphi$의 고정점이 $U$에 많아야 한 개 존재하므로, 많아야 한개의 $\mathbf{x}\in U$에 대해 $\mathbf{f}(\mathbf{x})=\mathbf{y}$가 성립한다.

따라서 $\mathbf{f}$는 $U$에서 일대일이다.

▸닫개 = 폐포,
모음 = 집합

다음으로 $V=\mathbf{f}(U)$라 놓고, $\mathbf{y}_0\in V$을 선택하자. 그러면 어떤 $\mathbf{x}_0\in U$에 대해 $\mathbf{y}_0=\mathbf{f}(\mathbf{x}_0)$이다. $B$는 중심이 $\mathbf{x}_0$이고 반지름이 $r>0$인 열린 공으로, 충분히 작아서 이의 닫개 $\overline{B}$가 $U$에 포함된다고 하자. 이제 $|\mathbf{y}-\mathbf{y}_0|<\lambda r$이면 $\mathbf{y}\in V$임을 보이겠다. 물론 이것은 $V$가 열린 모음임을 보여준다.

$\mathbf{y}$을 고정하고 $|\mathbf{y}-\mathbf{y}_0|<\lambda r$이라 하자. (48)에서와 같은 $\varphi$에 대해 다음이 성립한다.

$$|\varphi(\mathbf{x}_0)-\mathbf{x}_0|=|A^{-1}(\mathbf{y}-\mathbf{y}_0)|<\|A^{-1}\|\lambda r=\frac{r}{2}$$

그러므로 $\mathbf{x}\in\overline{B}$이면 (50)에 따라 다음을 얻는다.

$$\begin{aligned}|\varphi(\mathbf{x})-\mathbf{x}_0|&\le|\varphi(\mathbf{x})-\varphi(\mathbf{x}_0)|+|\varphi(\mathbf{x}_0)-\mathbf{x}_0|\\&<\frac{1}{2}|\mathbf{x}-\mathbf{x}_0|+\frac{\mathrm{r}}{2}\le\mathrm{r}\end{aligned}$$

이에 따라 $\varphi(\mathbf{x})\in B$이다. (50)은 $\mathbf{x}_1\in\overline{B}$과 $\mathbf{x}_2\in\overline{B}$에 대해 성립함에 주목하자.

그러므로 $\varphi$는 $\overline{B}$에서 $\overline{B}$으로의 축약이다. $\overline{B}$는 $R^n$의 닫힌 부분 모음이므로 완비이다. 그러면 정리 9.23에 의해 $\varphi$의 고정점 $\mathbf{x}\in\overline{B}$가 존재한다. 이 $\mathbf{x}$에 대해 $\mathbf{f}(\mathbf{x})=\mathbf{y}$이다. 그러므로 $\mathbf{y}\in\mathbf{f}(\overline{B})\subset\mathbf{f}(U)=V$이다.

이것으로 앞의 정리 (a)가 증명된다.

(b) $\mathbf{y} \in V$와 $\mathbf{y}+\mathbf{k} \in V$를 선택하자. 그러면 적당한 $\mathbf{x} \in U$와 $\mathbf{x}+\mathbf{h} \in U$가 존재해서 $\mathbf{y}=\mathbf{f}(\mathbf{x})$와 $\mathbf{y}+\mathbf{k}=\mathbf{f}(\mathbf{x}+\mathbf{h})$가 성립한다. (48)에서와 같은 $\varphi$에 대해 다음이 성립한다.

$$\varphi(\mathbf{x}+\mathbf{h})-\varphi(\mathbf{x})=\mathbf{h}+A^{-1}\{\mathbf{f}(\mathbf{x})-\mathbf{f}(\mathbf{x}+\mathbf{h})\}=\mathbf{h}-A^{-1}\mathbf{k}$$

(50)에 의해 $|\mathbf{h}-A^{-1}\mathbf{k}| \leq \frac{1}{2}|\mathbf{h}|$이다. 이에 따라 $|A^{-1}\mathbf{k}| \geq \frac{1}{2}|\mathbf{h}|$이고 다음이 성립한다.

(51) $$|\mathbf{h}| \leq 2\|A^{-1}\|\,|\mathbf{k}|=\lambda^{-1}|\mathbf{k}|$$

(46)과 (47) 및 정리 9.8에 의해 $\mathbf{f}'(\mathbf{x})$의 역함수가 존재한다. 이를 $T$라 하자. 다음이 성립한다.

$$\mathbf{g}(\mathbf{y}+\mathbf{k})-\mathbf{g}(\mathbf{y})-T\mathbf{k}=\mathbf{h}-T\mathbf{k}=-T\{\mathbf{f}(\mathbf{x}+\mathbf{h})-\mathbf{f}(\mathbf{x})-\mathbf{f}'(\mathbf{x})\mathbf{h}\}$$

그러므로 (51)에 의해 다음을 얻는다.

$$\frac{|\mathbf{g}(\mathbf{y}+\mathbf{k})-\mathbf{g}(\mathbf{y})-T\mathbf{k}|}{|\mathbf{k}|} \leq \frac{\|T\|}{\lambda} \cdot \frac{|\mathbf{f}(\mathbf{x}+\mathbf{h})-\mathbf{f}(\mathbf{x})-\mathbf{f}'(\mathbf{x})\mathbf{h}|}{|\mathbf{h}|}$$

$\mathbf{k} \to \mathbf{0}$일 때, (51)에 의해 $\mathbf{h} \to \mathbf{0}$이다. 그러므로 이 마지막 부등식의 우변은 0에 가까워진다. 이에 따라 좌변도 0에 가까워진다. 따라서 $\mathbf{g}'(\mathbf{y})=T$가 증명된다. 그런데 $T$는 $\mathbf{f}'(\mathbf{x})=\mathbf{f}'(\mathbf{g}(\mathbf{y}))$의 역함수로 선택됐다. 그러므로 다음이 성립한다.

(52) $$\mathbf{g}'(\mathbf{y})=\{\mathbf{f}'(\mathbf{g}(\mathbf{y}))\}^{-1} \qquad (\mathbf{y} \in V)$$

마지막으로 ($\mathbf{g}$를 미분할 수 있으므로) $\mathbf{g}$는 $V$에서 $U$ 위로의 연속 사상이고, $\mathbf{f}'$은 $U$에서 [$L(R^n)$의 가역적 원소 전체의] 모음 $\Omega$로의 연속 사상이며, 정리 9.8에 의해 $\Omega$에서 $\Omega$ 위로의 가역적 선형 변환을 그 역변환으로 보내는 사상은 연속임에 유의하자. 이런 사실들과 (52)를 결합하면 $\mathbf{g} \in \mathscr{C}'(V)$임을 알 수 있다.

▸ 미분할 수 있다 = 미분 가능하다, 모음 = 집합

**일러두기** $\mathbf{f} \in \mathscr{C}'(E)$이라는 가정은 온전히 앞의 증명의 마지막 단락에서만 사용됐다. 식 (52)에 도달한 다른 모든 사실은 $\mathbf{x} \in E$에서 $\mathbf{f}'(\mathbf{x})$의 존재와 $\mathbf{f}'(\mathbf{a})$의 가역성 및 단지 점 $\mathbf{a}$에서 $\mathbf{f}'$의 연속성으로부터 유도됐다. 이와 관련해서 네이옌하위스(A. Nijenhuis)의 글(*Amer. Math. Monthly*, vol. 81, 1974, pp. 969~980)을 참조했다.

다음은 역함수 정리의 (a) 부분의 즉각적인 결과이다.

**용어**

열린 사상 open mapping
국소적으로 일대일 locally one-to-one
숨겨진 함수 정리, 음함수 정리 implicit function theorem

그동안 explicit function과 implicit function을 각각 양함수와 음함수로 나타냈는데, 정작 positive function과 negative function은 이렇게 나타내지 못하고 있다. 중국에서는 implicit function과 explicit function을 각각 隐函数(隱函數)와 显函数(顯函數)로 나타내고 있다. '隱'은 '숨기다, 드러나지 않다'를 뜻하고 '顯'은 '나타나다, 드러나다'를 뜻한다. 이에 따라 implicit function은 '숨겨진 함수' 또는 '숨은 함수'로 나타내고 explicit function은 '드러낸 함수' 또는 '드러난 함수'로 나타내는 것이 적절해 보인다.

### 9.25 정리

**f**는 열린 모음 $E \subset R^n$에서 $R^n$으로의 $\mathscr{C}'$ 사상이고 $\mathbf{f}'(\mathbf{x})$는 각 $\mathbf{x} \in E$에서 가역적이면, 임의의 열린 모음 $W \subset E$에 대해 $\mathbf{f}(W)$는 $R^n$의 열린 부분 모음이다.

바꿔 말하면, **f**는 $E$에서 $R^n$으로의 **열린 사상**이다.

▸ 이웃 = 근방

이 정리의 가정에 따라 각 점 $\mathbf{x} \in E$에 대응하는 적당한 이웃이 존재해서 이곳에서 **f**는 일대일이다. 이 사실을 **f**는 $E$에서 **국소적으로 일대일**이라고 한다. 그런데 **f**는 고려하고 있는 $E$ 전체에서 일대일일 필요는 없다. 예를 들어 익힘 문제 17을 보라.

## 숨겨진 함수 정리

$f$가 평면에서 연속적으로 미분할 수 있는 실 함수일 때, 방정식 $f(x, y) = 0$은 $f(a, b) = 0$이고 $\partial f / \partial y \neq 0$인 임의의 점 $(a, b)$의 한 이웃에서 $y$를 $x$에 관해 풀 수 있다. 마찬가지로, $(a, b)$에서 $\partial f / \partial x \neq 0$일 때 $(a, b)$의 한 이웃에서 $x$를 $y$에 관해 풀 수 있다. 가정 $\partial f / \partial y \neq 0$이 필요함을 보여주는 간단한 예로 $f(x, y) = x^2 + y^2 - 1$을 생각하자.

▸ 미분할 수 있다 = 미분 가능하다, 유도 함수 = 도함수

위의 매우 일상적인 문장은 이른바 '숨겨진 함수 정리[음함수 정리]'의 가장 단순한 경우이다. (곧, 정리 9.28에서 $m = n = 1$인 경우이다.) 이것의 증명에서는 연속적으로 미분할 수 있는 변환이 국소적으로 그것의 유도 함수와 매우 비슷하게 행동한다는 사실을 강력하게 사용한다. 이에 따라 정리 9.28을 선형 변환에 적용한 정리 9.27을 먼저 증명한다.

### 9.26 표기법

$\mathbf{x} = (x_1, \cdots, x_n) \in R^n$이고 $\mathbf{y} = (y_1, \cdots, y_m) \in R^m$일 때, $(\mathbf{x}, \mathbf{y})$는 다음 점(또는 벡터)을 나타낸다.

$$(x_1, \cdots, x_n, y_1, \cdots, y_m) \in R^{n+m}$$

앞으로 $(\mathbf{x}, \mathbf{y})$ 또는 비슷한 기호에서 첫째 항목은 언제나 $R^n$의 벡터이고 둘째 항목은 $R^m$의 벡터이다.

각 $A \in L(R^{n+m}, R^n)$는 두 개의 선형 변환 $A_x$와 $A_y$로 분리할 수 있는데, 각각 $\mathbf{h} \in R^n$와 $\mathbf{k} \in R^m$에 대해 다음과 같이 정의한다.

$$A_x\mathbf{h} = A(\mathbf{h}, \mathbf{0}), \quad A_y\mathbf{k} = A(\mathbf{0}, \mathbf{k}) \tag{53}$$

그러면 $A_x \in L(R^n)$이고 $A_y \in L(R^m, R^n)$이며 다음이 성립한다.

$$A(\mathbf{h}, \mathbf{k}) = A_x\mathbf{h} + A_y\mathbf{k} \tag{54}$$

선형 변환에 적용한 숨겨진 함수 정리는 이제 거의 자명하다.

▸숨겨진 함수 정리 = 음함수 정리

## 9.27 정리

$A \in L(R^{n+m}, R^n)$이고 $A_x$는 가역적이면, 각 $\mathbf{k} \in R^m$에 대응하는 유일한 $\mathbf{h} \in R^n$가 존재해서 $A(\mathbf{h}, \mathbf{k}) = \mathbf{0}$이 성립한다.

이런 $\mathbf{h}$는 다음 공식에 따라 $\mathbf{k}$로부터 셈할 수 있다.

$$\mathbf{h} = -(A_x)^{-1}A_y\mathbf{k} \tag{55}$$

**증명** (54)에 의해 $A(\mathbf{h}, \mathbf{k}) = \mathbf{0}$이기 위한 필요 충분 조건은 다음과 같다.

▸… 위한 필요 충분 조건 = … 위해 필요하고 충분한 조건

$$A_x\mathbf{h} + A_y\mathbf{k} = \mathbf{0}$$

$A_x$가 가역적일 때, 이것은 (55)와 같다.

바꿔 말하면, 정리 9.27의 결론은 방정식 $A(\mathbf{h}, \mathbf{k}) = \mathbf{0}$은 $\mathbf{k}$가 주어질 때 $\mathbf{h}$에 대해 (유일하게) 풀 수 있고 해 $\mathbf{h}$는 $\mathbf{k}$의 선형 함수임을 뜻한다. 선형 대수학을 배운 사람은 이것을 연립 일차 방정식에 관한 어떤 매우 친숙한 명제로 인식할 것이다.

## 9.28 정리

$\mathbf{f}$는 열린 모음 $E \subset R^{n+m}$에서 $R^n$으로의 $\mathscr{C}'$ 사상으로 어떤 점 $(\mathbf{a}, \mathbf{b}) \in E$에서 $\mathbf{f}(\mathbf{a}, \mathbf{b}) = \mathbf{0}$이라고 하자.

▸모음 = 집합

$A = \mathbf{f}'(\mathbf{a}, \mathbf{b})$라 놓고 $A_x$는 가역적이라 가정하자.

▸ 모음 = 집합

그러면 적당한 두 열린 모음 $U \subset R^{n+m}$와 $W \subset R^m$가 존재해서 $(\mathbf{a},\ \mathbf{b}) \in U$이고 $\mathbf{b} \in W$이면 다음과 같은 결론을 얻는다.

각 $\mathbf{y} \in W$에 대응하는 유일한 $\mathbf{x}$가 존재해서 다음이 성립한다.

$$(\mathbf{x},\ \mathbf{y}) \in U, \quad \mathbf{f}(\mathbf{x},\ \mathbf{y}) = \mathbf{0} \tag{56}$$

이 $\mathbf{x}$를 $\mathbf{g}(\mathbf{y})$로 정의하면, $\mathbf{g}$는 $W$에서 $R^n$으로의 $\mathscr{C}'$ 사상이고 $\mathbf{g}(\mathbf{b}) = \mathbf{a}$이며 다음이 성립한다.

$$\mathbf{f}(\mathbf{g}(\mathbf{y}),\ \mathbf{y}) = \mathbf{0} \quad (\mathbf{y} \in W), \tag{57}$$

$$\mathbf{g}'(\mathbf{b}) = -(A_x)^{-1} A_y \tag{58}$$

▸ 숨겨진 함수 정리 = 음함수 정리

함수 $g$는 (57)에 의해 '숨겨진' 상태로 정의되어 있다. 이에 따라 이것을 숨겨진 함수 정리라 한다.

방정식 $f(\mathbf{x},\ \mathbf{y}) = \mathbf{0}$을 다음과 같이 변수가 $n+m$개이고 방정식이 $n$개인 연립 방정식으로 쓸 수 있다.

$$\begin{array}{c} f_1(x_1,\ \cdots,\ x_n,\ y_1,\ \cdots,\ y_m) = 0 \\ \cdots\cdots\cdots\cdots\cdots\cdots\cdots\cdots \\ f_n(x_1,\ \cdots,\ x_n,\ y_1,\ \cdots,\ y_m) = 0 \end{array} \tag{59}$$

$A_x$가 가역적이라는 가정은, $(\mathbf{a},\ \mathbf{b})$에서 다음 $n \times n$ 행렬의 값이 $R^n$에서의 가역적 선형 작용소를 정의함을 뜻한다.

$$\begin{bmatrix} D_1 f_1 & \cdots & D_n f_1 \\ \cdots & \cdots & \cdots \\ D_1 f_n & \cdots & D_n f_n \end{bmatrix}$$

▸ 결정자 = 행렬식 = determinant, 이웃 = 근방, 미분할 수 있다 = 미분 가능하다

바꿔 말하면, 이것의 열 벡터들이 일차 독립 또는 동치로 이것의 결정자[행렬식]가 0이 아님을 뜻한다. (정리 9.36을 보라.) 게다가 (59)가 $\mathbf{x} = \mathbf{a}$와 $\mathbf{y} = \mathbf{b}$일 때 성립하면, 이 정리의 결론은 (59)를 $\mathbf{b}$의 이웃에 있는 각 $\mathbf{y}$에 대해 $y_1,\ \cdots,\ y_m$의 식으로 $x_1,\ \cdots,\ x_n$에 대해 풀 수 있고 이런 해들은 $\mathbf{y}$에 관한 연속적으로 미분할 수 있는 함수라는 사실이다.

**증명** $\mathbf{F}$를 다음과 같이 정의하자.

$$\mathbf{F}(\mathbf{x},\ \mathbf{y}) = (\mathbf{f}(\mathbf{x},\ \mathbf{y}),\ \mathbf{y}) \quad ((\mathbf{x},\ \mathbf{y}) \in E) \tag{60}$$

그러면 $\mathbf{F}$는 $E$에서 $R^{n+m}$으로의 $\mathscr{C}'$ 사상이다. $\mathbf{F}'(\mathbf{a},\ \mathbf{b})$는 $L(R^{n+m})$의 가역적 원소임을 증명하자.

f(a, b) = 0이므로, 다음이 성립한다.

$$\mathbf{f}(\mathbf{a}+\mathbf{h}, \mathbf{b}+\mathbf{k}) = A(\mathbf{h}, \mathbf{k}) + \mathbf{r}(\mathbf{h}, \mathbf{k})$$

여기서 r은 f′(a, b)의 정의에 나타나는 나머지다. 다음이 성립한다.

$$\begin{aligned}\mathbf{F}(\mathbf{a}+\mathbf{h}, \mathbf{b}+\mathbf{k}) - \mathbf{F}(\mathbf{a}, \mathbf{b}) &= (\mathbf{f}(\mathbf{a}+\mathbf{h}, \mathbf{b}+\mathbf{k}), \mathbf{k}) \\ &= (A(\mathbf{h}, \mathbf{k}), \mathbf{k}) + (\mathbf{r}(\mathbf{h}, \mathbf{k}), \mathbf{0})\end{aligned}$$

그러므로 F′(a, b)는 (h, k)를 $(A(\mathbf{h}, \mathbf{k}), \mathbf{k})$로 사상하는 $R^{n+m}$에서의 선형 작용소이다. 이 상 벡터가 0이면, $A(\mathbf{h}, \mathbf{k}) = \mathbf{0}$이고 k = 0이므로, 이에 따라 $A(\mathbf{h}, \mathbf{0}) = \mathbf{0}$이고 정리 9.27에 의해 h = 0이다. 따라서 F′(a, b)는 일대일이고, 이에 따라 가역적이다(정리 9.5).

이에 따라 역함수 정리를 F에 적용할 수 있다. 이것은 $R^{n+m}$의 적당한 두 열린 모음 $U$와 $V$가 존재해서 $(\mathbf{a}, \mathbf{b}) \in U$이고 $(\mathbf{0}, \mathbf{b}) \in V$이며 F는 $U$에서 $V$ 위로의 일대일 사상임을 보여준다.

$W$는 $\mathbf{y} \in R^m$ 중에서 $(\mathbf{0}, \mathbf{y}) \in V$인 것 전체의 모음이라 하자. $\mathbf{b} \in W$임에 주목하자.

▸ 모음 = 집합

분명히, $V$가 열린 모음이므로 $W$는 열린 모음이다.

$\mathbf{y} \in W$이면, 적당한 $(\mathbf{x}, \mathbf{y}) \in U$에 대해 $(\mathbf{0}, \mathbf{y}) = \mathbf{F}(\mathbf{x}, \mathbf{y})$이다. (60)에 의해 이런 x에 대해 f(x, y) = 0이다.

똑같은 y에 대해 $(\mathbf{x}', \mathbf{y}) \in U$이고 $\mathbf{f}(\mathbf{x}', \mathbf{y}) = \mathbf{0}$이라 가정하자. 그러면 다음이 성립한다.

$$\mathbf{F}(\mathbf{x}', \mathbf{y}) = (\mathbf{f}(\mathbf{x}', \mathbf{y}), \mathbf{y}) = (\mathbf{f}(\mathbf{x}, \mathbf{y}), \mathbf{y}) = \mathbf{F}(\mathbf{x}, \mathbf{y})$$

F가 $U$에서 일대일이므로, 이에 따라 $\mathbf{x}' = \mathbf{x}$이다.

이것이 위 정리의 첫째 부분을 증명한다.

둘째 부분을 증명하기 위해서, $\mathbf{y} \in W$에 대해 g(y)를 $(\mathbf{g}(\mathbf{y}), \mathbf{y}) \in U$이고 (57)이 성립하도록 정의하자. 그러면 다음을 얻는다.

(61) $$\mathbf{F}(\mathbf{g}(\mathbf{y}), \mathbf{y}) = (\mathbf{0}, \mathbf{y}) \quad (\mathbf{y} \in W)$$

G가 $V$에서 $U$ 위로의 사상으로 F의 역사상이면, 역함수 정리에 의해 $\mathbf{G} \in \mathscr{C}'$이고 (61)로부터 다음을 얻는다.

(62) $$(\mathbf{g}(\mathbf{y}), \mathbf{y}) = \mathbf{G}(\mathbf{0}, \mathbf{y}) \quad (\mathbf{y} \in W)$$

$\mathbf{G} \in \mathscr{C}'$이므로, (62)는 $\mathbf{g} \in \mathscr{C}'$임을 보여준다.

마지막으로, $\mathbf{g}'(\mathbf{b})$를 셈하기 위해서 $(\mathbf{g}(\mathbf{y}),\ \mathbf{y}) = \Phi(\mathbf{y})$로 놓자. 그러면 다음이 성립한다.

$$\Phi'(\mathbf{y})\mathbf{k} = (\mathbf{g}'(\mathbf{k})\mathbf{k},\ \mathbf{k}) \quad (\mathbf{y} \in W,\ \mathbf{k} \in R^m) \tag{63}$$

▸ 사슬 법칙 = 연쇄 법칙

(57)에 의해 $W$에서 $\mathbf{f}(\Phi(\mathbf{y})) = \mathbf{0}$이다. 이에 따라 사슬 법칙에 의해 다음을 얻는다.

$$\mathbf{f}'(\Phi(\mathbf{y}))\Phi'(\mathbf{y}) = 0$$

$\mathbf{y} = \mathbf{b}$일 때, $\Phi(\mathbf{y}) = (\mathbf{a},\ \mathbf{b})$이고 $\mathbf{f}'(\Phi(\mathbf{y})) = A$이다. 그러므로 다음이 성립한다.

$$A\Phi'(\mathbf{b}) = 0 \tag{64}$$

이제 (64), (63), (54)로부터 각 $\mathbf{k} \in R^m$에 대해 다음을 얻는다.

$$A_x\mathbf{g}'(\mathbf{b})\mathbf{k} + A_y\mathbf{k} = A(\mathbf{g}'(\mathbf{b})\mathbf{k},\ \mathbf{k}) = A\Phi'(\mathbf{b})\mathbf{k} = \mathbf{0}$$

그러므로 다음이 성립한다.

$$A_x\mathbf{g}'(\mathbf{b}) + A_y = 0 \tag{65}$$

이것은 (58)과 동치이고, 증명이 끝난다.

**참고** $\mathbf{f}$와 $\mathbf{g}$의 성분들로 나타내면, (65)는 $1 \le i \le n$와 $1 \le k \le m$에 대해 다음과 같이 된다.

$$\sum_{j=1}^{n}(D_j f_i)(\mathbf{a},\ \mathbf{b})(D_k g_j)(\mathbf{b}) = -(D_{n+k}f_i)(\mathbf{a},\ \mathbf{b})$$

또는

$$\sum_{j=1}^{n}\left(\frac{\partial f_i}{\partial x_j}\right)\left(\frac{\partial g_j}{\partial y_k}\right) = -\left(\frac{\partial f_i}{\partial y_k}\right)$$

▸ 유도 함수 = 도함수

각 $k$에 대해 이것은 $n$개의 선형 방정식으로 이루어진 연립 방정식이고 유도 함수 $\partial g_j/\partial y_k$ $(1 \le j \le n)$들이 미지의 양이다.

## 9.29 보기

$n = 2$와 $m = 3$을 택하고, 다음과 같이 정의된 $R^5$에서 $R^2$로의 사상 $\mathbf{f} = (f_1,\ f_2)$를 생각하자.

$$f_1(x_1,\ x_2,\ y_1,\ y_2,\ y_3) = 2e^{x_1} + x_2y_1 - 4y_2 + 3,$$
$$f_2(x_1,\ x_2,\ y_1,\ y_2,\ y_3) = x_2\cos x_1 - 6x_1 + 2y_1 - y_3$$

$\mathbf{a}=(0,\ 1)$이고 $\mathbf{b}=(3,\ 2,\ 7)$이면, $\mathbf{f}(\mathbf{a},\ \mathbf{b})=\mathbf{0}$이다.

표준 기저에 관해, 변환 $A=\mathbf{f}'(\mathbf{a},\ \mathbf{b})$의 행렬은 다음과 같다.

$$[A]=\begin{bmatrix} 2 & 3 & 1 & -4 & 0 \\ -6 & 1 & 2 & 0 & -1 \end{bmatrix}$$

그러므로 다음을 얻는다.

$$[A_x]=\begin{bmatrix} 2 & 3 \\ -6 & 1 \end{bmatrix}, \quad [A_y]=\begin{bmatrix} 1 & -4 & 0 \\ 2 & 0 & -1 \end{bmatrix}$$

$[A_x]$의 열 벡터들이 일차 독립임을 알 수 있다. 그러므로 $A_x$는 가역적이고, 숨겨진 함수 정리에 따라 $(3,\ 2,\ 7)$의 이웃에서 정의된 $\mathscr{C}'$사상 $\mathbf{g}$로 $\mathbf{g}(3,\ 2,\ 7)=(0,\ 1)$이고 $\mathbf{f}(\mathbf{g}(\mathbf{y}),\ \mathbf{y})=\mathbf{0}$인 것이 존재한다.

▸숨겨진 함수 정리 = 음함수 정리, 이웃 = 근방

(58)을 이용해서 $\mathbf{g}'(3,\ 2,\ 7)$을 셈할 수 있다. 다음이 성립한다.

$$[(A_x)^{-1}]=[A_x]^{-1}=\frac{1}{20}\begin{bmatrix} 1 & -3 \\ 6 & 2 \end{bmatrix}$$

그러므로 (58)에 의해 다음을 얻는다.

$$[\mathbf{g}'(3,\ 2,\ 7)]=-\frac{1}{20}\begin{bmatrix} 1 & -3 \\ 6 & 2 \end{bmatrix}\begin{bmatrix} 1 & -4 & 0 \\ 2 & 0 & -1 \end{bmatrix}=\frac{1}{20}\begin{bmatrix} 5 & 4 & -3 \\ -10 & 24 & 2 \end{bmatrix}$$

편도 함수로 나타내면, 점 $(3,\ 2,\ 7)$에서 다음의 결론을 얻는다.

$$D_1 g_1=\tfrac{1}{4}, \qquad D_2 g_1=\tfrac{1}{5}, \qquad D_3 g_1=-\tfrac{3}{20},$$

$$D_1 g_2=-\tfrac{1}{2}, \quad D_2 g_2=\tfrac{6}{5}, \qquad D_3 g_2=\tfrac{1}{10}$$

## 계수 정리

계수 정리는 역함수 정리나 숨겨진 함수 정리만큼 중요하지는 않겠지만, 이것은 점 $\mathbf{x}$의 이웃에서 연속적으로 미분할 수 있는 사상 $\mathbf{F}$의 국소적 행동은 선형 변환 $\mathbf{F}'(\mathbf{x})$의 행동과 비슷하다는 일반적인 원리를 예시하는 또 다른 흥미로운 예를 보여준다.

**용어**
계수 정리 rank theorem

이를 제시하기 전에, 선형 변환에 관한 사실이 몇 가지 더 필요하다.

▸숨겨진 함수 정리 = 음함수 정리, 이웃 = 근방, 미분할 수 있다 = 미분 가능하다

### 9.30 정의

$X$와 $Y$는 벡터 공간이고, 정의 9.6에서와 같이 $A\in L(X,\ Y)$라 하자. $A$

| 용어 | |
|---|---|
| 퇴화 공간, 영 공간 | null space |
| 치역 | range |
| 계수 | rank |
| 사영 | projection |

▸ 모음 = 집합

▸ $\mathscr{N}(A)=\{\mathbf{x}\in X \mid A\mathbf{x}=\mathbf{0}\}$, $\mathscr{R}(A)=\{A\mathbf{x} \mid \mathbf{x}\in X\}$, ($A$의 계수) $=(\mathscr{R}(A)$의 차원), rank $A=\dim\mathscr{R}(A)$

의 **퇴화 공간** $\mathscr{N}(A)$는 $\mathbf{x}\in X$ 중에서 $A\mathbf{x}=\mathbf{0}$인 것 전체의 모음이다. 분명히, $\mathscr{N}(A)$는 $X$에 포함된 벡터 공간이다.

마찬가지로, $A$의 **치역** $\mathscr{R}(A)$는 $Y$에 포함된 벡터 공간이다.

$A$의 **계수**는 $\mathscr{R}(A)$의 차원으로 정의한다.

예를 들면, $L(R^n)$의 가역적 원소는 바로 계수가 $n$인 선형 변환이다. 이 사실은 정리 9.5로부터 유도된다.

$A\in L(X,\ Y)$이고 $A$의 계수가 0이면, 모든 $\mathbf{x}\in X$에 대해 $A\mathbf{x}=\mathbf{0}$이고, 이에 따라 $\mathscr{N}(A)=X$이다. 이와 관련해서 익힘 문제 25를 보라.

## 9.31 사영

$X$를 벡터 공간이라 하자. 작용소 $P\in L(X)$가 $P^2=P$를 만족시킬 때 $P$를 $X$에서의 **사영**이라 한다.

좀 더 명확하게, 요구 조건은 각 $\mathbf{x}\in X$에 대해 $P(P(\mathbf{x}))=P\mathbf{x}$ 임을 뜻한다. 바꿔 말하면, $P$는 이의 치역 $\mathscr{R}(P)$에 속한 모든 벡터를 고정시킨다.

다음은 사영의 기본적인 성질 몇 가지이다.

(a) $P$가 $X$에서의 사영이면, 각 $\mathbf{x}\in X$는 $\mathbf{x}_1\in\mathscr{R}(P)$과 $\mathbf{x}_2\in\mathscr{N}(P)$에 대해 다음과 같은 꼴로 유일하게 표현된다.

$$\mathbf{x}=\mathbf{x}_1+\mathbf{x}_2$$

이 표현을 얻기 위해서, $\mathbf{x}_1=P\mathbf{x}$와 $\mathbf{x}_2=\mathbf{x}-\mathbf{x}_1$로 놓자. 그러면 $P\mathbf{x}_2=P\mathbf{x}-P\mathbf{x}_1=P\mathbf{x}-P^2\mathbf{x}=\mathbf{0}$이다. 유일성과 관련해서, $P$를 식 $\mathbf{x}=\mathbf{x}_1+\mathbf{x}_2$에 적용하자. $\mathbf{x}_1\in\mathscr{R}(P)$이므로, $P\mathbf{x}_1=\mathbf{x}_1$이다. $P\mathbf{x}_2=\mathbf{0}$이므로, 이에 따라 $\mathbf{x}_1=P\mathbf{x}$이다.

(b) $X$가 유한 차원 벡터 공간이고 $X_1$이 $X$에 포함된 벡터 공간이면, $X$에서의 적당한 사영 $P$가 존재해서 $\mathscr{R}(P)=X_1$이 성립한다.

$X_1$에 $\mathbf{0}$만이 포함되면, 이것은 자명하다. 모든 $\mathbf{x}\in X$에 대해 $P\mathbf{x}=\mathbf{0}$으로 놓자.

$\dim X_1=k>0$로 가정하자. 정리 9.3에 의해 $X_1$의 기저 $\{\mathbf{u}_1,\ \cdots,\ \mathbf{u}_k\}$를 포함하는 $X$의 기저 $\{\mathbf{u}_1,\ \cdots,\ \mathbf{u}_n\}$이 존재한다. 임의의 스칼라 $c_1,\ \cdots,\ c_n$들에 대해 다음과 같이 정의하자.

$$P(c_1\mathbf{u}_1+\cdots+c_n\mathbf{u}_n)=c_1\mathbf{u}_1+\cdots+c_k\mathbf{u}_k$$

그러므로 각 $\mathbf{x} \in X_1$에 대해 $P\mathbf{x} = \mathbf{x}$이고, $X_1 = \mathscr{R}(P)$이다. $\{\mathbf{u}_{k+1}, \cdots, \mathbf{u}_n\}$이 $\mathscr{N}(P)$의 기저이고, 또 $0 < \dim X_1 < \dim X$일 때, 치역이 $X_1$인 $X$에서의 사영이 무수히 많음에 주목하자.

## 9.32 정리

$m$, $n$, $r$은 음이 아닌 옹근 수로 $m \geq r$이고 $n \geq r$이라 하자. $\mathbf{F}$는 열린 모음 $E \subset R^n$에서 $R^m$으로의 $\mathscr{C}'$ 사상이고, 각 $\mathbf{x} \in E$에 대해 $\mathbf{F}'(\mathbf{x})$의 계수는 $r$이라 하자.

▸ 옹근 수 = 정수, 모음 = 집합

$\mathbf{a} \in E$를 고정하고 $A = \mathbf{F}'(\mathbf{a})$로 놓자. $Y_1$은 $A$의 치역이고, $P$는 치역이 $Y_1$인 $R^m$에서의 사영이며, $Y_2$는 $P$의 퇴화 공간이라 하자.

그러면 $R^n$의 적당한 두 열린 모음 $U$와 $V$가 존재해서 $\mathbf{a} \in U$이고 $U \subset E$이며, $V$에서 $U$ 위로의 적당한 일대일 $\mathscr{C}'$ 사상 $\mathbf{H}$가 존재해서 (이의 역함수도 $\mathscr{C}'$ 사상인데) 다음이 성립한다.

(66) $$\mathbf{F}(\mathbf{H}(\mathbf{x})) = A\mathbf{x} + \varphi(A\mathbf{x}) \quad (\mathbf{x} \in V)$$

여기서 $\varphi$는 열린 모음 $A(V) \subset Y_1$에서 $Y_2$로의 $\mathscr{C}'$ 사상이다.

증명 뒤에 (66)이 내포하는 정보에 대한 좀 더 기하학적인 설명을 제시하겠다.

**증명** $r = 0$이면, 정리 9.19에 의해 $\mathbf{F}(\mathbf{x})$는 $\mathbf{a}$의 한 이웃 $U$에서 상수이고, (66)은 $V = U$, $\mathbf{H}(\mathbf{x}) = \mathbf{x}$, $\varphi(\mathbf{0}) = \mathbf{F}(\mathbf{a})$에 대해 자명하게 성립한다.

▸ 이웃 = 근방

지금부터는 $r > 0$으로 가정한다. $\dim Y_1 = r$이므로 $Y_1$의 기저 $\{\mathbf{y}_1, \cdots, \mathbf{y}_r\}$이 존재한다. $\mathbf{z}_i \in R^n$를 $A\mathbf{z}_i = \mathbf{y}_i$ $(1 \leq i \leq r)$가 성립하도록 선택하고, $Y_1$에서 $R^n$으로의 선형 사상 $S$를 모든 스칼라 $c_1, \cdots, c_r$들에 대해 다음과 같이 놓아서 정의하자.

(67) $$S(c_1\mathbf{y}_1 + \cdots + c_r\mathbf{y}_r) = c_1\mathbf{z}_1 + \cdots + c_r\mathbf{z}_r$$

그러면 $1 \leq i \leq r$에 대해 $AS\mathbf{y}_i = A\mathbf{z}_i = \mathbf{y}_i$이다. 그러므로 다음이 성립한다.

(68) $$AS\mathbf{y} = \mathbf{y} \quad (\mathbf{y} \in Y_1)$$

$E$에서 $R^n$으로의 사상 $\mathbf{G}$를 다음과 같이 놓아서 정의하자.

$$\mathbf{G}(\mathbf{x}) = \mathbf{x} + SP\{\mathbf{F}(\mathbf{x}) - A\mathbf{x}\} \quad (\mathbf{x} \in E) \tag{69}$$

$\mathbf{F}'(\mathbf{a}) = A$이므로, (69)를 미분하면 $\mathbf{G}'(\mathbf{a}) = I$, 곧 $R^n$에서의 항등 작용소를 얻는다. 역함수 정리에 의해 $R^n$의 두 열린 모음 $U$와 $V$가 존재해서 $\mathbf{a} \in U$이고, $\mathbf{G}$는 $U$에서 $V$ 위로의 일대일 사상인데, 이것의 역사상 $\mathbf{H}$도 $\mathscr{C}'$ 사상이다. 게다가 필요하면 $U$와 $V$를 줄여서 $V$는 볼록하고 각 $\mathbf{x} \in V$에 대해 $\mathbf{H}'(\mathbf{x})$는 가역적이 되도록 재배열할 수 있다.

$PA = A$이고 (68)이 성립하므로 $ASPA = A$임에 주목하자. 그러므로 (69)에 따라 다음이 성립한다.

$$A\mathbf{G}(\mathbf{x}) = P\mathbf{F}(\mathbf{x}) \quad (\mathbf{x} \in E) \tag{70}$$

특히, (70)은 $\mathbf{x} \in U$에 대해 성립한다. $\mathbf{x}$를 $\mathbf{H}(\mathbf{x})$로 바꾸면, 다음을 얻는다.

$$P\mathbf{F}(\mathbf{H}(\mathbf{x})) = A\mathbf{x} \quad (\mathbf{x} \in V) \tag{71}$$

다음과 같이 정의하자.

$$\psi(\mathbf{x}) = \mathbf{F}(\mathbf{H}(\mathbf{x})) - A\mathbf{x} \quad (\mathbf{x} \in V) \tag{72}$$

$PA = A$이므로, (71)에 의해 모든 $\mathbf{x} \in V$에 대해 $P\psi(\mathbf{x}) = \mathbf{0}$이다. 그러므로 $\psi$는 $V$에서 $Y_2$로의 $\mathscr{C}'$ 사상이다.

▸ 모음 = 집합

$V$는 열린 모음이므로, 분명히 $A(V)$는 이의 치역 $\mathscr{R}(A) = Y_1$의 열린 부분 모음이다.

정리를 끝내기 위해, 곧 (72)로부터 (66)을 얻기 위해 다음을 만족시키는 $A(V)$에서 $Y_2$로의 $\mathscr{C}'$ 사상 $\varphi$가 존재함을 보여야 한다.

$$\varphi(A\mathbf{x}) = \psi(\mathbf{x}) \quad (\mathbf{x} \in V) \tag{73}$$

(73)을 향해 한 걸음 나아가기 위해, 먼저 $\mathbf{x}_1 \in V$, $\mathbf{x}_2 \in V$, $A\mathbf{x}_1 = A\mathbf{x}_2$일 때 다음이 성립함을 증명하자.

$$\psi_1(\mathbf{x}) = \psi_2(\mathbf{x}) \tag{74}$$

$\mathbf{x} \in V$에 대해 $\Phi(\mathbf{x}) = \mathbf{F}(\mathbf{H}(\mathbf{x}))$로 놓자. 각 $\mathbf{x} \in V$에 대해 $\mathbf{H}'(\mathbf{x})$의 계수가 $n$이고 각 $\mathbf{x} \in U$에 대해 $\mathbf{F}'(\mathbf{x})$의 계수는 $r$이므로,

다음이 성립한다.

(75) $$\text{rank}\,\Phi'(\mathbf{x}) = \text{rank}\,\mathbf{F}'(\mathbf{H}(\mathbf{x}))\mathbf{H}'(\mathbf{x}) = r \quad (\mathbf{x} \in V)$$

$\mathbf{x} \in V$를 고정하자. $M$을 $\Phi'(\mathbf{x})$의 치역이라 하자. 그러면 $M \subset R^m$이고 $\dim M = r$이다. (71)에 의해 다음이 성립한다.

(76) $$P\Phi'(\mathbf{x}) = A$$

그러므로 $P$는 $M$을 $\mathscr{R}(A) = Y_1$ 위로 사상한다. $M$과 $Y_1$의 차원이 서로 같으므로, ($M$으로 제한한) $P$는 일대일이다.

이제 $A\mathbf{h} = \mathbf{0}$이라 가정하자. 그러면 (76)에 의해 $P\Phi'(\mathbf{x})\mathbf{h} = \mathbf{0}$이다. 그런데 $\Phi'(\mathbf{x})\mathbf{h} \in M$이고, $P$는 $M$ 위에서 일대일이다. 그러므로 $\Phi'(\mathbf{x})\mathbf{h} = \mathbf{0}$이다. 이제 (72)는 다음을 증명했음을 보여준다.

$\mathbf{x} \in V$이고 $A\mathbf{h} = \mathbf{0}$이면, $\psi'(\mathbf{x})\mathbf{h} = \mathbf{0}$이다.

이제 (74)를 증명할 수 있다. $\mathbf{x}_1 \in V$, $\mathbf{x}_2 \in V$, $A\mathbf{x}_1 = A\mathbf{x}_2$라 가정하자. $\mathbf{h} = \mathbf{x}_2 - \mathbf{x}_1$로 놓고, 다음과 같이 정의하자.

(77) $$\mathbf{g}(t) = \psi(\mathbf{x}_1 + t\mathbf{h}) \quad (0 \le t \le 1)$$

$V$가 볼록하므로, 이런 $t$에 대해 $\mathbf{x}_1 + t\mathbf{h} \in V$이다. 그러므로 다음을 얻는다.

(78) $$\mathbf{g}'(t) = \psi'(\mathbf{x}_1 + t\mathbf{h})\mathbf{h} = \mathbf{0} \quad (0 \le t \le 1)$$

이에 따라 $\mathbf{g}(1) = \mathbf{g}(0)$이다. 그런데 $\mathbf{g}(1) = \psi(\mathbf{x}_2)$이고 $\mathbf{g}(0) = \psi(\mathbf{x}_1)$이다. 이것이 (74)를 증명한다.

(74)에 의해 $\mathbf{x} \in V$에 대해 $\psi(\mathbf{x})$는 $A\mathbf{x}$에 따라서만 결정된다. 그러므로 (73)은 $\varphi$를 $A(V)$에서 명확하게 정의한다. 이제 $\varphi \in \mathscr{C}'$임을 증명하면 충분하다.

$\mathbf{y}_0 \in A(V)$을 고정하고, $\mathbf{x}_0 \in V$을 $A\mathbf{x}_0 = \mathbf{y}_0$이 성립하도록 고정하자. $V$가 열린 모음이므로, $Y_1$에서 $\mathbf{y}_0$의 적당한 이웃 $W$가 존재해서 모든 $\mathbf{y} \in W$에 대해 다음 벡터는 $V$에 속한다.

▸ 모음 = 집합, 이웃 = 근방

(79) $$\mathbf{x} = \mathbf{x}_0 + S(\mathbf{y} - \mathbf{y}_0)$$

(68)에 의해 다음이 성립한다.

$$A\mathbf{x} = A\mathbf{x}_0 + \mathbf{y} - \mathbf{y}_0 = \mathbf{y}$$

그러므로 (73)과 (79)에 의해 다음이 성립한다.

$$\varphi(\mathbf{y}) = \psi(\mathbf{x}_0 - S\mathbf{y}_0 + S\mathbf{y}) \quad (\mathbf{y} \in W) \tag{80}$$

$\mathbf{y}_0$은 $A(V)$에서 임의로 선택했으므로, 이 공식은 $W$에서 이에 따라 $A(V)$에서 $\varphi \in \mathscr{C}'$ 임을 보여준다.

이제 이 증명이 끝난다.

다음은 이 정리가 사상 $\mathbf{F}$의 기하학에 대해 알려주는 바이다.

$\mathbf{y} \in \mathbf{F}(U)$이면 어떤 $\mathbf{x} \in V$에 대해 $\mathbf{y} = \mathbf{F}(\mathbf{H}(\mathbf{x}))$이고, (66)은 $P\mathbf{y} = A\mathbf{x}$ 임을 보여준다. 따라서 다음을 얻는다.

$$\mathbf{y} = P\mathbf{y} + \varphi(P\mathbf{y}) \quad (\mathbf{y} \in \mathbf{F}(U)) \tag{81}$$

이것은 $\mathbf{y}$가 이것의 사영 $P\mathbf{y}$에 의해 결정되고 $\mathbf{F}(U)$에 제한한 $P$는 $\mathbf{F}(U)$에서 $A(V)$ 위로의 일대일 사상임을 보여준다. 그러므로 $\mathbf{F}(U)$는 '$r$차원 곡면'으로, $A(V)$의 각 점 '위에' 정확하게 한 점이 대응한다. 또, $\mathbf{F}(U)$를 $\varphi$의 그래프로 생각할 수 있다.

**용어**
등위 모음 level set

증명에서와 같이 $\Phi(\mathbf{x}) = \mathbf{F}(\mathbf{H}(\mathbf{x}))$이면, (66)은 [$\Phi$가 주어진 값을 취하는 모음인] $\Phi$의 등위 모음들이 정확하게 $V$에서 $A$의 등위 모음들임을 보여준다. 이것들이 벡터 공간 $\mathscr{N}(A)$를 평행 이동한 것들과 $V$의 공통 부분들이므로 '납작하다.' $\mathscr{N}(A) = n - r$임에 주목하자. (익힘 문제 25를 보라.)

▸ … 위한 필요 충분 조건
= … 위해 필요하고 충분한 조건

$U$에서 $\mathbf{F}$의 등위 모음들은 $V$에서 $\Phi$의 납작한 등위 모음들의 $\mathbf{H}$에 의한 상이다. 그러므로 이것들은 $U$에서의 '$(n-r)$차원 곡면'이다.

## 결정자

**용어**
결정자, 행렬식 determinant
행렬의 속성을 결정하는 determinant를 통상 행렬식으로 번역하는데, 이는 이 용어의 본래 뜻을 충실히 반영하지 못하고 '행렬'과 혼동되기 쉽다. 이에 이 책에서는 생물학의 용례를 따라 '결정자'로 나타낸다.
정사각 행렬 square matrix

결정자[행렬식]는 정사각 행렬과 연관된 수이고, 이에 따라 이런 행렬로 표현되는 작용소와 연관된다. 결정자가 0이기 위한 필요 충분 조건은 이에 대응하는 작용소가 가역적이지 아닌 경우이다. 이에 따라 앞의 정리들 중 일부의 가정이 충족되는지를 결정하는 데 결정자를 사용할 수 있다. 결정자는 제 10 장에서 더욱 중요한 역할을 한다.

▸ sgn = signum function
= 부호 함수

### 9.33 정의

$(j_1, \cdots, j_n)$은 자연수들의 순서 $n$조이면, $x > 0$일 때 $\operatorname{sgn} x = 1$이고 $x < 0$일 때 $\operatorname{sgn} x = -1$이며 $x = 0$일 때 $\operatorname{sgn} x = 0$인 sgn을 사용해서 다음과 같이 정의한다.

(82) $$s(j_1, \cdots, j_n) = \prod_{p<q} \operatorname{sgn}(j_q - j_p)$$

그러면 $s(j_1, \cdots, j_n)$은 1 또는 $-1$ 또는 0인데, $j$ 중에서 임의의 두 개를 맞바꾸면 이것의 부호가 바뀐다.

$[A]$는 $R^n$에서의 선형 작용소 $A$의 표준 기저 $\{\mathbf{e}_1, \cdots, \mathbf{e}_n\}$에 관한 행렬로, $i$째 행과 $j$째 열에 있는 성분은 $a(i, j)$라 하자. $[A]$의 결정자는 다음과 같은 수로 정의한다.

(83) $$\det[A] = \sum s(j_1, \cdots, j_n) a(1, j_1) a(2, j_2) \cdots a(n, j_n)$$

(83)에서의 합은 $1 \le j_r \le n$인 자연수들의 순서 $n$조 $(j_1, \cdots, j_n)$ 전체를 통해 취한다.

$[A]$의 열 벡터 $\mathbf{x}_j$는 다음과 같다.

(84) $$\mathbf{x}_j = \sum_{i=1}^{n} a(i, j)\mathbf{e}_i \quad (1 \le j \le n)$$

$\det[A]$를 $[A]$의 열 벡터들의 함수로 생각하는 것이 편리하다. 다음과 같이 나타내자.

$$\det(\mathbf{x}_1, \cdots, \mathbf{x}_n) = \det[A]$$

여기서 det는 $R^n$의 벡터들의 순서 $n$조 전체의 모음에서의 함수이다.

▸ 모음 = 집합

## 9.34 정리

(a) $I$가 $R^n$에서의 항등 작용소이면, 다음이 성립한다.

$$\det[I] = \det(\mathbf{e}_1, \cdots, \mathbf{e}_n) = 1$$

(b) det는 열 벡터 $\mathbf{x}_j$ 각각에 대한 [다른 열 벡터들을 고정하면] 선형 함수이다.

(c) $[A]_1$이 $[A]$에서 두 열을 맞바꾸어 얻은 것이면, $\det[A]_1 = -\det[A]$이다.

(d) $[A]$의 두 열이 서로 같으면, $\det[A] = 0$이다.

**용어**

항등작용소, 항등연산자 identity operator

**증명** $A = I$이면, $a(i, i) = 1$이고 $i \ne j$일 때 $a(i, j) = 0$이다. 그러므로 다음이 성립하고, 이에 따라 (a)가 증명된다.

$$\det[I] = s(1, 2, \cdots, n) = 1$$

(82)에 의해 $j$ 중에서 어느 두 개가 서로 같으면 $s(j_1, \cdots, j_n)=0$이다. (83)에 있는 나머지 $n!$개의 곱 각각에는 각 열에서 정확하게 한 개의 성분이 포함되어 있다. 이것은 (b)를 증명한다. (c)는 $j$ 중에서 어느 두 개를 맞바꾸면 $s(j_1, \cdots, j_n)$의 부호가 바뀐다는 사실의 즉각적인 결과이고, (d)는 (c)의 결과이다.

## 9.35 정리

$[A]$와 $[B]$가 $n \times n$ 행렬이면, 다음이 성립한다.

$$\det([B][A]) = \det[B]\det[A]$$

**증명** $\mathbf{x}_1, \cdots, \mathbf{x}_n$이 $[A]$의 열들이면, 다음과 같이 정의한다.

(85)
$$\Delta_B(\mathbf{x}_1, \cdots, \mathbf{x}_n) = \Delta_B[A] = \det([B][A])$$

$[B][A]$의 열들은 벡터 $B\mathbf{x}_1, \cdots, B\mathbf{x}_n$이므로, 다음을 얻는다.

(86)
$$\Delta_B(\mathbf{x}_1, \cdots, \mathbf{x}_n) = \det(B\mathbf{x}_1, \cdots, B\mathbf{x}_n)$$

(86)과 정리 9.34에 의해 $\Delta_B$도 9.34의 (b)부터 (d)까지의 성질을 만족시킨다. (b)와 (84)에 의해 다음이 성립한다.

$$\begin{aligned}\Delta_B[A] &= \Delta_B\left(\sum_i a(i, 1)\mathbf{e}_i, \mathbf{x}_2, \cdots, \mathbf{x}_n\right)\\ &= \sum_i a(i, 1)\Delta_B(\mathbf{e}_i, \mathbf{x}_2, \cdots, \mathbf{x}_n)\end{aligned}$$

이런 과정을 $\mathbf{x}_2, \cdots, \mathbf{x}_n$에 반복하면, 다음을 얻는다.

(87)
$$\Delta_B[A] = \sum a(i_1, 1)a(i_2, 2)\cdots a(i_n, n)\Delta_B(\mathbf{e}_{i_1}, \cdots, \mathbf{e}_{i_n})$$

여기서 합은 $1 \le i_r \le n$인 순서 $n$조 $(i_1, \cdots, i_n)$ 전체를 통해 취한다. (c)와 (d)에 의해 다음이 성립한다.

(88)
$$\Delta_B(\mathbf{e}_{i_1}, \cdots, \mathbf{e}_{i_n}) = t(i_1, \cdots, i_n)\Delta_B(\mathbf{e}_1, \cdots, \mathbf{e}_n)$$

여기서 $t$는 1 또는 0 또는 $-1$이다. $[B][I]=[B]$이므로, (85)에 의해 다음을 얻는다.

(89)
$$\Delta_B(\mathbf{e}_1, \cdots, \mathbf{e}_n) = \det[B]$$

(89)와 (88)을 (87)에 대입하면, 모든 $n \times n$ 행렬 $[A]$와 $[B]$에 대해 다음을 얻는다.

$$\det([B][A]) = \{\sum a(i_1, 1) \cdots a(i_n, n) t(i_1, \cdots, i_n)\} \det[B]$$

$B = I$로 택하면, 위에서 중괄호 안에 있는 합이 $\det[A]$임을 알 수 있다. 이것이 이 정리를 증명한다.

## 9.36 정리

$R^n$에서의 선형 작용소 $A$가 가역적이기 위한 필요 충분 조건은 $\det[A] \neq 0$이다.

▸ … 위한 필요 충분 조건 = … 위해 필요하고 충분한 조건

**증명** $A$가 가역적이면, 정리 9.35에 의해 다음이 성립한다.

$$\det[A]\det[A^{-1}] = \det[AA^{-1}] = \det[I] = 1$$

그러므로 $\det[A] \neq 0$이다.

$A$가 가역적이 아니면, $[A]$의 열 $\mathbf{x}_1, \cdots, \mathbf{x}_n$들은 일차 종속이다 (정리 9.5). 이에 따라 적당한 벡터, 이를테면 $\mathbf{x}_k$가 존재해서 어떤 스칼라 $c_j$에 대해 다음이 성립한다.

$$\mathbf{x}_k + \sum_{j \neq k} c_j \mathbf{x}_j = \mathbf{0} \tag{90}$$

정리 9.34의 (b)와 (d)에 의해, $j \neq k$일 때 결정자를 바꾸지 않고도 $\mathbf{x}_k$를 $\mathbf{x}_k + c_j\mathbf{x}_j$로 대체할 수 있다. 반복하면, 결정자를 바꾸지 않고도 $\mathbf{x}_k$를 (90)의 좌변으로, 곧 $\mathbf{0}$으로 대체할 수 있다. 그런데 한 열이 $\mathbf{0}$인 행렬의 결정자는 0이다. 그러므로 $\det[A] = 0$이다.

▸ 결정자 = 행렬식 = determinant

## 9.37 일러두기

$\{\mathbf{e}_1, \cdots, \mathbf{e}_n\}$과 $\{\mathbf{u}_1, \cdots, \mathbf{u}_n\}$을 $R^n$의 두 기저라고 하자. $R^n$에서의 각 선형 작용소 $A$는 두 행렬 $[A]$와 $[A]_U$를 결정하는데, 각 성분 $a_{ij}$와 $\alpha_{ij}$는 다음과 같이 주어진다.

$$A\mathbf{e}_j = \sum_i a_{ij}\mathbf{e}_i, \qquad A\mathbf{u}_j = \sum_i \alpha_{ij}\mathbf{u}_i$$

$\mathbf{u}_j = B\mathbf{e}_j = \sum b_{ij}\mathbf{e}_i$이면, $A\mathbf{u}_j$는 다음과 같다.

$$\sum_k \alpha_{kj} B\mathbf{e}_k = \sum_k \alpha_{kj} \sum_i b_{ik}\mathbf{e}_i = \sum_i \left( \sum_k b_{ik}\alpha_{kj} \right) \mathbf{e}_i$$

또, 다음과도 같다.

$$AB\mathbf{e}_j = A\sum_k b_{kj}\mathbf{e}_k = \sum_i \left( \sum_k a_{ik}b_{kj} \right) \mathbf{e}_i$$

그러므로 $\sum b_{ik}\alpha_{kj} = \sum a_{ik}b_{kj}$, 곧 다음이 성립한다.

$$[B][A]_U = [A][B] \tag{91}$$

$B$가 가역적이므로 $\det[B] \neq 0$이다. 이에 따라 (91)을 정리 9.35와 결합하면 다음을 알 수 있다.

$$\det[A]_U = \det[A] \tag{92}$$

따라서 선형 작용소의 행렬의 결정자는 그 행렬을 구성하는 데 사용한 기저와 무관하다. 그러므로 어떠한 기저도 염두에 두지 않고 선형 작용소의 결정자에 대해 말하는 것이 의미 있다.

> **용어**
> 야코비 결정자, 야코비 행렬식, 야코비안 Jacobian

▸ 모음 = 집합,
미분할 수 있다
= 미분 가능하다

## 9.38 야코비 결정자

$\mathbf{f}$는 열린 모음 $E \subset R^n$를 $R^n$으로 사상하고, $\mathbf{f}$를 점 $\mathbf{x} \in E$에서 미분할 수 있을 때, 선형 작용소 $\mathbf{f}'(\mathbf{x})$의 결정자를 $\mathbf{x}$에서 $\mathbf{f}$의 **야코비 결정자**[야코비 행렬식, 야코비안]라 한다. 기호로 다음과 같이 나타낸다.

$$J_{\mathbf{f}}(\mathbf{x}) = \det \mathbf{f}'(\mathbf{x}) \tag{93}$$

$(y_1, \cdots, y_n) = \mathbf{f}(x_1, \cdots, x_n)$일 때, $J_{\mathbf{f}}(\mathbf{x})$를 다음과 같이도 나타낸다.

$$\frac{\partial(y_1, \cdots, y_n)}{\partial(x_1, \cdots, x_n)} \tag{94}$$

▸ 숨겨진 함수 정리
= 음함수 정리

야코비 결정자로 나타내면, 역함수 정리에서 결정적인 가정은 $J_{\mathbf{f}}(\mathbf{a}) \neq 0$이다. (정리 9.36과 비교하자.) 숨겨진 함수 정리를 (59)의 함수들로 나타내면, 그곳에 있는 $A$에 대한 가정은 다음과 같다.

$$\frac{\partial(f_1, \cdots, f_n)}{\partial(x_1, \cdots, x_n)} \neq 0$$

## 고계 편도 함수

### 9.39 정의

$f$는 열린 모음 $E \subset R^n$에서 정의된 실 함수이고, 편도 함수들이 $D_1 f$, $\cdots$, $D_n f$라 하자. 함수 $D_j f$들이 그 자체로 미분할 수 있으면, $f$의 이계 편도 함수들을 다음과 같이 정의한다.

$$D_{ij} f = D_i D_j f \qquad (i,\ j = 1,\ \cdots,\ n)$$

이런 모든 함수 $D_{ij} f$가 $E$에서 연속일 때, $f$는 $E$에서 $\mathscr{C}''$급 또는 $f \in \mathscr{C}''(E)$이라 한다.

$E$에서 $R^m$으로의 사상 $\mathbf{f}$의 각 성분이 $\mathscr{C}''$급일 때, $\mathbf{f}$를 $\mathscr{C}''$급이라 한다.

어떤 점에서 $D_{ij} f$와 $D_{ji} f$가 모두 존재해도 $D_{ij} f \neq D_{ji} f$일 수 있다. (익힘 문제 27을 보라.) 그렇지만 아래에서 알아보듯이, 이 편도 함수들이 연속이면 $D_{ij} f = D_{ji} f$가 성립한다.

편의를 위해 (그렇지만 일반성을 잃지 않고) 다음 두 정리는 변수가 두 개인 실 함수에 대해 서술한다. 첫째는 평균값 정리이다.

▸ 유도 함수 = 도함수, 모음 = 집합, 미분할 수 있다 = 미분 가능하다

**용어**

이계 편도 함수 second-order partial derivative

$\mathscr{C}''$급 of class $\mathscr{C}''$

$D_i D_j f$를 통상 $D_{ji} f$로 나타내는데, 이 책에서는 $D_{ji} f$로 나타내고 있다.

### 9.40 정리

$f$는 열린 모음 $E \subset R^2$에서 정의되어 있고, $D_1 f$과 $D_{21} f$가 $E$의 각 점에서 존재한다고 하자. $Q \subset E$는 닫힌 직사각형으로 각 변이 좌표축과 평행이고, $(a,\ b)$와 $(a+h,\ b+k)$는 마주보는 꼭짓점이라 하자($h \neq 0$, $k \neq 0$). 다음과 같이 놓자.

$$\Delta(f,\ Q) = f(a+h,\ b+k) - f(a+h,\ b) - f(a,\ b+k) + f(a,\ b)$$

그러면 $Q$의 적당한 내점 $(x,\ y)$가 존재해서 다음이 성립한다.

$$\Delta(f,\ Q) = hk(D_{21} f)(x,\ y) \tag{95}$$

(95)와 정리 5.10 사이의 유사성에 주목하자. $Q$의 넓이는 $hk$이다.

**증명** $u(t) = f(t,\ b+k) - f(t,\ b)$로 놓자. 정리 5.10을 두 번 적용하면, $a$와 $a+h$ 사이의 적당한 $x$와 $b$와 $b+k$ 사이의 적당한 $y$가 존재

해서 사음이 성립한다.

$$\begin{aligned}\Delta(f,\ Q) &= u(a+h)-u(a)\\ &= hu'(x)\\ &= h\{(D_1 f)(x,\ b+k)-(D_1 f)(x,\ b)\}\\ &= hk(D_{21} f)(x,\ y)\end{aligned}$$

### 9.41 정리

▸ 모음 = 집합

$f$는 열린 모음 $E\subset R^2$에서 정의되어 있고, $D_1 f$, $D_{21} f$, $D_2 f$는 $E$의 각 점에서 존재하며, $D_{21} f$는 어떤 점 $(a,\ b)\in E$에서 연속이라고 하자. 그러면 $D_{12} f(a,\ b)$가 존재하고 다음이 성립한다.

(96) $$(D_{12} f)(a,\ b)=(D_{21} f)(a,\ b)$$

### 따름 정리

$f\in\mathscr{C}''(E)$이면, $D_{21} f=D_{12} f$이다.

**증명** $A=(D_{21} f)(a,\ b)$로 놓고, $\varepsilon>0$을 선택하자. $Q$는 정리 9.40에 있는 직사각형이고 $h$와 $k$는 충분히 작을 때, 모든 $(x,\ y)\in Q$에 대해 다음이 성립한다.

$$|A-(D_{21} f)(x,\ y)|<\varepsilon$$

그러면 (95)에 의해 다음을 얻는다.

$$\left|\frac{\Delta(f,\ Q)}{hk}-A\right|<\varepsilon$$

$h$를 고정하고, $k\to 0$이라 하자. $D_2 f$가 $E$에서 존재하므로, 이 마지막 부등식에 따라 다음이 성립한다.

(97) $$\left|\frac{(D_2 f)(a+h,\ b)-(D_2 f)(a,\ b)}{h}-A\right|\leq\varepsilon$$

$\varepsilon$이 임의이고 (97)이 충분히 작은 $h\neq 0$ 전체에 대해 성립하므로, $(D_{12} f)(a,\ b)=A$가 성립한다. 이에 따라 (96)을 얻는다.

## 적분의 미분

두 변수 함수 $\varphi$는 어느 한 변수에 관해 적분할 수 있고 다른 변수에 관해서는 미분할 수 있다고 하자. 어떤 조건에서 두 가지 극한 과정을 서로 다른 순서로 시행했을 때 그 결과가 같을까? 이 질문을 좀 더 명확하게 서술하면 다음과 같다. $\varphi$에 관한 어떤 조건에서 다음 등식이 참임을 증명할 수 있을까?

▸두 변수 함수
= 이변수 함수,
적분할 수 있다
= 적분 가능하다,
미분할 수 있다
= 미분 가능하다

(98) $$\frac{d}{dt}\int_a^b \varphi(x,\ t)\,dx = \int_a^b \frac{\partial\varphi}{\partial t}(x,\ t)\,dx$$

(반례가 익힘 문제 28에 제시되어 있다.)

다음과 같은 기호를 사용하면 편리하다.

(99) $$\varphi^t(x) = \varphi(x,\ t)$$

그러면 각 $t$에 대해 $\varphi^t$은 한 변수 함수이다.

▸한 변수 함수
= 일변수 함수

### 9.42 정리

다음과 같다고 가정하자.

(a) $\varphi(x,\ t)$는 $a \le x \le b$와 $c \le t \le d$에 대해 정의되어 있다.

(b) $\alpha$는 $[a,\ b]$에서 증가하는 함수이다.

(c) 각 $t \in [c,\ d]$에 대해 $\varphi^t \in \mathscr{R}(\alpha)$이다.

(d) $c < s < d$이고 임의의 $\varepsilon > 0$에 대응하는 $\delta > 0$가 존재해서 모든 $x \in [a,\ b]$와 모든 $t \in (s-\delta,\ s+\delta)$에 대해 다음이 성립한다.

$$|(D_2\varphi)(x,\ t) - (D_2\varphi)(x,\ s)| < \varepsilon$$

다음과 같이 정의하자.

(100) $$f(t) = \int_a^b \varphi(x,\ t)\,d\alpha(x) \quad (c \le t \le d)$$

그러면 $(D_2\varphi)^s \in \mathscr{R}(\alpha)$이고 $f'(s)$가 존재하며 다음이 성립한다.

(101) $$f'(s) = \int_a^b (D_2\varphi)(x,\ s)\,d\alpha(x)$$

단순히 (c)는 적분 (100)이 모든 $t \in [c, d]$에 대해 존재함을 주장함에 주목하자. 또, 분명히 (d)는 $\varphi$가 정의된 직사각형에서 $D_2\varphi$가 연속일 때 성립함에 주목하자.

**증명** $0 < |t-s| < \delta$에 대해 다음 차분 몫을 생각하자.

$$\psi(x, t) = \frac{\varphi(x, t) - \varphi(x, s)}{t-s}$$

정리 5.10에 의해 각 $(x, t)$에 대응하는 수 $u$가 $s$와 $t$ 사이에 존재해서 다음이 성립한다.

$$\psi(x, t) = (D_2\varphi)(x, u)$$

그러면 (d)에 의해 다음을 얻는다.

$$|\psi(x, t) - (D_2\varphi)(x, s)| < \varepsilon \quad (a \le x \le b, \ 0 < |t-s| < \delta) \tag{102}$$

다음이 성립함에 주목하자.

$$\frac{f(t) - f(s)}{t-s} = \int_a^b \psi(x, t)\, d\alpha(x) \tag{103}$$

(102)에 의해 $t \to s$일 때 $[a, b]$에서 고르게 $\psi^t \to (D_2\varphi)^s$이다. 각각 $\psi^t \in \mathscr{R}(\alpha)$이므로, 원하는 결론은 (103)과 정리 7.16으로부터 유도된다.

## 9.43 보기

물론, 정리 9.42에서 $[a, b]$ 대신에 $(-\infty, \infty)$인 유사한 경우를 증명할 수 있다. 이를 증명하지 않고, 단순히 예를 살펴보자. $-\infty < t < \infty$에 대해 다음과 같이 $f$와 $g$를 정의하자.

$$f(t) = \int_{-\infty}^{\infty} e^{-x^2} \cos(xt)\, dx, \tag{104}$$

$$g(t) = -\int_{-\infty}^{\infty} x e^{-x^2} \sin(xt)\, dx \tag{105}$$

▸ 적분할 함수 = 피적분 함수

▸ 미분할 수 있다
= 미분 가능하다

적분할 함수들의 절댓값이 각각 기껏해야 $\exp(-x^2)$과 $|x|\exp(-x^2)$이므로, 두 적분은 모두 존재한다(절대로 수렴한다).

$g$는 $f$로부터 적분할 함수를 $t$에 관해 미분해서 얻었음에 주목하자. $f$

는 미분할 수 있고 다음이 성립함을 주장한다.

(106) $$f'(t)=g(t) \qquad (-\infty<t<\infty)$$

이를 증명하기 위해서, 먼저 코사인의 차분 몫을 조사하자. $\beta>0$이면 다음이 성립한다.

(107) $$\frac{\cos(\alpha+\beta)-\cos\alpha}{\beta}+\sin\alpha=\frac{1}{\beta}\int_{\alpha}^{\alpha+\beta}(\sin\alpha-\sin t)\,dt$$

$|\sin\alpha-\sin t|\le|t-\alpha|$이므로, (107)의 우변은 절댓값으로 기껏해야 $\beta/2$이다. $\beta<0$인 경우도 비슷하게 다룬다. 그러므로 모든 $\beta$에 대해 다음이 성립한다.

(108) $$\left|\frac{\cos(\alpha+\beta)-\cos\alpha}{\beta}+\sin\alpha\right|\le|\beta|$$

(단, $\beta=0$일 때 좌변은 0으로 해석한다.)

이제 $t$를 고정하고 $h\ne0$를 고정하자. (108)을 $\alpha=xt$와 $\beta=xh$인 경우에 적용하자. 그러면 (104)와 (105)로부터 다음을 얻는다.

$$\left|\frac{f(t+h)-f(t)}{h}-g(t)\right|\le|h|\int_{-\infty}^{\infty}x^2e^{-x^2}dx$$

그러면 $h\to0$일 때 (106)을 얻는다.

한 걸음 더 나아가자. (104)를 부분 적분하면 다음을 얻는다.

(109) $$f(t)=2\int_{-\infty}^{\infty}xe^{-x^2}\frac{\sin(xt)}{t}dx$$

그러므로 $tf(t)=-2g(t)$이고, 이제 (106)에 의해 $f$는 다음 미분 방정식을 만족시킨다.

(110) $$2f'(t)+tf(t)=0$$

이 미분 방정식을 풀고 $f(0)=\sqrt{\pi}$라는 사실을 이용하면(8.21절을 보라), 다음 결과를 찾는다.

(111) $$f(t)=\sqrt{\pi}\exp\left(-\frac{t^2}{4}\right)$$

따라서 적분 (104)는 명확하게 결정된다.

## 익힘 문제

▸ 비지 않은 모음 = nonempty set, 펼침 = span

**1.** $S$가 벡터 공간 $X$의 비지 않은 부분 모음일 때, (9.1절에서 주장한 대로) $S$의 펼침이 벡터 공간임을 증명하라.

**2.** (9.6절에서 주장한 대로) $A$와 $B$가 선형 변환일 때 $BA$도 선형 변환임을 증명하라. 또, $A^{-1}$이 선형이고 가역적임을 증명하라.

**3.** $A \in L(X,\ Y)$이고 $\mathbf{x} = \mathbf{0}$일 때만 $A\mathbf{x} = \mathbf{0}$이라 가정하자. 이때 $A$가 일대일임을 증명하라.

**4.** (9.30절에서 주장한 대로) 선형 변환의 퇴화 공간과 치역이 벡터 공간임을 증명하라.

**5.** 각 $A \in L(R^n,\ R^1)$에 대응하는 유일한 $\mathbf{y} \in R^n$가 존재해서 $A\mathbf{x} = \mathbf{x} \cdot \mathbf{y}$임을 증명하라. 또, $\|A\| = |\mathbf{y}|$를 증명하라.

**귀띔**: 특정한 조건에서 슈바르츠의 부등식의 등호가 성립한다.

**6.** $f(0,\ 0) = 0$이고 $(x,\ y) \neq (0,\ 0)$일 때 다음과 같다고 하자.

$$f(x,\ y) = \frac{xy}{x^2 + y^2}$$

$f$는 $(0,\ 0)$에서 불연속이지만, $(D_1 f)(x,\ y)$와 $(D_2 f)(x,\ y)$가 $R^2$의 각 점에서 존재함을 증명하라.

▸ 갇혀 있다 = 유계이다

**7.** $f$는 열린 모음 $E \subset R^n$에서 정의된 실수값 함수이고, 편도 함수 $D_1 f,\ \cdots,\ D_n f$들은 $E$에서 갇혀 있다고 가정하자. $f$가 $E$에서 연속임을 증명하라.

**귀띔**: 정리 9.21의 증명에서와 같이 진행하라.

▸ 미분할 수 있다 = 미분 가능하다

**8.** $f$는 열린 모음 $E \subset R^n$에서 미분할 수 있는 실 함수이고 $f$는 점 $\mathbf{x} \in E$에서 극대라고 하자. $f'(\mathbf{x}) = 0$임을 증명하라.

**9.** $\mathbf{f}$는 연결된 열린 모음 $E \subset R^n$에서 $R^m$으로의 미분할 수 있는 사상이고, 각 $\mathbf{x} \in E$에 대해 $\mathbf{f}'(\mathbf{x}) = \mathbf{0}$일 때, $\mathbf{f}$가 $E$에서 상수임을 증명하라.

**10.** $f$가 볼록한 열린 모음 $E \subset R^n$에서 정의된 실 함수로 각 $\mathbf{x} \in E$에 대해 $(D_1 f)(\mathbf{x}) = 0$일 때, $f(\mathbf{x})$가 $x_2,\ \cdots,\ x_n$에 따라서만 좌우됨을 증명하라.

$E$가 볼록하다는 조건을 더 약한 조건으로 바꿀 수 있지만 어떤 조건이 요구됨을 보여라. 예를 들면, $n = 2$이고 $E$가 (말굽의) 편자

모양과 같을 때, 이 명제는 거짓일 수 있다.

**11.** $f$와 $g$가 $R^n$에서 미분할 수 있는 실 함수일 때, 다음이 성립함을 증명하라. ▸미분할 수 있다 = 미분 가능하다

$$\nabla(fg) = f\nabla g + g\nabla f, \quad \nabla(1/f) = -f^{-2}\nabla f \ (\text{단, } f \neq 0)$$

**12.** 두 실수 $a$와 $b$를 $0 < a < b$로 고정하자. $R^2$에서 $R^3$으로의 사상 $\mathbf{f} = (f_1, f_2, f_3)$을 다음과 같이 정의하자.

$$f_1(s, t) = (b + a\cos s)\cos t,$$
$$f_2(s, t) = (b + a\cos s)\sin t,$$
$$f_3(s, t) = a\sin s$$

$\mathbf{f}$의 치역 $K$를 설명하라. (이것은 $R^3$의 특정한 옹골진 부분 모음이다.) ▸옹골진 모음 = compact set

(a) 다음을 만족시키는 $\mathbf{p} \in K$가 정확하게 네 개 있음을 보여라.

$$(\nabla f_1)(\mathbf{f}^{-1}(\mathbf{p})) = \mathbf{0}$$

그 점들을 찾아라.

(b) 다음을 만족시키는 $\mathbf{q} \in K$ 전체의 모음을 결정하라.

$$(\nabla f_3)(\mathbf{f}^{-1}(\mathbf{q})) = \mathbf{0}$$

(c) (a)에서 찾은 점 $\mathbf{p}$ 중에서 하나는 $f_1$의 극대에 대응하고, 하나는 극소에 대응하며, 다른 둘은 어느 것도 아님을 보여라. (이것들이 이른바 '안장 점'이다.)

(b)에서 찾은 점 $\mathbf{q}$ 중에서 극값에 대응하는 것을 찾아라.

(d) $\lambda$는 무비수이고 $\mathbf{g}(t) = \mathbf{f}(t, \lambda t)$로 정의하자. $\mathbf{g}$는 $R^1$에서 조밀한 부분 모음 $K$ 위로의 일대일 사상임을 증명하라. 그리고 다음을 증명하라. ▸무비수 = 무리수

$$|\mathbf{g}'(t)|^2 = a^2 + \lambda^2(b + a\cos t)^2$$

**13.** $\mathbf{f}$는 $R^1$에서 $R^3$으로의 미분할 수 있는 사상으로 모든 $t$에 대해 $|\mathbf{f}(t)| = 1$이라 가정하자. $\mathbf{f}'(t) \cdot \mathbf{f}(t) = 0$임을 증명하라. ▸미분할 수 있다 = 미분 가능하다

이 결과를 기하학적으로 해석하라.

**14.** $f(0, 0) = 0$이고 $(x, y) \neq (0, 0)$일 때 다음과 같이 정의하자.

$$f(x, y) = \frac{x^3}{x^2 + y^2}$$

▸ 갇힌 = 유계인

(a) $D_1 f$와 $D_2 f$는 $R^2$에서 갇힌 함수임을 증명하라. (그러므로 $f$는 연속이다.)

▸ 유도 함수 = 도함수

(b) $\mathbf{u}$는 $R^2$에서 단위 벡터라 하자. 방향 유도 함수 $(D_{\mathbf{u}} f)(0, 0)$이 존재하고 이의 절댓값이 기껏해야 1임을 보여라.

▸ 미분할 수 있다 = 미분 가능하다

(c) $\gamma$는 $R^1$에서 $R^2$로의 미분할 수 있는 사상이고(바꿔 말하면 $\gamma$는 $R^2$에서의 미분할 수 있는 곡선이고), $\gamma(0) = (0, 0)$이며 $|\gamma'(0)| > 0$이라 하자. $g(t) = f(\gamma(t))$로 놓고, $g$는 각 $t \in R^1$에서 미분할 수 있음을 증명하라.

$\gamma \in \mathscr{C}'$이면, $g \in \mathscr{C}'$임을 증명하라.

▸ 미분할 수 없다 = 미분 불가능하다

(d) 이럼에도 불구하고, $f$는 $(0, 0)$에서 미분할 수 없음을 증명하라.

**귀띔** : 공식 (40)이 성립하지 않는다.

**15.** $f(0, 0) = 0$이고 $(x, y) \neq (0, 0)$일 때 다음과 같이 정의하자.

$$f(x, y) = x^2 + y^2 - 2x^2y - \frac{4x^6y^2}{(x^4 + y^2)^2}$$

(a) 모든 $(x, y) \in R^2$에 대해 다음이 성립함을 증명하라.

$$4x^4y^2 \leq (x^4 + y^2)^2$$

$f$가 연속이라는 결론을 얻어라.

(b) $0 \leq \theta \leq 2\pi$와 $-\infty < t < \infty$에 대해 다음과 같이 정의하자.

$$g_\theta(t) = f(t\cos\theta,\ t\sin\theta)$$

$g_\theta(0) = 0$, $g_\theta'(0) = 0$, $g_\theta''(0) = 2$임을 보여라. 이에 따라 각 $g_\theta$는 $t = 0$에서 순 극소이다.

바꿔 말하면, $(0, 0)$을 지나는 각 직선으로 $f$를 제한한 것은 $(0, 0)$에서 순 극소이다.

| **용어** |
| --- |
| 순 극소 strict local minimum |

(c) 그렇지만 $f(x, x^2) = -x^4$이므로, $f$는 $(0, 0)$에서 극소가 아님을 보여라.

**16.** 점 $\mathbf{a}$에서 $\mathbf{f}'$이 연속이라는 조건이 $n = 1$인 경우에도 역함수 정리에 필요함을 보여라. $f(0) = 0$이고 $t \neq 0$일 때 다음과 같다고 하자.

$$f(t) = t + 2t^2 \sin\left(\frac{1}{t}\right)$$

그러면 $f'(0) = 1$이고 $f'$는 $(-1, 1)$에서 갇혀 있지만, $f$는 0의 임의의 이웃에서 일대일이 아니다.

▸갇혀 있다 = 유계이다

**17.** $\mathbf{f} = (f_1, f_2)$는 다음과 같이 주어진 $R^2$에서 $R^2$로의 사상이라 하자.

$$f_1(x, y) = e^x \cos y, \quad f_2(x, y) = e^x \sin y$$

(a) $\mathbf{f}$의 치역은 무엇인가?

(b) $\mathbf{f}$의 야코비 결정자가 $R^2$의 어떠한 점에서도 영이 아님을 보여라. 그러므로 $R^2$의 각 점에는 $\mathbf{f}$가 일대일인 이웃이 존재한다. 그렇지만 $\mathbf{f}$는 $R^2$에서 일대일이 아니다.

▸야코비 결정자[행렬식] = 야코비안

(c) $\mathbf{a} = (0, \pi/3)$와 $\mathbf{b} = \mathbf{f}(\mathbf{a})$로 놓고, $\mathbf{g}$는 $\mathbf{f}$의 연속인 역함수로 $\mathbf{b}$의 이웃에서 정의되고 $\mathbf{g}(\mathbf{b}) = \mathbf{a}$라 하자. $\mathbf{g}$에 대한 드러낸 공식을 찾고, $\mathbf{f}'(\mathbf{a})$와 $\mathbf{g}'(\mathbf{b})$를 셈하고, 공식 (52)를 입증하라.

▸드러낸 공식 = explicit formula = 양함수 식

(d) 좌표축들과 평행인 직선들의 $\mathbf{f}$에 의한 상은 무엇인가?

**18.** 다음과 같이 정의된 사상에 대해 유사한 질문에 답하라.

$$u = x^2 - y^2, \quad v = 2xy$$

**19.** 다음 연립 방정식의 경우에 $x$, $y$, $u$는 $z$의 식으로 풀 수 있고, $x$, $z$, $u$는 $y$의 식으로 풀 수 있으며, $y$, $z$, $u$는 $x$의 식으로 풀 수 있지만, $x$, $y$, $z$는 $u$의 식으로 풀 수 없음을 보여라.

$$3x + y - z + u^2 = 0$$
$$x - y + 2z + u = 0$$
$$2x + 2y - 3z + 2u = 0$$

**20.** 숨겨진 함수 정리에서 $n = m = 1$인 경우를 택해서, 그 정리를 (그것의 증명과 함께) 그래프로 해석하라.

▸숨겨진 함수 정리 = 음함수 정리

**21.** $R^2$에서 $f$를 다음과 같이 정의하자.

$$f(x, y) = 2x^3 - 3x^2 + 2y^3 + 3y^2$$

(a) $f$의 물매가 영인 $R^2$에 속한 네 점을 찾아라. $f$는 $R^2$에서 단 한 점에서 극대이고 한 점에서 극소임을 보여라.

▸물매 = 그래디언트

(b) $S$는 $f(x, y) = 0$인 점 $(x, y) \in R^2$ 전체의 모음이라 하자. $S$의

▸모음 = 집합, 이웃 = 근방

점 중에서 방정식 $f(x,\ y)=0$을 $x$의 식으로 $y$에 대해 (또는 $y$의 식으로 $x$에 대해) 풀 수 있는 이웃이 없는 것을 찾아라. $S$를 가능한 한 명확하게 설명하라.

**22.** 다음 함수에 대해 비슷하게 논의하라.

$$f(x,\ y)=2x^3+6xy^2-3x^2+3y^2$$

**23.** $R^3$에서 $f$를 다음과 같이 정의하자.

$$f(x,\ y_1,\ y_2)=x^2y_1+e^x+y_2$$

$f(0,\ 1,\ -1)=0$이고 $(D_1f)(0,\ 1,\ -1)\neq 0$임을 보이고, 이에 따라 $R^2$에 속한 점 $(1,\ -1)$의 어떤 이웃에서 미분할 수 있는 함수 $g$가 존재해서 $g(1,\ -1)=0$이고 다음이 성립함을 보여라.

▸ 미분할 수 있다 = 미분 가능하다

$$f(g(y_1,\ y_2),\ y_1,\ y_2)=0$$

$(D_1g)(1,\ -1)$과 $(D_2g)(1,\ -1)$을 찾아라.

**24.** $(x,\ y)\neq(0,\ 0)$에 대해 $\mathbf{f}=(f_1,\ f_2)$를 다음과 같이 정의하자.

$$f_1(x,\ y)=\frac{x^2-y^2}{x^2+y^2},\qquad f_2(x,\ y)=\frac{xy}{x^2+y^2}$$

$\mathbf{f}'(x,\ y)$의 계수를 셈하고, $\mathbf{f}$의 치역을 찾아라.

▸ 계수 = rank

**25.** $A\in L(R^n,\ R^m)$이고, $r$은 $A$의 계수라고 하자.

(a) $S$를 정리 9.32의 증명에서와 같이 정의하자. $SA$는 $R^n$에서의 사영으로 그 퇴화 공간은 $\mathscr{N}(A)$이고 그 치역은 $\mathscr{R}(S)$임을 보여라.
**귀띔**: (68)에 의해 $SASA=SA$이다.

(b) (a)를 이용해서 다음이 성립함을 보여라.

$$\dim\mathscr{N}(A)+\dim\mathscr{R}(A)=n$$

**26.** $D_{12}f$가 존재하더라도 (심지어 연속이더라도) $D_1f$가 존재하지 않을 수 있음을 보여라. 예를 들어 $f(x,\ y)=g(x)$로 놓자. 여기서 $g$는 어느 점에서도 미분할 수 없다.

**27.** $f(0,\ 0)=0$이고 $(x,\ y)\neq(0,\ 0)$일 때 다음과 같이 놓자.

$$f(x,\ y)=\frac{xy(x^2-y^2)}{x^2+y^2}$$

다음을 증명하라.

(a) $f$, $D_1 f$, $D_2 f$는 $R^2$에서 연속이다.

(b) $D_{12}f$와 $D_{21}f$는 $R^2$의 각 점에서 존재하고, $(0, 0)$을 제외하고 연속이다.

(c) $(D_{12}f)(0, 0) = 0$이고 $(D_{21}f)(0, 0) = -1$이다.

**28.** $t \geq 0$일 때 다음과 같이 놓자.

$$\varphi(x, t) = \begin{cases} x & (0 \leq x \leq \sqrt{t}\,) \\ -x + 2\sqrt{t} & (\sqrt{t} \leq x \leq 2\sqrt{t}\,) \\ 0 & (\text{그 밖에}) \end{cases}$$

그리고 $t < 0$일 때 $\varphi(x, t) = -\varphi(x, |t|)$로 놓자.

$\varphi$가 $R^2$에서 연속이고 모든 $x$에 대해 다음이 성립함을 보여라.

$$(D_2\varphi)(x, 0) = 0$$

다음과 같이 정의하자.

$$f(t) = \int_{-1}^{1} \varphi(x, t)\,dx$$

$|t| < \frac{1}{4}$일 때 $f(t) = t$임을 보여라. 그러므로 다음을 얻는다.

$$f'(0) \neq \int_{-1}^{1} (D_2\varphi)(x, 0)\,dx$$

**29.** $E$는 $R^n$에서 열린 모음이라 하자. 두 모음 $\mathscr{C}'(E)$와 $\mathscr{C}''(E)$를 본문과 같이 정의하자. 귀납적으로 모든 자연수 $k$에 대해 $\mathscr{C}^{(k)}(E)$를 다음과 같이 정의하자. $f \in \mathscr{C}^{(k)}(E)$이라는 말은 편도 함수 $D_1 f, \cdots, D_n f$들이 $\mathscr{C}^{(k-1)}(E)$에 속함을 뜻한다.

▸ 모음 = 집합

$f \in \mathscr{C}^{(k)}(E)$이라 가정하고, (정리 9.41을 반복 적용해서) 아래첨자 $i_1, i_2, \cdots, i_k$들을 맞바꿔도 다음 $k$계 편도 함수가 바뀌지 않음을 보여라.

$$D_{i_1 i_2 \cdots i_k} f = D_{i_1} D_{i_2} \cdots D_{i_k} f$$

예를 들면, $n \geq 3$일 때 각 $f \in \mathscr{C}^{(4)}$에 대해 다음이 성립한다.

$$D_{1213}f = D_{3112}f$$

**30.** $E$는 $R^n$의 열린 부분 모음이고 $f \in \mathscr{C}^{(m)}(E)$라 하자. $\mathbf{a} \in E$를 고정하고, $\mathbf{x} \in R^n$가 $\mathbf{0}$에 충분히 가까우면 $0 \le t \le 1$에 대해 다음 점이 $E$에 속한다고 가정하자.

$$\mathbf{p}(t) = \mathbf{a} + t\mathbf{x}$$

$t \in R^1$ 중에서 $\mathbf{p}(t) \in E$인 것 전체에 대해 다음과 같이 정의하자.

$$h(t) = f(\mathbf{p}(t))$$

▸ 사슬 법칙 = 연쇄 법칙

(a) $1 \le k \le m$일 때 (사슬 법칙을 반복 적용해서) 다음을 보여라.

$$h^{(k)}(t) = \sum (D_{i_1 \cdots i_k} f)(\mathbf{p}(t)) x_{i_1} \cdots x_{i_k}$$

합은 순서 $k$조 $(i_1, \cdots, i_k)$ 전체를 통해 취하는데, 여기서 각 $i_j$는 자연수 $1, \cdots, n$들 중의 하나이다.

(b) 테일러의 정리 5.15에 의해 어떤 $t \in (0, 1)$에 대해 다음이 성립한다.

$$h(1) = \sum_{k=0}^{m-1} \frac{h^{(k)}(0)}{k!} + \frac{h^{(m)}(t)}{m!}$$

이것을 사용해서 변수가 $n$개일 때의 테일러의 정리를 다음을 보여서 증명하라. 다음 공식은 $f(\mathbf{a}+\mathbf{x})$를 이른바 이것의 '$(m-1)$차 테일러 다항 함수'와 아래 극한을 만족시키는 나머지 $r(\mathbf{x})$의 합으로 표현한다.

$$f(\mathbf{a}+\mathbf{x}) = \sum_{k=0}^{m-1} \frac{1}{k!} \sum (D_{i_1 \cdots i_k} f)(\mathbf{a}) x_{i_1} \cdots x_{i_k} + r(\mathbf{x}),$$

$$\lim_{\mathbf{x} \to \mathbf{0}} \frac{r(\mathbf{x})}{|\mathbf{x}|^{m-1}} = 0$$

▸ 유도 함수 = 도함수

안쪽의 합 각각은 (a)에서와 같이 순서 $k$조 $(i_1, \cdots, i_k)$ 전체를 통해 취한다. 늘 그렇듯이, $f$의 영계 유도 함수는 단순히 $f$이고, 이에 따라 $\mathbf{a}$에서 $f$의 테일러 다항 함수에서의 상수항은 $f(\mathbf{a})$이다.

(c) 익힘 문제 29에 따라 (b)에 나타낸 테일러 다항 함수에는 반복된 것이 있다. 예를 들면, $D_{113}$은 $D_{113}$, $D_{131}$, $D_{311}$로 세 번 나타난다. 대응하는 세 항의 합을 다음과 같은 꼴로 나타낼 수 있다.

$$3(D_1^2 D_3 f)(\mathbf{a}) x_1^2 x_3$$

(각 편도 함수가 얼마나 자주 나타나는지 셈해서) (b)의 테일러 다항 함수를 다음과 같이 쓸 수 있음을 증명하라.

$$\sum \frac{(D_1^{s_1} \cdots D_n^{s_n} f)(\mathbf{a})}{s_1! \cdots s_n!} x_1^{s_1} \cdots x_n^{s_n}$$

여기서 합은 순서 $n$조 $(s_1, \cdots, s_n)$ 전체를 통해 취하는데, 각 $s_i$는 음이 아닌 옹근 수이고 $s_1 + \cdots + s_n \le m - 1$이다.

▸옹근 수 = 정수

**31.** 점 $\mathbf{a} \in R^2$의 어떤 이웃에서 $f \in \mathscr{C}^{(3)}$이고 $f$의 물매는 $\mathbf{a}$에서 0이지만, $\mathbf{a}$에서 $f$의 이계 편도 함수 전부가 0은 아니라고 가정하자. 그러면 $\mathbf{a}$에서 $f$의 테일러 다항 함수로부터 $\mathbf{a}$에서 $f$가 극대 또는 극소인지 아니면 어느 것도 아닌지를 결정할 수 있는 방법을 보여라.

▸이웃 = 근방,
물매 = 그래디언트

이것을 $R^2$ 대신에 $R^n$으로 확장하라.

10

# 미분 형식의 적분

Integration of Differential Forms

적분은 여러 수준에서 연구할 수 있다. 제 6 장에서는 실 직선의 부분 구간에서 상당히 잘 행동하는 함수들에 대해 적분 이론을 전개했다. 제 11 장에서는 매우 고도로 발달된 적분 이론과 마주칠 텐데, 이 이론은 정의역이 $R^n$의 부분 모음일 필요가 없고 거의 임의의 모음인 함수들의 훨씬 더 큰 부류에 적용할 수 있다. 이번 장에서는 유클리드 공간의 기하학과 밀접하게 관련된 적분 이론 중에서 변수 바꿈 공식과 (곡)선 적분 및 (미분 적분학의 기본 정리와 유사한 $n$차원 결과인 스토크스의 정리의 서술과 증명에 사용되는) 미분 형식의 구조 등을 알아보는 데 충당된다.

▸ 모음 = 집합,
변수 바꿈 = 변수 변환,
스토크스의 정리
= Stokes' theorem

## 적분

### 10.1 정의

| 용어 | |
|---|---|
| 포체 | cell |

$I^k$는 $R^k$에서의 $k$ 포체로, 다음과 같은 $\mathbf{x}=(x_1, \cdots, x_k)$ 전체로 이루어진다.

▸ $I^k = \{\mathbf{x}=(x_1, \cdots, x_k) \in R^k \mid a_i \le x_i \le b_i,\ i=1, \cdots, k\}$

(1) $$a_i \le x_i \le b_i \quad (i=1, \cdots, k)$$

$I^j$는 $R^j$에서의 $j$포체로 (1)에서 처음 $j$개의 부등식으로 정의되고, $f$는 $I^k$에서 연속인 실 함수이다.

$f=f_k$로 놓고, $f_{k-1}$은 $I^{k-1}$에서 다음과 같이 정의한다.

$$f_{k-1}(x_1, \cdots, x_{k-1}) = \int_{a_k}^{b_k} f_k(x_1, \cdots, x_{k-1}, x_k)\, dx_k$$

$f_k$는 $I^k$에서 고르게 연속이므로, $f_{k-1}$은 $I^{k-1}$에서 연속이다. 그러므로

**용어**

$I^k$ 위에서 $f$의 적분
integral of $f$ over $I^k$

이 과정을 반복할 수 있고 $I^j$에서 연속인 $f_j$를 얻을 수 있는데, 여기서 $f_{j-1}$은 $[a_j, b_j]$ 위에서 $x_j$에 관한 $f_j$의 적분이다. $k$단계 뒤에 수 $f_0$에 도달하는데, 이것을 $I^k$ **위에서 $f$의 적분**이라 한다. 이것을 다음과 같은 꼴로 나타낸다.

(2) $$\int_{I^k} f(\mathbf{x})\,d\mathbf{x} \quad \text{또는} \quad \int_{I^k} f$$

추측컨대, 이 적분의 정의는 $k$번의 적분을 시행하는 순서에 의존한다. 그렇지만 이런 의존성은 외견상의 문제일 뿐이다. 이를 증명하기 위해서 적분 (2)에 대한 일시적인 기호 $L(f)$를 도입하자. 그리고 어떤 다른 순서로 $k$번의 적분을 시행해서 얻은 결과를 임시로 $L'(f)$로 나타내자.

## 10.2 정리

임의의 $f \in \mathscr{C}(I^k)$에 대해, $L(f) = L'(f)$이다.

**증명** $h(\mathbf{x}) = h_1(x_1) \cdots h_k(x_k)$이고 $h_j \in \mathscr{C}([a_j, b_j])$이면, 다음을 얻는다.

$$L(h) = \prod_{i=1}^{k} \int_{a_i}^{b_i} h_i(x_i)\,dx_i = L'(h)$$

▸ 모음 = 집합

$\mathscr{A}$가 이런 함수 $h$들의 유한 합 전체의 모음이면, 모든 $g \in \mathscr{A}$에 대해 $L(g) = L'(g)$가 성립한다. 또, $\mathscr{A}$는 $I^k$에서 정의된 함수들의 대수로, 스톤·바이어슈트라스의 정리가 적용된다.

$V = \prod_1^k (b_i - a_i)$라 하자. $f \in \mathscr{C}(I^k)$이고 $\varepsilon > 0$이면, 적당한 $g \in \mathscr{A}$가 존재해서 $\|f - g\| < \varepsilon / V$이 성립한다. 여기서 $\|f\|$는 $\max |f(\mathbf{x})|$ $(\mathbf{x} \in I^k)$로 정의한다. 그러면 $|L(f-g)| < \varepsilon$과 $|L'(f-g)| < \varepsilon$이 성립하며 다음을 얻는다.

▸ $\|f\| = \max \{|f(\mathbf{x})| \mid \mathbf{x} \in I^k\}$

▸ 닫개 = 폐포,
옹골진 모음 = compact set

$$L(f) - L'(f) = L(f-g) + L'(g-f)$$

그러므로 결론적으로 $|L(f) - L'(f)| < 2\varepsilon$이 성립한다.

익힘 문제 2는 이 내용과 관련 있다.

## 10.3 정의

$R^k$에서 정의된 (실 또는 복소) 함수 $f$의 **받침**은 점 $\mathbf{x} \in R^k$ 중에서 $f(\mathbf{x}) \neq 0$인 것 전체의 모음의 닫개이다. 연속 함수 $f$의 받침이 옹골진 모음일 때, $I^k$를 $f$의 받침을 포함하는 $k$포체라 하고, 다음과 같이 정의한다.

**용어**
받침, 지지 모음, 지지 집합 support
단체 simplex
단위 입방체 unit cube

▸ ($f$의 받침) $= \overline{\{\mathbf{x} \in R^n \mid f(\mathbf{x}) \neq 0\}}$

(3) $$\int_{R^k} f = \int_{I^k} f$$

이렇게 정의된 적분은, $I^k$가 $f$의 받침을 포함하는 한, 분명히 $I^k$의 선택과 무관한다.

이제 $R^k$ 위에서의 적분에 대한 이 정의를 확장시켜 받침이 옹골진 연속 함수들의 (어떤 의미에서) 극한인 함수에 적용하고 싶을 것이다. 이런 확장이 가능한 조건을 논의하고 싶지 않다. 이런 질문에 대한 적절한 상황은 르베그 적분이다. 여기서는 스토크스의 정리를 증명할 때 사용할 아주 간단한 보기만을 설명하겠다.

▸ 옹골진 = compact

## 10.4 보기

$Q^k$는 $k$단체로 $R^k$의 점 $\mathbf{x} = (x_1, \cdots, x_k)$ 중에서 $x_1 + \cdots + x_k \leq 1$이고 $i = 1, \cdots, k$에 대해 $x_i \geq 0$인 것 전체로 이루어졌다고 하자. 예를 들면 $k = 3$일 때, $Q^k$는 네 꼭짓점이 $\mathbf{0}$, $\mathbf{e}_1$, $\mathbf{e}_2$, $\mathbf{e}_3$인 사면체이다. $f \in \mathscr{C}(Q^k)$이면, $Q^k$ 밖에서는 $f(\mathbf{x}) = 0$으로 놓아서 $f$를 $I^k$로 확장하고, 다음과 같이 정의한다.

▸ $Q^k = \{\mathbf{x} = (x_1, \cdots, x_k) \in R^k \mid x_1 + \cdots + x_k \leq 1, x_i \geq 0, i = 1, \cdots, k\}$

(4) $$\int_{Q^k} f = \int_{I^k} f$$

여기서 $I^k$는 다음과 같이 정의된 '단위 입방체'이다.

$$0 \leq x_i \leq 1 \quad (1 \leq i \leq k)$$

$f$는 $I^k$에서 불연속일 수 있으므로, (4)의 우변에 있는 적분의 존재를 증명할 필요가 있다. 이 적분이 $k$번에 걸친 개별적인 적분을 시행하는 순서와 무관하다는 사실도 보이고 싶다.

이를 위해, $0 < \delta < 1$이라 하고 다음과 같이 놓자.

(5) $$\varphi(t)=\begin{cases} 1 & (t \le 1-\delta) \\ \dfrac{(1-t)}{\delta} & (1-\delta < t \le 1) \\ 0 & (1 < t) \end{cases}$$

그리고 다음과 같이 정의하자.

(6) $$F(\mathbf{x})=\varphi(x_1+\cdots+x_k)f(\mathbf{x}) \qquad (\mathbf{x}\in I^k)$$

그러면 $F\in\mathscr{C}(I^k)$이다.

▸ 빈 모음 = 공집합

$\mathbf{y}=(x_1,\ \cdots,\ x_{k-1})$과 $\mathbf{x}=(\mathbf{y},\ x_k)$로 놓자. 각 $\mathbf{y}\in I^{k-1}$에 대해 $x_k$ 중에서 $F(\mathbf{y},\ x_k)\neq f(\mathbf{y},\ x_k)$인 것 전체의 모음은 빈 모음이거나 길이가 $\delta$보다 크지 않은 열린 구간이다. $0\le\varphi\le 1$이므로, 다음이 성립한다.

(7) $$|F_{k-1}(\mathbf{y})-f_{k-1}(\mathbf{y})|\le\delta\|f\| \qquad (\mathbf{y}\in I^{k-1})$$

여기서 $\|f\|$의 뜻은 정리 10.2의 증명에서와 같고, $F_{k-1}$과 $f_{k-1}$은 정의 10.1에서와 같다.

$\delta\to 0$일 때, (7)은 $f_{k-1}$을 연속 함수들의 열의 고른 극한으로 나타낸다. 그러므로 $f_{k-1}\in\mathscr{C}(I^{k-1})$이고, 또 다른 적분에 문제가 전혀 없다.

이것은 적분 (4)의 존재를 증명한다. 게다가, (7)은 다음을 보여준다.

(8) $$\left|\int_{I^k}F(\mathbf{x})\,d\mathbf{x}-\int_{I^k}f(\mathbf{x})\,d\mathbf{x}\right|\le\delta\|f\|$$

(8)은 $k$번의 개별적인 적분을 시행하는 순서와 무관하게 참임에 주목하자. $F\in\mathscr{C}(I^k)$이므로, $\int F$는 이런 순서의 변화에 영향을 받지 않는다. 그러므로 (8)은 똑같은 사실이 $\int f$에 대해서도 참임을 보여준다.

이에 따라 증명이 끝난다.

▸ 변수 바꿈 = 변수 변환, 유도 함수 = 도함수

다음 목표는 정리 10.9에서 서술하는 변수 바꿈 공식이다. 이의 증명을 쉽게 하기 위해서, 이른바 원시 사상과 단위 분할을 먼저 논의하겠다. 원시 사상은 유도 함수가 가역적인 $\mathscr{C}'$ 사상의 국소적인 작용을 더욱 명확하게 보여줄 수 있고, 단위 분할은 매우 쓸모 있는 장치인데 국소적인 정보를 대역적인 상황에 사용할 수 있도록 한다.

## 원시 사상

### 10.5 정의

G는 열린 모음 $E \subset R^n$를 $R^n$으로 사상하고, 자연수 $m$과 정의역이 $E$인 실 함수 $g$가 존재해서 다음이 성립한다고 하자.

(9) $$\mathbf{G}(\mathbf{x}) = \sum_{i \neq m} x_i \mathbf{e}_i + g(\mathbf{x})\mathbf{e}_m \qquad (\mathbf{x} \in E)$$

이때 G를 **원시 사상**이라 한다. 그러므로 원시 사상은 기껏해야 한 개의 좌표를 바꾸는 사상이다. (9)를 다음과 같은 꼴로도 쓸 수 있다.

(10) $$\mathbf{G}(\mathbf{x}) = \mathbf{x} + \{g(\mathbf{x}) - x_m\}\mathbf{e}_m$$

$g$를 어떤 점 $\mathbf{a} \in E$에서 미분할 수 있으면, G도 그렇다. 작용소 $\mathbf{G}'(\mathbf{a})$의 행렬 $[\alpha_{ij}]$에서 $m$째 행은 다음과 같다.

(11) $$(D_1 g)(\mathbf{a}),\ \cdots,\ (D_m g)(\mathbf{a}),\ \cdots,\ (D_n g)(\mathbf{a})$$

$j \neq m$일 때 $\alpha_{jj} = 1$이고 $i \neq j$일 때 $\alpha_{ij} = 0$이다. 그러므로 $\mathbf{a}$에서 G의 야코비 결정자는 다음과 같다.

(12) $$J_{\mathbf{G}}(\mathbf{a}) = \det[\mathbf{G}'(\mathbf{a})] = (D_m g)(\mathbf{a})$$

이에 따라 (정리 9.36에 의해) $\mathbf{G}'(\mathbf{a})$가 가역적이기 위한 필요 충분 조건은 $(D_m g)(\mathbf{a}) \neq 0$인 경우임을 알 수 있다.

> **용어**
> 원시 사상
> primitive mapping
> 뒤집기 flip

▸ 모음 = 집합

▸ 미분할 수 있다
= 미분 가능하다

▸ 야코비 결정자[행렬식]
= 야코비안

▸ … 위한 필요 충분 조건
= … 위해 필요하고 충분한 조건

### 10.6 정의

표준 기저의 원소 중에서 어떤 쌍을 맞바꾸고 나머지는 고정시켜 남기는 $R^n$에서의 선형 작용소 $B$를 **뒤집기**라 한다.

예를 들면, $\mathbf{e}_2$와 $\mathbf{e}_4$를 맞바꾸는 $R^4$에서의 뒤집기 $B$는 다음 (13) 또는 동치로 (14)와 같은 꼴로 나타낼 수 있다.

(13) $$B(x_1\mathbf{e}_1 + x_2\mathbf{e}_2 + x_3\mathbf{e}_3 + x_4\mathbf{e}_4) = x_1\mathbf{e}_1 + x_2\mathbf{e}_4 + x_3\mathbf{e}_3 + x_4\mathbf{e}_2,$$

(14) $$B(x_1\mathbf{e}_1 + x_2\mathbf{e}_2 + x_3\mathbf{e}_3 + x_4\mathbf{e}_4) = x_1\mathbf{e}_1 + x_4\mathbf{e}_2 + x_3\mathbf{e}_3 + x_2\mathbf{e}_4$$

그러므로 $B$를 두 개의 기저 벡터가 아니라 두 개의 좌표를 맞바꾸는 것으로 생각할 수 있다.

아래의 증명에서 $R^n$ 에서의 사영 $P_0$, …, $P_n$ 들을 이용하는데, $P_0\mathbf{x}=0$ 이고 $1 \le m \le n$에 대해 다음과 같다.

$$P_m\mathbf{x} = x_1\mathbf{e}_1 + \cdots + x_m\mathbf{e}_m \tag{15}$$

그러므로 사영 $P_m$은 치역과 퇴화 공간이 각각 $\{\mathbf{e}_1, \cdots, \mathbf{e}_m\}$과 $\{\mathbf{e}_{m+1}, \cdots, \mathbf{e}_n\}$으로 생성된다.

## 10.7 정리

▸ 모음 = 집합

**F**는 열린 모음 $E \subset R^n$에서 $R^n$으로의 $\mathscr{C}'$ 사상이고, $\mathbf{0} \in E$이며 $\mathbf{F}(\mathbf{0}) = \mathbf{0}$이고 $\mathbf{F}'(\mathbf{0})$은 가역적이라 하자.

그러면 $R^n$에서 **0**의 적당한 이웃이 존재해서, 이 이웃에서 다음과 같은 표현이 유효하다.

$$\mathbf{F}(\mathbf{x}) = B_1 \cdots B_{n-1}\mathbf{G}_n \circ \cdots \circ \mathbf{G}_1(\mathbf{x}) \tag{16}$$

▸ 이웃 = 근방

(16)에서 각 $\mathbf{G}_i$는 **0**의 어떤 이웃에서 원시 $\mathscr{C}'$ 사상으로 $\mathbf{G}_i(\mathbf{0}) = \mathbf{0}$이고 $\mathbf{G}_i{}'(\mathbf{0})$은 가역적이며, 각 $B_i$는 뒤집기 또는 항등 작용소이다.

간단히 말하면, (16)은 **F**를 원시 사상들과 뒤집기들의 합성으로 국소적으로 표현한다.

**증명** $\mathbf{F} = \mathbf{F}_1$로 놓자. $1 \le m \le n-1$이라 가정하고 다음과 같이 귀납법 가정을 세우자. ($m=1$일 때는 명백하게 성립한다.)

$V_m$은 **0**의 이웃이고 $\mathbf{F}_m \in \mathscr{C}'(V_m)$이며 $\mathbf{F}_m(\mathbf{0}) = \mathbf{0}$이고 $\mathbf{F}_m{}'(\mathbf{0})$은 가역적이며 다음이 성립한다.

$$P_{m-1}\mathbf{F}_m(\mathbf{x}) = P_{m-1}\mathbf{x} \quad (\mathbf{x} \in V_m) \tag{17}$$

(17)에 의해 다음을 얻는다.

$$\mathbf{F}_m(\mathbf{x}) = P_{m-1}\mathbf{x} + \sum_{i=m}^{n} \alpha_i(\mathbf{x})\mathbf{e}_i \tag{18}$$

여기서 $\alpha_m, \cdots, \alpha_n$들은 $V_m$에서 실 $\mathscr{C}'$ 함수이다. 그러므로 다음이 성립한다.

$$\mathbf{F}_m{}'(\mathbf{0})\mathbf{e}_m = \sum_{i=m}^{n} (D_m\alpha_i)(\mathbf{0})\mathbf{e}_i \tag{19}$$

$\mathbf{F}_m{}'(\mathbf{0})$이 가역적이므로, (19)의 좌변은 $\mathbf{0}$이 아니고, 이에 따라 적당한 $k$가 존재해서 $m \le k \le n$이고 $(D_m\alpha_k)(\mathbf{0}) \neq 0$이 성립한다.

$B_m$을 $m$과 이 $k$를 맞바꾸는 뒤집기라 하고($k = m$이면 $B_m$은 항등 작용소인데), 다음과 같이 정의하자.

(20) $$\mathbf{G}_m(\mathbf{x}) = \mathbf{x} + \{\alpha_k(\mathbf{x}) - x_m\}\mathbf{e}_m \qquad (\mathbf{x} \in V_m)$$

그러면 $\mathbf{G}_m \in \mathscr{C}'(V_m)$이고 $\mathbf{G}_m$은 원시 사상이며 $\mathbf{G}_m{}'(\mathbf{0})$은 가역적인데, $(D_m\alpha_k)(\mathbf{0}) \neq 0$이기 때문이다.

그러므로 역함수 정리에 의해 적당한 열린 모음 $U_m$이 존재해서 $\mathbf{0} \in U_m \subset V_m$이고 $\mathbf{G}_m$은 $U_m$에서 $\mathbf{0}$의 이웃 $V_{m+1}$ 위로의 일대일 사상인데, 이 이웃에서 $\mathbf{G}_m^{-1}$은 연속적으로 미분할 수 있다. $\mathbf{F}_{m+1}$을 다음과 같이 정의하자.

▸모음 = 집합,
이웃 = 근방,
미분할 수 있다
= 미분 가능하다

(21) $$\mathbf{F}_{m+1}(\mathbf{y}) = B_m\mathbf{F}_m \circ \mathbf{G}_m^{-1}(\mathbf{y}) \qquad (\mathbf{y} \in V_{m+1})$$

그러면 $\mathbf{F}_{m+1} \in \mathscr{C}'(V_{m+1})$이고 $\mathbf{F}_{m+1}(\mathbf{0}) = \mathbf{0}$이며 $\mathbf{F}_{m+1}{}'(\mathbf{0})$은 (사슬 법칙에 의해) 가역적이다. 또, $\mathbf{x} \in U_m$에 대해 다음이 성립한다.

▸사슬 법칙 = 연쇄 법칙

(22) $$\begin{aligned} P_m\mathbf{F}_{m+1}(\mathbf{G}_m(\mathbf{x})) &= P_m B_m \mathbf{F}_m(\mathbf{x}) \\ &= P_m\{P_{m-1}\mathbf{x} + \alpha_k(\mathbf{x})\mathbf{e}_m + \cdots\} \\ &= P_{m-1}\mathbf{x} + \alpha_k(\mathbf{x})\mathbf{e}_m \\ &= P_m\mathbf{G}_m(\mathbf{x}) \end{aligned}$$

이에 따라 다음을 얻는다.

(23) $$P_m\mathbf{F}_{m+1}(\mathbf{y}) = P_m\mathbf{y} \qquad (\mathbf{y} \in V_{m+1})$$

따라서 귀납법 가정이 $m$ 대신에 $m+1$에 대해 성립한다.

[(22)에서, 먼저 (21)을 사용했고 다음에 (18)과 $B_m$의 정의, 그 뒤 $P_m$의 정의, 마지막으로 (20)을 사용했다.]

$B_mB_m = I$이므로, $\mathbf{y} = \mathbf{G}_m(\mathbf{x})$일 때 (21)은 다음과 동치이다.

(24) $$\mathbf{F}_m(\mathbf{x}) = B_m\mathbf{F}_{m+1}(\mathbf{G}_m(\mathbf{x})) \qquad (\mathbf{x} \in U_m)$$

이것을 $m = 1, \cdots, n-1$에 대해 적용하면, $\mathbf{0}$의 어떤 이웃에서 잇따라 다음을 얻는다.

$$\begin{aligned}\mathbf{F} = \mathbf{F}_1 &= B_1 \mathbf{F}_2 \circ \mathbf{G}_1 \\ &= B_1 B_2 \mathbf{F}_3 \circ \mathbf{G}_2 \circ \mathbf{G}_1 = \cdots \\ &= B_1 \cdots B_{n-1} \mathbf{F}_n \circ \mathbf{G}_{n-1} \circ \cdots \circ \mathbf{G}_1\end{aligned}$$

(17)에 의해 $\mathbf{F}_n$은 원시 사상이다. 이에 따라 증명이 끝난다.

## 단위 분할

### 10.8 정리

▸ 옹골진 모음 = compact set

$K$는 $R^n$의 옹골진 부분 모음이고, $\{V_\alpha\}$는 $K$의 열린 덮개라 하자. 그러면 다음을 만족시키는 함수 $\psi_1, \cdots, \psi_s \in \mathscr{C}(R^n)$가 존재한다.

(a) $1 \le i \le s$에 대해 $0 \le \psi_i \le 1$이다.

(b) 각 $\psi_i$의 받침은 어떤 $V_\alpha$에 포함된다.

(c) 각 $\mathbf{x} \in K$에 대해 $\psi_1(\mathbf{x}) + \cdots + \psi_s(\mathbf{x}) = 1$이다.

**용어**

단위 분할 partition of unit
종속된[되어 있다] [be] subordinate

(c) 때문에 $\{\psi_i\}$를 **단위 분할**이라 하고, (b)를 $\{\psi_i\}$는 덮개 $\{V_\alpha\}$에 **종속되어 있다**는 말로 종종 표현된다.

### 따름 정리

$f \in \mathscr{C}(R^n)$이고 $f$의 받침이 $K$에 놓여 있으면, 다음이 성립한다.

$$f = \sum_{i=1}^{s} \psi_i f \tag{25}$$

각 $\psi_i f$의 받침은 어떤 $V_\alpha$에 포함된다.

(25)의 요점은 이것이 받침이 '작은' 연속 함수 $\psi_i f$의 합으로 $f$에 대한 표현을 제시한다는 사실이다.

**증명** 각 $\mathbf{x} \in K$에 적당한 지수 $\alpha(\mathbf{x})$를 대응시켜 $\mathbf{x} \in V_{\alpha(\mathbf{x})}$가 되도록 하자. 그러면 다음과 같은 중심이 $\mathbf{x}$인 두 열린 공 $B(\mathbf{x})$와 $W(\mathbf{x})$가 존재한다.

▸ 옹골지다 = be compact

$$\overline{B(\mathbf{x})} \subset W(\mathbf{x}) \subset \overline{W(\mathbf{x})} \subset V_{\alpha(\mathbf{x})} \tag{26}$$

$K$가 옹골지므로, $K$에는 다음과 같은 점 $\mathbf{x}_1, \cdots, \mathbf{x}_s$ 들이 존재한다.

(27) $$K \subset B(\mathbf{x}_1) \cup \cdots \cup B(\mathbf{x}_s)$$

(26)에 의해 적당한 함수 $\varphi_1, \cdots, \varphi_s \in \mathscr{C}(R^n)$가 존재해서 $B(\mathbf{x}_i)$에서 $\varphi_i(\mathbf{x}) = 1$이고 $W(\mathbf{x}_i)$의 밖에서 $\varphi_i(\mathbf{x}) = 0$이며 $R^n$에서 $0 \le \varphi_i(\mathbf{x}) \le 1$이 성립한다. $\psi_1 = \varphi_1$이고 $i = 1, \cdots, s-1$에 대해 다음과 같이 정의하자.

(28) $$\psi_{i+1} = (1-\varphi_1) \cdots (1-\varphi_i)\varphi_{i+1}$$

두 성질 (a)와 (b)는 명백하다. 다음 관계는 $i=1$일 때 자명하다.

(29) $$\psi_1 + \cdots + \psi_i = 1 - (1-\varphi_1) \cdots (1-\varphi_i)$$

(29)가 어떤 $i < s$에 대해 성립하면, (28)과 (29)를 더하면 $i$에 $i+1$을 대입한 (29)를 얻는다. 이에 따라 다음이 성립한다.

(30) $$\sum_{i=1}^{s} \psi_i(\mathbf{x}) = 1 - \prod_{i=1}^{s} \{1 - \varphi_i(\mathbf{x})\} \qquad (\mathbf{x} \in R^n)$$

$\mathbf{x} \in K$이면 어떤 $i$에 대해 $\mathbf{x} \in B(\mathbf{x}_i)$이므로 $\varphi_i(\mathbf{x}) = 1$이고, (30)에 있는 곱은 0이다. 이에 따라 (c)가 증명된다.

## 변수 바꿈

이제 다중 적분에서 변수 바꿈의 효과를 설명하겠다. 편의를 위해, 여기서는 받침이 옹골진 모음인 연속 함수만을 다루지만, 이것은 많은 활용의 경우에 지나치게 제한적이다. 익힘 문제 9부터 13까지 이것이 예시되어 있다.

**용어**

변수 바꿈, 변수 변환 change of variables
'변환'은 '선형 변환(linear transformation)'과 같은 함수를 가리키는 데 사용하기로 한다.

다중 적분 multiple integral

- 옹골진 모음 = compact set
- 옹골지다 = be compact

### 10.9 정리

$T$는 열린 모음 $E \subset R^k$에서 $R^k$로의 일대일 $\mathscr{C}'$ 사상으로 모든 $\mathbf{x} \in E$에 대해 $J_T(\mathbf{x}) \neq 0$이라 하자. $f$가 $R^k$에서의 연속 함수로 그 받침이 옹골지고 $T(E)$에 포함되면, 다음이 성립한다.

(31) $$\int_{R^k} f(\mathbf{y})\, d\mathbf{y} = \int_{R^k} f(T(\mathbf{x}))\, |J_T(\mathbf{x})|\, d\mathbf{x}$$

▸ 야코비 결정자[행렬식] = 야코비안, 적분할 함수 = 피적분 함수

여기서 $J_T$는 $T$의 야코비 결정자이다. $J_T(\mathbf{x}) \neq 0$이라는 가정 때문에 역함수 정리에 의해 $T^{-1}$는 $T(E)$에서 연속이고, 이것은 (31)의 우변에 있는 적분할 함수의 받침이 $E$에 포함됨을 보장한다(정리 4.14).

(31)에서 $J_T(\mathbf{x})$의 절댓값이 이용된다는 사실은 언급해야 한다. $k=1$인 경우를 택하고, $T$는 $R^1$에서 $R^1$ 위로의 일대일 $\mathscr{C}'$ 사상이라 가정하자. 그러면 $J_T(x) = T'(x)$이다. 그리고 $T$가 증가하면, 두 정리 6.19와 6.17에 의해 받침이 옹골진 모든 연속 함수 $f$에 대해 다음을 얻는다.

$$\int_{R^1} f(y)\,dy = \int_{R^1} f(T(x))\,T'(x)\,dx \tag{32}$$

그런데 $T$가 감소하면, $T'(x) < 0$이다. 그리고 $f$가 이것의 받침의 내부에서 양수이면, (32)의 좌변은 양수이고 우변은 음수이다. (32)에서 $T'$를 $|T'|$로 바꿔야 정확한 식을 얻는다.

요점은 현재 고려하고 있는 적분이 $R^k$의 부분 모음 위에서 함수의 적분이고 이런 부분 모음에 방향을 연관시키지 않는다는 사실이다. 곡면 위에서 미분 형식의 적분을 다룰 때는 다른 관점을 채택할 것이다.

**증명** 방금 지적한 사실에서 알 수 있듯이 $T$가 원시 $\mathscr{C}'$ 사상이면 (31)은 참이고(정의 10.5를 보라), 정리 10.2에 의해 $T$가 단지 두 개의 좌표만을 맞바꾸는 선형 사상일 때 (31)은 참이다.

이 정리가 두 변환 $P$와 $Q$에 대해 참이고 $S(\mathbf{x}) = P(Q(\mathbf{x}))$이면, 다음이 성립한다.

$$\begin{aligned}\int f(\mathbf{z})\,d\mathbf{z} &= \int f(P(\mathbf{y}))\,|J_P(\mathbf{y})|\,d\mathbf{y}\\ &= \int f(P(Q(\mathbf{x})))\,|J_P(Q(\mathbf{x}))|\,|J_Q(\mathbf{x})|\,d\mathbf{x}\\ &= \int f(S(\mathbf{x}))\,|J_S(\mathbf{x})|\,d\mathbf{x}\end{aligned}$$

▸ 결정자 = 행렬식 = determinant, 사슬 법칙 = 연쇄 법칙

왜냐하면 결정자에 대한 곱셈 정리와 사슬 법칙에 의해 다음이 성립하기 때문이다.

$$\begin{aligned}J_P(Q(\mathbf{x}))\,J_Q(\mathbf{x}) &= \det P'(Q(\mathbf{x}))\det Q'(\mathbf{x})\\ &= \det P'(Q(\mathbf{x}))\,Q'(\mathbf{x}) = \det S'(\mathbf{x}) = J_S(\mathbf{x})\end{aligned}$$

그러므로 이 정리는 $S$에 대해서도 참이다.

각 점 $\mathbf{a} \in E$의 적당한 이웃 $U \subset E$가 존재해서 이 이웃에서 다음이 성립한다.

▸ 이웃 = 근방

$$T(\mathbf{x}) = T(\mathbf{a}) + B_1 \cdots B_{k-1} \mathbf{G}_k \circ \mathbf{G}_{k-1} \circ \cdots \circ \mathbf{G}_1(\mathbf{x} - \mathbf{a}) \tag{33}$$

여기서 $\mathbf{G}_i$와 $B_i$는 정리 10.7에서와 같다. $V = T(U)$로 놓으면, $f$의 받침이 $V$에 놓여 있을 때 (31)이 성립한다. 그러므로

각 점 $\mathbf{y} \in T(E)$는 적당한 열린 모음 $V_\mathbf{y} \subset T(E)$에 놓여 있는데, (31)은 그 받침이 $V_\mathbf{y}$에 놓여 있는 모든 연속 함수에 대해 성립한다.

▸ 모음 = 집합

이제 $f$는 받침이 옹골진 모음 $K \subset T(E)$인 연속 함수라 하자. $\{V_\mathbf{y}\}$가 $K$를 덮으므로, 정리 10.8의 따름 정리에 의해 $f = \sum \psi_i f$가 성립한다. 여기서 각 $\psi_i$는 연속이고 각 $\psi_i$의 받침은 어떤 $V_\mathbf{y}$에 포함된다. 따라서 (31)은 각 $\psi_i f$에 대해 성립하고, 이에 따라 그 합 $f$에 대해 성립한다.

▸ 옹골진 모음 = compact set

## 미분 형식

이제 통상 **스토크스의 정리**라 부르는 미분 적분학의 기본 정리의 $n$차원 형태를 유도하는 데 필요한 장치를 몇 가지 전개하겠다. 스토크스의 정리의 원형은 벡터 해석학을 전자기학에 응용하는 과정에서 나타났고, 벡터 마당의 회전과 관련해서 서술됐다. 그린의 정리와 발산 정리는 다른 특별한 경우들이다.

**용어**

미분 형식 differential form
스토크스의 정리 Stokes' theorem
벡터 마당, 벡터장 vector field
회전 curl
그린의 정리 Green's theorem
발산 정리 divergence theorem

스토크스 정리의 기이한 특징은 이에 관해 어려운 유일한 사항이 이를 서술하는 데 요구되는 정교한 구조의 정의들이라는 사실이다. 이런 정의들은 미분 형식과 이의 유도 함수 및 경계와 방향에 관한 것이다. 일단 이런 개념들을 이해하기만 하면, 스토크스의 정리를 서술한 문장은 매우 간단명료하고, 이의 증명은 전혀 어렵지 않다.

지금까지 여러 변수 함수의 유도 함수는 열린 모음에서 정의된 함수에 대해서만 생각했다. 이렇게 한 이유는 경계 점에서 나타날 수 있는 어려움을 피하기 위해서였다. 그렇지만 이제 옹골진 모음에서 미분할 수 있는 함수를 논의하는 것이 편리하다. 이에 따라 다음과 같은 관례를 따른다.

▸ 유도 함수 = 도함수

▸ 여러 변수 함수 = 다변수 함수, 미분할 수 있다 = 미분 가능하다, 옹골진 모음 = compact set

▸ 옹골진 모음 = compact set

"**f**는 옹골진 모음 $D\subset R^k$에서 $R^n$으로의 $\mathscr{C}'$ 사상(또는 $\mathscr{C}''$ 사상)이다."라는 말은 "열린 모음 $W\subset R^k$에서 $R^n$으로의 $\mathscr{C}'$ 사상(또는 $\mathscr{C}''$ 사상) **g**가 존재해서 $D\subset W$이고 모든 $\mathbf{x}\in D$에 대해 $\mathbf{g}(\mathbf{x})=\mathbf{f}(\mathbf{x})$이다."라는 사실을 뜻한다.

## 10.10 정의

| 용어 |
|---|
| $k$곡면　$k$-surface |
| 매개 변수 정의역 parameter domain |
| $k$차 미분 형식　differential form of order $k$ |
| $k$형식　$k$-form |

$E$는 $R^n$에서의 열린 모음이라 하자. $E$에서의 $k$**곡면**은 옹골진 모음 $D\subset R^k$에서 $E$로의 $\mathscr{C}'$ 사상 $\Phi$이다.

$D$를 $\Phi$의 **매개 변수 정의역**이라 한다. $D$의 점을 $\mathbf{u}=(u_1, \cdots, u_k)$로 나타내겠다.

여기서는 $D$가 $k$포체이거나 보기 10.4에서 설명한 $k$단체 $Q^k$인 단순한 상황만을 제한해서 고려하겠다. 이런 이유는 $D$ 위에서 적분해야 하기 때문이고 $R^k$의 더 복잡한 부분 모음 위에서의 적분은 논의하지 않았기 때문이다. $D$에 대해 이렇게 제한해도 (앞으로 암묵적으로 이렇게 하는데) 그 결과로 얻는 미분 형식에 관한 이론에서의 일반성을 결코 크게 잃지 않는다는 사실이 밝혀질 것이다.

$E$에서의 $k$곡면을 $E$의 부분 모음이 아니라 $E$로의 사상으로 정의했음을 강조한다. 이것은 곡선에 대한 이전의 정의(정의 6.26)와 일치한다. 실제로, 1곡면은 연속적으로 미분할 수 있는 곡선과 정확하게 똑같다.

▸ 미분할 수 있다 = 미분 가능하다

## 10.11 정의

$E$는 $R^n$에서의 열린 모음이라고 하자. $E$에서의 $k\geq 1$**차 미분 형식**(간단히 $E$에서의 $k$**형식**)은 다음과 같은 합으로 상징적으로 표현된 함수 $\omega$이다.

(34)
$$\omega=\sum a_{i_1\cdots i_k}(\mathbf{x})\,dx_{i_1}\wedge\cdots\wedge dx_{i_k}$$

(첨자 $i_1, \cdots, i_k$는 1부터 $n$까지 독립적으로 취하는데) 이 함수는 $E$에서의 각 $k$곡면 $\Phi$에 수 $\omega(\Phi)=\int_\Phi \omega$를 다음 규칙에 따라 대응시킨다.

(35)
$$\int_\Phi \omega=\int_D \sum a_{i_1\cdots i_k}(\Phi(\mathbf{u}))\frac{\partial(x_{i_1}, \cdots, x_{i_k})}{\partial(u_1, \cdots, u_k)}\,d\mathbf{u}$$

여기서 $D$는 $\Phi$의 매개 변수 정의역이다.

각 함수 $a_{i_1 \cdots i_k}$는 $E$에서 연속이고 실숫값을 취한다. $\phi_1, \cdots, \phi_n$이 $\Phi$의 성분이면, (35)에 있는 야코비 결정자는 다음 사상으로 정해지는 야코비 결정자이다.

$$(u_1, \cdots, u_k) \to (\phi_{i_1}(\mathbf{u}), \cdots, \phi_{i_k}(\mathbf{u}))$$

(35)의 우변은 $D$ 위에서의 적분으로 정의 10.1(또는 보기 10.4)에서 정의된 바와 같고, (35)는 기호 $\int_\Phi \omega$의 정의이다.

$k$형식 $\omega$는 (34)에 있는 함수 $a_{i_1 \cdots i_k}$가 모두 $\mathscr{C}'$급 또는 $\mathscr{C}''$급일 때, $\mathscr{C}'$급 또는 $\mathscr{C}''$급이라 한다.

$E$에서 0형식은 $E$에서의 연속 함수로 정의한다.

▸ 결정자 = 행렬식
= determinant
야코비 결정자[행렬식]
= 야코비안

## 10.12 보기

(a) $\gamma$는 매개 변수 정의역이 $[0, 1]$인 $R^3$에서의 1곡면($\mathscr{C}'$급 곡선)이라 하자.

$(x_1, x_2, x_3)$ 대신에 $(x, y, z)$로 쓰고, 다음과 같이 놓자.

$$\omega = x\,dy + y\,dx$$

그러면 다음을 얻는다.

$$\int_\gamma \omega = \int_0^1 \{\gamma_1(t)\gamma_2'(t) + \gamma_2(t)\gamma_1'(t)\}\,dt$$
$$= \gamma_1(1)\gamma_2(1) - \gamma_1(0)\gamma_2(0)$$

이 보기에서 $\int_\gamma \omega$는 $\gamma$의 시점 $\gamma(0)$과 종점 $\gamma(1)$에 따라서만 결정됨에 주목하자. 특히, 임의의 닫힌 곡선 $\gamma$에 대해 $\int_\gamma \omega = 0$이다. (나중에 알아보듯이, 이것은 모든 완전한 1형식 $\omega$에 대해 참이다.)

1형식의 적분을 흔히 **선 적분** 또는 **곡선 적분**이라 한다.

**용어**
시점 initial point
종점 end point
완전(한) 1형식 exact 1-form
선 적분, 곡선 적분 line integral

(b) $a > 0$와 $b > 0$를 고정하고, 다음과 같이 정의하자.

$$\gamma(t) = (a\cos t,\ b\sin t) \qquad (0 \le t \le 2\pi)$$

이에 따라 $\gamma$는 $R^2$에서의 닫힌 곡선이다. (이것의 치역은 타원이다.) 그러면 다음이 성립한다.

$$\int_\gamma x\,dy = \int_0^{2\pi} ab\cos^2 t\,dt = \pi ab,$$

$$\int_\gamma y\,dx = -\int_0^{2\pi} ab\sin^2 t\,dt = -\pi ab$$

$\int_\gamma x\,dy$는 $\gamma$로 둘러싸인 영역의 넓이임에 주목하자. 이것은 그린의 정리의 특별한 경우이다.

(c) $D$는 다음과 같이 정의된 3포체라 하자.

$$0 \le r \le 1, \quad 0 \le \theta \le \pi, \quad 0 \le \varphi \le 2\pi$$

$\Phi(r, \theta, \varphi) = (x, y, z)$로 정의하는데, 다음이 성립한다.

$$x = r\sin\theta\cos\varphi,$$
$$y = r\sin\theta\sin\varphi,$$
$$z = r\cos\theta$$

그러면 다음이 성립한다.

$$J_\Phi(r, \theta, \varphi) = \frac{\partial(x, y, z)}{\partial(r, \theta, \varphi)} = r^2\sin\theta$$

따라서 다음을 얻는다.

(36) $$\int_\Phi dx \wedge dy \wedge dz = \int_D J_\Phi = \frac{4\pi}{3}$$

$\Phi$는 $D$를 $R^3$의 닫힌 단위 공 위로 사상하고, 이 사상은 $D$의 내부에서 일대일이며(그러나 특정한 경계 점들에서 $\Phi$의 값은 서로 같은데), 적분 (36)은 $\Phi(D)$의 부피와 같다.

## 10.13 기본적인 성질

▸… 위한 필요 충분 조건 = … 위해 필요하고 충분한 조건

$\omega$, $\omega_1$, $\omega_2$는 $E$에서의 $k$형식이라 하자. $\omega_1 = \omega_2$이라 하기 위한 필요 충분 조건은 $E$에서의 모든 $k$곡면 $\Phi$에 대해 $\omega_1(\Phi) = \omega_2(\Phi)$인 경우이다. 특히, $\omega = 0$은 $E$에서의 모든 $k$곡면 $\Phi$에 대해 $\omega(\Phi) = 0$임을 뜻한다. $c$가 실수이면 $c\omega$는 다음과 같이 정의된 $k$형식이다.

(37) $$\int_\Phi c\omega = c\int_\Phi \omega$$

그리고 $\omega = \omega_1 + \omega_2$는 $E$에서의 모든 $k$곡면 $\Phi$에 대해 다음을 뜻한다.

(38) $$\int_\Phi \omega = \int_\Phi \omega_1 + \int_\Phi \omega_2$$

(37)의 특별한 경우로, $-\omega$는 다음과 같이 정의됨에 주목하자.

(39) $$\int_\Phi (-\omega) = -\int_\Phi \omega$$

다음과 같은 $k$형식을 생각하자.

(40) $$\omega = a(\mathbf{x})\, dx_{i_1} \wedge \cdots \wedge dx_{i_k}$$

그리고 $\bar{\omega}$는 (40)에서 아래 첨자들의 어떤 쌍을 맞바꾸어 얻은 $k$ 형식이라 하자. (35)와 (39)를 결정자의 부호는 그것의 두 행을 맞바꾸면 바뀐다는 사실과 결합하면, 다음이 성립함을 알 수 있다.

▸ 결정자 = 행렬식
= determinant

(41) $$\bar{\omega} = -\omega$$

이의 특별한 경우로, 모든 $i$와 $j$에 대해 다음과 같은 **비교환적 관계**가 성립한다는 점에 주목하자.

**용어**
비교환적 관계, 비가환적 관계
anticommutative relation

(42) $$dx_i \wedge dx_j = -dx_j \wedge dx_i$$

특히, 다음이 성립한다.

(43) $$dx_i \wedge dx_i = 0 \quad (i = 1, \cdots, n)$$

좀 더 일반적으로, (40)으로 되돌아가서 어떤 $r \neq s$에 대해 $i_r = i_s$라고 가정하자. 이 두 아래 첨자를 맞바꾸면, $\bar{\omega} = \omega$가 성립하므로 (41)에 의해 $\omega = 0$이다.

바꿔 말하면, $\omega$가 (40)으로 주어질 때, 아래 첨자 $i_1, \cdots, i_k$들이 모두 다르지 않으면 $\omega = 0$이다.

$\omega$가 (34)에서와 같으면, 이에 따라 아래 첨자가 반복된 항은 생략할 수 있는데, 이렇게 해도 $\omega$는 바뀌지 않는다.

이에 따라 $k > n$이면 $R^n$의 임의의 열린 부분 모음에서 유일한 $k$ 형식 0이다.

▸ 모음 = 집합

(42)로 표현되는 비교환적인 성질 때문에, 미분 형식을 검토할 때 음의 부호에 아주 큰 관심을 기울여야 한다.

## 10.14 기본적인 $k$ 형식

$i_1, \cdots, i_k$ 들은 자연수로 $1 \le i_1 < i_2 < \cdots < i_k \le n$ 이고, $I$ 는 순서 $k$ 조 $\{i_1, \cdots, i_k\}$ 이면, $I$ 를 **증가(하는) $k$ 지표**라 하고 다음과 같은 간단한 기호로 나타낸다.

용어
증가(하는) $k$지표
increasing $k$-index
$R^n$ 에서의 기본(적인) $k$-형식
basic $k$-form in $R^n$
표준 표현
standard presentation

(44) $$dx_I = dx_{i_1} \wedge \cdots \wedge dx_{i_k}$$

이런 형식 $dx_I$ 를 이른바 $R^n$ 에서의 **기본(적인) $k$ 형식**이라 한다.

$R^n$ 에서의 기본적인 $k$ 형식이 정확하게 $n!/k!(n-k)!$ 개 존재함을 어렵지 않게 증명할 수 있다. 그렇지만 이 사실을 사용하지는 않겠다.

훨씬 더 중요한 사실은, 모든 $k$ 형식을 기본적인 $k$ 형식들로 표현할 수 있다는 점이다. 이를 알아보기 위해서, 서로 다른 자연수들의 임의의 $k$ 조 $\{j_1, \cdots, j_k\}$ 는 쌍들을 유한 번 맞바꾸어 증가하는 $k$ 지표 $J$ 로 바꿀 수 있다는 사실에 주목하자. 10.13절에서 알아본 대로, 각 쌍의 교환은 $-1$ 의 곱셈에 해당한다. 그러므로 다음과 같이 된다.

(45) $$dx_{j_1} \wedge \cdots \wedge dx_{j_k} = \varepsilon(j_1, \cdots, j_k)\, dx_J$$

여기서 $\varepsilon(j_1, \cdots, j_k)$ 는 1 또는 $-1$ 인데, 필요한 교환의 개수에 따라 결정된다. 실제로, 정의 9.33에서 정의한 $s$ 에 대해 다음이 성립함을 쉽게 알 수 있다.

(46) $$\varepsilon(j_1, \cdots, j_k) = s(j_1, \cdots, j_k)$$

예를 들면, 다음과 같다.

$$dx_1 \wedge dx_5 \wedge dx_3 \wedge dx_2 = -dx_1 \wedge dx_2 \wedge dx_3 \wedge dx_5,$$
$$dx_4 \wedge dx_2 \wedge dx_3 = dx_2 \wedge dx_3 \wedge dx_4$$

(34)에 있는 임의의 $k$ 형식을 증가하는 $k$ 지표로 바꾸면, 다음과 같은 이른바 $\omega$ 의 **표준 표현**을 얻는다.

(47) $$\omega = \sum_I b_I(\mathbf{x})\, dx_I$$

(47)에서의 합은 증가하는 $k$ 지표 $I$ 전체에서 취한다. [물론, 각 증가하는 $k$ 지표는 많은 (정확하게 $k!$ 개의) $k$ 조로부터 나타난다. 그러므로 (47)에서 각 $b_I$ 는 (34)에 나타나는 여러 결수들의 합일 수 있다.]

▸ 결수 = 계수 = coefficient

예를 들어 다음과 같은 $R^3$ 에서의 2 형식을 생각하자.

$$x_1\,dx_2 \wedge dx_1 - x_2\,dx_3 \wedge dx_2 + x_3\,dx_2 \wedge dx_3 + dx_1 \wedge dx_2$$

이것의 표준 표현은 다음과 같다.

$$(1-x_1)\,dx_1 \wedge dx_2 + (x_2 + x_3)\,dx_2 \wedge dx_3$$

다음 유일성 정리는 $k$ 형식의 표준 표현을 도입하는 주요한 이유의 하나를 보여준다.

## 10.15 정리

다음은 열린 모음 $E \subset R^n$에서의 $k$ 형식 $\omega$의 표준 표현이라 하자.

▸ 모음 = 집합

(48) $$\omega = \sum_I b_I(\mathbf{x})\,dx_I$$

$E$에서 $\omega = 0$이면, 모든 증가하는 $k$ 지표 $I$와 모든 $\mathbf{x} \in E$에 대해 $b_I(\mathbf{x}) = 0$이다.

예를 들면 다음이 성립하므로, (34)에서와 같은 합에 대한 위와 유사한 명제는 거짓일 수 있음에 주목하자.

$$dx_1 \wedge dx_2 + dx_2 \wedge dx_1 = 0$$

**증명** 모순을 얻기 위해, 어떤 $\mathbf{v} \in E$와 어떤 증가하는 $k$ 지표 $J = \{j_1, \cdots, j_k\}$에 대해 $b_J(\mathbf{x}) > 0$이라 가정하자. $b_J$가 연속이므로, 적당한 $h > 0$가 존재해서 좌표가 $|x_i - v_i| \le h$를 만족시키는 모든 $\mathbf{x} \in R^n$에 대해 $b_J(\mathbf{x}) > 0$이 성립한다. $D$는 $R^k$에서의 $k$ 포체로 $\mathbf{u} \in D$이기 위한 필요 충분 조건은 $r = 1, \cdots, k$에 대해 $|u_k| \le h$인 경우라 하자. 다음과 같이 정의하자.

▸… 위한 필요 충분 조건
= … 위해 필요하고 충분한 조건

(49) $$\Phi(\mathbf{u}) = \mathbf{v} + \sum_{r=1}^{k} u_r \mathbf{e}_{j_r} \qquad (\mathbf{u} \in D)$$

그러면 $\Phi$는 $E$에서의 $k$ 곡면으로 매개 변수 정의역은 $D$이고 모든 $\mathbf{u} \in D$에 대해 $b_J(\Phi(\mathbf{u})) > 0$이다.

다음이 성립한다고 주장한다.

(50) $$\int_\Phi \omega = \int_D b_J(\Phi(\mathbf{u}))\,d\mathbf{u}$$

(50)의 우변이 양수이므로, 이에 따라 $\omega(\Phi) \neq 0$이다. 그러므로 (50)은 모순에 이른다.

▸ 야코비 결정자[행렬식] = 야코비안

(50)을 증명하기 위해서, (35)를 표현 (48)에 적용하자. 좀 더 명확하게 (35)에 나타나는 야코비 결정자를 셈하자. (49)에 의해 다음을 얻는다.

$$\frac{\partial(x_{j_1}, \cdots, x_{j_k})}{\partial(u_1, \cdots, u_k)} = 1$$

▸ 결정자 = 행렬식 = determinant

임의의 다른 증가하는 $k$ 지표 $I \neq J$에 대해 야코비 결정자는 0인데, 이것이 적어도 한 개의 행이 영인 행렬의 결정자이기 때문이다.

## 10.16 기본적인 $k$형식들의 곱

다음과 같다고 하자.

$$I = \{i_1, \cdots, i_p\}, \quad J = \{j_1, \cdots, j_q\} \tag{51}$$

| 용어 | |
|---|---|
| 곱 | product |

여기서 $1 \leq i_1 < \cdots < i_p \leq n$이고 $1 \leq j_1 < \cdots < j_q \leq n$이다. $R^n$에서의 대응하는 두 기본적인 형식 $dx_I$와 $dx_J$의 **곱**은 $R^n$에서의 $(p+q)$형식으로 기호 $dx_I \wedge dx_J$로 나타내며 다음과 같이 정의한다.

$$dx_I \wedge dx_J = dx_{i_1} \wedge \cdots \wedge dx_{i_p} \wedge dx_{j_1} \wedge \cdots \wedge dx_{j_q} \tag{52}$$

$I$와 $J$에 공통인 원소가 있으면, 10.13절의 논의에 의해 $dx_I \wedge dx_J = 0$이다.

$I$와 $J$에 공통인 원소가 없으면, $I \cup J$의 원소들을 증가하는 순서로 배열해서 얻은 증가하는 $(p+q)$지표를 $[I, J]$로 나타내겠다. 그러면 $dx_{[I, J]}$는 기본적인 $(p+q)$형식이다. 다음이 성립함을 주장한다.

$$dx_I \wedge dx_J = (-1)^{\alpha} dx_{[I, J]} \tag{53}$$

여기서 $\alpha$는 **음수**인 차 $j_t - i_s$의 개수이다. (그러므로 양수인 차의 개수는 $pq - \alpha$이다.)

(53)을 증명하기 위해서, 수들에 대해 다음 연산을 시행하자.

$$i_1, \cdots, i_p; \ j_1, \cdots, j_q \tag{54}$$

$i_p$를 오른쪽으로 한 걸음씩 옮기는데, 이것의 왼쪽 이웃이 $i_p$보다 작으면

계속한다. 걸음의 수는 $i_p > j_t$인 아래 첨자 $t$의 개수이다. (0걸음이 분명히 가능하다.) 다음에 $i_{p-1}, \cdots, i_1$에 대해 똑같이 시행한다. 옮긴 걸음 전체의 수가 $\alpha$이다. 마지막으로 도달한 배열이 $[I, J]$이다. (52)의 우변에 적용했을 때 각 걸음은 $dx_I \wedge dx_J$에 $-1$을 곱한다. 그러므로 (53)이 성립한다.

(53)의 우변은 $dx_I \wedge dx_J$의 표준 표현임에 주목하자.

다음으로 $K=(k_1, \cdots, k_r)$을 $\{1, \cdots, n\}$에서 증가하는 $r$지표라 하자. (53)을 사용해서 다음을 증명하겠다.

$$(dx_I \wedge dx_J) \wedge dx_K = dx_I \wedge (dx_J \wedge dx_K) \tag{55}$$

세 모음 $I, J, K$ 중에서 어느 두 개에 공통인 원소가 있으면, (55)의 각 변은 0이고 이에 따라 등식이 성립한다.

▸모음 = 집합

그러므로 $I, J, K$가 서로 만나지 않는다고 하자. $[I, J, K]$는 이것들의 합 모음으로부터 얻은 증가하는 $(p+q+r)$지표를 나타낸다고 하자. (53)에서 $\alpha$를 $(I, J)$에 연관시킨 방식으로 $\beta$를 순서쌍 $(J, K)$에 그리고 $\gamma$를 순서쌍 $(I, K)$에 연관시키자. 그러면 (55)의 좌변은 (53)을 두 번 적용해서 다음과 같이 된다.

▸합 모음 = 합집합

$$(-1)^{\alpha} dx_{[I, J]} \wedge dx_K = (-1)^{\alpha}(-1)^{\beta+\gamma} dx_{[I, J, K]}$$

그리고 (55)의 우변은 다음과 같이 된다.

$$(-1)^{\beta} dx_I \wedge dx_{[J, K]} = (-1)^{\beta}(-1)^{\alpha+\gamma} dx_{[I, J, K]}$$

그러므로 (55)는 정확하다.

## 10.17 곱셈

$\omega$와 $\lambda$는 어떤 열린 모음 $E \subset R^n$에서 각각 $p$형식과 $q$형식으로, 표준 표현은 다음과 같다고 하자.

$$\omega = \sum_I b_I(\mathbf{x})\, dx_I, \qquad \lambda = \sum_J c_J(\mathbf{x})\, dx_J \tag{56}$$

여기서 $I$와 $J$는 모음 $\{1, \cdots, n\}$에서 선택한 증가하는 $p$지표 전체와 증가하는 $q$지표 전체 위에서 취한다.

기호 $\omega \wedge \lambda$로 나타내는 이것들의 곱은 다음과 같이 정의한다.

(57) $$\omega \wedge \lambda = \sum_{I, J} b_I(\mathbf{x})\, c_J(\mathbf{x})\, dx_I \wedge dx_J$$

이 합에서 $I$와 $J$는 독립적으로 각각의 가능한 값들 위에서 취하고, $dx_I \wedge dx_J$는 10.16절에서와 같다. 그러므로 $\omega \wedge \lambda$는 $E$에서의 $(p+q)$형식이다.

아주 쉽게 확인할 수 있듯이(자세한 내용은 익힘 문제로 남기는데), 다음과 같은 두 가지 분배 법칙이 10.13절에서 정의한 덧셈에 관해 성립한다.

$$(\omega_1 + \omega_2) \wedge \lambda = (\omega_1 \wedge \lambda) + (\omega_2 \wedge \lambda),$$
$$\omega \wedge (\lambda_1 + \lambda_2) = (\omega \wedge \lambda_1) + (\omega \wedge \lambda_2)$$

이런 분배 법칙들을 (55)와 결합하면, $E$에서의 임의의 세 형식 $\omega$, $\lambda$, $\sigma$에 대해 다음과 같은 결합 법칙을 얻는다.

(58) $$(\omega \wedge \lambda) \wedge \sigma = \omega \wedge (\lambda \wedge \sigma)$$

이런 논의에서 암묵적으로 $p \geq 1$이고 $q \geq 1$이라 가정했다. 0형식 $f$와 (56)에 주어진 $p$형식 $\omega$의 곱은 단순히 다음의 $p$형식으로 정의한다.

$$f\omega = \omega f = \sum_I f(\mathbf{x})\, b_I(\mathbf{x})\, dx_I$$

$f$가 0형식일 때는 $f \wedge \omega$ 대신에 관례적으로 $f\omega$로 나타낸다.

## 10.18 미분

▸ 모음 = 집합

**용어**
미분 작용소, 미분 연산자 differentiation operator

이제 미분 작용소 $d$를 정의하는데, $d$는 어떤 열린 모음 $E \subset R^n$에서 $\mathscr{C}'$급의 각 $k$형식 $\omega$에 $(k+1)$형식 $d\omega$를 대응시킨다.

$E$에서 $\mathscr{C}'$급의 0형식은 바로 실 함수 $f \in \mathscr{C}'(E)$인데, 다음과 같이 정의한다.

(59) $$df = \sum_{i=1}^{n} (D_i f)(\mathbf{x})\, dx_i$$

$\omega = \sum b_I(\mathbf{x})\, dx_I$가 $k$형식 $\omega$의 표준 표현이고 각 증가하는 $k$지표 $I$에 대해 $b_I \in \mathscr{C}'(E)$이면, 다음과 같이 정의한다.

(60) $$d\omega = \sum_I (db_I) \wedge dx_I$$

### 10.19 보기

$E$는 $R^n$의 열린 부분 모음이고, $f \in \mathscr{C}'(E)$이며, $\gamma$는 $E$에서 연속적으로 미분할 수 있는 곡선으로 정의역이 $[0,\ 1]$이라 하자. (59)와 (35)에 의해 다음이 성립한다.

▸미분할 수 있다 = 미분 가능하다

$$\int_\gamma df = \int_0^1 \sum_{i=1}^{n} (D_i f)(\gamma(t))\, \gamma_i'(t)\, dt \tag{61}$$

사슬 법칙에 의해 마지막 적분할 함수는 $(f \circ \gamma)'(t)$이다. 그러므로 다음을 얻는다.

▸사슬 법칙 = 연쇄 법칙, 적분할 함수 = 피적분 함수

$$\int_\gamma df = f(\gamma(1)) - f(\gamma(0)) \tag{62}$$

그리고 보기 10.12의 (a)에서와 같이 $\int_\gamma df$는 시점과 종점이 각각 같은 모든 $\gamma$에 대해 서로 같음을 알 수 있다.

이에 따라 보기 10.12(b)와 비교하면, 1형식 $x\,dy$가 어떠한 0형식 $f$의 유도 함수가 아님을 알 수 있다. 이 사실은 다음 정리의 (b)로부터도 유도할 수 있는데, 다음이 성립하기 때문이다.

▸유도 함수 = 도함수

$$d(x\,dy) = dx \wedge dy \neq 0$$

### 10.20 정리

(a) $\omega$와 $\lambda$는 각각 $E$에서 $\mathscr{C}'$급의 $k$형식과 $m$형식이면, 다음이 성립한다.

$$d(\omega \wedge \lambda) = (d\omega) \wedge \lambda + (-1)^k \omega \wedge d\lambda \tag{63}$$

(b) $\omega$가 $E$에서 $\mathscr{C}''$급이면, $d^2\omega = 0$이다.

여기서 $d^2\omega$는 물론 $d(d\omega)$를 뜻한다.

**증명** (57)과 (60) 덕분에, (a)를 유도하기 위해서는 (63)을 다음과 같은 특수한 경우에 대해 증명하면 충분하다.

$$\omega = f\,dx_I, \qquad \lambda = g\,dx_J \tag{64}$$

여기서 $f \in \mathscr{C}'(E)$이고 $g \in \mathscr{C}'(E)$이며 $dx_I$는 기본적인 $k$형식이고 $dx_J$는 기본적인 $m$형식이다. [$k$ 또는 $m$ 또는 모두가 0이면, 단순히 (64)에서 $dx_I$ 또는 $dx_J$를 생략하면 된다. 다음의 증명은 이에 의해

영향을 받지 않는다.] 그러면 다음과 같이 된다.

$$\omega \wedge \lambda = fg\, dx_I \wedge dx_J$$

$I$와 $J$의 공통인 원소가 없다고 가정하자. [그렇지 않은 경우에 (63)의 세 항은 각각 0이다.] 그러면 (53)을 이용해서 다음을 얻는다.

$$d(\omega \wedge \lambda) = d(fg\, dx_I \wedge dx_J) = (-1)^{\alpha} d(fg\, dx_{[I,\, J]})$$

(59)에 의해 $d(fg) = f\,dg + g\,df$이다. 그러므로 (60)에 의해 다음을 얻는다.

$$\begin{aligned} d(\omega \wedge \lambda) &= (-1)^{\alpha}(f\,dg + g\,df) \wedge dx_{[I,\, J]} \\ &= (g\,df + f\,dg) \wedge dx_I \wedge dx_J \end{aligned}$$

$dg$는 1형식이고 $dx_I$는 $k$ 형식이므로, (42)에 의해 다음을 얻는다.

$$dg \wedge dx_I = (-1)^k dx_I \wedge dg$$

따라서 다음이 성립하고, (a)가 증명된다.

$$\begin{aligned} d(\omega \wedge \lambda) &= (df \wedge dx_I) \wedge (g\, dx_J) + (-1)^k (f\, dx_I) \wedge (dg \wedge dx_J) \\ &= (d\omega) \wedge \lambda + (-1)^k \omega \wedge d\lambda \end{aligned}$$

결합 법칙 (58)을 자유롭게 사용했음에 주목하자.

(b)를 먼저 다음과 같이 0형식 $f \in \mathscr{C}''$에 대해 증명하자.

$$\begin{aligned} d^2 f &= d\left( \sum_{j=1}^{n} (D_j f)(\mathbf{x})\, dx_j \right) \\ &= \sum_{j=1}^{n} d(D_j f) \wedge dx_j \\ &= \sum_{i,\, j=1}^{n} (D_{ij} f)(\mathbf{x})\, dx_i \wedge dx_j \end{aligned}$$

$D_{ij} f = D_{ji} f$이고(정리 9.41) $dx_i \wedge dx_j = -dx_j \wedge dx_i$이므로, $d^2 f = 0$임을 알 수 있다.

(64)에서와 같이 $\omega = f\, dx_I$이면, $d\omega = (df) \wedge dx_I$이다. (60)에 의해 $d(dx_I) = 0$이다. 그러므로 (63)에 따라 다음이 성립한다.

$$d^2 \omega = (d^2 f) \wedge dx_I = 0$$

## 10.21 변수 바꿈

$E$는 $R^n$의 열린 부분 모음이고, $T$는 $E$에서 열린 모음 $V \subset R^m$로의 $\mathscr{C}'$ 사상이며, $\omega$는 $V$에서의 $k$형식으로 표준 표현이 다음과 같다고 하자.

▸ 변수 바꿈 = 변수 변환, 모음 = 집합.

$$\omega = \sum_I b_I(\mathbf{y})\, dy_I \tag{65}$$

($\mathbf{y}$는 $V$의 점을 나타내고, $\mathbf{x}$는 $E$의 점을 나타낸다.)

$t_1, \cdots, t_m$을 $T$의 성분이라 하고, 다음과 같다고 하자.

$$\mathbf{y} = (y_1, \cdots, y_m) = T(\mathbf{x})$$

그러면 $y_i = t_i(\mathbf{x})$이다. (59)에서와 같이 다음이 성립한다.

$$dt_i = \sum_{j=1}^{n} (D_j t_i)(\mathbf{x})\, dx_j \quad (1 \le i \le m) \tag{66}$$

그러므로 각 $dt_i$는 $E$에서의 1형식이다.

사상 $T$는 $\omega$를 $E$에서의 $k$형식 $\omega_T$로 사상하는데, $\omega_T$는 다음과 같이 정의된다.

$$\omega_T = \sum_I b_I(T(\mathbf{x}))\, dt_{i_1} \wedge \cdots \wedge dt_{i_k} \tag{67}$$

(67)의 각 항에서 $I = \{i_1, \cdots, i_k\}$는 증가하는 $k$ 지표이다.

다음 정리는 형식들의 덧셈, 곱셈, 미분이 변수 바꿈과 호환하는 방식으로 정의되어 있음을 보여준다.

▸ 변수 바꿈 = 변수 변환

## 10.22 정리

$T$와 $E$는 10.21절에서와 같고, $\omega$와 $\lambda$는 각각 $V$에서의 $k$형식과 $m$형식이라 하자. 그러면 다음이 성립한다.

(a) $k = m$이면, $(\omega + \lambda)_T = \omega_T + \lambda_T$이다.

(b) $(\omega \wedge \lambda)_T = \omega_T \wedge \lambda_T$

(c) $\omega$가 $\mathscr{C}'$급이고 $T$가 $\mathscr{C}''$급이면, $d(\omega_T) = (d\omega)_T$이다.

**증명** (a)는 정의로부터 직접 유도된다. (b)는 거의 자명한데, $\{i_1, \cdots, i_r\}$의 증가 여부와 무관하게 다음이 성립함을 확인하면 된다.

$$(dy_{i_1}\wedge \cdots \wedge dy_{i_r})_T = dt_{i_1}\wedge \cdots \wedge dt_{i_r} \tag{68}$$

(68)은 성립하는 이유는, 증가하는 재배열을 얻기 위해서는 (68)의 양변에서 똑같은 개수의 음의 부호가 필요하기 때문이다.

이제 (c)를 증명하자. $f$가 $V$에서 $\mathscr{C}'$급의 0형식이면, 다음과 같다.

▸ 사슬 법칙 = 연쇄 법칙

$$f_T(\mathbf{x}) = f(T(\mathbf{x})), \quad df = \sum_i (D_i f)(\mathbf{y})\, dy_i$$

사슬 법칙에 따라 다음이 성립한다.

$$\begin{aligned} d(f_T) &= \sum_j (D_j f_T)(\mathbf{x})\, dx_j \\ &= \sum_j \sum_i (D_i f)(T(\mathbf{x}))(D_j t_i)(\mathbf{x})\, dx_j \\ &= \sum_i (D_i f)(T(\mathbf{x}))\, dt_i \\ &= (df)_T \end{aligned} \tag{69}$$

$dy_I = dy_{i_1}\wedge \cdots \wedge dy_{i_k}$이면 $(dy_I)_T = dt_{i_1}\wedge \cdots \wedge dt_{i_k}$이고, 정리 10.20에 의해 다음이 성립한다.

$$d((dy_I)_T) = 0 \tag{70}$$

(여기가 바로 $T\in\mathscr{C}''$라는 가정이 이용되는 곳이다.)

이제 $\omega = f\, dy_I$라 가정하자. 그러면 다음을 얻는다.

$$\omega_T = f_T(\mathbf{x})\,(dy_I)_T$$

그리고 위의 셈에 따라 다음을 얻는다.

$$\begin{aligned} d(\omega_T) &= d(f_T)\wedge (dy_I)_T = (df)_T \wedge (dy_I)_T \\ &= ((df)\wedge dy_I)_T = (d\omega)_T \end{aligned}$$

첫째 등호는 (63)과 (70)에 의해, 둘째 등호는 (69)에 의해, 셋째 등호는 (b)에 의해, 마지막 등호는 $d\omega$의 정의에 의해 성립한다.

(c)의 일반적인 경우는, (a)를 적용하면, 방금 증명한 특별한 경우에 의해 증명된다. 이에 따라 증명이 끝난다.

다음 목표는 정리 10.25이다. 이 정리는 미분 형식의 또 다른 두 가지 중요한 변환 성질로부터 직접 유도되는데, 이를 먼저 서술한다.

## 10.23 정리

$T$는 열린 모음 $E \subset R^n$에서 열린 모음 $V \subset R^m$로의 $\mathscr{C}'$ 사상이고, $S$는 $V$에서 열린 모음 $W \subset R^p$로의 $\mathscr{C}'$ 사상이며, $\omega$는 $W$에서의 $k$ 형식으로 $\omega_S$는 $V$에서의 $k$ 형식이고 $(\omega_S)_T$와 $\omega_{ST}$는 모두 $E$에서의 $k$ 형식이라 하자. 여기서 $ST$는 $(ST)(\mathbf{x}) = S(T(\mathbf{x}))$로 정의된다. 그러면 다음이 성립한다.

$$(\omega_S)_T = \omega_{ST} \tag{71}$$

▸ 모음 = 집합

**증명** $\omega$와 $\lambda$가 $W$에서의 형식이면, 정리 10.22에 의해 다음을 얻는다.

$$((\omega \wedge \lambda)_S)_T = (\omega_S \wedge \lambda_S)_T = (\omega_S)_T \wedge (\lambda_S)_T,$$

$$(\omega \wedge \lambda)_{ST} = \omega_{ST} \wedge \lambda_{ST}$$

그러므로 (71)이 $\omega$에 대해 그리고 $\lambda$에 대해 성립하면, (71)은 $\omega \wedge \lambda$에 대해서도 성립한다. 모든 형식은 0형식과 1형식으로부터 덧셈과 곱셈을 통해 구성할 수 있고, (71)은 0형식에 대해 자명하므로, (71)을 $\omega = dz_q$ $(q = 1, \cdots, p)$인 경우에 대해 증명하면 충분하다. ($E$, $V$, $W$의 점들을 차례로 $\mathbf{x}$, $\mathbf{y}$, $\mathbf{z}$로 나타낸다.)

$t_1, \cdots, t_m$은 $T$의 성분이고, $s_1, \cdots, s_p$는 $S$의 성분이며, $r_1, \cdots, r_p$는 $ST$의 성분이라 하자. $\omega = dz_q$이면, 다음과 같다.

$$\omega_S = ds_q = \sum_j (D_j s_q)(\mathbf{y})\, dy_j$$

이에 따라 사슬 법칙에 의해 다음이 성립한다.

▸ 사슬 법칙 = 연쇄 법칙

$$\begin{aligned}(\omega_S)_T &= \sum_j (D_j s_q)(T(\mathbf{x}))\, dt_j \\ &= \sum_j (D_j s_q)(T(\mathbf{x})) \sum_i (D_i t_j)(\mathbf{x})\, dx_i \\ &= \sum_i (D_i r_q)(\mathbf{x})\, dx_i = dr_q = \omega_{ST}\end{aligned}$$

## 10.24 정리

$\omega$는 열린 모음 $E \subset R^n$에서의 $k$형식이고, $\Phi$는 $E$에서의 $k$곡면으로

매개 변수 정의역이 $D \subset R^k$이며, $\varDelta$는 $R^k$에서의 $k$곡면으로 매개 변수 정의역이 $D$이고 $\varDelta(\mathbf{u}) = \mathbf{u}$ $(\mathbf{u} \in D)$로 정의한다. 그러면 다음이 성립한다.

$$\int_\Phi \omega = \int_\varDelta \omega_\Phi$$

증명 다음 경우만 고려하면 충분하다.

$$\omega = a(\mathbf{x})\, dx_{i_1} \wedge \cdots \wedge dx_{i_k}$$

$\phi_1, \cdots, \phi_n$이 $\mathbf{\Phi}$의 성분들이면, 다음이 성립한다.

$$\omega_\Phi = a(\Phi(\mathbf{u}))\, d\phi_{i_1} \wedge \cdots \wedge d\phi_{i_k}$$

위 정리는 다음이 성립함을 밝힐 수 있으면 증명된다.

(72) $$d\phi_{i_1} \wedge \cdots \wedge d\phi_{i_k} = J(\mathbf{u})\, du_1 \wedge \cdots \wedge du_k$$

여기서 $J(\mathbf{u})$는 다음과 같다.

$$J(\mathbf{u}) = \frac{\partial(x_{i_1}, \cdots, x_{i_k})}{\partial(u_1, \cdots, u_k)}$$

정리가 증명되는 이유는 (72)에 의해 다음이 성립하기 때문이다.

$$\begin{aligned}\int_\Phi \omega &= \int_D a(\Phi(\mathbf{u}))\, J(\mathbf{u})\, d\mathbf{u} \\ &= \int_\varDelta a(\Phi(\mathbf{u}))\, J(\mathbf{u})\, du_1 \wedge \cdots \wedge du_k = \int_\varDelta \omega_\Phi\end{aligned}$$

$[A]$는 성분이 다음과 같은 $k \times k$ 행렬이라 하자.

$$\alpha(p, q) = (D_q \phi_{i_p})(\mathbf{u}) \quad (p, q = 1, \cdots, k)$$

그러면 다음을 얻는다.

$$d\phi_{i_p} = \sum_q \alpha(p, q)\, du_q$$

이에 따라 다음이 성립한다.

$$d\phi_{i_1} \wedge \cdots \wedge d\phi_{i_k} = \sum \alpha(1, q_1) \cdots \alpha(k, q_k)\, du_{q_1} \wedge \cdots \wedge du_{q_k}$$

이 마지막 합에서 $q_1, \cdots, q_k$는 $1, \cdots, k$ 위에서 독립적으로 취한다.

비교환적 관계 (42)에 의해 다음이 성립한다.

$$du_{q_1} \wedge \cdots \wedge du_{q_k} = s(q_1, \cdots, q_k)\, du_1 \wedge \cdots \wedge du_k$$

여기서 $s$는 정의 9.33에서와 같다. 이 정의를 적용하면, 다음을 알 수 있다.

$$d\phi_{i_1} \wedge \cdots \wedge d\phi_{i_k} = \det[A]\, du_1 \wedge \cdots \wedge du_k$$

그리고 $J(\mathbf{u}) = \det[A]$이므로, (72)가 증명된다.

이번 절의 마지막 결과는 앞의 두 정리를 결합한다.

### 10.25 정리

$T$는 열린 모음 $E \subset R^n$에서 열린 모음 $V \subset R^m$로의 $\mathscr{C}'$ 사상이고, $\Phi$는 $E$에서의 $k$곡면이며 $\omega$는 $V$에서의 $k$형식이라 하자. 그러면 다음이 성립한다.

$$\int_{T\Phi} \omega = \int_{\Phi} \omega_T$$

▸ 모음 = 집합

증명 $D$는 $\Phi$의 (이에 따라 $T\Phi$의) 매개 변수 정의역이고, $\Delta$를 정리 10.24에서와 같이 정의하자.

그러면 다음이 성립한다.

$$\int_{T\Phi} \omega = \int_{\Delta} \omega_{T\Phi} = \int_{\Delta} (\omega_T)_{\Phi} = \int_{\Phi} \omega_T$$

이 등호 중에서 첫째는 $\Phi$ 대신에 $T\Phi$에 적용한 정리 10.24이고, 둘째는 정리 10.23으로부터 유도된다. 셋째는 정리 10.24에서 $\omega$ 대신에 $\omega_T$로 바꾼 것이다.

## 단체와 사슬

### 10.26 아핀 단체

벡터 공간 $X$를 벡터 공간 $Y$로 보내는 사상 $\mathbf{f}$에 대해 $\mathbf{f} - \mathbf{f}(\mathbf{0})$이 선형 변환일 때, $\mathbf{f}$를 **아핀 사상**이라 한다. 바꿔 말하면, 조건은 어떤 $A \in L(X, Y)$에 대해 다음과 같음을 뜻한다.

**용어**

단체 simplex
사슬, 연쇄 chain
아핀 단체 affine simplex
아핀 사상 affine mapping

> **용어**
> 표준 단체 standard simplex
> 방향이 있는, 유향(의) oriented
> 치환, 순열 permutation

▸ 모음 = 집합

$$\mathbf{f}(\mathbf{x}) = \mathbf{f}(\mathbf{0}) + A\mathbf{x} \tag{73}$$

그러므로 $R^k$에서 $R^n$으로의 아핀 사상은 $\mathbf{f}(\mathbf{0})$과 $1 \le i \le k$에 대해 $\mathbf{f}(\mathbf{e}_i)$를 알면 결정된다. 늘 그렇듯이, $\{\mathbf{e}_1, \cdots, \mathbf{e}_k\}$는 $R^k$의 표준 기저이다.

**표준 단체** $Q^k$는 다음과 같은 꼴의 $\mathbf{u} \in R^k$ 전체의 모음으로 정의한다.

$$\mathbf{u} = \sum_{i=1}^{k} \alpha_i \mathbf{e}_i \tag{74}$$

여기서 $i = 1, \cdots, k$에 대해 $\alpha_i \ge 0$이고 $\sum \alpha_i \le 1$이다.

이제 $\mathbf{p}_0, \mathbf{p}_1, \cdots, \mathbf{p}_k$를 $R^n$의 점들이라 가정하자. 다음 (75)의 **방향이 있는 아핀 $k$ 단체** $\sigma$는 매개 변수 정의역이 $Q^k$인 $R^n$에서의 $k$곡면으로 정의하는데, $\sigma$는 (76)의 아핀 사상으로 주어진다.

$$\sigma = [\mathbf{p}_0, \mathbf{p}_1, \cdots, \mathbf{p}_k], \tag{75}$$

$$\sigma(\alpha_1 \mathbf{e}_1 + \cdots + \alpha_k \mathbf{e}_k) = \mathbf{p}_0 + \sum_{i=1}^{k} \alpha_i (\mathbf{p}_i - \mathbf{p}_0) \tag{76}$$

$\sigma$가 다음의 (77)과 (78)로 특성화됨에 주목하자.

$$\sigma(\mathbf{0}) = \mathbf{p}_0, \quad \sigma(\mathbf{e}_i) = \mathbf{p}_i \quad (1 \le i \le k), \tag{77}$$

$$\sigma(\mathbf{u}) = \mathbf{p}_0 + A\mathbf{u} \quad (\mathbf{u} \in Q^k) \tag{78}$$

여기서 $A \in L(R^k, R^n)$이고 $1 \le i \le k$에 대해 $A\mathbf{e}_i = \mathbf{p}_i - \mathbf{p}_0$이다.

$\sigma$에 **방향이 있다**는 말은 꼭짓점 $\mathbf{p}_0, \cdots, \mathbf{p}_k$들의 순서를 고려해야 함을 강조한다. $\{i_0, i_1, \cdots, i_k\}$가 순서 모음 $\{0, 1, \cdots, k\}$의 치환일 때 다음을 생각하자.

$$\bar{\sigma} = [\mathbf{p}_{i_0}, \mathbf{p}_{i_1}, \cdots, \mathbf{p}_{i_k}] \tag{79}$$

이때 다음과 같은 기호를 사용한다.

$$\bar{\sigma} = s(i_0, i_1, \cdots, i_k)\sigma \tag{80}$$

여기서 $s$는 정의 9.33에서 정의된 함수이다. 그러므로 $\bar{\sigma} = \pm\sigma$인데, $s = 1$ 또는 $s = -1$에 따라 결정된다. 엄밀히 말하면, $\sigma$의 정의로 (75)와 (76)을 채택했으므로, $i_0 = 0, \cdots, i_k = k$가 아니면 $s(i_0, \cdots, i_k) = 1$이더라도 $\bar{\sigma} = \sigma$로 나타내면 안 된다. 여기서 얻은 것은 동치 관계이며, 상등이

아니다. 그렇지만 우리의 목적에는 이 기호가 정리 10.27에 의해 정당화된다.

(앞의 약속을 사용해서) $\bar{\sigma} = \varepsilon\sigma$ 이고 $\varepsilon = 1$ 이면, $\sigma$ 와 $\bar{\sigma}$ 는 **같은 방향**이라 한다. $\varepsilon = -1$ 이면, $\sigma$ 와 $\bar{\sigma}$ 는 **반대 방향**이라 한다. '단체의 방향'이 뜻하는 바를 아직까지 정의하지 않았음에 주목하자. 여기서 정의한 것은 꼭짓점들의 모음이 같은 단체들의 쌍 사이의 관계인데, 이 관계는 '같은 방향'의 관계이다.

그렇지만 단체의 방향을 자연스러운 방식으로 정의할 수 있는 한 가지 상황이 있다. 이런 상황은 $n = k$ 이고 벡터 $\mathbf{p}_i - \mathbf{p}_0$ $(1 \le i \le k)$ 들이 **일차독립**일 때 나타난다. 이런 경우에, (78)에 나타나는 선형 변환 $A$ 는 가역적이고 이것의 결정자는 ($\sigma$ 의 야코비 결정자와 같은데) $0$ 이 아니다. 이때 $\det A$ 가 양수(또는 음수)이면 $\sigma$ 에는 **양의** (또는 **음의**) 방향이 있다고 한다. 특히, (항등 사상으로 주어진) $R^k$ 에서의 단체 $\{\mathbf{0}, \mathbf{e}_1, \cdots, \mathbf{e}_k\}$ 에는 양의 방향이 있다.

지금까지 $k \ge 1$ 이라고 가정했다. **방향이 있는** $0$ **단체**는 부호가 붙어 있는 점으로 정의한다. $\sigma = +\mathbf{p}_0$ 또는 $\sigma = -\mathbf{p}_0$ 으로 나타낸다. $\sigma = \varepsilon\mathbf{p}_0$ $(\varepsilon = \pm 1)$ 이고 $f$ 가 $0$ 형식(곧, 실 함수)이면, 다음과 같이 정의한다.

$$\int_\sigma f = \varepsilon f(\mathbf{p}_0)$$

**용어**
- 같은 방향: same orientation
- 반대 방향: opposite orientation
- 양의 [음의] 방향이 있다: be positively [negatively] oriented
- 방향이 있는 0단체: oriented 0-simplex

▸ 모음 = 집합

▸ 결정자 = 행렬식 = determinant, 야코비 결정자[행렬식] = 야코비안

## 10.27 정리

$\sigma$ 는 열린 모음 $E \subset R^n$ 에서의 직선으로 둘러싸인 방향이 있는 $k$ 단체이고 $\bar{\sigma} = \varepsilon\sigma$ 이면, $E$ 에서 임의의 $k$ 형식 $\omega$ 에 대해 다음이 성립한다.

(81)
$$\int_{\bar{\sigma}} \omega = \varepsilon \int_\sigma \omega$$

**증명** $k = 0$ 에 대해, (81)은 앞의 정의로부터 유도된다. 그러므로 $k \ge 1$ 이라 가정하고, $\sigma$ 는 (75)와 같이 주어진다고 가정하자.

$1 \le j \le k$ 라 하고, $\bar{\sigma}$ 는 $\sigma$ 로부터 $\mathbf{p}_0$ 과 $\mathbf{p}_j$ 를 맞바꿔서 얻었다고 하자. 그러면 $\varepsilon = -1$ 이고, 다음과 같다.

$$\bar{\sigma}(\mathbf{u}) = \mathbf{p}_j + B\mathbf{u} \qquad (\mathbf{u} \in Q^k)$$

여기서 $B$는 $R^k$에서 $R^n$으로의 선형 사상으로 $i \neq j$일 때 $B\mathbf{e}_j = \mathbf{p}_0 - \mathbf{p}_j$와 $B\mathbf{e}_i = \mathbf{p}_i - \mathbf{p}_j$로 정의한다. (78)로 주어진 $A$에 대해 $A\mathbf{e}_i = \mathbf{x}_i$ $(1 \leq i \leq k)$로 나타내면, $B$의 열 벡터들(곧, $B\mathbf{e}_i$들)은 다음과 같다.

$$\mathbf{x}_1 - \mathbf{x}_j,\ \cdots,\ \mathbf{x}_{j-1} - \mathbf{x}_j,\ -\mathbf{x}_j,\ \mathbf{x}_{j+1} - \mathbf{x}_j,\ \cdots,\ \mathbf{x}_k - \mathbf{x}_j$$

▸ 결정자 = 행렬식
= determinant

$j$째 열을 다른 열 각각으로부터 빼면, (35)에 있는 결정자는 어느 것도 영향을 받지 않고 열 $\mathbf{x}_1,\ \cdots,\ \mathbf{x}_{j-1},\ -\mathbf{x}_j,\ \mathbf{x}_{j+1},\ \cdots,\ \mathbf{x}_k$들을 얻는다. 이것들은 $A$의 열들과 단지 $j$째 열의 부호에서만 차이가 난다. 그러므로 (81)은 이 경우에 대해 성립한다.

다음으로 $0 < i < j \leq k$이고 $\bar{\sigma}$는 $\sigma$로부터 $\mathbf{p}_i$와 $\mathbf{p}_j$를 맞바꾸어 얻었다고 가정하자. 그러면 $\bar{\sigma}(\mathbf{u}) = \mathbf{p}_0 + C\mathbf{u}$인데, $C$는 $i$째 열과 $j$째 열을 맞바꾼 것을 제외하면 $A$와 열들이 서로 같다. 이에 따라 또다시 $\varepsilon = -1$이므로 (81)이 성립한다.

일반적인 경우도 성립하는데, $\{0,\ 1,\ \cdots,\ k\}$의 임의의 치환은 방금 다룬 특별한 경우들의 합성이기 때문이다.

## 10.28 아핀 사슬

▸ 모음 = 집합,
모둠 = collection

| 용어 | |
|---|---|
| 아핀 사슬 | affine chain |

열린 모음 $E \subset R^n$에서의 **아핀 $k$ 사슬** $\Gamma$는 $E$에서 방향이 있는 유한개의 아핀 $k$ 단체 $\sigma_1,\ \cdots,\ \sigma_r$의 모둠이다. 이것들은 서로 다를 필요가 없다. 그러므로 하나의 단체는 특정한 중복도로 $\Gamma$에 나타날 수 있다.

$\Gamma$는 위와 같고 $\omega$가 $E$에서의 $k$ 형식이면, 다음과 같이 정의한다.

$$\int_\Gamma \omega = \sum_{i=1}^{r} \int_{\sigma_i} \omega \tag{82}$$

$E$에서의 $k$ 곡면 $\Phi$는 정의역이 $E$에서의 $k$ 형식 전체의 모음이고 $\omega$에 수 $\int_\Phi \omega$를 대응시키는 함수로 볼 수 있다. 실숫값 함수들은 (정의 4.3에서와 같이) 더할 수 있으므로, 이것은 (82)가 $E$에서의 임의의 $k$ 형식 $\omega$에 대해 성립한다는 사실을 서술하는 데 다음과 같은 기호의 사용을 암시한다.

$$\Gamma = \sigma_1 + \cdots + \sigma_r \tag{83}$$

좀 더 간결하게 다음과 같이 나타낼 수 있다.

(84) $$\Gamma = \sum_{i=1}^{r} \sigma_i$$

오해를 피하기 위해서, (83)과 (80)으로 도입한 기호를 반드시 주의해서 다루어야 함을 분명히 지적한다. 요점은 $R^n$에서 방향이 있는 임의의 아핀 $k$단체 $\sigma$는 정의역이 다르고 치역이 다른 두 가지 방법에서 함수이고, 이에 따라 완전히 다른 두 가지 덧셈 연산이 가능하다는 사실이다. 원래, $\sigma$는 정의역이 $Q^k$이고 $R^n$값 함수로 정의했다. 이에 따라 $\sigma_1 + \sigma_2$는 각 $\mathbf{u} \in Q^k$에 벡터 $\sigma_1(\mathbf{u}) + \sigma_2(\mathbf{u})$를 대응시키는 함수 $\sigma$로 해석할 수 있다. 그러므로 $\sigma$는 또다시 $R^n$에서 방향이 있는 아핀 $k$단체라는 사실에 주목하자! 이것은 (83)이 뜻하는 바가 아니다.

예를 들어 (80)에서와 같이 $\sigma_2 = -\sigma_1$이고(곧, $\sigma_1$과 $\sigma_2$의 꼭짓점들의 모음이 서로 같고 방향이 반대이고) $\Gamma = \sigma_1 + \sigma_2$이면, 모든 $\omega$에 대해 $\int_\Gamma \omega = 0$이고 이것을 $\Gamma = 0$ 또는 $\sigma_1 + \sigma_2 = 0$로 써서 표현할 수 있다. 이것은 $\sigma_1(\mathbf{u}) + \sigma_2(\mathbf{u})$가 $R^n$의 퇴화 벡터라는 사실을 뜻하지 않는다.

▸ 모음 = 집합

## 10.29 경계

$k \geq 1$에 대해 다음과 같은 방향이 있는 아핀 $k$단체 $\sigma$를 생각하자.

$$\sigma = [\mathbf{p}_0, \mathbf{p}_1, \cdots, \mathbf{p}_k]$$

이 $\sigma$의 **경계**는 다음과 같은 아핀 $(k-1)$사슬로 정의한다.

| 용어 | |
|---|---|
| 경계 | boundary |

(85) $$\partial\sigma = \sum_{j=0}^{k} (-1)^j [\mathbf{p}_0, \cdots, \mathbf{p}_{j-1}, \mathbf{p}_{j+1}, \cdots, \mathbf{p}_k]$$

예를 들어 $\sigma = [\mathbf{p}_0, \mathbf{p}_1, \mathbf{p}_2]$의 경계는 다음과 같다.

$$\partial\sigma = [\mathbf{p}_1, \mathbf{p}_2] - [\mathbf{p}_0, \mathbf{p}_2] + [\mathbf{p}_0, \mathbf{p}_1] = [\mathbf{p}_0, \mathbf{p}_1] + [\mathbf{p}_1, \mathbf{p}_2] + [\mathbf{p}_2, \mathbf{p}_0]$$

이것은 삼각형의 방향이 있는 경계의 통상적인 개념과 일치한다.

$1 \leq j \leq k$에 대해 (85)에 나타나는 단체 $\sigma_j = [\mathbf{p}_0, \cdots, \mathbf{p}_{j-1}, \mathbf{p}_{j+1}, \cdots, \mathbf{p}_k]$는 그 매개 변수 정의역이 $Q^{k-1}$이고 다음과 같이 정의된다는 사실을 관찰하자.

(86) $$\sigma_j(\mathbf{u}) = \mathbf{p}_0 + B\mathbf{u} \quad (\mathbf{u} \in Q^{k-1})$$

여기서 $B$는 $R^{k-1}$에서 $R^n$으로의 선형 사상으로 다음과 같이 결정된다.

$$Be_i = \mathbf{p}_i - \mathbf{p}_0 \quad (1 \le i \le j-1),$$
$$Be_i = \mathbf{p}_{i+1} - \mathbf{p}_0 \quad (j \le i \le k-1)$$

역시 (85)에 나타나는 다음 단체를 생각하자.

$$\sigma_0 = [\mathbf{p}_1,\ \mathbf{p}_2,\ \cdots,\ \mathbf{p}_k]$$

이것은 다음과 같은 사상으로 주어진다.

$$\sigma_0(\mathbf{u}) = \mathbf{p}_1 + B\mathbf{u}$$

여기서 $1 \le i \le k-1$에 대해 $B\mathbf{e}_i = \mathbf{p}_{i+1} - \mathbf{p}_1$이다.

▸ 미분할 수 있는 = 미분 가능한

## 10.30 미분할 수 있는 단체와 사슬

$T$는 열린 모음 $E \subset R^n$에서 열린 모음 $V \subset R^m$으로의 $\mathscr{C}''$ 사상이라 하자. $T$는 일대일이 아닐 수 있다. $\sigma$는 $E$에서 방향이 있는 아핀 $k$단체이면, 합성 사상 $\Phi = T \circ \sigma$는 (종종 더 간단한 꼴 $T\sigma$로 나타내는데) $V$에서의 $k$곡면이고 매개 변수 정의역은 $Q^k$이다. $\Phi$는 **$\mathscr{C}''$급의 방향이 있는 $k$단체**라 한다.

▸ 모둠 = collection

$V$에서 $\mathscr{C}''$급의 방향이 있는 $k$단체 $\Phi_1,\ \cdots,\ \Phi_r$의 유한 모둠 $\Psi$를 $V$에서의 **$\mathscr{C}''$급의 $k$사슬**이라 하다. $\omega$가 $V$에서 $k$형식이면 다음과 같이 정의한다.

$$\int_{\Psi} \omega = \sum_{i=1}^{r} \int_{\Phi_i} \omega \tag{87}$$

그리고 이에 대응하는 기호 $\Psi = \sum \Phi_i$를 사용한다.

$\Gamma = \sum \sigma_i$가 아핀 사슬이고 $\Phi_i = T \circ \sigma_i$이면, 역시 $\Psi = T \circ \Gamma$ 또는 다음과 같이 나타낸다.

$$T(\textstyle\sum \sigma_i) = \sum T\sigma_i \tag{88}$$

방향이 있는 $k$단체 $\Phi = T \circ \sigma$의 경계 $\partial\Phi$는 다음과 같은 $(k-1)$사슬로 정의한다.

$$\partial\Phi = T(\partial\sigma) \tag{89}$$

(89)를 정당화하기 위해서, $T$가 아핀이면 $\Phi = T \circ \sigma$는 방향이 있는 아핀 $k$단체인데, 이 경우에 (89)는 정의의 문제가 아니라 (85)의 결과로 보

인다. 그러므로 (89)는 이 특별한 경우를 일반화한다.

$\Phi$가 $\mathscr{C}''$급이면 $\partial\Phi$도 $\mathscr{C}''$급임을 즉시 알 수 있다.

마지막으로, $k$사슬 $\Psi = \sum \Phi_i$의 경계 $\partial\Psi$는 다음과 같은 $(k-1)$사슬로 정의한다.

(90) $$\partial\Psi = \sum \partial\Phi_i$$

## 10.31 양의 방향이 있는 경계

지금까지 경계를 $R^n$의 부분 모음이 아니라 사슬에 대응시켰다. 이런 경계의 개념은 스토크스의 정리의 서술과 증명에 가장 적절한 바로 그런 개념이다. 그렇지만 응용에서 특히 $R^2$ 또는 $R^3$에서는 어떤 모음의 '방향이 있는 경계'에 관해 말하는 것이 관례적이고 편리하다. 이제 이것을 간략하게 설명하겠다.

▸ 모음 = 집합

$Q^n$은 $R^n$에서의 표준 단체라 하고, $\sigma_0$은 정의역이 $Q^n$인 항등 사상이라 하자. 10.26절에서 알아본 대로, $\sigma_0$을 $R^n$에서 양의 방향이 있는 $n$단체로 간주할 수 있다. 이의 경계 $\partial\sigma_0$은 아핀 $(n-1)$사슬이다. 이 사슬을 모음 $Q^n$의 **양의 방향이 있는 경계**라 부른다.

**용어**
양의 방향이 있는 경계
positively oriented boundary

예를 들면, $Q^3$의 양의 방향이 있는 경계는 다음과 같다.

$$[\mathbf{e}_1, \mathbf{e}_2, \mathbf{e}_3] - [\mathbf{0}, \mathbf{e}_2, \mathbf{e}_3] + [\mathbf{0}, \mathbf{e}_1, \mathbf{e}_3] - [\mathbf{0}, \mathbf{e}_1, \mathbf{e}_2]$$

이제 $T$는 $\mathscr{C}''$급의 $Q^n$에서 $R^n$으로의 일대일 사상이고, 그 야코비 결정자는 (적어도 $Q^n$의 내부에서) 양수라 하자. $E = T(Q^n)$이라 하자. 역함수 정리에 의해, $E$는 $R^n$의 열린 부분 모음의 닫개이다. 모음 $E$의 양의 방향이 있는 경계를 다음과 같은 $(n-1)$사슬로 정의한다.

▸ 야코비 결정자[행렬식] = 야코비안, 닫개 = 폐포

$$\partial T = T(\partial\sigma_0)$$

그리고 이 $(n-1)$사슬을 $\partial E$로 나타낼 수 있다.

여기서 명백한 질문이 제기된다. $E = T_1(Q^n) = T_2(Q^n)$이고 $T_1$과 $T_2$의 야코비 결정자가 모두 양수이면, $\partial T_1 = \partial T_2$라 할 수 있는가? 다시 말하면, 모든 $(n-1)$형식 $\omega$에 대해 다음 등식이 성립하는가?

$$\int_{\partial T_1} \omega = \int_{\partial T_2} \omega$$

답은 '그렇다'이지만, 증명은 생략하겠다. (예를 알아보려면, 이번 절의 끝과 익힘 문제 17을 비교하라.)

앞으로 더 나아갈 수 있다. 다음과 같다고 하자.

$$\Omega = E_1 \cup \cdots \cup E_r$$

여기서 $E_i = T_i(Q^n)$이고 각 $T_i$는 위에서 $T$가 지닌 성질을 만족시키며, 모음 $E_i$들의 내부는 서로 만나지 않는다. 그러므로 다음과 같은 $(n-1)$사슬을 $\Omega$의 양의 방향이 있는 경계라 한다.

▸ 모음 = 집합

$$\partial T_1 + \cdots + \partial T_r = \partial\Omega$$

▸ 합 모음 = 합집합

예를 들면, $R^2$에서 단위 정사각형 $I^2$는 $\sigma_1(Q^2)$과 $\sigma_2(Q^2)$의 합 모음인데, 여기서 $\sigma_1$과 $\sigma_2$는 다음과 같다.

$$\sigma_1(\mathbf{u}) = \mathbf{u}, \qquad \sigma_2(\mathbf{u}) = \mathbf{e}_1 + \mathbf{e}_2 - \mathbf{u}$$

▸ 야코비 결정자[행렬식] = 야코비안

$\sigma_1$과 $\sigma_2$의 야코비 결정자는 모두 $1 > 0$이다. 다음이 성립한다.

$$\sigma_1 = [\mathbf{0},\ \mathbf{e}_1,\ \mathbf{e}_2], \qquad \sigma_2 = [\mathbf{e}_1 + \mathbf{e}_2,\ \mathbf{e}_2,\ \mathbf{e}_1]$$

그러므로 다음을 얻는다.

$$\begin{aligned} \partial\sigma_1 &= [\mathbf{e}_1,\ \mathbf{e}_2] - [\mathbf{0},\ \mathbf{e}_2] + [\mathbf{0},\ \mathbf{e}_1], \\ \partial\sigma_2 &= [\mathbf{e}_2,\ \mathbf{e}_1] - [\mathbf{e}_1 + \mathbf{e}_2,\ \mathbf{e}_1] + [\mathbf{e}_1 + \mathbf{e}_2,\ \mathbf{e}_2] \end{aligned}$$

이 두 경계의 합은 다음과 같은데, $I^2$의 방향이 있는 경계이다.

$$\partial I^2 = [\mathbf{0},\ \mathbf{e}_1] + [\mathbf{e}_1,\ \mathbf{e}_1 + \mathbf{e}_2] + [\mathbf{e}_1 + \mathbf{e}_2,\ \mathbf{e}_2] + [\mathbf{e}_2,\ \mathbf{0}]$$

$[\mathbf{e}_1,\ \mathbf{e}_2]$가 $[\mathbf{e}_2,\ \mathbf{e}_1]$을 소거한다는 점에 주목하자.

$\Phi$가 $R^m$에서의 2곡면으로 매개 변수 정의역이 $I^2$이면, (2형식에서의 함수로 간주한) $\Phi$는 다음 2사슬과 똑같다.

$$\Phi \circ \sigma_1 + \Phi \circ \sigma_2$$

그러므로 다음이 성립한다.

$$\begin{aligned} \partial\Phi &= \partial(\Phi \circ \sigma_1) + \partial(\Phi \circ \sigma_2) \\ &= \Phi(\partial\sigma_1) + \Phi(\partial\sigma_2) = \Phi(\partial I^2) \end{aligned}$$

바꿔 말하면, $\Phi$의 매개 변수 정의역이 정사각형 $I^2$이면, 단체 $Q^2$를 또다시 참조할 필요 없지만, $\partial\Phi$를 $\partial I^2$으로부터 직접 얻을 수 있다.

다른 예는 익힘 문제 17부터 19까지에서 찾아볼 수 있다.

### 10.32 보기

$0 \le u \le \pi$와 $0 \le v \le 2\pi$에 대해 다음과 같이 정의하자.

$$\Sigma(u,\ v) = (\sin u \cos v,\ \sin u \sin v,\ \cos u)$$

그러면 $\Sigma$는 $R^3$에서의 2곡면인데, 이의 매개 변수 정의역은 직사각형 $D \subset R^2$이고 치역은 $R^3$에서의 단위 구면이다. 이의 경계는 다음과 같다.

$$\partial\Sigma = \Sigma(\partial D) = \gamma_1 + \gamma_2 + \gamma_3 + \gamma_4$$

여기서 $\gamma_i$는 다음과 같다.

$$\begin{aligned}
\gamma_1(u) &= \Sigma(u,\ 0) = (\sin u,\ 0,\ \cos u), \\
\gamma_2(u) &= \Sigma(\pi,\ v) = (0,\ 0,\ -1), \\
\gamma_3(u) &= \Sigma(\pi - u,\ 2\pi) = (\sin u,\ 0,\ -\cos u), \\
\gamma_4(u) &= \Sigma(0,\ 2\pi - v) = (0,\ 0,\ 1)
\end{aligned}$$

이때 $[0,\ \pi]$와 $[0,\ 2\pi]$는 각각 $u$와 $v$의 매개 변수 구간이다.

$\gamma_2$와 $\gamma_4$가 상수이면, 이것들의 유도 함수는 0이고, 이에 따라 $\gamma_2$ 또는 $\gamma_4$ 위에서 임의의 1형식의 적분은 0이다. [보기 1.12(a)를 보라.]

▸ 유도 함수 = 도함수

$\gamma_3(u) = \gamma_1(\pi - u)$이므로, (35)를 직접 적용하면 모든 1형식 $\omega$에 대해 다음이 성립함을 알 수 있다.

$$\int_{\gamma_3} \omega = -\int_{\gamma_1} \omega$$

그러므로 $\int_{\partial\Sigma} \omega = 0$이고 결론적으로 $\partial\Sigma = 0$이다.

(지리학의 용어로, $\partial\Sigma$는 북극 $N$에서 출발해서 한 자오선을 따라 남극 $S$로 달려가고 $S$에서 잠시 멈추고 똑같은 자오선을 따라 $N$으로 돌아가며 마지막으로 $N$에 정지한다. 그 자오선을 따른 두 경로는 서로 반대 방향이다. 이에 따라 대응하는 두 (곡)선 적분은 서로를 소거한다. 익힘 문제 32에도 경계에 두 번 나타나는 하나의 곡선이 있지만, 서로 소거하지 않는다.)

## 스토크스의 정리

### 10.33 정리

▸ 모음 = 집합

$\Psi$는 열린 모음 $V \subset R^m$에서 $\mathscr{C}''$급의 $k$ 사슬이고 $\omega$는 $V$에서 $\mathscr{C}'$급의 $(k-1)$형식이면, 다음이 성립한다.

$$\int_{\Psi} d\omega = \int_{\partial\Psi} \omega \tag{91}$$

▸ 미분할 수 있다
= 미분 가능하다

**수학자**

그린(George Green, 1793~1841) 브리튼의 수리 물리학자,
가우스(Johann Carl Friedrich Gauss, 1777~1855) 도이칠란트 수학자,
스토크스(George Gabriel Stokes, 1819~1903) 아일랜드 태생, 잉글랜드에서 활동한 수학자

$k=m=1$인 경우는 바로 (추가적으로 미분할 수 있다는 조건이 있는) 미분 적분학의 기본 정리이다. $k=m=2$인 경우는 그린의 정리이고 $k=m=3$인 경우에는 가우스의 이른바 '발산 정리'를 얻는다. $k=2$이고 $m=3$인 경우는 스토크스가 처음에 발견한 결과이다. [스피박(Spivak)의 책은 이에 관한 역사적 배경을 일부 설명하고 있다.] 이런 특별한 경우는 이번 장의 끝 부분에서 좀 더 논의하겠다.

**증명** $V$에서 $\mathscr{C}''$급의 방향이 있는 임의의 $k$단체 $\Phi$에 대해 다음이 성립함을 증명하면 충분하다.

$$\int_{\Phi} d\omega = \int_{\partial\Phi} \omega \tag{92}$$

왜냐하면 (92)를 증명하고 $\Psi = \Sigma\Phi_i$이면, (87)과 (89)에 의해 (91)이 밝혀지기 때문이다.

그런 $\Phi$를 고정하고 다음과 같이 놓자.

$$\sigma = [\mathbf{0},\ \mathbf{e}_1,\ \cdots,\ \mathbf{e}_k] \tag{93}$$

▸ 모음 = 집합

그러면 $\sigma$는 매개 변수 정의역이 $Q^k$인 방향이 있는 아핀 $k$단체로 항등 사상으로 정의된다. $\Phi$도 또한 $Q^k$에서 정의되고(정의 10.30을 보라) $\Phi \in \mathscr{C}''$이므로, $Q^k$을 포함하는 적당한 열린 모음 $E \subset R^k$가 존재하고 $E$에서 $V$로의 적당한 $\mathscr{C}''$사상 $T$가 존재해서 $\Phi = T \circ \sigma$가 성립한다. 두 정리 10.25와 10.22(c)에 의해 (92)의 좌변은 다음과 같다.

$$\int_{T\sigma} d\omega = \int_{\sigma} (d\omega)_T = \int_{\sigma} d(\omega_T)$$

정리 10.25를 또다시 적용하면 (89)에 의해 (92)의 우변이 다음과 같

음을 알 수 있다.

$$\int_{\partial(T\sigma)} \omega = \int_{T(\partial\sigma)} \omega = \int_{\partial\sigma} \omega_T$$

$\omega_T$가 $E$에서의 $(k-1)$형식이므로, (92)를 증명하기 위해서는 특별한 단체 (93)과 $E$에서 $\mathscr{C}'$급의 임의의 $(k-1)$형식 $\lambda$에 대해 다음이 성립함을 보이면 충분하다.

(94) $$\int_{\sigma} d\lambda = \int_{\partial\sigma} \lambda$$

$k=1$이면, 방향이 있는 0단체의 정의에 의해 (94)는 $[0,\ 1]$에서 연속적으로 미분할 수 있는 모든 함수 $f$에 대해 다음이 성립함을 단순히 주장하고 있음을 알 수 있다.

▸미분할 수 있는 = 미분 가능한

(95) $$\int_0^1 f'(u)\,du = f(1)-f(0)$$

이것은 미분 적분학의 기본 정리에 의해 참이다.

지금부터는 $k>1$이라 가정하고, 자연수 $r$ $(1 \le r \le k)$을 고정하며 $f \in \mathscr{C}'(E)$를 선택하자. 그러면 다음과 같은 경우에 (94)를 증명하면 충분하다.

(96) $$\lambda = f(\mathbf{x})\,dx_1 \wedge \cdots \wedge dx_{r-1} \wedge dx_{r+1} \wedge \cdots \wedge dx_k$$

왜냐하면 $(k-1)$형식은 $r=1,\ \cdots,\ k$에 대해 이런 특별한 것들의 합이기 때문이다.

(85)에 의해 단체 (93)의 경계는 다음과 같다.

$$\partial\sigma = [\mathbf{e}_1,\ \cdots,\ \mathbf{e}_k] + \sum_{i=1}^{k} (-1)^i \tau_i$$

여기서 $i=1,\ \cdots,\ k$에 대해 $\tau_i$는 다음과 같다.

$$\tau_i = [\mathbf{0},\ \mathbf{e}_1,\ \cdots,\ \mathbf{e}_{i-1},\ \mathbf{e}_{i+1},\ \cdots,\ \mathbf{e}_k]$$

다음과 같이 놓다.

$$\tau_0 = [\mathbf{e}_r,\ \mathbf{e}_1,\ \cdots,\ \mathbf{e}_{r-1},\ \mathbf{e}_{r+1},\ \cdots,\ \mathbf{e}_k]$$

$\tau_0$은 $[\mathbf{e}_1,\ \cdots,\ \mathbf{e}_k]$로부터 $\mathbf{e}_r$과 이것의 왼쪽 이웃을 $r-1$번 잇따라 맞바꾸어 얻을 수 있음에 주목하자. 그러므로 다음과 같다.

$$(97) \qquad \partial\sigma = (-1)^{r-1}\tau_0 + \sum_{i=1}^{k}(-1)^i\tau_i$$

각 $\tau_i$의 매개 변수 정의역은 $Q^{k-1}$이다.

$\mathbf{x} = \tau_0(\mathbf{u})$이고 $\mathbf{u} \in Q^{k-1}$이면, 다음이 성립한다.

$$(98) \qquad x_j = \begin{cases} u_j & (1 \le j < r) \\ 1-(u_1 + \cdots + u_{k-1}) & (j = r) \\ u_{j-1} & (r < j \le k) \end{cases}$$

$1 \le i \le k$이고 $\mathbf{u} \in Q^{k-1}$이며 $\mathbf{x} = \tau_i(\mathbf{u})$이면, 다음이 성립한다.

$$(99) \qquad x_j = \begin{cases} u_j & (1 \le j < i) \\ 0 & (j = i) \\ u_{j-1} & (i < j \le k) \end{cases}$$

▸ 야코비 결정자[행렬식] = 야코비안

$0 \le i \le k$에 대해 $J_i$는 $\tau_i$에 의해 유도된 다음 사상의 야코비 결정자라고 하자.

$$(100) \qquad (u_1, \cdots, u_{k-1}) \to (x_1, \cdots, x_{r-1}, x_{r+1}, \cdots, x_k)$$

$i=0$일 때와 $i=r$일 때, (98)과 (99)는 (100)이 항등 사상임을 보여준다. 그러므로 $J_0 = 1$이고 $J_r = 1$이다. 다른 $i$에 대해, (99)에서 $x_i = 0$이라는 사실은 $J_i$에 0만으로 이루어진 행이 있고 이에 따라 $J_i = 0$임을 보여준다. 그러므로 (35)와 (96)에 의해 다음이 성립한다.

$$(101) \qquad \int_{\tau_i} \lambda = 0 \quad (i \ne 0,\ i \ne r)$$

이에 따라 (97)에 의해 다음을 얻는다.

$$(102) \qquad \int_{\partial\sigma} \lambda = (-1)^{r-1}\int_{\tau_0}\lambda + (-1)^r \int_{\tau_r}\lambda$$
$$= (-1)^{r-1}\int \{f(\tau_0(\mathbf{u})) - f(\tau_r(\mathbf{u}))\}\, d\mathbf{u}$$

다른 한편으로는 다음을 얻는다.

$$d\lambda = (D_r f)(\mathbf{x})\, dx_r \wedge dx_1 \wedge \cdots \wedge dx_{r-1} \wedge dx_{r+1} \wedge \cdots \wedge dx_k$$
$$= (-1)^{r-1}(D_r f)(\mathbf{x})\, dx_1 \wedge \cdots \wedge dx_k$$

그러므로 다음이 성립한다.

$$\int_\sigma d\lambda = (-1)^{r-1} \int_{Q^k} (D_r f)(\mathbf{x})\, d\mathbf{x} \tag{103}$$

(103)의 값을 찾는데, 먼저 다음 구간 위에서 $x_r$에 관해 적분하자.

$$[0,\ 1-(x_1+\cdots+x_{r-1}+x_{r+1}+\cdots+x_k)]$$

그리고 $(x_1, \cdots, x_{r-1}, x_{r+1}, \cdots, x_k) = (u_1, \cdots, u_{k-1})$로 놓고 (98)의 도움으로 (103)에서 $Q^k$ 위에서의 적분이 (102)에서 $Q^{k-1}$ 위에서의 적분과 서로 같음을 알아본다. 따라서 (94)가 성립하고 증명이 끝난다.

## 닫힌 형식과 완전한 형식

### 10.34 정의

$\omega$는 열린 모음 $E \subset R^n$에서의 $k$ 형식이라 하자. $E$에서의 적당한 $(k-1)$ 형식 $\lambda$가 존재해서 $\omega = d\lambda$가 성립할 때, $\omega$는 $E$에서 **완전하다**고 한다.

$\omega$는 $\mathscr{C}'$ 급이고 $d\omega = 0$일 때, $\omega$는 **닫혀 있다**고 한다.

정리 10.20(b)에 의해, $\mathscr{C}'$ 급의 완전한 형식은 모두 닫혀 있다.

특정한 모음 $E$에서, 이를테면 볼록한 모음에서는 역도 참이다. 이것은 (통상 **푸앵카레의 보조 정리**라 하는) 정리 10.39와 정리 10.40의 내용이다. 그렇지만 두 보기 10.36과 10.37은 완전하지 않지만 닫힌 형식을 제시할 것이다.

> **용어**
> 닫힌 형식 closed form
> 완전(한) 형식 exact form
> 완전한[완전하다] [be] exact
> 닫힌[닫혀 있다] [be] closed
> 푸앵카레의 보조 정리 Poincaré's lemma

▸ 모음 = 집합

> **수학자**
> 푸앵카레(Jules-Henri Poincaré, 1854~1912) 프랑스의 수학자

### 10.35 일러두기

(a) 주어진 $k$ 형식 $\omega$가 닫혀 있는지 아닌지는 $\omega$의 표준 표현에 있는 결수들을 단순히 미분해서 밝힐 수 있다. 예를 들어 어떤 열린 모음 $E \subset R^n$에 대해 $f_i \in \mathscr{C}'(E)$인 다음의 1형식을 생각하자.

▸ 결수 = 계수 = coefficient

$$\omega = \sum_{i=1}^{n} f_i(\mathbf{x})\, dx_i \tag{104}$$

이 $\omega$가 닫혀 있기 위한 필요 충분 조건은 다음 방정식이 모든 $i, j \in \{1, \cdots, n\}$와 모든 $\mathbf{x} \in E$에 대해 성립하는 경우이다.

▸ … 위한 필요 충분 조건 = … 위해 필요하고 충분한 조건

$$(D_j f_i)(\mathbf{x}) = (D_i f_j)(\mathbf{x}) \tag{105}$$

(105)가 '점마다' 조건이라는 사실에 주목하자. 이것은 $E$의 모양에 따라 결정되는 어떠한 대역적 성질과도 연관되지 않는다.

반면에, $\omega$가 $E$에서 완전함을 보이기 위해서는 $E$에서 정의된 형식 $\lambda$가 존재해서 $d\lambda = \omega$가 성립함을 증명해야 한다. 이것은 연립 편미분 방정식의 풀이와 같은데, 단지 국소적이 아니라 $E$의 전체에서 풀어야 한다. 예를 들면, (104)가 모음 $E$에서 완전함을 보이기 위해서는 다음과 같은 함수 (또는 0형식) $g \in \mathscr{C}'(E)$를 찾아야 한다.

▸ 모음 = 집합

(106) $$(D_i g)(\mathbf{x}) = f_i(\mathbf{x}) \quad (\mathbf{x} \in E,\ 1 \leq i \leq n)$$

물론, (105)는 (106)을 풀 수 있기 위한 필요 조건이다.

▸ … 위한 필요 조건 = … 위해 필요한 조건

(b) $\omega$는 $E$에서 완전한 $k$형식이라 하자. 그러면 $E$에서의 적당한 $(k-1)$형식 $\lambda$가 존재해서 $d\lambda = \omega$가 성립하고, 스토크스의 정리에 따라 $E$에서 $\mathscr{C}''$급의 모든 $k$사슬 $\Psi$에 대해 다음이 성립한다.

(107) $$\int_{\Psi} \omega = \int_{\Psi} d\lambda = \int_{\partial\Psi} \lambda$$

$\Psi_1$과 $\Psi_2$가 그런 사슬이고 경계가 서로 같으면, 다음이 성립한다.

$$\int_{\Psi_1} \omega = \int_{\Psi_2} \omega$$

특히, $E$에서 완전한 $k$형식의 적분은 경계가 0인 $E$에서의 모든 $k$사슬 위에서 0이다.

이것의 중요한 특별한 경우로, $E$에서의 완전한 1형식의 적분은 $E$에서 닫힌 (미분할 수 있는) 곡선 위에서 0임에 주목하자.

▸ 미분할 수 있는 = 미분 가능한

(c) $\omega$는 $E$에서 닫힌 $k$형식이라 하자. 그러면 $d\omega = 0$이고, 스토크스의 정리에 따라 $E$에서 $\mathscr{C}''$급의 모든 $(k+1)$사슬 $\Psi$에 대해 다음이 성립한다.

(108) $$\int_{\partial\Psi} \omega = \int_{\Psi} d\omega = 0$$

바꿔 말하면, $E$에서 닫힌 $k$형식의 적분은 $E$에서 $(k+1)$사슬의 경계인 $k$사슬 위에서 0이다.

(d) $\Psi$는 $E$에서 $(k+1)$사슬이고, $\lambda$는 $E$에서 $(k-1)$형식으로 모두 $\mathscr{C}''$급이라 하자. $d^2\lambda = 0$이므로, 스토크스의 정리를 두 번 적용하면 다음을 얻는다.

(109) $$\int_{\partial\partial\Psi} \lambda = \int_{\partial\Psi} d\lambda = \int_{\Psi} d^2\lambda = 0$$

결론적으로 $\partial^2\Psi = 0$이다. 바꿔 말하면, 경계의 경계는 0이다. 이에 대한 좀 더 직접적인 증명은 익힘 문제 16을 보라.

## 10.36 보기

$E = R^2 - \{\mathbf{0}\}$, 곧 원점이 빠진 평면이라 하자. 다음 1형식은 $R^2 - \{\mathbf{0}\}$에서 닫혀 있다.

(110) $$\eta = \frac{x\,dy - y\,dx}{x^2 + y^2}$$

미분하면 이 사실은 쉽게 밝혀진다. $r > 0$을 고정하고 다음과 같이 정의하자.

(111) $$\gamma(t) = (r\cos t,\ r\sin t) \quad (0 \le t \le 2\pi)$$

그러면 $\gamma$는 $R^2 - \{\mathbf{0}\}$에서의 곡선('방향이 있는 1단체')이다. $\gamma(0) = \gamma(2\pi)$이므로, 다음이 성립한다.

(112) $$\partial\gamma = 0$$

직접 셈하면, 다음이 밝혀진다.

(113) $$\int_{\gamma} \eta = 2\pi \ne 0$$

일러두기 10.35(b)와 (c)에서의 논의는 (113)으로부터 다음과 같은 두 가지 결론을 이끌어낼 수 있음을 보여준다.

첫째, $\eta$는 $R^2 - \{\mathbf{0}\}$에서 완전하지 않은데, 그렇지 않고 완전하면 (112)에 따라 적분 (113)이 0이어야 하기 때문이다.

둘째, $\gamma$는 $R^2 - \{\mathbf{0}\}$에서 ($\mathscr{C}''$급인) 임의의 2사슬의 경계가 아닌데, 그렇지 않고 경계이면 $\eta$가 닫혀 있다는 사실에 따라 적분 (113)은 0이어야 하기 때문이다.

## 10.37 보기

$E = R^3 - \{\mathbf{0}\}$, 곧 원점이 빠진 3공간이라 하자. $(x_1,\ x_2,\ x_3)$ 대신에 $(x,\ y,\ z)$로 나타내어 다음과 같이 정의하자.

(114) $$\zeta = \frac{x\,dy \wedge dz + y\,dz \wedge dx + z\,dx \wedge dy}{(x^2+y^2+z^2)^{3/2}}$$

미분하면 $d\zeta = 0$이므로, $\zeta$는 $R^3 - \{\mathbf{0}\}$에서 닫힌 2형식이다.

$\Sigma$는 보기 10.32에서 구성한 $R^3 - \{\mathbf{0}\}$에서의 2사슬이라 하자. $\Sigma$는 $R^3$에서 단위 구면의 매개 변수화임을 상기하자. 보기 10.32의 직사각형 $D$를 매개 변수 정의역으로 사용하면, 다음을 쉽게 셈할 수 있다.

(115) $$\int_\Sigma \zeta = \int_D \sin u\, du\, dv = 4\pi \neq 0$$

앞의 보기에서와 같이, 이제 다음과 같은 결론을 내릴 수 있다. (보기 10.32에서 밝힌 대로 $\partial\Sigma = 0$이므로) $\zeta$는 $R^3 - \{\mathbf{0}\}$에서 완전하지 않고, $\partial\Sigma = 0$이지만 $\Sigma$가 $R^3 - \{\mathbf{0}\}$에서 ($\mathscr{C}''$급의) 임의의 3사슬의 경계가 아니다.

다음 결과는 정리 10.39의 증명에 사용하겠다.

## 10.38 정리

▸ 모음 = 집합

$E$는 $R^n$의 볼록한 열린 모음이고, $f \in \mathscr{C}'(E)$이며, $p$는 자연수로 $1 \le p \le n$이고, 다음과 같다고 하자.

(116) $$(D_j f)(\mathbf{x}) = 0 \quad (p < j \le n,\ \mathbf{x} \in E)$$

그러면 적당한 $F \in \mathscr{C}'(E)$가 존재해서 다음이 성립한다.

(117) $$(D_p F)(\mathbf{x}) = f(\mathbf{x}), \quad (D_j F)(\mathbf{x}) = 0 \quad (p < j \le n,\ \mathbf{x} \in E)$$

**증명** 다음과 같은 $\mathbf{x}'$과 $\mathbf{x}''$에 대해 $\mathbf{x} = (\mathbf{x}', x_p, \mathbf{x}'')$으로 나타내자.

$$\mathbf{x}' = (x_1, \cdots, x_{p-1}), \quad \mathbf{x}'' = (x_{p+1}, \cdots, x_n)$$

($p = 1$일 때 $\mathbf{x}'$은 없고, $p = n$일 때 $\mathbf{x}''$은 없다.) $V$는 $(\mathbf{x}', x_p) \in R^p$ 중에서 어떤 $\mathbf{x}''$에 대해 $(\mathbf{x}', x_p, \mathbf{x}'') \in E$인 것 전체의 모음이라 하자. $E$의 사영이므로 $V$는 $R^p$에서 볼록한 열린 모음이다. $E$가 볼록하고 (116)이 성립하므로, $f(\mathbf{x})$는 $\mathbf{x}''$에 따라 좌우되지 않는다. 그러므로 정의역이 $V$인 적당한 함수 $\varphi$가 존재해서 모든 $\mathbf{x} \in E$에 대해 다음이 성립한다.

$$f(\mathbf{x}) = \varphi(\mathbf{x}', x_p)$$

$p=1$이면, $V$는 $R^1$에서의 (어쩌면 갇히지 않은) 열린 구간이다. $c \in V$를 뽑고 다음과 같이 정의하자.

$$F(\mathbf{x}) = \int_c^{x_1} \varphi(t)\,dt \qquad (\mathbf{x} \in E)$$

$p>1$이면, $U$는 $\mathbf{x}' \in R^{p-1}$ 중에서 어떤 $x_p$에 대해 $(\mathbf{x}', x_p) \in V$인 것 전체의 모음이라고 하자. 그러면 $U$는 $R^{p-1}$에서 볼록한 열린 모음이고, 적당한 함수 $\alpha \in \mathscr{C}'(U)$가 존재해서 임의의 $\mathbf{x}' \in U$에 대해 $(\mathbf{x}', \alpha(\mathbf{x}')) \in V$가 성립한다. 바꿔 말하면, $\alpha$의 그래프는 $V$에 놓여 있다(익힘 문제 29). 다음과 같이 정의하자.

$$F(\mathbf{x}) = \int_{\alpha(\mathbf{x}')}^{x_p} \varphi(\mathbf{x}', t)\,dt \qquad (\mathbf{x} \in E)$$

어느 경우든지, $F$는 (117)을 만족시킨다.

**참고** 통상적인 관례에 따라 $b<a$일 때 $\int_a^b$는 $-\int_b^a$를 뜻한다.)

## 10.39 정리

$E \subset R^n$가 볼록한 열린 모음이고 $k \geq 1$이며, $\omega$는 $E$에서 $\mathscr{C}'$급의 $k$형식이고 $d\omega = 0$이면, $E$에서 적당한 $(k-1)$형식 $\lambda$가 존재해서 $\omega = d\lambda$가 성립한다.

간단히 말하면, 닫힌 형식은 볼록한 모음에서 완전하다.

**증명** $p=1, \cdots, n$에 대해 $Y_p$는 $E$에서 $\mathscr{C}'$급의 $k$형식 $\omega$ 전체의 모음을 나타낸다고 하고, $\omega$의 다음 표준 표현에는 $dx_{p+1}, \cdots, dx_n$이 관련되지 않는다고 하자.

$$\omega = \sum_I f_I(\mathbf{x})\,dx_I \tag{118}$$

바꿔 말하면, 어떤 $\mathbf{x} \in E$에 대해 $f_I(\mathbf{x}) \neq 0$이면 $I \subset \{1, \cdots, p\}$이다.

$p$에 관한 귀납법으로 진행하겠다.

먼저 $\omega \in Y_1$이라 가정하자. 그러면 $\omega = f(\mathbf{x})\,dx_1$이다. $d\omega = 0$이므로, $1 < j \le n$와 $\mathbf{x} \in E$에 대해 $(D_j f)(\mathbf{x}) = 0$이다. 정리 10.38에 의해 적당한 $F \in \mathscr{C}'(E)$가 존재해서 $D_1 F = f$이고 $1 < j \le n$에 대해 $D_j F = 0$이다. 그러므로 다음이 성립한다.

$$dF = (D_1 F)(\mathbf{x})\,dx_1 = f(\mathbf{x})\,dx_1 = \omega$$

이제 $p > 1$를 선택하고 귀납법 가정을 다음과 같이 정하자. "$Y_{p-1}$에 속한 임의의 닫힌 $k$ 형식은 $E$에서 완전하다."

$\omega \in Y_p$를 $d\omega = 0$인 것으로 선택하자. (118)에 의해 다음이 성립한다.

$$\sum_I \sum_{j=1}^{n} (D_j f_I)(\mathbf{x})\,dx_j \wedge dx_I = d\omega = 0 \tag{119}$$

고정된 $j\,(p < j \le n)$를 생각하자. (118)에 나타나는 각 $I$는 $\{1, \cdots, p\}$에 포함된다. $I_1$과 $I_2$가 이런 $k$ 지표이고 $I_1 \ne I_2$이면, $(k+1)$지표 $(I_1, j)$와 $(I_2, j)$는 서로 다르다. 그러므로 소거할 수 없고, (118)에서 임의의 곁수가 다음을 만족시킨다는 결론을 (119)로부터 내린다.

▸ 곁수 = 계수 = coefficient

$$(D_j f_I)(\mathbf{x}) = 0 \quad (\mathbf{x} \in E,\ p < j \le n) \tag{120}$$

이제 $dx_p$를 포함하는 (118)에 있는 항들을 모으고, $\omega$를 다음과 같은 형식으로 다시 쓰자.

$$\omega = \alpha + \sum_{I_0} f_I(\mathbf{x})\,dx_{I_0} \wedge dx_p \tag{121}$$

여기서 $\alpha \in Y_{p-1}$이고 각 $I_0$은 $\{1, \cdots, p-1\}$에서 증가하는 $(k-1)$지표이며 $I = (I_0, p)$이다. (120)에 의해 정리 10.38은 다음과 같은 함수 $F_I \in \mathscr{C}'(E)$들을 제공한다.

$$D_p F_I = f_I, \quad D_j F_I = 0 \quad (p < j \le n) \tag{122}$$

다음과 같이 놓자.

$$\beta = \sum_{I_0} F_I(\mathbf{x})\,dx_{I_0} \tag{123}$$

그리고 $\gamma = \omega - (-1)^{k-1} d\beta$를 정의하자. $\beta$는 $(k-1)$형식이므로, 다음이 성립한다.

$$\begin{aligned}\gamma &= \omega - \sum_{I_0} \sum_{j=1}^{p} (D_j F_I)(\mathbf{x})\, dx_{I_0} \wedge dx_j \\ &= \alpha - \sum_{I_0} \sum_{j=1}^{p-1} (D_j F_I)(\mathbf{x})\, dx_{I_0} \wedge dx_j\end{aligned}$$

이것은 분명히 $Y_{p-1}$에 속한다. $d\omega = 0$이고 $d^2\beta = 0$이므로, $d\gamma = 0$이 성립한다. 이에 따라 귀납법 가정에 의해 $E$에서의 어떤 $(k-1)$형식 $\mu$에 대해 $\gamma = d\mu$임이 밝혀진다. $\lambda = \mu + (-1)^{k-1}\beta$이면, 결론적으로 $\omega = d\lambda$이다.

귀납법에 의해 증명이 끝난다.

▸ 모음 = 집합

## 10.40 정리

$k\ (1 \le k \le n)$를 고정하자. $E \subset R^n$는 열린 모음으로, $E$에서의 모든 닫힌 $k$형식은 완전하다고 하자. $T$는 $E$에서 열린 모음 $U \subset R^n$ 위로의 일대일 $\mathscr{C}''$사상으로, 이의 역사상 $S$도 $\mathscr{C}''$급이라 하자.

그러면 $U$에서 임의의 닫힌 $k$형식은 $U$에서 완전하다.

정리 10.39에 의해 모든 볼록한 열린 모음 $E$가 위의 가정을 만족시킴에 주목하자. $E$와 $U$ 사이의 관계는 이것들이 $\mathscr{C}''$**동치**라는 말로 표현할 수 있다.

이에 따라 모든 닫힌 형식은 볼록한 열린 모음과 $\mathscr{C}''$동치인 임의의 모음에서 완전하다.

**증명** $\omega$가 $U$에서의 $k$형식으로 $d\omega = 0$이라 하자. 정리 10.22(c)에 의해 $\omega_T$는 $E$에서의 $k$형식으로 $d(\omega_T) = 0$이다. 그러므로 $E$에서 어떤 $(k-1)$형식 $\lambda$에 대해 $\omega_T = d\lambda$이다. 정리 10.23과 정리 10.22(c)의 또 다른 응용에 의해 다음이 성립한다.

$$\omega = (\omega_T)_S = (d\lambda)_S = d(\lambda_S)$$

$\lambda_S$는 $U$에서 $(k-1)$형식이므로, $\omega$는 $U$에서 완전하다.

**용어**

삼각 분할 triangulation
벡터 해석학 vector analysis
벡터 마당, 벡터장 vector field

### 10.41 일러두기

응용에서는 (정의 2.17에서 정의한) 포체가 단체보다 흔히 더 간편한 매개변수 정의역이다. 우리 셈이 모두 단체가 아니라 포체에 근거했다면, 스토크스의 정리의 증명에 나타나는 셈이 훨씬 더 간단했을 것이다. [이것이 스피박(Spivak)의 책에서 이루어진 방식이다.] 단체를 선호한 이유는 방향이 있는 단체의 경계에 대한 정의가 포체의 경우보다 더 쉽고 더 자연스러워 보이기 때문이다. (익힘 문제 19를 보라.) 또, ('삼각 분할'이라 부르는) 모음을 단체로의 분할은 위상 수학에서 중요한 역할을 하고, 한쪽에 있는 위상 수학의 특정한 면들과 다른 쪽에 있는 미분 형식 사이에 강력한 연관성이 있다. 이것들은 10.35절에 암시되어 있다. 싱어(Singer)와 소프(Thorpe)의 공저에서는 이 주제를 훌륭하게 설명하고 있다.

모든 포체를 삼각 분할할 수 있으므로, 이것을 사슬로 간주할 수 있다. 이차원의 경우에는 보기 10.32에서 이와 같이 했다. 삼차원의 경우는 익힘 문제 18을 보라.

푸앵카레의 보조 정리(정리 10.39)는 여러 가지 방법으로 증명할 수 있다. 예를 들어, 스피박(Spivak)의 책 94쪽과 플레밍(Fleming)의 책 280쪽을 보라. 어떤 특별한 경우에 대한 두 가지 간단한 증명이 두 익힘 문제 24와 27에 제시되어 있다.

## 벡터 해석학

$R^3$에서의 벡터 해석학에 관한 정리들에 앞에서 다룬 내용 중에서 몇 가지를 응용하는 것으로 이번 장을 마무리하겠다. 이런 정리들은 미분 형식에 관한 정리들의 특별한 경우지만, 통상 다른 용어로 서술되어 있다. 이에 따라 한 언어를 다른 언어로 옮기는 과제에 직면한다.

### 10.42 벡터 마당

▸ 모음 = 집합

$\mathbf{F} = F_1\mathbf{e}_1 + F_2\mathbf{e}_2 + F_3\mathbf{e}_3$은 열린 모음 $E \subset R^3$에서 $R^3$으로의 연속 사상이라 하자. $\mathbf{F}$는 $E$의 각 점에 벡터를 대응시키므로, $\mathbf{F}$를 종종 특히 물리학에서는 벡터 마당[벡터장]이라 부른다. 이런 각 $\mathbf{F}$에는 다음과 같은 1형식이 대응한다.

(124) $$\lambda_{\mathbf{F}} = F_1\,dx + F_2\,dy + F_3\,dz$$

그리고 다음과 같은 2형식이 대응한다.

$$\omega_{\mathbf{F}} = F_1\, dy \wedge dz + F_2\, dz \wedge dx + F_3\, dx \wedge dy \tag{125}$$

여기와 이번 장의 나머지에서는 $(x_1,\ x_2,\ x_3)$ 대신에 관례적인 기호 $(x,\ y,\ z)$를 사용한다.

역으로, $E$에서의 임의의 1형식 $\lambda$는 $E$에서의 어떤 벡터 마당 $\mathbf{F}$에 대해 $\lambda_{\mathbf{F}}$이고, 임의의 2형식 $\omega$는 어떤 $\mathbf{F}$에 대해 $\omega_{\mathbf{F}}$라는 사실은 분명하다. 이에 따라 $R^3$에서 1형식과 2형식에 대한 연구는 벡터 마당에 대한 연구와 동시에 진행된다.

$u \in \mathscr{C}'(E)$가 실 함수이면, 다음과 같은 이것의 **물매**[그래디언트]는 $E$에서의 벡터 마당의 예이다.

$$\nabla u = (D_1 u)\mathbf{e}_1 + (D_2 u)\mathbf{e}_2 + (D_3 u)\mathbf{e}_3$$

**용어**
물매, 그래디언트 gradient
회전 curl
발산 divergence

이제 $\mathbf{F}$는 $E$에서 $\mathscr{C}'$급의 벡터 마당이라 하자. 이것의 **회전** $\nabla \times \mathbf{F}$는 다음과 같이 $E$에서 정의된 벡터 마당이다.

$$\nabla \times \mathbf{F} = (D_2F_3 - D_3F_2)\mathbf{e}_1 + (D_3F_1 - D_1F_3)\mathbf{e}_2 + (D_1F_2 - D_2F_1)\mathbf{e}_3$$

그리고 이것의 **발산**은 다음과 같이 $E$에서 정의된 실 함수 $\nabla \cdot \mathbf{F}$이다.

$$\nabla \cdot \mathbf{F} = D_1F_1 + D_2F_2 + D_3F_3$$

이런 수량들은 물리적으로 다양하게 해석된다. 더 자세한 내용은 켈로그(O. D. Kellogg)의 책을 참고하기 바란다.

다음은 물매, 회전, 발산 사이의 몇 가지 관계이다.

### 10.43 정리

$E$는 $R^3$에서의 열린 모음이고, $u \in \mathscr{C}''(E)$이며, $\mathbf{G}$는 $E$에서 $\mathscr{C}''$급의 벡터 마당이라 하자.

(a) $\mathbf{F} = \nabla u$이면, $\nabla \times \mathbf{F} = \mathbf{0}$이다.

(b) $\mathbf{F} = \nabla \times \mathbf{G}$이면, $\nabla \cdot \mathbf{F} = 0$이다.

덧붙여, $E$가 어떤 볼록한 모음과 $\mathscr{C}''$ 동치이면, 다음과 같이 (a)와 (b)의 역도 성립하는데, 이때 $\mathbf{F}$는 $E$에서 $\mathscr{C}'$급의 벡터 마당이라 가정한다.

(a') $\nabla \times \mathbf{F} = \mathbf{0}$이면, 어떤 $u \in \mathscr{C}''(E)$에 대해 $\mathbf{F} = \nabla u$이다.

(b') $\nabla \cdot \mathbf{F} = 0$이면, $E$에서 $\mathscr{C}''$급의 어떤 벡터 마당 $\mathbf{G}$에 대해 $\mathbf{F} = \nabla \times \mathbf{G}$이다.

▸ $\mathbf{F} = \nabla u \Leftrightarrow \lambda_{\mathbf{F}} = du$
$\nabla \times \mathbf{F} = \mathbf{0} \Leftrightarrow d\lambda_{\mathbf{F}} = 0$
$\mathbf{F} = \nabla \times \mathbf{G} \Leftrightarrow \omega_{\mathbf{F}} = d\lambda_{\mathbf{G}}$
$\nabla \cdot \mathbf{F} = 0 \Leftrightarrow d\omega_{\mathbf{F}} = 0$

▸… 위한 필요 충분 조건
= … 위해 필요하고 충분한 조건

증명 $\nabla u$, $\nabla \times \mathbf{F}$, $\nabla \cdot \mathbf{F}$의 정의를 (124)와 (125)에 주어진 미분 형식 $\lambda_{\mathbf{F}}$와 $\omega_{\mathbf{F}}$를 비교하면, 다음과 같은 네 명제를 얻는다.

$$\mathbf{F} = \nabla u \text{ 이기 위한 필요 충분 조건은 } \lambda_{\mathbf{F}} = du \text{이다.}$$

$$\nabla \times \mathbf{F} = \mathbf{0} \text{ 이기 위한 필요 충분 조건은 } d\lambda_{\mathbf{F}} = 0 \text{이다.}$$

$$\mathbf{F} = \nabla \times \mathbf{G} \text{ 이기 위한 필요 충분 조건은 } \omega_{\mathbf{F}} = d\lambda_{\mathbf{G}} \text{이다.}$$

$$\nabla \cdot \mathbf{F} = 0 \text{ 이기 위한 필요 충분 조건은 } d\omega_{\mathbf{F}} = 0 \text{이다.}$$

그런데 $\mathbf{F} = \nabla u$이면 $\lambda_{\mathbf{F}} = du$이므로, 이에 따라 $d\lambda_{\mathbf{F}} = d^2 u = 0$이다(정리 10.20). 이것은 $\nabla \times \mathbf{F} = \mathbf{0}$을 뜻한다. 그러므로 (a)가 증명된다.

(a')과 관련해서, 가정은 $E$에서 $d\lambda_{\mathbf{F}} = 0$이라는 말과 같다. 정리 10.40에 의해, 어떤 0형식 $u$에 대해 $\lambda_{\mathbf{F}} = du$이다. 그러므로 $\mathbf{F} = \nabla u$이다.

(b)와 (b')의 증명은 정확하게 똑같은 방식으로 유도된다.

## 10.44 부피 요소

**용어**
부피 요소, 체적소
volume element

다음과 같은 $k$형식을 $R^k$에서의 부피 요소라 한다.

$$dx_1 \wedge \cdots \wedge dx_k$$

이것을 흔히 $dV$로 나타낸다. (또는 차원을 명확하게 지적하는 것이 바람직해 보이면 $dV_k$로 나타낸다.) 그리고 $\Phi$는 $R^k$에서 양의 방향이 있는 $k$곡면이고 $f$는 $\Phi$의 치역에서의 연속 함수일 때 다음과 같은 기호가 사용된다.

$$\int_\Phi f(\mathbf{x})\, dx_1 \wedge \cdots \wedge dx_k = \int_\Phi f\, dV \tag{126}$$

▸야코비 결정자[행렬식]
= 야코비안

이 용어를 사용하는 이유는 아주 간단하다. $D$는 $R^k$에서의 매개 변수 정의역이고 $\Phi$는 $D$에서 $R^k$로의 일대일 $\mathscr{C}'$ 사상으로 야코비 결정자 $J_\Phi$가 양수이면, (126)의 좌변은 (35)와 정리 10.9에 의해 다음과 같다.

$$\int_D f(\Phi(\mathbf{u}))\, J_\Phi(\mathbf{u})\, d\mathbf{u} = \int_{\Phi(D)} f(\mathbf{x})\, d\mathbf{x}$$

특히, $f=1$일 때 (126)은 $\Phi$의 **부피**를 정의한다. (36)에서 이것의 특별한 경우를 이미 알아봤다.

$dV_2$에 대해 통상적인 기호는 $dA$이다.

## 10.45 그린의 정리

$E$는 $R^2$에서의 열린 모음이고 $\alpha \in \mathscr{C}'(E)$이며 $\beta \in \mathscr{C}'(E)$이고 $\Omega$는 $E$의 닫힌 부분 모음으로 그 경계 $\partial\Omega$는 10.31절에서 설명한 것과 같이 양의 방향이 있다고 하자. 그러면 다음이 성립한다.

▸ 모음 = 집합

$$\int_{\partial\Omega}(\alpha\,dx+\beta\,dy)=\int_{\Omega}\left(\frac{\partial\beta}{\partial x}-\frac{\partial\alpha}{\partial y}\right)dA \tag{127}$$

**증명** $\lambda=\alpha\,dx+\beta\,dy$로 놓자. 그러면 다음을 얻는다.

$$\begin{aligned} d\lambda &= (D_2\alpha)\,dy\wedge dx+(D_1\beta)\,dx\wedge dy \\ &= (D_1\beta-D_2\alpha)\,dA \end{aligned}$$

그리고 (127)은 다음과 같다.

$$\int_{\partial\Omega}\lambda=\int_{\Omega}d\lambda$$

이것은 정리 10.33에 의해 참이다.

$\alpha(x,\ y)=-y$이고 $\beta(x,\ y)=x$이면, (127)은 다음과 같이 $\Omega$의 넓이가 된다.

$$\frac{1}{2}\int_{\partial\Omega}(x\,dy-y\,dx)=A(\Omega) \tag{128}$$

$\alpha=0$이고 $\beta=x$이면, 비슷한 공식을 얻는다. 보기 10.12(b)에는 이것의 특별한 경우가 포함되어 있다.

## 10.46 $R^3$에서의 넓이 요소

$\Phi$는 매개 변수 정의역이 $D\subset R^2$인 $\mathscr{C}'$급의 $R^3$에서의 2곡면이라 하자. 각 점 $(u,\ v)\in D$에 다음 벡터를 대응시키자.

**용어**
넓이 요소, 면적소
area element

$$\mathbf{N}(u,\ v)=\frac{\partial(y,\ z)}{\partial(u,\ v)}\mathbf{e}_1+\frac{\partial(z,\ x)}{\partial(u,\ v)}\mathbf{e}_2+\frac{\partial(x,\ y)}{\partial(u,\ v)}\mathbf{e}_3 \tag{129}$$

▸ 야코비 결정자[행렬식] = 야코비안

**용어**
넓이 적분 area integral
접평면 tangent plane

(129)에서 야코비 결정자들은 다음 방정식에 대응한다.

$$(x, y, z) = \Phi(u, v) \tag{130}$$

$f$가 $\Phi(D)$에서 연속 함수이면, $\Phi$ 위에서 $f$의 **넓이 적분**은 다음과 같이 정의한다.

$$\int_\Phi f\,dA = \int_D f(\Phi(u, v))\,|\mathbf{N}(u, v)|\,du\,dv \tag{131}$$

특히, $f=1$일 때 $\Phi$의 **넓이**, 곧 다음을 얻는다.

$$A(\Phi) = \int_D |\mathbf{N}(u, v)|\,du\,dv \tag{132}$$

아래의 논의는 (131)과 이것의 특별한 경우 (132)가 합당한 정의임을 보여줄 것이다. 이것은 또한 벡터 $\mathbf{N}$의 기하학적인 면을 설명할 것이다.

$\Phi = \varphi_1\mathbf{e}_1 + \varphi_2\mathbf{e}_2 + \varphi_3\mathbf{e}_3$로 쓰고, 점 $\mathbf{p}_0 = (u_0, v_0) \in D$을 고정하며, $\mathbf{N} = \mathbf{N}(\mathbf{p}_0)$으로 놓고 다음과 같이 놓자

$$\alpha_i = (D_1\varphi_i)(\mathbf{p}_0), \quad \beta_i = (D_2\varphi_i)(\mathbf{p}_0) \quad (i = 1, 2, 3) \tag{133}$$

그리고 $T \in L(R^2, R^3)$는 다음과 같이 정의된 선형 변환이라 하자.

$$T(u, v) = \sum_{i=1}^{2} (\alpha_i u + \beta_i v)\mathbf{e}_i \tag{134}$$

정의 9.11에 따라서 $T = \Phi'(\mathbf{p}_0)$임에 주목하자.

▸ 계수 = rank

이제 $T$의 계수가 2라고 가정하자. ($T$의 계수가 1 또는 0이면 $\mathbf{N} = \mathbf{0}$이고, 다음에서 언급할 접평면은 선 또는 점으로 쪼그라든다.) 그러면 다음 아핀 사상의 치역은 평면 $\Pi$인데, $\mathbf{p}_0$에서 $\Phi$의 **접평면**이라 한다.

$$(u, v) \to \Phi(\mathbf{p}_0) + T(u, v)$$

[$\Pi$를 $\mathbf{p}_0$이 아니라 $\Phi(\mathbf{p}_0)$에서의 접평면이라 부르고 싶을 것이다. $\Phi$가 일대일이 아니면, 이렇게 할 때 어려움에 빠진다.]

(129)에 (133)을 사용하면, 다음을 얻는다.

$$\mathbf{N} = (\alpha_2\beta_3 - \alpha_3\beta_2)\mathbf{e}_1 + (\alpha_3\beta_1 - \alpha_1\beta_3)\mathbf{e}_2 + (\alpha_1\beta_2 - \alpha_2\beta_1)\mathbf{e}_3 \tag{135}$$

그리고 (134)는 다음을 보여준다.

(136) $$T\mathbf{e}_1 = \sum_{i=1}^{3} \alpha_i \mathbf{e}_i, \qquad T\mathbf{e}_2 = \sum_{i=1}^{3} \beta_i \mathbf{e}_i$$

이제 직접 셈하면 다음에 도달한다.

(137) $$\mathbf{N} \cdot (T\mathbf{e}_1) = 0 = \mathbf{N} \cdot (T\mathbf{e}_2)$$

그러므로 $\mathbf{N}$은 $\Pi$와 수직이다. 이에 따라 $\mathbf{N}$을 $\mathbf{p}_0$에서 $\Phi$에 **법선 벡터**라 한다.

> **용어**
> 법선 벡터 normal vector

$\mathbf{N}$의 둘째 성질은 (135)와 (136)에 근거한 직접적인 셈으로도 확인할 수 있는데, $\{\mathbf{e}_1, \mathbf{e}_2, \mathbf{e}_3\}$을 $\{T\mathbf{e}_1, T\mathbf{e}_2, \mathbf{N}\}$으로 보내는 $R^3$의 선형 변환의 결정자가 $|\mathbf{N}|^2 > 0$이라는 사실이다(익힘 문제 30). 그러므로 다음 3단체에는 양의 방향이 있다.

▸ 결정자 = 행렬식
= determinant

(138) $$[\mathbf{0}, T\mathbf{e}_1, T\mathbf{e}_2, \mathbf{N}]$$

앞으로 사용할 $\mathbf{N}$의 셋째 성질은 처음 두 성질의 결과이다. 위에서 언급했던 값이 $|\mathbf{N}|^2$인 결정자는 모서리가 $[\mathbf{0}, T\mathbf{e}_1]$, $[\mathbf{0}, T\mathbf{e}_2]$, $[\mathbf{0}, \mathbf{N}]$인 평행 육면체의 부피이다. (137)에 의해 $[\mathbf{0}, \mathbf{N}]$는 다른 두 모서리와 수직이다. 따라서 꼭짓점이 다음과 같은 평행 사변형의 넓이는 $|\mathbf{N}|$이다.

(139) $$\mathbf{0}, \ T\mathbf{e}_1, \ T\mathbf{e}_2, \ T(\mathbf{e}_1 + \mathbf{e}_2)$$

이 평행 사변형은 $R^2$에서 단위 정사각형의 $T$에 의한 상이다. $E$가 $R^2$에서의 임의의 직사각형이면, ($T$가 선형 변환이므로) 평행 사변형 $T(E)$의 넓이는 다음과 같다.

(140) $$A(T(E)) = |\mathbf{N}|A(E) = \int_E |\mathbf{N}(u_0, v_0)| \, du \, dv$$

결론적으로, (132)는 $\Phi$가 아핀일 때 정확하다. 일반적인 경우에 정의 (132)를 정당화하기 위해서, $D$를 작은 직사각형들로 분할하고 각각에서 점 $(u_0, v_0)$을 선택하며 각 직사각형에 $\Phi$를 대응하는 접평면으로 대체하자. 그러면 (140)을 통해서 이 결과로 얻은 평행 사변형들의 넓이의 합은 $A(\Phi)$에 근접한다. 마지막으로, 계단 함수로 $f$에 근접시킴으로써 (131)을 (132)로부터 정당화할 수 있다.

## 10.47 보기

$0 < a < b$를 고정하자. $K$는 다음으로 결정된 3포체라 하자.

$$0 \le t \le a, \quad 0 \le u \le 2\pi, \quad 0 \le v \le 2\pi$$

다음 방정식은 $R^3$에서 $R^3$으로의 사상 $\Psi$를 묘사한다.

$$(141) \qquad \begin{aligned} x &= t\cos u \\ y &= (b + t\sin u)\cos v \\ z &= (b + t\sin u)\sin v \end{aligned}$$

▸ 야코비 결정자[행렬식] = 야코비안

$\Psi$는 $K$의 내부에서 일대일이고 $\Psi(K)$는 원환체이다. 이것의 야코비 결정자는 다음과 같다.

$$J_{\Psi} = \frac{\partial(x,\ y,\ z)}{\partial(t,\ u,\ v)} = t(b + t\ \sin u)$$

이것은 면 $t=0$을 제외하면 $K$에서 양수이다. $J_{\Psi}$를 $K$ 위에서 적분하면, 원환체의 부피로 다음을 얻는다.

$$\text{vol}(\Psi(K)) = 2\pi^2 a^2 b$$

이제 2사슬 $\Phi = \partial\Psi$를 생각하자. (익힘 문제 19를 보라.) $\Psi$는 $K$의 두 면 $u=0$과 $u=2\pi$를 똑같은 원통형의 조각 위로 사상하는데, 서로 반대 방향으로 사상한다. $\Psi$는 두 면 $v=0$과 $v=2\pi$를 똑같은 원판 위로 사상하지만, 반대 방향으로 사상한다. $\Psi$는 면 $t=0$을 원 위로 사상하는데, 0을 2사슬 $\partial\Psi$로 보낸다. (관련된 야코비 결정자는 0이다.) 그러므로 $\Phi$는 단순히 (141)에서 $t=a$로 놓아서 얻는 2곡면이고, 이것의 매개 변수 정의역 $D$는 $0 \le u \le 2\pi$, $0 \le v \le 2\pi$로 정의된 정사각형이다.

(129)와 (141)에 따라서, $(u,\ v) \in D$에서 $\Phi$에 대한 접선 벡터는 다음과 같다.

$$\mathbf{N}(u,\ v) = a(b + a\sin u)\mathbf{n}(u,\ v)$$

여기서 $\mathbf{n}$은 다음과 같다.

$$\mathbf{n}(u,\ v) = (\cos u)\mathbf{e}_1 + (\sin u\cos v)\mathbf{e}_2 + (\sin u\sin v)\mathbf{e}_3$$

$|\mathbf{n}(u,\ v)| = 1$이므로 $|\mathbf{N}(u,\ v)| = a(b + a\sin u)$이고, 이것을 $D$ 위에서 적분하면 (131)에 따라 원환체의 곡면 넓이로 다음을 얻는다.

$$A(\Phi) = 4\pi^2 ab$$

$\mathbf{N} = \mathbf{N}(u,\ v)$를 $\Phi(u,\ v)$로부터 $\Phi(u,\ v) + \mathbf{N}(u,\ v)$까지 가리키는

방향이 있는[유향] 선분으로 생각하면, $\mathbf{N}$은 밖을, 곧 $\Psi(K)$에서 벗어나는 방향을 가리킨다. 이것은 $t=a$일 때 $J_\Psi > 0$이기 때문이다.

예를 들어 $u=v=\pi/2$와 $t=a$를 택하자. 이것은 $\Psi(K)$에서 $z$의 가장 큰 값을 주고, $\mathbf{N}=a(b+a)\mathbf{e}_3$은 이렇게 선택한 $(u,\ v)$에 대해 '위쪽'을 가리킨다.

## 10.48 $R^3$에서 1형식의 적분

| 용어 |
|---|
| 접벡터 tangent vector |
| 호의 길이 요소 element fo arc length |
| 접성분 tangential component |

▸ 모음 = 집합

$\gamma$는 열린 모음 $E \subset R^3$에서 $\mathscr{C}'$ 곡선이고 매개 변수 구간이 $[0,\ 1]$이라 하자. $\mathbf{F}$는 10.42절에서와 같이 $E$에서의 벡터 마당이고, $\lambda_{\mathbf{F}}$는 (124)와 같이 정의하자. $\gamma$ 위에서 $\lambda_{\mathbf{F}}$의 적분은 아래에서 설명하는 특정한 방식으로 다시 쓸 수 있다.

임의의 $u \in [0,\ 1]$에 대해 다음을 $u$에서 $\gamma$에 대한 **접벡터**라 한다.

$$\gamma'(u) = \gamma_1'(u)\mathbf{e}_1 + \gamma_2'(u)\mathbf{e}_2 + \gamma_3'(u)\mathbf{e}_3$$

$\mathbf{t}=\mathbf{t}(u)$를 $\gamma'(u)$ 방향의 단위 벡터로 정의한다. 그러면 다음과 같다.

$$\gamma'(u) = |\gamma'(u)|\mathbf{t}(u)$$

[어떤 $u$에 대해 $\gamma'(u)=0$이면, $\mathbf{t}(u)=\mathbf{e}_1$로 놓자. 다른 어떠한 선택도 정당할 수 있다.] (35)에 의해 다음을 얻는다.

(142)
$$\begin{aligned}\int_\gamma \lambda_{\mathbf{F}} &= \sum_{i=1}^{3}\int_0^1 F_i(\gamma(u))\gamma_i'(u)\,du \\ &= \int_0^1 \mathbf{F}(\gamma(u))\cdot\gamma'(u)\,du \\ &= \int_0^1 \mathbf{F}(\gamma(u))\cdot\mathbf{t}(u)|\gamma'(u)|\,du\end{aligned}$$

정리 6.27에 의해 $|\gamma'(u)|du$를 $\gamma$를 따른 **호의 길이 요소**라 부르는 것이 합당하다. 이에 대한 관례적인 기호는 $ds$인데, (142)를 다음과 같은 꼴로 다시 쓸 수 있다.

(143)
$$\int_\gamma \lambda_{\mathbf{F}} = \int_\gamma (\mathbf{F}\cdot\mathbf{t})\,ds$$

$\mathbf{t}$가 $\gamma$에 대한 단위 접벡터이므로, $\mathbf{F}\cdot\mathbf{t}$를 $\gamma$를 따른 $\mathbf{F}$의 접성분이라 한다.

(143)의 우변은 (142)에서 마지막 적분에 대한 단순한 축약으로 간주

해야 한다. 요점은 $\mathbf{F}$가 $\gamma$의 치역에서 정의되지만 $\mathbf{t}$는 $[0, 1]$에서 정의된다는 사실이다. 그러므로 $\mathbf{F}\cdot\mathbf{t}$는 적절하게 해석해야 한다. 물론, $\gamma$가 일대일일 때, $\mathbf{t}(u)$를 $\mathbf{t}(\gamma(u))$로 대체할 수 있고 이런 어려운 점이 사라진다.

## 10.49 $R^3$에서 2형식의 적분

$\Phi$는 열린 모음 $E \subset R^3$에서 $\mathscr{C}'$급의 2곡면으로, 매개 변수 정의역이 $D \subset R^2$라 하자. $\mathbf{F}$는 $E$에서의 벡터 마당이라 하고, $\omega_{\mathbf{F}}$를 (125)로 정의하자. 앞의 절에서와 같이, $\Phi$ 위에서 $\omega_{\mathbf{F}}$의 적분에 대한 다른 표현을 얻겠다.

(35)와 (129)에 의해 다음을 얻는다.

$$\begin{aligned}\int_{\Phi}\omega_{\mathbf{F}} &= \int_{\Phi}(F_1\,dy\wedge dz + F_2\,dz\wedge dx + F_3\,dx\wedge dy)\\ &= \int_{D}\left\{(F_1\circ\Phi)\frac{\partial(y, z)}{\partial(u, v)} + (F_2\circ\Phi)\frac{\partial(z, x)}{\partial(u, v)} + (F_3\circ\Phi)\frac{\partial(x, y)}{\partial(u, v)}\right\}du\,dv\\ &= \int_{D}\mathbf{F}(\Phi(u, v))\cdot\mathbf{N}(u, v)\,du\,dv\end{aligned}$$

이제 $\mathbf{n}=\mathbf{n}(u, v)$은 $\mathbf{N}(u, v)$ 방향의 단위 벡터라 하자. [어떤 $(u, v)\in D$에 대해 $\mathbf{N}(u, v)=\mathbf{0}$이면, $\mathbf{n}(u, v)=\mathbf{e}_1$을 택한다.] 그러면 $\mathbf{N}=|\mathbf{N}|\mathbf{n}$이고, 이에 따라 마지막 적분은 다음과 같이 된다.

$$\int_{D}\mathbf{F}(\Phi(u, v))\cdot\mathbf{n}(u, v)\,|\mathbf{N}(u, v)|\,du\,dv$$

(131)에 의해 드디어 이것을 다음과 같은 꼴로 쓸 수 있다.

(144) $$\int_{\Phi}\omega_{\mathbf{F}} = \int_{\Phi}(\mathbf{F}\cdot\mathbf{n})\,dA$$

$\mathbf{F}\cdot\mathbf{n}$의 뜻과 관련해서, 10.48절의 끝에 있는 일러두기를 여기에도 적용할 수 있다.

## 10.50 스토크스의 정리

▸ 모음 = 집합

$\mathbf{F}$는 열린 모음 $E\subset R^3$에서 $\mathscr{C}'$급의 벡터 마당이고 $\Phi$는 $E$에서 $\mathscr{C}''$급의 2곡면이면, 다음이 성립한다.

(145) $$\int_{\Phi}(\nabla\times\mathbf{F})\cdot\mathbf{n}\,dA = \int_{\partial\Phi}(\mathbf{F}\cdot\mathbf{t})\,ds$$

증명 $\mathbf{H} = \nabla \times \mathbf{F}$로 놓자. 그러면 정리 10.43의 증명에서와 같이 다음을 얻는다.

$$\omega_{\mathbf{H}} = d\lambda_{\mathbf{F}} \tag{146}$$

그러므로 다음이 성립한다.

$$\begin{aligned}\int_{\Phi} (\nabla \times \mathbf{F}) \cdot \mathbf{n}\, dA &= \int_{\Phi} (\mathbf{H} \cdot \mathbf{n})\, dA = \int_{\Phi} \omega_{\mathbf{H}} \\ &= \int_{\Phi} d\lambda_{\mathbf{F}} = \int_{\partial\Phi} \lambda_{\mathbf{F}} = \int_{\partial\Phi} (\mathbf{F} \cdot \mathbf{t})\, ds\end{aligned}$$

여기서 $\mathbf{H}$의 정의를 사용했고, 다음에 $\mathbf{F}$ 대신에 $\mathbf{H}$가 있는 (144)를 사용했다. 그 다음에는 (146), 다음의 주요한 단계에 정리 10.33를 마지막으로 (143)을 사용해서 자명한 방식으로 곡선을 1사슬로 확장했다.

## 10.51 발산 정리

$\mathbf{F}$는 열린 모음 $E \subset R^3$에서 $\mathscr{C}'$급의 벡터 마당이고 $\Omega$는 $E$의 닫힌 부분 모음으로 (10.31절에서 설명한 바와 같이) 양의 방향이 있는 경계 $\partial\Omega$가 있으면, 다음이 성립한다.

$$\int_{\Omega} (\nabla \cdot \mathbf{F})\, dV = \int_{\partial\Omega} (\mathbf{F} \cdot \mathbf{n})\, dA \tag{147}$$

▸ 모음 = 집합

증명 (125)에 의해 다음을 얻는다.

$$d\omega_{\mathbf{F}} = (\nabla \cdot \mathbf{F})\, dx \wedge dy \wedge dz = (\nabla \cdot \mathbf{F})\, dV$$

그러므로 2형식 $\omega_{\mathbf{F}}$에 적용한 정리 10.33 및 (144)에 의해 다음이 성립한다.

$$\int_{\Omega} (\nabla \cdot \mathbf{F})\, dV = \int_{\Omega} d\omega_{\mathbf{F}} = \int_{\partial\Omega} \omega_{\mathbf{F}} = \int_{\partial\Omega} (\mathbf{F} \cdot \mathbf{n})\, dA$$

## 익힘 문제

▸ 옹골진 모음 = compact set, 비지 않은 = nonempty, 여 모음 = 여집합

**1.** $H$는 $R^k$에서의 옹골진 볼록한 모음으로 내부는 비지 않았다고 하자. $f \in \mathscr{C}(H)$이라 하고 $H$의 여 모음에서는 $f(\mathbf{x})=0$으로 놓고 $\int_H f$는 정의 10.3에서와 같이 정의하자.

$\int_H f$는 $k$번의 적분을 시행하는 순서와 독립적임을 증명하라.

**귀띔** : $f$를 보기 10.4에서 시행한 바와 같이 $R^k$에서 연속이고 받침이 $H$에 포함되는 함수들로 근접시키자.

**2.** $i=1, 2, 3, \cdots$에 대해 $\varphi_i \in \mathscr{C}(R^1)$의 받침은 $(2^{-i}, 2^{1-i})$에 포함되고 $\int \varphi_i = 1$이라 하자. 다음과 같이 놓자.

$$f(x, y) = \sum_{i=1}^{\infty} \{\varphi_i(x) - \varphi_{i+1}(x)\}\varphi_i(y)$$

▸ 옹골지다 = be compact

그러면 $f$의 받침은 $R^2$에서 옹골지고, $f$는 $(0, 0)$을 제외하면 연속이며, 다음이 성립한다고 하자.

$$\int dy \int f(x, y)\,dx = 0 \text{이지만} \int dx \int f(x, y)\,dy = 1\text{이다.}$$

▸ 이웃 = 근방

▸ 갇혀 있지 않다 = 유계가 아니다

$f$는 $(0, 0)$의 임의의 이웃에서 갇혀 있지 않다는 사실을 관찰하자.

**3.** (a) $F$는 정리 10.7에서와 같으면, $\mathbf{A}=\mathbf{F}'(0)$과 $\mathbf{F}_1(\mathbf{x})=\mathbf{A}^{-1}\mathbf{F}(\mathbf{x})$로 놓자. 그러면 $\mathbf{F}_1{}'(\mathbf{0})=I$이다. 적당한 원시 사상 $\mathbf{G}_1, \cdots, \mathbf{G}_n$에 대해 $\mathbf{0}$의 어떤 이웃에서 다음이 성립함을 보여라.

$$\mathbf{F}_1(\mathbf{x}) = \mathbf{G}_n \circ \mathbf{G}_{n-1} \circ \cdots \circ \mathbf{G}_1(\mathbf{x})$$

이것은 다음과 같이 정리 10.7의 또 다른 꼴을 제공한다.

$$\mathbf{F}(\mathbf{x}) = \mathbf{F}'(0)\mathbf{G}_n \circ \mathbf{G}_{n-1} \circ \cdots \circ \mathbf{G}_1(\mathbf{x})$$

(b) $R^2$에서 $R^2$ 위로의 사상 $(x, y) \to (y, x)$가 원점의 어떠한 이웃에서도 두 개의 어떠한 원시 사상의 합성이 아님을 증명하라. (이것은 뒤집기 $B_i$를 정리 10.7의 명제에서 빠뜨릴 수 없음을 보여준다.)

**4.** $(x, y) \in R^2$에 대해 다음과 같이 정의하자.

$$\mathbf{F}(x, y) = (e^x \cos y - 1,\ e^x \sin y)$$

$\mathbf{F} = \mathbf{G}_2 \circ \mathbf{G}_1$임을 증명하라. 여기서 $\mathbf{G}_1$과 $\mathbf{G}_2$는 $(0,\ 0)$의 어떤 이웃에서 다음과 같은 원시 사상이다.

▸이웃 = 근방

$$\mathbf{G}_1(x,\ y) = (e^x \cos y - 1,\ y),$$
$$\mathbf{G}_2(u,\ v) = (u,\ (1+u)\tan v)$$

$(0,\ 0)$에서 $\mathbf{G}_1$, $\mathbf{G}_2$, $\mathbf{F}$의 야코비 결정자를 셈하라. 다음과 같이 정의하자.

▸야코비 결정자[행렬식] = 야코비안

$$\mathbf{H}_2(x,\ y) = (x,\ e^x \sin y)$$

그리고 다음과 같은 $\mathbf{H}_1$을 $(0,\ 0)$의 어떤 이웃에서 $\mathbf{F} = \mathbf{H}_1 \circ \mathbf{H}_2$가 성립하도록 찾자.

$$\mathbf{H}_1(u,\ v) = (h(u,\ v),\ v)$$

**5.** $K$가 임의의 거리 공간의 옹골진 부분 모음이 되는 정리 10.8과 유사한 명제를 공식화하고 증명하라. (정리 10.8의 증명에 나타나는 함수 $\varphi_i$들을 제 4 장의 익임 문제 22에서 구성한 형태의 함수들로 바꾸자.)

▸옹골진 모음 = compact set

**6.** 정리 10.8의 결론을, 함수 $\psi_i$들을 미분할 수 있도록 심지어 한없이 미분할 수 있도록 만들 수 있음을 보임으로써 강화하라. (보조적인 함수 $\varphi_i$들의 구성에 제 8 장의 익힘 문제 1을 사용하라.)

▸미분할 수 있다 = 미분 가능하다

**7.** (a) 단체 $Q^k$는 $\mathbf{0}$, $\mathbf{e}_1$, $\cdots$, $\mathbf{e}_k$를 포함하는 $R^k$의 가장 작은 볼록한 부분 모음임을 보여라.

(b) 아핀 사상은 볼록한 모음을 볼록한 모음으로 보냄을 보여라.

**8.** $H$는 $R^2$에서 꼭짓점들이 $(1,\ 1)$, $(3,\ 2)$, $(4,\ 5)$, $(2,\ 4)$인 평행 사변형이라 하자. $T$는 $(0,\ 0)$은 $(1,\ 1)$로, $(1,\ 0)$은 $(3,\ 2)$로, $(0,\ 1)$는 $(2,\ 4)$로 보내는 아핀 사상 $T$를 찾아라. $J_T = 5$임을 보여라. $T$를 사용해서 다음 적분을 $I^2$ 위에서의 적분으로 바꾸고 $\alpha$를 셈하라.

$$\alpha = \int_H e^{x-y}\, dx\, dy$$

**9.** 직사각형 $0 \le r \le a$, $0 \le \theta \le 2\pi$에서 $(x,\ y) = T(r,\ \theta)$를 다음 방정식으로 정의하자.

$$x = r\cos\theta, y = r\sin\theta$$

$T$는 앞의 직사각형을 중심이 $(0, 0)$이고 반지름이 $a$인 닫힌 원판 $D$ 위로 사상하고, $T$는 이 직사각형의 내부에서 일대일이며 $J_T(r, \theta) = r$임을 보여라. $f \in \mathscr{C}(D)$일 때, 다음 극 좌표에서의 적분 공식을 증명하라.

$$\int_D f(x, y)\,dx\,dy = \int_0^a \int_0^{2\pi} f(T(r, \theta))\,r\,dr\,d\theta$$

**귀띔** : $D_o$은 $D$의 내부로 $(0, 0)$부터 $(0, a)$까지의 구간을 뺀 것이라 하자. 현재 상태 그대로, 정리 10.9는 받침이 $D_o$에 포함된 연속 함수 $f$에 적용된다. 이런 제한을 없애기 위해 보기 10.4에서와 같이 진행하자.

**10.** 익힘 문제 9에서 $a \to \infty$로 하고, $|x| + |y| \to \infty$일 때 충분히 빠르게 감소하는 연속 함수 $f$에 대해 다음이 성립함을 증명하라.

$$\int_{R^2} f(x, y)\,dx\,dy = \int_0^\infty \int_0^{2\pi} f(T(r, \theta))\,r\,dr\,d\theta$$

(좀 더 명확한 공식화를 찾아라.) 이것을 다음에 적용해서 제 8 장의 공식 (101)을 유도하라.

$$f(x, y) = \exp(-x^2 - y^2)$$

**11.** 띠 $0 < s < \infty$, $0 < t < 1$에서 $(u, v) = T(s, t)$를 다음과 같이 놓아서 정의하자.

$$u = s - st, \quad v = st$$

$T$가 앞의 띠에서 $R^2$의 양의 사분면 $Q$ 위로의 일대일 사상임을 보여라. $J_T(s, t) = s$임을 보여라.

$x > 0$, $y > 0$에 대해 $Q$ 위에서 다음을 적분하라.

$$u^{x-1} e^{-u} v^{y-1} e^{-v}$$

그리고 정리 10.9를 사용해서 이 적분을 띠 위에서의 적분으로 바꾸고, 이런 방식으로 제 8 장의 공식 (96)을 유도하라. (이 응용을 위해서는, 특정한 특이 적분을 다룰 수 있도록 정리 10.9를 확장해야 한다. 이렇게 확장하라.)

**12.** $I^k$는 모든 $i$에 대해 $0 \le u_i \le 1$인 $\mathbf{u} = (u_1, \cdots, u_k) \in R^k$ 전체의

모음이고, $Q^k$는 $x_i \geq 0$이고 $\Sigma x_i \leq 1$인 $\mathbf{x} = (x_1, \cdots, x_k) \in R^k$ 전체의 모음이라 하자. ($I^k$는 단위 입방체이고 $Q^k$는 $R^k$에서의 표준 단체이다.) $\mathbf{x} = T(\mathbf{u})$를 다음과 같이 정의하자.

▸ 모음 = 집합

$$
\begin{aligned}
x_1 &= u_1 \\
x_2 &= (1-u_1)u_2 \\
\cdots &\quad \cdots \\
x_k &= (1-u_1)\cdots(1-u_{k-1})u_k
\end{aligned}
$$

다음이 성립함을 보여라.

$$\sum_{i=1}^{k} x_i = 1 - \prod_{i=1}^{k}(1-u_i)$$

$T$는 $I^k$를 $Q^k$ 위로 사상하고, $T$는 $I^k$의 내부에서 일대일이며, 이의 역사상 $S$는 $Q^k$의 내부에서 $u_1 = x_1$이고 $i = 2, \cdots, k$에 대해 다음과 같이 정의됨을 보여라.

$$u_i = \frac{x_i}{1 - x_1 - \cdots - x_{i-1}}$$

다음이 성립함을 보여라.

$$
\begin{aligned}
&J_T(\mathbf{u}) = (1-u_1)^{k-1}(1-u_2)^{k-2}\cdots(1-u_{k-1}), \\
&J_S(\mathbf{x}) = \{(1-x_1)(1-x_1-x_2)\cdots(1-x_1-\cdots-x_{k-1})\}^{-1}
\end{aligned}
$$

**13.** $r_1, \cdots, r_k$는 음이 아닌 옹근 수라 하고, 다음이 성립함을 증명하라.

▸ 옹근 수 = 정수

$$\int_{Q^k} x_1^{r_1}\cdots x_k^{r_k}\,dx = \frac{r_1!\cdots r_k!}{(k+r_1+\cdots+r_k)!}$$

**귀띔** : 익힘 문제 12 및 두 정리 10.9와 8.20을 사용하자.

$r_1 = \cdots = r_k = 0$인 특별한 경우는 $Q^k$의 부피가 $1/k!$임을 보여준다는 사실에 주목하자.

**14.** 공식 (46)을 증명하라.

**15.** $\omega$와 $\lambda$가 각각 $k$형식과 $m$형식일 때, 다음이 성립함을 증명하라.

$$\omega \wedge \lambda = (-1)^{km}\lambda \wedge \omega$$

**16.** $k \geq 2$이고 $\sigma = [\mathbf{p}_0, \mathbf{p}_1, \cdots, \mathbf{p}_k]$는 방향이 있는 아핀 $k$단체일 때,

$\partial^2\sigma=0$임을 경계 작용소 $\partial$의 정의로부터 직접 증명하라. 이것으로부터 모든 사슬 $\Psi$에 대해 $\partial^2\Psi=0$임을 유도하라.

**귀띔** : 방향의 경우에 먼저 $k=2$와 $k=3$에 대해 유도하라. 일반적으로, $i<j$이면 $\sigma_{ij}$를 $\sigma$에서 $\mathbf{p}_i$와 $\mathbf{p}_j$를 제외시켜 얻은 $(k-2)$단체라 하자. 각 $\sigma_{ij}$는 $\partial^2\sigma$에 반대 부호로 두 번 나타남을 보여라.

**17.** $J^2=\tau_1+\tau_2$로 놓자. 여기서 $\tau_1$과 $\tau_2$는 다음과 같다.

$$\tau_1=[\mathbf{0},\ \mathbf{e}_1,\ \mathbf{e}_1+\mathbf{e}_2],\qquad \tau_2=-[\mathbf{0},\ \mathbf{e}_2,\ \mathbf{e}_2+\mathbf{e}_1]$$

$J^2$를 $R^2$에서 양의 방향이 있는 단위 정사각형이라 부르는 것이 합당한 이유를 설명하라. $\partial J^2$이 방향이 있는 4개의 아핀 1단체의 합임을 보여라. 이것들을 찾아라. $\partial(\tau_1-\tau_2)$는 무엇인가?

**18.** 다음과 같은 $R^3$에서의 방향이 있는 아핀 3단체를 생각하자.

$$\sigma_1=[\mathbf{0},\ \mathbf{e}_1,\ \mathbf{e}_1+\mathbf{e}_2,\ \mathbf{e}_1+\mathbf{e}_2+\mathbf{e}_3]$$

▸ 결정자 = 행렬식 = determinant

(선형 변환으로 간주한) $\sigma_1$의 결정자가 1임을 보여라. 그러므로 $\sigma_1$에는 양의 방향이 있다.

$\sigma_2,\ \cdots,\ \sigma_6$은 다음과 같이 얻은 다섯 개의 다른 방향이 있는 3단체라 하자. $(1,\ 2,\ 3)$과 다른 $(1,\ 2,\ 3)$의 치환 $(i_1,\ i_2,\ i_3)$이 다섯 개 있다. 각 $(i_1,\ i_2,\ i_3)$에 다음 단체를 대응시키자.

$$s(i_1,\ i_2,\ i_3)[\mathbf{0},\ \mathbf{e}_{i_1},\ \mathbf{e}_{i_1}+\mathbf{e}_{i_2},\ \mathbf{e}_{i_1}+\mathbf{e}_{i_2}+\mathbf{e}_{i_3}]$$

여기서 $s$는 결정자의 정의에 나타나는 부호이다. (이것은 익힘 문제 17에서 $\tau_2$를 $\tau_1$로부터 얻었던 방법이다.)

$\sigma_2,\ \cdots,\ \sigma_6$에 양의 방향이 있음을 보여라.

$J^3=\sigma_1+\cdots+\sigma_6$으로 놓자. 그러면 $J^3$은 $R^3$에서 양의 방향이 있는 단위 정육면체라고 부를 수 있다.

$\partial J^3$은 방향이 있는 12개의 아핀 2단체의 합임을 보여라. (이런 12개의 삼각형은 단위 정육면체 $I^3$의 겉면을 덮는다.)

▸ … 위한 필요 충분 조건 = … 위해 필요하고 충분한 조건

$\mathbf{x}=(x_1,\ x_2,\ x_3)$이 $\sigma_1$의 치역에 있기 위한 필요 충분 조건은 $0\le x_3\le x_2\le x_1\le 1$인 경우임을 보여라.

$\sigma_1,\ \cdots,\ \sigma_6$의 치역들의 내부는 서로 만나지 않고 그것들의 합이

$I^3$을 덮음을 보여라. (익힘 문제 13과 비교하라. $3!=6$임에 주목하자.)

**19.** $J^2$와 $J^3$은 두 익힘 문제 17과 18에서와 같다고 하자. 다음과 같이 정의하자.

$$\begin{aligned} B_{01}(u,\ v) &= (0,\ u,\ v), \quad & B_{11}(u,\ v) &= (1,\ u,\ v), \\ B_{02}(u,\ v) &= (u,\ 0,\ v), \quad & B_{12}(u,\ v) &= (u,\ 1,\ v), \\ B_{03}(u,\ v) &= (u,\ v,\ 0), \quad & B_{13}(u,\ v) &= (u,\ v,\ 1) \end{aligned}$$

이것들은 아핀이고, $R^2$를 $R^3$으로 사상한다.

$r=0,\ 1$과 $i=1,\ 2,\ 3$에 대해 $\beta_{ri}=B_{ri}(J^2)$으로 놓자. 각 $\beta_{ri}$는 아핀 방향이 있는 2사슬이다. (10.30절을 보라.) 다음이 익힘 문제 18과 일치함을 밝혀라.

$$\partial J^3 = \sum_{i=1}^{3}(-1)^i(\beta_{0i}-\beta_{1i})$$

**20.** 다음 공식이 타당한 조건을 서술하라.

$$\int_{\Phi} f\,d\omega = \int_{\partial\Phi} f\omega - \int_{\Phi}(df)\wedge\omega$$

그리고 이것이 부분 적분 공식을 일반화함을 보여라.

**귀띔** : $d(f\omega)=(df)\wedge\omega+f\,d\omega$

**21.** 보기 10.36에서와 같이, $R^2-\{\mathbf{0}\}$에서 다음과 같은 1형식을 생각하자.

$$\eta = \frac{x\,dy-y\,dx}{x^2+y^2}$$

(a) 공식 (113)에 이르는 셈을 시행하고, $d\eta=0$임을 증명하라.

(b) 어떤 $r>0$에 대해 $\gamma(t)=(r\cos t,\ r\sin t)$라 하고, $\Gamma$는 $R^2-\{\mathbf{0}\}$에서의 $\mathscr{C}''$곡선으로 매개 변수 구간이 $[0,\ 2\pi]$이고 $\Gamma(0)=\Gamma(2\pi)$이며 구간 $[\gamma(t),\ \Gamma(t)]$는 임의의 $t\in[0,\ 2\pi]$에 대해 $\mathbf{0}$을 포함하지 않는다고 하자. 이때, 다음이 성립함을 증명하라.

$$\int_{\Gamma}\eta = 2\pi$$

**귀띔** : $0\le t\le 2\pi$, $0\le u\le 1$에 대해 다음과 같이 정의하자.

$$\Phi(t,\ u) = (1-u)\Gamma(t) + u\gamma(t)$$

그러면 $\Phi$는 $R^2 - \{\mathbf{0}\}$에서의 2곡면으로, 이의 매개 변수 정의역은 지시된 직사각형이다. 소거 때문에 (보기 10.32에서와 같이) 다음이 성립한다.

$$\partial\Phi = \Gamma - \gamma$$

스토크스의 정리를 사용해서, $d\eta = 0$ 때문에 다음이 성립함을 유도하라.

$$\int_\Gamma \eta = \int_\gamma \eta$$

(c) 고정된 $a > 0$와 $b > 0$에 대한 $\Gamma(t) = (a\cos t,\ b\sin t)$를 택하자. (b)를 사용해서 다음이 성립함을 보여라.

$$\int_0^{2\pi} \frac{ab}{a^2\cos^2 t + b^2 \sin^2 t}\, dt = 2\pi$$

▸ 모음 = 집합

(d) $x \neq 0$인 임의의 볼록한 열린 모음에서 다음이 성립함을 보여라.

$$\eta = d\left(\arctan\frac{y}{x}\right)$$

$y \neq 0$인 임의의 볼록한 열린 모음에서 다음이 성립함을 보여라.

$$\eta = d\left(-\arctan\frac{x}{y}\right)$$

$\eta$가 $R^2 - \{\mathbf{0}\}$에서 완전하지 않다는 사실에도 불구하고, 이것이 기호 $\eta = d\theta$를 정당화하는 이유를 설명하라.

(e) (b)를 (d)로부터 유도할 수 있음을 보여라.

(f) $\Gamma$가 $R^2 - \{\mathbf{0}\}$에서 임의의 닫힌 $\mathscr{C}'$곡선일 때, 다음이 성립함을 증명하라.

$$\frac{1}{2\pi}\int_\Gamma \eta = \operatorname{Ind}(\Gamma)$$

(곡선의 지표에 대한 정의는 제 8 장의 익힘 문제 23을 보라.)

**22.** 보기 10.37에서와 같이, $R^3 - \{\mathbf{0}\}$에서 $\zeta$를 다음과 같이 정의하자.

$$\zeta = \frac{x\,dy \wedge dz + y\,dz \wedge dx + z\,dx \wedge dy}{r^3}$$

여기서 $r = (x^2 + y^2 + z^2)^{1/2}$이다. $D$를 $0 \le u \le \pi$, $0 \le v \le 2\pi$로 정의된 직사각형이라 하고, $\Sigma$는 매개 변수 정의역이 $D$인 $R^3$에서의 2곡면으로 다음과 같이 주어진다고 하자.

$$x = \sin u \cos v, \quad y = \sin u \sin v, \quad z = \cos u$$

(a) $R^3 - \{\mathbf{0}\}$에서 $d\zeta = 0$임을 증명하라.

(b) $S$는 $\Sigma$를 매개 변수 정의역 $E \subset D$로 제한한 것으로 나타낸다고 하자. 다음이 성립함을 증명하라.

$$\int_S \zeta = \int_E \sin u\, du\, dv = A(S)$$

여기서 $A$는 10.43절에서와 같이 넓이를 나타낸다. 이것이 (115)를 특별한 경우로 포함한다는 사실에 주목하자.

(c) $g$, $h_1$, $h_2$, $h_3$은 $[0,\ 1]$에서의 $\mathscr{C}''$함수이고 $g > 0$이라 하자. $(x,\ y,\ z) = \Phi(s,\ t)$는 매개 변수 정의역이 $I^2$인 2곡면 $\Phi$를 다음과 같이 정의한다고 하자.

$$x = g(t)h_1(s), \quad y = g(t)h_2(s), \quad z = g(t)h_3(s)$$

다음이 성립함을 (35)로부터 직접 증명하라.

$$\int_\Phi \zeta = 0$$

$\Phi$의 치역의 모양에 주목하자. 고정된 $s$에 대해, $\Phi(s,\ t)$는 $\mathbf{0}$을 지나는 직선에 있는 닫힌 구간에서 값을 취한다. 그러므로 $\Phi$의 치역은 꼭짓점이 원점에 있는 '원뿔'에 놓여 있다.

(d) $E$는 $D$에 포함된 닫힌 직사각형으로 모서리들은 $D$의 모서리들과 평행이라 하자. $f \in \mathscr{C}''(D)$이고 $f > 0$이라 하자. $\Omega$는 매개 변수 정의역이 $E$인 2곡면으로 다음과 같이 정의되어 있다고 하자.

$$\Omega(u,\ v) = f(u,\ v)\Sigma(u,\ v)$$

$S$를 (b)에서와 같이 정의하고, 다음이 성립함을 증명하라.

$$\int_\Omega \zeta = \int_S \zeta = A(S)$$

**용어**
방사 사영 radial projection
입체 각 solid angle

($S$는 $\Omega$에서 단위 구로의 '방사 사영'이고, 이 결과는 $\int_\Omega \zeta$를 원점에서 $\Omega$의 치역에 대한 '입체 각'이라 부르는 것이 적절함을 보여준다.)

**귀띔** : 다음과 같이 정의된 3곡면 $\Psi$를 고려하자.

$$\Psi(t,\ u,\ v) = \{1-t+tf(u,\ v)\}\Sigma(u,\ v)$$

여기서 $(u,\ v) \in E$이고 $0 \le t \le 1$이다. 고정된 $v$에 대해 사상 $(t,\ u) \to \Psi(t,\ u,\ v)$는 2곡면 $\Phi$로, 이에 (c)를 적용해서 $\int_\Phi \zeta = 0$임을 보일 수 있다. $u$가 고정될 때 똑같은 결과가 성립한다. (a)와 스토크스의 정리에 의해 다음이 성립한다.

$$\int_{\partial\Psi} \zeta = \int_\Psi d\zeta = 0$$

(e) $\lambda = -(z/r)\eta$로 놓자. 여기서 $\eta$는 익힘 문제 21에서와 같이 다음과 같다.

$$\eta = \frac{x\,dy - y\,dx}{x^2+y^2}$$

▸ 모음 = 집합

그러면 $\lambda$는 $x^2+y^2>0$인 열린 모음 $V \subset R^3$에서 1형식이다. 다음이 성립함을 보여서 $\zeta$가 $V$에서 완전함을 보여라.

$$\zeta = d\lambda$$

(f) (c)를 사용하지 말고, (e)로부터 (d)를 유도하라.

**귀띔** : 먼저 $E$에서 $0<u<\pi$이라 가정하자. (e)에 의해 다음이 성립한다.

$$\int_\Omega \zeta = \int_{\partial\Omega} \lambda, \quad \int_S \zeta = \int_{\partial S} \lambda$$

$\lambda$의 두 적분이 같음을, 익힘 문제 21의 (d)를 사용해서 그리고 $z/r$가 $\Sigma(u,\ v)$에서와 $\Omega(u,\ v)$에서 같다는 사실에 주목해서 보여라.

(g) $\zeta$는 원점을 지나는 각 직선의 밖에서 완전한가?

**23.** $n$을 고정하자. $1 \le k \le n$에 대해 $r_k = (x_1^2 + \cdots + x_k^2)^{1/2}$으로 정의하고, $E_k$를 $r_k > 0$인 $\mathbf{x} \in R^n$ 전체의 모음이라 하자. $\omega_k$는 $E_k$에서 다음과 같이 정의된 $(k-1)$형식이라 하자.

$$\omega_k = (r_k)^{-k} \sum_{i=1}^{k} (-1)^{i-1} x_i \, dx_1 \wedge \cdots \wedge dx_{i-1} \wedge dx_{i+1} \wedge \cdots \wedge dx_k$$

두 익힘 문제 21과 22의 용어로 $\omega_2 = \eta$이고 $\omega_3 = \zeta$임에 주목하자. 또 다음이 성립함에 주목하자.

$$E_1 \subset E_2 \subset \cdots \subset E_n = R^n - \{\mathbf{0}\}$$

(a) $E_k$에서 $d\omega_k = 0$임을 증명하라.

(b) $k = 2, \cdots, n$에 대해 $\omega_k$가 $E_{k-1}$에서 완전함을 다음을 보여서 증명하라.

$$\omega_k = d(f_k \omega_{k-1}) = (df_k) \wedge \omega_{k-1}$$

여기서 $f_k(\mathbf{x}) = (-1)^k g_k(x_k / r_k)$이고 $g_k$는 다음과 같다.

$$g_k(t) = \int_{-1}^{t} (1 - s^2)^{(k-3)/2} ds \qquad (-1 < t < 1)$$

**귀띔** : $f_k$는 다음 두 미분 방정식을 만족시킨다.

$$\mathbf{x} \cdot (\nabla f_k)(\mathbf{x}) = 0,$$

$$(D_k f_k)(\mathbf{x}) = \frac{(-1)^k (r_{k-1})^{k-1}}{(r_k)^k}$$

(c) $\omega_n$은 $E_n$에서 완전한가?

(d) (b)는 익힘 문제 22의 (e)의 일반화임에 주목하자. 두 익힘 문제 21과 22의 다른 주장 중에서 몇 가지를 임의의 $n$에 대한 $\omega_n$으로 확장해보라.

**24.** $\omega = \sum a_i(\mathbf{x}) dx_i$는 볼록한 열린 모음 $E \subset R^n$에서 $\mathscr{C}''$급의 1형식이라 하자. $d\omega = 0$이라 가정하고, $\omega$가 $E$에서 완전함을 다음 개요를 완성해서 증명하라.

$\mathbf{p} \in E$를 고정하고, 다음과 같이 정의하자.

$$f(\mathbf{x}) = \int_{[\mathbf{p}, \mathbf{x}]} \omega \qquad (\mathbf{x} \in E)$$

스토크스의 정리를 $E$에서 아핀 방향이 있는 2단체 $[\mathbf{p}, \mathbf{x}, \mathbf{y}]$에 적용하자. $\mathbf{x} \in E$와 $\mathbf{y} \in E$에 대해 다음이 성립함을 유도하자.

$$f(\mathbf{y})-f(\mathbf{x})=\sum_{i=1}^{n}(y_i-x_i)\int_0^1 a_i((1-t)\mathbf{x}+t\mathbf{y})\,dt$$

그러므로 $(D_i f)(\mathbf{x})=a_i(\mathbf{x})$이다.

▸ 모음 = 집합

**25.** $\omega$는 열린 모음 $E\subset R^n$에서 1형식으로, $E$에서 $\mathscr{C}''$급의 임의의 닫힌 곡선 $\gamma$에 대해 다음이 성립한다고 하자.

$$\int_\gamma \omega=0$$

$\omega$가 $E$에서 완전함을, 익힘 문제 24에서 개요를 제시한 논법을 따라 증명하라.

**26.** $\omega$는 $R^3-\{0\}$에서 $\mathscr{C}'$급의 1형식이고 $d\omega=0$이라 가정하자. $\omega$가 $R^3-\{0\}$에서 완전함을 증명하라.

▸ 미분할 수 있는 = 미분 가능한

**귀띔** : $R^3-\{0\}$에서 연속적으로 미분할 수 있는 모든 닫힌 곡선은 $R^3-\{0\}$에서 2곡면의 경계이다. 스토크스의 정리와 익힘 문제 25를 사용하자.

**27.** $E$는 $R^3$에서의 열린 3포체로, 모서리들은 좌표축들과 평행이라 하자. $(a,\ b,\ c)\in E$이고 $i=1,\ 2,\ 3$에 대해 $f_i\in\mathscr{C}'(E)$이며 다음과 같다고 하자.

$$\omega=f_1\,dy\wedge dz+f_2\,dz\wedge dx+f_3\,dx\wedge dy$$

그리고 $E$에서 $d\omega=0$이라고 가정하자. 다음과 같이 정의하자.

$$\lambda=g_1\,dx+g_2\,dy$$

여기서 $g_1$과 $g_2$는 $(x,\ y,\ z)\in E$에 대해 다음과 같다.

$$g_1(x,\ y,\ z)=\int_c^z f_2(x,\ y,\ s)\,ds-\int_b^y f_3(x,\ t,\ c)\,dt,$$

$$g_2(x,\ y,\ z)=-\int_c^z f_1(x,\ y,\ s)\,ds$$

이때 $E$에서 $d\lambda=\omega$임을 증명하라.

$\omega=\zeta$일 때 이 적분의 값을 찾고, 이에 따라 익힘 문제 22의 (e)에 나타나는 형식 $\lambda$를 찾아라.

**28.** $b>a>0$을 고정하고, $a\le r\le b$와 $0\le\theta\le 2\pi$에 대해 다음과 같

이 정의하자.

$$\Phi(r,\ \theta)=(r\cos\theta,\ r\sin\theta)$$

($\Phi$의 치역은 $R^2$에서의 원환[원형 고리]이다.) $\omega=x^3dy$로 놓고, 다음 두 적분을 각각 셈해서 서로 같음을 밝혀라.

$$\int_{\Phi} d\omega,\quad \int_{\partial\Phi}\omega$$

**29.** 정리 10.38의 증명에 필요한 성질들을 만족시키는 함수 $\alpha$가 존재함을 증명하고, 그 결과로 얻은 함수 $F$가 $\mathscr{C}'$급임을 증명하라. (두 주장은 모두 $E$가 열린 포체 또는 열린 공일 때 자명한데, 이런 경우에 $\alpha$를 상수로 택할 수 있기 때문이다. 정리 9.42를 참조하라.)

**30.** $\mathbf{N}$이 (135)로 주어진 벡터일 때, 다음이 성립함을 증명하라.

$$\det\begin{bmatrix}\alpha_1 & \beta_1 & \alpha_2\beta_3-\alpha_3\beta_2\\ \alpha_2 & \beta_2 & \alpha_3\beta_1-\alpha_1\beta_3\\ \alpha_3 & \beta_3 & \alpha_1\beta_2-\alpha_2\beta_1\end{bmatrix}=|\mathbf{N}|^2$$

또, 식 (137)이 성립함을 밝혀라.

**31.** $E\subset R^3$는 열려 있고, $g\in\mathscr{C}''(E)$이며 $h\in\mathscr{C}''(E)$이라 하고, 다음과 같은 벡터 마당을 생각하자.

$$\mathbf{F}=g\nabla h$$

(a) 다음이 성립함을 증명하라.

$$\nabla\cdot F=g\nabla^2h+(\nabla g)\cdot(\nabla h)$$

여기서 $\nabla^2h=\nabla\cdot(\nabla h)=\Sigma\,\partial^2h/\partial x_i^2$은 이른바 $h$의 '라플라스 작용소[라플라시안]'이다.

(b) (정리 10.51에서와 같이) $\Omega$는 $E$의 닫힌 부분 모음으로 양의 방향이 있는 경계 $\partial\Omega$가 있을 때, 다음이 성립함을 증명하라.

$$\int_{\Omega}\{g\nabla^2h+(\nabla g)\cdot(\nabla h)\}\,dV=\int_{\partial\Omega}g\frac{\partial h}{\partial n}\,dA$$

여기서 (관례에 따라) $(\nabla h)\cdot\mathbf{n}$ 대신에 $\partial h/\partial n$로 나타냈다. (그러므로 $\partial h/\partial n$은 $\partial\Omega$에 대한 바깥 방향의 법선 방향에 있는 $h$의 방향 유도 함수, 곧 이른바 $h$의 **법선 유도 함수**이다.) $g$와 $h$를 맞바꾸고 그 결과로 얻은 공식을 첫째 공식에서 빼면 다음을 얻는다.

**용어**

라플라스 작용소, 라플라시안
Laplacian

법선 유도 함수, 법선 도함수
normal derivative

▸ 모음 = 집합

▸ 유도 함수 = 도함수

$$\int_{\Omega}(g\nabla^2 h - h\nabla^2 g)\,dV = \int_{\partial\Omega}\left(g\frac{\partial h}{\partial n} - h\frac{dg}{\partial n}\right)dA$$

이 두 공식을 통상 **그린의 항등식**들이라 부른다.

**용어**

그린의 항등식 Green's identity
조화적 harmonic
조화(적) 함수 harmonic function
뫼비우스의 띠 Möbius band
방향을 줄 수 없는, 비가향 nonorientable

(c) $h$는 $E$에서 **조화적**이라고 하자. 이는 $\nabla^2 h = 0$임을 뜻한다. $g = 1$을 택하고, 다음과 같은 결론을 얻어라.

$$\int_{\partial\Omega}\frac{\partial h}{\partial n}\,dA = 0$$

$g = h$를 택하고, $\partial\Omega$에서 $h = 0$이면 $\Omega$에서 $h = 0$이라는 결론을 얻어라.

(d) 그린의 항등식들이 $R^2$에서도 유효함을 보여라.

**32.** $\delta\ (0 < \delta < 1)$를 고정하자. $D$는 $(\theta,\ t) \in R^2$ 중에서 $0 \le \theta \le \pi$이고 $-\delta \le t \le \delta$인 것 전체의 모음이라 하자. $\Phi$는 매개 변수 정의역이 $D$인 $R^3$에서의 2곡면으로 다음과 같이 주어진다고 하자.

▸ 모음 = 집합

$$x = (1 - t\sin\theta)\cos 2\theta,$$
$$y = (1 - t\sin\theta)\sin 2\theta,$$
$$z = t\cos\theta$$

여기서 $(x,\ y,\ z) = \Phi(\theta,\ t)$이다. $\Phi(\pi,\ t) = \Phi(0,\ -t)$이고, $D$의 나머지에서 $\Phi$는 일대일임에 주목하자.

$\Phi$의 치역 $M = \Phi(D)$를 **뫼비우스의 띠**라고 한다. 이것은 방향을 줄 수 없는 곡면의 가장 단순한 예이다.

다음에 서술된 여러 가지 주장을 증명하라. $\mathbf{p}_1 = (0,\ -\delta)$, $\mathbf{p}_2 = (\pi,\ -\delta)$, $\mathbf{p}_3 = (\pi,\ \delta)$, $\mathbf{p}_4 = (0,\ \delta)$, $\mathbf{p}_5 = \mathbf{p}_1$로 놓자. $i = 1,\ \cdots,\ 4$에 대해 $\gamma_i = [\mathbf{p}_i,\ \mathbf{p}_{i+1}]$로 놓고, $\Gamma_i = \Phi \circ \gamma_i$로 놓자. 그러면 다음을 얻는다.

$$\partial\Phi = \Gamma_1 + \Gamma_2 + \Gamma_3 + \Gamma_4$$

$\mathbf{a} = (1,\ 0,\ -\delta)$와 $\mathbf{b} = (1,\ 0,\ \delta)$로 놓자. 그러면 다음이 성립한다.

$$\Phi(\mathbf{p}_1) = \Phi(\mathbf{p}_3) = \mathbf{a}, \quad \Phi(\mathbf{p}_2) = \Phi(\mathbf{p}_4) = \mathbf{b}$$

그리고 $\partial\Phi$를 다음과 같이 설명할 수 있다.

$\Gamma_1$은 $\mathbf{a}$부터 $\mathbf{b}$까지 소용돌이 꼴로 올라간다. 이것의 $(x,\ y)$평면

으로의 사영이 원점 둘레를 도는 회전수는 $+1$이다. (제 8 장 익힘 문제 23을 보라.)

$\Gamma_2 = [\mathbf{b}, \mathbf{a}]$.

$\Gamma_3$은 $\mathbf{a}$부터 $\mathbf{b}$까지 소용돌이 꼴로 올라간다. 이것의 $(x, y)$평면으로의 사영이 원점 둘레를 도는 회전수는 $-1$이다.

$\Gamma_4 = [\mathbf{b}, \mathbf{a}]$.

그러므로 $\partial\Phi = \Gamma_1 + \Gamma_3 + 2\Gamma_2$이다.

$\mathbf{a}$부터 $\mathbf{b}$까지 $\Gamma_1$을 따라 가고 $M$의 '모서리'를 따라 계속 가서 $\mathbf{a}$로 되돌아가면, 이렇게 그려진 곡선은 다음과 같다.

$$\Gamma = \Gamma_1 - \Gamma_3$$

이것은 매개 변수 구간 $[0, 2\pi]$에서 다음과 같은 방정식으로 표현할 수 있다.

$$\begin{aligned} x &= (1+\delta\sin\theta)\cos 2\theta, \\ y &= (1+\delta\sin\theta)\sin 2\theta, \\ z &= -\delta\cos\theta \end{aligned}$$

$\Gamma \neq \partial\Phi$임을 강조해야 한다. $\eta$는 두 익힘 문제 21과 22에서 논의한 1형식이라 하자. $d\eta = 0$이므로, 스토크스의 정리는 다음이 성립함을 보여준다.

$$\int_{\partial\Phi} \eta = 0$$

그러나 $\Gamma$가 $M$의 '기하학적' 경계일지라도, 다음이 성립한다.

$$\int_{\Gamma} \eta = 4\pi$$

이렇게 혼란스러울 수 있는 가능성을 피하기 위해서, 스토크스의 정리(정리 10.50)는 흔히 방향을 줄 수 있는 곡면 $\Phi$에 대해서만 서술된다.

**용어**
방향을 줄 수 있는, 가향
orientable

# 11

# 르베그 이론

## The Lebesgue Theory

이번 장의 목표는 측도와 적분에 관한 르베그 이론의 기본적인 개념들을 제시하고, 상당히 일반적인 상황에서 결정적인 정리들 중에서 일부를 증명하는 것이다. 이때 비교적 하찮은 내용이지만 많은 양의 세부 사항 때문에 주요한 전개 방향이 모호하게 되지 않도록 하겠다. 이에 따라 일부 증명은 개요만을 제시하고, 쉬운 명제 일부는 증명 없이 서술하겠다. 그렇지만 앞선 장들에서 이용한 기법들에 친숙한 독자는 큰 어려움 없이 빠진 단계들을 확실히 보완할 수 있을 것이다.

**용어**

르베그 이론 Lebesgue theory
측도 measure
모음들의 모둠 family of sets
환, 고리 ring

르베그 적분 이론은 여러 가지 다른 방법으로 전개할 수 있다. 여기서는 한 가지 방법만을 논의하겠다. 다른 방법들을 알아보려면, 참고문헌에 나열한 적분에 관한 좀 더 전문적인 연구서를 참조하라.

## 모음 함수

▸ 모음 = 집합,
빈 모음 = 공집합,
$0=\varnothing$,
만나지 않는다
= 서로 소이다
*35쪽의 설명 참조

$A$와 $B$가 임의의 모음이면, 원소 $x$ 중에서 $x\in A$이고 $x\notin B$인 것 전체의 모음을 $A-B$로 나타낸다. 기호 $A-B$는 $B\subset A$를 뜻하지 않는다. 빈 모음은 $0$으로 나타내고, $A\cap B=0$일 때 $A$와 $B$는 만나지 않는다고 한다.

### 11.1 정의

모음들의 모둠 $\mathscr{R}$을 **환**이라 하는 것은, $A\in\mathscr{R}$이고 $B\in\mathscr{R}$일 때 다음이 성립하는 경우이다.

(1) $$A\cup B\in\mathscr{R},\qquad A-B\in\mathscr{R}$$

$A\cap B=A-(A-B)$이므로, $\mathscr{R}$이 환이면 $A\cap B\in\mathscr{R}$이다.

**용어**

σ환, σ고리 σ-ring
모음 함수, 집합 함수
set function
더하는, 더하기, 가법적(인)
additive
더한다, 가법적이다
be additive
셀 수 있는 만큼 더하는, 가산 가법적(인)
countably additive
셀 수 있는 만큼 더한다, 가산 가법적이다
be countably additive

환 $\mathscr{R}$을 $\sigma$**환**이라 하는 것은, $A_n \in \mathscr{R}\,(n=1,\ 2,\ 3,\ \cdots)$일 때 다음이 성립하는 경우이다.

$$\bigcup_{n=1}^{\infty} A_n \in \mathscr{R} \tag{2}$$

다음이 성립한다.

$$\bigcap_{n=1}^{\infty} A_n = A_1 - \bigcup_{n=1}^{\infty}(A_1 - A_n)$$

그러므로 $\mathscr{R}$이 $\sigma$환이면 다음도 성립한다.

$$\bigcap_{n=1}^{\infty} A_n \in \mathscr{R}$$

## 11.2 정의

$\phi$를 $\mathscr{R}$에서 정의된 모음 함수라 하는 것은, $\phi$가 각 $A \in \mathscr{R}$에 확장 실수 체계의 수 $\phi(A)$를 대응시키는 경우이다. $A \cap B = 0$일 때 다음이 성립하면, $\phi$는 **더한다** 또는 **더하는**[더하기, 가법적] 모음 함수라 한다.

▸ $0 = \varnothing$

$$\phi(A \cup B) = \phi(A) + \phi(B) \tag{3}$$

그리고 $A_i \cap A_j = 0\ \ (i \neq j)$일 때 다음이 성립하면 $\phi$는 **셀 수 있을 만큼 더한다** 또는 **셀 수 있는 만큼 더하는**[가산 가법적] 모음 함수라 한다.

$$\phi\left(\bigcup_{n=1}^{\infty} A_n\right) = \sum_{n=1}^{\infty} \phi(A_n) \tag{4}$$

$\phi$의 치역에는 $+\infty$와 $-\infty$가 모두 포함되지는 않는다고 언제나 가정하겠다. 왜냐하면 모두 포함된다면 (3)의 우변이 의미 없을 수 있기 때문이다. 또, 함숫값이 $+\infty$(또는 $-\infty$)뿐인 모음 함수는 배제한다.

주목할 만한 흥미로운 사실로, (4)의 좌변은 $A_n$들이 배열된 순서와 무관하다. 그러므로 재배열 정리에 따라 (4)의 우변은 어쨌든 수렴하기만 하면 절대 수렴한다. 그리고 수렴하지 않으면 부분 합은 $+\infty$ 또는 $-\infty$로 발산한다.

더하는 모음 함수 $\phi$가 다음 성질을 만족시킴을 쉽게 밝힐 수 있다.

$$\phi(0) = 0 \tag{5}$$

$i \neq j$일 때 $A_i \cap A_j = 0$이면, 다음이 성립한다.

(6) $$\phi(A_1 \cup \cdots \cup A_n) = \phi(A_1) + \cdots + \phi(A_n)$$

(7) $$\phi(A_1 \cup A_2) + \phi(A_1 \cap A_2) = \phi(A_1) + \phi(A_2)$$

모든 $A$에 대해 $\phi(A) \geq 0$이고, $A_1 \subset A_2$이면 다음이 성립한다.

(8) $$\phi(A_1) \leq \phi(A_2)$$

(8) 때문에, 음이 아닌 더하는 모음 함수를 흔히 단조롭다고 한다. $B \subset A$이고 $|\phi(B)| < +\infty$이면, 다음이 성립한다.

▸ 모음 함수 = 집합 함수, 단조롭다 = be monotonic

(9) $$\phi(A - B) = \phi(A) - \phi(B)$$

## 11.3 정리

$\phi$는 환 $\mathscr{R}$에서 셀 수 있을 만큼 더하는 모음 함수라 하자. $A_n \in \mathscr{R}$ $(n = 1, 2, 3, \cdots)$이고 $A_1 \subset A_2 \subset A_3 \subset \cdots$이며 $A \in \mathscr{R}$이고 다음과 같다고 하자.

$$A = \bigcup_{n=1}^{\infty} A_n$$

그러면 $n \to \infty$일 때, 다음이 성립한다.

$$\phi(A_n) \to \phi(A)$$

**증명** $B_1 = A_1$로 놓고, 다음과 같이 놓자.

$$B_n = A_n - A_{n-1} \quad (n = 2, 3, \cdots)$$

그러면 $i \neq j$일 때 $B_i \cap B_j = 0$이고 $A_n = B_1 \cup \cdots \cup B_n$이며 $A = \cup B_n$이다. 그러므로 다음이 성립한다.

▸ $0 = \varnothing$

$$\phi(A_n) = \sum_{i=1}^{n} \phi(B_i),$$

$$\phi(A) = \sum_{i=1}^{\infty} \phi(B_i)$$

## 르베그 측도의 구성

**용어**

구간 interval

원서에서 'interval'은 $R^1$의 '닫힌 구간'을 나타내기도 한다. 40쪽의 포체(cell)와도 비교하자.

기본 모음, 기본 집합 elementary set

서로 만나지 않는다, 쌍마다 서로 소이다 be pairwise disjoint

▸ 빈 모음 = 공집합, 합 모음 = 합집합

### 11.4 정의

$R^p$는 $p$차원 유클리드 공간을 나타낸다고 하자. $R^p$에서의 **구간**은 다음과 같은 점 $\mathbf{x}=(x_1, \cdots, x_p)$의 모음을 뜻한다.

(10) $$a_i \le x_i \le b_i \quad (i=1, \cdots, p)$$

여기의 $\le$ 중에서 전부 또는 일부를 $<$로 바꾸어 (10)과 같이 정의된 점들의 모음도 구간이라 한다. $i$의 임의의 값에 대해 $a_i = b_i$인 경우도 배제하지 않는다. 특히, 빈 모음도 구간의 하나로 생각한다.

$A$가 유한개의 구간의 합 모음일 때, $A$를 **기본 모음**이라 한다.

$I$가 구간이면, (10)의 부등식 중에서 등호가 전부 또는 일부 있거나 없거나 다음과 같이 정의한다.

$$m(I)=\prod_{i=1}^{p}(b_i - a_i)$$

$A = I_1 \cup \cdots \cup I_n$이고 이런 구간들이 서로 만나지 않을 때, 다음과 같이 정한다.

(11) $$m(A)=m(I_1)+\cdots+m(I_n)$$

▸ 부분 모음들의 모둠 = family of subsets

$\mathscr{E}$는 $R^p$의 기본 부분 모음 전체의 모둠을 나타낸다고 하자.

이제 다음 성질들을 밝혀야 한다.

(12) $\mathscr{E}$는 환이다. 그러나 $\sigma$환은 아니다.

(13) $A \in \mathscr{E}$이면, $A$는 서로 만나지 않는 구간 유한개의 합 모음이다.

(14) $A \in \mathscr{E}$이면, $m(A)$는 (11)로 잘 정의된다. 곧, $A$를 서로 만나지 않는 구간들로 두 가지 방법으로 분해하면, 각각 똑같은 값 $m(A)$를 얻는다.

▸ 모음 함수 = 집합 함수

(15) $m$은 $\mathscr{E}$에서 더하는 모음 함수이다.

$p=1, 2, 3$일 때, $m$은 차례로 길이, 넓이, 부피임에 주목하자.

### 11.5 정의

$\mathscr{E}$에서 정의된 음이 아닌 더하는 모음 함수 $\phi$가 다음을 만족시킬 때 $\phi$를

**정칙**이라 한다. 임의의 $A \in \mathscr{E}$와 임의의 $\varepsilon > 0$에 대해 적당한 닫힌 모음 $F \in \mathscr{E}$와 열린 모음 $G \in \mathscr{E}$가 존재해서 $F \subset A \subset G$이고 다음이 성립한다.

**용어**
정칙, 정규 regular

(16) $$\phi(G) - \varepsilon \le \phi(A) \le \phi(F) + \varepsilon$$

## 11.6 보기

(a) $m$은 정칙 모음 함수이다.

$A$가 구간이면, 자명하게 정의 11.5의 요구 조건이 충족된다. 일반적인 경우는 (13)으로부터 유도된다.

(b) $R^p = R^1$로 택하고, $\alpha$는 모든 실수 $x$에서 정의되고 단조롭게 증가하는 함수라 하자. 다음과 같이 놓자.

▸ 단조롭게 증가한다 = 단조 증가한다

$$\mu([a,\ b)) = \alpha(b-) - \alpha(a-),$$
$$\mu([a,\ b]) = \alpha(b+) - \alpha(a-),$$
$$\mu((a,\ b]) = \alpha(b+) - \alpha(a+),$$
$$\mu((a,\ b)) = \alpha(b-) - \alpha(a+)$$

▸ $[a,\ b) = \{x \in R \mid a \le x < b\}$, $[a,\ b] = \{x \in R \mid a \le x \le b\}$, $(a,\ b] = \{x \in R \mid a < x \le b\}$, $(a,\ b) = \{x \in R \mid a < x < b\}$

여기서 $[a,\ b)$는 모음 $a \le x < b$이고, 나머지도 비슷하게 정의한다. $\alpha$가 불연속일 수 있기 때문에 이런 경우들을 구분해야 한다. $\mu$가 (11)에서와 같이 기본 모음들에 대해 정의될 때, $\mu$는 $\mathscr{E}$에서 정칙이다. 증명은 (a)의 증명과 똑같다.

▸ 모음 = 집합

다음 목표는 $\mathscr{E}$에서의 임의의 정칙 모음 함수는 $\mathscr{E}$를 포함하는 $\sigma$환에서의 셀 수 있는 만큼 더하는 모음 함수로 확장할 수 있다는 사실을 보이는 것이다.

▸ 모음 함수 = 집합 함수

## 11.7 정의

$\mu$는 $\mathscr{E}$에서 음이 아닌 유한이고 더하는 정칙 모음 함수라 하자. 임의의 모음 $E \subset R^p$에 대해 다음과 같이 열린 기본 모음 $A_n$들의 셀 수 있는 덮개를 생각하자.

$$E \subset \bigcup_{n=1}^{\infty} A_n$$

다음과 같이 정의하자.

(17) $$\mu^*(E) = \inf \sum_{n=1}^{\infty} \mu(A_n)$$

▸ 열린 기본 모음들에 의한 $E$의 셀 수 있는 덮개
= countable covering of $E$ by open elementary sets

**용어**
외측도 outer measure
버금 더하는 성질, 준가법성 subadditivity

여기서 inf(하한)은 열린 기본 모음들에 의한 $E$의 셀 수 있는 덮개 전체 위에서 취한다. $\mu^*(E)$를 $\mu$에 대응하는 $E$의 **외측도**라 한다.

분명히 모든 $E$에 대해 $\mu^*(E) \geq 0$이고, $E_1 \subset E_2$일 때 다음이 성립한다.

(18) $$\mu^*(E_1) \leq \mu^*(E_2)$$

## 11.8 정리

(a) 임의의 $A \in \mathscr{E}$에 대해 $\mu^*(A) = \mu(A)$이다.

(b) $E = \bigcup_{n=1}^{\infty} E_n$일 때, 다음이 성립한다.

(19) $$\mu^*(E) \leq \sum_{n=1}^{\infty} \mu^*(E_n)$$

▸ 부분 모음 전체의 모둠 = family of all subsets

(a)는 $\mu^*$가 $\mathscr{E}$로부터 $R^p$의 부분 모음 전체의 모둠으로의 $\mu$의 확장이라는 사실을 주장하고 있음에 주목하자. (19)를 **버금 더하는 성질**[준가법성]이라 한다.

증명 $A \in \mathscr{E}$와 $\varepsilon > 0$을 선택하자.

$\mu$가 정칙이므로, $A$는 적당한 열린 기본 모음 $G$에 포함되고 $\mu(G) \leq \mu(A) + \varepsilon$이 성립한다. $\mu^*(A) \leq \mu(G)$이고 $\varepsilon$는 임의의 수이므로, 다음을 얻는다.

(20) $$\mu^*(A) \leq \mu(A)$$

$\mu^*$의 정의에 따라, 적당한 열린 기본 모음들의 열 $\{A_n\}$이 존재해서 그 합 모음은 $A$를 포함하고 다음이 성립한다.

▸ 합 모음 = 합집합

$$\sum_{n=1}^{\infty} \mu(A_n) \leq \mu^*(A) + \varepsilon$$

▸ 옹골지다 = be compact

$\mu$가 정칙이므로, $A$에 포함되는 적당한 닫힌 기본 모음 $F$가 존재해서 $\mu(F) \geq \mu(A) - \varepsilon$이 성립한다. $F$가 옹골지므로, 적당한 $N$에 대해 다음이 성립한다.

$$F \subset A_1 \cup \cdots \cup A_N$$

그러므로 다음을 얻는다.

$$\mu(A) \le \mu(F) + \varepsilon \le \mu(A_1 \cup \cdots \cup A_N) + \varepsilon$$

$$\le \sum_{n=1}^{N} \mu(A_n) + \varepsilon \le \mu^*(A) + 2\varepsilon$$

이것은 (20)과 함께 (a)를 증명한다.

다음으로 $E = \cup E_n$이고 모든 $n$에 대해 $\mu^*(E_n) < +\infty$라 가정하자. 임의의 $\varepsilon > 0$에 대해 적당한 열린 기본 모음들에 의한 $E_n$의 덮개 $\{A_{nk}\}$ $(k = 1, 2, 3, \cdots)$가 존재해서 다음이 성립한다.

▸ 모음 = 집합

(21)
$$\sum_{k=1}^{\infty} \mu(A_{nk}) \le \mu^*(E_n) + 2^{-n}\varepsilon$$

그러면 다음을 얻는다.

$$\mu^*(E) \le \sum_{n=1}^{\infty} \sum_{k=1}^{\infty} \mu(A_{nk}) \le \sum_{n=1}^{\infty} \mu^*(E_n) + \varepsilon$$

그리고 (19)를 얻는다. 위에서 제외한 경우에, 곧 어떤 $n$에 대해 $\mu^*(E_n) = +\infty$일 때, 물론 (19)는 자명하게 성립한다.

## 11.9 정의

임의의 $A \subset R^p$와 $B \subset R^p$에 대해 다음과 같이 정의하자.

(22)
$$S(A, B) = (A - B) \cup (B - A),$$

(23)
$$d(A, B) = \mu^*(S(A, B))$$

**용어**

(유한하게) $\mu$로 잴 수 있는, (유한) $\mu$가측
(finitely) $\mu$-measurable

대칭 차
symmetric difference

다음이 성립할 때 $A_n \to A$로 나타낸다.

$$\lim_{n \to \infty} d(A, A_n) = 0$$

기본 모음들의 열 $\{A_n\}$이 존재해서 $A_n \to A$일 때, $A$는 **유한하게 $\mu$로 잴 수 있는**[유한 $\mu$가측] 모음이라 하고 $A \in \mathfrak{M}_F(\mu)$로 나타낸다.

$A$가 유한하게 $\mu$로 잴 수 있는 모음들의 셀 수 있는 모둠의 합 모음일 때, $A$는 **$\mu$로 잴 수 있는**[$\mu$가측] 모음이라 하고, $A \in \mathfrak{M}(\mu)$로 나타낸다.

▸ 유한하게 $\mu$로 잴 수 있는 모음들의 셀 수 있는 모둠의 합 모음
= union of a countable collection of finitely $\mu$-measurable sets

$S(A, B)$는 이른바 $A$와 $B$의 '대칭 차'이다. $d(A, B)$가 본질적으로 거리 함수라는 사실을 알아볼 것이다.

다음 정리를 이용하면, 바라던 $\mu$의 확장을 얻을 수 있다.

### 11.10 정리

▸ 셀 수 있는 만큼 더한다 = 가산 가법적이다

$\mathfrak{M}(\mu)$는 $\sigma$환이고, $\mu^*$는 $\mathfrak{M}(\mu)$에서 셀 수 있는 만큼 더한다.

이 정리의 증명을 알아보기 전에, $S(A,\ B)$와 $d(A,\ B)$의 성질을 몇 가지 유도하겠다. 다음이 성립한다.

▸ 0 = ∅

$$S(A,\ B)=S(B,\ A),\quad S(A,\ A)=0, \tag{24}$$

$$S(A,\ B)\subset S(A,\ C)\cup S(C,\ B), \tag{25}$$

$$\left.\begin{array}{l} S(A_1\cup A_2,\ B_1\cup B_2) \\ S(A_1\cap A_2,\ B_1\cap B_2) \\ S(A_1-A_2,\ B_1-B_2) \end{array}\right\}\subset S(A_1,\ B_1)\cup S(A_2,\ B_2) \tag{26}$$

공식 (24)는 분명하고, (25)는 다음 사실로부터 유도되다.

$$(A-B)\subset(A-C)\cup(C-B),\quad (B-A)\subset(C-A)\cup(B-C)$$

(26)의 첫째 공식은 다음으로부터 얻는다.

$$(A_1\cup A_2)-(B_1\cup B_2)\subset(A_1-B_1)\cup(A_2-B_2)$$

▸ 여 모음 = 여집합

다음으로 $E$의 여 모음을 $E^c$로 나타내면, 다음을 얻는다.

$$\begin{aligned} S(A_1\cap A_2,\ B_1\cap B_2) &= S(A_1^c\cup A_2^c,\ B_1^c\cup B_2^c) \\ &\subset S(A_1^c,\ B_1^c)\cup S(A_2^c,\ B_2^c)=S(A_1,\ B_1)\cup S(A_2,\ B_2) \end{aligned}$$

그리고 (26)의 마지막 공식은 다음 사실로부터 얻는다.

$$A_1-A_2=A_1\cap A_2^c$$

(23), (19), (18)에 의해 $S(A,\ B)$의 이런 성질은 다음을 유도한다.

$$d(A,\ B)=d(B,\ A),\quad d(A,\ A)=0, \tag{27}$$

$$d(A,\ B)\le d(A,\ C)+d(C,\ B), \tag{28}$$

$$\left.\begin{array}{l} d(A_1\cup A_2,\ B_1\cup B_2) \\ d(A_1\cap A_2,\ B_1\cap B_2) \\ d(A_1-A_2,\ B_1-B_2) \end{array}\right\}\le d(A_1,\ B_1)+d(A_2,\ B_2) \tag{29}$$

두 관계 (27)과 (28)은 $d(A, B)$가 정의 2.15의 요구 조건들을 충족시킨다는 사실을 보여준다. 예외는 $d(A, B)=0$이어도 $A=B$가 성립하지 않을 수 있다는 사실이다. $\mu=m$이고 $A$는 셀 수 있으며 $B$는 비어 있으면, 다음을 얻는다.

▸ 셀 수 있다 = 가산이다, 비어 있다 = be empty

$$d(A, B)=m^*(A)=0$$

이를 알아보기 위해서 $A$의 $n$째 점을 다음과 같은 구간 $I_n$으로 덮는다.

$$m(I_n)<2^{-n}\varepsilon$$

그런데 $d(A, B)=0$일 때 $A$와 $B$를 동치인 집합으로 정의하면, $R^p$의 부분 모음들은 동치류로 나누어지고 $d(A, B)$는 이런 동치류들의 모음을 거리 공간으로 만든다. 그러면 $\mathfrak{M}_F(\mu)$는 $\mathscr{E}$의 닫개로 얻어진다. 이런 해석은 증명에 필수적이지 않지만, 기초를 이루는 발상을 설명한다.

▸ 닫개 = 폐포

$d(A, B)$의 한 가지 성질이 더 필요한데, 그것은 $\mu^*(A)$와 $\mu^*(B)$ 중에서 적어도 하나가 유한이면 다음이 성립한다는 사실이다.

(30) $$|\mu^*(A)-\mu^*(B)|\le d(A, B)$$

이유를 알아보기 위해 $0\le\mu^*(B)\le\mu^*(A)$라 하자. 그러면 (28)에 의해 다음이 성립한다.

$$d(A, 0)\le d(A, B)+d(B, 0),$$

▸ $0=\varnothing$

곧 $$\mu^*(A)\le d(A, B)+\mu^*(B)$$

$\mu^*(B)$가 유한이면, 다음이 성립한다.

$$\mu^*(A)-\mu^*(B)\le d(A, B)$$

**증명**(정리 11.10) $A\in\mathfrak{M}_F(\mu)$이고 $B\in\mathfrak{M}_F(\mu)$라 하자. $\{A_n\}$과 $\{B_n\}$을 $A_n\in\mathscr{E}$, $B_n\in\mathscr{E}$, $A_n\to A$, $B_n\to B$가 성립하도록 선택하자. 그러면 (29)와 (30)에 따라 다음을 얻는다.

(31) $$A_n\cup B_n\to A\cup B,$$

(32) $$A_n\cap B_n\to A\cap B,$$

(33) $$A_n-B_n\to A-B,$$

(34) $$\mu^*(A_n)\to\mu^*(A)$$

그리고 $d(A_n,\ A) \to 0$이므로 $\mu^*(A) < +\infty$이다. (31)과 (33)에 의해 $\mathfrak{M}_F(\mu)$는 환이다. (7)에 의해 다음이 성립한다.

$$\mu(A_n) + \mu(B_n) = \mu(A_n \cup B_n) + \mu(A_n \cap B_n)$$

$n \to \infty$로 놓으면, (34)와 정리 11.8(a)에 의해 다음을 얻는다.

$$\mu^*(A) + \mu^*(B) = \mu^*(A \cup B) + \mu^*(A \cap B)$$

▸ $0 = \varnothing$, 모음 함수 = 집합 함수

$A \cap B = 0$이면, $\mu^*(A \cap B) = 0$이다.

이에 따라 $\mu^*$은 $\mathfrak{M}_F(\mu)$에서 더하는 모음 함수이다.

▸ 만나지 않는 모음들의 셀 수 있는 모둠의 합 모음 = union of a countable collection of disjoint sets

이제 $A \in \mathfrak{M}(\mu)$라 하자. 그러면 $A$는 $\mathfrak{M}_F(\mu)$의 만나지 않는 모음들의 셀 수 있는 모둠의 합 모음으로 표현할 수 있다. $A = \cup A_n'$이고 $A_n' \in \mathfrak{M}_F(\mu)$이면, $A_1 = A_1'$과 다음과 같이 나타내자.

$$A_n = (A_1' \cup \cdots \cup A_n') - (A_1' \cup \cdots \cup A_{n-1}') \quad (n = 2,\ 3,\ 4,\ \cdots)$$

그러면 다음이 필요한 표현이다.

$$A = \bigcup_{n=1}^{\infty} A_n \tag{35}$$

(19)에 의해 다음이 성립한다.

$$\mu^*(A) \le \sum_{n=1}^{\infty} \mu^*(A_n) \tag{36}$$

다른 한편으로, $A \supset A_1 \cup \cdots \cup A_n$이고, $\mathfrak{M}_F(\mu)$에서 $\mu^*$의 더하는 성질에 의해 다음을 얻는다.

$$\mu^*(A) \ge \mu^*(A_1 \cup \cdots \cup A_n) = \mu^*(A_1) + \cdots + \mu^*(A_n) \tag{37}$$

두 식 (36)과 (37)에 의해 다음이 성립한다.

$$\mu^*(A) = \sum_{n=1}^{\infty} \mu^*(A_n) \tag{38}$$

$\mu^*(A)$가 유한이라 가정하자. $B_n = A_1 \cup \cdots \cup A_n$으로 놓자. 그러면 (38)에 의해 $n \to \infty$일 때 다음이 성립한다.

$$d(A,\ B_n) = \mu^*\left(\bigcup_{i=n+1}^{\infty} A_i\right) = \sum_{i=n+1}^{\infty} \mu^*(A_i) \to 0$$

그러므로 $B_n \to A$이다. 그리고 $B_n \in \mathfrak{M}_F(\mu)$이므로 $A \in \mathfrak{M}_F(\mu)$임을 쉽게 알 수 있다.

이에 따라 $A \in \mathfrak{M}(\mu)$이고 $\mu^*(A) < +\infty$일 때 $A \in \mathfrak{M}_F(\mu)$임을 밝혔다.

이제 $\mu^*$가 $\mathfrak{M}(\mu)$에서 셀 수 있는 만큼 더한다는 사실은 분명하다. 이유를 알아보기 위해 $\{A_n\}$은 $\mathfrak{M}(\mu)$의 서로 만나지 않는 모음들의 열로 다음이 성립한다고 하자.

▸셀 수 있는 만큼 더한다 = 가산 가법적이다, 모음 = 집합

$$A = \cup A_n$$

그러면 모든 $n$에 대해 $\mu^*(A_n) < +\infty$이면 (38)이 성립함을 밝혔고 그렇지 않은 경우에 (38)은 자명하기 때문이다.

마지막으로, $\mathfrak{M}(\mu)$가 $\sigma$환임을 보여야 한다. $n = 1, 2, 3, \cdots$에 대해 $A_n \in \mathfrak{M}(\mu)$이면, 분명히 $\cup A_n \in \mathfrak{M}(\mu)$이다(정리 2.12). $A \in \mathfrak{M}(\mu)$이고 $B \in \mathfrak{M}(\mu)$이며 $A_n \in \mathfrak{M}_F(\mu)$과 $B_n \in \mathfrak{M}_F(\mu)$에 대해 다음과 같다고 가정하자.

$$A = \bigcup_{n=1}^{\infty} A_n, \qquad B = \bigcup_{n=1}^{\infty} B_n$$

그러면 다음 등식은 $A_n \cap B \in \mathfrak{M}(\mu)$임을 보여준다.

$$A_n \cap B = \bigcup_{i=1}^{\infty} (A_n \cap B_i)$$

그리고 다음이 성립하므로 $A_n \cap B \in \mathfrak{M}_F(\mu)$이다.

$$\mu^*(A_n \cap B) \leq \mu^*(A_n) < +\infty$$

그러므로 $A_n - B \in \mathfrak{M}_F(\mu)$이고, $A - B = \cup_{n=1}^{\infty} (A_n \cap B)$이므로 $A - B \in \mathfrak{M}(\mu)$이다.

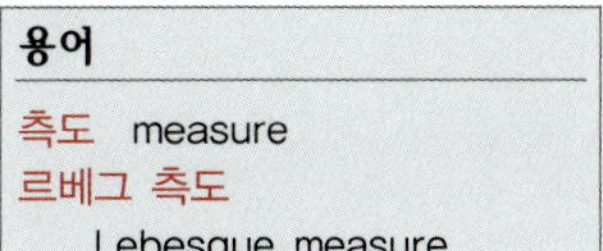


이제 $A \in \mathfrak{M}(\mu)$일 때 $\mu^*(A)$를 $\mu(A)$로 바꾸자. 이에 따라 원래 $\mathscr{E}$에서 정의된 $\mu$는 $\sigma$환 $\mathfrak{M}(\mu)$에서의 셀 수 있는 만큼 더하는 모음 함수로 확장된다. 이렇게 확장된 모음 함수를 **측도**라 한다. 특별한 경우인 $\mu = m$은 $R^p$에서의 **르베그 측도**라 한다.

## 11.11 일러두기

▸ 합 모음 = 합집합, 여 모음 = 여집합

▸ 열린 구간들의 셀 수 있는 모둠의 합 모음 = union of a countable collection of open intervals

(a) $A$가 열린 모음이면, $A \in \mathfrak{M}(\mu)$이다. 왜냐하면 $R^p$에서 임의의 열린 모음은 열린 구간들의 셀 수 있는 모둠의 합 모음이기 때문이다. 이를 알아보기 위해서는, 원소들이 열린 구간인 셀 수 있는 기저를 구성하면 충분하다.

여 모음을 택하면, 모든 닫힌 모음은 $\mathfrak{M}(\mu)$에 속한다.

(b) $A \in \mathfrak{M}(\mu)$이고 $\varepsilon > 0$이면, 적당한 닫힌 모음 $F$와 열린 모음 $G$가 존재해서 다음이 성립한다.

$$F \subset A \subset G,$$

(39)
$$\mu(G - A) < \epsilon, \quad \mu(A - F) < \epsilon$$

$\mu^*$를 열린 기본 모음들에 의한 덮개로 정의했으므로 첫째 부등식이 성립한다. 그리고 둘째 부등식은 여 모음을 택해서 유도된다.

| 용어 | |
|---|---|
| 보렐 모음 | Borel set |

(c) $E$를 열린 모음들에서 출발해서 합 모음, 교 모음, 차 모음의 연산을 셀 수 있는 만큼 시행해서 얻을 수 있을 때, $E$를 **보렐 모음**이라 한다. $R^p$에서 보렐 모음 전체의 모둠 $\mathscr{B}$는 $\sigma$환이다. 실제로, 이것은 모든 열린 모음을 포함하는 가장 작은 $\sigma$환이다. 일러두기 (a)에 의해 $E \in \mathscr{B}$이면 $E \in \mathfrak{M}(\mu)$이다.

(d) $A \in \mathfrak{M}(\mu)$이면, 적당한 두 보렐 모음 $F$와 $G$가 존재해서 $F \subset A \subset G$와 다음이 성립한다.

(40)
$$\mu(G - A) = \mu(A - F) = 0$$

이것은 (b)에서 $\varepsilon = 1/n$을 택하고 $n \to \infty$로 놓으면 유도된다.

$A = F \cup (A - F)$이므로, 각 $A \in \mathfrak{M}(\mu)$는 보렐 모음과 측도 0인 모음의 합 모음임을 알 수 있다.

보렐 모음은 모든 $\mu$에 대해 $\mu$로 잴 수 있다. 그러나 측도 0인 모음들[곧, $\mu^*(E) = 0$인 모음 $E$들]은 서로 다른 $\mu$에 대해 서로 다를 수 있다.

(e) 임의의 $\mu$에 대해 측도 0인 모음들은 $\sigma$환을 형성한다.

(f) 르베그 측도의 경우에, 임의의 셀 수 있는 모음의 측도는 0이다. 그런데 측도 0인 셀 수 없는 (실제로 완전한) 모음이 존재한다. 칸토어 모음을 예로 택할 수 있다. 2.44절의 기호를 사용하면, 다음

을 쉽게 확인할 수 있다.

$$m(E_n) = \left(\frac{2}{3}\right)^n \quad (n = 1,\ 2,\ 3,\ \cdots)$$

그리고 $P = \cap E_n$이므로, 모든 $n$에 대해 $P \subset E_n$이고 이에 따라 $m(P) = 0$이다.

## 측도 공간

### 11.12 정의

$X$는 모음인데, 반드시 유클리드 공간의 부분 모음일 필요는 없으며 실제로 어떤 거리 공간의 부분 모음일 필요도 없다. $X$를 **측도 공간**이라 하는 것은, (잴 수 있는 모음이라 부르는) $X$의 부분 모음들의 $\sigma$환 $\mathfrak{M}$과 (측도라 부르는) $\mathfrak{M}$에서 정의된 음이 아닌 셀 수 있는 만큼 더하는 모음 함수 $\mu$가 존재하는 경우이다.

덧붙여 $X \in \mathfrak{M}$일 때, $X$를 **잴 수 있는 공간**[가측 공간]이라 한다.

예를 들면 $X = R^p$과 $R^p$의 르베그 잴 수 있는 부분 모음 전체의 모둠 $\mathfrak{M}$ 및 르베그 측도 $\mu$를 선택할 수 있다.

또는 $X$는 자연수 전체의 모음, $\mathfrak{M}$은 $X$의 부분 모음 전체의 모둠, $\mu(E)$는 $E$의 원소의 개수로 선택할 수 있다.

확률 이론에서 또 다른 예를 찾을 수 있는데, 여기서는 사건을 모음으로 생각하고 사건이 일어날 확률을 더하는 (또는 셀 수 있는 만큼 더하는) 모음 함수로 생각할 수 있다.

**용어**

측도 공간 measure space
잴 수 있는 공간, 가측 공간 measurable space

▸ 모음 = 집합,
잴 수 있는 = 가측,
셀 수 있는 만큼 더하는 = 가산 가법적(인)

▸ 부분 모음 전체의 모둠 = collection of all subsets

아래 절들에서는 언제나 잴 수 있는 공간을 다룬다. 곧바로 논의할 적분 이론은, 지금까지 성취한 일반성을 희생시키고 이를테면 실 직선의 구간에서의 르베그 측도로 제한하더라도, 어떠한 면에서도 더 단순해지지 않을 것이라는 사실을 강조해야 한다. 실제로, 이 이론의 본질적인 면은 더욱 일반적인 상황에서 훨씬 더 명확해진다. 여기서 이런 일반적인 상황에서는 모든 것이 $\sigma$환에서 $\mu$의 셀 수 있는 만큼 더하는 성질에만 의존함을 알 수 있다.

성질 $P$를 만족시키는 원소 $x$ 전체의 집합을 나타내는 다음과 같은 기호를 도입하면 편리하다.

(41) $$\{x \mid P\}$$

## 잴 수 있는 함수

### 11.13 정의

$f$는 잴 수 있는 공간 $X$에서 정의된 함수로, 함숫값은 확장 실수 체계에서 취한다고 하자. 임의의 실수 $a$에 대해 다음이 잴 수 있는 모음일 때, $f$를 **잴 수 있는 함수**[가측 함수]라 한다.

> **용어**
> 잴 수 있는 함수, 가측 함수
> measurable function

$$\{x \mid f(x) > a\} \tag{42}$$

### 11.14 보기

$X = R^p$이고 정의 1.19에서 정의한 대로 $\mathfrak{M} = \mathfrak{M}(\mu)$이면, 모든 연속 함수 $f$는 잴 수 있는데, (42)가 열린 모음이기 때문이다.

### 11.15 정리

다음 네 조건 중 하나가 성립하면, 나머지 세 조건도 성립한다.

(43) 임의의 실수 $a$에 대해 $\{x \mid f(x) > a\}$는 잴 수 있다.

(44) 임의의 실수 $a$에 대해 $\{x \mid f(x) \ge a\}$는 잴 수 있다.

(45) 임의의 실수 $a$에 대해 $\{x \mid f(x) < a\}$는 잴 수 있다.

(46) 임의의 실수 $a$에 대해 $\{x \mid f(x) \le a\}$는 잴 수 있다.

**증명** 다음 관계가 성립한다.

$$\{x \mid f(x) \ge a\} = \bigcap_{n=1}^{\infty} \left\{x \mid f(x) > a - \frac{1}{n}\right\},$$

$$\{x \mid f(x) < a\} = X - \{x \mid f(x) \ge a\},$$

$$\{x \mid f(x) \le a\} = \bigcap_{n=1}^{\infty} \left\{x \mid f(x) < a + \frac{1}{n}\right\},$$

$$\{x \mid f(x) > a\} = X - \{x \mid f(x) \le a\}$$

그러므로 (43)이 성립하면 (44)가, (44)가 성립하면 (45)가, (45)가 성립하면 (46)이, (46)이 성립하면 (43)이 차례로 성립한다.

이에 따라 이런 조건 중에서 어느 것이라도 (42) 대신에 잴 수 있는 함수의 정의로 사용할 수 있다.

### 11.16 정리

$f$가 잴 수 있는 함수이면, $|f|$는 잴 수 있는 함수이다.

▸잴 수 있는 함수 = 가측 함수

증명 $\{x \mid |f(x)| < a\} = \{x \mid f(x) < a\} \cap \{x \mid f(x) > -a\}$

### 11.17 정리

$\{f_n\}$은 잴 수 있는 함수들의 열이라 하자. $x \in X$에 대해 다음과 같이 놓자.

$$g(x) = \sup f_n(x) \quad (n = 1, 2, 3, \cdots),$$
$$h(x) = \limsup_{n \to \infty} f_n(x)$$

그러면 $g$와 $h$는 잴 수 있는 함수이다.

똑같은 사실이 inf(하한)과 lim inf(하극한)에 대해서도 물론 참이다.

증명 다음이 성립한다.

$$\{x \mid g(x) > a\} = \bigcup_{n=1}^{\infty} \{x \mid f_n(x) > a\},$$
$$h(x) = \inf g_m(x)$$

여기서 $g_m(x) = \sup f_n(x)$ $(n \geq m)$이다.

### 따름 정리

(a) $f$와 $g$가 잴 수 있는 함수이면, $\max\{f, g\}$와 $\min\{f, g\}$도 잴 수 있는 함수이다. 다음과 같이 정의한다.

(47) $$f^+ = \max\{f, 0\}, \quad f^- = -\min\{f, 0\}$$

이에 따라 $f^+$와 $f^-$도 잴 수 있는 함수이다.

(b) 잴 수 있는 함수들의 수렴하는 열의 극한은 잴 수 있는 함수이다.

▸잴 수 있는 함수 = 가측 함수

### 11.18 정리

$f$와 $g$는 $X$에서 정의된 잴 수 있는 실숫값 함수이고, $F$는 $R^2$에서 연속인 실숫값 함수라 하자. 그리고 다음과 같이 놓자.

$$h(x) = F(f(x),\ g(x)) \qquad (x \in X)$$

그러면 $h$는 잴 수 있는 함수이다.

특히, $f+g$와 $fg$는 잴 수 있는 함수이다.

**증명** 다음과 같이 놓자.

$$G_a = \{(u,\ v) \mid F(u,\ v) > a\}$$

그러면 $G_a$는 $R^2$의 열린 부분 모음이고, 다음과 같이 쓸 수 있다.

$$G_a = \bigcup_{n=1}^{\infty} I_n$$

여기서 $\{I_n\}$은 다음과 같은 열린 구간들의 열이다.

$$I_n = \{(u,\ v) \mid a_n < u < b_n,\ c_n < v < d_n\}$$

▸ 잴 수 있는 모음 = 가측 집합

다음은 잴 수 있는 모음이다.

$$\{x \mid a_n < f(x) < b_n\} = \{x \mid f(x) > b_n\} \cap \{x \mid f(x) < b_n\}$$

그러므로 다음은 잴 수 있는 모음이다.

$$\begin{aligned} &\{x \mid (f(x),\ g(x)) \in I_n\} \\ &\quad = \{x \mid a_n < f(x) < a_n\} \cap \{x \mid c_n < g(x) < d_n\} \end{aligned}$$

따라서 다음도 잴 수 있는 모음이다.

$$\begin{aligned} \{x \mid h(x) > a\} &= \{x \mid (f(x),\ g(x)) \in G_a\} \\ &= \bigcup_{n=1}^{\infty} \{x \mid (f(x),\ g(x)) \in I_n\} \end{aligned}$$

요약하면, 극한 연산을 포함해서 해석학의 통상적인 모든 연산을 잴 수 있는 함수에 적용하면 잴 수 있는 함수를 얻게 한다고 말할 수 있다. 바꿔 말하면, 통상적으로 마주치는 모든 함수는 잴 수 있다.

그렇지만 이것이 개략적인 표현이라는 사실이 다음의 (실 직선에서의 르베그 측도에 근거한) 예로 밝혀진다. “$f$가 잴 수 있고 $g$가 연속일 때 $h(x) = f(g(x))$로 정의된 $h$는 반드시 잴 수 있는 함수가 아니다.” [자세한 내용은 맥쉐인(McShane)의 책(p. 241)을 참조하라.]

잴 수 있는 함수에 대한 앞선 논의에서 측도가 언급되지 않았음을 알아챘을 것이다. 사실, $X$에서 잴 수 있는 함수들은 (정의 11.12의 기호를 사용한) $\sigma$환 $\mathfrak{M}$에 따라서만 결정된다. 예를 들면, 어떤 특정한 측도를 언급하지 않고도, $R^p$에서의 **보렐 잴 수 있는 함수**, 곧 다음이 언제나 보렐 모음인 함수 $f$에 대해 말할 수 있다.

▸보렐 잴 수 있는 함수 = 보렐 가측 함수, 보렐 모음 = 보렐 집합

$$\{x \mid f(x) > a\}$$

## 단순한 함수

### 11.19 정의

$s$는 $X$에서 정의된 실숫값 함수라 하자. $s$의 치역이 유한일 때, $s$는 **단순한 함수**라 한다.

| 용어 |
|---|
| 단순(한) 함수 simple function |
| 특성 함수 characteristic function |

$E \subset X$라 하고, 다음과 같이 놓자.

$$K_E(x) = \begin{cases} 1 & (x \in E) \\ 0 & (x \notin E) \end{cases} \tag{48}$$

$K_E$를 $E$의 **특성 함수**라 한다.

$s$의 치역이 서로 다른 수 $c_1, \cdots, c_n$으로 이루어졌다고 하자. 다음과 같이 놓자.

$$E_i = \{x \mid s(x) = c_i\} \quad (i = 1, \cdots, n)$$

그러면 다음이 성립한다.

$$s = \sum_{i=1}^{n} c_i K_{E_i} \tag{49}$$

곧, 임의의 단순한 함수는 유한개의 특성 함수의 일차 결합이다. 명백하게, $s$가 잴 수 있는 함수이기 위한 필요 충분 조건은 $E_1, \cdots, E_n$이 잴 수 있는 모음인 경우이다.

▸… 위한 필요 충분 조건 = … 위해 필요하고 충분한 조건

흥미롭게도, 임의의 함수는 단순한 함수들로 근사시킬 수 있다.

### 11.20 정리

$f$는 $X$에서 정의된 실 함수라 하자. 그러면 적당한 단순한 함수들의 열 $\{s_n\}$이 존재해서 각 $x \in X$에서 $n \to \infty$일 때 $s_n(x) \to f(x)$가 성립한다. $f$가 잴 수 있는 함수이면, $\{s_n\}$을 잴 수 있는 함수들의 열로 선택할 수 있다. $f \geq 0$이면, $\{s_n\}$을 단조롭게 증가하는 열로 선택할 수 있다.

▸단조롭게 증가한다 = 단조 증가한다

**증명** $f \geq 0$이면, $n = 1, 2, 3, \cdots$과 $i = 1, 2, \cdots, n2^n$에 대해 다음과 같이 정의하자.

$$E_{ni} = \left\{ x \,\middle|\, \frac{i-1}{2^n} \leq f(x) \leq \frac{i}{2^n} \right\}, \qquad F_n = \{ x \mid f(x) \geq n \}$$

그리고 다음과 같이 놓자.

$$s_n = \sum_{i=1}^{n2^n} \frac{i-1}{2^n} K_{E_{ni}} + nK_{F_n} \tag{50}$$

일반적인 경우에, $f = f^+ - f^-$로 놓고, $f^+$와 $f^-$ 각각에 대해 앞에서와 같이 구성하자.

▸ 갇혀 있다 = 유계이다

$f$가 갇혀 있으면, (50)으로 정의된 열 $\{s_n\}$은 $f$에 고르게 수렴한다는 사실에 주목할 수 있다.

## 적분

▸ 잴 수 있는 = 가측(인), 모음 = 집합

잴 수 있는 공간 $X$에서의 적분을 정의하는데, 여기서 $\mathfrak{M}$은 잴 수 있는 모음들의 $\sigma$환이고 $\mu$는 측도이다. 좀 더 구체적인 상황을 가시화해 보고 싶은 독자는 $X$를 실 직선 또는 구간으로 생각하고 $\mu$를 르베그 측도 $m$으로 생각할 수 있다.

### 11.21 정의

▸ 단순한 함수 = 단순 함수

다음은 잴 수 있는 단순한 함수라 하자.

$$s(x) = \sum_{i=1}^{n} c_i K_{E_i}(x) \quad (x \in X,\ c_i > 0) \tag{51}$$

그리고 $E \in \mathfrak{M}$이라 하자. 다음과 같이 정의한다.

$$I_E(s) = \sum_{i=1}^{n} c_i \,\mu(E \cap E_i) \tag{52}$$

$f$가 음이 아닌 잴 수 있는 함수일 때, 다음과 같이 정의한다.

$$\int_E f\,d\mu = \sup I_E(s) \tag{53}$$

여기서 sup(상한)은 잴 수 있는 단순한 함수 $s$로 $0 \le s \le f$인 것 전체에서 취한다.

(53)의 좌변을 모음 $E$ 위에서 측도 $\mu$에 관한 $f$의 **르베그 적분**이라 한다. 이 적분의 값이 $+\infty$일 수 있음에 주목하자.

쉽게 밝힐 수 있듯이, 음이 아닌 잴 수 있는 단순한 함수 $s$에 대해 다음이 성립한다.

(54) $$\int_E s\,d\mu = I_E(s)$$

용어
르베그 적분 Lebesgue integral
적분할 수 있는, 적분 가능한 integrable
합할 수 있는 summable

## 11.22 정의

잴 수 있는 함수 $f$에 대해 다음 두 적분을 생각하자.

(55) $$\int_E f^+\,d\mu, \quad \int_E f^-\,d\mu$$

여기서 $f^+$와 $f^-$는 (47)과 같이 정의한다.

(55)의 두 적분 중에서 적어도 하나가 유한일 때, 다음과 같이 정의한다.

(56) $$\int_E f\,d\mu = \int_E f^+\,d\mu - \int_E f^-\,d\mu$$

(55)의 두 적분이 모두 유한이면 (56)은 유한이고, $f$는 르베그의 의미에서 $\mu$에 관해 $E$에서 **적분할 수 있는**[적분 가능한] 또는 **합할 수 있는** 함수라 한다. 이것을 $E$에서 $f \in \mathscr{L}(\mu)$로 나타낸다. $\mu = m$일 때는 통상 $E$에서 $f \in \mathscr{L}$로 나타낸다.

이 용어는 약간 혼란을 일으킬 수 있다. (56)이 $+\infty$이거나 $-\infty$이어도 $E$ 위에서 $f$의 적분이 정의되지만, 위의 용어의 의미에서는 적분할 수 없다. $E$ 위에서 $f$의 적분이 유한인 경우에만 $f$는 $E$에서 적분할 수 있다.

▸ 적분할 수 없다 = 적분 불가능하다

주로 적분할 수 있는 함수에 관심을 갖지만, 어떤 경우에는 좀 더 일반적인 상황을 다루는 것이 바람직하다.

## 11.23 일러두기

다음 성질들은 명백하다.

(a) $f$가 $E$에서 잴 수 있고 갇혀 있으며 $\mu(E) < +\infty$이면, $E$에서 $f \in \mathscr{L}(\mu)$이다.

▸ 잴 수 있는 = 가측(인), 갇혀 있다 = 유계이다

(b) $x \in E$에 대해 $a \le f(x) \le b$이고 $\mu(E) < +\infty$이면, 다음이 성

립한다.

$$a\mu(E) \le \int_E f\,d\mu \le b\mu(E)$$

(c) $E$에서 $f \in \mathscr{L}(\mu)$이고 $g \in \mathscr{L}(\mu)$이며 $x \in E$에 대해 $f(x) \le g(x)$이면 다음이 성립한다.

$$\int_E f\,d\mu \le \int_E g\,d\mu$$

(d) $E$에서 $f \in \mathscr{L}(\mu)$이면, 임의의 유한 상수 $c$에 대해 $E$에서 $cf \in \mathscr{L}(\mu)$이고 다음이 성립한다.

$$\int_E cf\,d\mu \le c\int_E f\,d\mu$$

(e) $\mu(E) = 0$이고 $f$는 잴 수 있으면, 다음이 성립한다.

$$\int_E f\,d\mu = 0$$

(f) $E$에서 $f \in \mathscr{L}(\mu)$이고 $A \in \mathfrak{M}$이며 $A \subset E$이면, $A$에서 $f \in \mathscr{L}(\mu)$이다.

## 11.24 정리

(a) $f$가 $X$에서 잴 수 있고 음이 아니라고 하자. $A \in \mathfrak{M}$에 대해 다음과 같이 정의하자.

(57) $$\phi(A) = \int_A f\,d\mu$$

그러면 $\phi$는 $\mathfrak{M}$은 셀 수 있는 만큼 더한다.

(b) $X$에서 $f \in \mathscr{L}(\mu)$이면, 똑같은 결론이 성립한다.

▸셀 수 있을 만큼 더한다 = 가산 가법적이다

**증명** $f = f^+ - f^-$로 쓰고 (a)를 $f^+$와 $f^-$에 적용하면, 분명하게 (b)는 (a)로부터 유도된다.

(a)를 증명하려면, $A_n \in \mathfrak{M}\,(n = 1, 2, 3, \cdots)$이 $i \ne j$에 대해 $A_i \cap A_j = 0$이고 $A = \cup_{n=1}^{\infty} A_n$일 때 다음을 보여야 한다.

▸$0 = \varnothing$

(58) $$\phi(A) = \sum_{n=1}^{\infty} \phi(A_n)$$

$f$가 특성 함수이면, $\phi$의 셀 수 있는 만큼 더하는 성질은 정확하게 $\mu$의 셀 수 있는 만큼 더하는 성질과 같은데, 다음이 성립하기 때문이다.

▸셀 수 있을 만큼 더하는 = 가산 가법적(인)

$$\int_A K_E\, d\mu = \mu(A \cap E)$$

$f$가 단순한 함수이면, $f$는 (51)과 같은 꼴이고 또다시 결론이 성립한다.

일반적인 경우에, 임의의 잴 수 있는 단순한 함수 $s$로 $0 \le s \le f$인 것에 대해 다음이 성립한다.

▸잴 수 있는 = 가측(인)

$$\int_A s\, d\mu = \sum_{n=1}^{\infty} \int_{A_n} s\, d\mu \le \sum_{n=1}^{\infty} \phi(A_n)$$

따라서 (53)에 의해 다음을 얻는다.

(59) $$\phi(A) \le \sum_{n=1}^{\infty} \phi(A_n)$$

그런데 어떤 $n$에 대해 $\phi(A_n) = +\infty$이면, (58)은 자명한데, $\phi(A) \ge \phi(A_n)$이기 때문이다. 모든 $n$에 대해 $\phi(A_n) < +\infty$이라 가정하자.

주어진 $\varepsilon > 0$에 대해 적당한 잴 수 있는 함수 $s$로 $0 \le s \le f$이고 다음과 같은 것을 선택할 수 있다.

(60) $$\int_{A_1} s\, d\mu \ge \int_{A_1} f\, d\mu - \varepsilon, \quad \int_{A_2} s\, d\mu \ge \int_{A_2} f\, d\mu - \varepsilon$$

그러므로 다음이 성립한다.

$$\begin{aligned}\phi(A_1 \cup A_2) &\ge \int_{A_1 \cup A_2} s\, d\mu = \int_{A_1} s\, d\mu + \int_{A_2} s\, d\mu \\ &\ge \phi(A_1) + \phi(A_2) - 2\varepsilon\end{aligned}$$

이에 따라 다음을 얻는다.

$$\phi(A_1 \cup A_2) \ge \phi(A_1) + \phi(A_2)$$

따라서 모든 $n$에 대해 다음이 성립한다.

(61) $$\phi(A_1 \cup \cdots \cup A_n) \geq \phi(A_1) + \cdots + \phi(A_n)$$

$A \supset A_1 \cup \cdots \cup A_n$ 이므로, (61)로부터 다음을 얻는다.

(62) $$\phi(A) \geq \sum_{n=1}^{\infty} \phi(A_n)$$

그리고 (59)와 (62)로부터 (58)을 얻는다.

### 따름 정리

$A \in \mathfrak{M}$ 이고 $B \subset A$ 이며 $\mu(A-B)=0$ 이면, 다음이 성립한다.

$$\int_A f\,d\mu = \int_B f\,d\mu$$

$A = B \cup (A-B)$ 이므로, 이것은 일러두기 11.23(e)부터 유도된다.

### 11.25 일러두기

▸ 모음 = 집합

위의 따름 정리는 측도 0인 모음을 적분에서 무시할 수 있음을 보여준다.

다음 모음의 측도가 0일 때, $E$ 에서 $f \sim g$ 라고 나타낸다.

$$\{x \mid f(x) \neq g(x)\} \cap E$$

그러면 $f \sim f$ 이고, $f \sim g$ 이면 $g \sim f$ 이며, $f \sim g$ 이고 $g \sim h$ 이면 $f \sim h$ 이다. 곧, 관계 $\sim$ 는 동치 관계이다.

$E$ 에서 $f \sim g$ 이면, $E$ 의 임의의 잴 수 있는 부분 모음 $A$ 에 대해 (다음의 적분들이 존재하면) 분명히 다음이 성립한다.

$$\int_A f\,d\mu = \int_A g\,d\mu$$

성질 $P$ 가 모든 $x \in E - A$ 에 대해 성립하고 $\mu(A)=0$ 이면, $P$ 는 거의 모든 $x \in E$ 에 대해 성립한다 또는 $P$ 는 $E$ 에서 거의 어디서나 성립한다고 말하는 것이 관례이다. (물론 '거의 어디서나'의 개념은 고려하고 있는 특정한 측도에 따라 결정된다. 본문에서 특별히 반하는 말이 없으면, 통상 르베그 측도를 참조한다.)

**용어**

거의 모든 almost all

거의 어디서나 almost everywhere

$E$ 에서 $f \in \mathscr{L}(\mu)$ 이면, 분명히 $f(x)$ 는 $E$ 에서 거의 어디서나 유한이다. 이에 따라 대부분의 경우에 처음부터 주어진 함수의 값이 유한이라고 가정해도 일반성을 전혀 잃지 않는다.

### 11.26 정리

$E$에서 $f \in \mathscr{L}(\mu)$이면, $E$에서 $|f| \in \mathscr{L}(\mu)$이고 다음이 성립한다.

$$\left| \int_E f\, d\mu \right| \leq \int_E |f|\, d\mu \tag{63}$$

**증명** $E = A \cup B$인데, $A$에서 $f(x) \geq 0$이고 $B$에서 $f(x) < 0$이라 하자. 정리 11.24에 의해 다음이 성립한다.

▸ $A = \{x \in E \mid f(x) \geq 0\}$, $B = \{x \in E \mid f(x) < 0\}$

$$\int_E |f|\, d\mu = \int_A |f|\, d\mu + \int_B |f|\, d\mu = \int_A f^+\, d\mu + \int_B f^{-1}\, d\mu < +\infty$$

그러므로 $|f| \in \mathscr{L}(\mu)$이다. $f \leq |f|$이고 $-f \leq |f|$이므로, 다음을 얻는다.

$$\int_E f\, d\mu \leq \int_E |f|\, d\mu, \quad -\int_E f\, d\mu \leq \int_E |f|\, d\mu$$

따라서 (63)이 성립한다.

$f$가 적분할 수 있으면 $|f|$도 적분할 수 있으므로, 르베그 적분은 종종 절대적으로 수렴하는 적분으로 불린다. 물론, 절대적이지 않게 수렴하는 적분을 정의할 수 있고, 일부 문제를 다룰 때는 이렇게 하는 것이 필수적이다. 그러나 이런 적분은 르베그 적분의 가장 쓸모 있는 성질 중에서 일부를 만족시키지 않고, 해석학에서 얼마간 덜 중요한 역할을 한다.

▸ 적분할 수 있다 = 적분 가능하다

**용어**
절대(적으로) 수렴하는 absolutely convergent
절대적이지 않게 수렴하는 nonabsolutely convergent

### 11.27 정리

$f$는 $E$에서 잴 수 있고, $|f| \leq g$이며, $E$에서 $g \in \mathscr{L}(\mu)$라고 하자. 그러면 $E$에서 $f \in \mathscr{L}(\mu)$이다.

**증명** $f^+ \leq g$와 $f^- \leq g$가 성립한다.

### 11.28 르베그의 단조로운 수렴 정리

$E \in \mathfrak{M}$이고, $\{f_n\}$은 다음과 같은 잴 수 있는 함수들의 열이라 하자.

$$0 \leq f_1(x) \leq f_2(x) \leq \cdots \quad (x \in E) \tag{64}$$

$f$는 $n \to \infty$일 때 다음과 같다고 정의하자.

**용어**
르베그의 단조(로운) 수렴 정리 Lebesgue's monotone convergence theorem

(65) $$f_n(x) \to f(x) \quad (x \in E)$$

그러면 다음이 성립한다.

(66) $$\int_E f_n\,d\mu \to \int_E f\,d\mu \quad (n \to \infty)$$

증명 (64)에 의해, 분명히 $n \to \infty$ 일 때 어떤 $\alpha$에 대해 다음이 성립한다.

(67) $$\int_E f_n\,d\mu \to \alpha$$

그리고 $\int f_n \le \int f$이므로, 다음이 성립한다.

(68) $$\alpha \le \int_E f\,d\mu$$

▸ 단순한 함수 = 단순 함수

$c$는 $0 < c < 1$인 것 중에서 선택하고, $s$는 $0 \le s \le f$인 잴 수 있는 단순한 함수라 하자. 다음과 같이 놓자.

$$E_n = \{x \mid f_n(x) \ge c\,s(x)\} \quad (n = 1,\ 2,\ 3,\ \cdots)$$

(64)에 의해 $E_1 \subset E_2 \subset E_3 \subset \cdots$이고 (65)에 의해 다음이 성립한다.

(69) $$E = \bigcup_{n=1}^{\infty} E_n$$

각 $n$에 대해 다음이 성립한다.

(70) $$\int_E f_n\,d\mu \ge \int_{E_n} f_n\,d\mu \ge c\int_{E_n} s\,d\mu$$

▸ 셀 수 있을 만큼 더하는 모음 함수 = 가산 가법적(인) 집합 함수

(70)에서 $n \to \infty$으로 놓자. 적분은 셀 수 있는 만큼 더하는 모음 함수이므로(정리 11.24), (69)는 정리 11.3을 (70)의 마지막 적분에 적용할 수 있음을 보여주는데, 이에 따라 다음을 얻는다.

(71) $$\alpha \ge c\int_E s\,d\mu$$

$c \to 1$로 놓으면, 다음이 성립함을 알 수 있다.

$$\alpha \ge \int_E s\,d\mu$$

그리고 (53)에 의해 다음이 성립한다.

$$\alpha \geq \int_E f\,d\mu \tag{72}$$

(67), (68), (72)에 의해 정리가 증명된다.

## 11.29 정리

$f = f_1 + f_2$이고, $E$에서 $f_i \in \mathscr{L}(\mu)$ $(i = 1,\ 2)$이라 하자. 그러면 $E$에서 $f \in \mathscr{L}(\mu)$이고 다음이 성립한다.

$$\int_E f\,d\mu = \int_E f_1\,d\mu + \int_E f_2\,d\mu \tag{73}$$

**증명** 먼저, $f_1 \geq 0$이고 $f_2 \geq 0$이라 가정하자. $f_1$과 $f_2$가 단순한 함수이면, (73)은 (52)와 (54)로부터 자명하게 유도된다. 그렇지 않으면, 음이 아닌 잴 수 있는 단순한 함수들의 두 열 $\{s_n'\}$과 $\{s_n''\}$을 단조롭게 증가하고 각각 $f_1$과 $f_2$에 수렴하도록 선택하자. 정리 11.20은 이것이 가능함을 보여준다. $s_n = s_n' + s_n''$이라 놓자. 그러면 다음이 성립한다.

▸단순한 함수 = 단순 함수, 단조롭게 증가한다 = 단조 증가한다

$$\int_E s_n\,d\mu = \int_E s_n'\,d\mu + \int_E s_n''\,d\mu$$

그리고 $n \to \infty$이라 하고 정리 11.28을 적용하면 (73)을 얻는다.

다음으로 $f_1 \geq 0$이고 $f_2 \leq 0$이라 가정하고, 다음과 같이 놓자.

$$A = \{x \mid f(x) \geq 0\}, \qquad B = \{x \mid f(x) < 0\}$$

그러면 $f$, $f_1$, $-f_2$는 $A$에서 음이 아니다. 그러므로 다음을 얻는다.

$$\int_A f_1\,d\mu = \int_A f\,d\mu + \int_A (-f_2)\,d\mu = \int_A f\,d\mu - \int_A f_2\,d\mu \tag{74}$$

마찬가지로, $-f$, $f_1$, $-f_2$는 $B$에서 음이 아니므로, 다음을 얻는다.

$$\int_B (-f_2)\,d\mu = \int_B f_1\,d\mu + \int_B (-f)\,d\mu$$

곧,

$$\int_B f_1\,d\mu = \int_B f\,d\mu - \int_B f_2\,d\mu \tag{75}$$

이제 (74)와 (75)를 더하면, (73)을 얻는다.

▸ 모음 = 집합

일반적인 경우에는 $E$를 네 모음 $E_i$로 분해할 수 있는데, 각 모음에서 $f_1(x)$와 $f_2(x)$는 일정한 부호를 취한다. 지금까지 증명한 두 가지 경우에 의해 다음을 얻는다.

$$\int_{E_i} f\,d\mu = \int_{E_i} f_1\,d\mu + \int_{E_i} f_2\,d\mu \quad (i=1,\ 2,\ 3,\ 4)$$

그리고 이런 네 식을 더하면 (73)을 얻는다.

▸ 덧렬 = 급수

이제 정리 11.28을 덧렬에 대해 다시 공식화할 수 있는 상황이 있다.

## 11.30 정리

▸ 잴 수 있는 = 가측(인)

$E \in \mathfrak{M}$라 하자. $\{f_n\}$은 음이 아닌 잴 수 있는 함수들의 열이고 다음과 같다고 하자.

$$f(x) = \sum_{n=1}^{\infty} f_n(x) \quad (x \in E) \tag{76}$$

그러면 다음이 성립한다.

$$\int_E f\,d\mu = \sum_{n=1}^{\infty} \int_E f_n\,d\mu$$

▸ 단조롭게 증가한다 = 단조 증가한다

**증명** (76)의 부분 합은 단조롭게 증가하는 열을 형성한다.

## 11.31 파투의 정리

**용어**

파투의 정리
Fatou's theorem
통상 '파투의 보조 정리(Fatou's lemma)'라 한다.

**수학자**

파투(Pierre Joseph Louis Fatou, 1878~1929) 프랑스 수학자 · 천문학자

$E \in \mathfrak{M}$라 하자. $\{f_n\}$은 음이 아닌 잴 수 있는 함수들의 열이고 다음과 같다고 하자.

$$f(x) = \liminf_{n\to\infty} f_n(x) \quad (x \in E)$$

그러면 다음이 성립한다.

$$\int_E f\,d\mu \le \liminf_{n\to\infty} \int_E f_n\,d\mu \tag{77}$$

(77)에서 등호가 성립하지 않을 수 있다. 익힘 문제 5에 예가 제시되어 있다.

**증명** $n = 1, 2, 3, \cdots$과 $x \in E$에 대해 다음과 같이 놓자.

$$g_n(x) = \inf f_i(x) \quad (i \geq n)$$

그러면 $g_n$은 $E$에서 잴 수 있고, 다음이 성립한다.

(78) $$0 \leq g_1(x) \leq g_2(x) \leq \cdots,$$

(79) $$g_n(x) \leq f_n(x),$$

(80) $$g_n(x) \to f(x) \quad (n \to \infty)$$

(78)과 (80) 및 정리 11.28에 의해 다음이 성립한다.

(81) $$\int_E g_n \, d\mu \to \int_E f \, d\mu$$

그러므로 (77)은 (79)와 (80)으로부터 유도된다.

## 11.32 르베그의 지배된 수렴 정리

$E \in \mathfrak{M}$라 하자. $\{f_n\}$은 잴 수 있는 함수들의 열로 $n \to \infty$일 때 다음과 같다고 하자.

(82) $$f_n(x) \to f(x) \quad (x \in E)$$

그리고 다음을 만족시키는 $E$에서의 함수 $g \in \mathscr{L}(\mu)$가 존재한다고 하자.

(83) $$|f_n(x)| \leq g(x) \quad (n = 1, 2, 3, \cdots, x \in E)$$

그러면 다음이 성립한다.

(84) $$\lim_{n \to \infty} \int_E f_n \, d\mu = \int_E f \, d\mu$$

**용어**
르베그의 지배(된) 수렴 정리, 르베그의 억눌린 수렴 정리
Lebesgue's dominated convergence theorem

(83) 때문에 $\{f_n\}$은 $g$에 의해 지배된다 또는 억눌린다고 하고, 지배된(또는 억눌린) 수렴에 대해 말한다. 일러두기 11.25에 의해, (82)가 $E$에서 거의 어디서나 성립해도 결론은 똑같다.

▸ 지배된다 = 억눌린다
= be dominated

**증명** 먼저, (83)과 정리 11.27에 의해 $E$에서 $f_n \in \mathscr{L}(\mu)$이고 $f \in \mathscr{L}(\mu)$이다.

$f_n + g \geq 0$이므로, 파투의 정리에 의해 다음이 성립한다.

$$\int_E (f+g)\,d\mu \leq \liminf_{n\to\infty} \int_E (f_n+g)\,d\mu$$

곧,

(85) $$\int_E f\,d\mu \leq \liminf_{n\to\infty} \int_E f_n\,d\mu$$

$g - f_n \geq 0$이므로, 마찬가지 방법으로 다음을 확인할 수 있다.

$$\int_E (g-f)\,d\mu \leq \liminf_{n\to\infty} \int_E (g-f_n)\,d\mu$$

그러므로 다음이 성립한다.

$$-\int_E f\,d\mu \leq \liminf_{n\to\infty} \left\{-\int_E f_n\,d\mu\right\}$$

이것은 다음과 같다.

(86) $$\int_E f\,d\mu \geq \limsup_{n\to\infty} \int_E f_n\,d\mu$$

이제 (84)에 있는 극한의 존재와 (84)가 주장하는 등호는 (85)와 (86)으로부터 유도된다.

### 따름 정리

▸ "고르게 갇혀 있다" 정의 7.19 참조

▸ 고르게 갇힌 수렴하는 (uniformly bounded convergent) = 갇혀서 수렴하는 (boundedly convergent)

$\mu(E) < +\infty$이고 $\{f_n\}$은 $E$에서 고르게 갇혀 있으며 $E$에서 $f_n(x) \to f(x)$이면, (84)가 성립한다.

고르게 갇힌 수렴하는 열을 흔히 갇혀서 수렴하는 열이라 한다.

## 리만 적분과의 비교

다음 정리는 구간에서 리만 적분할 수 있는 모든 함수는 또한 르베그 적분할 수 있고, 리만 적분할 수 있는 함수는 꽤 엄중한 연속성 조건에 지배를 받는다는 사실을 보여준다. 이에 따라 르베그 이론은 훨씬 더 큰 부류의 함수들을 적분할 수 있게 한다는 사실과는 아주 다르게, 이 이론의 가장 큰 장점은 아마도 많은 극한 연산을 쉽게 다룰 수 있다는 사실에 있을 것이다. 이런 관점에서 르베그의 수렴 정리들은 당연히 르베그 이론의 핵심으로 간주할 수 있을 것이다.

▸적분할 수 있다 = 적분 가능하다

리만 이론에서 마주치는 어려움의 하나는 리만 적분할 수 있는 함수들의 극한이 (심지어 연속 함수들의 극한이) 리만 적분하지 못할 수 있다는 사실이다. 이런 어려움은 이제 거의 사라지는데, 잴 수 있는 함수들의 극한이 언제나 잴 수 있기 때문이다.

▸잴 수 있는 = 가측(인)

측도 공간 $X$는 실 직선의 구간 $[a, b]$이고 $\mu = m$(르베그 측도)이며 $\mathfrak{M}$은 $[a, b]$의 르베그 잴 수 있는 부분 모음들의 모둠이라 하자. $[a, b]$ 위에서 $f$의 르베그 적분을 다음과 같이 나타낼 수 있다.

▸… 부분 모음들의 모둠 = family of … subsets

$$\int_X f\,dm$$

그렇지만 이것보다는 관례적으로 다음과 같은 친숙한 기호를 사용한다.

$$\int_a^b f\,dx$$

리만 적분을 르베그 적분과 구별하기 위해서, 리만 적분은 다음과 같이 나타내겠다.

$$\mathscr{R}\int_a^b f\,dx$$

### 11.33 정리

(a) $[a, b]$에서 $f \in \mathscr{R}$이면, $[a, b]$에서 $f \in \mathscr{L}$이고 다음이 성립한다.

$$\int_a^b f\,dx = \mathscr{R}\int_a^b f\,dx \tag{87}$$

▸갇혀 있다 = 유계이다

(b) $f$는 $[a, b]$에서 갇혀 있다고 하자. 그러면 $[a, b]$에서 $f \in \mathscr{R}$이기 위한 필요 충분 조건은 $f$는 $[a, b]$에서 거의 어디서나 연속인 경우이다.

▸… 위한 필요 충분 조건 = … 위해 필요하고 충분한 조건

▸ 세분(할) = refinement

**증명** $f$가 갇혀 있다고 하자. 정의 6.1과 정리 6.4에 의해 $[a, b]$의 분할들의 적당한 열 $\{P_k\}$가 존재해서, $P_{k+1}$은 $P_k$의 세분이고 $P_k$의 이웃한 두 점 사이의 거리는 $1/k$이며 다음이 성립한다고 하자.

$$\lim_{k\to\infty} L(P_k, f) = \mathscr{R}\underline{\int} f\,dx, \quad \lim_{k\to\infty} U(P_k, f) = \mathscr{R}\overline{\int} f\,dx \tag{88}$$

(이 증명에서 모든 적분은 $[a, b]$ 위에서 취한다.)

$x_0 = a$와 $x_n = b$에 대해 $P_k = \{x_0, x_1, \cdots, x_n\}$이면, 다음과 같이 정의하자.

$$U_k(a) = L_k(a) = f(a)$$

정의 6.1에서 도입한 기호를 사용해서 $x_{i-1} < x \le x_i$ $(1 \le i \le n)$에 대해 $U_k(x) = M_i$와 $L_k(x) = m_i$로 놓자. 그러면 다음과 같다.

$$L(P_k, f) = \int L_k\,dx, \quad U(P_k, f) = \int U_k\,dx \tag{89}$$

$P_{k+1}$은 $P_k$의 세분이므로, 모든 $x \in [a, b]$에 대해 다음이 성립한다.

$$L_1(x) \le L_2(x) \le \cdots \le f(x) \le \cdots \le U_2(x) \le U_1(x) \tag{90}$$

(90)에 의해 다음이 존재한다.

$$L(x) = \lim_{k\to\infty} L_k(x), \quad U(x) = \lim_{k\to\infty} U_k(x) \tag{91}$$

▸ 갇힌 = 유계(인), 잴 수 있는 = 가측(인)

$L$과 $U$가 $[a, b]$에서 갇히고 잴 수 있는 함수로 다음을 만족시킨다는 사실을 관찰하자.

$$L(x) \le f(x) \le U(x) \quad (a \le x \le b) \tag{92}$$

▸ 단조로운 수렴정리 = 단조 수렴 정리

그리고 (88)과 (90) 및 단조로운 수렴 정리에 의해 다음이 성립한다.

$$\int L\,dx = \mathscr{R}\underline{\int} f\,dx, \quad \int U\,dx = \mathscr{R}\overline{\int} f\,dx \tag{93}$$

지금까지 $f$가 $[a, b]$에서 갇힌 실 함수라는 사실 이외에 $f$에 관해 가정한 것이 전혀 없다.

▸ … 위한 필요 충분 조건 = … 위해 필요하고 충분한 조건

증명을 완성하기 위해 다음 사실에 주목하자. $f \in \mathscr{R}$이기 위한 필요 충분 조건은 리만 상 적분과 하 적분이 서로 같은 경우, 이에 따라 다음과 같은 경우이다.

(94) $$\int L\,dx = \int U\,dx$$

$L \leq U$이므로, (94)가 성립하기 위한 필요 충분 조건은 거의 모든 $x \in [a, b]$에 대해 $L(x) = U(x)$인 경우이다(익힘 문제 1).

▸… 위한 필요 충분 조건 = … 위해 필요하고 충분한 조건

이런 경우에, (92)에 의해 $[a, b]$에서 거의 어디서나 다음이 성립한다.

(95) $$L(x) = f(x) = U(x)$$

이에 따라 $f$는 잴 수 있고, (93)과 (95)로부터 (87)이 유도된다.

덧붙여, $x$가 어떠한 $P_k$에도 속하지 않을 때, 아주 쉽게 확인할 수 있듯이, $U(x) = L(x)$이기 위한 필요 충분 조건은 $f$가 $x$에서 연속인 경우이다. 모음 $P_k$들의 합 모음은 셀 수 있으므로 그 측도는 0이고, $f$가 $[a, b]$에서 거의 어디서나 연속이기 위한 필요 충분 조건은 거의 어디서나 $L(x) = U(x)$인 경우이며, 이에 따라 (위에서 알아본 대로) 이를 위한 필요 충분 조건은 $f \in \mathscr{R}$인 경우이다.

▸합 모음 = 합집합

이에 따라 증명이 끝난다.

적분과 미분 사이의 친숙한 관계는 대부분 르베그 이론 속으로 옮겨간다. $[a, b]$에서 $f \in \mathscr{L}$이고 다음과 같다고 하자.

(96) $$F(x) = \int_a^x f\,dt \qquad (a \leq x \leq b)$$

그러면 $[a, b]$에서 거의 어디서나 $F'(x) = f(x)$이다.

역으로 $F$가 $[a, b]$의 모든 점에서 미분할 수 있고(여기서 '거의 어디서나'는 충분하지 않은데) $[a, b]$에서 $F' \in \mathscr{L}$이면, 다음이 성립한다.

▸미분할 수 있다 = 미분 가능하다

$$F(x) - F(a) = \int_a^x F'(t)\,dt \qquad (a \leq x \leq b)$$

이 두 정리의 증명에 대해서는 참고문헌에서 인용한 적분에 관한 책 중 어느 하나를 참조하기 바란다.

## 복소 함수의 적분

$f$는 측도 공간 $X$에서 정의된 복소수값 함수[복소 함수]라 하고, 두 실 함수 $u$와 $v$에 대해 $f = u + iv$라 하자. $f$가 잴 수 있기 위한 필요 충분 조건

▸잴 수 있는 = 가측(인)

은 $u$와 $v$ 모두가 잴 수 있는 경우이다.

쉽게 밝힐 수 있듯이, 잴 수 있는 복소 함수들의 합과 곱도 또다시 잴 수 있다. 다음이 성립한다.

$$|f| = (u^2 + v^2)^{1/2}$$

그러므로 정리 11.18에 따라 잴 수 있는 복소 함수 $f$에 대해 $|f|$도 잴 수 있다.

▸ 모음 = 집합

$\mu$는 $X$에서의 측도이고, $E$는 $X$의 잴 수 있는 부분 모음이며, $f$는 $X$에서의 복소 함수라 하자. $E$에서 $f \in \mathscr{L}(\mu)$라는 것은, $f$는 $E$에서 잴 수 있고 다음이 성립하는 경우이다.

$$\int_E |f|\, d\mu < +\infty \tag{97}$$

그리고 (97)이 성립할 때, 다음과 같이 정의한다.

$$\int_E f\, d\mu = \int_E u\, d\mu + i \int_E v\, d\mu$$

▸ … 위한 필요 충분 조건 = … 위해 필요하고 충분한 조건

$|u| \le |f|$이고 $|v| \le |f|$이며 $|f| \le |u| + |v|$이므로, 명백하게 (97)이 성립하기 하기 위한 필요 충분 조건은 $E$에서 $u \in \mathscr{L}(\mu)$이고 $v \in \mathscr{L}(\mu)$인 경우이다.

이제 정리 11.23(a), (d), (e), (f), 11.24(b), 11.26, 11.27, 11.29, 11.32를 복소 함수의 르베그 적분으로 확장할 수 있다. 증명은 아주 간단하다. 어느 정도 흥미를 줄 수 있는 유일한 증명은 다음과 같은 정리 11.26의 증명이다.

$E$에서 $f \in \mathscr{L}(\mu)$이면, 적당한 복소수 $c$가 존재해서 $|c| = 1$이고 다음이 성립한다.

$$c \int_E f\, d\mu \ge 0$$

두 실 함수 $u$와 $v$에 대해 $g = cf = u + iv$로 놓자. 그러면 다음이 성립한다.

$$\left| \int_E f\, d\mu \right| = c \int_E f\, d\mu = \int_E g\, d\mu = \int_E u\, d\mu \le \int_E |f|\, d\mu$$

이 등호 중에서 셋째가 성립하는 이유는, 그 앞의 적분 $\int g\, d\mu$가 실수이기 때문이다.

## $\mathscr{L}^2$급 함수

르베그 이론의 한 가지 활용으로, 이제 (제 8 장에서 리만 적분할 수 있는 함수들에 대해서만 증명한) 파스발의 정리를 확장하고, 정규 직교 함수들의 모음에 대한 리츠·피셔의 정리를 증명하겠다.

▸적분할 수 있다 = 적분 가능하다, 모음 = 집합

### 11.34 정의

$X$는 잴 수 있는 공간이라 하자. 복소 함수 $f$가 $X$에서 $f \in \mathscr{L}^2(\mu)$라는 것은, $f$는 잴 수 있고 다음이 성립하는 경우이다.

▸잴 수 있는 = 가측(인)

$$\int_X |f|^2 d\mu < +\infty$$

$\mu$가 르베그 측도이면, $f \in \mathscr{L}^2$이라 한다. (지금부터 문구 '$X$에서'를 생략하는데) $f \in \mathscr{L}^2(\mu)$에 대해 다음과 같이 정의한다.

$$\|f\| = \left\{ \int_X |f|^2 d\mu \right\}^{1/2}$$

그리고 $\|f\|$를 $f$의 $\mathscr{L}^2(\mu)$ 대중이라 한다.

▸대중 = 노름

### 11.35 정리

$f \in \mathscr{L}^2(\mu)$이고 $g \in \mathscr{L}^2(\mu)$라 하자. 그러면 $fg \in \mathscr{L}(\mu)$이고 다음이 성립한다.

$$\int_X |fg| d\mu \le \|f\| \, \|g\| \tag{98}$$

이것이 바로 슈바르츠의 부등식인데, 덧렬과 리만 적분의 경우에 이미 마주쳤었다. 이것은 임의의 실수 $\lambda$에 대해 성립하는 다음 부등식으로부터 유도된다.

▸덧렬 = 급수

$$0 \le \int_X (|f| + \lambda |g|)^2 d\mu = \|f\|^2 + 2\lambda \int_X |fg| du + \lambda^2 \|g\|^2$$

### 11.36 정리

$f \in \mathscr{L}^2(\mu)$이고 $g \in \mathscr{L}^2(\mu)$라 하자. 그러면 $f+g \in \mathscr{L}^2(\mu)$이고 다음이 성립한다.

$$\|f+g\| \le \|f\|+\|g\|$$

**증명** 슈바르츠의 부등식에 의해 다음이 성립한다.

$$\begin{aligned}\|f+g\|^2 &= \int |f|^2 + \int f\bar{g} + \int \bar{f}g + \int |g|^2 \\ &\le \|f\|^2 + 2\|f\|\,\|g\| + \|g\|^2 \\ &\le (\|f\|+\|g\|)^2\end{aligned}$$

### 11.37 일러두기

$\mathscr{L}^2(\mu)$에 속한 두 함수 $f$와 $g$ 사이의 거리를 $\|f-g\|$로 정의하면, 한 가지를 제외하고 정의 2.15의 조건들이 충족된다. 그 예외적인 한 가지는 $\|f-g\|=0$일 때 모든 $x$에 대해 $f(x)=g(x)$이라 할 수 없고 거의 모든 $x$에 대해 $f(x)=g(x)$가 성립한다는 사실이다. 그러므로 측도 0인 모음에서만 다른 함수들을 동일시하면, $\mathscr{L}^2(\mu)$는 거리 공간이다.

▸ 모음 = 집합

이제 르베그 측도에 관한 실 직선의 구간에서 $\mathscr{L}^2$를 고려하자.

### 11.38 정리

연속 함수들은 $[a, b]$에서 $\mathscr{L}^2$의 조밀한 부분 모음을 형성한다.

더욱 명확하게 나타내면, $[a, b]$에서 임의의 $f \in \mathscr{L}^2$와 임의의 $\varepsilon > 0$에 대해 $[a, b]$에서 적당한 연속 함수 $g$가 존재해서 다음이 성립한다.

$$\|f-g\| = \left\{\int_a^b (f-g)^2\,dx\right\}^{1/2} < \varepsilon$$

**증명** $f$는 $\mathscr{L}^2$에서의 열 $\{g_n\}$으로 근사된다는 것은, $n \to \infty$일 때 $\|f-g_n\| \to 0$이 성립하는 경우이다.

$A$는 $[a, b]$의 닫힌 부분 모음이고, $K_A$는 이것의 특성 함수라 하자. $[a, b]$에서 함수 $t$와 $g_n$을 다음과 같이 정의하자.

$$t(x) = \inf |x-y| \quad (y \in A),$$

$$g_n(x) = \frac{1}{1+nt(x)} \quad (n=1,\ 2,\ 3,\ \cdots)$$

그러면 $g_n$은 $[a,\ b]$에서 연속이고, $A$에서 $g_n(x)=1$이며 $B=[a,\ b]-A$일 때 $B$에서 $g_n(x) \to 0$이다. 그러므로 정리 11.32에 의해 다음이 성립한다.

$$\| g_n - K_A \| = \left\{ \int_B g_n^2\, dx \right\}^{1/2} \to 0$$

이에 따라 닫힌 모음의 특성 함수는 $\mathscr{L}^2$에서 연속 함수들로 근사시킬 수 있다.

(39)에 의해, 이 사실은 임의의 잴 수 있는 모음의 특성 함수에 대해 참이고, 이에 따라 잴 수 있는 단순한 함수에 대해 참이다.

▸잴 수 있는 = 가측(인), 모음 = 집합, 단순한 함수 = 단순 함수

$f \geq 0$이고 $f \in \mathscr{L}^2$일 때, $\{s_n\}$은 음이 아닌 잴 수 있는 단순한 함수들의 단조롭게 증가하는 열로 $s_n(x) \to f(x)$라 하자. $|f-s_n|^2 \leq f^2$이므로, 정리 11.32에 의해 $\|f-s_n\| \to 0$이 성립한다.

▸단조롭게 증가한다 = 단조 증가한다

일반적인 경우는 위의 결과로 유도된다.

## 11.39 정의

복소 함수들의 열 $\{\phi_n\}$은 잴 수 있는 공간 $X$에서 **정규 직교** 함수들의 모음이라 하는 것은, 다음이 성립하는 경우이다.

| 용어 | |
|---|---|
| 정규 직교 | orthogonal |

$$\int_X \phi_n \overline{\phi}_m\, d\mu = \begin{cases} 0 & (n \neq m) \\ 1 & (n = m) \end{cases}$$

특히, $\phi_n \in \mathscr{L}^2(\mu)$이어야 한다. $f \in \mathscr{L}^2(\mu)$이고 다음과 같다고 하자.

$$c_n = \int_X f \overline{\phi}_n\, d\mu \quad (n=1,\ 2,\ 3,\ \cdots)$$

그러면 정의 8.10에서와 같이 다음과 같이 나타낸다.

$$f \sim \sum_{n=1}^{\infty} c_n \phi_n$$

▸ 덧렬 = 급수

푸리에 삼각 덧렬에 대한 정의는 $[-\pi, \pi]$에서 $\mathscr{L}^2$에 (또는 심지어 $\mathscr{L}$에) 똑같은 방식으로 확장된다. 두 정리 8.11과 8.12(베셀의 부등식)는 임의의 $f \in \mathscr{L}^2(\mu)$에 대해 성립한다. 증명은 정확히 글자 그대로 똑같다.

이제 파스발의 정리를 증명할 수 있다.

## 11.40 정리

$[-\pi, \pi]$에서 $f \in \mathscr{L}^2$에 대해 다음과 같다고 하자.

$$f(x) \sim \sum_{n=-\infty}^{\infty} c_n e^{inx} \tag{99}$$

$s_n$은 (99)의 $n$째 부분 합이라 하자. 그러면 다음이 성립한다.

$$\lim_{n \to \infty} \|f - s_n\| = 0, \tag{100}$$

$$\sum_{n=-\infty}^{\infty} |c_n|^2 = \frac{1}{2\pi} \int_{-\pi}^{\pi} |f|^2 \, dx \tag{101}$$

**증명** $\varepsilon > 0$이 주어졌다고 하자. 정리 11.38에 의해, 다음을 만족시키는 연속 함수 $g$가 존재한다.

$$\|f - g\| < \frac{\varepsilon}{2}$$

게다가, 쉽게 알 수 있듯이, $g(\pi) = g(-\pi)$가 성립하도록 이것을 조정할 수 있다. 그러면 $g$를 연속인 주기 함수로 확장할 수 있다. 정리 8.16에 의해 다음을 만족시키는 이를테면 $N$차 삼각 다항 함수 $T$가 존재한다.

$$\|g - T\| < \frac{\varepsilon}{2}$$

그러면 ($\mathscr{L}^2$로 확장된) 정리 8.11에 의해 $n \geq N$이면 다음이 성립한다.

$$\|s_n - f\| \leq \|T - f\| < \varepsilon$$

이에 따라 (100)이 성립한다. 식 (101)은 정리 8.16의 증명에서와 같이 (100)으로부터 유도된다.

**따름 정리**

$[-\pi, \pi]$에서 $f \in \mathscr{L}^2$이고 다음이 성립한다고 하자.

$$\int_{-\pi}^{\pi} f(x) e^{-inx}\, dx = 0 \qquad (n = 0,\ \pm 1,\ \pm 2,\ \cdots)$$

그러면 $\|f\| = 0$이다.

이에 따라 $\mathscr{L}^2$에 속한 두 함수의 푸리에 덧렬이 서로 같으면, 그 두 함수는 기껏해야 측도 0인 모음에서 서로 다르다.

▸ 덧렬 = 급수, 모음 = 집합

## 11.41 정의

$f \in \mathscr{L}^2(\mu)$이고 $f_n \in \mathscr{L}^2(\mu)$ $(n = 1, 2, 3, \cdots)$이라 하자. $\|f_n - f\| \to 0$일 때, $\{f_n\}$은 $\mathscr{L}^2(\mu)$에서 $f$에 수렴한다고 한다. $\{f_n\}$은 $\mathscr{L}^2(\mu)$에서의 코시 열이라 하는 것은, 임의의 $\varepsilon > 0$에 대해 적당한 자연수 $N$이 존재해서 $n \geq N$이고 $m \geq N$이면 $\|f_n - f_m\| \leq \varepsilon$이 성립하는 경우이다.

## 11.42 정리

$\{f_n\}$이 $\mathscr{L}^2(\mu)$에서의 코시 열이면, 적당한 함수 $f \in \mathscr{L}^2(\mu)$가 존재해서 $\{f_n\}$은 $\mathscr{L}^2(\mu)$에서 $f$에 수렴한다.

곧, $\mathscr{L}^2(\mu)$는 완비 거리 공간이다.

**증명** $\{f_n\}$이 코시 열이므로, 다음을 만족시키는 열 $\{n_k\}$ $(k = 1, 2, 3, \cdots)$를 찾을 수 있다.

$$\|f_{n_k} - f_{n_{k+1}}\| < \frac{1}{2^k} \qquad (k = 1,\ 2,\ 3,\ \cdots)$$

함수 $g \in \mathscr{L}^2(\mu)$를 선택하자. 슈바르츠의 부등식에 의해 다음이 성립한다.

$$\int_X |g(f_{n_k} - f_{n_{k+1}})|\, d\mu \leq \frac{\|g\|}{2^k}$$

그러므로 다음을 얻는다.

(102) $$\sum_{k=1}^{\infty}\int_X |g(f_{n_k}-f_{n_{k+1}})|\,d\mu \le \|g\|$$

정리 11.30에 의해 (102)에서 합의 기호와 적분 기호를 바꿀 수 있다. 이에 따라 $X$의 거의 어디서나 다음이 성립한다.

(103) $$|g(x)|\sum_{k=1}^{\infty}|f_{n_k}(x)-f_{n_{k+1}}(x)| < +\infty$$

따라서 $X$에서 거의 어디서나 다음이 성립한다.

(104) $$\sum_{k=1}^{\infty}|f_{n_{k+1}}(x)-f_{n_k}(x)| < +\infty$$

▸ 덧렬 = 급수, 모음 = 집합

왜냐하면 (104)의 덧렬이 측도가 양수인 모음 $E$에서 발산하면 측도가 양수인 $E$의 부분 모음에서 0이 아닌 $g(x)$를 택할 수 있으므로, (103)에 모순이 되기 때문이다.

다음 덧렬은 $X$에서 거의 어디서나 수렴한다.

$$\sum_{k=1}^{\infty}(f_{n_{k+1}}(x)-f_{n_k}(x))$$

이 덧렬의 $k$째 부분 합은 다음과 같다.

$$f_{n_{k+1}}(x)-f_{n_1}(x)$$

그러므로 다음 식은 거의 모든 $x\in X$에 대해 $f(x)$를 정의한다.

$$f(x)=\lim_{k\to\infty} f_{n_k}(x)$$

그리고 $X$의 나머지 점에서 $f(x)$는 임의로 정의할 수 있다.

이제 이 함수 $f$가 바라는 성질을 만족시킴을 보이겠다. $\varepsilon>0$이 주어졌다고 하고, $N$은 정의 11.41에서 지시한 대로 선택하자. $n_k>N$이면, 파투의 정리에 의해 다음이 성립한다.

$$\|f-f_{n_k}\| \le \liminf_{t\to\infty}\|f_{n_t}-f_{n_k}\| \le \varepsilon$$

그러므로 $f-f_{n_k}\in\mathscr{L}^2(\mu)$이고, $f=(f-f_{n_k})+f_{n_k}$이므로 $f\in\mathscr{L}^2(\mu)$임을 알 수 있다. 또, $\varepsilon$이 임의이므로 다음이 성립한다.

$$\lim_{k\to\infty}\|f-f_{n_k}\|=0$$

마지막으로, 다음 부등식은 $\{f_n\}$이 $\mathscr{L}^2(\mu)$에서 $f$에 수렴함을 보여준다.

(105) $$\|f-f_n\| \le \|f-f_{n_k}\| + \|f_{n_k}-f_n\|$$

왜냐하면 $n$과 $n_k$를 충분히 크게 택하면, (105)의 우변에 있는 두 변 각각은 임의로 작게 만들 수 있기 때문이다.

## 11.43 리스·피셔의 정리

용어
리스·피셔의 정리
Riesz–Fischer theorem

$\{\phi_n\}$은 $X$에서 정규 직교라 하자. $\Sigma|c_n|^2$은 수렴한다고 하고, $s_n = c_1\phi_1 + \cdots + c_n\phi_n$으로 놓자. 그러면 적당한 함수 $f \in \mathscr{L}^2(\mu)$가 존재해서 $\{s_n\}$은 $\mathscr{L}^2(\mu)$에서 $f$에 수렴하고 다음이 성립한다.

$$f \sim \sum_{n=1}^{\infty} c_n \phi_n$$

증명 $n > m$에 대해 다음이 성립한다.

$$\|s_n - s_m\|^2 = |c_{m+1}|^2 + \cdots + |c_n|^2$$

그러므로 $\{s_n\}$은 $\mathscr{L}^2(\mu)$에서의 코시 열이다. 정리 11.42에 의해 다음과 같은 함수 $f \in \mathscr{L}^2(\mu)$가 존재한다.

$$\lim_{n\to\infty} \|f - s_n\| = 0$$

그런데 $n > k$이면 다음이 성립한다.

$$\int_X f\overline{\phi}_k d\mu - c_k = \int_X f\overline{\phi}_k d\mu - \int_X s_n\overline{\phi}_k d\mu$$

이에 따라 다음을 얻는다.

$$\left|\int_X f\overline{\phi}_k d\mu - c_k\right| \le \|f - s_n\| \cdot \|\phi_k\| + \|f - s_n\|$$

$n \to \infty$라 하면, 다음이 성립함을 알 수 있다.

$$c_k = \int_X f\overline{\phi}_k d\mu \quad (k = 1,\ 2,\ 3,\ \cdots)$$

따라서 증명이 끝난다.

▸ 모음 = 집합

**용어**

완비(인) complete

▸ 완비성 = completeness

## 11.44 정의

정규 직교 모음 $\{\phi_n\}$을 **완비**라 하는 것은, $f \in \mathscr{L}^2(\mu)$에 대해 다음이 성립하면 $\|f\|=0$이 성립하는 경우이다.

$$\int_X f\overline{\phi}_n d\mu = 0 \quad (n = 1, 2, 3, \cdots)$$

정리 11.40의 따름 정리에서는 삼각 함수 체계의 완비성을 파스발의 등식 (101)로부터 유도했다. 역으로, 파스발의 등식은 모든 완비인 정규 직교 모음에 대해 성립한다.

## 11.45 정리

$\{\phi_n\}$은 완비인 정규 직교 모음이라 하자. $f \in \mathscr{L}^2(\mu)$이고 다음과 같다고 하자.

(106)
$$f \sim \sum_{n=1}^{\infty} c_n \phi_n$$

그러면 다음이 성립한다.

(107)
$$\int_X |f|^2 d\mu = \sum_{n=1}^{\infty} |c_n|^2$$

**증명** 베셀의 부등식에 의해 $\Sigma |c_n|^2$은 수렴한다. 다음과 같이 놓자.

$$s_n = c_1\phi_1 + \cdots + c_n\phi_n$$

리스·피셔의 정리에 따라 적당한 함수 $g \in \mathscr{L}^2(\mu)$가 존재해서 다음이 성립한다.

(108)
$$g \sim \sum_{n=1}^{\infty} c_n \phi_n$$

그리고 $\|g - s_n\| \to 0$이 성립한다. 그러므로 $\|s_n\| \to \|g\|$이다. 다음이 성립한다.

$$\|s_n\|^2 = |c_1|^2 + \cdots + |c_n|^2$$

그러므로 다음을 얻는다.

(109) $$\int_X |g|^2 d\mu = \sum_{n=1}^{\infty} |c_n|^2$$

그런데 (106)과 (108) 및 $\{\phi_n\}$의 완비성에 의해 $\|f-g\|=0$이 성립하고, 이에 따라 (109)에 의해 (107)이 성립한다.

두 정리 11.43과 11.45을 결합하면, 다음과 같은 매우 흥미로운 결론에 도달한다. "각 완비인 정규 직교 모음은 [거의 어디서나 같은 함수들을 동일시하면] 한편에 있는 함수 $f \in \mathscr{L}^2(\mu)$들과 다른 한편에 있는 $\Sigma |c_n|^2$이 수렴하는 열 $\{c_n\}$들 사이에 일대일 대응을 유도한다." 다음과 같은 표현은 파스발의 등식과 함께 $\mathscr{L}^2(\mu)$를 무한 차원 유클리드 공간(이른바 '힐베르트 공간')으로 간주할 수 있음을 보여준다.

▸ 모음 = 집합

**용어**

힐베르트 공간
Hilbert space

$$f \sim \sum_{n=1}^{\infty} c_n \phi_n$$

이 공간에서 점 $f$의 좌표는 $c_n$이고 함수 $\phi_n$은 좌표 벡터이다.

## 익힘 문제

1. $f \ge 0$이고 $\int_E f\,du = 0$이면, $E$에서 거의 어디서나 $f(x)=0$임을 증명하라. **귀띔**: $E_n$을 $f(x) > 1/n$인 $E$의 부분 모음이라 하자. $A = \cup E_n$이라 하자. 그러면 $\mu(A)=0$이기 위한 필요 충분 조건은 각 $n$에 대해 $\mu(E_n)=0$인 경우이다.

▸ 모음 = 집합

▸ $E_n = \{x \in E \mid f(x) \ge 1/n\}$

▸ … 위한 필요 충분 조건 = … 위해 필요하고 충분한 조건

2. 잴 수 있는 모음 $E$의 임의의 잴 수 있는 부분 모음 $A$에 대해 $\int_A f\,du = 0$이면, $E$에서 거의 어디서나 $f(x)=0$임을 증명하라.

▸ 잴 수 있는 = 가측(인)

3. $\{f_n\}$이 잴 수 있는 함수들의 열이면, $\{f_n(x)\}$가 수렴하는 점 $x$의 모음은 잴 수 있음을 증명하라.

4. $E$에서 $f \in \mathscr{L}(\mu)$이고 $g$는 $E$에서 갇혀 있고 잴 수 있으면, $E$에서 $fg \in \mathscr{L}(\mu)$임을 증명하라.

▸ 갇혀 있다 = 유계이다

5. 다음과 같이 놓자.

$$g(x) = \begin{cases} 0 & (0 \le x \le \frac{1}{2}) \\ 1 & (\frac{1}{2} < x \le 1) \end{cases}$$
$$f_{2k}(x) = g(x) \qquad (0 \le x \le 1)$$
$$f_{2k+1}(x) = g(1-x) \qquad (0 \le x \le 1)$$

다음이 성립함을 보여라.

$$\liminf_{n \to \infty} f_n(x) = 0 \quad (0 \le x \le 1)$$

그렇지만 다음이 성립함을 보여라.

$$\int_0^1 f_n(x)\,dx = \frac{1}{2}$$

[(77)과 비교하자.]

**6.** 다음과 같이 놓자.

$$f_n(x) = \begin{cases} \dfrac{1}{n} & (|x| \le n) \\ 0 & (|x| > n) \end{cases}$$

그러면 $R^1$에서 고르게 $f_n(x) \to 0$이지만, 다음이 성립한다.

$$\int_{-\infty}^{\infty} f_n\,dx = 2 \quad (n = 1, 2, 3, \cdots)$$

($\int_{R^1}$ 대신에 $\int_{-\infty}^{\infty}$로 나타냈다.) 그러므로 고르게 수렴해도 정리 11.32의 의미에서 지배된 수렴이 아닐 수 있다. 그렇지만 측도가 유한인 모음에서 고르게 수렴하는 갇힌 함수들의 열은 정리 11.32를 만족시킨다.

▸ 갇힌 = 유계인

**7.** $[a, b]$에서 $f \in \mathscr{R}(\alpha)$이기 위한 필요 충분 조건을 찾아라. **귀띔** : 보기 11.6(b)와 정리 11.33을 생각하자.

▸ … 위한 필요 충분 조건
= … 위해 필요하고 충분한 조건

**8.** $[a, b]$에서 $f \in \mathscr{R}$이고 $F(x) = \int_a^x f(t)\,dt$이면, $[a, b]$에서 거의 어디서나 $F'(x) = f(x)$임을 증명하라.

**9.** (96)에 주어진 함수 $F$가 $[a, b]$에서 연속임을 증명하라.

**10.** $\mu(X) < +\infty$이고 $X$에서 $f \in \mathscr{L}^2(\mu)$이면, $X$에서 $f \in \mathscr{L}(\mu)$임을 증명하라. $\mu(X) = +\infty$일 때, 이것은 거짓이다. 예를 들어 다음을 생각하자.

$$f(x) = \frac{1}{1+|x|}$$

그러면 $R^1$에서 $f \in \mathscr{L}^2$이지만, $R^1$에서 $f \notin \mathscr{L}$이다.

**11.** $X$에서 $f \in \mathscr{L}(\mu)$와 $g \in \mathscr{L}(\mu)$ 사이의 거리를 다음과 같이 정의하자.

$$\int_X |f-g|\,d\mu$$

$\mathscr{L}(\mu)$가 완비 거리 공간임을 증명하라.

**12.** 다음과 같이 가정하자.

(a) $0 \le x \le 1$이고 $0 \le y \le 1$일 때, $|f(x,\ y)| \le 1$이다.

(b) 고정된 $x$에 대해, $f(x,\ y)$는 $y$에 관한 연속 함수이다.

(c) 고정된 $y$에 대해, $f(x,\ y)$는 $x$에 관한 연속 함수이다.

다음과 같이 놓자.

$$g(x) = \int_0^1 f(x,\ y)\,dy \quad (0 \le x \le 1)$$

$g$는 연속인가?

**13.** 다음과 같은 함수를 $\mathscr{L}^2$의 점으로 생각하자.

$$f_n(x) = \sin nx \quad (n=1,\ 2,\ 3,\ \cdots,\ -\pi \le x \le \pi)$$

이런 점들의 모음은 닫혀 있고 갇혀 있지만, 옹골지지 않음을 증명하라.

▸ 모음 = 집합,
갇혀 있다 = 유계이다,
옹골지다 = be compact

**14.** 복소 함수 $f$가 잴 수 있기 위한 필요 충분 조건은 평면에서 임의의 열린 모음 $V$에 대해 $f^{-1}(V)$가 잴 수 있는 경우임을 증명하라.

▸ … 위한 필요 충분 조건
= … 위해 필요하고 충분한 조건

**15.** $\mathscr{R}$은 $(0,\ 1]$의 기본 모음 전체의 환이라 하자. $0 < a \le b \le 1$일 때, 다음과 같이 정의하자.

$$\phi([a,\ b]) = \phi([a,\ b)) = \phi((a,\ b]) = \phi((a,\ b)) = b-a$$

그러나 $0 < b \le 1$일 때는 다음과 같이 정의한다.

$$\phi((0,\ b)) = \phi((0,\ b]) = 1+b$$

이렇게 해서 얻은 $\mathscr{R}$에서의 더하는 모음 함수 $\phi$는 정칙이 아니고, $\sigma$ 환에서 셀 수 있는 만큼 더하는 모음 함수로 확장할 수 없음을 보여라.

▸ 셀 수 있는 만큼 더하는
= 가산 가법적(인)

**16.** $\{n_k\}$는 증가하는 자연수들의 열이고, $E$는 $x \in (-\pi,\ \pi)$ 중에서 $\{\sin n_k x\}$가 수렴하는 것 전체의 모음이라 하자. 이때, $m(E)=0$임

을 증명하라. **귀띔** : 각 $A \subset E$에 대해 다음이 성립한다.

$$\int_A \sin n_k x \, dx \to 0$$

그리고 $k \to \infty$ 일 때 다음이 성립한다.

$$2\int_A (\sin n_k x)^2 dx = \int_A (1-\cos 2n_k x) dx \to m(A)$$

▸옹근 수 = 정수

**17.** $E \subset (-\pi, \pi)$, $m(E) > 0$, $\delta > 0$이라 가정하자. 베셀의 부등식을 사용해서, 많아야 유한개의 옹근 수 $n$이 존재해서 모든 $x \in E$에 대해 $\sin nx \geq \delta$가 성립함을 증명하라.

**18.** $f \in \mathscr{L}^2(\mu)$이고 $g \in \mathscr{L}^2(\mu)$이라 하자. 다음이 성립하기 위한 필요 충분 조건은 적당한 상수 $c$가 존재해서 거의 어디서나 $g(x) = cf(x)$가 성립하는 경우임을 증명하라.

$$\left| \int f\bar{g} \, d\mu \right|^2 = \int |f|^2 d\mu \int |g|^2 d\mu$$

(정리 11.35와 비교하라.)

# 참고문헌

Bibliography


Artin, E.: "The Gamma Function," Holt, Rinehart and Winston, Inc., New York, 1964.

Boas, R. P.: "A Primer of Real Functions," Carus Mathematical Monograph No. 13, John Wiley & Sons, Inc., New York, 1960.

Buck, R. C. (ed.): "Studies in Modern Analysis," Prentice-Hall, Inc., Englewood Cliffs, N.J., 1962.

______: "Advanced Calculus," 2d ed., McGraw-Hill Book Company, New York, 1965.

Burkill, J. C.: "The Lebesgue Integral," Cambridge University Press, New York, 1951.

Dieudonné, J.: "Foundations of Modern Analysis," Academic Press, Inc., New York, 1960.

Fleming, W. H.: "Foundations of Several Variables," Addison-Wesley Publishing Company, Inc., Reading, Mass., 1965.

Graves, L. M.: "The Theory of Functions of Real Variables," 2d ed., McGraw-Hill Book Company, New York, 1956.

Halmos, P. R.: "Measure Theory," D. Van Nostrand Company, Inc., Princeton, N.J., 1950.

______: "Finite-dimensional Vector Spaces," 2d ed., D. Van Nostrand Company, Inc., Princeton, N.J., 1958.

Hardy, G. H.: "Pure Mathematics," 9th ed., Cambridge University Press, New York, 1947.

______ and Rogosinski, W.: "Fourier Series," 2d ed., Cambridge University Press, New York, 1950.

Herstein, I. N.: "Topics in Algebra," Blaisdell Publishing Company, New York, 1964.

Hewitt, E. and Stromberg, K.: "Real and Abstract Analysis," Springer Publishing Co., Inc., New York, 1965.

Kellogg, O. D.: "Foundations of Potential Theory," Frederick Ungar Publishing Co., New York, 1940.

Knopp, K.: "Theory and Application of Infinite Series," Blackie & Son, Ltd., Glasgow, 1928.

Landau, E. G. H.: "Foundations of Analysis," Chelsea Publishing Company, New York, 1951.

McShane, E. J.: "Integration," Princeton University Press, Princeton, N.J., 1944.

Niven, I. M.: "Irrational Numbers," Carus Mathematical Monograph No. 11, John Wiley & Sons, Inc., New York, 1956.

Royden, H. L.: "Real Analysis," The Macmillan Company, New York, 1963.

Rudin, W.: "Real and Complex Analysis," 2d ed., McGraw-Hill Book Company, New York, 1974.

Simmons, G. F.: "Topology and Modern Analysis," McGraw-Hill Book Company, New York, 1963.

Singer, I. M. and Thorpe, J. A.: "Lecture Notes on Elementary Topology and Geometry," Scott, Foresman and Company, Glenview, Ill., 1967.

Smith, K. T.: "Primer of Modern Analysis," Bogden and Quigley, Tarrytown-on- Hudson, N.Y., 1971.

Spivak, M.: "Calculus on Manifold," W.A. Benjamin, Inc., New York, 1965.

Thurston, H. A.: "The Number System," Blackie & Son, Ltd., London-Glasgow, 1956.

# 특별한 기호 목록

아래에 기호들을 나열했는데, 각각의 뜻을 간략하게 설명했고 그것이 정의된 쪽수를 제시했다.

# 찾아보기

**| ㄴ |**



**| ㄷ |**

**ㄹ**

**ㅁ**



**ㅂ**

**ㅅ**

**| ㅇ |**

**ㅣㅈㅣ**

**| ㅊ |**



**| ㅋ |**



**| ㅌ |**



**| ㅍ |**

**| ㅎ |**